解析学百科

可積分系の数理

中村 佳正
高崎 金久
辻本 諭
尾角 正人
井ノ口順一
著

朝倉書店

編集者

岡本和夫 （おかもと　かずお）
東京大学名誉教授

谷島賢二 （やじま　けんじ）
学習院大学理学部教授

執筆者 （執筆順）

中村佳正 （なかむら　よしまさ）
京都大学大学院情報学研究科教授

高崎金久 （たかさき　かねひさ）
近畿大学理工学部教授

辻本　諭 （つじもと　さとし）
京都大学大学院情報学研究科准教授

尾角正人 （おかど　まさと）
大阪市立大学大学院理学研究科教授

井ノ口順一 （いのぐち　じゅんいち）
筑波大学数理物質系教授

まえがき

　数理物理学の片隅に発生した「ソリトン」と名づけられた波は，またたく間に，散乱理論，微分方程式，古典力学，量子力学，代数幾何学，表現論，無限次元群論，組合せ論，数論，微分幾何学，大域解析学，トポロジー，離散力学系，漸近解析，直交多項式，特殊関数，数値解析学などさまざまな分野の岸辺に到達し，いたる所に「新しい数学」のモニュメントを残した．最近では「可積分な」確率系 (integrable probability) なるテーマも生まれている．

　本書は，1967 年の戸田格子の発見と逆散乱法の開発に端を発し，20 世紀後半を中心に大きく発展した「可積分系の数理」を記録しようと試みる．執筆陣は以下の通りである．

　　　第 1 章　古典可積分系（高崎金久）
　　　第 2 章　離散可積分系（辻本　諭）
　　　第 3 章　可解格子模型（尾角正人）
　　　第 4 章　幾何学と可積分系（井ノ口順一）
　　　第 5 章　応用可積分系（中村佳正）

　2004 年夏に朝倉書店編集部より「解析学百科」の可積分系編の分担執筆の打診があり，全体構成および執筆陣についての企画をまとめた．検討当初，第 3 章は「量子可積分系」であり，ほかに「組合せ論的可積分系」の章を設ける案もあったが，両者を統合して「可解格子模型」とするのがよかろうということになった．この構想の時間軸では，20 世紀後半における「可積分系の数理」の進展を整理する意味は明確であったが，第 5 章執筆者が不覚にも学内業務に深入りしたため全体の足を大いに引っ張ることになり，目標としていた刊行時期

より 10 年遅れてしまった．これほどのこととなると言葉で詫びても追いつかない．各章の概略は以下の通りである．

第 1 章では，前半でリューヴィル可積分性，ラックス表示，変数分離，群論的解法，τ 関数，ハミルトン構造などの概念を有限自由度系の場合に紹介する．後半では無限自由度系であるソリトン方程式に話題を移し，方程式のさまざまな例やそれらを統一的に扱う KP 階層などの枠組みについて概説する．

第 2 章では，可積分系の離散化について紹介した後，離散可積分系の基礎方程式である広田–三輪方程式の対称性と厳密解および代表的な離散可積分系との関係について概覧する．また，片側無限格子上の可積分系について直交関数系の観点から紹介し，最後に超離散系との関係について触れる．

第 3 章では，2 次元イジング模型，6(8) 頂点模型，ABF 模型などの典型的な 2 次元可解格子模型を，可換転送行列，ベーテ仮説，角転送行列を使って物理量を厳密に計算する．また，箱玉系との関係についても触れる．

第 4 章では，可積分系と微分幾何の融合した分野である可積分幾何 (integrable geometry) について解説する．2 次元戸田方程式，調和写像と旗多様体の幾何学の三位一体を歴史的背景も込めて概説する．さらに種々の幾何学における曲線の時間発展から自然に導かれるソリトン方程式について概説する．

第 5 章では，行列の 3 重対角化と固有値計算，与えられた関数の連分数展開といった数値解析学の問題に，どのような数学的基盤に基づいて可積分系が応用されるかについて概説する．

10 年の経過の中で，前世紀後半における可積分系研究の成果は熟成されたともいえよう．本書『解析学百科 II　可積分系の数理』は，20 世紀後半における「可積分系の数理」の進展を記録するとともに，当該領域を牽引してきた研究者がそれぞれ，今後に残すべきものについて私見を述べた「総説」である．

朝倉書店編集部にはこの間，大学の異動や昇任を経験した執筆陣の環境の変化への適応を気長に待っていただいた．ここに深く感謝の意を表する．

2018 年 2 月

著　　者

目次

第1章　古典可積分系	（高崎金久）	1

1.1　はじめに …………………………………………………………………… 1

1.2　可積分性の意味………………………………………………………… 4

　　1.2.1　リューヴィル可積分性 ……………………………………… 4

　　1.2.2　リューヴィル可積分系はどのような意味で可積分か…… 6

　　1.2.3　ラックス表示 ………………………………………………… 9

　　1.2.4　ラックス表示の例 …………………………………………… 12

　　1.2.5　r 行列による包合性の証明 ………………………………… 16

1.3　変数分離 ………………………………………………………………… 19

　　1.3.1　一般的考察 …………………………………………………… 19

　　1.3.2　変数分離の例 ………………………………………………… 22

　　1.3.3　包合的な保存量の構成 ……………………………………… 24

　　1.3.4　ラックス表示をもつ可積分系の変数分離 ……………… 27

1.4　群論的解法 ……………………………………………………………… 30

　　1.4.1　QR 分解と LR 分解 ………………………………………… 30

　　1.4.2　QR 分解による有限戸田鎖の解法………………………… 34

　　1.4.3　LR 分解によるコスタント–戸田系の解法 ……………… 37

　　1.4.4　半無限戸田鎖のハンケル行列式解 ……………………… 40

1.5　ハミルトン構造 ………………………………………………………… 43

　　1.5.1　ポアソン構造 ………………………………………………… 43

　　1.5.2　r 行列とラックス表示 …………………………………… 48

	1.5.3	AKS の定理	53
	1.5.4	双ハミルトン構造	58
1.6	ソリトン方程式概観		59
	1.6.1	1＋1 次元のソリトン方程式	60
	1.6.2	1＋2 次元のソリトン方程式	63
	1.6.3	双線形形式とソリトン解	66
	1.6.4	無限個の保存量と高次時間発展	70
1.7	KP 階層		75
	1.7.1	擬微分作用素の算法	75
	1.7.2	KP 階層のラックス形式	77
	1.7.3	補助線形方程式系と佐藤方程式系	80
	1.7.4	τ 関数と双線形方程式	82
	1.7.5	ロンスキー行列式解	84
1.8	KP 階層とグラスマン多様体		89
	1.8.1	グラスマン多様体	89
	1.8.2	ロンスキー行列式解の解釈	92
	1.8.3	τ 関数のシューア関数展開	94
	1.8.4	一般解と無限次元グラスマン多様体	96
1.9	補足		101
	1.9.1	可積分性の意味，ラックス表示，変数分離	101
	1.9.2	群論的方法，ハミルトン構造	102
	1.9.3	ソリトン方程式	103
	1.9.4	KP 階層の代数幾何学的解	104
	1.9.5	KP 階層の拡張されたラックス形式	105
	1.9.6	無分散可積分系	106
	1.9.7	サイバーグ–ウィッテン可積分系	110
	1.9.8	おわりに	111

第 2 章	離散可積分系	(辻本　諭)	123
2.1	はじめに		123

	2.1.1	可積分系の離散化 ………………………………………	124
	2.1.2	ロジスティック方程式の離散化 ……………………	124
	2.1.3	いろいろな離散格子 …………………………………	129
	2.1.4	離散格子上のソリトン ………………………………	129
2.2	広田–三輪方程式 …………………………………………………		133
	2.2.1	ダルブー変換 …………………………………………	135
	2.2.2	ソリトン解 ……………………………………………	137
	2.2.3	KP 階層の双線形恒等式 ……………………………	139
	2.2.4	行列式の恒等式 ………………………………………	140
2.3	いろいろな離散可積分系 ………………………………………		143
	2.3.1	離散 KP 格子 …………………………………………	143
	2.3.2	離散 2 次元戸田格子 …………………………………	144
	2.3.3	簡約化 …………………………………………………	145
2.4	片側無限格子上の可積分系と直交関数系 ……………………		151
	2.4.1	片側無限格子上の解 …………………………………	151
	2.4.2	双直交多項式と 2 次元戸田格子 ……………………	152
	2.4.3	固有値問題と一般化固有値問題 ……………………	156
	2.4.4	直交多項式と戸田格子 ………………………………	158
	2.4.5	対称な直交多項式とロトカ–ボルテラ格子 ………	161
	2.4.6	ローラン双直交多項式と相対論的戸田格子 ………	164
	2.4.7	単位円周上の直交多項式と非線形シュレディンガー 方程式 …………………………………………………	166
	2.4.8	R_{II} 有理関数と R_{II} 格子 ………………………	170
	2.4.9	歪直交多項式とパフ格子 ……………………………	174
2.5	箱玉系・超離散系 ………………………………………………		177
	2.5.1	箱玉系 …………………………………………………	177
	2.5.2	超離散化 ………………………………………………	179
	2.5.3	超離散可積分系 ………………………………………	181
2.6	離散可積分系の広がり …………………………………………		184

| 第 3 章 | 可解格子模型 | （尾角正人） | 191 |

3.1	イジング模型	191
3.2	可解格子模型とは	193
	3.2.1	2 次元正方格子上の頂点模型	193
	3.2.2	ヤン–バクスター方程式	195
	3.2.3	8 頂点模型	197
3.3	楕円関数と 8 頂点模型	200
	3.3.1	楕円（テータ）関数覚え書き	200
	3.3.2	8 頂点模型の解のパラメトリゼーション	204
3.4	8 頂点模型の兄弟	206
	3.4.1	ヤン–バクスター方程式の行列表示	206
	3.4.2	XYZ スピン模型	209
	3.4.3	頂点・面対応	211
	3.4.4	制限面模型（ABF 模型）	213
3.5	6 頂点模型とベーテ仮説	218
	3.5.1	ベーテ仮説法	218
	3.5.2	6 頂点模型の自由エネルギー	222
3.6	角転送行列と ABF 模型	227
	3.6.1	角転送行列	228
	3.6.2	角転送行列の固有値と 1 次元状態和	231
	3.6.3	基底状態と 1 点関数	235
	3.6.4	ABF 模型の $L = 4$ とイジング模型の同値性	237
	3.6.5	ロジャース–ラマヌジャン恒等式	239
3.7	6 頂点模型から箱玉系へ	241
	3.7.1	フュージョン構成法	241
	3.7.2	組合せ論的 R 行列	244
	3.7.3	箱玉系	246
3.8	さらに進んで学びたい人のために	249
	3.8.1	量子群	250
	3.8.2	ベーテ仮説と角転送行列	250

| | 目次 | | **vii** |

	3.8.3 箱玉系 ···	251

第4章　幾何学と可積分系　　　　　　　　　　（井ノ口順一）　254

4.1	はじめに ···	254
4.2	曲面の微分幾何と可積分系 ··································	258
	4.2.1 曲面の基本方程式 ··································	258
	4.2.2 ベックルンド変換 ··································	261
	4.2.3 平均曲率一定曲面 ··································	264
	4.2.4 調和写像へ ···	265
4.3	2次元戸田方程式と射影微分幾何 ······················	268
	4.3.1 ラプラスの方法 ·····································	268
	4.3.2 ラプラス変換 ··	269
	4.3.3 射影空間 ··	269
	4.3.4 射影空間内の曲面 ··································	271
4.4	リー群と等質空間 ···	273
	4.4.1 線形接続と測地線 ··································	273
	4.4.2 調和関数 ··	276
	4.4.3 ケーラー多様体 ·····································	276
	4.4.4 リー群 ···	278
	4.4.5 クライン幾何 ··	282
	4.4.6 等質リーマン空間 ··································	283
4.5	調和写像 ···	284
	4.5.1 調和写像の方程式 ··································	284
	4.5.2 調和系列 ··	287
	4.5.3 戸田方程式として理解されるとき ···············	289
	4.5.4 旗多様体の幾何 ·····································	290
	4.5.5 超極小曲面 ···	293
	4.5.6 周期的戸田方程式 ··································	297
	4.5.7 コスタント–戸田格子 ·····························	299
	4.5.8 量子コホモロジー ··································	304

	4.5.9	無分散戸田方程式	306
4.6		主カイラル模型	308
	4.6.1	リー代数に値をもつ微分形式	309
	4.6.2	不変接続	310
	4.6.3	調和写像の方程式	311
	4.6.4	ループ群とグラスマン模型	313
	4.6.5	ウーレンベック–シーガル理論	316
	4.6.6	リーマン対称空間への調和写像	318
	4.6.7	DPW 公式	324
4.7		曲線の時間発展とソリトン方程式	326
	4.7.1	ユークリッド平面曲線の時間発展	326
	4.7.2	等積アフィン幾何	329
	4.7.3	相似幾何	331
	4.7.4	アフィン幾何	333
	4.7.5	射影幾何	334
	4.7.6	等積中心アフィン幾何	336
	4.7.7	中心アフィン幾何	337
	4.7.8	メビウス幾何	338
	4.7.9	ハイゼンベルグ強磁性体と橋本変換	340
4.8		差分幾何	342
	4.8.1	曲線の離散化	343
	4.8.2	離散可積分系とのつながり	348
	4.8.3	2 次元戸田方程式の離散化	350

第 5 章　応用可積分系　　　　　　　　　　　　　　（中村佳正）　363

5.1		応用可積分系とは	363
5.2		直交多項式	367
	5.2.1	直交多項式の定義	367
	5.2.2	行列式表示と 3 項漸化式	370
	5.2.3	ファバードの定理	374

	5.2.4	クリストッフェル変換	375
	5.2.5	代表的な直交多項式	377
5.3		ランチョス法と qd アルゴリズム	380
	5.3.1	ランチョス多項式	380
	5.3.2	A^n 直交ランチョス法と qd アルゴリズム	384
5.4		qd アルゴリズムによる固有値計算	391
	5.4.1	qd アルゴリズムの漸化式の行列表示	391
	5.4.2	qd アルゴリズムの漸化式の一般項と収束性	392
	5.4.3	シフトつき qd アルゴリズム	396
5.5		qd アルゴリズムと戸田格子	399
	5.5.1	qd アルゴリズムの連続極限	399
	5.5.2	戸田格子と直交多項式	401
5.6		dLV アルゴリズム	406
	5.6.1	対称な直交多項式とクリストッフェル変換	406
	5.6.2	離散ロトカ–ボルテラ系	409
	5.6.3	dLV アルゴリズムによる特異値計算	411
	5.6.4	シフトつき dLV アルゴリズムによる特異値計算	414
5.7		パデ近似	416
	5.7.1	パデ近似と直交多項式	417
	5.7.2	qd アルゴリズムによるパデ近似の計算	419
	5.7.3	戸田格子とラプラス変換	422
5.8		おわりに	424

索引   429

第1章

古典可積分系

1.1　はじめに

　古典可積分系 (classical integrable system) という言葉は一義的ではない．狭い意味での古典可積分系は**量子可積分系** (quantum integrable system) と相対するもので，古典力学系あるいは古典場の方程式としての可積分系である．他方では「今や古典的な」という意味もなくはない．19 世紀の可積分系研究はどちらの意味でも「古典的」だが，現代的な可積分系研究も 1960 年代に始まって以来，現在まで何度も様変わりしている．それらを包括的に紹介することは困難なので，ここでは 1970 年代後半から 1980 年代前半にかけて基礎理論が一つの完成形に至った頃の古典可積分系の世界を紹介して，後の章へ引き継ぐことにしたい．

　古典力学系としての古典可積分系は**ハミルトン形式** (Hamiltonian form) で扱われることが多い．ハミルトン系に対する可積分性の概念はリューヴィル (J. Liouville) によって 19 世紀後半に導入された．リューヴィルは当時の主要な解法である変数分離の本質が「包合的な保存量」の存在にあることに着目して，可積分性の概念を定式化した．このような経緯から，現代的な可積分系研究が 1960 年代後半に始まったときにも，研究対象は 19 世紀の研究と違って KdV 方程式などの偏微分方程式（今日ソリトン方程式と総称される）であったにもかかわらず，何よりもまず**保存量** (conserved quantity) の存在が注目され

たのである．そして，有限自由度ハミルトン系との比較を意味のあるものにするために，これらのソリトン方程式を無限自由度ハミルトン系として書き直すことが行われた．その過程で，同じソリトン方程式が2通りのハミルトン形式をもち，そのことから保存量の包合性も説明できる，という双ハミルトン構造の発見もあった．

　もっとも，保存量の存在は可積分性のための最低限の要請である．とくに，無限自由度系の場合には，保存量を用いて解を求める古典的な変数分離解法の考え方が意味を失う．それに代わって1960年代に新たな解法として開発されたのが逆散乱法であり，その基礎となるのがラックス (P. D. Lax) に始まるラックス表示である．逆散乱法はソリトン解などを自然な形で導出できる強力な解法であり，その後登場したさまざまな解法の原型となった．ラックス表示はそれらの解法を適用するための仕組みにとどまらず，可積分系に内在するさまざまな性質や構造を説明するためにも用いられている．そのような構造の一つが対称性 (symmetry) である．

　対称性の観点から見れば，保存量は「可換」な対称性に対応する．可積分系の現代的研究が進展するにつれて，古典可積分系，量子可積分系（あるいは，その後取り上げられるようになった統計物理の可解模型）のいずれにおいても，「非可換」な対称性が重要な役割を担うようになった．古典可積分系の非可換対称性はリー群やリー代数をなす．いわゆる AKS（アドラー–コスタント–サイムズ）の定理はリー群・リー代数から出発してラックス表示をもつ可積分系を系統的に構成する枠組みを示す．量子可積分系や統計物理の可解模型では，リー群・リー代数の量子変形として，量子群や量子包絡代数が登場する．

　ハミルトン形式やラックス形式と並んで重要なものが双線形形式である．ソリトン方程式の双線形形式は1970年代半ばに広田良吾によって導入された．双線形形式は当初は逆散乱法に代わる直接的解法の枠組みとして用いられたが，1970年代後半から1980年代初めの佐藤幹夫らのグループの研究によって，無限次元リー群・リー代数の表現論やグラスマン多様体の幾何学との関わりが明らかになった．佐藤らの研究を経て，広田の双線形形式の従属変数は τ 関数 (τ function) と呼ばれるようになった．

　もともと τ 関数の概念は佐藤らがソリトン方程式の研究の前に行っていたホ

1.1 はじめに

ロノミックな場の理論の中に登場する．佐藤らは広田の従属変数をその類似物と見なして，同じτ関数の呼び名を与えた．ホロノミックな場の理論のτ関数と同様に，ソリトン方程式のτ関数も場の理論の作用素の真空期待値として表せる．そこから無限次元リー群・リー代数の表現論との関係がわかる．このことはソリトン方程式の表現論的研究に新たな地平を開いただけでなく，共形場理論や量子可積分系の表現論的研究にもつながるものだった．

この場の理論的表示と表裏一体をなすものとして，シューア関数によるτ関数の展開表示がある．佐藤らが見いだしたように，その展開係数はグラスマン多様体のプリュッカー座標であり，それらが満たすプリュッカー関係式が双線形形式の正体である．こうして広田の双線形形式の隠された意味が明らかになったわけだが，τ関数のシューア関数展開の意義はそれだけにとどまらない．シューア関数展開されたτ関数は量子力学的波動関数や統計力学的分配関数にも見える．このような意味でτ関数は概念的に量子可積分系に近い位置にあるといえるかもしれない．

この章の構成は以下の通りである．

前半（1.2～1.5 節）では有限自由度の可積分系に焦点を絞り，リューヴィル可積分性の意味，変数分離解法，群論的解法，ならびにハミルトン構造について解説する．1.2 節，1.3 節で紹介するリューヴィル可積分性と変数分離解法は19 世紀の可積分系の研究が依拠した 2 本の柱である．その中でラックス表示に基づく現代的アプローチがどのように位置づけられるか，ということが一つの見所となる．1.4 節で取り上げる群論的解法はリー群の要素の分解を用いて解を求める方法であり，可積分系自体の構成法と見なすこともできる．またτ関数もすでにこの段階で姿を見せ始める．1.5 節では可積分系のハミルトン構造を一般的に理解するための枠組みとして r 行列の方法と AKS の定理を紹介する．双ハミルトン構造の概念にも簡単に触れる．

後半（1.6～1.8 節）では舞台をソリトン方程式の世界に移し，古典的なラックス形式や双線形形式による取り扱いと 1980 年代初めに登場したグラスマン多様体による取り扱いを解説する．1.6 節では代表的な方程式の例を示しながら，ソリトン方程式におけるラックス形式と双線形形式の使い方を紹介する．KdV 方程式の無限自由度ハミルトン系としての定式化にも触れる．1.7 節では

ソリトン方程式の普遍的枠組みの一つである KP 階層の構成を説明し，解の例としてロンスキー行列式解と呼ばれるものを示す．1.8 節では KP 階層の τ 関数とグラスマン多様体の関係について解説する．ここでもロンスキー行列式解の場合を詳しく説明し，一般の解については要点のみを示す．

最後に（1.9 節）紙数の関係で取り上げることのできなかった項目やその後の進展について補足を行ってこの章を締めくくる．

1.2 可積分性の意味

1.2.1 リューヴィル可積分性

19 世紀半ばにリューヴィルはそれまでに知られていたケプラー運動，オイラー (L. Euler) とラグランジュ (J. L. Lagrange) のコマ，ヤコビ (C. G. J. Jacobi) の研究した 2 次曲面上の測地運動など，求積 (quadrature) 可能な力学系の特徴を保存量の観点から明らかにした．リューヴィルは非自励系も扱ったが，ここでは自励ハミルトン系 (autonomous Hamiltonian system) に考察対象を限定する．

自由度 N の自励ハミルトン系（以下，単にハミルトン系と呼ぶ）は $2N$ 個の正準変数 $\boldsymbol{q} = (q_1, \ldots, q_N)$, $\boldsymbol{p} = (p_1, \ldots, p_N)$ とその関数（ハミルトニアン）$H = H(\boldsymbol{q}, \boldsymbol{p})$ によって

$$\dot{q}_j = H_{p_j}, \quad \dot{p}_j = -H_{q_j} \tag{1.1}$$

というハミルトンの運動方程式（正準方程式）で与えられる．ここで慣用の記法

$$\dot{q}_j = \frac{dq_j}{dt}, \quad \dot{p}_j = \frac{dp_j}{dt}, \quad H_{p_j} = \frac{\partial H}{\partial p_j}, \quad H_{q_j} = \frac{\partial H}{\partial q_j}$$

を用いた．

リューヴィルによる可積分性の定式化を説明するためにポアソン括弧 (Poisson bracket)

$$\{F, G\} = \sum_{j=1}^{N} (F_{q_j} G_{p_j} - F_{p_j} G_{q_j}) \tag{1.2}$$

を導入する．相空間上の関数 $F = F(\boldsymbol{q}, \boldsymbol{p})$ をハミルトン系の解 $(\boldsymbol{q}, \boldsymbol{p}) =$

1.2 可積分性の意味 **5**

$(\boldsymbol{q}(t), \boldsymbol{p}(t))$ の軌道に沿って時間微分すれば

$$\frac{d}{dt}F = \sum_{j=1}^{N}(F_{q_j}\dot{q}_j + F_{p_j}\dot{p}_j) = \{F, H\}$$

という等式が得られる. したがって, F がハミルトニアンとポアソン可換

$$\{F, H\} = 0$$

であれば, F は各軌道に沿って一定値をとる. このような F を保存量あるい
は**第 1 積分** (first integral) という.

ポアソン括弧はヤコビの恒等式

$$\{F, \{G, H\}\} + \{G, \{H, F\}\} + \{H, \{F, G\}\} = 0 \tag{1.3}$$

を満たす (その意味で相空間上の関数のなす線形空間にリー代数の構造を定め
ている). とくに, 保存量同士のポアソン括弧もまた保存量である. このよう
に, 保存量全体の集合はポアソン括弧に関してリー代数をなす. このリー代数
構造はハミルトン系の対称性と関わっている. 一般に, 対称性が大きければそ
れだけ系は特殊なものとなり, 結果として解けるものに近づくと期待される.
リューヴィルの可積分性はその中でも可換な対称性に関わる概念である. ただ
し, ハミルトン系に対して真に制約となるのは相空間全体で定義された大域的
な保存量の存在である (局所的な保存量はつねに十分な数だけ存在する).

保存量の組 $H_1, H_2, \ldots, H_n$ が互いにポアソン可換

$$\{H_j, H_k\} = 0 \tag{1.4}$$

であるとき, これらの保存量は**包合的** (involutive) であるという. 解軌道に沿っ
て保存量は一定であるから, これらの保存量が関数的に独立, すなわち

$$dH_1 \wedge \cdots \wedge dH_n \neq 0 \tag{1.5}$$

という条件を満たせば, それらを定数値におくこと

$$H_1 = c_1, \ H_2 = c_2, \ \ldots, \ H_n = c_n$$

によって相空間の中で解軌道の集合が絞り込まれていくことになる. しかしな

6　　　　　　　　　　　　　　　　　　　　　　　　　　　　　第 1 章　古典可積分系

がらこの絞り込みによって最終的に 1 本の解軌道を特定することはできない.
なぜなら，シンプレクティック構造の一般論でよく知られているように，関数
的に独立で包合的な関数の組は（たとえ局所的なものに限っても）最大 N 個
までしか選べないからである.

定義 1.2.1（リューヴィルの可積分性）．自由度 N と同じ個数の関数的に独
立で包合的な保存量 $H_1, \dots, H_N$ をもつハミルトン系はリューヴィル可積分
(Louville-integrable) であるという.

注意 1.2.2（ラグランジュ部分多様体）．$2N$ 次元シンプレクティック多様
体 X の上の関数 $H_1, \dots, H_N$ が関数的に独立で包合的であれば，定数の組
$\boldsymbol{c} = (c_1, \dots, c_N)$ を与えるごとに決まる $H_1, \dots, H_N$ の**等位集合** (level set)

$$L_{\boldsymbol{c}} = \{(\boldsymbol{q}, \boldsymbol{p}) \in X \mid H_j(\boldsymbol{q}, \boldsymbol{p}) = c_j, \ j = 1, \dots, N\} \tag{1.6}$$

はラグランジュ部分多様体 (Lagrangian submanifold) と呼ばれるものにな
る．理想的な状況では X 上にこれらのラグランジュ部分多様体による**葉層
構造** (Lagrangian foliation) あるいは**ファイバー構造** (Lagrangian fibration)
$\pi : X \to B$, $L_{\boldsymbol{c}} = \pi^{-1}(\boldsymbol{c})$, が定まる．アーノルド (V. I. Arnold) が示したよ
うに，$L_{\boldsymbol{c}}$ がコンパクトならば $L_{\boldsymbol{c}}$ はトーラスと同相になる．リューヴィルの
可積分性をこのように幾何学的に定式化し直したものを**リューヴィル–アーノ
ルドの定理** (Liouville–Arnold theorem) という.

1.2.2　リューヴィル可積分系はどのような意味で可積分か

　上に注意したように，包合的な保存量の等位集合では個々の解軌道は捉えら
れない．それにもかかわらず最大個数の包合的保存量をもつ系が「可積分系」
と呼ばれるのは，以下に説明するように，もとのハミルトン系を解軌道の様子
が明らかな系（作用・角変数系）に写す変換が構成できるからである.

　$H_1, \dots, H_N$ を関数的に独立で包合的な保存量の組とする．ハミルトニアン
H はそれ自体が保存量であるから，これらのうちの一つ，あるいはより一般に

これらの保存量の関数

$$H = K(H_1, \ldots, H_N)$$

と見なせる. $H_j = H_j(\boldsymbol{q}, \boldsymbol{p})$ の値を任意定数 I_j に選んで連立ハミルトン–ヤコビ方程式

$$H_j(\boldsymbol{q}, S_{q_1}, \ldots, S_{q_N}) = I_j \quad (j = 1, \ldots, N) \tag{1.7}$$

を考える. ここで S は $\boldsymbol{q}$ と $\boldsymbol{I} = (I_1, \ldots, I_N)$ の関数 $S = S(\boldsymbol{q}, \boldsymbol{I})$ である. このときもとのハミルトニアン H についても

$$H(\boldsymbol{q}, S_{q_1}, \ldots, S_{q_N}) = E = K(\boldsymbol{I}) \tag{1.8}$$

というハミルトン–ヤコビ方程式が成立する. $S = S(\boldsymbol{q}, \boldsymbol{I})$ はこの方程式の N 個の積分定数 $\boldsymbol{I} = (I_1, \ldots, I_N)$ に依存する解である.

定義 1.2.3 (完全解). ハミルトン–ヤコビ方程式の解 S が $S = S(\boldsymbol{q}, \boldsymbol{I})$ というように N 個の積分定数 $\boldsymbol{I} = (I_1, \cdots, I_N)$ に依存し, それらに関して

$$\det\left(\frac{\partial^2 S}{\partial q_j \partial I_k}\right)_{j,k=1,\ldots,N} \neq 0 \tag{1.9}$$

という非退化性条件を満たすとき, **完全解** (complete solution) という.

完全解が得られれば

$$p_j = S_{q_j}, \quad \phi_j = S_{I_j} \tag{1.10}$$

という関係式によってもとの正準座標 $(\boldsymbol{q}, \boldsymbol{p})$ からいわゆる**作用・角変数** (action-angle variables) に乗り換えることができる. $\boldsymbol{I} = (I_1, \ldots, I_N)$ が作用変数, $\boldsymbol{\phi} = (\phi_1, \ldots, \phi_N)$ が角変数である. $(\boldsymbol{q}, \boldsymbol{p})$ と $(\boldsymbol{\phi}, \boldsymbol{I})$ の対応はシンプレクティック形式 Ω を不変に保つ

$$\sum_{j=1}^{N} dp_j \wedge dq_j = \Omega = \sum_{j=1}^{N} dI_j \wedge d\phi_j \tag{1.11}$$

という意味で正準変換である (S を母関数とする正準変換). この正準変換によってもとの運動方程式は $K = K(\boldsymbol{I})$ をハミルトニアンとする運動方程式

$$\dot{\phi}_j = K_{I_j}, \quad \dot{I}_j = 0 \tag{1.12}$$

に変換される. この方程式はただちに解くことができて, その解は

$$\phi_j(t) = \phi_j(0) + K_{I_j} t$$

という時間の 1 次式で与えられる. こうして正準変換を介してもとのハミルトン系の一般解が得られる.

連立ハミルトン–ヤコビ方程式 (1.7) の解の存在は保存量の包合性によって保証される. 話を簡単にするために, 保存量の関数的独立性の条件を強めたもの

$$\det\left(\frac{\partial H_i}{\partial p_j}\right)_{i,j=1,\dots,N} \neq 0 \tag{1.13}$$

を仮定しよう. ちなみに, これは S の非退化性 (1.9) を保証する条件でもある. このとき陰関数定理によって (1.7) を S_{q_j} について解くこと

$$S_{q_j} = f_j(\boldsymbol{q}, \boldsymbol{I}) \quad (j = 1, \dots, N) \tag{1.14}$$

ができる. これは連立微分方程式系であるから, 解が存在するためには可積分条件

$$\frac{\partial f_j(\boldsymbol{q}, \boldsymbol{I})}{\partial q_k} = \frac{\partial f_k(\boldsymbol{q}, \boldsymbol{I})}{\partial q_j} \tag{1.15}$$

が成立しなければならない.

定理 1.2.4. H_j が包合的ならば可積分条件 (1.15) が成立する.

証明 $f_j = f_j(\boldsymbol{q}, \boldsymbol{I})$ と $H_j = H_j(\boldsymbol{q}, \boldsymbol{p})$ の導関数からなる行列

$$A = \left(\frac{\partial f_i}{\partial q_j}\right)_{i,j=1,\dots,N}, \quad B = \left(\frac{\partial H_i}{\partial p_j}\right)_{i,j=1,\dots,N}, \quad C = \left(\frac{\partial H_i}{\partial q_j}\right)_{i,j=1,\dots,N}$$

を導入する. 示すべきことは A の対称性 ${}^t A = A$ である. まず

$$H_i(\boldsymbol{q}, f_1(\boldsymbol{q}, \boldsymbol{I}), \dots, f_N(\boldsymbol{q}, \boldsymbol{I})) = I_i$$

という恒等式を q_k に関して偏微分することによって

$$\sum_{j=1}^{N} \frac{\partial H_i}{\partial p_j} \frac{\partial f_j}{\partial q_k} + \frac{\partial H_i}{\partial q_k} = 0$$

という等式が得られる，A, B, C を用いれば，これは簡潔に

$$BA + C = 0$$

と書き直せる．仮定 (1.13) によって B は正則行列なので

$$A = -B^{-1}C$$

となる．他方，包合性の条件 $\{H_i, H_j\} = 0$ は

$$C\,{}^{\mathrm t}B = B\,{}^{\mathrm t}C$$

を意味する．したがって

$$A = -B^{-1}C = B^{-1} \cdot C\,{}^{\mathrm t}B \cdot {}^{\mathrm t}B^{-1}$$

も対称行列であることがわかる．■

　以上のことから，リューヴィル可積分系は求積によって解ける系である，ということがわかる．実際，連立ハミルトン–ヤコビ方程式 (1.7) を $S_{q_j} = f_j(\boldsymbol{q}, \boldsymbol{I})$ の形に書き直したり，S を母関数とする正準変換の定義方程式 (1.10) を $\boldsymbol{q}$ について解いて $(\boldsymbol{q}, \boldsymbol{p})$ を $(\boldsymbol{\phi}, \boldsymbol{I})$ で表したりすることは陰関数の問題であり，また (1.14) を解いて S を求めることは不定積分の問題だからである．

　この手順を実行して解を求めることは一般には容易でない．1.3 節で紹介する変数分離の方法は文字通りにこの手順を実行するものだが，それが可能な正準座標を見いだすためには新たなアイディアが必要になる．今日では可積分系として膨大な数の例が知られているが，それらは単に包合的な保存量の組をもつだけではなく，保存量が存在する理由を説明したり，系の特徴を生かして解を求めることを可能にするような，何らかの巧妙な仕組みをもっている．その代表的なものがラックス表示 (Lax representation) あるいはラックス形式 (Lax form) と呼ばれる方程式の表示形式である．

1.2.3　ラックス表示

　ラックス表示にもいくつかの型があるが，その中でも基本的なのは考察対象をラックス方程式 (Lax equation) と呼ばれる形

$$\dot{L} = [A, L] \tag{1.16}$$

に表すことである．ここで $L = L(t)$ と $A = A(t)$ は有限・無限行列あるいは微分・差分作用素であり，その中にもとの系の力学変数が含まれている．たとえば，ラックスが KdV 方程式の研究においてこの表示を導入したときには，A, L として微分作用素を用いた [104]．そのような微分作用素 L はラックス作用素 (Lax operator) と呼ばれる．L が行列の場合には，後述する r 行列との関係で **L 行列** (L matrix) と呼ばれることが多い．

　ラックス方程式の特徴は時間発展が**等スペクトル的** (isospectral) であること，すなわち L のスペクトルが t に依存しないことにある．L が有限行列の場合には，このことを次のように定式化できる．

定理 1.2.5. ラックス方程式 (1.16) のもとで

$$\frac{d}{dt} \det(\lambda I - L(t)) = 0, \tag{1.17}$$

$$\frac{d}{dt} \mathrm{Tr}(L^n) = 0 \quad (n = 1, 2, \ldots) \tag{1.18}$$

証明　行列 $U(t)$ を

$$\dot{U}(t) = A(t)U(t), \quad U(0) = I \tag{1.19}$$

と定めて $U(t)L(0)U(t)^{-1}$ を考えれば，それが (1.16) と同じ形の方程式

$$\frac{d}{dt}(U(t)L(0)U(t)^{-1}) = [A(t), U(t)L(0)U(t)^{-1}]$$

を満たすことと初期値問題の解の一意性から

$$L(t) = U(t)L(0)U(t)^{-1} \tag{1.20}$$

という等式が得られる．これから固有多項式が t によらないこと

$$\det(\lambda I - L(t)) = \det(\lambda I - L(0))$$

がわかる．また，$\mathrm{Tr}(L^n)$ が t によらないことは直接計算によって

1.2 可積分性の意味　　　　　　　　　　　　　　　　　　　　　　　　　　**11**

$$\frac{d}{dt} \operatorname{Tr}(L^n) = \operatorname{Tr}(\dot{L}L^{n-1} + L\dot{L}L^{n-2} + \cdots + L^{n-1}\dot{L})$$
$$= \operatorname{Tr}([A, L]L^{n-1} + L[A, L]L^{n-2} + \cdots + L^{n-1}[A, L])$$
$$= 0$$

というように確かめられる（最後にトレースの対称性 $\operatorname{Tr}(XY) = \operatorname{Tr}(YX)$ を用いた）. ∎

　このようにラックス方程式は必然的に多数の保存量を伴っている. もっとも, この段階ではこれらの保存量は「時間に依存しない量」という意味での保存量にすぎない. 実際には, ラックス表示をもつ多くの可積分系はハミルトン系としての表示ももつ. 後に紹介する r 行列の方法などを用いれば, これらの保存量がハミルトン系のポアソン括弧に関して包合的な保存量であることを示せる.

注意 1.2.6. ラックス方程式のもとで L の固有値は一定であるが, 固有ベクトルは時間に依存して変化する. $\psi(0)$ が固有値 λ に対する $L(0)$ の固有ベクトルであれば, それを $U(t)$ によって時間発展させたもの

$$\psi(t) = U(t)\psi(0)$$

は同じ固有値 λ に対する $L(t)$ の固有ベクトルである. すなわち

$$L(t)\psi(t) = \lambda\psi(t) \tag{1.21}$$

という方程式を満たす. さらに $\psi(t)$ は t に関して

$$\dot{\psi}(t) = A(t)\psi(t) \tag{1.22}$$

という線形微分方程式も満たす. 逆に, $\psi(t)$ に対するこれらの方程式が両立することからラックス方程式が従う. ラックス表示に基づく可積分系の取り扱いにおいては L の固有値以上に固有ベクトルが重要な役割を果たす. 実際, L の固有値は保存量の情報を含むにすぎない. 残りの動力学的自由度は固有ベクトルが担っている.

1.2.4　ラックス表示の例

　ここでは戸田格子 (Toda lattice) あるいは戸田鎖 (Toda chain) と呼ばれる代表的な可積分系を例に選んで，ラックス表示の具体的な形を紹介する．戸田格子は戸田盛和によって 1 次元の無限格子系として導入されたが [172], [173], 自由端を設けたり周期的境界条件を課したりすることによって半無限鎖や有限鎖の模型にすることもできる．エノン (M. Hénon) は有限戸田鎖が自由度と同じ個数の独立な保存量をもつことを直接的な方法で示した [73]．その後まもなく，フラシカ (H. Flaschka) とマナコフ (S. V. Manakov) によって戸田格子のラックス表示が見いだされた [58], [59], [110]．彼らはエノンの保存量と実質的に同じものをラックス表示から導出し，それらの包合性も示している．以下ではこのような有限鎖の場合を取り上げるが，無限鎖の場合にも同様にしてラックス表示ができる [58], [59].

a.　非周期的有限戸田鎖

　両端のある有限戸田鎖は

$$H = \frac{1}{2}\sum_{j=1}^{N} p_j^2 + \sum_{j=1}^{N-1} g^2 e^{q_j - q_{j+1}} \tag{1.23}$$

というハミルトニアンによって定義される．ここで g は結合定数と呼ばれる定数である．可積分性を論じる際には結合定数はそれほど重要な役割を演じないので，$g = 1$ に選ぶことも多いが，以下では結合定数を入れた形で話を進める．運動方程式は

$$\dot{q}_j = p_j, \quad \dot{p}_j = g^2 e^{q_{j-1} - q_j} - g^2 e^{q_j - q_{j+1}} \tag{1.24}$$

となる．全運動量

$$P = \sum_{j=1}^{N} p_j \tag{1.25}$$

はハミルトニアンとポアソン可換であり，保存量となる．この保存量の存在は系の並進 $q_j \to q_j + c$ に関する不変性を反映するものであり，可積分性とはあまり関係がない．

　この系をラックス表示するには，フラシカ [58], [59] にならって，もとの力学

1.2 可積分性の意味 **13**

変数 q_j, p_j からフラシカ変数 (Flaschka variable) と呼ばれる変数

$$a_j = g e^{(q_j - q_{j+1})/2} \ (j = 1, \ldots, N-1), \quad b_j = -p_j \ (j = 1, \ldots, N) \quad (1.26)$$

に乗り換える．フラシカ変数は

$$
\begin{aligned}
\dot{a}_j &= \frac{a_j}{2}(b_{j+1} - b_j) \quad (j = 1, \ldots, N-1), \\
\dot{b}_j &= a_j^2 - a_{j-1}^2 \quad (j = 1, \ldots, N)
\end{aligned}
\tag{1.27}
$$

という運動方程式に従う．ラックス表示はいわゆる **3 重対角行列** (tri-diagonal matrix)

$$
L = \begin{pmatrix}
b_1 & a_1 & 0 & \cdots & & 0 \\
a_1 & b_2 & \ddots & & \ddots & \vdots \\
0 & \ddots & \ddots & & \ddots & 0 \\
\vdots & \ddots & & \ddots & b_{N-1} & a_{N-1} \\
0 & \cdots & & 0 & a_{N-1} & b_N
\end{pmatrix}, \tag{1.28}
$$

$$
A = \frac{1}{2} \begin{pmatrix}
b_0 & a_1 & 0 & \cdots & & 0 \\
-a_1 & b_2 & \ddots & & \ddots & \vdots \\
0 & \ddots & \ddots & & \ddots & 0 \\
\vdots & \ddots & & \ddots & b_{N-1} & a_{N-1} \\
0 & \cdots & & 0 & -a_{N-1} & b_N
\end{pmatrix} \tag{1.29}
$$

によって与えられる．ラックス方程式 $\dot{L} = [A, L]$ がフラシカ変数に対する運動方程式と同値であることは容易に確かめられる．

このラックス表示から一連の保存量が $\mathrm{Tr}(L^n) \ (n = 1, 2, \cdots)$ という形で得られるわけだが，その最初の二つは

$$\mathrm{Tr}(L) = -P, \quad \mathrm{Tr}(L^2) = 2H$$

となって，ちょうど全運動量とハミルトニアンに等しい．高次の保存量 $\mathrm{Tr}(L^n)$ は運動量に関して n 次の多項式となる．とくにこれらの保存量の関数的独立性がわかる．

b. 周期的有限戸田鎖

N 周期的な有限戸田鎖は

$$H = \frac{1}{2}\sum_{j=1}^{N} p_j^2 + \sum_{j=1}^{N} g^2 e^{q_j - q_{j+1}} + g^2 e^{q_N - q_1} \tag{1.30}$$

というハミルトニアンによって定義される. これは両無限戸田格子において

$$q_{n+N} = q_n, \quad p_{n+N} = p_n$$

という周期的境界条件を課したものと見なせる. 非周期的な場合のフラシカ変数 $a_1, \ldots, a_{N-1}, b_1, \ldots, b_N$ に加えて

$$a_N = g^2 e^{q_N - q_1} \tag{1.31}$$

を導入すれば, 非周期的な場合と同じ形の方程式と新たな方程式

$$\dot{a}_N = \frac{a_N}{2}(b_1 - b_N) \tag{1.32}$$

からなる $2N$ 個の運動方程式が得られる. ただし $a_1, \ldots, a_N$ の間には

$$a_1 \cdots a_N = g^{2N} \tag{1.33}$$

という等式が成立するので, フラシカ変数で考えるときの本質的な自由度は非周期的有限鎖と変わらない.

この場合のラックス表示はスペクトルパラメータ (spectral parameter) と呼ばれるパラメータ z を含む $N \times N$ 行列

$$L(z) = \begin{pmatrix} b_1 & a_1 & 0 & \cdots & a_N z^{-1} \\ a_1 & b_2 & \ddots & \ddots & \vdots \\ 0 & \ddots & \ddots & \ddots & 0 \\ \vdots & \ddots & \ddots & b_{N-1} & a_{N-1} \\ a_N z & \cdots & 0 & a_{N-1} & b_N \end{pmatrix}, \tag{1.34}$$

$$A(z) = \frac{1}{2} \begin{pmatrix} b_0 & a_1 & 0 & \cdots & 0 \\ -a_1 & b_2 & \ddots & \ddots & \vdots \\ 0 & \ddots & \ddots & \ddots & 0 \\ \vdots & \ddots & \ddots & b_{N-1} & a_{N-1} \\ a_N z & \cdots & 0 & -a_{N-1} & b_N \end{pmatrix} \tag{1.35}$$

1.2 可積分性の意味　　　　　　　　　　　　　　　　　　　　　　　**15**

で与えられる. 非周期的有限鎖の L, A とは $(1, N)$ 成分と $(N, 1)$ 成分のみが異なることに注意されたい. すなわち, $(1, N)$ 成分のみ 1 で他の成分が 0 の行列 E_{1N} と $(N, 1)$ 成分のみ 1 で他の成分が 0 の行列 E_{N1} を用いれば,

$$L(z) = L + a_N z E_{N1} + a_N z^{-1} E_{1N}, \quad A(z) = A + a_N z E_{N1}$$

となる. フラシカ変数の運動方程式はこれらに対するラックス方程式

$$\dot{L}(z) = [A(z), L(z)]$$

に翻訳される.

　すでに述べた保存量の構成はラックス表示がスペクトルパラメータを含む場合にもそのまま通用する. さらに, 今の場合に特徴的なこととして, $L(z)$ の固有多項式が

$$\det(\lambda I - L(z)) = a_1 \ldots a_N (z + z^{-1}) - P(\lambda) \tag{1.36}$$

という形をしていることがわかる. ここで $P(\lambda)$ は

$$P(\lambda) = \begin{vmatrix} \lambda - b_1 & -a_1 & \cdots & 0 \\ -a_1 & \lambda - b_2 & \ddots & \vdots \\ \vdots & \ddots & \ddots & -a_{N-1} \\ 0 & \cdots & -a_{N-1} & \lambda - b_N \end{vmatrix}$$
$$+ a_N^2 \begin{vmatrix} \lambda - b_2 & -a_2 & \cdots & 0 \\ -a_2 & \lambda - b_3 & \ddots & \vdots \\ \vdots & \ddots & \ddots & -a_{N-2} \\ 0 & \cdots & -a_{N-2} & \lambda - b_{N-1} \end{vmatrix} \tag{1.37}$$

で与えられる. これは

$$P(\lambda) = \lambda^N + \sum_{k=1}^{N} H_k \lambda^{N-k} \tag{1.38}$$

という形の多項式であり, その係数 $H_1, \ldots, H_N$ が保存量となる. 最初の二つは

$$H_1 = P, \quad H_2 = 2H$$

16   第 1 章　古典可積分系

となって全運動量・ハミルトニアンに一致する．H_k は運動量について k 次の
保存量を与える．$a_1 \cdots a_N$ はすでに注意したように g^{2N} に等しいので，保存
量というよりも単なる定数（後に説明するポアソン構造の言葉では「カシミー
ル関数」）である．

注意 1.2.7（スペクトル曲線）．$L(z)$ の固有方程式

$$\det(\lambda I - L(z)) = g^{2N}(z + z^{-1}) - P(\lambda) = 0 \qquad (1.39)$$

は (λ, z) 平面上の曲線を定める．これは**スペクトル曲線** (spectral curve) と呼
ばれ，周期的有限戸田鎖を代数幾何学的方法で扱う際の基礎となる [31], [99]．
この曲線は種数が $N - 1$ の**超楕円曲線** (hyper-elliptic curve) であり，

$$z = \frac{P(\lambda) + y}{2g^{2N}} \qquad (1.40)$$

という変数変換で超楕円曲線としての標準形

$$y^2 = P(\lambda)^2 - 4g^{4N} \qquad (1.41)$$

に変換できる．

1.2.5　r 行列による包合性の証明

　$\mathrm{Tr}(L^n)$ の形で得られる保存量が包合的であることを示すにはいくつかの方
法があるが，その中でも **r 行列** (r matrix) に基づく方法は今日では標準的な
ものとして広く用いられている．

　この方法の原型は統計物理や量子力学の可積分系を扱うためにファデーエ
フ (L. D. Faddeev) らが開発した**量子逆散乱法** (quantum inverse scattering
method) にある [49]．そこでは r 行列の代わりに **R 行列** (R matrix) と呼ばれる
行列が用いられる．R 行列は**ヤン–バクスター方程式** (Yang–Baxter equation)
を満たすが，ベラヴィン (A. A. Belavin) とドリンフェルド (V. G. Drinfeld) はそ
の「古典極限」としての r 行列を導入し，古典可積分系のハミルトン構造との関係
を指摘した [16]．この関係はセメノフ–チャン–シャンスキー (M. A. Semenov-
Tian-Shansky) によってより一般的な形で定式化された [155]．

1.2 可積分性の意味 **17**

以下ではこの r 行列を用いる方法によって $\mathrm{Tr}(L^n)$ の包合性を証明する．これは 1.5 節の内容を一部先取りして紹介するものである．

最初にポアソン構造の設定を確認しておく（ポアソン構造の概念についても 1.5 節を参照されたい）．フラシカ変数の運動方程式はそれ自体として閉じた力学系をなすが，その相空間は $2N-1$ 次元なので，シンプレクティック多様体ではない．フラシカ変数のポアソン括弧を計算すれば

$$\{a_j, a_k\} = 0, \quad \{b_j, b_k\} = 0, \quad \{a_j, b_k\} = -\delta_{jk}\frac{a_j}{2} + \delta_{j+1,k}\frac{a_j}{2} \quad (1.42)$$

となるので，この相空間は奇数次元のポアソン多様体と見なせる．全運動量

$$P = -b_1 - \cdots - b_N$$

はこの多様体の上のすべての関数とポアソン可換な「カシミール関数」であり，その等位面 $P = c$（c は任意定数）の上にシンプレクティック多様体としての相空間が実現される．この例に典型的に見られるように，可積分系のハミルトン構造を考える際の自然な舞台設定はシンプレクティック多様体ではなくてポアソン多様体であることが多い．

フラシカ変数のポアソン括弧から $L = (L_{ij})$ の行列要素の間のポアソン括弧が決まるわけだが，r 行列の方法ではそれらを

$$\{L \overset{\otimes}{,} L\} = \sum_{i,j,k,\ell=1}^{N} \{L_{ij}, L_{k\ell}\} E_{ij} \otimes E_{k\ell} \quad (1.43)$$

という形（テンソル積構造をもつ $N^2 \times N^2$ 行列）にまとめて扱う．ここで行列単位（一つの成分のみ 1 で，他の成分が 0 であるような行列）

$$E_{k\ell} = (\delta_{ik}\delta_{j\ell})_{i,j=1,\ldots,N}$$

の記号を用いている．さらに，天下り的であるが，この場合の r 行列として

$$r = \frac{1}{2} \sum_{1 \le i < j \le N} (E_{ij} \otimes E_{ji} - E_{ji} \otimes E_{ij}) \quad (1.44)$$

を導入する．

補題 1.2.8. 非周期的有限戸田鎖の L 行列 (1.28) に対して

$$\{L \overset{\otimes}{,} L\} = [r, L \otimes I + I \otimes L] \tag{1.45}$$

という等式が成立する.

　この補題を証明するには定義に基づいて両辺を丁寧に計算して比べればよいが, 少々手間がかかるのでここでは省略する. 一般に, 包合性の証明の場合に限らず, r 行列に基づく議論の出発点は L 行列の行列要素のポアソン括弧を上の (1.45) のような形 (あるいはそのさまざまな変種) にまとめることにある. いったんこれが得られれば, その後の議論は定型的な計算によってほぼ機械的に進行する.

補題 1.2.9. 一般にポアソン括弧の定義された行列 $L = (L_{ij})$ に対して

$$\{\mathrm{Tr}(L^m), \mathrm{Tr}(L^n)\} = mn \, \mathrm{Tr}\Big(\{L \overset{\otimes}{,} L\}(L^{m-1} \otimes L^{n-1})\Big) \tag{1.46}$$

という等式が成立する. ここで Tr はテンソル積全体にわたるトレース

$$\mathrm{Tr}\Big(\sum_{i,j,k,\ell=1}^{N} a_{ijk\ell} E_{ij} \otimes E_{k\ell} \Big) = \sum_{i,k=1}^{N} a_{iikk}$$

を表す.

証明　$\mathrm{Tr}(L^m)$ は

$$\mathrm{Tr}(L^m) = \sum_{i_1,\ldots,i_m} L_{i_1 i_2} L_{i_2 i_3} \cdots L_{i_m i_1}$$

というように表せる. $\mathrm{Tr}(L^n)$ も同様に表して, ライプニッツ則

$$\{FG, H\} = \{F, H\}G + F\{G, H\}, \quad \{F, GH\} = \{F, G\}H + G\{F, H\}$$

を用いて $\{\mathrm{Tr}(L^m), \mathrm{Tr}(L^n)\}$ を展開すれば,

$$\{\mathrm{Tr}(L^m), \mathrm{Tr}(L^n)\} = mn \sum_{i_1,i_2,j_1,j_2=1}^{N} \{L_{i_1 i_2}, L_{j_1 j_2}\} L_{i_2 i_3} \cdots L_{i_m i_1} L_{j_2 j_3} \cdots L_{j_n j_1}$$

$$= mn \sum_{i_1,i_2,j_1,j_2=1}^{N} \{L_{i_1 i_2}, L_{j_1 j_2}\} (L^{m-1})_{i_2 i_1} (L^{n-1})_{j_2 j_1}$$

となる. 補題の主張はこれからただちに従う. ∎

この補題で示された恒等式に前述のポアソン括弧の表示 (1.45) を代入すれば

$$\{\mathrm{Tr}(L^m), \mathrm{Tr}(L^n)\} = mn\, \mathrm{Tr}\Big([r, L \otimes I + I \otimes L](L^{m-1} \otimes L^{n-1})\Big)$$
$$= mn\, \mathrm{Tr}\,[r, L^m \otimes L^{n-1} + L^{m-1} \otimes L^n]$$
$$= 0$$

となる（最後にトレースの対称性 $\mathrm{Tr}(XY) = \mathrm{Tr}(YX)$ を用いた）．こうして次の定理が証明された．

定理 1.2.10. 非周期的有限戸田鎖の L 行列 (1.28) から得られる保存量 $\mathrm{Tr}(L^n)$ はフラシカ変数のポアソン括弧 (1.42) に関して包合的である．

注意 1.2.11. フラシカ [58], [59] とマナコフ [110] はここで紹介したものとは異なる方法で保存量の包合性を示している．

1.3 変数分離

1.3.1 一般的考察

ハミルトン系の**変数分離** (separation of variables) はハミルトン–ヤコビ方程式の解を求める方法として定式化される．そもそもハミルトン–ヤコビ理論自体の目標が変数分離による解法にあったといってもよいだろう．さもなければ，常微分方程式（ハミルトンの運動方程式）から偏微分方程式（ハミルトン–ヤコビ方程式）に乗り換えるのは，わざわざ問題を難しくすることにしか見えない．

変数分離の方法を適用するに当たっての最大の難関は「分離座標」，すなわち，変数分離を実行するのに適した正準座標を見いだすことである．たとえば，ヤコビの研究した 2 次曲面（楕円体）の上の測地運動では，分離座標として**楕円体座標** (elipsoidal coordinate) が用いられるが，これは決して明らかなものではない．この問題に関しては，フラシカとマクラフリン (D. W. McLaughlin) ならびにモーザー (J. Moser) による先駆的研究 [60], [122] 以降さまざまな研究が行われ，ラックス表示（ただしスペクトルパラメータを含むものでなければ

ならない）から分離座標を見いだす方法が確立した．このように，ラックス表示は変数分離にも使えるのである．この方法についてはこの節の最後に触れる．

a. 分離座標

分離座標をもとの正準座標 $(\boldsymbol{q}, \boldsymbol{p})$ と区別して $(\boldsymbol{\lambda}, \boldsymbol{\mu}) = (\lambda_1, \ldots, \lambda_N, \mu_1, \ldots, \mu_N)$ という記号で表そう．ハミルトニアンがその関数 $H = H(\boldsymbol{\lambda}, \boldsymbol{\mu})$ として与えられているとする．変数分離解法ではハミルトン–ヤコビ方程式

$$H(\boldsymbol{\lambda}, S_{\lambda_1}, \ldots, S_{\lambda_N}) = E$$

の解を変数分離形

$$S = \sum_{j=1}^{N} S_j(\lambda_j) \tag{1.47}$$

で求める．ここで $S_j(\lambda_j)$ は λ_j のみの関数である．もちろんこれはハミルトニアンが特別なものでなければ期待できない．**変数分離可能 (separable) ハミルトニアン**と呼ばれるものでは，S を上のような変数分離形に仮定して得られるハミルトン–ヤコビ方程式

$$H(\boldsymbol{\lambda}, S_1'(\lambda_j), \ldots, S_N'(\lambda_N)) = E, \quad S_j'(\lambda_j) = \frac{\partial S_j}{\partial \lambda_j}$$

が S_j ごとの方程式

$$f_j(\lambda_j, S_j'(\lambda_j)) = 0 \quad (j = 1, \ldots, N) \tag{1.48}$$

に分離し，さらにこの分離を行う過程で $I_1 = E$ 以外の積分定数 $I_2, \ldots, N$ が生じる．

S がこれらの積分定数 $\boldsymbol{I} = (I_1, \ldots, I_N)$ に関数的に独立に依存する完全解 $S = S(\boldsymbol{\lambda}, \boldsymbol{I})$ であれば，S を母関数とする正準変換

$$\mu_j = S_j'(\lambda_j), \quad \phi_k = \sum_{j=1}^{N} \frac{\partial S_j}{\partial I_k} \tag{1.49}$$

によってもとのハミルトン系は作用・角変数

$$(\boldsymbol{\phi}, \boldsymbol{I}) = (\phi_1, \ldots, \phi_N, I_1, \ldots, I_N)$$

に関する線形方程式系

$$\dot{\phi}_1 = 1, \ \dot{\phi}_2 = \cdots = \dot{\phi}_N = 0, \ \dot{I}_1 = \cdots = \dot{I}_N = 0 \tag{1.50}$$

になる．ただし，大域的な意味での作用・角変数系であるかどうかは，この議論がどの程度大域的な意味をもつかによる．

b. 幾何学的意味

幾何学的に見れば，ハミルトン–ヤコビ方程式は $2N$ 次元の相空間 X の中で S の定めるラグランジュ部分多様体

$$L = \{(\boldsymbol{\lambda}, \boldsymbol{\mu}) \in X \mid \mu_j = S_{\lambda_j}(\boldsymbol{\lambda}, \boldsymbol{\mu}) \quad (j = 1, \dots, N)\}$$

が H の等位面 $\{(\boldsymbol{\lambda}, \boldsymbol{\mu}) \in X \mid H(\boldsymbol{\lambda}, \boldsymbol{\mu}) = E\}$ に含まれていることを意味する．$S = S(\boldsymbol{\lambda}, \boldsymbol{I})$ が完全解であれば，$\boldsymbol{I}$ を変形パラメータとするラグランジュ部分多様体

$$L_{\boldsymbol{I}} = \{(\boldsymbol{\lambda}, \boldsymbol{\mu}) \in X \mid \mu_j = S_{\lambda_j}(\boldsymbol{\lambda}, \boldsymbol{I}) \quad (j = 1, \dots, N)\} \tag{1.51}$$

の N 次元族が得られる．ハミルトン–ヤコビ方程式を変数分離して得られる方程式 (1.48) は積分定数 $I_1, \dots, I_N$ に依存するので，その依存性を明示して

$$f_j(\lambda_j, S_j'(\lambda_j), \boldsymbol{I}) = 0$$

と書くことにしよう．これに対応して $L_{\boldsymbol{I}}$ は

$$L_{\boldsymbol{I}} = \{(\boldsymbol{\lambda}, \boldsymbol{\mu}) \in X \mid f_j(\lambda_j, \mu_j, \boldsymbol{I}) = 0 \quad (j = 1, \dots, N)\} \tag{1.52}$$

と表せる．これは 2 次元相空間内の曲線

$$C_j = \{(\lambda_j, \mu_j) \mid f_j(\lambda_j, \mu_j, \boldsymbol{I}) = 0\} \tag{1.53}$$

の直積 $C_1 \times \cdots \times C_N$ と見なせる．この曲線の定義方程式が μ_j について

$$\mu_j = \mu_j(\lambda_j, \boldsymbol{I})$$

と解ければ，それを積分したもの

$$S_j(\lambda_j) = \int^{\lambda_j} \mu_j(\lambda_j, \boldsymbol{I}) d\lambda_j$$

の和

$$S = \sum_{j=1}^{N} \int^{\lambda_j} \mu_j(\lambda_j, \boldsymbol{I}) d\lambda_j \tag{1.54}$$

としてハミルトン–ヤコビ方程式の完全解が得られる．

　リューヴィルの意味の可積分性との関係もこの幾何学的解釈によって明らか

になる. N 個の関数的に独立で包合的な保存量の組 $H_1, \ldots, H_N$ が与えられれば, その等位面の共通部分としてラグランジュ部分多様体

$$L_I = \{(\boldsymbol{q}, \boldsymbol{p}) \in X \mid H_j(\boldsymbol{q}, \boldsymbol{p}) = I_j \quad (j = 1, \ldots, N)\} \tag{1.55}$$

の N 次元族が得られる. この設定における変数分離とは, もとの正準座標 $(\boldsymbol{q}, \boldsymbol{p})$ から適当な正準座標 $(\boldsymbol{\lambda}, \boldsymbol{\mu})$ に乗り換えて L_I を上のような「直積形」に表すことである. この設定では $H = H_1$ のみならず各 H_j がハミルトニアンとして変数分離可能と見なせることに注意されたい.

1.3.2 変数分離の例

以下では, カロジェロ (F. Calogero) によって導入され [21], 後に金魚方程式 (goldfish equation) と呼ばれるようになった [22] 粒子系の方程式を例として取り上げる. なお, これは有名な「カロジェロ–モーザー系」[20] とはまったく別のものなので, 混同しないように注意されたい.

a. 運動方程式とハミルトニアン

この方程式は 1 個のパラメータ c をもち, $c = 0$ の場合には, 係数が t の 1 次式として変化するような多項式

$$Q(\lambda) = Q_0(\lambda) + tQ_1(\lambda) \tag{1.56}$$

の根の運動を記述する ($c \neq 0$ の場合にも同様の解釈がある). このように本来単純な (あきらかに求積可能な) 方程式ではあるが, ハミルトン系として定式化し直せば, 変数分離可能であることがわかる [119], [120]. これは変数分離可能ハミルトン系としても特殊なものであるが, 変数分離の典型的な仕組みがそこから読み取れる, という意味では大変教訓的な例である.

この方程式のハミルトニアンは

$$H = \sum_{j=1}^{N} \frac{e^{\mu_j} - c\lambda_j^N}{Q'(\lambda_j)} \tag{1.57}$$

で与えられる. ここで c は定数であり, $Q(\lambda)$ は

$$Q(\lambda) = \prod_{j=1}^{N} (\lambda - \lambda_j) \tag{1.58}$$

という多項式を，また $Q'(\lambda)$ はその導関数を表す．ハミルトンの運動方程式

$$\dot{\lambda}_j = H_{\mu_j}, \ \dot{\mu}_j = -H_{\lambda_j}$$

から μ_j とその導関数を消去すれば，ニュートンの運動方程式として

$$\ddot{\lambda}_j = \sum_{k \neq j} \frac{2\dot{\lambda}_j \dot{\lambda}_k}{\lambda_j - \lambda_k} + c\dot{\lambda}_j \tag{1.59}$$

というものが得られる．これが本来の金魚方程式である．

b. 変数分離の手順

S を前述の変数分離形 (1.47) に仮定すれば，ハミルトン–ヤコビ方程式は

$$\sum_{j=1}^{N} \frac{e^{S_j'(\lambda)} - c\lambda_j^N}{Q'(\lambda_j)} = E \tag{1.60}$$

となる．他方，多項式に関するラグランジュの補間公式

$$\sum_{j=1}^{N} \frac{\lambda_j^{N-n}}{Q'(\lambda_j)(\lambda - \lambda_j)} = \frac{\lambda^{N-n}}{Q(\lambda)} \quad (n = 1, \ldots, N) \tag{1.61}$$

から $\lambda = \infty$ における留数を拾い出せば

$$\sum_{j=1}^{N} \frac{\lambda_j^{N-n}}{Q'(\lambda_j)} = \delta_{n,1} \tag{1.62}$$

という恒等式が得られる．このことに注意すれば，$S_j'(\lambda_j)$ が

$$e^{S_j'(\lambda_j)} - c\lambda_j^N = E\lambda_j^{N-1} + I_2\lambda_j^{N-2} + \cdots + I_N$$

という方程式を満たすとき

$$S = S_1(\lambda_1) + \cdots + S_N(\lambda_N)$$

がハミルトン–ヤコビ方程式を満たすことがわかる．

$$P(\lambda) = c\lambda^N + E\lambda^{N-1} + I_2\lambda^{N-2} + \cdots + I_N$$

という多項式を導入してこの方程式を書き直せば

$$e^{S_j'(\lambda_j)} = P(\lambda_j) \tag{1.63}$$

となる．これが今の場合の変数分離されたハミルトン–ヤコビ方程式である．

c. 完全解と作用・角変数

(1.63) を $S_j'(\lambda_j)$ について解いて積分すれば

$$S_j(\lambda_j) = \int^{\lambda_j} \log P(\lambda) d\lambda$$

という解が得られる．それらの和

$$S = \sum_{j=1}^{N} \int^{\lambda_j} \log P(\lambda) d\lambda \tag{1.64}$$

がハミルトン–ヤコビ方程式の解を与える．

この解が $I_1 = E$ と $I_2, \ldots, I_N$ を積分定数とする完全解であることを確認しておこう．$I_1, \ldots, I_N$ に対応する「角変数」$\phi_1, \ldots, \phi_N$ を求めてみれば

$$\phi_n = \frac{\partial S}{\partial I_n} = \sum_{j=1}^{N} \int^{\lambda_j} \frac{\lambda^{N-n}}{P(\lambda)} d\lambda \tag{1.65}$$

となる．さらに，これを λ_i で微分すれば

$$\frac{\partial^2 S}{\partial I_n \partial \lambda_j} = \frac{\partial \phi_n}{\partial \lambda_j} = \frac{\lambda_j^{N-n}}{P(\lambda_j)}$$

となるから，それらを行列要素とする行列式は

$$\det\left(\frac{\partial^2 S}{\partial I_i \partial \lambda_j}\right)_{i,j=1,\ldots,N} = \frac{\Delta(\lambda_1, \ldots, \lambda_N)}{P(\lambda_1) \cdots P(\lambda_N)} \tag{1.66}$$

と表せる．ここで右辺の分子は $\lambda_1, \ldots, \lambda_N$ の差積である．これから S が非退化性条件 (1.9) を満たすことがわかる．

変数分離されたハミルトン–ヤコビ方程式が (1.63) の形をとるので，対応する 2 次元相空間内の曲線 (1.53) は j によらないもの

$$C = \{(\lambda, \mu) \mid e^{\mu} = P(\lambda)\} \tag{1.67}$$

になる．$(\boldsymbol{\lambda}, \boldsymbol{\mu})$ が運動方程式に従って運動するとき，各成分 (λ_j, μ_j) はこの共通の曲線の上を運動することになる．

1.3.3 包合的な保存量の構成

上で紹介した例では，変数分離の過程で N 個の積分定数 $I_1, \ldots, I_N$ が生じ

た. これらから関数的に独立で包合的な保存量 $H_1, \ldots, H_N$ が構成できる. これは一般の変数分離可能系についてもいえることである. ただし, これらの保存量が相空間上の大域的な関数として定まるかどうかは微妙な問題であり, 個々の場合について詳しく検討する必要がある.

a. 一般論

保存量 $H_j = H_j(\boldsymbol{\lambda}, \boldsymbol{\mu})$ が

$$f_j(\lambda_j, \mu_j, H_1, \ldots, H_N) = 0 \quad (j = 1, \ldots, N) \tag{1.68}$$

という方程式によって定義されるとする. f_j が非退化性条件

$$\det\left(\frac{\partial f_i}{\partial I_j}\right)_{i,j=1,\ldots,N} \neq 0 \tag{1.69}$$

を満たすところでは, 陰関数定理によって H_j の存在が保証される. この非退化性条件は S が完全解であるための非退化性条件 (1.9) と対応している.

定理 1.3.1. このようにして定まる関数 $H_1, \ldots, H_N$ は互いに包合的である.

証明 $H_j = H_j(\boldsymbol{\lambda}, \boldsymbol{\mu})$ が決まれば, それを (1.68) に代入したもの

$$f_j(\lambda_j, \mu_j, H_1(\boldsymbol{\lambda}, \boldsymbol{\mu}), \ldots, H_N(\boldsymbol{\lambda}, \boldsymbol{\mu})) = 0$$

は $(\boldsymbol{\lambda}, \boldsymbol{\mu})$ に関して恒等的に成立する等式である. それを λ_k, μ_k に関して偏微分すれば

$$\delta_{jk}\frac{\partial f_j}{\partial \lambda_j} + \sum_{i=1}^{N} a_{ji}\frac{\partial H_i}{\partial \lambda_k} = 0,$$

$$\delta_{jk}\frac{\partial f_j}{\partial \mu_j} + \sum_{i=1}^{N} a_{ji}\frac{\partial H_i}{\partial \mu_k} = 0$$

という等式が得られる. ここで a_{jk} は

$$a_{jk} = \left.\frac{\partial f_j}{\partial I_k}\right|_{I_1=H_1,\ldots,I_N=H_N}$$

で与えられる.

$$A = (a_{ij})_{i,j=1,\ldots,N}, \quad B = \left(\frac{\partial H_i}{\partial \lambda_j}\right)_{i,j=1,\ldots,N}, \quad C = \left(\frac{\partial H_i}{\partial \mu_j}\right)_{i,j=1,\ldots,N}$$

という $N \times N$ 行列を導入すれば，上の等式は

$$
AB = -\operatorname{diag}\Big(\frac{\partial f_1}{\partial \lambda_1}, \ldots, \frac{\partial f_N}{\partial \lambda_N}\Big),
$$

$$
AC = -\operatorname{diag}\Big(\frac{\partial f_1}{\partial \mu_1}, \ldots, \frac{\partial f_N}{\partial \mu_N}\Big)
$$

と書き直せる．$\operatorname{diag}(\cdots)$ はそこに並べた要素を対角線に並べた対角行列を表す．これから

$$
B\,{}^{\mathrm{t}}C = A^{-1} \operatorname{diag}\Big(\frac{\partial f_1}{\partial \lambda_1}\frac{\partial f_1}{\partial \mu_1}, \ldots, \frac{\partial f_N}{\partial \lambda_N}\frac{\partial f_N}{\partial \mu_N}\Big)\,{}^{\mathrm{t}}A^{-1} = C\,{}^{\mathrm{t}}B
$$

という等式が成立することがわかる．$B\,{}^{\mathrm{t}}C - C\,{}^{\mathrm{t}}B$ の (j,k) 要素は $\{H_j, H_k\}$ に等しいので，求める結果が得られる． ∎

b. 金魚方程式の場合

カロジェロの金魚方程式の場合には，ラグランジュの補間公式 (1.61) を用いてこれらの保存量を具体的に求めることができる．補間公式によって

$$
\frac{H_1\lambda^{N-1} + \cdots + H_N}{Q(\lambda)} = \sum_{j=1}^{N} \frac{H_1\lambda_j^{N-1} + \cdots + H_N}{Q'(\lambda_j)(\lambda - \lambda_j)}
$$

という等式が成立する．他方，この場合の (1.68) は

$$
e^{\mu_j} = c\lambda_j^N + H_1\lambda_j^{N-1} + \cdots + H_N
$$

となる．これを代入すれば

$$
\frac{H_1\lambda^{N-1} + \cdots + H_N}{Q(\lambda)} = \sum_{j=1}^{N} \frac{e^{\mu_j} - c\lambda_j^N}{Q'(\lambda_j)(\lambda - \lambda_j)}
$$

という等式が得られる．両辺に $Q(\lambda)$ を乗じて，$Q(\lambda)$ の定義から

$$
\frac{Q(\lambda)}{\lambda - \lambda_j} = -\frac{\partial Q(\lambda)}{\partial \lambda_j}
$$

となることに注意すれば，λ^{N-n} の係数の比較によって，最終的に

$$
H_n = -\sum_{j=1}^{N} \frac{e^{\mu_j} - c\lambda_j^N}{Q'(\lambda_j)}\frac{\partial v_n}{\partial \lambda_j} \tag{1.70}
$$

という保存量の表示が得られる．ここで v_n は $Q(\lambda)$ の展開

$$Q(\lambda) = \lambda^N + \sum_{n=1}^{N} v_n \lambda^{N-n}$$

の係数を表す．とくに $n = 1$ の場合には，$Q(\lambda)$ の根と係数の関係から $\partial v_1 / \partial \lambda_j = -1$ がわかるので，

$$H_1 = \sum_{j=1}^{N} \frac{e^{\mu_j} - c\lambda_j^N}{Q'(\lambda_j)} = H \tag{1.71}$$

となる（$I_1 = E$ から当然期待される結果である）．これらの保存量はハミルトニアン H と同様に（粒子同士がぶつかる $\lambda_j = \lambda_k$ の部分を除けば）相空間上で大域的に定義されている．

1.3.4 ラックス表示をもつ可積分系の変数分離

スペクトルパラメータに依存する行列 $L(z)$ によってラックス表示される可積分系の変数分離は有限自由度可積分系やソリトン方程式の代数幾何学的解法 [15], [43], [44], [97], [98], [125〜127] と密接に関連している．

a.　代数幾何学的解法と変数分離解法の関係

代数幾何学的解法においては，もとの系（有限自由度ハミルトン系やソリトン方程式の代数幾何学的特殊解）の時間発展がスペクトル曲線

$$C = \{(\lambda, z) \mid \det(\lambda I - L(z)) = 0\} \tag{1.72}$$

のヤコビ多様体 (Jacobi variety) $\mathrm{Jac}(C)$ の上の直線運動と対応する．ヤコビ多様体の点は C 上の g 個（g は C の種数を表す）の点の組 $\mathcal{D} = (\lambda_j, z_j)_{j=1}^{g} \in C^g$ の線形同値類である．C の定点 (λ_0, z_0) と C 上の正則微分形式の基底 $\omega_1, \ldots, \omega_g$ を選んで

$$\phi_k = \sum_{j=1}^{g} \int_{(\lambda_0, z_0)}^{(\lambda_j, z_j)} \omega_k \quad (k = 1, \ldots, g) \tag{1.73}$$

という積分の組 $\phi = (\phi_1, \ldots, \phi_g)$ を考えれば，$\mathcal{D} \mapsto \phi$ という対応はヤコビ多様体からその複素トーラスとしての実現 $\mathbb{C}^g / L$ へのアーベル–ヤコビ写像 (Abel-Jacobi mapping) を定める．「直線運動」とは，この ϕ が時間に関して1次式であることを意味する．

この状況をアーノルド–リューヴィルの定理の設定と比較すれば，ヤコビ多様体（まさしくトーラスである）がラグランジュ部分多様体 L_I に相当する．アーベル–ヤコビ写像は角変数への写像であり，スペクトル曲線の方程式の係数が作用変数となる．

変数分離の観点から見れば，$\mathcal{D}$ の各点の座標 (λ_j, z_j) が分離座標にほかならない．これらの分離座標を求めるには $L(z)$ の固有ベクトル $\psi = \psi(\lambda, z)$（C 上の有理型関数からなる）を適当な正規化条件によって指定すればよい．$\mathcal{D}$ は ψ の極で与えられる．この処方（その原型はフラシカとマクラフリン [60] やモーザー [122] の研究の中にすでに現れている）はモントリオールのグループによって一般的な形で定式化され [3]，その後スクリャニン (E. K. Sklyanin) らによって量子可積分系も含むさまざまな可積分系に適用できることが示された（スクリャニンの「魔法のレシピ」）[158].

b. 2×2 行列の場合

ラックス表示が 2×2 行列で与えられる場合はとくに簡単に扱える．ここでは周期的戸田鎖の場合を例として説明するが，一般に 2×2 行列型のラックス表示をもつ可積分系（モーザーが変数分離を論じた系もその例である）の変数分離の手順はほぼ同様である．

まず周期的境界条件を課す前の無限戸田格子から出発する．無限戸田格子の運動方程式は

$$U_j(\lambda) = \begin{pmatrix} 0 & 1 \\ -c_{j-1} & \lambda - b_j \end{pmatrix}, \quad V_j(\lambda) = \begin{pmatrix} b_{j-1} & 1 \\ -c_{j-1} & \lambda \end{pmatrix}$$

という行列を用いて

$$\dot{U}_j(\lambda) = V_{j+1}(\lambda) U_j(\lambda) - U_j(\lambda) V_j(\lambda) \tag{1.74}$$

という形に書き直せる（これも一種のラックス表示である）．

ここで周期的境界条件 $b_{j+N} = b_j$, $c_{j+N} = c_j$ を課せば N 周期の戸田鎖が得られるわけだが，その場合には $U_j(\lambda)$ を鎖に沿って順に乗じたモノドロミー行列 (monodromy matrix)

$$M_j(\lambda) = U_{j+N-1}(\lambda) \cdots U_{j+1}(\lambda) U_j(\lambda)$$

1.3 変数分離

が等スペクトル的ラックス方程式

$$\dot{M}_j(\lambda) = [V_j(\lambda), M_j(\lambda)] \tag{1.75}$$

を満たす. したがって $M_j(\lambda)$ のスペクトル曲線の方程式

$$\det(zI - M_j(\lambda)) = z^2 - \mathrm{Tr}\, M_j(\lambda) z + \det M_j(\lambda) = 0 \tag{1.76}$$

は時間に依存しない.

実はこれらの曲線は $N \times N$ 行列型の L 行列から得られる曲線 (1.39) と本質的に同じものである ($z \to g^{\pm 2N} z$ というスケール変換で移り合う). $M_j(\lambda)$ のトレースと行列式が

$$\mathrm{Tr}\, M_j(\lambda) = \lambda^N + \sum_{n=1}^{N} H_n \lambda^{N-n}, \tag{1.77}$$

$$\det M_j(\lambda) = c_1 \cdots c_N = g^{4N} \tag{1.78}$$

となるので, 曲線の形は j によらず共通である. 分離座標の方はモノドロミー行列ごとに異なるのだが, ここでは $M(\lambda) = M_1(\lambda)$ に話を限定しよう.

$M(\lambda)$ は λ の多項式からなる行列であり,

$$M(\lambda) = \begin{pmatrix} A(\lambda) & B(\lambda) \\ C(\lambda) & D(\lambda) \end{pmatrix} = \begin{pmatrix} -c_N \lambda^{N-2} + \cdots & \lambda^{N-1} + \cdots \\ -c_N \lambda^{N-1} + \cdots & \lambda^N + \cdots \end{pmatrix} \tag{1.79}$$

という形をしている. $B(\lambda)$ の根を $\lambda_1, \ldots, \lambda_{N-1}$, それらにおける $A(\lambda)$ の値を $z_1, \ldots, z_{N-1}$ という記号で表す. すなわち

$$B(\lambda) = \prod_{j=1}^{N-1} (\lambda - \lambda_j), \quad z_j = A(\lambda_j) \tag{1.80}$$

と定めれば, $(\lambda_j, z_j)_{j=1}^{N-1}$ が求める分離座標である (正確にいえば $\mu_j = \log z_j$ が λ_j の正準共役変数となる). $N - 1$ がスペクトル曲線の種数に等しいことに注意されたい. このように $L(z)$ から直接的に分離座標が取り出せるのは $L(z)$ が 2×2 行列の場合の特殊事情である. この定義から

$$M(\lambda_j) = \begin{pmatrix} z_j & 0 \\ C(\lambda_j) & D(\lambda_j) \end{pmatrix}$$

となるので，z_j は $M(\lambda_j)$ の固有値の一つであり，(λ_j, z_j) はスペクトル曲線の上に乗っている.

(1.77) と (1.78) に注意して (λ_j, z_j) がスペクトル曲線の点であることを方程式として書き下せば

$$z_j + g^{4N} z_j^{-1} = \lambda_j^N + \sum_{n=1}^{N} H_n \lambda_j^{N-n} \quad (j = 1, \ldots, N) \tag{1.81}$$

という等式になる. この等式は一般論における (1.68) に相当するものであり，それによって H_n たちが分離座標の関数として定まる. ただし，H_1 は他の保存量と違って，カロジェロの金魚方程式のパラメータ c のように，外から与えられた定数

$$H_1 = P \quad (\text{全運動量})$$

と見なす（$P = 0$ に特殊化することも多い）. さらに，上の等式を

$$\sum_{n=2}^{N} H_n \lambda_j^{N-n} = z_j + g^{4N} z_j^{-1} - \lambda_j^N - P\lambda_j^{N-1}$$

と書き直してラグランジュの補間公式 (1.61) を用いれば，H_n の具体的な表示

$$H_n = -\sum_{j=1}^{N-1} \frac{z_j + g^{4N} z_j - \lambda_j^N - P\lambda_j^{N-1}}{B(\lambda_j)} \frac{\partial v_n}{\partial \lambda_j} \tag{1.82}$$

も得られる. ここで v_n は $B(\lambda)$ の展開

$$B(\lambda) = \lambda^{N-1} + \sum_{n=2}^{N} v_n \lambda^{N-n}$$

の係数を表す. とくに，本来のハミルトニアン $H = H_2$ は分離座標によって

$$H = \sum_{j=1}^{N-1} \frac{z_j + g^{4N} z_j - \lambda_j^N - P\lambda_j^{N-1}}{B(\lambda_j)} \tag{1.83}$$

と表せる.

1.4 群論的解法

1.4.1 QR 分解と LR 分解

群論的解法はリー群における要素の分解を用いて可積分系の解を構成する方

法である．以下では「QR 分解」と「LR 分解」（これは応用解析，とくに数値解析などで用いられる用語である）の 2 種類の分解を利用する．

a. QR 分解

QR 分解 (QR decomoposition) は与えられた正則な実正方行列 g を直交行列 Q と上三角行列 R の積に分解すること

$$g = QR$$

を意味する．この分解は一意的ではないが，R の対角成分がいずれも正である，という条件を課せば任意性は消える．このような分解を行うには，g の列ベクトルに対して**グラム–シュミット直交化** (Gram-Schmidt orthogonalization) を実行すればよい．得られた正規直交系を行列に並べたものが Q であり，正規直交系と g の列ベクトルを結ぶ変換行列が R になる．とくに，QR 分解はつねに実行できる．リー群の言葉を用いれば，g, Q, R はそれぞれ一般線形群 $GL(N, \mathbb{R})$，直交群 $O(N)$ ならびに上三角ボレル部分群

$$B_+ = \{R = (r_{ij}) \in GL(N, \mathbb{R}) \mid r_{ij} = 0 \ (i > j)\}$$

の要素であり，QR 分解はリー群の**岩沢分解** (Iwasawa decompositon) の特別な場合と見なせる．

b. LR 分解

LR 分解 (LR decomposition) は与えられた正則正方行列 g を下三角行列 S と上三角行列 R の積に分解すること

$$g = SR$$

を意味する（名称に忠実であれば，S の代わりに L を用いるべきであるが，L 行列の記号と重なるので，S を用いることにする）．これは連立線形方程式に対するガウスの消去法との関係で**ガウス分解** (Gauss decomposition) とも呼ばれる．この分解も一意的ではなく，S, R を対角行列 h によって

$$S \to Sh^{-1}, \quad R \to hR$$

とゲージ変換する任意性があるが，適当な正規化条件（たとえば S の対角要素をすべて 1 に選ぶこと）によってこの任意性を消すことができる．LR 分解の

対象は実行列である必要はない．その意味で，この場合に関わるリー群は一般線形群 $GL(N)$（係数体は $\mathbb{R}$ でも $\mathbb{C}$ でもよいので，係数体を省いてこのように表すことにする）であり，S, R はそれぞれ上三角ボレル部分群

$$B_+ = \{R = (r_{ij}) \in GL(N) \mid r_{ij} = 0 \quad (i > j)\}$$

ならびに下三角べき零部分群

$$N_- = \{S = (s_{ij}) \in GL(N) \mid s_{ij} = \delta_{ij} \quad (i \le j)\}$$

の要素である．

c. LR 分解についての注意

QR 分解と違って LR 分解はいつでも可能というわけではない．LR 分解可能であるための必要十分条件は $g = (g_{ij})$ の主小行列式がいずれも消えないこと

$$D_j = \begin{vmatrix} g_{1,1} & \cdots & g_{1,j} \\ \vdots & \ddots & \vdots \\ g_{j,1} & \cdots & g_{j,j} \end{vmatrix} \neq 0 \quad (j = 1, \ldots, N) \tag{1.84}$$

である．実際に分解を行うには（あとで使う場合もそうするのだが）S を S^{-1} に置き換えた形

$$g = S^{-1}R \tag{1.85}$$

で考える方が都合がよい．S, R の行列要素をそれぞれ

$$S = (s_{ij}), \quad R = (r_{ij})$$

と表す．さらに

$$s_{jj} = 1 \tag{1.86}$$

という正規化条件を課して LR 分解を実行することにする．LR 分解の関係式を $Sg = R$ と書き直して第 i 行を取り出し，それを二つの方程式

1.4 群論的解法

$$(s_{i,1} \ \cdots \ s_{i,i-1} \ 1) \begin{pmatrix} g_{1,1} & \cdots & g_{1,i-1} \\ \vdots & \ddots & \vdots \\ g_{i,1} & \cdots & g_{i-1,i-1} \end{pmatrix} = (0 \ \cdots \ 0),$$

$$(s_{i,1} \ \cdots \ s_{i,i-1} \ 1) \begin{pmatrix} g_{1,i} & \cdots & g_{1,N} \\ \vdots & \ddots & \vdots \\ g_{i,i} & \cdots & g_{i,N} \end{pmatrix} = (r_{i,i} \ \cdots \ r_{i,N})$$

に分ける. 前者を

$$(s_{i,1} \ \cdots \ s_{i,i-1}) \begin{pmatrix} g_{1,1} & \cdots & g_{1,i-1} \\ \vdots & \ddots & \vdots \\ g_{i,1} & \cdots & g_{i-1,i-1} \end{pmatrix} = (-g_{i,1} \ \cdots \ -g_{i,i-1})$$

と書き直してクラメルの公式を適用すれば, s_{ij} の行列式表示

$$s_{ij} = \frac{(-1)^{i-j}}{D_{i-1}} \begin{vmatrix} g_{1,1} & \cdots & g_{1,i-1} \\ \vdots & \vdots & \vdots \\ g_{j-1,1} & \cdots & g_{j-1,i-1} \\ g_{j+1,1} & \cdots & g_{j+1,i-1} \\ \vdots & \vdots & \vdots \\ g_{i,1} & \cdots & g_{i,i-1} \end{vmatrix} \tag{1.87}$$

が得られる. これを用いれば, もう一つの方程式から r_{ij} の行列式表示

$$r_{ij} = \frac{1}{D_{i-1}} \begin{vmatrix} g_{1,1} & \cdots & g_{1,i-1} & g_{1,j} \\ \vdots & \ddots & \vdots & \vdots \\ g_{i-1,1} & \cdots & g_{i-1,i-1} & g_{i-1,j} \\ g_{i,1} & \cdots & g_{i,i-1} & g_{i,j} \end{vmatrix} \tag{1.88}$$

が得られる. このように, g の主小行列式はこれらの行列式表示の共通の分母として現れる. あとで説明するように, じつはこれらの主小行列式が戸田鎖の τ 関数なのである.

1.4.2 QR 分解による有限戸田鎖の解法

QR 分解を用いて非周期的有限戸田鎖（以下，「非周期的」は省略する）の初期
値問題が解けることを示そう．これはオルシャネツキー (M. A. Olshanetsky)
とペレロモフ (A. M. Perelomov) によって見いだされた解法である [136].

$L = L(t)$ の初期値 $L(0)$ に対して

$$e^{tL(0)/2} = Q(t)^{-1}R(t) \tag{1.89}$$

という QR 分解を考える．あとで扱うもう一つの方程式の例と比較しやすくする
ために，第 1 因子を $Q(t)^{-1}$ というように逆行列の形に書いている．$Q(t), R(t)$
を用いて $L(t)$ を

$$L(t) = Q(t)L(0)Q(t)^{-1} = R(t)L(0)R(t)^{-1} \tag{1.90}$$

と定める．二通りの定義が等しいことは (1.89) からただちにわかる．前者か
ら $L(t)$ が実対称行列であることが出てくる．後者から $L(t)$ の (i,j) 要素が
$i > j+1$ の範囲で消えることがわかる．こうして $L(t)$ が $L(0)$ と同様に 3 重
対角型対称行列であることが確かめられる．

定理 1.4.1. このようにして定まる $L(t)$ はラックス方程式

$$\dot{L}(t) = [A(t), L(t)], \quad A(t) = \frac{1}{2}(L(t))_{>0} - \frac{1}{2}(L(t))_{<0}$$

の初期値問題の解を与える．

■証明の準備（その 1）　　正方行列

$$X = \sum_{i,j=1}^{N} x_{ij}E_{ij}$$

に対して，対角線を含まない上三角・下三角部分を $(X)_{>0}$, $(X)_{<0}$，対角部分
を $(X)_{=0}$ という記号で表す：

$$(X)_{>0} = \sum_{i<j} x_{ij}E_{ij}, \quad (X)_{<0} = \sum_{i>j} x_{ij}E_{ij}, \quad (X)_{=0} = \sum_{j=1}^{N} x_{jj}E_{jj}$$

また対角線を含む上三角・下三角部分を $(X)_{\geq 0}$, $(X)_{\leq 0}$ という記号で表す：

$$(X)_{\geq 0} = \sum_{i \leq j} x_{ij} E_{ij}, \quad (X)_{\leq 0} = \sum_{i \geq j} x_{ij} E_{ij}.$$

■証明の準備（その2）　QR 分解は一般線形群 $GL(N, \mathbb{R})$ における要素の分解であるが，その無限小版すなわちリー代数 $\mathfrak{gl}(N, \mathbb{R})$ における対応物は

$$X = Y + Z, \quad Y \in \mathfrak{so}(N), \quad Z \in \mathfrak{b}_+ \tag{1.91}$$

となる．ここで $\mathfrak{so}(N), \mathfrak{b}_+$ はそれぞれ $SO(N), B_+$ のリー代数

$$\mathfrak{so}(N) = \{ X \in \mathfrak{gl}(N, \mathbb{R}) \mid X + {}^t X = 0 \},$$

$$\mathfrak{b}_+ = \{ X \in \mathfrak{gl}(N, \mathbb{R}) \mid (X)_{<0} = 0 \}$$

を表す．行列を上のように分解することは線形空間としての直和分解

$$\mathfrak{gl}(N, \mathbb{R}) = \mathfrak{so}(N) \oplus \mathfrak{b}_+ \tag{1.92}$$

を意味する．X から Y, Z への射影は

$$Y = (X)_{<0} - (X)_{>0}, \quad Z = (X)_{=0} + 2(X)_{>0} \tag{1.93}$$

と表せる．

■定理の証明　QR 分解 (1.89) の両辺を t で微分すれば

$$\frac{1}{2} L(0) e^{tL(0)/2} = -Q(t)^{-1} \dot{Q}(t) Q(t)^{-1} R(t) + Q(t)^{-1} \dot{R}(t)$$

という等式が得られる．この等式の左辺の $e^{tL(0)/2}$ を $Q(t)^{-1} R(t)$ に書き直してから，両辺に対して左から $Q(t)$，右から $R(t)^{-1}$ を乗じれば

$$\frac{1}{2} Q(t) L(0) Q(t)^{-1} = -\dot{Q}(t) Q(t)^{-1} + \dot{R}(t) R(t)^{-1}$$

となる．$L(t)$ を (1.90) のように定義したことを思い出せば，これは

$$\frac{1}{2} L(t) = -\dot{Q}(t) Q(t)^{-1} + \dot{R}(t) R(t)^{-1}$$

を意味する．右辺の 2 項はそれぞれ $\mathfrak{so}(N)$ と $\mathfrak{b}_+$ に値をもつから，前述の $\mathfrak{gl}(N, \mathbb{R})$ の直和分解 (1.92) に照らせば

$$\dot{Q}(t)Q(t)^{-1} = \frac{1}{2}(L(t))_{>0} - \frac{1}{2}(L(t))_{<0},$$

$$\dot{R}(t)R(t)^{-1} = \frac{1}{2}(L(t))_{=0} + (L(t))_{>0}$$

と表せる. 他方, (1.90) を t で微分すれば

$$\dot{L}(t) = [\dot{Q}(t)Q(t)^{-1}, L(t)] = [\dot{R}(t)R(t)^{-1}, L(t)]$$

という等式が得られる. ここに直前の等式を代入すれば, どちらからも同じ形のラックス方程式が出てくる. こうして $L(t)$ が求める初期値問題の解であることが確かめられる.

注意 1.4.2. $e^{tL(0)/2}$ の代わりに多次元の時間変数 $\boldsymbol{t} = (t_1, \dots, t_{N-1})$ を用意して

$$\exp\Big(\sum_{n=1}^{N-1} t_n L(0)^n/2\Big) = Q(\boldsymbol{t})^{-1}R(\boldsymbol{t}) \tag{1.94}$$

という QR 分解を行えば,

$$L(\boldsymbol{t}) = Q(\boldsymbol{t})L(0)Q(\boldsymbol{t})^{-1} = R(\boldsymbol{t})L(0)R(\boldsymbol{t})^{-1}$$

は $t_1, \dots, t_{N-1}$ のそれぞれについて

$$\frac{\partial L(\boldsymbol{t})}{\partial t_n} = [A_n(\boldsymbol{t}), L(\boldsymbol{t})] \tag{1.95}$$

という形のラックス方程式を満たす. ここで $A_n(\boldsymbol{t})$ は

$$A_n(\boldsymbol{t}) = \frac{1}{2}(L(\boldsymbol{t})^n)_{>0} - \frac{1}{2}(L(\boldsymbol{t})^n)_{<0} \tag{1.96}$$

で与えられる. これは $H_n = \mathrm{Tr}(L^{n+1})/(n+1)$ をハミルトニアンとする高次時間発展の方程式のラックス表示にほかならない.

注意 1.4.3. オルシャネツキーとペレロモフはカロジェロ–モーザー系 (Calogero-Moser system) [20], [121] やサザランド系 (Sutherland system) [160] と呼ばれる可積分系の解法 [134], [135] の類似物として, 戸田鎖に対する以上のような解法を与えた. ただし, カロジェロ–モーザー系やサザランド系の場合には, 行列の対角化が群論的分解の代わりに用いられる. この違いはラックス表示の構造に反映される.

1.4.3 LR 分解によるコスタント–戸田系の解法

有限戸田鎖のラックス表示は対角行列 h によるゲージ変換

$$L \to hLh^{-1}, \quad A \to hAh^{-1} + dh \cdot h^{-1}$$

によって

$$L = \begin{pmatrix} b_1 & 1 & \cdots & 0 \\ c_1 & b_2 & \ddots & \vdots \\ \vdots & \ddots & \ddots & 1 \\ 0 & \cdots & c_{N-1} & b_N \end{pmatrix}, \quad A = \begin{pmatrix} b_1 & 1 & \cdots & 0 \\ 0 & b_2 & \ddots & \vdots \\ \vdots & \ddots & \ddots & 1 \\ 0 & \cdots & 0 & b_N \end{pmatrix} \tag{1.97}$$

という形に乗り換えることができる。ここで c_j は

$$c_j = a_j^2 = g^2 e^{q_j - q_{j+1}} \tag{1.98}$$

で与えられる。これを一般化して，L の下三角部分に制限をおかない設定

$$L = \begin{pmatrix} b_1 & 1 & \cdots & 0 \\ L_{2,1} & b_2 & \ddots & \vdots \\ \vdots & \ddots & \ddots & 1 \\ L_{n,1} & \cdots & L_{n,n-1} & b_N \end{pmatrix}, \quad A = \begin{pmatrix} b_1 & 1 & \cdots & 0 \\ 0 & b_2 & \ddots & \vdots \\ \vdots & \ddots & \ddots & 1 \\ 0 & \cdots & 0 & b_N \end{pmatrix} \tag{1.99}$$

でラックス方程式

$$\dot{L} = [A, L]$$

を考えることもできる。これは L の下三角部分の行列成分を力学変数とする非線形力学系となる。これはコスタント (B. Kostant) によって導入されたもので [95]，コスタント–戸田系 (Kostant-Toda system) と呼ばれる。以下では LR 分解によってこの系の初期値問題が解けることを示す。この方法は上のようにゲージ変換した「非対称ゲージ」の有限戸田鎖にも適用できる。

$L = L(t)$ の初期値 $L(0)$ が与えられたとする。これに対して

$$e^{tL(0)} = S(t)^{-1} R(t) \tag{1.100}$$

というLR分解を考える. $S(t) = (s_{ij}(t))$ に対しては

$$s_{jj}(t) = 1 \quad (j = 1, \cdots, N) \tag{1.101}$$

という正規化条件を課す. これによって $S(t), R(t)$ が一意的に決まる. それらを用いて $L(t)$ を

$$L(t) = S(t)L(0)S(t)^{-1} = R(t)L(0)R(t)^{-1} \tag{1.102}$$

と定める. 二通りの定義が等しいことは (1.100) からの帰結である. 前者から $L(t)$ が $L(0)$ と同じ形の行列であることがわかる.

定理 1.4.4. このようにして定まる $L(t)$ はラックス方程式

$$\dot{L} = [A, L], \quad A = (L)_{\geq 0}$$

の初期値問題の解を与える.

証明 QR分解による有限戸田鎖の解法の場合と同様である. まず, LR分解 (1.100) の両辺を t で微分して, 得られた等式から $e^{tL(0)}$ を消去する. これによって

$$L(t) = -\dot{S}(t)S(t)^{-1} + \dot{R}(t)R(t)^{-1}$$

という等式が得られる. 右辺の2項はそれぞれ $B_+, N_- \subset GL(N)$ のリー代数

$$\mathfrak{b}_+ = \{X \in \mathfrak{gl}(N) \mid (X)_{<0} = 0\},$$

$$\mathfrak{n}_- = \{X \in \mathfrak{gl}(N) \mid (X)_{\geq 0} = 0\}$$

に属する. これらのリー代数は $GL(N)$ のリー代数 $\mathfrak{gl}(N)$ の線形空間としての直和分解

$$\mathfrak{gl}(N) = \mathfrak{n}_- \oplus \mathfrak{b}_+ \tag{1.103}$$

を与える. これは具体的には

$$X = (X)_{<0} + (X)_{\geq 0} \tag{1.104}$$

という行列の分解を意味する. この分解に従って上の $L(t)$ の表示を分解すれば

1.4 群論的解法 **39**

$$\dot{S}(t)S(t)^{-1} = -(L(t))_{<0}, \quad \dot{R}(t)R(t)^{-1} = (L(t))_{\geq 0}$$

となる. (1.102) を微分して得られる等式

$$\dot{L}(t) = [\dot{R}(t)R(t)^{-1}, L(t)] = [\dot{S}(t)S(t)^{-1}, L(t)]$$

にこれらを代入すれば

$$\dot{L}(t) = -[(L(t))_{<0}, L(t)] = [(L(t))_{\geq 0}, L(t)]$$

というラックス方程式が成立していることがわかる.

$$A(t) = L(t)_{\geq 0} \tag{1.105}$$

と定めれば, これはコスタント–戸田系のラックス方程式にほかならない. ■

注意 1.4.5. この解法はそのまま有限戸田鎖にも使える. そもそも非周期的有限戸田鎖を解くための QR 分解

$$e^{tL(0)/2} = Q(t)^{-1}R(t)$$

が LR 分解とも関係しているのである. 実際, $L(0)$ が対称行列であるから, この関係式を転置したものは

$$e^{tL(0)/2} = {}^{t}R(t)Q(t)$$

となる. これらを辺々乗じれば

$$e^{tL(0)} = {}^{t}R(t)R(t) \tag{1.106}$$

という形の LR 分解が得られる. この LR 分解は上で用いたものとは正規化の仕方が異なるが, 適当な対角行列でゲージ変換すれば同じ設定に移せる.

注意 1.4.6. 多次元の時間変数 $\boldsymbol{t} = (t_1, \ldots, t_{N-1})$ を導入して

$$\exp\Big(\sum_{n=1}^{N-1} t_n L(0)^n\Big) = S(\boldsymbol{t})^{-1}R(\boldsymbol{t}) \tag{1.107}$$

という LR 分解を行えば,

$$L(\boldsymbol{t}) = S(\boldsymbol{t})L(0)S(\boldsymbol{t})^{-1} = R(\boldsymbol{t})L(0)R(\boldsymbol{t})^{-1} \qquad (1.108)$$

は $t_1, \ldots, t_{N-1}$ のそれぞれについて

$$\frac{\partial L(\boldsymbol{t})}{\partial t_n} = [A_n(\boldsymbol{t}), L(\boldsymbol{t})] \qquad (1.109)$$

というラックス方程式を満たす. ここで $A_n(\boldsymbol{t})$ は

$$A_n(\boldsymbol{t}) = (L(\boldsymbol{t})^n)_{\geq 0} \qquad (1.110)$$

で与えられる.

注意 1.4.7. コスタント [95] は一般の半単純リー代数に基づく有限戸田鎖の一般化も扱っている. 同様の一般化はそれ以前にボゴヤフレンスキー [18] によって提案されていたが, ボゴヤフレンスキーが考えたものは周期的戸田鎖の一般化であり, ここで論じている非周期的有限戸田鎖とは異質である. ボゴヤフレンスキーは半単純リー代数ごとに一般化が得られることを主張したが, アドラー (M. Adler) とファンメルベック (P. van Moerbeke) [5] が後に示したように, 周期的戸田鎖の一般化は実際にはアフィンリー代数に付随して決まると考えるのが自然である.

1.4.4 半無限戸田鎖のハンケル行列式解

$e^{tL(0)}$ とは別のある特殊な形の行列を LR 分解することによって戸田鎖の解を構成することもできる. これは τ 関数との関係が見やすいという利点をもつ. τ 関数がハンケル行列式 (Hankel determinant) の形で与えられるので, この解をハンケル行列式解 (Hankel determinant solution) と呼ぶ. この解は有限鎖と半無限鎖の両方で考えることができるが, $N = \infty$ の半無限鎖の方がかえって取り扱いが簡単なので, 以下では半無限鎖の場合を説明する.

　LR 分解を行うのは

1.4 群論的解法 **41**

$$g(t) = (g_{i+j}(t))_{i,j=0,1,\ldots} = \begin{pmatrix} g_0(t) & g_1(t) & g_2(t) & \cdots \\ g_1(t) & g_2(t) & \cdot & \cdot \\ g_2(t) & \cdot & \cdot & \cdot \\ \vdots & \cdot & \cdot & \cdot \end{pmatrix}$$

という形の半無限行列である. 便宜上, 行と列を 0 から始まる添字で番号づけ
ていることに注意されたい. ここで $g_j(t)$ が

$$\dot{g}_j(t) = g_{j+1}(t) \tag{1.111}$$

という条件を満たすとする. シフト行列 (shift matrix)

$$\Lambda = (\delta_{i,j-1})_{i,j=0,1,\ldots} = \begin{pmatrix} 0 & 1 & 0 & 0 & \cdots \\ 0 & 0 & 1 & 0 & \cdots \\ 0 & 0 & 0 & 1 & \ddots \\ \vdots & \vdots & \vdots & \ddots & \ddots \end{pmatrix}$$

を用いれば, このことを

$$\dot{g}(t) = \Lambda g(t) = g(t)\,{}^{\mathrm{t}}\Lambda \tag{1.112}$$

という方程式の形に表すことができる.

この半無限行列に対して LR 分解

$$g(t) = S(t)^{-1} R(t)$$

を正規化条件 $s_{jj}(t) = 1$ の下で考える. これは有限行列の場合とまったく同様
に実行できる. $S(t), R(t)$ によって $L(t)$ を

$$L(t) = S(t)\Lambda S(t)^{-1} = R(t)\,{}^{\mathrm{t}}\Lambda R(t)^{-1} \tag{1.113}$$

と定める. 有限戸田鎖の場合と同様のやり方で, $L(t)$ が 3 重対角行列

$$L(t) = \begin{pmatrix} b_0(t) & 1 & 0 & \cdots \\ c_0(t) & b_1(t) & 1 & \ddots \\ 0 & c_1(t) & b_2(t) & \ddots \\ \vdots & \ddots & \ddots & \ddots \end{pmatrix}$$

であって，ラックス方程式

$$\dot{L}(t) = [A(t), L(t)], \quad A(t) = (L(t))_{\geq 0} \tag{1.114}$$

を満たすことを確かめられる．

$S(t) = (s_{ij}(t))$, $R(t) = (r_{ij}(t))$ の成分は行列式表示 (1.87), (1.88) をもつ．そこからとくに

$$r_{jj}(t) = \frac{\tau_{j+1}(t)}{\tau_j(t)} \tag{1.115}$$

となることがわかる．ここで D_{j-1} を改めて $\tau_j(t)$ という記号で表した．すなわち，$\tau_j(t)$ はハンケル行列式

$$\tau_j(t) = \begin{vmatrix} g_0(t) & g_1(t) & \cdots & g_{j-1}(t) \\ g_1(t) & \ddots & \ddots & \vdots \\ \vdots & \ddots & \ddots & g_{2j-3}(t) \\ g_{j-1}(t) & \cdots & g_{2j-3}(t) & g_{2j-2}(t) \end{vmatrix} \tag{1.116}$$

である．さらに，多少の計算を要するが，$s_{j,j-1}(t)$ に対する同様の表示

$$s_{j,j-1}(t) = -\frac{\dot{\tau}_j(t)}{\tau_j(t)} \tag{1.117}$$

も得られる．次の事実は $\tau_j(t)$ が半無限戸田鎖の τ 関数であること（1.6.3 項を参照されたい）を示している．

定理 1.4.8. $b_j(t)$ と $c_j(t)$ は $\tau_j(t)$ によって

$$b_j(t) = \frac{d}{dt} \log \frac{\tau_{j+1}(t)}{\tau_j(t)}, \quad c_j(t) = \frac{\tau_{j+2}(t)\tau_j(t)}{\tau_{j+1}(t)^2} \tag{1.118}$$

と表せる．さらに $\tau_j(t)$ は

$$\ddot{\tau}_j \tau_j - \dot{\tau}_j^2 = \tau_{j+1}\tau_{j-1} \tag{1.119}$$

という方程式を満たす．ただし，$\tau_0(t)$ は

$$\tau_0(t) = 1 \tag{1.120}$$

と解釈する．

証明 $L(t)$ の定め方 (1.113) から，$b_j(t), c_j(t)$ が

$$b_j(t) = s_{j,j-1}(t) - s_{j+1,j}(t), \quad c_j(t) = \frac{r_{j+1,j+1}(t)}{r_{jj}(t)}$$

と表せることがわかる．ここに (1.115) と (1.117) を代入すれば (1.118) が得られる．この $b_j(t), c_j(t)$ の表示をフラシカ変数の運動方程式 (1.27) に代入すれば，τ 関数に対する方程式 (1.119) が得られる．∎

注意 1.4.9. 逆に，$\tau_1(t) = g_0(t)$ を任意に与えれば，$\tau_j(t)$ がこの双線形方程式を微分漸化式として順次定まり，前述のハンケル行列式 (1.116) になる．その意味で，上のハンケル行列式解は半無限戸田鎖の一般解を与えている．ここでは説明を省くが，この解を特殊化することによって有限非周期的戸田鎖の解を導くこともできる．

1.5 ハミルトン構造

1.5.1 ポアソン構造

可積分系のハミルトン構造の話に進む前に，その基礎となるポアソン構造 (Poisson structure) あるいはそれが与えられたポアソン多様体 (Poisson manifold) の概念を簡単に解説する．ポアソン構造には互いに同値ないくつかの定式化がある．ハミルトン系の観点から見てわかりやすいのはポアソン括弧を与えることである．

定義 1.5.1（ポアソン括弧）．一般に，多様体（相空間）M 上の関数環に定義されて次の条件を満たす 2 項演算 $\{f, g\}$ をポアソン括弧 (Poisson bracket) という：

1) 反対称性：$\{f, g\} + \{g, f\} = 0$
2) 双線形性：$\{c_1 f_1 + c_2 f_2, g\} = c_1 \{f_1, g\} + c_2 \{f_2, g\}$ （c_1, c_2 は定数）
3) ライプニッツ則：$\{fg, h\} = \{f, h\}g + f\{g, h\}$
4) ヤコビ恒等式：$\{f, \{g, h\}\} + \{g, \{h, f\}\} + \{h, \{f, g\}\} = 0$

ライプニッツ則は $\{f, g\}$ が座標 $(x^1, \cdots, x^n)$ に関する 1 階導関数によって

$$\{f, g\} = \sum_{i,j=1}^{n} P^{ij} \frac{\partial f}{\partial x^i} \frac{\partial g}{\partial x^j} \tag{1.121}$$

と表せることを意味する．この式の右辺に現れた係数 P^{ij} はテンソル場

$$P = \sum_{i,j=1}^{n} P^{ij} \frac{\partial}{\partial x^i} \otimes \frac{\partial}{\partial x^j} \tag{1.122}$$

の成分と見なせる．このテンソル場はポアソン双ベクトル (Poisson bivector) と呼ばれる．P^{ij} を用いればポアソン括弧の反対称性とヤコビ恒等式はそれぞれ

$$P^{ij} + P^{ji} = 0, \tag{1.123}$$

$$\sum_{i=1}^{n} \left(P^{i\ell} \frac{\partial P^{jk}}{\partial x^\ell} + P^{j\ell} \frac{\partial P^{ki}}{\partial x^\ell} + P^{k\ell} \frac{\partial P^{ij}}{\partial x^\ell} \right) = 0 \tag{1.124}$$

という形に言い換えられる．

定義 1.5.2（ハミルトンベクトル場）．ポアソン双ベクトルは M の余接束 T^*M から接束 TM への束写像 $P : T^*M \to TM$ を定める．この写像による関数 f の全微分（の -1 倍）の像

$$X_f = -P(df) = -\sum_{i,j=1}^{n} P^{ij} \frac{\partial f}{\partial x^i} \frac{\partial}{\partial x^j} \tag{1.125}$$

を f のハミルトンベクトル場 (Hamiltonian vector field) という．

　一般に「ハミルトン系」はハミルトンベクトル場で定義された力学系を意味する．その舞台はシンプレクティック多様体に限られるものではなく，以上のような観点からはむしろポアソン多様体を考える方が自然である．

定義 1.5.3（カシミール関数）．ポアソン括弧に関して中心的 (central)，すなわち，ほかのすべての関数とのポアソン括弧が消えるような関数をカシミール関数 (Casimir function) という．

1.5 ハミルトン構造 **45**

ポアソン括弧とハミルトンベクトル場の間に成立する等式

$$\{f, g\} = X_g f \tag{1.126}$$

から，カシミール関数はハミルトンベクトル場が恒等的に消えるような関数であり，またそれ自体は任意のハミルトンベクトル場に沿って一定である，ということがわかる．一般に，ポアソン構造をもつ多様体はシンプレクティック葉 (symplectic leaf) による葉層構造をもつ．この葉層構造は局所的にはいくつかのカシミール関数 $C_1, \ldots, C_r$ の等位集合 $C_1 = c_1, \ldots, C_r = c_r$ $(c_1, \ldots, c_r$ は定数) として表せる．任意のハミルトンベクトル場はこれらの等位集合に接していて，その制限によって等位集合ごとに閉じたハミルトン系が得られる．

可積分系と関連の深いポアソン構造の例を以下にいくつか紹介する．

例 1.5.4（シンプレクティック多様体）．シンプレクティック構造 (symplectic structure) すなわち M 上の非退化閉 2 次微分形式

$$\Omega = \sum_{i,j=1}^{n} \Omega_{ij} dx^i \wedge dx^j, \quad \det(\Omega_{ij}) \neq 0, \tag{1.127}$$

が与えられれば，TM から T^*M への束写像が

$$X \mapsto -\iota_X \Omega \tag{1.128}$$

によって定まる（ι_X はベクトル場との縮約作用素を表す）．この写像は可逆であり，逆写像によってポアソン構造が定まる．ポアソン括弧とハミルトンベクトル場はシンプレクティック構造に対して通常のように定義されるものと一致する．シンプレクティック構造から定まるポアソン構造は当然ながら偶数次元である．

例 1.5.5（自由剛体の相空間）．直交座標 (u, v, w) をもつ 3 次元ユークリッド空間に対して

$$\{u, v\} = w, \quad \{v, w\} = u, \quad \{w, u\} = v \tag{1.129}$$

というようにポアソン構造を定めるとき，

$$C(u, v, w) = u^2 + v^2 + w^2 \tag{1.130}$$

はカシミール関数である．その等位面（すなわち 2 次元球面）の上にはシンプレクティック構造が定まる．このポアソン構造は 3 次元回転群のリー代数 $\mathfrak{so}(3)$ の双対空間に定まるリー–ポアソン構造（後述）にほかならない．このポアソン多様体の上で

$$H = \frac{1}{2}(au^2 + bv^2 + cw^2) \tag{1.131}$$

$(a, b, c$ は定数）をハミルトニアンとするハミルトン系を考えれば，その運動方程式は

$$\dot{u} = (b-c)vw, \quad \dot{v} = (c-a)wu, \quad \dot{w} = (a-b)uv \tag{1.132}$$

となる．3 次元ベクトル $\xi = (u, v, w)$, $\omega = (au, bv, cw)$ とそのベクトル積を用いてこれを

$$\dot{\xi} = \omega \times \xi \tag{1.133}$$

と表すことができる．これはよく知られた**自由剛体** (free rigid body) 別名オイラーのコマ (Euler's top) の運動を記述する方程式である．

例 1.5.6（リー–ポアソン構造）．一般にリー代数 $\mathfrak{g}$ の双対空間 $\mathfrak{g}^*$ の上にはリー–ポアソン構造 (Lie-Poisson structure) と呼ばれるポアソン構造が決まる．$\mathfrak{g}^*$ 上の関数 $f = f(\xi)$ に対して勾配 $\nabla f = \nabla f(\xi)$ が

$$\langle \eta, \nabla f(\xi) \rangle = \frac{d}{dt} f(\xi + t\eta)|_{t=0} \quad (\eta \in \mathfrak{g}^*)$$

という等式を満たす $\mathfrak{g}$ 値関数として定義される．ここで $\langle \cdot, \cdot \rangle$ は $\mathfrak{g}^*$ と $\mathfrak{g}$ の間のペアリングを表す．リー–ポアソン構造のポアソン括弧は

$$\{f, g\}(\xi) = \langle \xi, [\nabla f(\xi), \nabla g(\xi)] \rangle \tag{1.134}$$

と定義される．たとえば $\mathfrak{g} = \mathfrak{gl}(N)$（係数体は特定しない）の場合を考える．トレースによるペアリング $(X, Y) \to \mathrm{Tr}(XY)$ によって $\mathfrak{g}^*$ と $\mathfrak{g}$ を同一視する．$\mathfrak{g} \simeq \mathfrak{g}^*$ の上の座標を与える関数

$$\xi = \sum_{i,j=1}^{N} \xi_{ij} E_{ij} \mapsto \xi_{ij} = \mathrm{Tr}(\xi E_{ji})$$

に対して勾配は $\nabla \xi_{ij} = E_{ji}$ となるから，ポアソン括弧は

$$\{\xi_{ij}, \xi_{k\ell}\} = \langle \xi, [E_{ji}, E_{\ell k}] \rangle = \delta_{i\ell} \xi_{kj} - \delta_{kj} \xi_{i\ell} \tag{1.135}$$

で与えられる．この例が示すように，リー–ポアソン構造とは，要するに $\mathfrak{g}$ の
リー代数構造をポアソン括弧として実現するものである．リー–ポアソン構造
に関する基本的事項を以下に列挙する．

1) リー代数の要素 $X \in \mathfrak{g}$ の**随伴作用** (adjoint action) $ad_X : \mathfrak{g} \to \mathfrak{g}$ なら
   びに**余随伴作用** (coadjoint action) $ad_X^* : \mathfrak{g}^* \to \mathfrak{g}^*$ を用いてポアソン括
   弧の定義式を書き直せば

$$\{g, f\}(\xi) = -\langle \xi, ad_{\nabla f(\xi)} \nabla g(\xi) \rangle = \langle ad_{\nabla f(\xi)}^* \xi, \nabla g(\xi) \rangle$$

となるので，$\mathfrak{g}^*$ 上の関数 f のハミルトンベクトル場 X_f は各点 $\xi \in \mathfrak{g}^*$
において

$$X_f(\xi) = ad_{\nabla f(\xi)}^* \xi \tag{1.136}$$

という接ベクトルで与えられる．

2) カシミール関数はハミルトンベクトル場が恒等的に消えること

$$ad_{\nabla f(\xi)}^* \xi = 0 \tag{1.137}$$

によって特徴づけられる．この条件を

$$\langle ad_X^* \xi, \nabla f(\xi) \rangle = 0 \quad (X \in \mathfrak{g})$$

と書き直して少し計算すれば，G の余随伴作用 $Ad_g^* : \mathfrak{g}^* \to \mathfrak{g}^*$ に関する
不変性の条件

$$\frac{d}{dt} f(Ad_{e^{tx}}^* \xi)|_{t=0} = 0 \quad (X \in \mathfrak{g}) \tag{1.138}$$

と同値であることがわかる．すなわちリー–ポアソン構造のカシミール関
数は Ad^* 不変関数にほかならない．たとえば $\mathfrak{g} = \mathfrak{gl}(N)$ の場合には
$\xi \in \mathfrak{g} \simeq \mathfrak{g}^*$ のべき乗のトレース $\mathrm{Tr}(\xi^n)$ が Ad^* 不変関数を与える．

3) リー–ポアソン構造のシンプレクティック葉は G の余随伴作用 Ad^* :
   $G \times \mathfrak{g}^* \to \mathfrak{g}^*$ に関する軌道

$$G \cdot \xi = \{Ad_g^* \xi \mid g \in G\} \tag{1.139}$$

すなわち**余随伴軌道** (coadjoint orbit) で与えられる．

1.5.2 r 行列とラックス表示

r 行列は可積分系のラックス表示とハミルトン構造を結ぶ要の役割を果たす [14], [155]. 1.2 節ではその一端を保存量の包合性の証明に見た. ここではラックス方程式自体も r 行列を用いて導出できることを説明する.

a.　r 行列から見たポアソン括弧

L 行列の行列要素のポアソン括弧を r 行列によって表せば, この種のポアソン構造にはいくつかの異なる型があることがわかる.

非周期的有限戸田鎖の 3 重対角対称行列によるラックス表示 (1.29) の場合には, ポアソン括弧の表示が (1.45) の形に得られた. 他方, 同じ有限戸田鎖でも非対称行列のラックス表示 (1.97) に移れば, ポアソン括弧はこの形には表せず, もう少し一般的な形の表示

$$\{L \overset{\otimes}{,} L\} = [r, L \otimes I] - [r^*, I \otimes L] \tag{1.140}$$

が必要になる. ここで r^* は

$$r = \sum_{i,j,k,\ell=1}^{N} r_{ijk\ell} E_{ij} \otimes E_{k\ell}$$

に対して

$$r^* = \sum_{i,j,k,\ell=1}^{N} r_{ijk\ell} E_{k\ell} \otimes E_{ij}$$

と定義される. (1.97) の場合には

$$r = \frac{1}{2} \sum_{i \leq j} E_{ij} \otimes E_{ji} - \frac{1}{2} \sum_{i > j} E_{ij} \otimes E_{ji} \tag{1.141}$$

と選べば上の (1.140) が成立する. (1.29) は r 行列が $r^* = -r$ という等式を満たすことによって (1.140) が簡単化したものと見なせる. これらのポアソン構造は $\{L \overset{\otimes}{,} L\}$ の表示の右辺が L について 1 次の場合であるため, **1 次のポアソン括弧** (linear Poisson bracket) と呼ばれる.

これに対して, ポアソン括弧の表示が

$$\{L \overset{\otimes}{,} L\} = [r, L \otimes L] \tag{1.142}$$

あるいはそれをさらに一般化した形

$$\{L \overset{\otimes}{,} L\} = a_1(L \otimes L) + (I \otimes L)s_1(L \otimes I)$$
$$- (L \otimes L)a_2 - (L \otimes I)s_2(I \otimes L)$$

をとる場合もある．ここで a_1, a_2, s_1, s_2 は r と同様のテンソル積構造をもつ
$N^2 \times N^2$ 行列で

$$a_1^* = -a_1, \quad a_2^* = -a_2, \quad s_1^* = s_2 \tag{1.143}$$

ならびに

$$a_1 + s_1 = a_2 + s_2 \tag{1.144}$$

という条件（この式の両辺が r に相当する）を満たすものとする．$\{L \overset{\otimes}{,} L\}$ の
表示の右辺が L について 2 次であるため，これらのポアソン構造は **2 次のポ
アソン括弧** (quadratic Poisson bracket) と呼ばれる．

b． ラックス方程式の導出

r 行列によるポアソン括弧の表示からラックス方程式を導出することができ
る．このことを (1.140) の場合に説明しよう．

そのために **R 写像** (R-mapping) を導入する．これは $N \times N$ 行列 X に対
して新たな $N \times N$ 行列 $R(X)$ を対応させる写像であり，

$$R(X) = \mathrm{Tr}_2(r \cdot (I \otimes X)) \tag{1.145}$$

と定義される．ここで Tr_2 はテンソル積 $\mathbb{C}^N \otimes \mathbb{C}^N$ の第 2 因子に関してのみ
トレースをとることを意味する．具体的に書けば，X を

$$X = \sum_{i,j=1}^{N} x_{ij} E_{ij}$$

と表すとき

$$R(X) = \sum_{i,j,k,\ell=1}^{N} r_{ijk\ell} x_{k\ell} E_{ij} \tag{1.146}$$

となる．

定理 1.5.7. (1.140) のポアソン括弧について次の等式が成立する：

$$\{L, \mathrm{Tr}(L^n)\} = n[R(L^{n-1}), L], \tag{1.147}$$

$$\{\mathrm{Tr}(L^m), \mathrm{Tr}(L^n)\} = 0. \tag{1.148}$$

証明 第 2 式は非周期的有限戸田鎖の場合に示したのと同じ計算によって確かめられる．第 1 式を確かめるには，まずライプニッツ則を用いて，L の行列要素とのポアソン括弧が

$$\{L_{ij}, \mathrm{Tr}(L^n)\} = n \sum_{k, \ell = 1}^{N} \{L_{ij}, L_{k\ell}\} (L^{n-1})_{\ell k}$$

と表せることに注意する．これは

$$\{L, \mathrm{Tr}(L^n)\} = n \,\mathrm{Tr}_2(\{L \overset{\otimes}{,} L\} \cdot (I \otimes L^{n-1}))$$

と書き直せる．この式に (1.140) のポアソン括弧の表示を代入すれば，(1.140) の右辺の各項からの寄与は

$$\mathrm{Tr}_2([r, L \otimes I] \cdot (I \otimes L^{n-1})) = \mathrm{Tr}_2(r \cdot (L \otimes L^{n-1}) - (L \otimes L^{n-1}) \cdot r)$$
$$= R(L^{n-1})L - LR(L^{n-1})$$

ならびに

$$\mathrm{Tr}_2([r^*, I \otimes L] \cdot (I \otimes L^{n-1})) = \mathrm{Tr}_2(r^* \cdot (I \otimes L^n) - (I \otimes L^n) \cdot r^*)$$
$$= 0$$

というように計算できて，求める等式が得られる． ∎

この結果を

$$H_n = \frac{1}{n+1} \,\mathrm{Tr}(L^{n+1}) \tag{1.149}$$

に適用すれば，これらが互いに包合的であり，対応する運動方程式がラックス方程式の形をとること

$$\dot{L} = \{L, H_n\} = [R(L^n), L] \tag{1.150}$$

がただちにわかる．

例 **1.5.8**（非周期的有限戸田鎖の場合）．(1.45) に現れる r 行列

$$r = \frac{1}{2} \sum_{1 \le i < j \le N} (E_{ij} \otimes E_{ji} - E_{ji} \otimes E_{ij})$$

は

$$R(X) = \frac{1}{2}(X)_{>0} - \frac{1}{2}(X)_{<0} \tag{1.151}$$

という R 写像を定める．$H_n = \mathrm{Tr}(L^{n+1})/(n+1)$ をハミルトニアンとする運動方程式は

$$A_n = \frac{1}{2}(L^n)_{>0} - \frac{1}{2}(L^n)_{<0}$$

で生成されるラックス方程式

$$\dot{L} = [A_n, L]$$

になる．これは QR 分解による解法で有限戸田鎖の高次時間発展に関して得られたラックス方程式 (1.95) に一致する．

例 **1.5.9**（コスタント–戸田系の場合）．有限戸田鎖の非対称な L 行列はコスタント–戸田系の L 行列

$$L = \begin{pmatrix} L_{1,1} & 1 & \cdots & 0 \\ L_{2,1} & L_{2,2} & \ddots & \vdots \\ \vdots & \ddots & \ddots & 1 \\ L_{N,1} & \cdots & L_{N,N-1} & L_{N,N} \end{pmatrix}$$

の特別な場合である．L の行列要素のポアソン括弧を

$$\{L_{ij}, L_{k\ell}\} = \delta_{i\ell} L_{kj} - \delta_{kj} L_{i\ell} \tag{1.152}$$

と定めれば，3 重対角行列に簡約したときのポアソン括弧はちょうどフラシカ変数のポアソン括弧に一致する．この L_{ij} のポアソン括弧は上三角ボレル部分群のリー代数 $\mathfrak{b}_+$ の双対空間（$\mathfrak{gl}(N)^* \simeq \mathfrak{gl}(N)$ によって下三角行列の空間と同一視できる）のリー–ポアソン構造に由来するものと見なせる．煩雑だが直接的な計算を実行すれば，L のポアソン括弧が

$$r = \frac{1}{2}\sum_{i \leq j} E_{ij} \otimes E_{ji} - \frac{1}{2}\sum_{i > j} E_{ij} \otimes E_{ji}$$

という r 行列に関して (1.140) を満たすことが確かめられる. 対応する R 写像は

$$R(X) = \frac{1}{2}(X)_{\geq 0} - \frac{1}{2}(X)_{<0} \tag{1.153}$$

で与えられる. $H_n = \mathrm{Tr}(L^{n+1})/(n+1)$ をハミルトニアンとする運動方程式は

$$\dot{L} = \left[\frac{1}{2}(L^n)_{\geq 0} - \frac{1}{2}(L^n)_{<0},\, L\right]$$

という形のラックス方程式になるが, これは

$$\dot{L} = [(L^n)_{\geq 0}, L]$$

と書き直せる. この方程式は LR 分解による解法でコスタント–戸田系の高次時間発展として得られたラックス方程式 (1.109) に一致する.

注意 1.5.10. L 行列がスペクトルパラメータに依存する場合には, スペクトルパラメータに依存する r 行列 $r(z - w)$ によってポアソン括弧が

$$\{L(z) \overset{\otimes}{,} L(w)\} = [r(z - w), L(z) \otimes I] - [r(w - z)^*, I \otimes L(w)] \tag{1.154}$$

あるいは

$$\{L(z) \overset{\otimes}{,} L(w)\} = [L(z - w), L(z) \otimes L(w)] \tag{1.155}$$

などの形に表示される. $r(z - w)$ の代わりに $r(z/w)$ が現れることもある (たとえば周期的戸田鎖の場合). そこからラックス方程式や包合性を導く議論はスペクトルパラメータに依存しない場合と同様である.

注意 1.5.11 (古典ヤン–バクスター方程式). 戸田格子などにおいては, もとの力学変数にポアソン括弧が定義されていて, そこから L 行列の行列要素のポアソン括弧が定まり, それに対して (1.140) のような等式が成立する. 他方, (1.140) などをポアソン括弧の定義式として用いる場合もある. その場合には, r 行列はヤコビ恒等式の成立を保証する何らかの条件を満たさなければならない. そのような条件として各種の**古典ヤン–バクスター方程式** (classical Yang-Baxter equation) が知られている．たとえば (1.140) の場合の古典ヤン–バクスター方程式は

$$[r^{13}, r^{23}] = [r^{12}, r^{13}] + [r^{21}, r^{23}] \qquad (1.156)$$

という方程式である．ここで r^{12}, r^{13}, r^{23} は r を $\mathbb{C}^N \times \mathbb{C}^N \times \mathbb{C}^N$ に作用する $N^2 \times N^2 \times N^2$ 行列に三通りに拡張したもの

$$r^{12} = \sum_{i,j,k,l=1}^{N} r_{ijkl} E_{ij} \otimes E_{kl} \otimes I,$$

$$r^{13} = \sum_{i,j,k,l=1}^{N} r_{ijkl} E_{ij} \otimes I \otimes E_{kl},$$

$$r^{23} = \sum_{i,j,k,l=1}^{N} r_{ijkl} I \otimes E_{ij} \otimes E_{kl}$$

である．

1.5.3 AKS の定理

1.4 節で紹介した群論的解法は可積分系自体を構成する方法と考えることもできる．実際，もとの方程式に隠れていた高次時間発展も同時に構成することができたのである．このことを一般的に定式化するのがアドラー–コスタント–サイムズの定理，略して **AKS の定理** (Adler–Kostant–Symes theorem) である [4], [95], [161]．以下で紹介するような 2 種類のリー代数構造に基づく定式化はレイマン (A. G. Reyman) とセメノフ–チャン–シャンスキーによる [140 ～142]．なお，アドラーとファンメルベックも独立に同様の定式化を与えている [5]．

a. 基本的設定

1.4 節と同様に，あるリー代数 $\mathfrak{g}$ とその部分リー代数 $\mathfrak{g}_\pm$ への直和分解

$$\mathfrak{g} = \mathfrak{g}_+ \oplus \mathfrak{g}_- \qquad （線形空間としての同型）$$

が与えられたとする．対応する $\mathfrak{g}$ の要素の分解を

$$X = X_+ + X_-, \quad X_\pm \in \mathfrak{g}_\pm, \qquad (1.157)$$

と表す. さらに写像 $R : \mathfrak{g} \to \mathfrak{g}$ を

$$R(X) = \frac{1}{2}X_+ - \frac{1}{2}X_- \tag{1.158}$$

と定義する.

前節までに登場した可積分系の場合には次のようになる:

1) コスタント–戸田系の群論的解法は

$$\mathfrak{g} = \mathfrak{gl}(N, \mathbb{R}), \quad \mathfrak{g}_+ = \mathfrak{b}_+, \quad \mathfrak{g}_- = \mathfrak{n}_-$$

という設定に対応する.

2) 周期的戸田鎖のように L 行列がスペクトルパラメータに依存する場合には

$$\mathfrak{g} = \mathfrak{g}_0[z, z^{-1}] \quad (\mathfrak{g}_0 \text{ は有限次元リー代数})$$

のような形の無限次元リー代数(ループ代数)に対して

$$\mathfrak{g}_+ = \{X(z) \in \mathfrak{g} \mid X(z)_{<0} = 0\},$$
$$\mathfrak{g}_- = \{X(z) \in \mathfrak{g} \mid X(z)_{\geq 0} = 0\}$$

という部分代数への直和分解を考える. ここで $X(z)_{<0}$ と $X(z)_{\geq 0}$ はそれぞれ

$$X(z) = \sum_{j=-m}^{n} x_j z^j \in \mathfrak{g}$$

の負べき部分と非負べき部分

$$X(z)_{<0} = \sum_{j<0} x_j z^j, \quad X(z)_{\geq 0} = \sum_{j \geq 0} x_j z^j$$

を表す.

3) QR 分解による有限非周期的戸田格子の解法を論じたときの設定は

$$\mathfrak{g} = \mathfrak{gl}(N, \mathbb{R}), \quad \mathfrak{g}_+ = \mathfrak{b}_+, \quad \mathfrak{g}_- = \mathfrak{so}(N)$$

である. 上の二つの場合と違って, ここでの $\mathfrak{g}_\pm$ の添え字 $\pm$ はあくまで二つの部分代数を区別するものでしかない.

1.5 ハミルトン構造

R 写像を用いて $\mathfrak{g}$ に $\boldsymbol{R}$ 括弧 (R-bracket) と呼ばれる新たな演算

$$[X, Y]_R = [R(X), Y] + [X, R(Y)] \tag{1.159}$$

を導入する．これがヤコビ恒等式を満たすことは容易に確かめられる．このようにして定まる新たなリー代数をもとの $\mathfrak{g}$ と区別して $\mathfrak{g}_R$ という記号で表す．X, Y を

$$X = X_- + X_+, \quad Y = Y_- + Y_+ \quad (X_\pm, Y_\pm \in \mathfrak{g}_\pm)$$

と表せば

$$[X, Y]_R = [X_+, Y_+] - [X_-, Y_-]$$

となるので，

$$\mathfrak{g}_R \simeq \mathfrak{g}_+ \oplus \mathfrak{g}_-^{\mathrm{op}} \quad \text{(リー代数としての同型)} \tag{1.160}$$

が成立する．ここで $\mathfrak{g}_-^{\mathrm{op}}$ は $\mathfrak{g}_-$ におけるリー括弧をその -1 倍に置き換えて得られるリー代数を表す．

b. 可積分系の構成

AKS の定理は $\mathfrak{g}$ の双対空間 $\mathfrak{g}^*$ の上にラックス表示をもつ可積分系が得られることを主張する．線形空間としては $\mathfrak{g}^* = \mathfrak{g}_R^*$ であるから，$\mathfrak{g}^*$ の上には $[X, Y]$ と $[X, Y]_R$ のそれぞれが定める 2 種類のリー–ポアソン構造がある．これらを区別するため，前者のポアソン括弧とハミルトンベクトル場を $\{f, g\}$，X_f，後者のポアソン括弧とハミルトンベクトル場を $\{f, g\}_R$, X_f^R という記号で表す．AKS の定理では後者を用いて可積分系を構成する．

実は X_f を使っても意味のある可積分系が得られない．有限戸田鎖やコスタント–戸田系のハミルトニアンは L 行列のべき乗のトレースであり，$\mathfrak{gl}(N)$ の双対空間の上の関数として Ad^* 不変であるから，一般の場合にもハミルトニアン f として $\mathfrak{g}^*$ の上の Ad^* 不変な関数を選ぶのが自然だろう．ところが，Ad^* 不変性の条件 (1.138) は X_f が恒等的に 0 になること (1.137) と同値である．$X_f = 0$ では力学系としては自明なものしか得られない．

他方，Ad^* 不変関数 f に対する X_f^R は次に示すように非自明なものになる．

定理 1.5.12（AKS の定理）. f が $\mathfrak{g}^*$ 上の Ad^* 不変関数であれば，X_f^R は各点 ξ において

$$X_f^R(\xi) = ad^*_{R(\nabla f(\xi))}\,\xi \tag{1.161}$$

で与えられる．

証明 $[X, Y]_R$ の定義 (1.159) から

$$\{f, g\}_R(\xi) = \langle \xi,\, [R(\nabla f(\xi)), \nabla g(\xi)] + [\nabla f(\xi), R(\nabla g(\xi))]\rangle$$

となる．f が Ad^* 不変であれば

$$\langle \xi,\, [\nabla f(\xi), R(\nabla g(\xi))]\rangle = -\langle ad^*_{\nabla f(\xi)}\,\xi,\, R(\nabla g(\xi))\rangle = 0$$

となるので，右辺第 2 項は消えて

$$\{f, g\}_R(\xi) = \langle \xi,\, ad_{\nabla f(\xi)}\,R(\nabla g(\xi))\rangle = -\langle ad^*_{R(\nabla f(\xi))}\,\xi,\, \nabla g(\xi)\rangle$$

となる．他方，X_f^R を用いれば，このポアソン括弧は

$$\{f, g\}_R(\xi) = -X_f^R g(\xi) = -\langle X_f^R(\xi),\, \nabla g(\xi)\rangle$$

と表せる．これらを見比べれば，求める $X_f^R(\xi)$ の表示が得られる． ■

ベクトル場 (1.161) によって定まるハミルトン系

$$\dot{\xi} = ad^*_{R(\nabla f(\xi))}\,\xi \tag{1.162}$$

がラックス方程式の抽象的な定式化を与える．それをもう少し見やすい形にするには，$\mathfrak{gl}(N)$ の場合の $\langle X, Y\rangle = \mathrm{Tr}(XY)$ のように，$\mathfrak{g}$ 上の適当な不変内積 $\langle X, Y\rangle$ を選んで，それが定める線形同型 $\mathfrak{g}^* \simeq \mathfrak{g}$ によってこの力学系を $\mathfrak{g}$ 上に引き戻してみればよい．この線形同型によって余随伴作用はリー括弧に書き直され，運動方程式は

$$\dot{\xi} = -[R(\nabla f(\xi)),\, \xi] \tag{1.163}$$

という形になる．全体の符号の違い（時間反転に吸収できる）はあるが，これはまさにラックス方程式である．

さらに，次の定理によって，Ad^* 不変関数の全体がこのハミルトン系の包合的な保存量を与えることがわかる．

定理 **1.5.13**（**AKS の定理**）．$\mathfrak{g}^*$ 上の Ad^* 不変関数は $\mathfrak{g}_R^*$ 上のリー–ポアソン括弧に関して包合的である．すなわち任意の Ad^* 不変関数 f, g に対して

$$\{f, g\}_R = 0 \tag{1.164}$$

となる．

証明 前定理の証明で見たように，f が Ad^* 不変ならば $\{f, g\}_R(\xi)$ は

$$\{f, g\}_R(\xi) = \langle \xi, [R(\nabla f(\xi)), \nabla g(\xi)] \rangle$$

と表せる．これを

$$\{f, g\}_R(\xi) = -\langle \xi, ad_{\nabla g(\xi)} R(\nabla f(\xi)) \rangle = \langle ad^*_{\nabla g(\xi)} \xi, R(\nabla f(\xi)) \rangle$$

と書き直せば g の Ad^* 不変性のもとで消えることがわかる．∎

c. 群論的解法の解釈

以上のような AKS の定理の枠組みの中で，1.4 節の群論的解法は以下のように解釈できる．

リー代数 $\mathfrak{g}$ の直和分解に対応して，リー群の要素 $g \in G$ は，少なくとも単位元の近傍では，

$$g = g_-^{-1} g_+, \quad g_\pm \in G_\pm,$$

（$G_\pm$ は $\mathfrak{g}_\pm$ のリー群を表す）というように一意的に分解できる．$\mathfrak{g}^* \simeq \mathfrak{g}$ によって，L 行列を $\mathfrak{g}$ の中に実現する．

Ad 不変関数 f と L 行列の初期値 $L(0)$ に対して，t に依存する G の要素

$$g(t) = \exp\bigl(t\nabla f(L(0))\bigr) \tag{1.165}$$

を上のように

$$g(t) = g_-(t)^{-1} g_+(t) \tag{1.166}$$

と分解し，$L(t)$ を

$$L(t) = Ad_{g_-(t)} L(0) = Ad_{g_+(t)} L(0) \tag{1.167}$$

と定める．これは

$$\dot{L} = -[R(\nabla f(L)), L] \qquad (1.168)$$

という形のラックス方程式を満たし，初期値問題の解を与える．

　以上の考察はラックス方程式の構造をうまく説明しているが，さまざまな可積分系を理解するにはまだ不完全である．なぜなら，上で得られたハミルトン系は $\mathfrak{g}^*$ 全体で定義されているのに対して，たとえば有限戸田鎖やコスタント–戸田系の L 行列は特別な形をしているからである．今の話を完結させるためには，これらの特別な形をもつ L 行列の集合に相当するものを $\mathfrak{g}^*$ の中で特定し，その上に前述のハミルトン系や包合的な保存量が制限できること（それを含めて AKS の定理と呼ぶことが多い）を確かめなければならない．ここではこの議論には立ち入らない．

1.5.4 双ハミルトン構造

　力学系 $\dot{x} = X(x)$ が 2 通りのポアソン構造 $P^{(1)}, P^{(2)}$ に関するハミルトンベクトル場 $X_{H_1}^{(1)}, X_{H_2}^{(2)}$ によって

$$\dot{x} = X_{H_1}^{(1)} = X_{H_2}^{(2)} \qquad (1.169)$$

と表せるとき，この力学系は双ハミルトン的 (bi-Hamiltonian) であるという．二つのポアソン構造に関するポアソン括弧を $\{\ ,\ \}^{(1)}, \{\ ,\ \}^{(2)}$ と表そう．このとき

$$\{H_1, H_2\}^{(2)} = X_{H_2}^{(2)} H_1 = X_{H_1}^{(1)} H_1 = \{H_1, H_1\}^{(1)} = 0$$

ならびに

$$\{H_1, H_2\}^{(1)} = -X_{H_1}^{(1)} H_2 = X_{H_2}^{(2)} H_2 = 0$$

となるので，H_1, H_2 はいずれのポアソン構造についても包合的である．なお，このような双ハミルトン的ベクトル場を考察する際に二つのポアソン構造の整合性 (compatibility)，すなわち，任意の定数 c_1, c_2 に対して $c_1 P^{(1)} + c_2 P^{(2)}$ もポアソン構造であることを要請することが多い．

　これを拡張して，ベクトル場の組 $X_1, X_2, \cdots$ が一連のハミルトン関数 $H_1, H_2, \cdots$ によって

1.6 ソリトン方程式概観 59

$$X_k = X^{(1)}_{H_k} = X^{(2)}_{H_{k+1}} \quad (k = 1, 2, \cdots) \tag{1.170}$$

と表される状況を考えよう. このとき $k < l$ に対して

$$\{H_k, H_l\}^{(1)} = \{H_{k+1}, H_l\}^{(2)} \qquad (\because \{H_k, \}^{(1)} = \{H_{k+1}, \}^{(2)})$$

$$= \{H_{k+1}, H_{l-1}\}^{(1)} \qquad (\because \{, H_l\}^{(2)} = \{, H_{l-1}\}^{(1)})$$

$$\vdots \qquad\qquad\qquad (これを繰り返す)$$

$$= \{H_l, H_k\}^{(1)}$$

となり, ポアソン括弧の反対称性によって

$$\{H_k, H_l\}^{(1)} = 0$$

が成立する. 同様の論法によって

$$\{H_k, H_l\}^{(2)} = 0$$

も成立する. こうして $H_1, H_2, \cdots$ がどちらのポアソン括弧についても包合的であることがわかる.

このような双ハミルトン的ベクトル場の組は可換な時間発展の系列

$$\frac{\partial x}{\partial t_k} = X^{(1)}_{H_k} = X^{(2)}_{H_{k+1}} \quad (k = 1, 2, \cdots) \tag{1.171}$$

を定める. そのハミルトン関数 $H_1, H_2, \cdots$ は自動的に包合性を保証されることになる. このような双ハミルトン構造 (bi-Hamiltonian structure) による可積分系へのアプローチは最初 KdV 方程式などのソリトン方程式に対して個別的に見いだされたが [65], [66], [108], その後有限自由度の場合も含む一般的な定式化が行われている [67~69].

1.6 ソリトン方程式概観

ソリトン方程式 (soliton equation) は

1) 連続空間あるいは格子空間上の場を従属変数とする.
2) 逆散乱法 (inverse scattering method) などによってソリトン解 (soliton solution) を含むさまざまな解を構成できる.

60　　　　　　　　　　　　　　　　　　　　　　第 1 章　古典可積分系

3) 無限個の保存量とそれに伴う高次時間発展の階層 (hierarchy) をもつ.

4) 無限自由度の可積分ハミルトン系として理解できる.

などの特徴をもつ微分方程式や差分方程式の総称である．知られている例の大半は時間的に 1 次元，空間的に 1 次元（いわゆる「1 + 1 次元」）の方程式であるが，空間的に 2 次元の方程式（1 + 2 次元の方程式）もある.

1.6.1　1 + 1 次元のソリトン方程式

1 + 1 次元のソリトン方程式の代表的な例には **KdV 方程式** (Korteweg-de Vries equation)

$$u_t + 6uu_x + u_{xxx} = 0, \tag{1.172}$$

戸田格子 (Toda lattice)

$$q(s)_{tt} = e^{q(s-1)-q(s)} - e^{q(s)-q(s+1)}, \tag{1.173}$$

サイン・ゴルドン方程式 (sine-Gordon equation)

$$u_{tt} - u_{xx} + \sin u = 0, \tag{1.174}$$

変形 KdV 方程式 (modified KdV equation)

$$v_t + 6v^2 v_x + v_{xxx} = 0, \tag{1.175}$$

非線形シュレディンガー方程式 (nonlinear Schrödinger equation)

$$iu_t = -u_{xx} \pm |u|^2 u \tag{1.176}$$

などがある．ここで t は時間変数であり，x, y は連続空間の座標，s は粒子の番号（整数値）を表す．u, v は場であり，添字は

$$u_t = \frac{\partial u}{\partial t}, \ u_{tt} = \frac{\partial^2 u}{\partial t^2}, \cdots, \quad u_x = \frac{\partial u}{\partial x}, \ u_{xx} = \frac{\partial^2 u}{\partial x^2}, \cdots$$

というように導関数を表す．戸田格子の場合には粒子の番号を空間座標として扱って，s 番目の粒子の変位を $q(s)$ という記号で表している（結合定数を $g = 1$ に選んだが，これは本質的なことではない）.

1.6 ソリトン方程式概観

a. ラックス方程式

KdV 方程式と戸田格子はそれぞれ微分作用素

$$L = \partial_x^2 + u, \quad M = -4\partial_x^3 - 6u\partial_x - 3u_x \tag{1.177}$$

および差分作用素

$$L = e^{\partial_s} + b(s) + c(s)e^{-\partial_s}, \quad M = e^{\partial_s} + b(s) \tag{1.178}$$

によってラックス方程式

$$L_t = [M, L] \tag{1.179}$$

の形に表せる [58], [59], [104]. ここで ∂_x と e^{∂_s} はそれぞれ x に関する微分

$$\partial_x f(x) = \frac{\partial f(x)}{\partial x}$$

と s に関するシフト

$$e^{\partial_s} f(s) = f(s+1)$$

の演算子を表す. $b(s), c(s)$ は格子空間上の場として見直したフラシカ変数

$$b(s) = -q(s)_t, \quad c(s) = e^{q(s-1)-q(s)}$$

である. KdV 方程式の場合には交換子 $[M, L]$ が 0 階の項のみからなり（もともと M はそのように選ばれた微分作用素である），それを L_t（定義から明らかに 0 階の項 u_t のみを含む）と等値することによって KdV 方程式が再現される. 戸田格子のラックス表示も同様の構造をもつ.

b. 補助線形方程式

これらのラックス表示には固有値問題とその時間発展を表す**補助線形方程式系** (auxiliary linear system)

$$L\psi = \lambda\psi, \quad \psi_t = M\psi \tag{1.180}$$

が付随している. この線形方程式系の第 1 の方程式を t で微分したもの

$$L_t\psi + L\psi_t = \lambda_t\psi + \lambda\psi_t$$

から第 2 の方程式によって ψ_t を消去すれば

$$L_t \psi + LM\psi = \lambda_t \psi + \lambda M\psi = \lambda_t \psi + ML\psi$$

となる．これを書き直せば

$$\lambda_t \psi = (L_t - [M, L])\psi \tag{1.181}$$

となるので，スペクトル不変性 $\lambda_t = 0$ とラックス方程式 (1.179) が対応していることがわかる．もともとこれがラックス [104] によって最初に示された等スペクトル性の定式化である．無限個の保存量の存在もこの補助線形方程式系から導くことができる．

KdV 方程式の場合の固有値問題は量子力学的シュレディンガー方程式であり，その散乱の逆問題（散乱データからポテンシャルを復元すること）を利用して KdV 方程式のソリトン解やそれを含む一般的な解を求めることができる [63]．この解法は逆散乱法 (inverse scattering method) と呼ばれて，その後さまざまなソリトン方程式に拡張された．戸田格子の場合にも上に示した差分版のラックス表示に基づいて同様の取り扱いができる [58], [59]．

c. 零曲率方程式

変形 KdV 方程式，サイン・ゴルドン方程式，非線形シュレディンガー方程式のラックス表示はラックス方程式ではなくて零曲率方程式 (zero-curvature equation) と呼ばれる形

$$L_t - M_x + [L, M] = 0 \tag{1.182}$$

で与えられる [1], [170], [177], [184]．ここで $L = L(z)$ と $M = M(z)$ はスペクトルパラメータ z の多項式あるいは有理式からなる 2×2 行列である（その中に u とその導関数が含まれている）．零曲率方程式が

$$[\partial_x - L, \, \partial_t - M] = 0 \tag{1.183}$$

と表せることにも注意されたい．この方程式には

$$\psi_x = L\psi, \quad \psi_t = M\psi \tag{1.184}$$

という補助線形方程式系が付随する．零曲率方程式はこの線形方程式系に対する可積分条件と解釈できる（第 4 章定理 4.4.12 の「フロベニウスの定理」参照）．

1.6 ソリトン方程式概観　　　　　　　　　　　　　　　　　　　　　　　**63**

この補助線形方程式系に基づいて，逆散乱法や無限個の保存量などを論じることができる．

行列型の零曲率方程式からはこのほかにもさまざまなソリトン方程式が得られる．たとえば $N \times N$ 行列値の場 $A = A(\xi, \eta)$, $B = B(\xi, \eta)$ に対して

$$\left[\partial_\xi + \frac{A}{1+z}, \partial_\eta + \frac{B}{1-z}\right] = 0 \qquad (1.185)$$

という零曲率方程式を考えれば

$$B_\xi - A_\eta + [A, B] = 0, \quad B_\xi + A_\eta = 0$$

という方程式が得られる．第 1 の方程式は行列値のポテンシャル $g = g(\xi, \eta)$ を導入して

$$A = -g_\xi g^{-1}, \quad B = -g_\eta g^{-1}$$

と解くことができる．これを第 2 の方程式に代入すれば g に対する場の方程式

$$(g_\eta g^{-1})_\xi + (g_\xi g^{-1})_\eta = 0 \qquad (1.186)$$

が得られる．これは物理で**主カイラル場** (principal chiral field) と呼ばれる相対論的非線形場の方程式であり，数学的にはリー群に値をもつ調和写像 (harmonic mapping) の方程式と解釈できる．この方程式からの特殊化として各種のシグマ模型 (sigma model) の方程式が得られる [183]．ちなみに，z の代わりに

$$\zeta = \frac{1-z}{1+z}$$

をスペクトルパラメータとして用いれば，上の零曲率方程式 (1.185) を

$$\left[\partial_\xi + \frac{1+\zeta}{2}A, \partial_\eta + \frac{1-\zeta}{2}B\right] = 0 \qquad (1.187)$$

という形に書き直すこともできる．

1.6.2　**1 ＋ 2 次元のソリトン方程式**

空間 2 次元の代表的なソリトン方程式は **KP 方程式** (Kadomtsev–Petviashvili equation)

$$3u_{yy} + (-4u_t + 6uu_x + u_{xxx})_x = 0 \qquad (1.188)$$

である．この方程式は空間 1 次元の KdV 方程式に横方向 (y 軸) の広がりを導入してその効果を調べる，という動機のもとで導入されたもので，**2 次元 KdV 方程式** (two-dimensional KdV equation) とも呼ばれる．u が y に依存しない場合には，x について 1 回積分して「積分定数」(実際には t の関数) を u に繰り込むことによって，KdV 方程式と本質的に同じもの

$$-4u_t + 6uu_x + u_{xxx} = 0 \qquad (1.189)$$

に帰着する ($t \to -4t$ というスケール変換で最初に示した形の KdV 方程式に一致する)．

KP 方程式は

$$L = \partial_x^2 + u, \quad M = \partial_x^3 + \frac{3}{2}u\partial_x + v \qquad (1.190)$$

という微分作用素に対する零曲率方程式

$$L_t - M_y + [L, M] = 0 \qquad (1.191)$$

の形に表せる．実際に計算してみれば，零曲率方程式の左辺は 0 階と 1 階の項のみからなることがわかり，それらを 0 に等値することによって

$$v_x = \frac{3}{4}(u_y + u_{xx}),$$
$$v_y = \frac{1}{4}(u_t - 6uu_x - u_{xxx} + 3u_{xy})$$

という連立方程式が得られる．これから $(v_x)_y = (v_y)_x$ によって v を消去すれば KP 方程式が従う．逆に KP 方程式の解 u が与えられれば，v に対する方程式 (可積分条件は満たされている) を解いて，零曲率方程式を満たす L, M が得られる．この零曲率方程式 (1.191) はザハロフ−シャバット方程式 (Zakharov–Shabat equation) とも呼ばれ，一般化された逆散乱法などによって解を構成することができる [185].

u が t に依存しない場合には，KP 方程式は

$$3u_{yy} + (6uu_x + u_{xxx})_x = 0 \qquad (1.192)$$

という方程式に帰着する．これはブシネ方程式 (Boussinesq equation) と呼ばれるもので，やはり代表的なソリトン方程式として知られている．このように，

1.6 ソリトン方程式概観 **65**

KP 方程式は KdV 方程式とブシネ方程式という 2 種類のソリトン方程式を次元簡約 (dimensional reduction) として含んでいる.

非線形シュレディンガー方程式を $1+2$ 次元に拡張したものとしてデイヴィ-スチュワートソン方程式 (Davey–Stewartson equation) がある. これは 2 種類の場 u, A に対する連立微分方程式

$$iu_t + u_{xx} - u_{yy} \pm |u|^2 u + 2uA = 0,$$
$$A_{xx} + A_{yy} + (|u|^2)_{xx} = 0 \tag{1.193}$$

であり, $A = 0$ で u が y に依存しない場合には非線形シュレディンガー方程式に戻る. ここでは具体的な形を省くが, この方程式は 2×2 行列係数の微分作用素に対する零曲率方程式の形に表せる.

戸田格子とサイン・ゴルドン方程式を統合することによって, 別種の普遍的ソリトン方程式を見いだすこともできる. その手がかりはサイン・ゴルドン方程式の x に依存しない解が

$$u_{tt} + \sin u = 0$$

という力学系（本質的に単振り子）の運動方程式に従うことにある. 戸田格子の場合にこの簡約操作の逆を考えれば, ∂_t^2 を $\partial_t^2 - \partial_x^2$ に置き換えた形の $1+1$ 次元方程式

$$\phi(s)_{tt} - \phi(s)_{xx} + e^{\phi(s+1)-\phi(s)} - e^{\phi(s)-\phi(s-1)} = 0 \tag{1.194}$$

が得られる. ただし便宜上, 粒子の変位座標 $q(s)$ の符号を逆にしたものを場の変数 $\phi(s)$ に読み替えた. さらに, 2 次元ミンコフスキー時空としての光円錐座標

$$\xi = \frac{t+x}{\sqrt{2}}, \quad \eta = \frac{t-x}{\sqrt{2}}$$

を独立変数に選んで, この方程式を

$$\phi(s)_{\xi\eta} + e^{\phi(s+1)-\phi(s)} - e^{\phi(s)-\phi(s-1)} = 0 \tag{1.195}$$

と表すこともできる. これを戸田場の方程式 (Toda field equation) あるいは 2 次元戸田方程式 (two-dimensional Toda equation) という. s を離散的空間変

数と見なせば，これは $1+2$ 次元の方程式である．

戸田格子のフラシカ変数に相当するもの

$$b(s) = \phi(s)_\xi, \quad c(s) = e^{\phi(s)-\phi(s-1)} \tag{1.196}$$

を用いて

$$L = e^{\partial_s} + b(s), \quad M = c(s)e^{-\partial_s} \tag{1.197}$$

という差分作用素を導入すれば，戸田場の方程式は零曲率方程式

$$L_\eta - M_\xi + [L, M] = 0 \tag{1.198}$$

の形に表せる．これによってソリトン理論のさまざまな方法を適用することができる [114], [115]．さらに，$\phi(s)$ が s について 2 周期的な場合には

$$\phi(1) = -\phi(0) = \frac{iu}{2}$$

と選ぶことによってサイン・ゴルドン方程式が導かれる．同様にして N 周期的な簡約も考えられる．

1.6.3 双線形形式とソリトン解

KdV 方程式の解を求める方法として登場した逆散乱法はその後さまざまなソリトン方程式の標準的解法となったが，実際の適用に際してはある種の線形積分方程式を解くなどの大がかりな計算が必要になる．ソリトン解の場合にはこの積分方程式が代数方程式に帰着して，線形代数的な計算によって解が求められる．そこで，ソリトン解に対してより直接的な構成方法が可能ではないか，と期待するのは自然なことであろう．

広田良吾はそのような直接的アプローチの一つとして**双線形形式** (bilinear form) に基づくソリトン方程式の解法を開発した [74]．これを**広田の直接法** (Hirota's direct method) という．その後のソリトン理論の進展の中で，広田の直接法は特殊解の構成にとどまらない深い意味をもつことが次第に明らかになった．その意味で，双線形形式はラックス形式と並んでソリトン方程式の基本的表現形式として位置づけることができる．

1.6 ソリトン方程式概観

a. KdV 方程式と KP 方程式の双線形形式

KdV 方程式と KP 方程式は

$$u = 2(\log \tau)_{xx} \tag{1.199}$$

という従属変数の変換によって双線形化される. τ はこれらの方程式の τ 関数であるが, もともと広田の直接法ではこの従属変数を f という記号で表していた. その後, この関数が佐藤幹夫らによるホロノミックな量子場 (holonomic quantum field) や等モノドロミー変形 (isomonodromic deformation) の研究 [78], [79], [81], [146～148] において τ 関数と呼ばれていたものと同類であることが明らかになり, τ 関数と呼ばれるようになった.

KdV 方程式は

$$u_t + (u_{xx} + 3u^2)_x = 0$$

と表せるが, u の表示 (1.199) を微分して得られる等式

$$u_t = \left(\frac{2\tau_{xt}\tau - 2\tau_x\tau_t}{\tau^2} \right)_x,$$

$$u_{xx} + 3u^2 = \frac{2\tau_{xxxx}\tau - 8\tau_{xxx}\tau_x + 6(\tau_{xx})^2}{\tau^2}$$

をそこに代入すれば

$$\left(\frac{\tau_{xt} - \tau_x\tau_t + \tau_{xxxx}\tau - 4\tau_{xxx}\tau_x + 3(\tau_{xx})^2}{\tau^2} \right)_x = 0$$

という方程式が得られる. したがって τ が

$$\tau_{xt} - \tau_x\tau_t + \tau_{xxxx}\tau - 4\tau_{xxx}\tau_x + 3(\tau_{xx})^2 = 0 \tag{1.200}$$

という双線形方程式を満たせば, u は KdV 方程式を満たす. 実際には, 一つ前の方程式を x について 1 回積分し, 現れる積分定数 (t のみの関数) を $\tau \to g(t)\tau$ という「ゲージ変換」で消去しても, 結果として同じ形の方程式が得られる.

広田の「双線形微分作用素」の記法

$$P(D_x, D_t)f \cdot g = P(\partial_x - \partial_{x'}, \partial_t - \partial_{t'})f(x,t)g(x',t')|_{x'=x, t'=t} \tag{1.201}$$

を用いれば, この方程式 (1.200) をより簡潔な形

$$(D_x D_t + D_x^4)\tau \cdot \tau = 0 \tag{1.202}$$

に表すこともできる. これが KdV 方程式の双線形形式として通常用いられるものである. KP 方程式の場合にも同様の計算によって

$$(3D_y^2 - 4D_x D_t + D_x^4)\tau \cdot \tau = 0 \tag{1.203}$$

という形の双線形形式が得られる.

b. 戸田場の方程式の双線形形式

戸田場の方程式に対する τ 関数 $\tau(s) = \tau(s, \xi, \eta)$ は

$$e^{\phi(s)} = \frac{\tau(s+1)}{\tau(s)} \tag{1.204}$$

という関係式を満たすものとして導入される. このときフラシカ変数は

$$b(s) = \left(\log \frac{\tau(s+1)}{\tau(s)}\right)_\xi, \quad c(s) = \frac{\tau(s+2)\tau(s)}{\tau(s+1)^2} \tag{1.205}$$

と表される. フラシカ変数の満たす微分方程式

$$b(s)_\xi + c(s) - c(s-1) = 0$$

にこれらを代入すれば

$$\left(\log \tau(s+1)\right)_{\xi\eta} + \frac{\tau(s+2)\tau(s)}{\tau(s+1)^2} = \left(\log \tau(s)\right)_{\xi\eta} + \frac{\tau(s+1)\tau(s-1)}{\tau(s)^2}$$

という等式が得られるので, $\tau(s)$ が

$$\left(\log \tau(s)\right)_{\xi\eta} + \frac{\tau(s+1)\tau(s-1)}{\tau(s)^2} = 0$$

という方程式を満たせば, 戸田場の方程式が成立する. より一般的に右辺に s に依存しない積分定数を残した形で解いて, それをゲージ変換で消すという手順で同じ方程式を得ることもできる. この方程式の分母を払えば双線形方程式

$$\tau(s)_{\xi\eta}\tau(s) - \tau(s)_\xi \tau(s)_\eta + \tau(s+1)\tau(s-1) = 0 \tag{1.206}$$

が得られる.

広田の双線形作用素を用いれば, この双線形方程式を

$$\frac{1}{2} D_\xi D_\eta \tau(s) \cdot \tau(s) + \tau(s+1)\tau(s-1) = 0 \tag{1.207}$$

という形に表すこともできる. $D_\xi D_\eta \to -D_t^2$ と置き換えれば

1.6 ソリトン方程式概観

$$\frac{1}{2}D_t^2\tau(s)\cdot\tau(s) = \tau(s+1)\tau(s-1) \tag{1.208}$$

という双線形方程式が得られるが，これは戸田格子の双線形形式である．

ソリトン解などあるクラスの解を扱うには「ひねられた」τ 関数

$$\tilde{\tau}(s) = \tau(s)e^{\xi\eta} \tag{1.209}$$

の方が都合がよい．$\tilde{\tau}(s)$ は戸田場の方程式と戸田格子のそれぞれにおいて

$$\frac{1}{2}D_\xi D_\eta\tilde{\tau}(s)\cdot\tilde{\tau}(s) + \tilde{\tau}(s+1)\tilde{\tau}(s-1) - \tilde{\tau}(s)^2 = 0 \tag{1.210}$$

および

$$\frac{1}{2}D_t^2\tilde{\tau}(s)\cdot\tilde{\tau}(s) = \tilde{\tau}(s+1)\tilde{\tau}(s-1) - \tilde{\tau}(s)^2 \tag{1.211}$$

という双線形方程式に従う．$\tau(s)$ を $\tilde{\tau}(s)$ に置き換えてもフラシカ変数は変わらないことに注意されたい．

c. ソリトン解

KP・KdV 方程式のソリトン解と戸田場・戸田格子の方程式のソリトン解は共通の形で表せる．KdV 方程式の N ソリトン解（N 個のソリトンが存在する解）に対応する KP 方程式のソリトン解は

$$\tau = \det\left(\delta_{ij} + \frac{c_j e^{\eta_j}}{p_i - q_j}\right) \tag{1.212}$$

という N 次行列式で与えられる．ここで c_j, p_j, q_j は定数で，$p_i \neq p_j$, $q_i \neq q_j$, $p_i \neq q_j$ という条件を満たすものとする．η_j は

$$\eta_j = (p_j - q_j)x + (p_j^2 - q_j^2)y + (p_j^3 - q_j^3)t \tag{1.213}$$

という形の 1 次式である．戸田場の方程式の N ソリトン解も，ひねられた τ 関数を用いれば，同様の N 次行列式

$$\tilde{\tau}(s) = \det\left(\delta_{ij} + \frac{c_j e^{\eta_j}}{p_i - q_j}\right) \tag{1.214}$$

で与えられる．この場合の η_j は

$$\eta_j = (p_j/q_j)^s + (p_j - q_j)\xi + (p_j^{-1} - q_j^{-1})\eta \tag{1.215}$$

という形の 1 次式である．さらに，KP 方程式のソリトン解を

$$q_j = -p_j \tag{1.216}$$

の場合に特殊化すれば KdV 方程式の N ソリトン解になる．同様に，戸田場の方程式の N ソリトン解を

$$q_j = p_j^{-1} \tag{1.217}$$

に特殊化すれば戸田格子の N ソリトン解が得られる．

1.6.4 無限個の保存量と高次時間発展

以下では KdV 方程式を例に選んで，ソリトン方程式の保存量と高次時間発展の関係について解説する．そのためにはソリトン方程式を無限自由度ハミルトン系として定式化することが必要になる．また，途中で擬微分作用素 (pseudo-differential operator) を用いるが，これは KP 階層の構成（1.7 節）へつながるものである．

a. KdV 方程式の保存則

KdV 方程式のような $1+1$ 次元の方程式の保存量は u の局所的汎関数 (local functional)，すなわち，u とその導関数の多項式 $f = f(u, u_x, u_{xx}, \dots)$ を密度関数とする積分

$$F = \int_X f(u, u_x, u_{xx}, \dots) dx$$

の形で与えられる．逆散乱法の設定では $X = \mathbb{R}^1$ であるが，ハミルトン構造を論じる場合には周期的境界条件を課して $X = S^1$ の設定で考えることも多い．F が保存量であるための条件は保存則の方程式

$$\frac{\partial f}{\partial t} = \frac{\partial J}{\partial x}$$

として表現される．ここで $J = J(u, u_x, u_{xx}, \dots)$ も u とその導関数の多項式である．

ラックス表示からの帰結として，KdV 方程式は無限個の保存量をもつ．このことはさまざまな形で説明できるが，ここでは $L = \partial_x^2 + u$ の擬微分作用素としての平方根

$$L_{\mathrm{KP}} = L^{1/2} = \partial_x + \frac{u}{2}\partial_x^{-1} - \frac{u_x}{4}\partial_x^{-2} + \cdots \tag{1.218}$$

1.6 ソリトン方程式概観

を用いて説明する（KP 階層のラックス形式と関係があるので，"KP" という添え字を付けてもとの L と区別している）．係数 $u_2, u_3, \dots$ は一種の微分漸化式（具体的な形は省略する）によって u とその導関数の多項式として順次定まる．さらにラックス方程式

$$\frac{\partial L_{\mathrm{KP}}}{\partial t} = [M, L_{\mathrm{KP}}] \tag{1.219}$$

が成立する（擬微分作用素については 1.7.1 項で一般的に説明する）．

L_{KP} のべき乗 L_{KP}^{2n-1} の展開

$$L_{\mathrm{KP}}^{2n-1} = \partial_x^{2n-1} + \cdots + R_n \partial_x^{-1} + \cdots$$

における ∂_x^{-1} の係数 R_n を留数の類似物として

$$R_n = \mathrm{Res}(L_{\mathrm{KP}}^{2n-1}) \tag{1.220}$$

と表す．なお，$L_{\mathrm{KP}}^{2n} = L^n$ は微分作用素なので，偶数べきの留数 $\mathrm{Res}(L_{\mathrm{KP}}^{2n})$ は 0 になる，ということに注意されたい．

R_n はゲルファント–ディキー多項式 (Gelfand–Dickey polynomial) と呼ばれる．R_{n+1} と R_n の間にはレナードの関係式 (Lenard relations) と呼ばれる一種の漸化式

$$\partial_x R_{n+1} = \left(\frac{1}{4} \partial_x^3 + u \partial_x + \frac{1}{2} u_x \right) R_n \tag{1.221}$$

が成立する．左辺が x に関する導関数になっているので，これは通常の意味で代数的な漸化式ではないが，$R_0 = 1$ から出発して，不定積分に伴う積分定数を捨てながらこの漸化式を順次解いて，R_n を具体的に求めることができる．その結果は

$$R_1 = \frac{u}{2}, \quad R_2 = \frac{1}{8} u_{xx} + \frac{3}{8} u^2, \quad \dots$$

となる．

これらの R_n を密度関数とする積分

$$F_n = \int_X R_n \, dx = \int_X \mathrm{Res}(L_{\mathrm{KP}}^{2n-1}) \, dx \tag{1.222}$$

が KdV 方程式の保存量を与える．このことは次のようにしてわかる．

1) L_{KP} のラックス方程式から

$$\frac{\partial L_{\mathrm{KP}}^{2n-1}}{\partial t} = [M, L_{\mathrm{KP}}^{2n-1}]$$

が従うので R_n の時間微分は

$$\frac{\partial R_n}{\partial t} = \mathrm{Res}[M, L_{\mathrm{KP}}^{2n-1}]$$

と表せる.

2) 一般に，二つの擬微分作用素の交換子の留数は項別に

$$\mathrm{Res}[a\partial_x^m, b\partial_x^n]$$

$$= \binom{m}{m+n+1} ab^{(m+n+1)} - \binom{n}{m+n+1} a^{(m+n+1)}b$$

という公式を適用することによって求められる. ただし,

$$a^{(k)} = \partial^k a/\partial x^k, \quad b^{(k)} = \partial^k b/\partial x^k$$

という略記号を用いている. $m+n+1 < 0$ ならば上の等式の左辺は 0 になるので，右辺の2項係数も 0 と解釈する. これらの2項係数の間には

$$\binom{n}{m+n+1} = (-1)^{m+n+1}\binom{m}{m+n+1}$$

という関係があるので，上の交換子は

$$\mathrm{Res}[a\partial_x^m, b\partial_x^n] = \binom{m}{m+n+1}\frac{\partial}{\partial x}\left(\sum_{k=0}^{m+n}(-1)^k a^{(k)} b^{(m+n-k)}\right)$$
(1.223)

というように表せる.

3) 以上のことから，u とその導関数の多項式 $J_n = J_n(u, u_x, \cdots)$ が存在して

$$\frac{\partial R_n}{\partial t} = \frac{\partial J_n}{\partial x}$$
(1.224)

という保存則の方程式が成立することがわかる.

なお，ゲルファント (I. M. Gelfand) とディキー (L. A. Dickey) は微分作用素のスペクトル解析の方法を用いてこれらの R_n を得た [65], [66]. その後，マニン (Yu. I. Manin) やアドラーによって，ここに紹介したような代数的な擬微分作用素を用いる方法が開発された [4], [111].

1.6　ソリトン方程式概観　　　　　　　　　　　　　　　　　　**73**

b.　**KdV** 方程式の（双）ハミルトン構造

これらの保存量をハミルトン系の言葉で解釈するために，KdV 方程式を場の配位空間（要するに関数空間）の上の無限自由度ハミルトン系として定式化し直す．そのような定式化は場の理論ではおなじみのものである．場の配位空間の上のポアソン構造は局所的汎関数のポアソン括弧

$$\{F, G\}_P = \int_X \frac{\delta F}{\delta u} P \frac{\delta G}{\delta u} dx \tag{1.225}$$

によって定まる．ここで $\delta/\delta u$ は局所的汎関数

$$F = \int_X f(u, u_x, u_{xx}, \ldots) dx$$

に対するオイラー–ラグランジュ変分

$$\frac{\delta F}{\delta u} = \frac{\partial f}{\partial u} - \left(\frac{\partial f}{\partial u_x}\right)_x + \left(\frac{\partial f}{\partial u_{xx}}\right)_{xx} - \cdots$$

を表す．P は微分作用素で，$\{F, G\}$ が反対称性とヤコビ恒等式を満たすように選ばれる．局所的汎関数 H をハミルトニアンとする運動方程式は

$$u_t = \{u, H\}_P = P \frac{\delta H}{\delta u} \tag{1.226}$$

で与えられる．

実際には，KdV 方程式は 2 種類のハミルトン構造をもつ双ハミルトン系である．最初に見いだされたハミルトン系としての定式化は

$$P_0 = \partial_x \tag{1.227}$$

で定義されるポアソン構造に基づく [50],[62]．その後

$$P_1 = \frac{1}{4}\partial_x^3 + u\partial_x + \frac{1}{2}u_x \tag{1.228}$$

で定義されるポアソン構造に基づくもう一つの定式化が見いだされた [105],[108]．P_0, P_1 は前述のレナードの関係式 (1.221) の両辺に

$$P_0 R_{n+1} = P_1 R_n$$

という形で現れていることに注意されたい．KdV 方程式も対応して二通りの形

$$u_t = -8 P_0 R_2 = -8 P_1 R_1$$

に表せる. R_n の「留数」としての定義から

$$R_n = \frac{\delta}{\delta u} \int_X \frac{2R_{n+1}}{2n+1} dx \qquad (1.229)$$

という等式が成立することに注意すれば, これらは

$$H = -\frac{16}{5} F_3, \quad K = -\frac{16}{3} F_2$$

をハミルトニアンとする双ハミルトン形式

$$u_t = P_0 \frac{\delta H}{\delta u} = P_1 \frac{\delta K}{\delta u} \qquad (1.230)$$

に書き直せる. さらに, P_0, P_1 は整合的, すなわち, それらの任意の定数係数線形結合もヤコビ恒等式を満たしてポアソン構造を定める.

(1.229) とレナードの関係式 (1.221) から

$$H_n = \int_X \frac{2R_{n+1}}{2n+1} dx = \frac{2F_{n+1}}{2n+1}$$

に対して

$$P_0 \frac{\delta H_{n+1}}{\delta u} = P_1 \frac{\delta H_n}{\delta u} \qquad (1.231)$$

という関係式が成立することがわかる. したがって, 1.5.4 項で紹介した双ハミルトン構造の一般論によって, H_n は互いに包合的であり, 可換な時間発展の系列

$$u_{t_n} = P_0 \frac{\delta H_{n+1}}{\delta u} = P_1 \frac{\delta H_n}{\delta u} \qquad (1.232)$$

を定める. KdV 方程式は $t_1 = -t/2$ に関する方程式としてこの中に含まれている. これらの方程式を高次 KdV 方程式, その全体を **KdV 階層** (KdV hierarchy) という.

高次 KdV 方程式は

$$L_{t_n} = [M_n, L] \qquad (1.233)$$

というラックス方程式として表すこともできる. ここで M_n は $2n+1$ 階の微分作用素であり, 具体的には前述の擬微分作用素 L_{KP} (1.218) によって

$$M_n = (L_{\mathrm{KP}}^{2n+1})_{\geq 0} \qquad (1.234)$$

で与えられる. $(\cdots)_{\geq 0}$ はここでは擬微分作用素から ∂_x の非負べき (すなわち微分作用素) の部分を取り出すことを意味する.

1.7 KP 階層

1.7.1 擬微分作用素の算法

KP 階層のラックス形式は擬微分作用素を用いて定式化される. ここでは擬微分作用素の算法について簡単にまとめておく.

1 変数 x の微分作用素において ∂_x の負べきも許した形式的表現

$$A = \sum_{j=-\infty}^{m} a_j \partial_x^j$$

を m 階の擬微分作用素という. 正確にいえば, これは擬微分作用素そのものではなくてその「シンボル」と呼ぶべきものである. ここではあえて両者を区別せず, 単に擬微分作用素と呼ぶことにする. この意味での擬微分作用素には関数などへの作用は定義されず, お互いの間の和や積などの演算のみが定義される.

a. 擬微分作用素の積

和の定義は明らかであるから, 積の定義を説明する. 積は ∂_x の負べきに一般化されたライプニッツ公式

$$\partial_x^j \cdot f = \sum_{k=0}^{\infty} \binom{j}{k} f^{(k)} \partial_x^{j-k} \tag{1.235}$$

から定まる (ドット "·" は作用素の積であることを強調するために入れてある).
2 項係数は

$$\binom{j}{k} = \frac{j(j-1)\cdots(j-k+1)}{k!}$$

で与えられ, j が非負整数ならば $k > j$ のときに消えるが, j が負整数ならばどの k に対しても消えずに残る. 結果として 2 個の擬微分作用素

$$A = \sum_{j=-\infty}^{m} a_j \partial_x^j, \quad B = \sum_{j=-\infty}^{n} b_j \partial_x^j$$

の積 AB は

$$c_\ell = \sum_{i+j-k=\ell} \binom{i}{k} a_i b_j^{(k)}, \quad b_j^{(k)} = \partial^k b / \partial x^k$$

を係数とする擬微分作用素

$$C = \sum_{j=-\infty}^{m+n} c_j \partial_x^j \tag{1.236}$$

として定義される.

b.　擬微分作用素の形式的共役

和や積と並んで基本的な演算は形式的共役 (formal adjoint) である. A が前述のように表されているとき, その形式的共役 A^* は

$$A^* = \sum_{j=-\infty}^{m} (-\partial_x)^j \cdot a_j \tag{1.237}$$

で定義される. 積の形式的共役に関して一般的に

$$(AB)^* = B^* A^*$$

という等式が成立する.

擬微分作用素 A に対してその非負べき部分を $(A)_{\geq 0}$, 負べき部分を $(A)_{<0}$ という記号で表す. A が前述のような形をしていれば

$$(A)_{\geq 0} = \sum_{j \geq 0} a_j \partial_x^j, \quad (A)_{<0} = \sum_{j<0} a_j \partial_x^j$$

となる.

c.　留数とトレース

KdV 方程式の保存量の構成では A の留数

$$\mathrm{Res}(A) = a_{-1}$$

が用いられたが, これはいろいろな意味で通常の留数に類似する性質をもつ. 擬微分作用素の係数が遠方で急減少あるいは周期的である場合には, 留数を積分してトレース汎関数 (trace functional)

$$\mathrm{Tr}(A) = \int_X \mathrm{Res}(A) dx \tag{1.238}$$

を定義することができる. これによって行列型のラックス表示をもつ可積分系における保存量 $\mathrm{Tr}(L^n)$ の類似物を考えることが可能になる. たとえば KdV 方程式の保存量 H_n は $L = \partial_x^2 + u$ の分数べきに対するトレース汎関数の値

1.7 KP 階層 **77**

$\mathrm{Tr}\!\left(L^{n+1/2}\right)$（の定数倍）にほかならない．(1.223) に見るように，一般に擬微
分作用素の交換子の留数は

$$\mathrm{Res}[A, B] = r_x$$

（r は A, B の係数とその導関数の多項式）という形に表せる．これからトレー
ス汎関数が通常のトレースと同様の対称性

$$\mathrm{Tr}(AB) = \mathrm{Tr}(BA) \tag{1.239}$$

をもつことがわかる．

1.7.2 KP 階層のラックス形式

KP 階層 (KP hierarchy) は佐藤幹夫によって導入されたもので [145], [150]，
独立変数として 1 個の空間変数 x と無限個の時間変数 $t_2, t_3, \ldots$ をもつ．従属
変数は $u_2, u_3, \ldots$ という無限系列である．これらを係数とする擬微分作用素と
してラックス作用素

$$L = \partial_x + u_2 \partial_x^{-1} + u_3 \partial_x^{-2} + \cdots \tag{1.240}$$

を導入し，それから微分作用素の系列

$$B_n = (L^n)_{\geq 0} \quad (n = 1, 2, \ldots) \tag{1.241}$$

を構成する．最初の方を書き下せば

$$B_1 = \partial_x, \quad B_2 = \partial_x^2 + 2u_2, \quad B_3 = \partial_x^3 + 3u_2 \partial_x + 3u_3 + 3u_{2,x}, \ldots$$

となる．

a. ラックス方程式とザハロフ–シャバット方程式

KP 階層はラックス方程式系

$$\frac{\partial L}{\partial t_n} = [B_n, L] \quad (n = 2, 3, \ldots) \tag{1.242}$$

によって定義される偏微分方程式系である．$t_1 = x$ と解釈すれば，ラックス方
程式は $n = 1$ の場合も恒等式として成立する．このラックス方程式系は次のよ
うな意味で整合性をもつ．

1) 各ラックス方程式に意味がある. このことを見るために, 補助的に

$$B_n^- = (L^n)_{<0} \tag{1.243}$$

を考える. $[B_n, L] = [L, B_n^-]$ という等式が成立するので, t_n に関する
ラックス方程式を

$$\frac{\partial L}{\partial t_n} = [L, B_n^-] \tag{1.244}$$

という形に書き直すことができる. この方程式の右辺は -1 階であるか
ら, 左辺 (定義より明らかに -1 階である) と等置すれば, $u_2, u_3, \ldots$ に
対する一連の時間発展の方程式

$$\frac{\partial u_j}{\partial t_n} = f_{jn}(u_2, u_{2,x}, \ldots, u_3, u_{3,x}, \ldots)$$

が定まり, それ以外の付加的条件は生じない.

2) これらのラックス方程式が連立できるためには時間発展の可換性の条件

$$\frac{\partial}{\partial t_m}\left(\frac{\partial L}{\partial t_n}\right) = \frac{\partial}{\partial t_n}\left(\frac{\partial L}{\partial t_m}\right) \tag{1.245}$$

が満たされていなければならない. 両辺を計算してみれば

$$左辺 = \left[\frac{\partial B_n}{\partial t_m}, L\right] + [B_n, [B_m, L]],$$

$$右辺 = \left[\frac{\partial B_m}{\partial t_n}, L\right] + [B_m, [B_n, L]]$$

となるので, この条件は

$$\left[\frac{\partial B_m}{\partial t_n} - \frac{\partial B_n}{\partial t_m} + [B_m, B_n], \ L\right] = 0$$

という形に書き直せる. したがって

$$\frac{\partial B_m}{\partial t_n} - \frac{\partial B_n}{\partial t_m} + [B_m, B_n] = 0 \quad (m, n = 2, 3, \ldots) \tag{1.246}$$

という零曲率方程式系 (KP 方程式における対応物 (1.191) にならってザ
ハロフ–シャバット方程式系と呼ばれる) が満たされていれば十分である
が, 実はこれらはもとのラックス方程式系 (1.242) から従う.

ラックス方程式系 (1.242) からザハロフ–シャバット方程式系 (1.246) が導
出されることを示そう (ここでは説明しないが, 実はその逆も成立する). まず

1.7 KP 階層

L に対するラックス方程式から L^m に対するラックス方程式

$$\frac{\partial L^m}{\partial t_n} = [B_n, L^m]$$

が従うことに注意する．両辺に $L^m = B_m + B_m^-$ を代入すれば

$$\frac{\partial B_m}{\partial t_n} + \frac{\partial B_m^-}{\partial t_n} = [B_n, B_m] + [B_n, B_m^-]$$

という等式が得られる．他方，m, n を入れ替えて

$$\frac{\partial L^n}{\partial t_m} = [B_m, L^n] = [L^n, B_m^-]$$

と書き直した方程式に $L_n = B_n + B_n^-$ を代入すれば

$$\frac{\partial B_n}{\partial t_m} + \frac{\partial B_n^-}{\partial t_m} = [B_n, B_m^-] + [B_n^-, B_m^-]$$

という等式が得られる．こうして得られた二つの等式から辺々差をとって適当に移項すれば

$$\frac{\partial B_m}{\partial t_n} - \frac{\partial B_n}{\partial t_m} + [B_m, B_n] = \frac{\partial B_n^-}{\partial t_m} - \frac{\partial B_m^-}{\partial t_n} + [B_m^-, B_n^-]$$

となる．この等式の左辺は ∂_x の非負べきのみを，右辺は ∂_x の負べきのみを含むので，両辺は消えなければならない．これは B_n に対してザハロフ–シャバット方程式 (1.246) が成立することを意味する．また，B_n^- についても同様の零曲率方程式

$$\frac{\partial B_n^-}{\partial t_m} - \frac{\partial B_m^-}{\partial t_n} + [B_m^-, B_n^-] = 0 \qquad (1.247)$$

が成立することがわかる．

このように，ラックス方程式系 (1.242) の整合性はラックス方程式系自体によって保証されている．さらに，ラックス方程式系はザハロフ–シャバット方程式 (1.246) に書き直せるが，$m = 2$，$n = 3$ の場合のザハロフ–シャバット方程式は $y = t_2$，$t = t_3$ という同一視のもとで KP 方程式に一致する．その意味で (1.242) は KP 方程式の高次時間発展の階層を定義している．

b.　一般化 KdV 階層への簡約

2 以上の整数 N を選んで L^N が微分作用素であること

$$(L^N)_{<0} = 0 \qquad (1.248)$$

を付加条件として課せば，N 簡約系 (N-reduction) が得られる．この簡約系は N 階の微分作用素

$$Q = L^N = \partial_x^N + q_2\partial_x^{N-2} + \cdots + q_N \tag{1.249}$$

に対するラックス方程式系

$$\frac{\partial Q}{\partial t_n} = [B_n, Q], \quad B_n = (Q^{n/N})_{\geq 0}, \tag{1.250}$$

からなる．これは一般化 **KdV** 階層 (generalized KdV hierarchy) とも呼ばれるもので，特別な場合として KdV 階層（$N = 2$ の場合）やブシネ階層（$N = 3$ の場合）を含んでいる．$B_{kN} = Q^k$ であるから $t_N, t_{2N}, \ldots$ に関する時間発展は自明なもの

$$\frac{\partial Q}{\partial t_{kN}} = [Q^k, Q] = 0 \tag{1.251}$$

になる．たとえば $N = 2$ の場合には偶数番目の時間発展が自明化して奇数番目の時間発展が非自明なものとして残る．$t_{2n+1} \to t_n$, $B_{2n+1} \to M_n$, $Q = \partial_x^2 + 2u_2 \to L = \partial_x^2 + u$ と読み替えれば，非自明な時間発展の方程式は 1.6 節で紹介した高次 KdV 方程式に一致する．

1.7.3　補助線形方程式系と佐藤方程式系

ザハロフ–シャバット方程式系 (1.246) には補助線形方程式系

$$\frac{\partial \psi}{\partial t_n} = B_n\psi \quad (n = 2, 3, \ldots) \tag{1.252}$$

が付随している．ザハロフ–シャバット方程式系はその可積分条件と見なせる．

この補助線形方程式系の特別な解として，パラメータ z に依存する（形式的）解を

$$\psi = \left(1 + \sum_{j=1}^{\infty} w_j z^{-j}\right) \exp\left(xz + \sum_{n=2}^{\infty} t_n z^n\right) \tag{1.253}$$

という形で構成することができる．ここで w_j は $x, t_2, t_3, \ldots$ の関数である．擬微分作用素の e^{xz} への作用を

$$\sum_{j=-\infty}^{m} a_j \partial_x^j e^{xz} = \sum_{j=\infty}^{m} a_j z^j e^{xz}$$

と定めれば，この解は

$$W = 1 + \sum_{j=1}^{\infty} w_j \partial_x^{-j} \tag{1.254}$$

という 0 階の擬微分作用素を用いて

$$\psi = W \exp\left(xz + \sum_{n=2}^{\infty} t_n z^n \right) \tag{1.255}$$

と表せる．補助線形方程式系は W に対する微分方程式系

$$\frac{\partial W}{\partial t_n} = B_n W - W \partial_x^n \quad (n = 2, 3, \ldots) \tag{1.256}$$

に翻訳される．さらに，ここでは説明を省くが [123]，W を適当に選び直して，上の (1.256) に加えて

$$L = W \cdot \partial_x \cdot W^{-1} \tag{1.257}$$

という等式が成立するようにできる．このとき KdV 方程式などのラックス形式に対する固有値問題と似た形の等式

$$L\psi = z\psi \tag{1.258}$$

が成立する．

(1.257) が成立するように W を選べば，(1.256) の右辺は

$$B_n W - W \partial_x^n = -(W \cdot \partial_x \cdot W^{-1})_{<0} W$$

と書き直すことができて，W に関して閉じた形の方程式

$$\frac{\partial W}{\partial t_n} = -(W \cdot \partial_x \cdot W^{-1})_{<0} W \tag{1.259}$$

が得られる．逆に，これからラックス方程式系やザハロフ–シャバット方程式系が導出できるので，(1.259) は KP 階層の別表現を与えていることになる．(1.259) あるいはそのもとになる (1.256) を**佐藤方程式 (Sato equation)** という．

なお，0 階の擬微分作用素 W を用いてラックス形式を書き直すことはウィルソン (G. Wilson) に始まる [180]．その時点ではまだ KP 階層は知られておらず，ウィルソンは KdV 方程式などについての考察の中でこの擬微分作用素を導入している．

1.7.4 τ 関数と双線形方程式

KP 方程式の双線形化に現れた τ 関数は KP 階層に拡張できる．KP 階層の τ 関数は x を t_1 に読み替えたときの $\boldsymbol{t} = (t_1, t_2, \ldots)$ の関数 $\tau = \tau(\boldsymbol{t})$ であり，

$$\frac{\tau(\boldsymbol{t} - [z^{-1}])}{\tau(\boldsymbol{t})} = 1 + \sum_{j=1}^{\infty} w_j z^{-j} \tag{1.260}$$

という母関数関係を満たすものとして導入される．ここで

$$[\lambda] = \left(\lambda, \frac{\lambda^2}{2}, \ldots, \frac{\lambda^n}{n}, \ldots\right)$$

という記号を用いた．$\boldsymbol{t}$ の関数 $p_j(\boldsymbol{t})$ $(j = 0, 1, 2, \ldots)$ を

$$\exp\left(\sum_{n=1}^{n} t_n \lambda\right) = \sum_{j=0}^{\infty} p_j(\boldsymbol{t})\lambda^j$$

という母関数で定義すれば上の母関数関係 (1.260) は

$$\frac{p_j(-\tilde{\boldsymbol{\partial}})\tau}{\tau} = w_j \tag{1.261}$$

に帰着する．ここで

$$\tilde{\boldsymbol{\partial}} = \left(\partial_{t_1}, \frac{1}{2}\partial_{t_2}, \ldots, \frac{1}{n}\partial_{t_n}, \ldots\right)$$

という記号を用いた．ここでは説明を省くが [27]，この (1.261) を τ に対する微分方程式系と見なしたものは，可積分条件を満たす．したがって，KP 階層の解が与えられれば，この連立微分方程式系の解として τ 関数が定義できる．ただし，これはあくまで理論の基礎づけに関することである．KP 階層の解の構成法として知られているものは，τ 関数の構成法も同時に与えるので，実際にこの微分方程式系を解いて τ 関数を求めることはほとんどない．

τ 関数は KP 方程式の双線形形式を含む一連の双線形微分方程式系を満たす．それらを導出するには三通りの方法がある．

第一の方法は無限次元グラスマン多様体による KP 階層の解の記述 [145]，[149], [150], [152] から導くものである．τ 関数は無限次元グラスマン多様体の「プリュッカー座標」と呼ばれるものの一つと解釈できる．他のプリュッカー座

標は τ 関数の高階導関数の線形結合として表せる．他方，プリュッカー座標同士はもともと「プリュッカー関係式」と呼ばれる双線形の代数的関係式を満たしている．それが τ 関数に対する双線形微分方程式となって現れるのである．

第二の方法は頂点作用素 (vertex operator) や自由フェルミオン場 (free fermion field) による KP 階層の解の記述を用いるものである [28], [29], [80], [88]．この方法は無限次元リー代数の表現論の枠組みでさまざまな場合に拡張されている [82], [83], [87]．

これらは KP 階層の解の記述に基づくものであるが，第三の方法として，解の記述を経ずに，方程式のレベルで τ 関数の双線形方程式を導くこともできる [27]．この方法では，補助線形方程式系の前述の解 $\psi = \psi(\boldsymbol{t}, z)$ と双対線形方程式系

$$\frac{\partial \psi^*}{\partial t_n} = -B_n^* \psi^* \tag{1.262}$$

の同様の解 ψ^* が満たす積分型の双線形方程式を考える．ψ^* は

$$W^{*-1} = 1 + \sum_{j=1}^{\infty} w_j^* (-\partial_x)^{-n} \tag{1.263}$$

の係数 w_j^* を用いて

$$\psi^* = \left(1 + \sum_{j=1}^{\infty} w_j^* z^{-j}\right) \exp\left(-xz - \sum_{n=2}^{\infty} t_n z^n\right) \tag{1.264}$$

と定義される．ψ と ψ^* の時間変数を $\boldsymbol{t} \to \boldsymbol{t}'$ というように任意にずらしたものについて

$$\oint_{z=\infty} \psi(\boldsymbol{t}', z) \psi^*(\boldsymbol{t}, z) dz = 0 \tag{1.265}$$

という積分型の双線形方程式が成立することがわかる．ここで積分は $z = \infty$ の近くでそのまわりを一周するものとする（実際にはローラン展開の z^{-1} の係数を拾い出す形式的演算と解釈してよい）．

ちなみに，τ の定義方程式 (1.261) の可積分条件は (1.265) を用いて証明される．またその過程で w_j^* と τ 関数が

$$\frac{p_j(\tilde{\boldsymbol{\partial}})\tau}{\tau} = w_j^* \tag{1.266}$$

という関係で結ばれることもわかる．これを母関数の形に書き直せば

$$\frac{\tau(\boldsymbol{t} + [z^{-1}])}{\tau(\boldsymbol{t})} = 1 + \sum_{j=1}^{\infty} w_j^* z^{-j} \tag{1.267}$$

となる.

このようにして得られた ψ, ψ^* の τ 関数表示

$$\psi = \frac{\tau(\boldsymbol{t} - [z^{-1}])}{\tau(\boldsymbol{t})} \exp\Big(\sum_{n=1}^{\infty} t_n z^n\Big),$$
$$\psi^* = \frac{\tau(\boldsymbol{t} + [z^{-1}])}{\tau(\boldsymbol{t})} \exp\Big(-\sum_{n=1}^{\infty} t_n z^n\Big) \tag{1.268}$$

($t_1 = x$ と見なしている)を (1.265) に代入すれば,τ 関数に対する積分型の双線形方程式

$$\oint_{z=\infty} \tau(\boldsymbol{t}' - [z^{-1}])\tau(\boldsymbol{t} + [z^{-1}]) \exp\Big(\sum_{n=1}^{\infty} (t_n' - t_n)z^n\Big)dz = 0 \tag{1.269}$$

が得られる.これは自由フェルミ場や頂点作用素を用いて得られるもの [28],[29], [80], [88] と一致する.これを $\boldsymbol{t}' = \boldsymbol{t}$ のまわりで展開すれば,無限個の双線形微分方程式が得られる.

1.7.5 ロンスキー行列式解

ロンスキー行列式解 (Wronskian solution) は τ 関数がロンスキー行列式の形で与えられる解である.それに対応する W は

$$W = 1 + w_1 \partial_x^{-1} + \cdots + w_N \partial_x^{-N} \tag{1.270}$$

というように有限項からなる.右側から ∂_x^N を乗じて微分作用素にしたもの

$$V = \partial_x^N + w_1 \partial_x^{N-1} + \cdots + w_N \tag{1.271}$$

を考える.微分作用素 V と線形微分方程式 $V\phi = 0$ の基本解系 $\{f_0, \ldots, f_{N-1}\}$ の間には,以下に説明するような対応関係がある.ロンスキー行列式解はこの対応関係に基づいて構成される.

この線形微分方程式 $V\phi = 0$ の解空間は N 次元であり,その中に基底,すなわち基本解系 $\{f_0, \ldots, f_{N-1}\}$ を選ぶことができる.逆に,N 個の線形独立

1.7 KP 階層

な関数の組 $\{f_0, \ldots, f_{N-1}\}$ が与えられれば，それらを基本解系とするような
微分作用素 V はただ一つ定まり，その任意の関数 ϕ への作用は

$$V\phi = \frac{W(f_0, \ldots, f_{N-1}, \phi)}{W(f_0, \ldots, f_{N-1})} \tag{1.272}$$

と表せる．ここで分母は $f_0, \ldots, f_{N-1}$ のロンスキー行列式 (Wronskian)

$$W(f_0, \ldots, f_{N-1}) = \det(\partial_x^i f_j)_{i,j=0,\ldots,N-1}$$

を表す．分子は $f_0, \ldots, f_{N-1}, \phi$ のロンスキー行列式である．分子の行列式を
ϕ の導関数で展開すれば，V の係数が

$$w_k = \frac{(-1)^{N-k}}{W(f_0, \ldots, f_{N-1})} \begin{vmatrix} f_0 & \cdots & f_{N-1} \\ \vdots & \vdots & \vdots \\ \partial_x^{k-1} f_0 & \cdots & \partial_x^{k-1} f_{N-1} \\ \partial_x^{k+1} f_0 & \cdots & \partial_x^{k+1} f_{N-1} \\ \vdots & \vdots & \vdots \\ \partial_x^N f_0 & \cdots & \partial_x^N f_{N-1} \end{vmatrix} \tag{1.273}$$

と表せることがわかる．

この対応関係を利用して KP 階層の解を得るには，$f_0, \ldots, f_{N-1}$ が $\boldsymbol{t} = (t_1, t_2, \ldots)$ の関数であり，$t_1 = x$ と見なすとき

$$W(f_0, \ldots, f_{N-1}) \neq 0 \tag{1.274}$$

ならびに

$$\frac{\partial f_j}{\partial t_n} = \partial_x^n f_j \quad (n = 2, 3, \ldots) \tag{1.275}$$

という条件を満たすとする．

補題 1.7.1. 微分作用素 B_n $(n = 2, 3, \ldots)$ が存在して

$$\frac{\partial V}{\partial t_n} = B_n V - V \partial_x^n \tag{1.276}$$

が成立する．

証明 V の構成法から $Vf_j = 0$ という等式が成立することがわかる. これを t_n で微分して (1.275) を用いれば

$$\left(\frac{\partial V}{\partial t_n} + V\partial_x^n\right)f_j = 0$$

という等式が得られる. 左辺の括弧内は $N+n$ 階の微分作用素である. ところで, 微分作用素についても, 整数や多項式の場合のように, 剰余つきの割算が考えられる. 上の括弧内の微分作用素を V で割算すれば

$$\frac{\partial V}{\partial t_n} + V\partial_x^n = B_nV + R_n$$

となる. ここで B_n は n 階, R_n は $N-1$ 階以下の微分作用素である. 両辺を f_j に作用させれば, 左辺と右辺第 1 項は f_j を消すので,

$$R_nf_j = 0$$

という等式が $j = 0, \ldots, N-1$ にわたって成立する. これは R_n の係数に関する連立 1 次方程式に書き直せる. その係数行列は $f_0, \ldots, f_{N-1}$ のロンスキー行列であり, 右辺値は 0 となる. したがって, (1.274) によって解は 0 しかない. すなわち $R_n = 0$ である. これは (1.276) が成立することを意味する. ■

補題 1.7.2. $W = V\partial_x^{-1}$ とすれば, (1.276) の B_n は

$$B_n = (W \cdot \partial_x^n \cdot W^{-1})_{\geq 0}$$

と表され, W は佐藤方程式 (1.256) を満たす.

証明 前の補題で導かれた V の方程式の右側から W^{-1} を乗じれば

$$\frac{\partial W}{\partial t_n}W^{-1} = B_n - W \cdot \partial_x^n \cdot W^{-1}$$

となる. この等式の左辺は -1 階の擬微分作用素なので, 両辺の微分作用素部分を取り出せば

$$0 = B_n - (W \cdot \partial_x^n \cdot W^{-1})_{\geq 0}$$

という等式が得られる. ■

1.7 KP 階層

こうして前述の関数データ $\{f_0, \ldots, f_{N-1}\}$ から佐藤方程式の解（したがって KP 階層の解）が得られることが確かめられた.

次に, V の分母に現れたロンスキー行列式が τ 関数にほかならないことを示そう. 記号を簡単にするため

$$f_{ij} = \partial_x^i f_j \tag{1.277}$$

とおく（これが後にグラスマン多様体と直接関係することになる）. ロンスキー行列式は

$$W(f_0, \ldots, f_{N-1}) = \det(f_{ij})_{i,j=0,\ldots,N-1} \tag{1.278}$$

と表せる.

補題 1.7.3. f_{ij} を $\boldsymbol{t} = (t_1, t_2, \ldots)$ の関数と見なすとき

$$f_{ij}(\boldsymbol{t} - [z^{-1}]) = f_{ij}(\boldsymbol{t}) - z^{-1} f_{i+1,j}(\boldsymbol{t})$$

という等式が成立する.

証明 (1.275) によって, f_{ij} も

$$\frac{\partial f_{ij}}{\partial t_n} = \partial_x^n f_{ij}$$

という方程式を満たす. これを反復適用すれば

$$\exp\left(-\sum_{n=1}^{\infty} \frac{z^{-n}}{n} \frac{\partial}{\partial t_n}\right) f_{ij} = \exp\left(-\sum_{n=1}^{\infty} \frac{z^{-n}}{n} \partial_x^n\right) f_{ij}$$
$$= f_{ij}(\boldsymbol{t} - [z^{-1}])$$

となることがわかる. 他方, $\log(1 - \lambda)$ のテイラー展開

$$\log(1 - \lambda) = -\sum_{n=1}^{\infty} \frac{\lambda^n}{n}$$

に注意すれば, 右辺に現れた微分作用素の正体は

$$\exp\left(-\sum_{n=1}^{\infty} \frac{z^{-n}}{n} \partial_x^n\right) = \exp \log(1 - z^{-1} \partial_x) = 1 - z^{-1} \partial_x$$

である．こうして上の等式は

$$f_{ij}(\boldsymbol{t} - [x^{-1}]) = f_{ij}(\boldsymbol{t}) - z^{-1}\partial_x f_{ij}(\boldsymbol{t}) = f_{ij}(\boldsymbol{t}) - z^{-1}f_{i+1,j}(\boldsymbol{t})$$

と書き直せる．これから求める等式が得られる．∎

補題 1.7.4. ロンスキー行列式 $\det(f_{ij})$ とその中の f_{ij} を $f_{ij} - z^{-1}f_{i+1,j}$ に置き換えた行列式 $\det(f_{ij} - z^{-1}f_{i+1,j})$ に関して

$$\frac{\det(f_{ij} - z^{-1}f_{i+1,j})}{\det(f_{ij})} = 1 + \sum_{k=1}^{N} w_k z^{-k}$$

という等式が成立する．

証明 行列式の列に関する多重線形性によって分子の行列式を列ごとに展開すれば，2^N 個の行列式の線形結合になるが，そのうち生き残るのは

$$(-z^{-1})^{k-N}\det(f_{ij})_{i=0,\ldots,\hat{k},\ldots,N,\, j=0,\ldots,N-1} \quad (k=0,\ldots,N)$$

というものだけである（$\hat{k}$ は k を除外することを表す）．(1.273) と見比べればわかるように，これは $\det(f_{ij})w_{N-k}$ に等しい．∎

補題 1.7.3, 1.7.4 によって，ロンスキー行列式 $\det(f_{ij})$ が (1.260) に相当する等式を満たし，前述の KP 階層の解に対する τ 関数であることが確かめられた．これが「ロンスキー行列式解」という名称の由来である．

以上の考察をまとめれば次のようになる．

定理 1.7.5. (1.274) と (1.275) を満たす関数データ $\{f_0,\ldots,f_{N-1}\}$ が与えられれば，(1.272) で定まる微分作用素 V から $W = V\partial_x^{-N}$ を通じて KP 階層の解が得られる．対応する τ 関数は

$$\tau = W(f_0,\ldots,f_{N-1}) \tag{1.279}$$

で与えられる．

1.8 KP 階層とグラスマン多様体

1.8.1 グラスマン多様体

以下ではグラスマン多様体 (Grassmann manifold) の概念についてごく手短かに解説する．とくに，無限次元グラスマン多様体のきちんとした定式化は煩雑な議論を必要とするので [149], [150], [152]，ここでは直観的な説明にとどめる．以下では係数体は複素数 $\mathbb{C}$ であるとして，多様体や群を表記する際は $\mathbb{C}$ を省略する．

a. 有限次元グラスマン多様体

有限次元グラスマン多様体は，集合としては，与えられた有限次元 ($m+n$ とする) 線形空間 $\mathbb{V}$ の一定次元 (n とする) の線形部分空間 $\mathbb{W}$ の全体からなる:

$$\mathrm{Gr}(n, \mathbb{V}) = \{\mathbb{W} \subset \mathbb{V} \mid \dim \mathbb{W} = n\} \tag{1.280}$$

$\mathbb{V}$ を列ベクトルの空間と見なせば，その線形部分空間 $\mathbb{W}$ は基底をなす列ベクトルの組

$$\boldsymbol{z}_0 = \begin{pmatrix} z_{0,0} \\ z_{1,0} \\ \vdots \\ z_{m+n-1,0} \end{pmatrix}, \ \dots, \boldsymbol{z}_{n-1} = \begin{pmatrix} z_{0,n-1} \\ z_{1,n-1} \\ \vdots \\ z_{m+n-1,n-1} \end{pmatrix}$$

によって決まる（便宜上，ベクトルの成分を $0, \dots, m+n-1$ で番号づけていることに注意されたい）．基底は $\mathbb{W}$ に対して一意的に決まるものではなく，基底変換の自由度がある．基底を並べた $(m+n) \times n$ 行列

$$Z = (\boldsymbol{z}_0 \ \boldsymbol{z}_1 \ \cdots \ \boldsymbol{z}_{n-1}) = \begin{pmatrix} z_{0,0} & \cdots & z_{0,n-1} \\ z_{1,0} & \cdots & z_{1,n-1} \\ \vdots & \vdots & \vdots \\ z_{m+n-1,0} & \cdots & z_{m+n-1,n-1} \end{pmatrix} \tag{1.281}$$

を導入すれば，基底変換は Z に対する $h \in GL(n)$ の右からの作用 $Z \to Zh$ に対応する．こうして，グラスマン多様体をこの群作用に関する階数 n の行列

の集合の商集合と見なすこと

$$\mathrm{Gr}(n, \mathbb{V}) = \{Z \mid \mathrm{rank} Z = n\}/GL(n) \qquad (1.282)$$

もできる. Z の同値類 (すなわち Z の定めるグラスマン多様体の点) を $[Z]$ という記号で表そう.

b. プリュッカー座標とアフィン座標

Z の $m+n$ 個の行のうち n 個 $\ell_0, \ldots, \ell_{n-1}$ を選んで決まる小行列式

$$Z_{\ell_0, \ldots, \ell_{n-1}} = \det(z_{\ell_i, j})_{i,j=0,\ldots,n-1} \qquad (1.283)$$

が $[Z]$ のプリュッカー座標 (Plücker coordinates) である. Z を $h \in GL(n)$ によって Zh に変えれば, プリュッカー座標は $\det h$ 倍されるので, プリュッカー座標自体はグラスマン多様体上で定義される関数ではなくて, その上のある直線束の断面である. 他方, プリュッカー座標の比はグラスマン多様体上の有理関数となる. プリュッカー座標は任意の $k_0, \ldots, k_{n-2}, \ell_0, \ldots, \ell_n$ に対して

$$\sum_{p=0}^{n} (-1)^p Z_{k_0, \ldots, k_{n-1}, \ell_p} Z_{\ell_0, \ldots, \widehat{\ell_p}, \ldots, \ell_n} = 0 \qquad (1.284)$$

という双線形関係式を満たす ($\widehat{\ell_p}$ は ℓ_p を除外することを表す). これがプリュッカー関係式 (Plücker relation) である.

グラスマン多様体はプリュッカー座標と同じ添字でラベルづけされた開集合

$$\mathcal{U}_{\ell_0, \ldots, \ell_{n-1}} = \{[Z] \in \mathrm{Gr}(n, \mathbb{V}) \mid Z_{\ell_0, \ldots, \ell_{n-1}} \neq 0\} \qquad (1.285)$$

の族で覆われる. 各開集合は mn 次元のアフィン空間と同型である. たとえば $\mathcal{U}_{0,\ldots,n-1}$ の場合には, Z の上側の部分 $h = (z_{ij})_{i,j=0,\ldots,n-1}$ が可逆なので, その逆行列によって Z を

$$Zh^{-1} = \begin{pmatrix} 1 & \cdots & 0 \\ \vdots & \ddots & \vdots \\ 0 & \cdots & 1 \\ w_{n,0} & \cdots & w_{n,n-1} \\ \vdots & \vdots & \vdots \\ w_{m+n-1,0} & \cdots & w_{m+n-1,n-1} \end{pmatrix} \qquad (1.286)$$

と正規化することができる. ここに現れた w_{ij} が $\mathcal{U}_{0,\ldots,n-1}$ のアフィン座標にほかならない.

1.8 KP 階層とグラスマン多様体　　　　　　　　　　　　　**91**

c.　無限次元グラスマン多様体

無限次元グラスマン多様体は $m, n = \infty$ の場合に相当する. 上のような有限次元グラスマン多様体の記述から無限次元へ移行するには, これまで用いた列ベクトルの成分の番号づけを $-n$ だけずらして, $-n, -n+1, \ldots, m-1$ にする. これに伴って Z の行列要素の番号づけも

$$Z = \begin{pmatrix} z_{-n,-n} & \cdots & z_{-n,-1} \\ \vdots & \vdots & \vdots \\ z_{-1,-n} & \cdots & z_{-1,-1} \\ z_{0,-n} & \cdots & z_{0,-1} \\ \vdots & \vdots & \vdots \end{pmatrix} \tag{1.287}$$

と変える. このように $(-1, -1)$ 要素を基点とする表示に移ってから, $m, n \to \infty$ の極限

$$Z = (z_{ij})_{i \in \mathbb{Z}, \, j < 0} \tag{1.288}$$

を考える. すなわち行の添字は整数全体 $\mathbb{Z}$, 列の添字は負の整数全体 $\mathbb{Z}_{<0} = \{j \in \mathbb{Z} \mid j < 0\}$ にわたるものとする. ただし, 必要ならば適当な $h \in GL(\infty)$ によって Z を

$$Zh^{-1} = \begin{pmatrix} \delta_{ij} \; (i < 0, \, j < 0) \\ w_{ij} \; (i \geq 0, \, j < 0) \end{pmatrix} \tag{1.289}$$

と正規化できるものとする. このような Z で表される点 $[Z]$ は, 無限次元グラスマン多様体そのものではなくて, その開部分集合 (有限次元の場合の $\mathcal{U}_{0,\cdots,n-1}$ に相当する) に属するが, この節の考察にはそれで十分である.

この「両無限」グラスマン多様体と有限次元グラスマン多様体の中間に位置するものとして, $n < \infty, m = \infty$ という「半無限」グラスマン多様体も考えられる. これは実際には有限次元グラスマン多様体とほとんど同じように扱える (裏返せば, $n \to \infty$ の極限移行はそれに比べてはるかに微妙なものである). あとで説明するように, ロンスキー行列式解はこの半無限グラスマン多様体と関係する. さらに, このグラスマン多様体は $n, m = \infty$ のグラスマン多様体の中に

$$
Z = \begin{pmatrix}
\ddots & \vdots & & \vdots & & \vdots & & \vdots \\
\cdots & 1 & & 0 & & \cdots & & 0 \\
\cdots & 0 & & z_{-n,-n} & & \cdots & & z_{-n,-1} \\
\cdots & \vdots & & \vdots & & \ddots & & \vdots \\
\cdots & 0 & & z_{-1,-n} & & \cdots & & z_{-1,-1} \\
\cdots & 0 & & z_{0,-n} & & \cdots & & z_{0,-1} \\
\cdots & 0 & & z_{1,-n} & & \cdots & & z_{1,-1} \\
\vdots & \vdots & & \vdots & & \vdots & & \vdots
\end{pmatrix}
\tag{1.290}
$$

という行列で表現される点のなす部分多様体として埋め込むことができる.

1.8.2 ロンスキー行列式解の解釈

前節で KP 階層のロンスキー行列式解の記述に用いた関数 f_{ij} は非退化性条件

$$
\det(f_{ij})_{i,j=0,\ldots,N-1} \neq 0 \tag{1.291}
$$

と微分漸化式

$$
\frac{\partial f_{ij}}{\partial t_n} = \partial_x^n f_{ij} = f_{i+n,j} \tag{1.292}
$$

を満たす.

これらの f_{ij} を並べた $\infty \times N$ 行列

$$
\tilde{Z} = (f_{ij})_{i=0,1,\ldots,\,j=0,\ldots,N-1} \tag{1.293}
$$

は $n = N, m = \infty$ の場合の半無限グラスマン多様体の点を定める. さらにそれ自体は微分方程式

$$
\frac{\partial \tilde{Z}}{\partial t_n} = \Lambda^n \tilde{Z} \tag{1.294}
$$

を満たす. ここで Λ^n はシフト行列

$$
\Lambda^n = (\delta_{i+n,j})_{i,j=0,1,\ldots}
$$

を表す(同じものが半無限戸田鎖のハンケル行列式解の考察にも現れたことを思い出されたい). τ 関数はプリュッカー座標の一つにほかならない:

1.8 KP 階層とグラスマン多様体 **93**

$$\tau = \tilde{Z}_{0,\ldots,N-1} \tag{1.295}$$

この行列 $\tilde{Z}$ を上端の $N \times N$ 部分

$$h = (f_{ij})_{i,j=0,\ldots,N-1}$$

によって正規化したもの

$$Z = \tilde{Z}h^{-1} = \begin{pmatrix} 1 & \cdots & 0 \\ \vdots & \ddots & \vdots \\ 0 & \cdots & 1 \\ w_{N,0} & \cdots & w_{N,N-1} \\ \vdots & \vdots & \vdots \end{pmatrix} \tag{1.296}$$

から W の係数 $w_1,\ldots,w_N$ が読み取れる. 実際, h の逆行列を余因子行列で表して計算すれば, w_{ij} がプリュッカー座標の比として

$$w_{ij} = \frac{\tilde{Z}_{0,\ldots,j-1,i,j+1,\ldots,\ldots,N-1}}{\tilde{Z}_{0,\ldots,N-1}} \tag{1.297}$$

と表せるが, これを $w_1,\ldots,w_N$ の行列式表示と見比べれば

$$w_{N,j} = -w_{N-j} \quad (j=0,\cdots,N-1) \tag{1.298}$$

という関係が成立していることがわかる. 実はほかの w_{ij} も擬微分作用素と関係があるのだが, このことについては, あとで一般的な設定において説明する.

一般の場合を扱うための準備運動として, $Z = (z_{ij})_{i=0,1,\cdots,\,j=0,\cdots,N-1}$ が満たす微分方程式を求めてみよう. $\tilde{Z}$ の満たす微分方程式 (1.294) からただちに

$$\frac{\partial Z}{\partial t_n} = \Lambda^n Z - Z\Gamma_n \tag{1.299}$$

という等式が得られる. ここで Γ_n は

$$\Gamma_n = h^{-1}\frac{\partial h}{\partial t_n}$$

で与えられる. (1.299) はこのままでは微分方程式として閉じていないように見えるが, 実はその中に Γ_n を Z の行列要素で表す関係式が含まれている. 実際, (1.299) の上端の $N \times N$ の部分を切り出してみれば, Z の該当する部分

は単位行列なので $(z_{ij} = \delta_{ij})$，時間微分を含まない等式

$$0 = (z_{i+n,j})_{i,j=0,\ldots,N-1} - \Gamma_n$$

になる．これから Γ_n が

$$\Gamma_n = (z_{i+n,j})_{i,j=0,\ldots,N-1} \qquad (1.300)$$

と定まる．(1.299) の残りの部分は $z_{i+n,j} = w_{ij}$ に対する微分方程式

$$\frac{\partial w_{ij}}{\partial t_n} = w_{i+n,j} - w_{i,j-n} - \sum_{k=0}^{N-1} w_{ik} w_{k+n,j} \qquad (1.301)$$

を与える．

1.8.3 τ 関数のシューア関数展開

τ 関数を $\boldsymbol{t} = (t_1, t_2, \ldots)$ のべき級数として展開するとき，その係数は τ 関数が満たす微分方程式（具体的には双線形方程式）を反映して何らかの代数的関係式を満たすはずである．ここで $\boldsymbol{t}$ の単項式の代わりにシューア関数 (Schur function) と呼ばれるものを展開の基底に選ぶとき，その係数は対応するグラスマン多様体の点のプリュッカー座標そのものになる．これは KP 階層の解について一般的に成立することであるが [145], [149], [150], [152]，ここではロンスキー行列式解の場合に説明する．

$\tilde{Z} = \tilde{Z}(\boldsymbol{t})$ の満たす微分方程式 (1.294) は定数係数線形微分方程式であるから，行列値指数関数を用いて

$$\tilde{Z}(\boldsymbol{t}) = \exp\Big(\sum_{n=1}^{\infty} t_n \Lambda^n\Big) \tilde{Z}(\boldsymbol{0}) \qquad (1.302)$$

と解くことができる．ここで 1.7.4 項を思い出せば，上の式の右辺に現れた行列値指数関数は

$$\exp\Big(\sum_{n=1}^{\infty} t_n \Lambda^n\Big) = \sum_{j=0}^{\infty} p_j(\boldsymbol{t}) \Lambda^j = (p_{j-i}(\boldsymbol{t}))_{i,j=0,1,\ldots} \qquad (1.303)$$

と表せる．ただし $j < 0$ のときには $p_j(\boldsymbol{t}) = 0$ と見なす．これを用いれば，τ 関数 $\tau = \tau(\boldsymbol{t})$ は $N \times \infty$ 行列と $\infty \times N$ 行列の積の行列式として

1.8 KP 階層とグラスマン多様体 95

$$\tau(\boldsymbol{t}) = \det\big((p_{j-i}(\boldsymbol{t}))_{i=0,\dots,N-1,\,j=0,1,\dots}(f_{ij}(\boldsymbol{0}))_{i=0,1,\dots,\,j=0,\dots,N-1}\big)$$

で与えられる．線形代数で知られているコーシー–ビネ公式 (Cauchy–Binet formula) を適用すれば，これを

$$\tau(\boldsymbol{t}) = \sum_{0 \le \ell_0 < \cdots < \ell_{N-1} < \infty} \det(p_{\ell_j-i}(\boldsymbol{t}))_{i,j=0,\dots,N-1}$$
$$\times \det(f_{\ell_i,j}(\boldsymbol{0}))_{i,j=0,\dots,N-1} \tag{1.304}$$

というように展開できる．右辺の 2 番目の行列式は $\tilde{Z}(\boldsymbol{0})$ のプリュッカー座標 $\tilde{Z}_{\ell_0,\dots,\ell_{N-1}}(\boldsymbol{0})$ で，1 番目の行列式はシューア関数にほかならない．

シューア関数は通常は分割 (partition) あるいはヤング図形 (Young diagram) でラベルづけされる．正整数 n の（長さ N 以下の）分割は

$$n = \lambda_1 + \lambda_2 + \cdots + \lambda_N, \quad \lambda_1 \ge \lambda_2 \ge \cdots \ge \lambda_N \ge 0$$

という条件を満たす有限整数列 $\lambda = (\lambda_1, \lambda_2, \dots, \lambda_N)$ で表現される．これに対応してシューア関数 $S_\lambda(\boldsymbol{t})$ が決まる．この整数列 $\lambda_1, \lambda_2, \dots, \lambda_N$ を

$$\lambda_1 = \ell_{N-1} - N + 1, \quad \lambda_2 = \ell_{N-2} - N + 2, \dots, \quad \lambda_N = \ell_0 \tag{1.305}$$

というように $\ell_0, \dots, \ell_{N-1}$ と対応づけるとき，シューア関数に対するヤコビ–トゥルーディ公式 (Jacobi–Trudi formula) によって

$$S_\lambda(\boldsymbol{t}) = \det(p_{\ell_j-i}(\boldsymbol{t}))_{i,j=0,\dots,N-1} \tag{1.306}$$

が成立する．

こうして (1.304) がシューア関数への展開であることがわかる．展開の各項を $(\ell_0, \dots, \ell_{N-1})$ の代わりに分割 $\lambda = (\lambda_1, \dots, \lambda_N)$ でラベルづけし直せば，$\tau(\boldsymbol{t})$ のシューア関数展開は

$$\tau(\boldsymbol{t}) = \sum_\lambda S_\lambda(\boldsymbol{t}) \tilde{Z}_\lambda(\boldsymbol{0}) \tag{1.307}$$

と表せる．ここで $\tilde{Z}_\lambda(\boldsymbol{0})$ は $\tilde{Z}(\boldsymbol{0})$ のプリュッカー座標を分割によってラベルづけしたもの

$$\tilde{Z}_\lambda(\boldsymbol{0}) = \det(f_{\ell_i,j}(\boldsymbol{0}))_{i,j=0,\dots,N-1} \tag{1.308}$$

である．

注意 1.8.1. τ 関数は $\tilde{Z}(\boldsymbol{t})$ の $\lambda = (0, \dots, 0)$ $(\ell_0 = 0, \dots, \ell_{N-1} = N-1)$ に対するプリュッカー座標である. シューア関数の一般的性質 (ここでは説明を省く [27]) を用いれば, ほかのプリュッカー座標は

$$\tilde{Z}_\lambda(\boldsymbol{t}) = S_\lambda(\tilde{\boldsymbol{\partial}})\tau(\boldsymbol{t}) \tag{1.309}$$

と表せることがわかる. ここで $\tilde{\boldsymbol{\partial}}$ は (1.261) で用いたものと同じ記号である.

1.8.4 一般解と無限次元グラスマン多様体

KP 階層の一般解と無限次元グラスマン多様体の点の対応についてはいくつかの説明の仕方があるが, ここでは W から直接にグラスマン多様体の点のアフィン座標 w_{ij} を決める一つの方法 [144], [162] を紹介する. これは微分作用素の非可換環 $\mathcal{D}$ の上に W が生成する $\mathcal{D}$ 加群を利用するものである.

a. $\mathcal{D}$ 加群とグラスマン多様体

x と $\boldsymbol{t}$ の関数やべき級数からなる適当なクラスの関数環 $\mathcal{O}$ を選ぶ. そこには 1 が入っており, また ∂_x の作用によって閉じているとする. たとえば, $\boldsymbol{t} = (t_1, t_2, \dots)$ $(t_1 = x)$ の形式的べき級数の範囲で KP 方程式を考えるならば, $\mathcal{O}$ をそのような形式的べき級数全体

$$\mathcal{O} = \mathbb{C}[[t_1, t_2, \cdots]], \quad t_1 = x$$

に選べばよい. $\mathcal{O}$ に係数をもつ微分作用素全体の非可換環を $\mathcal{D}$ とする. ルーズな書き方をすれば

$$\mathcal{D} = \mathcal{O}[\partial_x]$$

である. 同様の意味で $\mathcal{O}$ 係数の擬微分作用素全体のなす非可換環を $\mathcal{E}$ と表す. これもルーズな書き方をすれば

$$\mathcal{E} = \mathcal{O}((\partial_x^{-1}))$$

である. さらに高々 -1 階の擬微分作用素全体のなす部分環を $\mathcal{E}^{(-1)}$ と表せば, 左 $\mathcal{O}$ 加群としての直和分解

1.8 KP 階層とグラスマン多様体

$$\mathcal{E} = \mathcal{D} \oplus \mathcal{E}^{(-1)} \tag{1.310}$$

が成立する.

この直和分解における $\mathcal{D}$ を単項生成加群 $\mathcal{D}W$ に置き換えることを考える. ここで W は佐藤方程式の解として登場する擬微分作用素

$$W = 1 + \sum_{j=1}^{\infty} w_j \partial_x^{-j}$$

である. 以下に説明するように, $\mathcal{D}W$ についても

$$\mathcal{E} = \mathcal{D}W \oplus \mathcal{E}^{(-1)} \tag{1.311}$$

という直和分解が成立する.

$i \geq 0$ に対して W_i を

$$W_i = (\partial_x^i \cdot W^{-1})_{\geq 0} W \tag{1.312}$$

と定めれば, $\mathcal{O}$ 加群としての直和分解

$$\mathcal{D}W = \bigoplus_{i \geq 0} \mathcal{O}W_i \tag{1.313}$$

が成立する. さらに, 任意の $A \in \mathcal{E}$ に対して $B = (AW^{-1})_{\geq 0}$ とおけば

$$A - BW = A - \left(AW^{-1} - (AW^{-1})_{<0}\right)W = (AW^{-1})_{<0}W \in \mathcal{E}^{(-1)}$$

となるが, これは

$$\mathcal{E} = \mathcal{D}W + \mathcal{E}^{(-1)}$$

が成立することを意味する. 擬微分作用素の階数を考えれば

$$\mathcal{D}W \cap \mathcal{E}^{(-1)} = \{0\}$$

であることは明らかなので, 直和分解 (1.311) が得られる.

(1.312) の W_i を

$$W_i = \partial_x^i - (\partial_x^i \cdot W^{-1})_{<0}W$$

と書き直してみれば,

$$W_i = \partial_x^i - \sum_{j<0} w_{ij}\partial_x^j \tag{1.314}$$

という形をしていることがわかる. ここに現れた係数 w_{ij} を並べた $\mathbb{Z} \times \mathbb{Z}_{<0}$ 行列

$$Z = \begin{pmatrix} \delta_{ij} \ (i < 0, \ j < 0) \\ w_{ij} \ (i \geq 0, \ j < 0) \end{pmatrix} \qquad (1.315)$$

が求めるグラスマン多様体の点を表す. $W_0 = W$ であるから, W の係数がこれから

$$w_j = -w_{0,-j} \qquad (1.316)$$

というように読み取れる. ロンスキー行列式解に対応する行列でも (添字がずれているので見かけが異なるが) 同じ関係 (1.298) が成立していたことを思い出されたい.

b. $\mathcal{D}$ 加群の構造方程式と発展方程式

次に示す関係式は $\mathcal{D}W$ の構造方程式というべきものである.

定理 1.8.2. W_i は

$$\partial_x \cdot W_i = W_{i+1} - w_{i,-1} W \qquad (1.317)$$

という関係式を満たす.

証明 W_i, W_{i+1} と W の形から

$$\partial_x \cdot W_i - W_{i+1} - w_{i,-1} W = O(\partial_x^{-1})$$

となることに注意する. 他方, この式の左辺は $\mathcal{D}W$ の要素でもある. したがって

$$\partial_x \cdot W_i - W_{i+1} - w_{i,-1} W \in \mathcal{D}W \cap \mathcal{E}^{-1} = \{0\}$$

となる. これは (1.317) が成立することを意味する. ■

次に示す関係式は KP 階層の時間発展を W_i の言葉に翻訳したものである.

定理 1.8.3. W が佐藤方程式を満たすならば, W_i に対して

$$\frac{\partial W_i}{\partial t_n} + W_i \partial_x^i = W_{i+n} - \sum_{k=-n}^{-1} w_{ik} W_{k+n} \qquad (1.318)$$

という等式が成立する.

1.8 KP 階層とグラスマン多様体 99

証明 W_i を $W_i = Q_i W$ （Q_i は微分作用素）と表して t_n で微分すれば

$$\frac{\partial W_i}{\partial t_n} = \frac{\partial Q_i}{\partial t_n} W + Q_i(B_n W - W \partial_x^n)$$

であるから

$$\frac{\partial W_i}{\partial t_n} + W_i \partial_x^n = \left(\frac{\partial Q_i}{\partial t_n} + Q_i B_n \right) W \in \mathcal{D}W$$

となる．他方，この等式の左辺は擬微分作用素として

$$\frac{\partial W_i}{\partial t_n} + W_i \partial_x^n = \partial_x^{i+n} - \sum_{k=-n}^{-1} w_{ik} \partial_x^{k+n} + O(\partial_x^{-1})$$

$$= W_{i+n} - \sum_{k=-n}^{-1} w_{ik} W_{k+n} + O(\partial_x^{-1})$$

という形をしている．したがって

$$\frac{\partial W_i}{\partial t_n} + W_i \partial_x^n - W_{i+n} + \sum_{k=-n}^{-1} w_{ik} W_{k+n} \in \mathcal{D}W \cap \mathcal{E}^{(-1)} = \{0\}$$

となる．これは (1.318) が成立することを意味する． ■

(1.318) を w_{ij} の微分方程式として書き下せば

$$\frac{\partial w_{ij}}{\partial t_n} = w_{i+n,j} - w_{i,j-n} - \sum_{k=-n}^{-1} w_{ik} w_{k+n,j} \tag{1.319}$$

となる．同様にして，(1.317) からは x についての方程式

$$\frac{\partial w_{ij}}{\partial x} = w_{i+1,j} - w_{i,j-1} - w_{i,-1} w_{0,j} \tag{1.320}$$

も得られるが，それは (1.319) の $n = 1$ の場合として一括して扱える．(1.315) の行列 Z を用いて (1.319) を書き直せば

$$\frac{\partial Z}{\partial t_n} = \Lambda^n Z - Z \Gamma_n \tag{1.321}$$

となる．ここで Γ_n は

$$\Gamma_n = \begin{pmatrix} \delta_{i+n,j} \ (i < -n, \ j < 0) \\ w_{i+n,j} \ (-n \leq i < 0, \ j < 0) \end{pmatrix}$$

で与えられる．また Λ^n は $\mathbb{Z} \times \mathbb{Z}$ のシフト行列

$$\Lambda^n = (\delta_{i+n,j})_{i,j \in \mathbb{Z}}$$

である．

c. グラスマン多様体上の力学系

(1.319), (1.321) はロンスキー行列式解の場合の方程式 (1.299), (1.301) を一般化したものになっている. $t_1 = x$ についての方程式 (1.320) は w_{0j} から Z の他の行列要素を定める微分漸化式と見なせる. この漸化式の構造を見れば, $w_{0j} = 0 \ (j < -N)$ であるとき, すなわち W が

$$W = 1 + w_1 \partial_x^{-1} + \cdots + w_N \partial_x^{-N}$$

という形をしている場合には, $w_{ij} = 0 \ (i \geq 0, j < -N)$ が成立して, 半無限グラスマン多様体の場合に帰着する, ということがわかる.

(1.321) はロンスキー行列式解の場合と同様にして解ける. ただし, 無限次元の行列を扱うために正当化しなければならないことがいろいろ出てくる (ここではこの問題には立ち入らない). (1.321) を解くには, $Z = Z(\boldsymbol{t})$ の初期値 $Z(\boldsymbol{0})$ から

$$\tilde{Z}(\boldsymbol{t}) = \exp\Big(\sum_{n=1}^{\infty} t_n \Lambda^n\Big) Z(\boldsymbol{0}) \tag{1.322}$$

という行列をつくり, その上半分

$$h(\boldsymbol{t}) = (\tilde{Z}_{ij}(\boldsymbol{t}))_{i,j<0}$$

の逆行列 $h(\boldsymbol{t})^{-1}$ (少なくとも $\boldsymbol{t}$ が「小さい」ときには意味をもつ) を $\tilde{Z}(\boldsymbol{t})$ の右側から乗じる. こうして最終的に

$$Z(\boldsymbol{t}) = \tilde{Z}(\boldsymbol{t}) h(\boldsymbol{t})^{-1} \tag{1.323}$$

という形で解が得られる. これはグラスマン多様体上に多時間力学系を定める. KP 階層の正体はこの力学系なのである [144], [150].

この場合の τ 関数は

$$\tau(\boldsymbol{t}) = \det h(\boldsymbol{t}) \tag{1.324}$$

で与えられる. この無限次行列式を適切に (たとえば, ロンスキー行列式解からの極限移行によって) 意味づければ [149], [150], [152], シューア関数展開

$$\tau(\boldsymbol{t}) = \sum_{\lambda} S_\lambda(\boldsymbol{t}) \tilde{Z}_\lambda(\boldsymbol{0}) \tag{1.325}$$

が得られる. ここで総和はあらゆる分割 λ (言い換えればヤング図形) にわたるものであり, $\tilde{Z}_\lambda(\boldsymbol{0})$ は $\tilde{Z}(\boldsymbol{0})$ のプリュッカー座標を表す.

1.9 補足   **101**

注意 1.8.4. ロンスキー行列式解の場合の (1.307) と同様に，一般解においても $\tilde{Z}(\boldsymbol{t})$ のプリュッカー座標は

$$\tilde{Z}_\lambda(\boldsymbol{t}) = S_\lambda(\tilde{\boldsymbol{\partial}})\tau(\boldsymbol{t}) \tag{1.326}$$

と表せる．波動関数の展開係数と τ 関数を結ぶ関係式 (1.261) はその特別な場合である．実際，$(-1)^j p_j(-\boldsymbol{t})$ は $\lambda = (1,\ldots,1,0,\ldots)$（$j$ 個の 1 が並ぶ）に対するシューア関数に等しい．

注意 1.8.5. $\tilde{Z}_\lambda(\boldsymbol{t})$ はプリュッカー座標であるから，プリュッカー関係式 (1.284)（を無限次元グラスマン多様体に拡張したもの）を満たす．そこに (1.326) を代入したものは τ 関数に対する双線形微分方程式になる．これを変形すれば，よく知られた双線形微分方程式が再現される [145], [149], [150]．

1.9 補足

これまでの話の中で触れられなかったことやその後の進展などについて補足してこの章を締めくくることにする．解説書や解説記事なども紹介する．

1.9.1 可積分性の意味，ラックス表示，変数分離

伝統的な形式に基づく古典力学の定式化については大貫–吉田の著書 [137] が詳しい．リューヴィル可積分性についても丁寧な解説がある．本章の 1.2 節では有限戸田鎖を例に選んでラックス表示の考え方を説明したが，戸田格子全般に関しては発見者自身の著書 [174] を参照されたい．また，戸田格子に関連するさまざまな可積分系に関しては拙著 [165] も参照されたい．

ペレロモフの著書 [139] の第 1 巻には求積可能性・リューヴィル可積分性・変数分離可能性に関する丁寧な解説があり，古典的な変数分離可能系のさまざまな例も紹介されている．ちなみに，この第 1 巻の後半にはカロジェロ–モーザー系や戸田格子の詳しい解説がある．また，第 2 巻は剛体運動に関連する有限自由度可積分系を取り上げている．

オーダン (M. Audin) の著書 [9] はオイラー，ラグランジュ，コワレフスカヤ

(S. Kowalevskaya) の 3 人の名前を冠したコマの方程式を軸にして，有限自由度可積分系の代数幾何学・位相幾何学的側面を論じている．付録では AKS の定理や固有ベクトル束などを詳しく解説している．

変数分離は 19 世紀以来長い歴史をもつ古いテーマであるが，スクリャニンが新たな視点から重要性を指摘して以来，多彩な研究 [13], [56], [70], [76], [77], [103], [159], [169] が行われている．また，双ハミルトン構造に基づく研究 [17], [51], [52], [109], [118] もある．

1.9.2 群論的方法，ハミルトン構造

1.4 節と 1.5 節で紹介した可積分系の群論的解法・構成法では，リー代数の直和分解に対応するリー群の要素の分解

$$g = g_- g_+, \quad g_\pm \in G_\pm \tag{1.327}$$

を用いた．ところで，この分解のもとで

$$gG_+ = g_- G_+, \quad G_- g = G_- g_+ \tag{1.328}$$

という等式が成立することに注意されたい．したがって，$g_\pm$ は G/G_+ と $G_- \backslash G$ の要素を定めるものと解釈することもできる．1.5 節ではおもにラックス方程式の構造を論じたが，その背後（あるいは上方）にはこれらの等質空間上の力学系がある．この力学系は KP 階層における佐藤方程式に相当する．

とくに，非周期的有限戸田鎖やコスタント–戸田系を扱う設定では，G_+ はボレル部分群であり，G/G_+ は旗多様体 (flag manifold) と呼ばれるものになる．この旗多様体が KP 階層の場合のグラスマン多様体の役割を担う．1.4 節で垣間見た τ 関数はこの旗多様体上のプリュッカー座標の一部をなす．

コスタント–戸田系のラックス方程式の相空間はポアソン多様体であり，シンプレクティック葉ごとに閉じた可積分力学系が得られる（本来の有限戸田鎖はその中の一つにすぎない）．これらの簡約系についてさまざまな研究が行われている [32], [48], [53〜55], [157]．**相対論的戸田格子** (relativistic Toda lattice) [143] はそのような簡約系の一つとしても現れる [53〜55]．

1.9.3　ソリトン方程式

　1.6 節ではソリトン方程式の代表的な解法である逆散乱法やリーマン–ヒルベルト問題 (Riemann–Hilbert problem) の方法について説明を省いた．ソリトン解の導出に関しても，解の形を示すだけで，その導出方法は説明しなかった．実際には，ロンスキー行列式解を特殊化すればソリトン解が得られる．なお，1.6 節では KP 方程式のソリトン解として KdV 方程式のソリトン解をそのまま拡張した形のものを紹介したが，これは KP 方程式のソリトン解としてはきわめて特殊なものである．ロンスキー行列式解の特殊化からはこれよりも一般的なソリトン解（xy 空間上でさまざまな波面のパターンを示す）が得られる [23]．

　ソリトン方程式に関しては，日本語で書かれた解説書が豊富にある [75], [117], [171], [174], [175], [178]．洋書では，逆散乱法を中心に据えたアブロヴィッツ (M. J. Ablowitz) とシーガー (H. Segur) の著書 [2]，各種の可積分階層の構成とハミルトン構造に詳しいディキー (L. A. Dickey) の著書 [33]，有限自由度系からソリトン方程式まで多彩な内容を扱ったバベロン (O. Babelon)，ベルナール (D. Bernard)，タロン (M. Talon) の大部の著書 [12] などを参照されたい．

　1.7 節で解説した KP 階層にはさまざまな変種や簡約系がある．KP 階層には $\mathfrak{gl}(\infty)$ という A_∞ 型無限次元リー代数が付随している．同様の意味で，$B_\infty, C_\infty, D_\infty$ 型無限次元リー代数に対応して，BKP 階層，CKP 階層，DKP 階層が構成されている [24], [25], [30], [80], [86]．これらからさまざまなアフィンリー代数に付随する簡約系も得られる [26], [80]．さらに，多成分 KP 階層と呼ばれるものも知られている [29], [85], [150]．KdV 階層やブシネ階層は KP 階層の簡約系であるが，非線形シュレディンガー階層やデイヴィ–スチュワートソン階層は 2 成分 KP 階層の簡約系と見なせる．さらに，KP 階層は KP 方程式の高次時間発展の階層であるが，戸田場の方程式の高次時間発展の階層として戸田階層 (Toda hierarchy) も構成されている [176]．戸田階層の詳細については拙著 [165] を参照されたい．

　パンルヴェ方程式 (Painlevé equation) とその高階拡張をソリトン方程式の次元簡約として捉える研究も進行している．この簡約は変数のスケール変換に

関する自己相似性 (self-similarity) の条件を課して得られるもので，KP 階層から KdV 階層やブシネ階層などへの次元簡約とは異質である．簡約の対象となるソリトン方程式は N 波相互作用方程式 (N-wave interaction equation) やドリンフェルト–ソコロフ系 (Drinfeld–Sokolov system) などである．とくに，ドリンフェルト–ソコロフ系 [39] はアフィンリー代数とそのルート系に付随して構成されるので，さまざまなパンルヴェ型方程式を系統的に分類する枠組みとして期待されている．この新しい視点からのパンルヴェ方程式の研究については野海の著書 [130] を参照されたい．

1.9.4 KP 階層の代数幾何学的解

有限帯解法 (finite-band integration) などの名称でも知られる KdV 方程式の代数幾何学的解の構成法 [44] はクリチェヴェル (I. M. Krichever) によって KP 方程式や高次ザハロフ–シャバット方程式に一般化された [97], [98]．これらの代数幾何学的解は微分作用素の可換対（あるいはそれが生成する可換環）を求める問題と関連している．クリチェヴェルは代数曲線上のベイカー–アヒーゼル関数 (Baker–Akhiezer function) の概念を駆使して，可換微分作用素環やそれに対応する高次ザハロフ–シャバット方程式の代数幾何学的解を一般的に構成した．

このような代数幾何学的解や可換微分作用素環の構成は KP 階層の枠組みの中で統一的に理解することができる．シーガルとウィルソンはベイカー–アヒーゼル関数の概念を無限次元グラスマン多様体の言葉に翻訳して，クリチェヴェルの構成法を見直した [152]．これに対して佐藤はクリチェヴェルの方法とは異なる観点（KP 階層の時間変数の空間の中で自明な時間発展の方向に注目する）からこれらの解を特徴づけるアイディアを示した [145]．村瀬元彦は佐藤のアイディアに基づいて KP 階層の有限次元的な解（時間変数の空間の中で非自明な方向が有限次元に限られる）が必然的に代数曲線を伴っていることを示し，クリチェヴェルの構成法ではアプリオリに与えられる代数曲線が解の有限次元性から従うものであることを明らかにした [123]．塩田隆比呂は佐藤や村瀬の結果を承けて，ヤコビ多様体の特徴づけの問題に関するノヴィコフ (S. P. Novikov)

の予想を肯定的に解決した [156].

なお，これらの有限次元的解は可換微分作用素環の分類 [96] の観点から見れば「階数 1」の場合に相当する．ここで**階数** (rank) とは可換微分作用素環に付随して定まる代数曲線上の正則ベクトル束の階数を意味する．階数が 1 より大きい場合の可換微分作用素環の問題はその後もさまざまな成果を生み出した．詳しくは村瀬の解説 [124] を参照されたい．

1.9.5 KP 階層の拡張されたラックス形式

KP 階層のラックス表示はラックス作用素 L を擬微分作用素として与えて構成されるが，オルロフ (A. Yu. Orlov) とシュルマン (E. I. Schulman) は L に加えて

$$M = W\Big(x + \sum_{n=2}^{\infty} nt_n\partial_x^{n-1}\Big)W^{-1} \tag{1.329}$$

という（無限階の）擬微分作用素を導入して，KP 階層の非可換対称性を記述した [138]．この擬微分作用素を**オルロフ–シュルマン作用素** (Orlov–Schulman operator) と呼ぶ．M は L と量子力学的正準交換関係

$$[L, M] = 1 \tag{1.330}$$

に従うが，それ自体は L と同じ形のラックス方程式系

$$\frac{\partial M}{\partial t_n} = [B_n, M] \tag{1.331}$$

を満たす．これらと L のラックス方程式系は全体として KP 階層の「拡張された」ラックス形式と呼ぶべきものになる．

L, M を用いれば，L だけでは見えない τ 関数レベルの非可換対称性を記述することができる．L で見えるのは可換な対称性，すなわち，時間発展と

$$L \ \to \ L + c_2 L^{-1} + c_3 L^{-2} + \cdots$$

（$c_2, c_3, \ldots$ は定数）という変換のみである．L, M によって，擬微分作用素の代数と同型なリー代数が L, M に作用する無限小対称性として実現できる．

このような無限小対称性は τ 関数のレベルでは KP 階層の理論の登場当初か

106　　　　　　　　　　　　　　　　　　　　　　　　　　第 1 章　古典可積分系

ら知られていたが [150]，1990 年代に入って重要な応用が見いだされた．1990
年前後にランダム行列 (random matrix) のスケール極限として 2 次元量子重力
理論の厳密解が求められた．この厳密解は弦方程式 (string equation) と呼ばれ
る微分作用素の交換子方程式

$$[P, Q] = 1 \tag{1.332}$$

（これはパンルヴェ I 型方程式やその高階拡張を含む）によって特徴づけられ
る [38]．この方程式を無限次元グラスマン多様体の言葉に翻訳することによっ
て，その解が KP 階層の $\boldsymbol{W_\infty}$ 拘束条件 (W_∞ constraint) と呼ばれる付加条件
を満たす τ 関数に対応することがわかる [61], [84], [151]．この拘束条件は KP
階層の無限小対称性に関係しているので，L, M の言葉に翻訳できる [6]．

　ウイッテン (E. Witten) によって予想され，コンツェヴィッチ (M. Kontse-
vich) によって解決されたことで知られる 2 次元の位相的重力理論（複素代数曲
線のモジュライ空間の交叉理論）と KdV 階層との関係 [94] についても同様の
取り扱いができる．この場合の KdV 階層の解は **Virasoro 拘束条件** (Virasoro
constraint) で特徴づけられるが，この拘束条件も L, M の言葉に翻訳できる [6]．

1.9.6　無分散可積分系

a.　無分散極限の問題

　KdV 方程式の 3 階項 u_{xxx} は波を分散させる効果をもつという意味で分散項
(dispersion term) と呼ばれる．この項の効果を調べるために，この項に ϵ^2 と
いう係数を乗じた方程式

$$u_t + 6uu_x + \epsilon^2 u_{xxx} = 0 \tag{1.333}$$

を考えて，ϵ が 0 に近づくときの状況を調べることが行われている．この方程
式は $\epsilon = 1$ の場合の KdV 方程式に $x \to \epsilon^{-1}x$, $t \to \epsilon^{-1}t$ というスケール変換
を行ったものにほかならないので，いわゆる**長波極限** (long-wave limit) でも
ある．

　分散項の係数を 0 にした方程式

$$u_t + 6uu_x = 0 \tag{1.334}$$

を無分散 **KdV** 方程式（dispersionless KdV 方程式）という．その初期条件
$u|_{t=0} = f(x)$ のもとでの解 $u = u(x, t)$ は

$$f(x - 6ut) = u \qquad (1.335)$$

という方程式を u について解くことによって（すなわち陰関数として）得られ
る．これはホドグラフ法 (hodographic method) と呼ばれる解法である．この
解の構成法から，初期値 $f(x)$ が単調減少する区間をもつ場合には解の導関数
$u_x(x, t)$ は有限時刻で発散する（その後の解は多価関数になる），ということが
わかる．無分散 KdV 方程式はこの**勾配破綻** (gradient catastrophe) の現象が
起きる前までの状況を近似的に記述している．分散項があればこの破綻は抑え
られるが，代わりに**分散性衝撃波** (dispersive shock wave) と呼ばれる振動的な
波が発生する [72], [106].

b. 無分散 KdV 階層

無分散極限は高次 KdV 方程式に対しても考えられる．高次 KdV 方程式の無
分散極限は

$$u_{t_n} = c_n u^k u_x, \quad n = 1, 2, \cdots, \qquad (1.336)$$

（c_n はある定数）という形になる．この連立系を**無分散 KdV 階層** (dispersion-
less KdV hierarchy) という．前述のホドグラフ法はこれらに拡張できて，初期
値問題の解は

$$f\left(x + \sum_{n \geq 1} c_n t_n\right) = u \qquad (1.337)$$

という方程式を u について解くことによって得られる．

さらに，新たな変数 p を導入して，それを x の力学的な「正準共役変数」と
見なし，x, p の関数 f, g に対するポアソン括弧を

$$\{f, g\} = \frac{\partial f}{\partial p}\frac{\partial g}{\partial x} - \frac{\partial f}{\partial x}\frac{\partial g}{\partial p}$$

と定めれば，上の高次時間発展の方程式は

$$\frac{\partial L_{\mathrm{KdV}}}{\partial t_n} = \{M_n, L_{\mathrm{KdV}}\} \qquad (1.338)$$

という形に表せる．ここで L_{KdV} は

$$L_{\mathrm{KdV}} = p^2 + u \tag{1.339}$$

という p の多項式であり，M_n はその分数べき $L_{\mathrm{KdV}}^{n+1/2}$ の $p = \infty$ における
ローラン展開

$$L_{\mathrm{KdV}}^{n+1/2} = p^{2n+1} + (n+1/2)up^{2n-1} + \cdots$$

から p の多項式部分を取り出したもの

$$M_n = \left(L_{\mathrm{KdV}}^{n+1/2} \right)_{\geq 0} \tag{1.340}$$

である.

c. 無分散 KP 階層

(1.338) は微分作用素

$$L_{\mathrm{KdV}} = \partial_x^2 + u$$

を用いて定式化される KdV 階層のラックス方程式

$$\frac{\partial L_{\mathrm{KdV}}}{\partial t_n} = [M_n, L_{\mathrm{KdV}}]$$

において ∂_x を p に置き換えて，交換子の代わりにポアソン括弧を考えた形を
している.

　同様の考え方で，KP 階層の無分散極限として**無分散 KP 階層** (dispersionless
KP hierarchy) が構成できる. そこでは

$$L = p + u_2 p^{-1} + u_3 p^{-2} + \cdots$$

という形のローラン級数とそのべき乗から p についての多項式部分を取り出し
たもの

$$B_n = (L^n)_{\geq 0}$$

に対して (x, p) のポアソン括弧に関するラックス方程式系

$$\frac{\partial L}{\partial t_n} = \{B_n, L\} \tag{1.341}$$

を考える. これらの方程式はもともと流体力学でベニー方程式 (Benney equa-
tion) と呼ばれていたものであり [107], [182]，ホドグラフ法の一般化も研究さ
れていた [89], [90]. その後，クリチェヴェルによって特殊な位相的場の理論と
の関係が指摘されて [100], [167]，新たに関心を集めることになった.

1.9 補足

d. 無分散戸田場方程式・戸田階層

戸田格子や戸田場の方程式に対しても無分散極限が定式化できる. そこでは格子間隔を ϵ と見なして $\epsilon \to 0$ の極限を考える. その意味では, これは一種の連続体極限である.

2 次元戸田場の方程式の無分散極限は

$$\epsilon\phi(s)_{\xi\eta} + \exp\left(\frac{\phi(s+\epsilon) - \phi(s)}{\epsilon}\right) - \exp\left(\frac{\phi(s) - \phi(s-\epsilon)}{\epsilon}\right) = 0 \quad (1.342)$$

というスケール変換された形から出発する. その $\epsilon \to 0$ の極限は 3 個の連続変数をもつ場 $\phi = \phi(\xi, \eta, s)$ に対する微分方程式

$$\phi_{\xi\eta} + \left(e^{\phi_s}\right)_s = 0 \quad (1.343)$$

になる. これは特殊なアインシュタイン計量を記述するものとして以前から知られていた [19], [64]. また, s とその共役変数 p (シフト作用素 e^{∂_s} の古典極限) のポアソン括弧

$$\{f, g\} = p\frac{\partial f}{\partial p}\frac{\partial g}{\partial s} - p\frac{\partial f}{\partial s}\frac{\partial g}{\partial p}$$

を用いれば, (1.343) は零曲率方程式の形にも表せる.

(1.343) を含む高次時間発展の階層として, **無分散戸田階層** (dispersionless Toda hierarchy) が構成される [166]. 無分散戸田階層は当初はある種の弦理論などに応用されたが [128], [163], その後は等角写像や界面成長などとの関連も見いだされている [116], [179], [181].

e. 準古典極限としての見方

∂_x や e^{∂_s} を変数 p に置き換える操作は量子力学から古典力学へ移行する**準古典極限** (quasi-classical limit) に似ている. 実際に, KP 階層や戸田階層を「プランク定数」$\hbar$ に依存する形に定式化し直して $\hbar \to 0$ への極限移行を意味づけることもできる. これによって KP 階層や戸田階層に内在するさまざまな構造が無分散極限に移行する様子を系統的に説明することができる [168].

f. ホイッタム方程式

冒頭に述べた小分散系の設定に戻れば, 無分散可積分系はあくまで勾配破綻が起きる以前の状況を近似的に記述するものと考えられる. 分散性衝撃波の先端部分ではソリトンが次々に生成し, ソリトン列を形成する [72], [106]. ソリト

110   第 1 章　古典可積分系

ン列はかなり規則的なもので，楕円関数解などの代数幾何学的解が変調 (modulation) したものと見なせる．代数幾何学的解は代数曲線（スペクトル曲線）とそれに付随する幾何学的データによって決まる．変調はこれらの幾何学的データが時間的・空間的に緩やかに変化することを意味する．このような変調を記述する方程式はホイッタム方程式 (Whitham equation) と総称され，さまざまな形で定式化されている [11], [35], [41], [45], [57], [101].

1.9.7　サイバーグ–ウィッテン可積分系

サイバーグ (N. Seiberg) とウィッテンが見いだした 4 次元の $N = 2$ 超対称ゲージ理論のサイバーグ–ウイッテン解 (Seiberg–Witten solution) [153], [154] はさまざまな方面に大きな影響を及ぼしたが，可積分系の研究においても古典可積分系（とくに有限自由度の可積分系）に対して新たな関心を呼び起こした．

サイバーグ–ウィッテン解はプレポテンシャル (prepotential) と呼ばれる量 $\mathcal{F}$ によって記述される．低エネルギー有効理論の真空は一意的でなく，モジュライ (moduli) と呼ばれるパラメータに依存する．プレポテンシャル $\mathcal{F}$ はこのモジュライの関数であり，ある代数曲線（サイバーグとウイッテンが扱った場合には楕円曲線）の上の特定の有理型微分 dS の周期積分

$$a_j = \oint_{A_j} dS, \quad b_j = \oint_{B_j} dS \quad (j = 1, \dots, g) \tag{1.344}$$

から

$$\frac{\partial \mathcal{F}}{\partial a_j} = b_j \tag{1.345}$$

という等式を満たすものとして決まる．ここで A_j, B_j は $A_j \cdot A_k = B_j \cdot B_k = 0$, $A_j \cdot B_k = \delta_{jk}$ という条件を満たすサイクルの組である．また $a_1, \dots, a_g$ を真空のモジュライ空間の座標に選び，b_j と $\mathcal{F}$ をそれらの関数と見なしている．dS はサイバーグ–ウィッテン微分 (Seiberg–Witten differential) と呼ばれる．ちなみに，このとき $\partial^2 \mathcal{F}/\partial a_j \partial a_k$ はこの代数曲線の（正規化された）周期行列の行列要素に等しい．

その後の研究の進展によって，サイバーグ–ウィッテン解の構成に現れる代数曲線は周期的戸田鎖などの有限自由度可積分系のスペクトル曲線であり，サイ

バーグ–ウイッテン微分 dS はスペクトル曲線の定義方程式

$$\det(\lambda I - L(z)) = 0 \tag{1.346}$$

のアフィン座標によって

$$dS = \lambda \frac{dz}{z} \quad (\text{周期的戸田鎖の場合}) \tag{1.347}$$

などのように表され，真空のモジュライはこの可積分系の保存量にほかならない，ということが明らかになった [71], [113]．このような仕組みが見えたあとは，可積分系を考えることが逆にゲージ理論の側で一般化を探るための重要な指針となった [37].

　プレポテンシャルを定義する幾何構造は超対称性をもつ場の理論の研究において**特殊幾何学** (special geometry) と呼ばれているが，実は可積分系の観点から見ても自然なものである．第一に，dS という有理型微分はここで初めて登場したものではなく，実質的に同じものがノヴィコフとヴェセロフ (A. P. Veselov) によるソリトン方程式の代数幾何学的解のポアソン構造の研究において考えられていた [131], [132]．このポアソン構造がサイバーグ–ウィッテン解や変数分離との関係で見直されることになった [10], [13], [102]．第二に，プレポテンシャルは前項で紹介した無分散可積分系やホイッタム方程式においても定義される概念であり，無分散可積分系では τ 関数の対数に相当する [101], [168]．ホイッタム方程式におけるプレポテンシャル [41], [101] はもともと閉リーマン面上の有理型微分の周期積分と関係していて，その観点からサイバーグ–ウィッテン解を解釈することも提案された [71].

　サイバーグ–ウィッテン解と有限自由度可積分系の関わりについてはドナギ (R. Y. Donagi) の解説 [36] を参照されたい．ホイッタム方程式との関わりについては筆者の解説 [164] を参照されたい．ソリトン方程式の代数幾何学的解や有限自由度可積分系のポアソン構造についてはバベロンたちの著書 [12] に詳しい解説がある．ゲージ理論や超対称性などの物理に関わる内容も含めた解説としてはマルシャコフ (A. Marshakov) の著書 [112] がある.

1.9.8　おわりに

　以上で紹介したのは 2003 年頃までの研究の状況である．2000 年を迎える頃

にはサイバーグ–ウィッテン解に関連する可積分系の研究も一段落したが，2003年には，その周辺で可積分系に関わると期待される新たな研究材料がいくつも登場した．

まず，ネクラソフ (N. Nekrasov) とオクニコフ (A. Okounkov) によって，サイバーグ–ウィッテン解がランダム分割 (random partition) の熱力学極限として説明できることが示された [129]．このランダム分割模型は $N = 2$ 超対称ゲージ理論を少し修正して，インスタントン (instanton) の分配関数を整数分割（言い換えれば，ヤング図形）に関する和として表したものである．このインスタントン分配関数は戸田階層の τ 関数とよく似た構造をもつ．

また，オクニコフ，レシェティヒン (N. Reshetikhin)，ヴァファ (C. Vafa) によって，特殊な 3 次元カラビ–ヤウ多様体の上の位相的弦理論とある種の統計力学的模型の関係が指摘された [129]．結晶模型 (crystal model) と呼ばれるこの模型はヤング図形の 3 次元版（3 次元ヤング図形）によって定式化されている．その分配関数を計算するために，KP 階層などで用いられるものと同じ自由フェルミオン場や頂点作用素が用いられる．

さらに，アガナジッチ (A. Aganagic)，クレム (A. Klemm)，マリーニョ (M. Mariño)，ヴァファによって位相的頂点 (topological vertex) の方法（オクニコフらの結晶模型をいわば「部品」と見なし，それらを組合わせて，より一般的な非コンパクト 3 次元カラビ–ヤウ多様体の上の位相的弦理論を扱う）が提案された [8]．論文の続編にはダイグラーフ (R. Dijkgraaf) も筆者に加わり，可積分階層との関係が論じられた [7]．

これらの題材（いずれも 2003 年にプレプリントが出た）はその後驚くほどさまざまな方向に発展して今日に至っている．その中で可積分系に関わる研究も数多く行われている．位相的頂点に関するアガナジッチらの論文 [7], [8] は 90 年代はじめの位相的弦理論の研究 [34] が発展したものと考えられる．昔の研究の主要な例（コンツェヴィッチ [94] が扱った複素代数曲線のモジュライ空間の交叉理論）は 1 点を標的空間とする位相的弦理論と見なせるので，特殊なものであっても複素 3 次元の標的空間を扱えるようになったのは大変な進歩である．

90 年代初めにドゥブロヴィン (B. Dubrovin) が始めた 2 次元の位相的場の理論，とくに，グロモフ–ウィッテン理論 (Gromov–Witten theory) と可積分

系の関係に関する研究 [42] もさまざまな成果を上げている. そこでは, 位相的
場の理論に対して位相型可積分階層 (integrable hierarchy of topological type)
と呼ばれる可積分階層を考える. ラックス表示をもつ既存の可積分階層は特殊
な例 (それはそれで興味ある対象であるが) しか扱えないので, この研究では
ラックス表示を前提にせず, 双ハミルトン構造をもつ無限自由度ハミルトン系
として可積分階層を定式化する. ドゥブロヴィンはチャン (Y. Zhang) ととも
に, そのような可積分階層を種数 0 のグロモフ–ウィッテン理論に対応する無
分散可積分階層から段階的に構成するプログラムを立ち上げた [46], [47]. この
プログラムに沿った研究は現在も続いている [40].

　古典可積分系の研究はもちろん以上のようなものだけではない. 非常に大き
なテーマとしてはランダム行列に関係する研究が掲げられる. また, 80 年代後
半に始まった離散可積分系の研究は現在も盛んであり, 近年はパンルヴェ型方
程式, 離散微分幾何学, 応用解析の研究とも重なっている. 90 年代初めに遡る
箱玉系 (ソリトンセルオートマトン) の研究は近年では量子可積分系や組合せ
論的表現論と関連づけて論じられることも多い. これらの話題のいくつかにつ
いては本書のあとの章で紹介されている. 最後に, 古典可積分系の研究の新た
な方向を指し示すものとして, 最近の児玉裕治とウィリアムス (L. Williams)
による KP 方程式のソリトン解やコスタント–戸田方程式の研究 [91～93] を掲
げておきたい.

参考文献

[1]　M. J. Ablowitz, D. J. Kaup, A. C Newell and H. Segur, Method for solving the sine-Gordon equation, Phys. Rev. Lett. **30** (1973), 1262–1264.

[2]　M. J. Ablowitz and H. Segur, *Solitons and the Inverse Scattering Transform*, 2nd ed., Society for Industrial and Applied Mathematics, 1985. 邦訳：『ソリトンと逆散乱変換』, 薩摩順吉・及川正行訳, 日本評論社, 1991.

[3]　M. R. Adams, J. Harnad and J. Hurtubise, Darboux coordinates and Liouville-Arnold integration in loop algebras, Comm. Math. Phys. **155** (1993), 385–413.

[4]　M. Adler, On a trace functional for formal pseudo-differential operators and the symplectic structure of the Korteweg-de Vries type equations, Invent. Math. **50** (1979), 219–248.

[5]　M. Adler and P. van Moerbeke, Completely integrable systems, Euclidean Lie algebras and curves, Adv. Math. **38** (1980), 267–317.

[6]　M. Adler and P. van Moerbeke, A matrix integral solution to two-dimensional

114   第 1 章　古典可積分系

W_p-gravity, Comm. Math. Phys. **147** (1992), 25–56.

[7]　M. Aganagic, R. Dijkgraaf, A. Klemm, M. Mariño and C. Vafa, Topological strings and integrable hierarchies, Comm. Math. Phys. **261** (2006), 451–516.

[8]　M. Aganagic, A. Klemm, M. Mariño and C. Vafa, The topological vertex, Comm. Math. Phys. **254** (2005), 425–478.

[9]　M. Audin, *Spinning Tops – A Course on Integrable Systems*, Cambridge Univ. press, 1996. 邦訳：『コマの幾何学』, 高崎金久訳, 共立出版, 2000.

[10]　O. Babelon and M. Talon, The symplectic structure of rational Lax pair systems, Phys. Lett. A **257** (1999), 139–144.

[11]　O. Babelon, D. Bernard and F. A. Smirnov, Null-vectors in integrable field theory, Comm. Math. Phys. **186** (1997), 601–648.

[12]　O. Babelon, D. Bernard and M. Talon, *Introduction to Classical Integrable Systems*, Cambridge University Press, 2003.

[13]　O. Babelon and M. Talon, Riemann surfaces, separation of variables and classical and quantum integrability, Phys. Lett. A **312** (2003), 71–77.

[14]　O. Babelon and C.-M. Viallet, Hamiltonian structures and Lax equations, Phys. Lett. B **237** (1990), 411–416.

[15]　A. Beauville, Jacobiennes des courbes spectrales et systèmes hamiltoniens complètement intégrables, Acta Math. **164** (1990), 213–235.

[16]　A. A. Belavin and V. G. Drinfeld, Solutions for the classical Yang-Baxter equation for simple Lie algebras, Funct. Anal. Appl. **16** (1983), 159–180.

[17]　M. Błaszak, Theory of separability of multi-Hamiltonian chains, J. Math. Phys. **40** (1999), 5725–5738.

[18]　O. I. Bogoyavlensky, On perturbations of the the periodic Toda lattices, Comm. Math. Phys. **51** (1976), 201–209.

[19]　C. Boyer and J. D. Finley, Killing vectors in self-dual, Euclidean Einstein spaces, J. Math. Phys. **23** (1982), 1126–1128.

[20]　F. Calogero, Solution of the one-dimensional N-body problem with quadratic and/or inversely quadratic pair potentials, J. Math. Phys. **12** (1971), 419–436.

[21]　F. Calogero, Motion of poles and zeroes of special solutions of nonlinear and linear partial differential equations and related solvable many-body problems, Nuovo Cimento B **43** (1978), 177–241.

[22]　F. Calogero, The "neatest" many-body problem amenable to exact treatments (a "goldfish"?), Physica D **152–153** (2001), 78–84.

[23]　S. Chakravarty and Y. Kodama, Soliton solutions of the KP equation and application to shallow water waves, Stud. Appl. Math. **123** (2009), 83–151.

[24]　E. Date, M. Jimbo, M. Kashiwara and T. Miwa, Transformation theory for soliton equations, V, Publ. RIMS., Kyoto Univ., **18** (1982), 1111–1120.

[25]　E. Date, M. Jimbo, M. Kashiwara and T. Miwa, Transformation theory for soliton equations, VI, J. Phys. Soc. Japan **50** (1982), 3813–3818.

[26]　E. Date, M. Jimbo, M. Kashiwara and T. Miwa, Transformation theory for soliton equations, Euclidean Lie algebras and reduction of the KP hierarchy, Publ. RIMS, Kyoto Univ., **18** (1982), 1077–1110.

[27]　E. Date, M. Kashiwara, M. Jimbo and T. Miwa, Transformation groups for soliton equations, *Nonlinear Integrable Systems — Classical Theory and Quantum*

参考文献   115

Theory, pp. 39–119, World Scientific, 1983.

[28] E. Date, M. Kashiwara and T. Miwa, Transformation groups for soliton equations, II, Proc. Japan Acad., Ser. A, **57** (1981), 387–392.

[29] E. Date, M. Jimbo, M. Kashiwara and T. Miwa, Transformation theory for soliton equations, III, J. Phys. Soc. Japan **50** (1982), 3806–3812.

[30] E. Date, M. Jimbo, M. Kashiwara and T. Miwa, Transformation theory for soliton equations, IV, Physica D **4** (1982), 343–365.

[31] E. Date and S. Tanaka, Analogue of inverse scattering theory for the discrete Hill equation and exact solutions for the periodic Toda lattice, Prog. Theor. Phys. **55** (1976), 457–465.

[32] P. Deift, L. Li, T. Nanda and C. Tomei, The Toda flow on a generic orbit is integrable, Comm. Pure. Appl. Math. **39** (1986), 183–232.

[33] L. A. Dickey, *Soliton Equations and Hamiltonian Systems*, 2nd ed., World Scientific, 2003.

[34] R. Dijkgraaf, Intersection theory, integrable hierarchies and topological field theory, *New Symmetry Principles in Quantum Field Theory*, NATO Adv. Sci. Inst. Ser. B Phys. **295**, pp. 95–158, Plenum, 1992.

[35] S. Yu. Dobrokhotov and V. P. Maslov, Finite-zone, almost-periodic solutions in WKB approximations, J. Soviet Math. **16** (1981), 1433–1486.

[36] R. Y. Donagi, Seiberg-Witten integrable systems, *Surveys in Differential Geometry Vol. 4: Integrable Systems*, International Press, 1998.

[37] R. Donagi and E. Witten, Supersymmetric Yang-Mills systems and integrable systems, Nucl. Phys. B **460** (1996), 299–334.

[38] M. Douglas, Strings in less than one-dimension and the generalized K-dV hierarchies, Phys. Lett. B **238** (1990), 176–180.

[39] V. G. Drinfeld and V. V. Sokolov, Lie algebras and equations of Korteweg-de Vries type, Itogi Nauki i Techniki **24** (1984), 81–180; English translation, J. Sov. Math. **30** (1985), 1975–2035.

[40] B. Dubrovin, Gromov-Witten invariants and integrable hierarchies of topological type, arXiv:1312.0799 [math-ph].

[41] B. A. Dubrovin, Hamiltonian formalism of Whitham-type hierarchies and topological Landau-Ginsburg models, Comm. Math. Phys. **145** (1992), 195–207.

[42] B. A. Dubrovin, Geometry of 2D topological field theories, *Integrable Systems and Quantum Groups*, C. I. M. E. Lectures 1993, Lecture Notes in Math. vol. 1620, pp. 120–348.

[43] B. A. Dubrovin, I. M. Krichever and S. P. Novikov, Integrable systems I, *Encyclopedia of Mathematical Sciences*, vol. 4, Dynamical Systems IV, Springer-Verlag, 1990.

[44] B. A. Dubrovin, V. B. Matveev and S. P. Novikov, Non-linear equations of Korteweg-de Vries type, finite-zone linear operators, and Abelian varieties, Russian Math. Surveys **31** (1976), 59–146.

[45] B. A. Dubrovin and S. P. Novikov, Hydrodynamics of weakly deformed soliton lattices, Russian Math. Surveys **44:6** (1989), 35–124.

[46] B. Dubrovin and Y. Zhang, Bi-Hamiltonian hierarchies in 2D TFT at one-loop approximation, Comm. Math. Phys. **198** (1998), 311–361.

116   第 1 章 古典可積分系

[47] B. Dubrovin and Y. Zhang, Normal forms of integrable PDEs, Frobenius manifolds
      and Gromov-Witten invariants, arXiv: math/0108160.

[48] N. Ercolani, H. Flaschka and S. F. Singer, The geometry of the full Kostant-Toda
      lattice, Prog. Math. **115** (1993), 181–226, Birkhäuser.

[49] L. D. Faddeev, Lectures on quantum inverse scattering method, *Integrable Sys-
      tems: Nankai Lectures on Mathematical Physics*, pp. 23–70, World Scientific,
      1990.

[50] L. D. Faddeev and V. E. Zakharov, Korteweg-de Vries equation: a completely
      integrable Hamiltonian system, Funct. Anal. Appl. **5** (1971), 280–287.

[51] G. Falqui, F. Magri, M. Pedroni and J.-P. Zubelli, A bi-Hamiltonian theory for
      stationalry KdV flows and their separability, Reg. Chao. Dyn. **5** (2000), 33–51.

[52] G. Falqui, F. Magri and G. Tondo, Bi-Hamiltonian systems and separtion of vari-
      ables: an example from the Boussinesq hierarchy, Theor. Math. Phys. **122** (2000),
      176–192.

[53] L. Faybusovich and M. Gekhtman, Elementary Toda orbits and integrable lattices,
      J. Math. Phys. **41** (2000), 2905–2921.

[54] L. Faybusovich and M. Gekhtman, Poisson brackets on rational functions and
      multi-Hamiltonian structure for integrable lattices, Phys. Lett. A **272** (2000),
      236–244.

[55] L. Faybusovich and M. Gekhtman, Inverse moment problem for elementary co-
      adjoint orbits, Inverse Problems **17** (2001), 1295–1306.

[56] B. Feigin, E. Frenkel and N. Reshetikhin, Gaudin model, Bethe ansatz, and crit-
      ical level, Comm. Math. Phys. **116** (1994), 27–62.

[57] H. Flaschka, M. G. Forest and D. W. McLaughlin, Multiphase averaging and the
      inverse spectral solution of the Korteweg-de Vries equation, Comm. Pure. Appl.
      Math. **33** (1980), 739–784.

[58] H. Flaschka, The Toda lattice I, Existence of integrals, Phys. Rev. B **9** (1974),
      1924–1925.

[59] H. Flaschka, The Toda lattice II, Inverse scattering solution, Prog. Theor. Phys.
      51 (1974), 703–716.

[60] H. Flaschka and D. W. McLaughlin, Canonically conjugate variables for the
      Korteweg-de Vries equation and the Toda lattice with periodic boundary con-
      ditions, Prog. Theor. Phys. **55** (1976), 438–456.

[61] M. Fukuma, M. H. Kawai and R. Nakayama, Infinite dimensional Grassmannian
      structure of two dimensional string theory, Comm. Math. Phys. **143** (1991), 371–
      403.

[62] C. S. Gardner, Korteweg-de Vries equation and generalizations, IV. The Korteweg-
      de Vries equation as a Hamiltonian system, J. Math. Phys. **12** (1971), 1548–1551.

[63] C. S. Gardner, J. M. Greene, M. D. Kruskal and R. M. Miura, Method for solving
      the Korteweg-de Vries equation, Phys. Rev. Lett. **19** (1967), 1095–1097.

[64] J. D. Gegenberg and A. Das, Stationary Riemannian space-times with self-dual
      curvature, Gen. Rel. Grav. **16** (1984), 817–829.

[65] I. M. Gelfand and L. A. Dikii (Dickey), Asymptotic behavior of the resolvent
      of Sturm-Liouville equations and the algebra of the Korteweg-de Vries equation,
      Russian Math. Surveys **30:5** (1975), 77–113.

参考文献 117

[66] I. M. Gelfand and L. A. Dikii (Dickey), Fractional powers of operators and Hamiltonian systems, Funct. Anal. Appl. **10** (1976), 259–273.

[67] I. M. Gelfand and I. Ya. Dorfman, Hamiltonian operators and algebraic structures related to them, Funct. Anal. Appl. **13** (1979), 248–262.

[68] I. M. Gelfand and I. Zakharevich, On the local geometry of a bi-Hamiltonian structure, *Gelfand Mathematical Seminars 1990-1992*, pp. 51–112, Birkhäuser, 1993.

[69] I. M. Gelfand and I. Zakharevich, Webs, Lenard schemes, and the loal geometry of bi-Hamiltonian Toda and Lax structures, Selecta Math. (N.Y.) **6** (2000), 131–183.

[70] A. Gorsky, N. Nekrasov and V. Rubtsov, Hilbert schemes, separated variables and D-branes, Comm. Math. Phys. **222** (2001), 299–318.

[71] A. Gorsky, I. Krichever, A. Marshakov, A. Mironov and A. Morozov, Integrability and Seiberg-Witten exact solution, Phys. Lett. B **355** (1995), 466–474.

[72] A. V. Gurevich and L. P. Pitaevski, Non-stationary structure of a collisionless shock wave, Soviet Phys. JETP **38** (1974), 291–297.

[73] M. Hénon, Integrals of the Toda lattice, Phys. Rev. B **9** (1974), 1921–1923.

[74] R. Hirota, Direct method of finding exact solutions of nonlinear evolution equations, Lect. Notes. Math. **515** (1976), 40–68, Springer-Verlag.

[75] 広田良吾, 『直接法によるソリトンの数理』, 岩波書店, 1992.

[76] J. Hurtubise, Integrable systems and algebraic surfaces, Duke Math. J. **83** (1996), 19–50.

[77] J. C. Hurtubise and M. Kjiri, Separating coordinates for the generalized Hitchin systems and the clasical r-matrices, Comm. Math. Phys. **210** (2000), 521–540.

[78] M. Jimbo and T. Miwa, Monodromy preserving deformations of linear ordinary differential equations with rational coefficients II, Physica D **2** (1981), 407–448.

[79] M. Jimbo and T. Miwa, Monodromy preserving deformations of linear ordinary differential equations with rational coefficients, Physica D **4** (1981), 26–46

[80] M. Jimbo and T. Miwa, Solitons and infinite dimensional Lie algebras, Publ. RIMS, Kyoto Univ., **19** (1983), 943–1001.

[81] M. Jimbo, T. Miwa and K. Ueno, Monodromy preserving deformations of linear ordinary differential equations with rational coefficients I, Physica D **2** (1981), 306–352.

[82] V. G. Kac and D. H. Peterson, Lectures on the infinite wedge representation and the MKP hierarchy, Sem. Math. Sup. **102** (1986), 141–184, Presses Univ. Montreal.

[83] V. G. Kac and A. K. Raina, Bombay lectures on highest weight representations of infinitedimensional Lie algebras Adv. Ser. Math. Phys. **2** (1987), World Scientific.

[84] V. Kac and A. Schwarz, Geometric Interpretation of the Partition Function of 2D Gravity, Phys. Lett. B **257** (1991), 329–334.

[85] V. G. Kac and J. W. van de Leur, The n-component KP hierarchy and representation theory, *Important Developments in Soliton Theory*, pp. 302–343, Springer, 1993.

[86] V. Kac and J. van de Leur, The geometry of spinors and the multicomponent BKP and DKP hierarchies, CRM Proc. Lect. Notes **14**, American Mathematical Society, 159–202, 1998.

[87] V. G. Kac and M. Wakimoto, Exceptional hierarchies of soliton equations, Proc. Symp. Pure Math. **149** (1989), 191–237, American Mathematical Society.

[88] M. Kashiwara and T. Miwa, Transformation groups for soliton equations, I, Proc. Japan Acad., Ser. A, **57** (1981), 342–347.

[89] Y. Kodama and J. Gibbons, A method for solving the dispersionless KP hierarchy and its exact solutions, II, Phys. Lett. A **135** (1989), 167–170.

[90] Y. Kodama, A method for solving the dispersionless KP equation and its exact solutions, Phys. Lett. A **129** (1988), 223–226.

[91] Y. Kodama and L. Williams, The Deodhar decomposition of the Grassmannian and the regularity of KP solitons, Adv. Math. **244** (2013), 979–1032.

[92] Y. Kodama and L. Williams, KP solitons and total positivity on the Grassmannian, Invent. Math. **198** (2014), 637–699.

[93] Y. Kodama and L. Williams, The full Kostant-Toda hierarchy on the positive flag variety, Comm. Math. Phys. **335** (2015), 247–283.

[94] M. Kontsevich, Intersection theory on the moduli space of curves and the matrix Airy function, Comm. Math. Phys. **147** (1992), 1–23.

[95] B. Kostant, The solution to the generalized Toda lattice and representation theory, Adv. Math. **34** (1979), 195–338.

[96] I. M. Krichever, Commutative rings of ordinary linear differential operators, Funct. Anal. Appl. **12** (1978), no. 3, 175–185.

[97] I. M. Krichever, Integration of nonlinear equations by the method of algebraic geometry, Funct. Anal. Appl. **11** (1977), 12–26.

[98] I. M. Krichever, Methods of algebraic geometry in the theory of nonlinear equations, Russian Math. Surveys **32:6** (1977), 185–213.

[99] I. M. Krichever, Algebraic curves and nonlinear difference equations, Russian Math. Surveys **33:4** (1978), 255–256.

[100] I. M. Krichever, The dispersionless Lax equations and topological minimal models, Comm. Math. Phys. **143** (1991), 415–426.

[101] I. M. Krichever, The τ-Function of the Universal Whitham Hierarchy, Matrix Models and Topological Field Theories, Comm. Pure. Appl. Math. **47** (1994), 437–475.

[102] I. M. Krichever and D. H. Phong, On the integrable geometry of soliton equations and $N = 2$ supersymmetric gauge theories, J. Diff. Geom. **45** (1997), 349–389.

[103] V. B. Kuznetsov, F. W. Nijhoff and E. K. Sklyanin, Separation of variables for the Ruijsenaars system, Comm. Math. Phys. **189** (1997), 855–877.

[104] P. D. Lax, Integrals of nonlinear equations of evolution and solitary waves, Comm. Pure. Appl. Math. **21** (1968), 467–490.

[105] P. D. Lax, Almost periodic solutions of the Kdv equations, SIAM Review **18** (3) (1976), 351–375.

[106] P.D. Lax, C.D. Levermore and S. Venakides, The generation and propagation of oscillations in dispersive initial value problems and their limiting behavior, A.S. Fokas and V. E. Zakharov (eds.), *Important Developments in Soliton Theory*, pp. 205–241, Series in Nonlinear Dynamics, Springer-Verlag, 1994.

[107] D. Lebedev and Yu. Manin, Conservation laws and Lax representation on Benney's long wave equations, Phys. Lett. A **74** (1979), 154–156.

参考文献 **119**

[108] F. Magri, A simple model of the integrable Hamiltonian equation, J. Math. Phys. **19** (1978), 1156–1162.

[109] F. Magri, P. Casati, G. Falqui and M. Pedroni, Eight lectures on integrable systems, *Integrability of Nonlinear Systems*, Lect. Notes. Phys. **638** (2004), pp. 209–250, Springer-Verlag.

[110] S. V. Manakov, Complete integrabiltiy and stochastization of discrete dynamical systems, Soviet Phys. JETP **40** (1975), 269–274.

[111] Yu. I. Manin, Algebraic aspects of nonlinear differential equations, Igogi Nauki i Tekhniki, Sovremennye Problemy Matematiki **11** (1978), 5–152; English translation, J. Soviet Math. **11** (1979), 1–122.

[112] A. Marshakov, Seiberg-Witten theory and integrable systems, World Scientific, River Edge, 1999.

[113] E. Martinec and N. Warner, Integrable systems and supersymmetric gauge theory Nucl.Phys. B **459** (1996), 97–112.

[114] A. V. Mikhailov, The reduction problem and the inverse scattering method, Physica. D **3** (1981), 73–117.

[115] A. V. Mikhailov, M. A. Olshanetsky and A. M. Perelomov, Two-dimensional generalized Toda lattice, Comm. Math. Phys. **79** (1981), 473–488.

[116] M. Mineev-Weinstein, P. B. Wiegmann and A. Zabrodin, Integrable structure of interface dynamics, Phys. Rev. Lett. **84** (2000), 5106–5109.

[117] 三輪哲二・神保道夫・伊達悦朗,『ソリトンの数理』, 岩波講座応用数学 [対象 4], 岩波書店, 1993.

[118] C. Morosi and G. Tondo, Quasi-bi-Hamiltonian systems and separability, J. Phys. A: Math. Gen. **30** (1997), 2799–2809.

[119] C. Morosi and G. Tondo, On a class of dynamical systems both quasi-bi-Hamiltonian and bi-Hamiltonian. Phys. Lett. A **247** (1998), 59–64.

[120] C. Morosi and G. Tondo, Bi-Hamiltonian manifolds, quasi-bi-Hamiltonian systems and separation of variables, Rep. Math. Phys. **44** (1999), 255–266.

[121] J. Moser, Three integrable Hamiltonian systems connected with isospectral deformations, Adv. Math. **16** (1975), 197–220.

[122] J. Moser, Geometry of quadrics and spectral theory, *The Chern Symposium*, pp. 147–188, Springer-Verlag, 1980.

[123] M. Mulase, Cohomological structure in soliton equations and Jacobian varieties, J. Diff. Geom. **19** (1984), 403–430.

[124] M. Mulase, Algebraic theory of the KP equation, R. Penner and S.T. Yau (eds.), *Perspectives in Mathematical Physics*, pp. 151–218, International Press, 1994.

[125] D. Mumford, An algebro-geometric construction of commuting operators and of solutions of the Toda lattice equation, Korteweg-de Vries equaiton and related equations, Proc. International Symposium on Algebraic Geometry, pp. 115–153, Kinokuniya, 1977.

[126] D. Mumford, Tata Lectures on Theta I, Prog. Math. **28** (1983), Birkhäuser.

[127] D. Mumford, Tata Lectures on Theta II, Prog. Math. **43** (1984), Birkhäuser.

[128] T. Nakatsu, K. Takasaki and S. Tsujimaru, Quantum and classical aspects of deformed $c = 1$ strings, Nucl. Phys. B **443** (1995), 155–197.

[129] N. Nekrasov and A. Okounkov, Seiberg-Witten theory and random partitions, P. Etingof, V. Retakh and I.M. Singer (eds.), *The Unity of Mathematics*, Prog.

Math. **244**, pp. 296–525, Birkhäuser, 2006.

[130] 野海正俊, 『パンルヴェ方程式』, 朝倉書店, 2000.

[131] S.P. Novikov and A.P. Veselov, On Poisson bracket compatible with algebraic geometry and Korteweg-de Vries dynamics on the set of finite-zone potentials, Soviet Math. Dokl. **26** (1982), 357–362.

[132] S.P. Novikov and A.P. Veselov, Poisson brackets and complex tori, Proc. Steklov Math. Inst. **165** (1985), 53–65.

[133] A. Okounkov, N. Reshetikhin and C. Vafa, Quantum Calabi-Yau and classical crystals, P. Etingof, V. Retakh and I.M. Singer (eds.), *The Unity of Mathematics*, Progr. Math. **244**, pp. 597–618, Birkhäuser, 2006.

[134] M. A. Olshanetsky and A. M. Perelomov, Explicit solution of the Calogero model in the classical case and geodesic flows on symmetric space of zero curvature, Lett. Nuov Cim. **16** (1976), 333–339.

[135] M. A. Olshanetsky and A. M. Perelomov, Explicit solution of some completely integrable systems, Lett. Nuovo Cim. **17** (1976), 97–101.

[136] M. A. Olshanetsky and A. M. Perelomov, Explicit solutions of classical generalized Toda models, Invent. Math. **54** (1979), 261–269.

[137] 大貫義郎・吉田春夫, 『力学』, 岩波講座現代の物理学 1, 岩波書店, 1994.

[138] A. Yu. Orlov and E. I. Schulman, Additional symmetries for integrable equations and conformal algebra representation, Lett. Math. Phys. **12** (1986), 171–179.

[139] A. M. Perelomov, Integrable systems of classical mechanics and Lie algebras, vols. I and II, Birkhäuser, 1990.

[140] A. G. Reyman, and M. A. Semenov-Tian-Shansky, Reduction of Hamiltonian systems, affine Lie algebras and Lax equations, Invent. Math. **54** (1979), 81–100.

[141] A. G. Reyman, and M. A. Semenov-Tian-Shansky, Reduction of Hamiltonian systems, affine Lie algebras and Lax equations II, Invent. Math. **63** (1981), 423–432.

[142] A. G. Reyman and M. A. Semenov-Tian-Shansky, Group-theoretic methods in the theory of finite-dimensional integrable systems, *Encyclopedia of Mathematical Sciences*, **16**, Dynamical Systems VII, pp.116–225, Springer-Verlag, 1994.

[143] S.N.M. Ruijsenaars, Relativitic Toda systems, Comm. Math. Phys. **133** (1990), 217–247.

[144] M. Sato, The KP hierarchy and infinite-dimensional Grassmann manifolds, Proc. Symp. Pure. Math. **149** (1989), 51–66, American Mathematical Society.

[145] M. Sato, Soliton equations as dynamical systems on an infinite dimensional Grassmannian manifold, 数理解析研究所講究録 **439** (1981), 30–46.

[146] M. Sato, T. Miwa and M. Jimbo, Holonomic quantum fields I, Publ. RIMS, Kyoto Univ., **14** (1978), 223–267.

[147] M. Sato, T. Miwa and M. Jimbo, Holonomic quantum fields II–IV, Publ. RIMS, Kyoto Univ., **15** (1979), 201–278, 577–629, 871–972.

[148] M. Sato, T. Miwa and M. Jimbo, Holonomic quantum fields V, Publ. RIMS, Kyoto Univ., **16** (1980), 531–584.

[149] 佐藤幹夫 [述]・野海正俊 [記], ソリトン方程式と普遍グラスマン多様体, 上智大学数学講究録 No. 18, 上智大学数学教室 1984.

[150] M. Sato and Y. Sato, Soliton equations as dynamical systems on an infinite dimensional Grassmannian manifold, H. Fujita, P.D. Lax and G. Strang (eds.), *Non-*

参考文献　　　　　　　　　　　　　　　　　　　　　　　　　　　　　　　**121**

linear PDE in Applied Science, Lect. Notes. Num. Anal. **5** (1983), pp. 259–271, Kinokuniya.

[151] A. Schwarz, On Solutions to the String Equation, Mod. Phys. Lett. A **6** (1991), 2713–2725.

[152] G. B. Segal and G. Wilson, Loop groups and equations of KdV type, Pull. Math. IHES **61** (1985), 5–65.

[153] N. Seiberg and E. Witten, Electro-magnetic duality, monopole condensation, and confinement in $N = 2$ supersymmetric Yang-Mills theory, Nucl. Phys. B **426** (1994), 19–52.

[154] N. Seiberg and E. Witten, Monopoles, duality, and chiral symmetry breaking in $N = 2$ supersymmetric QCD, Nucl. Phys. B **431** (1994), 494–550.

[155] M. A. Semenov-Tian-Shansky, What is a classical r-matrix?, Funct. Anal. Appl. **17** (1983), 259–272.

[156] T. Shiota, Characterization of Jacobian varieties in terms of soliton equations, Invent. Math. **83** (1986), 333–382.

[157] B. A. Shipman, Nongeneric flows in the full Toda lattice, *Contemporary Mathematics: Integrable Systems, Topology and Physics*, **309**, pp. 219–249, American Mathematical Society, 2002.

[158] E. K. Sklyanin, Separation of variables: new trends, Prog. Theor. Phys. Suppl. **118** (1995), 35–60.

[159] F. A. Smirnov and V. Zeitlin, Affine Jacobians of spectral curves and integrable models, e-print arXiv: math-ph/0203037.

[160] B. Sutherland, Exact results for a quantum many-body problem in one-dimension, II, Phys. Rev. A **5** (1972), 1372–1376.

[161] W. Symes, Systems of Toda type, inverse spectral problems, and representation theory, Invent. Math. **59** (1980), 17–53.

[162] K. Takasaki, Integrable systems as deformations of $\mathcal{D}$-modules, Proc. Symp. Pure. Math. **149**, pp. 143–168, American Mathematical Society, 1989.

[163] K. Takasaki, Dispersionless Toda hierarchy and two-dimensional string theory, Comm. Math. Phys. **170** (1995), 101–116.

[164] K. Takasaki, Whitham deformations and tau functions in N = 2 supersymmetric gauge theories, Prog. Theor. Phys. Suppl. **135** (1999), 53–74.

[165] 高崎金久, 『可積分系の世界』, 共立出版, 2001.

[166] K. Takasaki and T. Takebe, SDiff(2) Toda equation — hierarchy, tau function and symmetries, Lett. Math. Phys. **23** (1991), 205–214.

[167] K. Takasaki and T. Takebe, T., SDiff(2) KP hierarchy, Int. J. Mod. Phys. A **7**, Suppl. B **1** (1992), 889–922.

[168] K. Takasaki and T. Takebe, Integrable hierarchies and dispersionless limit, Rev. Math. Phys. **7** (1995), 743–808.

[169] E. Sklyanin and T. Takebe, Separation of variables in the elliptic Gaudin model, Comm. Math. Phys. **204** (1999), 17–38.

[170] L. A. Takhtajan, Exact theory of propagation of untrashort optical pulses in twi-level media, Soviet Phys. JETP **39** (1974), 228–233.

[171] 田中俊一・伊達悦朗, 『KdV 方程式』, 紀伊国屋書店, 1979.

[172] M. Toda, Vibration of a chain with a non-linear interaction, J. Phys. Soc. Japan

22 (1967), 431–436.

[173] M. Toda, Wave propagation in anharmonic lattice, J. Phys. Soc. Japan **23** (1967), 501–596.

[174] 戸田盛和, 『非線形格子力学』, 岩波書店, 1978.

[175] 戸田盛和, 『非線形波動とソリトン (新版)』, 日本評論社, 2000.

[176] K. Ueno and K. Takasaki, Toda lattice hierarchy, Advanced Studies in Pure Math. **4**, 1–94, Kinokuniya, 1984.

[177] M. Wadati, The modified Korteweg-de Vries equation, J. Phys. Soc. Japan **34** (1973), 1289–1296.

[178] 和達三樹, 『非線形波動』, 岩波講座現代の物理学 14, 岩波書店, 1992.

[179] P. B. Wiegmann and A. Zabrodin, Conformal maps and dispersionless integrable hierarchies, Comm. Math. Phys. **213** (2000), 523–538.

[180] G. Wilson, On two contructions of conservation laws for Lax equations, Quart. J. Math. Oxford **32** (1981), 491–512.

[181] A. Zabrodin, Dispersionless limit of Hirota equations in some problems of complex analysis, Theor. Math. Phys. **12** (2001), 1511–1525

[182] V. E. Zakharov, On the Benney's equations, Physica D **3** (1981), 193–202.

[183] V. E. Zakharov and A. V. Mikhailov, Relativistically invariant two-dimensional models of field theory which are solvable by means of the inverse scattering problem method, Soviet Phys. JETP **74** (1978), 1953–1973.

[184] V. E. Zakharov and A. B. Shabat, Exact theory of two-dimensional self-focusing and one-dimensional sefl-modulation of waves in nonliear media, Soviet Phys. JETP **34** (1972), 62–69.

[185] V. E. Zakharov and A. B. Shabat, A scheme for integrating the nonlinear equations of mathematical physics by the method of the inverse scattering problem I, Funct. Anal. Appl. **8** (1974), 226–235.

第2章

離散可積分系

2.1　はじめに

　「可積分系」のもつさまざまなよい性質は，数理物理・計算機科学において重要な役割を果たすものとして認識されてきており，関連する分野は現在も広がり続けている．とくに，計算機と親和性の高い「離散可積分系」については，グラフ構造など離散的な対象への関心の高まりなどもあり多くの注目を集めている．本章では，時間変数も含めすべての独立変数が離散化された離散可積分系に対して，関連する分野の視点を取り入れながら，連続系の可積分系と共有する数理構造を明らかにすると同時に，離散系のもつ特徴的な性質について概覧したい．

　離散可積分系の基礎方程式の一つである広田–三輪方程式 $(k_1, k_2, k_3 \in \mathbb{Z})$

$$\tau(k_1 + 1, k_2 + 1, k_3)\, \tau(k_1, k_2, k_3 + 1)$$
$$-\tau(k_1 + 1, k_2, k_3 + 1)\, \tau(k_1, k_2 + 1, k_3)$$
$$+\tau(k_1, k_2 + 1, k_3 + 1)\, \tau(k_1 + 1, k_2, k_3) = 0 \tag{2.1}$$

は，その特殊化からさまざまな可積分系を導出することができ，極限操作を通じて連続系・離散系・オートマトンといった異なるクラスの可積分系を繋ぐことができる．これにより，離散系を中心とした系統的な議論が可能となる．離散可積分系の代表例を中心に，そのシンプルな表示からは想像もつかない豊か

第2章 離散可積分系

な世界が広がっていることを紹介したい.

また，KdV方程式などの可積分系では粒子性をもつ孤立波である「ソリトン」が有名であるが，片側無限格子や有限格子上の離散可積分系は，連続系にはない特徴的な厳密解をもっている．この離散系に特有の解は直交多項式の理論と密接に関係し，数理物理から数値計算アルゴリズムにいたるまでさまざまな分野に現れる．本章では直交多項式の観点も取り入れながら，代表的な離散可積分系に対する理解を深めていきたい.

2.1.1 可積分系の離散化

離散可積分系は，第1章で取り上げられた「可積分系」に属する微分方程式に対して，"厳密解などの数理構造を保存する" 離散化手法を適用することで見いだされてきた．とくに，双線形理論の生みの親である広田良吾は，離散可積分系の重要性をいち早く見いだし，双線形方程式を経由した「可積分離散」と呼ばれる手法を発展させてきた [18]．ルンゲ–クッタ法などの一般的な離散化手法では，単位有限領域内での微分方程式との誤差を議論することが多い．一方，方程式の可積分性を代数的に捉え，その代数構造を保存する離散化の手続きは，従来の離散化手法とは大きく異なる.

ここでは，「可積分離散」とはどのような離散化なのか，線形化可能なロジスティック方程式を例にとり，その目標とするところを明らかにしたい.

2.1.2 ロジスティック方程式の離散化

生物の個体数変化を記述するモデル方程式の一つであるロジスティック方程式

$$\frac{dy}{dt} = y(1 - y) \tag{2.2}$$

は線形化可能な微分方程式であり，求積可能である.

$$y = \frac{1}{1 + z} \tag{2.3}$$

とおくことにより，ロジスティック方程式 (2.2) は，線形方程式

$$\frac{dz}{dt} = -z \tag{2.4}$$

2.1 はじめに

に変換することができ，z について

$$z(t) = C \exp(-t) \quad (C \text{ は積分定数}) \tag{2.5}$$

と解くことができる．さらに，(2.3) を用いることで，ロジスティック方程式の解が得られる．

$$y(t) = \frac{1}{1 + C \exp(-t)} \tag{2.6}$$

初期値 $y(0)$ を 0 から 1 の間にとるとき，対応する解 (2.6) の振舞いはロジスティック曲線あるいは成長飽和曲線と呼ばれる曲線に従い，生物の個体数増加や商品の普及過程などを表すのに用いられている．この曲線のおもな特徴として，単調増加で $t \to \infty$ で定数に収束することが挙げられる．

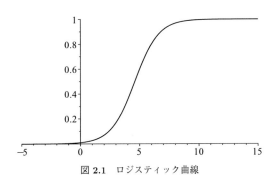

図 2.1　ロジスティック曲線

微分方程式を計算機でシミュレーションする場合，離散化によって対応する離散系を考える必要があるが，一般に微分方程式のもつ性質を離散系に対して期待することは難しい．可積分離散を考える前に，最も素朴なオイラー法，すなわち，微分の定義に従い

$$\frac{dy(t)}{dt} \to \frac{y(t+\delta) - y(t)}{\delta} \tag{2.7}$$

と微分をオイラー（前進差分）法で置き換える手続きをロジスティック方程式 (2.2) に適用する．この離散化手法で得られる

$$\frac{y(t+\delta) - y(t)}{\delta} = y(t)(1 - y(t)) \tag{2.8}$$

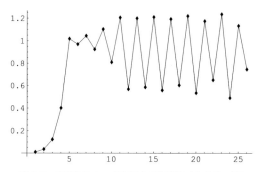

図 2.2　ロジスティック方程式の離散化（オイラー法）

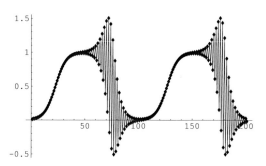

図 2.3　ロジスティック方程式の離散化（中心差分法）

において $t = n\delta$ とおき，$y_n = y(n\delta)$ を用いて書き直すことでロジスティック方程式の離散化の一つが得られる．

$$y_{n+1} = y_n + \delta y_n(1 - y_n) \tag{2.9}$$

離散系の挙動については，適当な初期値のもとで計算機シミュレーションすることで系のおおよその振舞いを調べることは容易である．(2.9) において δ を十分小さくすると連続系のロジスティック曲線に近い振舞いをする．しかし，δ を大きくするとその振舞いは連続系のものとは大きく異なる．その場合の様子 ($\delta = 2.57$) を図 2.2 に示す．さらに，(2.9) を $Y_n = \delta y_n/(1+\delta)$, $\alpha = 1 + \delta$ によって置き直すとカオス理論で有名なロジスティック写像

$$Y_{n+1} = \alpha Y_n (1 - Y_n) \tag{2.10}$$

となり，この離散系は元の微分方程式 (2.2) の求積可能という性質を引き継い

2.1 はじめに

ではいない. また, 別の離散化として中心差分法による離散化手法から得られる離散系

$$y_{n+1} - y_{n-1} = 2\delta y_n(1 - y_n) \tag{2.11}$$

の振舞いを調べたものが図 2.3 であるが, この場合も元の微分方程式では生じない擬周期的な振舞いを示している. ここで挙げたオイラー法, 中心差分法のいずれも, 結果として得られた離散系は求積可能という微分方程式の性質を失っている.

可積分離散では系を特徴づける可積分性を重視し, 離散化された方程式もまた可積分であることを目標とする. オイラー法と中心差分法のそれぞれから多様な振舞いをする離散系の豊かな世界を垣間見ることはできたが, 可積分系の性質を保つように離散化するという可積分離散の目標からは外れてしまう. では, 単調増加性などのロジスティック方程式の性質を保つように離散化するにはどうすればよいのであろうか? ここでは, ロジスティック方程式の線形化可能という数学的構造に注目し, 非線形方程式であるロジスティック方程式をそのまま扱うのではなく, 適当な変換のもとで得られる線形方程式 (2.4) を離散化の出発点とする. すなわち, はじめに線形方程式 (2.4) の離散化を考え, この離散化（後退差分）によって得られる線形離散方程式

$$z_n - z_{n-1} = -\delta z_n \tag{2.12}$$

から, 線形化で用いた変換の逆に相当する手続きを経て, 目的とする非線形方程式の離散類似を導くことにする. この方針のもとで得られる離散類似は, 構成法から線形化可能という性質を自ずと有することになる. この例では, 線形化する際に用いた変換 (2.3) を参考にして,

$$y_n = \frac{1}{1 + z_n} \tag{2.13}$$

を (2.12) に適用することで, ロジスティック方程式の可積分な離散類似である離散ロジスティック方程式 (discrete logistic equation) [49], [66]

$$y_{n+1} - y_n = \delta y_n(1 - y_{n+1}) \tag{2.14}$$

が得られる. (2.12) および (2.13) から離散ロジスティック方程式の解も

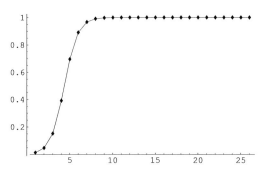

図 2.4 ロジスティック方程式の離散化（可積分離散）

$$y_n = \frac{(1+\delta)^n}{(1+\delta)^n - 1 + 1/y_0} \quad (2.15)$$

と容易に求めることができる．図 2.2 の場合と同じ定数 $\delta = 2.57$ を用いた (2.14) の数値計算結果を図 2.4 に示す．この離散方程式は，ロジスティック方程式のもつ単調増加性と定数に収束するという性質を保存していることがわかる．このことは離散方程式の解 (2.15) の挙動を調べることから容易に確かめられる．

ロジスティック方程式の例で見てきたように，可積分離散では，まず系のもつ線形構造を見いだし，その線形構造の離散化を考えることで，可積分系の性質を保存する離散系の導出を可能としている．図 2.5 に示すように，非線形方程式を直接扱うのではなく，より扱いやすい線形方程式あるいは双線形方程式を考えることが可積分離散では鍵となっていることを確認しておきたい[*1]．

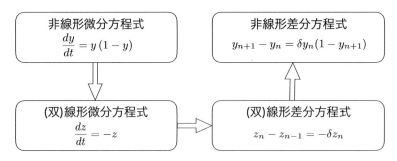

図 2.5 可積分離散の手続きの概要（ロジスティック方程式の場合）

[*1] 可積分系の離散化手法としては，線形積分方程式を用いた手法 [55] やポアソン構造に基づく手法 [73] などもある．

2.1.3 いろいろな離散格子

実変数 $x \in \mathbb{R}$ 上の微分方程式の離散化について考える際，格子点 $\{x_n\}_{n \in \mathbb{Z}}$ も含めて考える必要がある．条件を課さずに格子点の間隔を自由に選ぶ不等間隔格子を含めいろいろな格子があるが，2.1.2 項のロジスティック方程式の例では，線形格子 (linear grid) あるいは等差格子と呼ばれる格子点

$$x_n = \alpha + \delta n \quad (n \in \mathbb{Z}) \tag{2.16}$$

を用いている．これは隣り合う格子点の間の差 $x_{n+1} - x_n$ が一定の値 δ をとる場合であり，特別な注意がない場合には格子点として線形格子 (2.16) を前提とすることも多い．(2.16) の線形格子以外でよく用いられるものに，q-格子 (q-grid) あるいは等比格子と呼ばれる

$$x_n = \alpha q^n \quad (n \in \mathbb{Z}, \ |q| \neq 1) \tag{2.17}$$

があり，とくにこの q-格子上で考える差分を q-差分と呼ぶ．

上記以外にも古典直交多項式やパンルヴェ方程式に関する話題では，2 次格子 (quadratic grid)，アスキー–ウィルソン格子（Askey-Wilson または，q-2 次格子 (q-quadratic) grid），楕円格子 (elliptic grid) など，性質のよい格子が用いられている [56], [62]．

格子間隔が独立変数に依存する場合，対応する差分方程式の係数も独立変数に依存することになり，非自励な離散系を扱うことになる．たとえば，q-格子 ($t_{n+1} = q^{-1} t_n$) 上で，解の構造を保存する可積分離散を適用することで q-差分ロジスティック方程式

$$\frac{y_{n+1} - y_n}{t_n(1 - q)} = y_n(1 - y_{n+1}), \quad t_{n+1} = q^{-1} t_n \tag{2.18}$$

が得られる．図 2.6 の q-格子 ($q = 0.8$) では，初期点 $(t_0, y_0) = (0.1, 0.01)$ 付近は細かい格子が配置され，離れるに従い格子が粗くなっていることが確認できる．

2.1.4 離散格子上のソリトン

離散可積分系の代表例の一つである離散 KdV 格子

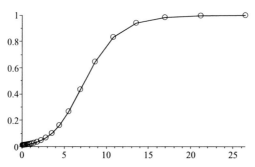

図 2.6 Logistic 方程式の q-格子上の離散類似

$$\frac{1}{u_{n+1}^{(s+1)}} - \frac{1}{u_n^{(s)}} = \delta\left(u_{n+1}^{(s)} - u_n^{(s+1)}\right) \tag{2.19}$$

は，δ を定数とし，離散格子 $n, s \in \mathbb{Z}$ 上でソリトンの相互作用などを記述する系である．その名の通り KdV 方程式の離散類似であり，$\delta = \varepsilon^3$ および $t = -\varepsilon^6 s/3$，$x = \varepsilon(n-s) - 2\varepsilon^4 s$，$u_n^{(s)} = 1 + \varepsilon^2 u(x,t)/2$ と置き直し，$\varepsilon = 0$ 近傍で展開することで，KdV 方程式

$$\frac{\partial u}{\partial t} = 6u\frac{\partial u}{\partial x} + \frac{\partial^3 u}{\partial x^3} \tag{2.20}$$

に帰着させることができる．また，時間 s のみ連続極限をとる場合は，$n \to n - s$ の変数変換のもとで半離散系の KdV 格子

$$\frac{d}{dt}\frac{1}{u_n} = u_{n+1} - u_{n-1} \tag{2.21}$$

が得られる．KdV 格子は，食物連鎖モデルとして有名なロトカ–ボルテラ格子

$$\frac{d}{dt}\log v_n = v_{n-1} - v_{n+1} \tag{2.22}$$

との間で成り立つミウラ型変換 $v_n = u_n u_{n+1}$ を有しており，KdV 格子とロトカ–ボルテラ格子の間の直接的な対応関係を与えることができる．

離散 KdV 格子 (2.19) の解の構造については次節以降で調べていくが，計算機を用いれば数値的にソリトン波を構成することは容易であり，はじめに離散可積分系のもつ性質の一端を紹介する．ただし，離散可積分系を差分スキームとして用いる場合，初期値 $u_n^{(0)} (n = \cdots, -1, 0, 1, \cdots)$ を与えるだけでは時間発展は一意に定まらず，陰解法となる場合が多い．(2.19) では，境界条件とし

2.1 はじめに

てたとえば $u_1^{(s)}$ $(s=1,2,\ldots)$ を付加することで，陽に $\{u_n^{(s)}\}_{s,n\in\mathbb{Z}_{>0}}$ が計算可能となることに注意が必要である．

ここでは初期値の例として，自明な定数解 $u_n^{(s)}=1$ に 1 つの格子点上でのみ定数 α を加えた実数列

$$u_n^{(0)} = \begin{cases} 1+\alpha & (n=j) \\ 1 & (n\neq j) \end{cases} \tag{2.23}$$

について考える．このとき，境界条件 $u_1^{(s)}=1\,(s=1,2,\ldots)$ のもとで離散 KdV 格子の時間発展を計算する．KdV 方程式は，離散スペクトルに対応するソリトンだけでなく，連続スペクトルに対応する解をもつことが知られている．ソリトンとそれ以外の波では速度が異なり，ここで選んだ初期値に含まれているソリトンを，離散 KdV 格子の時間発展を計算することで数値的に分離することができる（図 2.7）．この手続きで α を変えることでいろいろな大きさのソリトンが数値的に求められる．また，区間で抽出した数値的なソリトンのデータを複数用意し，適当に配置することで，複数のソリトンの相互作用を計算機上で実現することもできる．

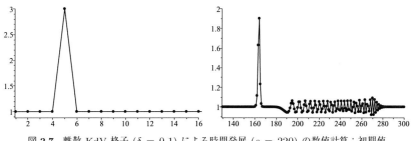

図 2.7 離散 KdV 格子 ($\delta=0.1$) による時間発展 ($s=220$) の数値計算：初期値 $u_{n\neq 5}^{(0)}=1, u_5^{(0)}=3$

図 2.8 では横軸を $n-s$ と選び，2 つの数値的なソリトンの相互作用を三つの時刻で観測している．離散格子上のソリトンのため，必ずしも各ソリトンの頂上が格子点上にあるとは限らず，追い越しの前後で高さが変化しているように見えるかもしれない．しかし，離散 KdV 格子の厳密解を用いて補間することで，ソリトンの高さに変化のないことが確認できる（図 2.9）．ここで用いた

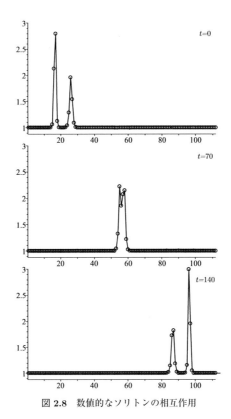
図 2.8　数値的なソリトンの相互作用

離散 KdV 格子の厳密解は，離散格子点上のみでなく $n \in \mathbb{R}$ において u_n の値を与えることができることを注意しておく．

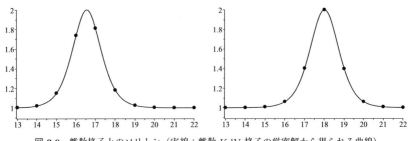
図 2.9　離散格子上のソリトン（実線：離散 KdV 格子の厳密解から得られる曲線）

2.2 広田–三輪方程式

離散可積分系の基礎方程式として知られる広田–三輪方程式 (Hirota-Miwa equation) は，離散格子点上の複素数値関数 τ に関する双線形方程式 (2.1) であり，離散 KP 方程式と呼ばれることも多い [19], [48]. また，双線形方程式の τ 関数は佐藤理論におけるグラスマン多様体のプリュッカー座標と見なすことができ，グラスマン多様体から複素射影空間への埋め込みを考えることで，τ 関数の行列式による表示が得られる. このとき，広田–三輪方程式 (2.1) は行列式の間で成立するプリュッカー関係式にほかならない.

離散化された KP 階層の独立変数として可算無限個の離散変数 $\boldsymbol{k} = (k_1, k_2, k_3, \ldots)$ を導入し，任意の 3 変数 (k_i, k_j, k_m) に関する広田–三輪方程式の連立系 $(0 < i < j < m)$

$$\tau^{+k_i+k_j}\tau^{+k_m} - \tau^{+k_i+k_m}\tau^{+k_j} + \tau^{+k_j+k_m}\tau^{+k_i} = 0 \tag{2.24}$$

を広田–三輪系 (Hirota-Miwa system) と呼ぶ. ここで，シフト演算子 $S_i : k_i \mapsto k_i + 1$ とその関数 f への作用を，$\boldsymbol{e}_i = (\delta_{i,1}, \delta_{i,2}, \delta_{i,3}, \ldots)$ および

$$S_i(f)(\boldsymbol{k}) = f^{+k_i} = f(\boldsymbol{k} + \boldsymbol{e}_i)$$
$$S_i^{-1}(f)(\boldsymbol{k}) = f^{-k_i} = f(\boldsymbol{k} - \boldsymbol{e}_i)$$
$$S_i^n S_j^m(f)(\boldsymbol{k}) = f^{+nk_i+mk_j} = f(\boldsymbol{k} + n\boldsymbol{e}_i + m\boldsymbol{e}_j) \tag{2.25}$$

によって表しており，以後も必要に応じて用いていく. ただし，$\delta_{i,j}$ は，$i = j$ のときのみ 1，それ以外は 0 をとるクロネッカーのデルタ記号である.

次に，離散 KP 階層の変数の一つ $\lambda \in \{k_1, k_2, k_3, \ldots\}$ を選び，関数 ϕ

$$\phi = \frac{\tau^{+\lambda}}{\tau} \tag{2.26}$$

を定義することで離散 KP 階層に付随する線形系が得られる. (2.24) において変数 k_m を λ に置き換えた広田–三輪方程式を用いることで，相異なる正の整数の組 (i, j) でラベルされる従属変数

$$u_{ij} = \text{sgn}(j-i)\frac{\tau^{+k_i+k_j}\tau}{\tau^{+k_i}\tau^{+k_j}} \tag{2.27}$$

を係数とする線形系

$$\phi^{+k_j} - \phi^{+k_i} + u_{ij}\,\phi = 0 \quad (i,j = 1,2,3,\dots) \tag{2.28}$$

が導かれる．線形系 (2.28) は離散 KP 階層の補助線形問題（ラックス対）であり，両立条件

$$(\phi^{+k_j})^{+k_i} = (\phi^{+k_i})^{+k_j} \tag{2.29}$$

から，**離散 KP 格子** (discrete KP lattice)

$$u_{12} - u_{13} + u_{23} = 0, \tag{2.30a}$$

$$u_{12}^{+k_3} - u_{13}^{+k_2} + u_{23}^{+k_1} = 0, \tag{2.30b}$$

$$u_{12}^{+k_3}\,u_{13} = u_{12}\,u_{13}^{+k_2} \tag{2.30c}$$

を含む**離散 KP 階層** (discrete KP hierarchy)

$$u_{ij} - u_{im} + u_{jm} = 0, \tag{2.31a}$$

$$u_{ij}^{+k_m} - u_{im}^{+k_j} + u_{jm}^{+k_i} = 0, \tag{2.31b}$$

$$u_{ij}^{+k_m}\,u_{im} = u_{ij}\,u_{im}^{+k_j} \tag{2.31c}$$

が従属変数 $\{u_{ij}\}_{i,j>0}$ の連立系として得られる．

注意 2.2.1. $u_{12}\,u_{13}\,u_{23} \neq 0$ の場合，(2.30) から

$$\frac{u_{12}^{+k_3}}{u_{12}} = \frac{u_{13}^{+k_2}}{u_{13}} = \frac{u_{23}^{+k_1}}{u_{23}} \tag{2.32}$$

が従う．また，(2.32) と (2.30a) から (2.30b) を導くこともできる．離散 KP 格子の表示 (2.30) では，従属変数の一つを消去することが可能である．しかし，この表示を用いることで減算を用いることなく計算可能な時間発展方向があり，超離散系の導出や計算アルゴリズムの設計などにおいて有用な表示となっている．

また，別の固有関数として

$$\phi^* = \frac{\tau^{-\lambda}}{\tau} \tag{2.33}$$

2.2 広田–三輪方程式 135

を選ぶと，離散 KP 階層の随伴補助線形問題

$$\phi^{*+k_i} - \phi^{*+k_j} + u_{ij}\,\phi^{*+k_i+k_j} = 0 \tag{2.34}$$

が変数 (k_i, k_j, λ) に関する広田–三輪方程式からただちに得られる．離散 KP 階層 (2.31) はこの補助線形問題の両立条件でもある．

2.2.1 ダルブー変換

本節では，広田–三輪方程式の対称性について議論し，非自明な対称性としてダルブー変換を導入する．広田–三輪方程式の自明な対称性については，非零の複素数列 $\mu_0, \mu_1, \mu_2, \mu_3$ を用いた変換 $\tau(\boldsymbol{k}) \mapsto \tilde{\tau}(\boldsymbol{k}) = \mu_0 (\mu_1)^{k_1} (\mu_2)^{k_2} (\mu_3)^{k_3} \tau(\boldsymbol{k})$ などがあり，この変換のもとで広田–三輪方程式は不変となる[*2]．すなわち，$\tau(\boldsymbol{k})$ が解ならば $\tilde{\tau}(\boldsymbol{k})$ も解となる．このような双線形方程式を不変とする変換の間を同値関係

$$\tau(\boldsymbol{k}) \simeq \tilde{\tau}(\boldsymbol{k}) \tag{2.35}$$

として扱うことにする．

広田–三輪方程式の自明でない対称性の一つにダルブー変換に対する対称性がある [57], [93]．ダルブー変換は可積分系の厳密解の構成などに用いられ，これにより KP 階層のロンスキー行列式解の存在などの代数的な構造を明らかにすることができる．広田–三輪方程式に対するダルブー変換は，付随する線形方程式 (2.28) を満たす関数 ψ を用いて

$$\tau \mapsto \overline{\tau} = \psi\tau, \quad \phi \mapsto \overline{\phi} = \frac{1}{\psi} \begin{vmatrix} \psi & \phi \\ \psi^{+k_1} & \phi^{+k_1} \end{vmatrix} \tag{2.36}$$

で与えられる．このとき，τ が広田–三輪方程式の解ならば $\overline{\tau} = \psi\tau$ も解となる．また，$\overline{u}_{ij} = \frac{\psi^{+k_i+k_j}\psi}{\psi^{+k_i}\psi^{+k_j}} u_{ij}$ とおくと変換後の補助線形問題は

$$\overline{\phi}^{+k_j} - \overline{\phi}^{+k_i} + \overline{u}_{ij}\,\overline{\phi} = 0 \tag{2.37}$$

と同じ形で表され，両立条件から $\overline{u}_{ij}$ が離散 KP 階層を満たすことがわかる．

[*2] 対称性はほかにも $\tau \to (\mu)^{k_1k_2+k_2k_3+k_3k_1}\tau$ や非自励の場合などがある．

つまり，ここでの手続きから離散 KP 階層の解から解への変換：$\{u_{ij}\} \mapsto \{\overline{u}_{ij}\}$ が得られる．

ダルブー変換は繰り返し適用することが可能であり，広田–三輪方程式の初期解を ρ とし，$\{\psi_1, \psi_2, \ldots, \psi_N\}$ を線形方程式 (2.28) を満たす独立な関数の集合としたとき，ダルブー変換の手続きを繰り返すことで，以下の τ 関数および固有関数に対する変換列が得られる．

$$\tau = \rho \to \tau_1 = \psi_1 \rho \to \tau_{12} = \psi_{12} \rho \to \cdots \to \tau_{12\cdots N} = \psi_{12\cdots N} \rho$$
$$\phi \quad\quad \to \overline{\phi}_1 \quad\quad \to \overline{\phi}_{12} \quad\quad\quad \to \cdots \to \overline{\phi}_{12\cdots N}$$

ここで，$\psi_{12}, \psi_{123}, \ldots, \overline{\phi}_1, \overline{\phi}_{12}, \ldots$ については，カソラチ行列式

$$\mathrm{Cas}(s; f_1, f_2, \ldots, f_n) = \det(f_i(s+j-1))_{1 \le i,j \le n} \tag{2.38}$$

によって，

$$\psi_{i_1 i_2 \cdots i_k} = \mathrm{Cas}(k_1; \psi_{i_1}, \psi_{i_2}, \ldots, \psi_{i_k}),$$
$$\overline{\phi}_{i_1 i_2 \cdots i_k} = \mathrm{Cas}(k_1; \psi_{i_1}, \psi_{i_2}, \ldots, \psi_{i_k}, \phi) / \mathrm{Cas}(k_1; \psi_{i_1}, \psi_{i_2}, \ldots, \psi_{i_k}) \tag{2.39}$$

と表すことができる．このカソラチ行列式の表示は，ヤコビの恒等式あるいはシルベスターの恒等式と呼ばれる行列式の恒等式を用いることで得られる．以上，ダルブー変換を N 回繰り返すことで，N 次カソラチ行列式で表される広田–三輪方程式の解

$$\tau_{12\cdots N} = \psi_{12\cdots N} \rho \tag{2.40}$$

を得ることができた．

次に，ダルブー変換 (2.36) が広田–三輪系の並進対称性から自然に導入されることを示す．広田–三輪系の解 τ に対して，離散変数 k_ℓ についてシフトした τ^{+k_ℓ} も広田–三輪系の解となることは離散系の自明な対称性であるが，この自明な対称性を広田–三輪方程式を用いて別の離散変数のシフトで書き直すことでダルブー変換を導出することができる．まず，離散 KP 階層の変数の中から $\lambda_1, \lambda_2, \lambda_3, \cdots$ を選ぶことで，線形系 (2.28) を満たす解として

$$\psi_\ell = \tau^{+\lambda_\ell} / \tau \quad (\ell = 1, 2, \ldots) \tag{2.41}$$

2.2 広田–三輪方程式

を得る. ここで,

$$\psi_\ell^{+k_i} - \psi_\ell^{+k_j} = u_{ij}\psi_\ell \tag{2.42}$$

が成り立つことは, (k_i, k_j, λ_ℓ) に関する広田–三輪方程式からただちに従う. 固有関数 $\phi = \tau^{+\lambda}/\tau$ を離散変数 λ_1 についてシフトした $\phi^{+\lambda_1} = \tau^{+\lambda+\lambda_1}/\tau^{+\lambda_1}$ を $(k_1, \lambda_1, \lambda)$ に関する広田–三輪方程式で書き直すと,

$$\phi^{+\lambda_1} = \frac{\tau^{+\lambda+\lambda_1}}{\tau^{+\lambda_1}} = \frac{\tau^{+\lambda_1}\,\tau^{+k_1+\lambda} - \tau^{+\lambda}\,\tau^{+k_1+\lambda_1}}{\tau^{+k_1}\,\tau^{+\lambda_1}} = \frac{1}{\psi_1}\begin{vmatrix} \psi_1 & \phi \\ \psi_1^{+k_1} & \phi^{+k_1} \end{vmatrix} \tag{2.43}$$

となり, これは ϕ を ψ_1 でダルブー変換することで得られる $\overline{\phi}_1$ にほかならない. さらにダルブー変換を繰り返した場合においても

$$\overline{\phi}_1 = \phi^{+\lambda_1},\ \overline{\phi}_{12} = \phi^{+\lambda_1+\lambda_2},\ \overline{\phi}_{123} = \phi^{+\lambda_1+\lambda_2+\lambda_3},\ \cdots \tag{2.44}$$

が成り立つことが示される. このとき,

$$\overline{u}_{ij;12\cdots N} = \frac{\psi_{12\cdots N}^{+k_i+k_j}\,\psi_{12\cdots N}}{\psi_{12\cdots N}^{+k_i}\psi_{12\cdots N}^{+k_j}}\,u_{ij} \tag{2.45}$$

とおくと

$$\overline{\phi}_{12\cdots N}^{+k_j} - \overline{\phi}_{12\cdots N}^{+k_i} + \overline{u}_{ij;12\cdots N}\overline{\phi}_{12\cdots N} = 0 \tag{2.46}$$

が成り立つ.

2.2.2 ソリトン解

離散 KP 格子の定数解は, 定数 a_1, a_2, a_3 を用いて

$$u_{12} = a_1 - a_2, \quad u_{13} = a_1 - a_3, \quad u_{23} = a_2 - a_3 \tag{2.47}$$

で与えられる. 対応する広田–三輪方程式の解

$$\rho = (a_1 - a_2)^{k_1 k_2}(a_1 - a_3)^{k_1 k_3}(a_2 - a_3)^{k_2 k_3} \tag{2.48}$$

をダルブー変換の初期解として選び, 多重ソリトンの相互作用を記述するソリ

トン解を具体的に求めてみよう．このとき，対応する補助線形問題は

$$\phi^{+k_j} - \phi^{+k_i} + (a_i - a_j)\phi = 0 \qquad (i, j \in \{1, 2, 3\}) \tag{2.49}$$

と表される．変数分離解 $\varphi(k_1, k_2, k_3) = \eta_1(k_1)\,\eta_2(k_2)\,\eta_3(k_3)$ および分離定数 p を用いると，線形方程式 (2.49) から

$$\frac{\eta_1^{+k_1} - a_1\eta_1}{\eta_1} = \frac{\eta_2^{+k_2} - a_2\eta_2}{\eta_2} = \frac{\eta_3^{+k_3} - a_3\eta_3}{\eta_3} = -p \tag{2.50}$$

が得られ，変数分離解

$$\varphi = \xi(a_1 - p)^{k_1}(a_2 - p)^{k_2}(a_3 - p)^{k_3} \tag{2.51}$$

が求められる（ξ は任意定数）．さらに，変数分離解の線形結合

$$\psi_\ell = \sum_{p \in \mathcal{P}_N} \xi_{\ell,p}(p - a_1)^{k_1}(p - a_2)^{k_2}(p - a_3)^{k_3} \quad (\ell = 1, 2, \ldots, N) \tag{2.52}$$

から，カソラチ行列式で表されるソリトン解

$$\tau(\boldsymbol{k}) = \rho(\boldsymbol{k}) \det(\psi_\ell(\boldsymbol{k} + (j-1)\boldsymbol{e}_1))_{1 \le \ell, j \le N} \tag{2.53}$$

を導出することができる．ここで，$\mathcal{P}_N = \{p_j\}_{1 \le j \le M}$ および $\{\xi_{\ell,p}\}_{\substack{1 \le \ell \le N \\ p \in \mathcal{P}_N}}$ は，それぞれソリトンの大きさと位相を定める定数列であり，$p_i \ne p_j (i \ne j)$, $M > N$ かつ $\tau \ne 0$ となるよう選ぶものとする．

注意 2.2.2. 広田–三輪方程式の別表示として，初期解 (2.48) を用いたゲージ変換 $\tau = \rho\hat{\tau}$ から得られる

$$(a_1 - a_2)\hat{\tau}(\boldsymbol{k} + \boldsymbol{e}_1 + \boldsymbol{e}_2)\hat{\tau}(\boldsymbol{k} + \boldsymbol{e}_3)$$
$$+(a_3 - a_1)\hat{\tau}(\boldsymbol{k} + \boldsymbol{e}_1 + \boldsymbol{e}_3)\hat{\tau}(\boldsymbol{k} + \boldsymbol{e}_2)$$
$$+(a_2 - a_3)\hat{\tau}(\boldsymbol{k} + \boldsymbol{e}_2 + \boldsymbol{e}_3)\hat{\tau}(\boldsymbol{k} + \boldsymbol{e}_1) = 0 \tag{2.54}$$

を出発点にすることもある．

注意 2.2.3. 広田–三輪方程式を満足する ρ によるゲージ変換

$$\tau = \rho\,\hat{\tau} \tag{2.55}$$

を用いると，$u_{ij}^{(0)} = \text{sgn}(j-i)\frac{\rho^{+k_i+k_j}\rho}{\rho^{+k_i}\rho^{+k_j}}$ を係数とする双線形方程式

$$u_{12}^{(0)}\widehat{\tau}^{+k_1+k_2}\widehat{\tau}^{+k_3} - u_{13}^{(0)}\widehat{\tau}^{+k_1+k_3}\widehat{\tau}^{+k_2} + u_{23}^{(0)}\widehat{\tau}^{+k_2+k_3}\widehat{\tau}^{+k_1} = 0 \qquad (2.56)$$

が得られる．ここで，係数 $u_{ij}^{(0)}$ は離散 KP 格子の解であり，一般に独立変数に依存する．このことから，(2.56) を非自励広田–三輪方程式 (non-autonomous Hirota-Miwa equation) と呼ぶことがある．非自励な係数を与える例として独立変数 k_j に依存する関数 $a_j(k_j)$ を用いた

$$u_{12}^{(0)} = a_1(k_1) - a_2(k_2), \ u_{13}^{(0)} = a_1(k_1) - a_3(k_3), \ u_{23}^{(0)} = a_2(k_2) - a_3(k_3)$$
$$(2.57)$$

などが知られている [57], [81], [93].

2.2.3 KP 階層の双線形恒等式

本項では，連続系の KP 階層の双線形恒等式から広田–三輪方程式が得られることを示す．

第 1 章で導出された τ 関数に対する積分型の双線形恒等式 (1.269)

$$\oint_{z=\infty} \tau(\boldsymbol{t}' - [z^{-1}])\tau(\boldsymbol{t} + [z^{-1}]) \exp\left(\sum_{n=1}^{\infty}(t_n' - t_n)z^n\right)dz = 0$$

において $\boldsymbol{t}' = \boldsymbol{t} + [a_1^{-1}] + [a_2^{-1}] + [a_3^{-1}]$ とおくことで，τ 関数の加法公式

$$(a_2 - a_3)\tau(\boldsymbol{t}' - [a_1^{-1}])\tau(\boldsymbol{t} + [a_1^{-1}])$$
$$+(a_3 - a_1)\tau(\boldsymbol{t}' - [a_2^{-1}])\tau(\boldsymbol{t} + [a_2^{-1}])$$
$$+(a_1 - a_2)\tau(\boldsymbol{t}' - [a_3^{-1}])\tau(\boldsymbol{t} + [a_3^{-1}]) = 0 \qquad (2.58)$$

が導かれる [64]．ここで，$[\lambda] = \left(\lambda, \frac{\lambda^2}{2}, \ldots, \frac{\lambda^n}{n}, \ldots\right)$ である．さらに，KP 階層の独立変数 $\boldsymbol{t} = (t_1, t_2, t_3, \ldots)$ と広田–三輪方程式の独立変数 $\boldsymbol{k} = (k_1, k_2, k_3)$ との間の変数変換 $\boldsymbol{t} = k_1[a_1^{-1}] + k_2[a_2^{-1}] + k_3[a_3^{-1}]$，すなわち，

$$t_n = \sum_{j=1}^{3}\frac{k_j}{n\,a_j^n} \quad (n = 1, 2, 3, \ldots) \qquad (2.59)$$

を適用することで広田–三輪方程式が得られる.

加法公式の導出については，$t'_n = \sum_{j=1}^{3} \dfrac{k_j + 1}{n(a_j)^n}$ と対数関数のマクローリン展

開 $\sum_{n=1}^{\infty} \dfrac{z^n}{n} = -\log(1-z)$ によって書き直した積分形双線形恒等式

$$\oint_{z=\infty} \tau(\boldsymbol{t}' - [z^{-1}]) \tau(\boldsymbol{t} + [z^{-1}]) \prod_{j=1}^{3} \frac{1}{1 - z/a_j} dz = 0 \qquad (2.60)$$

を用い，被積分関数の極 a_1, a_2, a_3 で留数の和

$$\operatorname*{Res}_{z=a_1} + \operatorname*{Res}_{z=a_2} + \operatorname*{Res}_{z=a_3} = 0 \qquad (2.61)$$

をとることで得られる[*3].

2.2.4　行列式の恒等式

行列式の恒等式を出発点として，線形関係式 (2.28) を行列式の要素に課すことで，広田–三輪方程式を導くことも可能である．この行列式の恒等式に基づく双線形方程式の導出方法は離散系のみならず，連続系も含めて有効であり，数多くの成果が得られている [20].

ここでは例としてヤコビの恒等式を取り上げる.

- ヤコビの恒等式 (シルベスターの恒等式の特別の場合)：N 次の行列式 D から i 行，j 列を除いてつくった $n-1$ 次の行列式を $D\begin{bmatrix} i \\ j \end{bmatrix}$ で表す．同様に，n 次の行列式 D から i_1, i_2 行，j_1, j_2 列を除いてつくった $n-2$ 次の行列式を $D\begin{bmatrix} i_1 & i_2 \\ j_1 & j_2 \end{bmatrix}$ とする．このとき，行列式の恒等式 ($i_1 < i_2, j_1 < j_2$)

$$D \cdot D\begin{bmatrix} i_1 & i_2 \\ j_1 & j_2 \end{bmatrix} = D\begin{bmatrix} i_1 \\ j_1 \end{bmatrix} \cdot D\begin{bmatrix} i_2 \\ j_2 \end{bmatrix} - D\begin{bmatrix} i_1 \\ j_2 \end{bmatrix} \cdot D\begin{bmatrix} i_2 \\ j_1 \end{bmatrix} \qquad (2.62)$$

が成り立つ.

[*3] a_1 での留数を計算することで次式を得る.
$$2\pi\sqrt{-1} \operatorname*{Res}_{z=a_1} = \tau(\boldsymbol{t}' - [a_1^{-1}]) \tau(\boldsymbol{t} + [a_1^{-1}]) \frac{a_1 a_2 a_3}{(a_2 - a_1)(a_3 - a_1)}$$

2.2 広田-三輪方程式

次に，行列式の恒等式と組み合わせて用いる τ 関数のシフト則を与える．こ
こでは，線形関係式 (2.28) を満たす関数を要素とするカソラチ行列式

$$\widehat{\tau}(\boldsymbol{k}) = \det(\psi_\ell(\boldsymbol{k} + (j-1)\boldsymbol{e}_1))_{1 \leq \ell, j \leq N} \tag{2.63}$$

を例として取り上げる．関数 ψ が線形関係式 (2.28) を満たすとき，$k_m \to k_m+1$
などの離散変数をシフトした $\widehat{\tau}$ は，元のシフトしていない $\widehat{\tau}$ の行列式表示の一
部を変更することで表すことができる．たとえば，$N = 1$ のとき，すなわち
$\widehat{\tau} = \psi$ とすると，

$$\widehat{\tau}^{+k_2} = \begin{vmatrix} 1 & \psi \\ u_{12} & \psi^{+k_1} \end{vmatrix},$$

$$\widehat{\tau}^{+k_2+k_3} = \begin{vmatrix} 1 & \psi^{+k_3} \\ u_{12}^{+k_3} & \psi^{+k_1+k_3} \end{vmatrix} = \begin{vmatrix} 1 & \psi^{+k_1} - u_{13}\psi \\ u_{12}^{+k_3} & \psi^{+2k_1} - u_{13}^{+k_1}\psi^{+k_1} \end{vmatrix}$$

$$= \begin{vmatrix} 1 & 0 & \psi \\ 0 & 1 & \psi^{+k_1} - u_{13}\psi \\ 0 & u_{12}^{+k_3} & \psi^{+2k_1} - u_{13}^{+k_1}\psi^{+k_1} \end{vmatrix}$$

$$= \frac{1}{u_{23}} \begin{vmatrix} 1 & 1 & \psi \\ u_{12} & u_{13} & \psi^{+k_1} \\ u_{12}u_{12}^{+k_1} & u_{13}u_{13}^{+k_1} & \psi^{+2k_1} \end{vmatrix} \tag{2.64}$$

と表される．また，$i < j$ として，$\displaystyle\prod_{\mu=0}^{n-1} u_{ij}^{+\mu k_i} = \frac{\rho}{\rho^{+k_j}} \frac{\rho^{+nk_i+k_j}}{\rho^{+nk_i}}$ を用いた場合，

$$(\rho\,\widehat{\tau})^{+k_j} = \rho \begin{vmatrix} \phi_j & \psi \\ \phi_j^{+k_1} & \psi^{+k_1} \end{vmatrix},$$

$$(\rho\,\widehat{\tau})^{+k_i+k_j} = \rho \begin{vmatrix} \phi_i & \phi_j & \psi \\ \phi_i^{+k_1} & \phi_j^{+k_1} & \psi^{+k_1} \\ \phi_i^{+2k_1} & \phi_j^{+2k_1} & \psi^{+2k_1} \end{vmatrix} \tag{2.65}$$

と表すことができる．同様の表示は一般の N 次のカソラチ行列式に対しても
成り立ち，$N + 2$ 次の行列式

$$D = \mathrm{Cas}(k_1; \phi_2, \phi_3, \psi_1, \psi_2, \ldots, \psi_N) \tag{2.66}$$

に対して

$$D = \frac{(\rho\,\widehat{\tau})^{+k_2+k_3}}{\rho}, \; D\begin{bmatrix} 1 & n+2 \\ 1 & 2 \end{bmatrix} = \widehat{\tau}^{+k_1}, \; D\begin{bmatrix} n+2 \\ 1 \end{bmatrix} = \frac{(\rho\,\widehat{\tau})^{+k_3}}{\rho} \qquad (2.67)$$

である．このとき，ヤコビの恒等式に現れるほかの行列式に対しても

$$D\begin{bmatrix} 1 \\ 1 \end{bmatrix} = \frac{(\rho\,\widehat{\tau})^{+k_1+k_3}}{\rho^{+k_1}}, \; D\begin{bmatrix} 1 \\ 2 \end{bmatrix} = \frac{(\rho\,\widehat{\tau})^{+k_1+k_2}}{\rho^{+k_1}}, \; D\begin{bmatrix} n+2 \\ 2 \end{bmatrix} = \frac{(\rho\,\widehat{\tau})^{+k_2}}{\rho}$$
$$(2.68)$$

が成り立ち，ヤコビの恒等式を $\widehat{\tau}$ および ρ を用いて表すことで広田–三輪方程式を導くことができる．

$$(\rho\widehat{\tau})^{+k_1}(\rho\,\widehat{\tau})^{+k_2+k_3} = (\rho\widehat{\tau})^{+k_1+k_3}(\rho\widehat{\tau})^{+k_2} - (\rho\widehat{\tau})^{+k_1+k_2}(\rho\widehat{\tau})^{+k_3} \qquad (2.69)$$

注意 2.2.4. 広田–三輪方程式にはグラム型の解も存在する．詳細は，文献 [57], [59] を参照していただきたい．

注意 2.2.5. 三輪方程式あるいは離散 BKP 方程式と呼ばれる双線形離散方程式

$$\tau^{+k_1+k_2+k_3}\tau = \tau^{+k_1+k_2}\tau^{+k_3} - \tau^{+k_1+k_3}\tau^{+k_2} + \tau^{+k_2+k_3}\tau^{+k_1} \qquad (2.70)$$

も基本的な双線形方程式の一つである [48]．行列式で表される厳密解をもつ可積分系に対して，形式的にパフィアン[*4]解をもつよう一般化できる場合がある．この手続きはパフィアン化 (Pfaffianization) [15], [21] とも呼ばれ，たとえば，離散 KdV 方程式をパフィアン化することで澤田–小寺方程式の離散化に相当する可積分系が得られる．この際，鍵となるのが，パフィアンの恒等式

[*4] パフィアン $\mathrm{Pf}(i_0, \ldots, i_{2n-1})$ とは行列式の一種の拡張であり，次の形で定義される．

$$\mathrm{Pf}(i_0, \ldots, i_{2n-1}) = \sum_{\sigma \in \mathfrak{S}_{2n}} \frac{\mathrm{sgn}\,\sigma}{n!2^n} \prod_{0 \le i \le n-1} \mathrm{Pf}(i_{\sigma(2i)}, i_{\sigma(2i+1)}),$$

$$\mathrm{Pf}(i_k, i_\ell) = -\mathrm{Pf}(i_\ell, i_k). \qquad (2.71)$$

たとえば，$\mathrm{Pf}(a,b,c,d) = \mathrm{Pf}(a,b)\mathrm{Pf}(c,d) - \mathrm{Pf}(a,c)\mathrm{Pf}(b,d) + \mathrm{Pf}(a,d)\mathrm{Pf}(b,c)$ である．パフィアンは行列式同様さまざまな性質をもつことが知られている．詳細については，たとえば [20] の 2 章や [34] が詳しい．

$$\mathrm{Pf}(1, \ldots, 2n, a, b, c, d)\mathrm{Pf}(1, \ldots, 2n)$$

$$= \mathrm{Pf}(1, \ldots, 2n, a, b)\mathrm{Pf}(1, \ldots, 2n, c, d)$$

$$-\mathrm{Pf}(1, \ldots, 2n, a, c)\mathrm{Pf}(1, \ldots, 2n, b, d)$$

$$+\mathrm{Pf}(1, \ldots, 2n, a, d)\mathrm{Pf}(1, \ldots, 2n, b, c) \tag{2.72}$$

である．広田–三輪方程式のときと同様，τ 関数のシフト則を用いることでパフィアンの恒等式から三輪（離散 BKP）方程式を導出することができる [82].

2.3　いろいろな離散可積分系

本節では，広田–三輪方程式を出発点として，従属変数変換や簡約化の手続きを通じて，さまざまな離散可積分系を導くことができることを示す．さらに連続極限を考えることで連続系の可積分系も得られることも指摘する．

2.3.1　離散 KP 格子

従属変数の選び方によって広田–三輪方程式から複数の離散系を導くことができる．標準的な従属変数の選び方を次に挙げる．

- 離散 KP 格子 (2.30) の従属変数 (2.27)：

$$u_{ij} = \mathrm{sgn}(j - i)\frac{\tau^{+k_i+k_j}\tau}{\tau^{+k_i}\tau^{+k_j}} \tag{2.73}$$

- 離散 KP 格子の従属変数の比を選ぶ．たとえば

$$v = \frac{u_{23}}{u_{12}} = \frac{\tau^{+k_1}\tau^{+k_2+k_3}}{\tau^{+k_1+k_2}\tau^{+k_3}} \tag{2.74}$$

とすると，この従属変数 v に関する離散系として

$$\frac{v^{+k_1+k_2}v^{+k_3}}{v^{+k_2}v^{+k_1+k_3}} = \frac{(1 + v^{+k_1+k_2})(1 + v^{+k_3})}{(1 + v^{+k_1})(1 + v^{+k_2+k_3})} \tag{2.75}$$

が得られる．以後，(2.75) を**離散 KP-A 格子**と呼ぶことにする．

- 従属変数 $y = \tau^{+k_1}/\tau^{+k_2}$ を選ぶことで，**離散ポテンシャル KP-A 格子**

$$\frac{y^{+k_1+k_2}y^{+k_3}}{y^{+k_2}y^{+k_2+k_3}} = \frac{y^{+k_1} - y^{+k_1+k_3}}{y^{+k_2} - y^{+k_2+k_3}} \tag{2.76}$$

が得られる．このとき，離散 KP-A 格子と離散ポテンシャル KP-A 格子を
つなぐ関係式 $v = (y^{+k_3}/y - 1)^{-1}$ が成り立つことは τ 関数を用いて表す
ことで確かめられる．また，$(k_1, k_2, k_3), (k_1, k_2, k_4), (k_1, k_2, k_5)$ の各離散
変数の組に関する広田–三輪方程式を用いることで，ここで導入した従属変
数 y が**離散シュワルツ微分 KP 方程式**

$$\frac{(y^{+k_3} - y^{+k_3+k_4})(y^{+k_4} - y^{+k_4+k_5})(y^{+k_5} - y^{+k_3+k_5})}{(y^{+k_3+k_4} - y^{+k_4})(y^{+k_4+k_5} - y^{+k_5})(y^{+k_3+k_5} - y^{+k_3})} = -1 \quad (2.77)$$

を満たすことも示される．

上記で挙げた離散系のいずれも文献によって「離散 KP 方程式」と呼ばれる
場合があり，注意が必要である．

2.3.2 離散 2 次元戸田格子

可積分系の代表例の一つである 2 次元戸田格子

$$\frac{\partial}{\partial x} u_n = u_n \left(b_n - b_{n-1} \right), \qquad \frac{\partial}{\partial y} b_n = u_{n+1} - u_n \quad (2.78)$$

の離散類似は，離散 KP 格子に対して変数変換

$$k_1 = n + s, k_2 = -s, k_3 = t \qquad (n = k_1 + k_2, t = k_3, s = -k_2) \quad (2.79)$$

を施すことで得られる．離散 KP 格子の従属変数を $u_{13} = -A_n^{(t,s)}, u_{12} = -B_{n+1}^{(t,s-1)}$ と置き直した

$$A_n^{(t,s)} + B_{n+1}^{(t,s)} = A_n^{(t,s+1)} + B_n^{(t+1,s)}, \quad (2.80\text{a})$$

$$A_n^{(t,s)} B_n^{(t,s)} = A_{n-1}^{(t,s+1)} B_n^{(t+1,s)} \quad (2.80\text{b})$$

を**離散 2 次元戸田格子** (discrete two-dimensional Toda lattice) と呼ぶ．この
とき，付随する線形方程式は

$$\psi_n^{(t+1,s)} = \psi_{n+1}^{(t,s)} + A_n^{(t,s)} \psi_n^{(t,s)},$$

$$\psi_n^{(t,s)} = \psi_n^{(t,s+1)} + B_n^{(t,s)} \psi_{n-1}^{(t,s+1)} \quad (2.81)$$

となり，広田–三輪方程式は

$$\tau_n^{(t,s+1)} \tau_n^{(t+1,s)} - \tau_n^{(t,s)} \tau_n^{(t+1,s+1)} + \tau_{n-1}^{(t+1,s+1)} \tau_{n+1}^{(t,s)} = 0 \quad (2.82)$$

で与えられる [23]．

2.3 いろいろな離散可積分系　　　　　　　　　　　　　　　　　　**145**

2.3.3　簡約化

広田–三輪方程式は 3 つの独立変数に関する方程式であるが，次元簡約 (reduction) の操作によって独立変数の数を減らすことができる．これにより，離散 KdV 格子や離散戸田格子などの時間および空間 1 次元の時間発展方程式が得られる．

a.　離散 KdV 格子

離散 KP 格子に対して，簡約条件

$$\tau(\boldsymbol{k} + \boldsymbol{e}_1 + \boldsymbol{e}_2) \simeq \tau(\boldsymbol{k}) \tag{2.83}$$

すなわち

$$u_{ij}(\boldsymbol{k} + \boldsymbol{e}_1 + \boldsymbol{e}_2) = u_{ij}(\boldsymbol{k}) \quad (i, j \in \{1, 2, 3\}) \tag{2.84}$$

を課すことで離散 KdV 格子が得られる．この簡約条件から，変数 k_2 に関するシフトを用いることなく，方程式の記述が可能となり，

$$
\begin{aligned}
b_n^{(s)} &= u_{23}(\boldsymbol{k} + s\boldsymbol{e}_1 + n\boldsymbol{e}_3), \\
c_n^{(s)} &= u_{12}(\boldsymbol{k} + s\boldsymbol{e}_1 + n\boldsymbol{e}_3), \\
d_n^{(s)} &= u_{13}(\boldsymbol{k} + s\boldsymbol{e}_1 + n\boldsymbol{e}_3)
\end{aligned}
\tag{2.85}
$$

を用いて表すことで，離散 KP 格子 (2.30) から

$$
\begin{aligned}
d_n^{(s)} &= b_n^{(s)} + c_n^{(s)}, \\
d_n^{(s-1)} &= b_n^{(s+1)} + c_{n+1}^{(s)}, \\
\frac{b_n^{(s+1)}}{b_n^{(s)}} &= \frac{c_{n+1}^{(s)}}{c_n^{(s)}} = \frac{d_n^{(s-1)}}{d_n^{(s)}}
\end{aligned}
\tag{2.86}
$$

を得る．このとき，初期値 $\{b_n^{(0)}, d_n^{(-1)}\}_{n \geq 0}$，境界値 $\{c_0^{(s)}\}_{s \geq 0}$ に対して

$$
\begin{aligned}
d_n^{(s)} &= b_n^{(s)} + c_n^{(s)}, \\
b_n^{(s+1)} &= b_n^{(s)} d_n^{(s-1)} / d_n^{(s)}, \\
c_{n+1}^{(s)} &= c_n^{(s)} d_n^{(s-1)} / d_n^{(s)}
\end{aligned}
\tag{2.87}
$$

によって $\{b_n^{(s)}, c_n^{(s)}, d_n^{(s)}\}_{s,n \geq 0}$ が定まる. さらに, $\alpha_n^{(s)} := b_n^{(s+1)} d_n^{(s)}$ とすると, 方程式から $\alpha_n^{(s)}$ に関する関係式

$$\alpha_n^{(s+1)} = \alpha_n^{(s)} \tag{2.88}$$

が成り立つことがわかる. すなわち, $\alpha_n^{(s)}$ は変数 s のシフトに関して不変であり, 以下では単に α_n と表すことにする. この α_n を用いて $d_n^{(s)}$ を消去すると

$$b_n^{(s+1)} = \alpha_n / (b_n^{(s)} + c_n^{(s)}),$$
$$c_{n+1}^{(s)} = c_n^{(s)} b_n^{(s+1)} / b_n^{(s)} \tag{2.89}$$

となり, さらに, $c_n^{(s)}$ を消去することで, **離散 KdV 格子** (discrete KdV lattice)

$$\frac{\alpha_{n+1}}{b_{n+1}^{(s+1)}} - \frac{\alpha_n}{b_n^{(s)}} = b_{n+1}^{(s)} - b_n^{(s+1)} \tag{2.90}$$

が得られる[*5]. ここで, 離散 KP 格子から導出した (2.89) は, 減算を用いることなく時間発展が計算可能な**減算無し形式** (subtraction free form) となっていることに注意して欲しい[*6].

また, 簡約条件を離散 KP 格子の解に適用することで, 離散 KdV 格子の解を求めることもできる. 以下では, 定数係数の離散 KdV 格子に対して, ソリトン解を導く手順を示す.

カソラチ行列式解 (2.53) に対して簡約条件 (2.83) を適用する. このとき, $\rho(\boldsymbol{k}+\boldsymbol{e}_1+\boldsymbol{e}_2) \simeq \rho(\boldsymbol{k})$ であり, 行列式要素 (2.52) に対しても $\psi_\ell(\boldsymbol{k}+\boldsymbol{e}_1+\boldsymbol{e}_2) \simeq \psi_\ell(\boldsymbol{k})$ を要請する. ここで, ψ_ℓ に現れる定数 $\xi_{\ell,p}, \xi_{\ell,p'}$ が非零となる場合, 定数 $p, p' \in \mathcal{P}_N$ の間で

$$(p - a_1)(p - a_2) = (p' - a_1)(p' - a_2) \tag{2.92}$$

が成り立つことでこの条件が満たされる. 上式が成立するのは, $p' = p$ 以外

[*5] より一般の非自励な離散 KdV 格子として
$$\frac{a_{s+1} - b_{n+1}}{U_{n+1}^{(s+1)}} + (a_s + b_{n+1})U_{n+1}^{(s)} = \frac{a_s - b_n}{U_n^{(s)}} + (a_{s+1} + b_n)U_n^{(s+1)} \tag{2.91}$$
を導出することもできる [28], [29]. 2.3.3 項および 2.4.8 項を参照.

[*6] 2.5.3 項で議論する超離散化において有用な形式である.

2.3 いろいろな離散可積分系　　　　　　　　　　　　　　　　　　　　**147**

では,

$$p' = a_1 + a_2 - p \tag{2.93}$$

の場合のみである. すなわち, 簡約条件 (2.83) を課すことで, 行列式要素は,

$$\eta_{\ell,p}(\boldsymbol{k}) = \xi_{\ell,p}(p - a_1)^{k_1}(p - a_2)^{k_2}(p - a_3)^{k_3} \tag{2.94}$$

を用いて

$$\psi_\ell(\boldsymbol{k}) = \eta_{\ell,p_\ell}(\boldsymbol{k}) + \eta_{\ell,p'_\ell}(\boldsymbol{k}) \tag{2.95}$$

と表される[*7]. 以上より $\tau(\boldsymbol{k} + \boldsymbol{e}_1 + \boldsymbol{e}_2) = \tau(\boldsymbol{k}) \prod_{\ell=1}^{N} (p_\ell - a_1)(p_\ell - a_2)$ と簡約条件を満たす $\tau(\boldsymbol{k}) = \rho(\boldsymbol{k}) \det(\psi_\ell(\boldsymbol{k} + (j-1)\boldsymbol{e}_1))_{1 \le \ell, j \le N}$ を求めることができる.

この例では, 対応する離散 KP 格子の初期解は $u_{ij}^{(0)} = a_i - a_j$ であり, $\alpha = (a_1 - a_3)(a_2 - a_3)$ となる. $\delta = (a_2 - a_3)/(a_1 - a_3)$ および $\widehat{\tau}_n^{(s)} = \det(\psi_\ell(\boldsymbol{k} + (s+j-1)\boldsymbol{e}_1 + n\boldsymbol{e}_3))_{1 \le \ell, j \le N}$ を用いて,

$$\widehat{b}_n^{(s)} = \frac{b_n^{(s)}}{u_{23}^{(0)}} = \frac{b_n^{(s)}}{a_2 - a_3} = \frac{\widehat{\tau}_{n+1}^{(s-1)} \widehat{\tau}_n^{(s)}}{\widehat{\tau}_n^{(s-1)} \widehat{\tau}_{n+1}^{(s)}} \tag{2.96}$$

とおくことで, 離散 KdV 格子は

$$\frac{1}{\widehat{b}_{n+1}^{(s+1)}} - \frac{1}{\widehat{b}_n^{(s)}} = \delta\left(\widehat{b}_{n+1}^{(s)} - \widehat{b}_n^{(s+1)}\right) \tag{2.97}$$

と表される[*7]. このとき, 適当なゲージと定数を選ぶことで, 広田によって導入されたソリトン解の表示が得られる.

$$
\begin{aligned}
\widehat{\tau}_n^{(s)} &= \det\left(\eta_{\ell,p_\ell}^{+(s+j-1)k_1+nk_3} + \eta_{\ell,p'_\ell}^{+(s+j-1)k_1+nk_3}\right)_{1 \le \ell, j \le N} \\
&\simeq \frac{\det\left(\eta_{\ell,p_\ell}^{+(s+j-1)k_1+nk_3} + \eta_{\ell,p'_\ell}^{+(s+j-1)k_1+nk_3}\right)_{1 \le \ell, j \le N}}{\mathrm{Cas}(k_1; \eta_{1,p_1}^{+sk_1+nk_3}, \eta_{2,p_2}^{+sk_1+nk_3}, \ldots, \eta_{N,p_N}^{+sk_1+nk_3})} \\
&= \sum{}' \prod_{i=1}^{N} (X_i)^{\mu_i} \prod_{i<j}^{(N)} (A_{ij})^{\mu_i \mu_j}
\end{aligned} \tag{2.98}
$$

[*7] 2.1.4 項で扱った離散 KdV 格子 (2.19) と一致する.

ここで，簡約条件から $p'_\ell = a_1 + a_2 - p_\ell$ であり，任意定数を

$$\xi_{\ell,p_\ell} = 1, \quad \xi_{\ell,p'_\ell} = \prod_{\substack{j \in \{1,2,\ldots,N\} \\ j \neq \ell}} \frac{p_\ell - p_j}{p_\ell - p'_j} \xi_l, \quad p_j = \frac{a_1 q_j + a_2}{q_j + 1} \tag{2.99}$$

と置き直すことで，$X_i = \xi_i q_i^s \left(\dfrac{1 + \delta q_i}{\delta + q_i} \right)^n$ および $A_{ij} = \dfrac{(q_i - q_j)^2}{(q_i q_j - 1)^2}$ と表すことができる．また，記号 $\sum'$ は $(\mu_1, \mu_2, \ldots, \mu_N) \in \{0,1\}^N$ のすべての組合せに関する和を意味し，記号 $\prod_{i<j}^{(N)}$ は集合 $\{1, 2, \ldots, N\}$ の中から条件 $i < j$ を満たすすべての組 (i,j) に関する積を表すとする．$N = 0, 1, 2, 3$ の場合を書き下す．

$(N = 0) \quad \widehat{\tau} \simeq 1,$

$(N = 1) \quad \widehat{\tau} \simeq 1 + X_1,$

$(N = 2) \quad \widehat{\tau} \simeq 1 + X_1 + X_2 + A_{12} X_1 X_2,$

$(N = 3) \quad \widehat{\tau} \simeq 1 + X_1 + X_2 + X_3 + A_{12} X_1 X_2$

$$+ A_{13} X_1 X_3 + A_{23} X_2 X_3 + A_{12} A_{13} A_{23} X_1 X_2 X_3 \tag{2.100}$$

この表示から，$\delta, q_i, \xi_i > 0$ と選ぶことで，適当な因子を掛けた $\widehat{\tau}$ が任意の s, n に対して正の値をとることがわかる．

b. 離散戸田格子

離散 KP 格子の変数 k_1, k_2, k_3 に対する簡約条件

$$\tau(\boldsymbol{k} + \boldsymbol{e}_1) \simeq \tau(\boldsymbol{k} + \boldsymbol{e}_2 + \boldsymbol{e}_3), \tag{2.101}$$

すなわち，離散 2 次元戸田格子の変数 t, s, n に対する簡約条件

$$\tau_n^{(t+1,s)} \simeq \tau_n^{(t,s+1)} \tag{2.102}$$

によって，（1 次元）戸田格子

$$\frac{d}{dt} u_n = u_n (b_n - b_{n-1}), \quad \frac{d}{dt} b_n = u_{n+1} - u_n \tag{2.103}$$

の離散類似として，**離散戸田格子** (discrete Toda lattice)

$$A_n^{(s+1)} + B_n^{(s+1)} = A_n^{(s)} + B_{n+1}^{(s)}, \tag{2.104a}$$

$$A_{n-1}^{(s+1)} B_n^{(s+1)} = A_n^{(s)} B_n^{(s)} \tag{2.104b}$$

が得られる．次節において，片側無限格子上の解について直交多項式との関係も含め紹介する．

2.3 いろいろな離散可積分系 **149**

c. 離散ロトカ–ボルテラ格子

離散 KP-A 格子に対して，離散 KdV 格子と同じ簡約条件 $\tau^{+k_1+k_2} \simeq \tau$, すなわち $v^{+k_1+k_2} = v$ を課すことで

$$\frac{v^{+k_1+k_3}v^{-k_1}}{v\,v^{+k_3}} = \frac{(1+v^{+k_1})(1+v^{-k_1+k_3})}{(1+v)(1+v^{+k_3})} \tag{2.105}$$

が成立する．$\beta = \dfrac{v^{+k_1+k_3}}{v}\dfrac{(1+v^{+k_3})}{(1+v^{+k_1})}$ を導入すると，上式から

$$\beta^{+k_1} = \beta \tag{2.106}$$

が成立し，β は k_1 のシフトについて不変となる．以上より，$v_n^{(s)} = v(\boldsymbol{k}+s\boldsymbol{e}_1 + n\boldsymbol{e}_3)$ および $\beta_n = \beta(\boldsymbol{k}+n\boldsymbol{e}_3)$ を用いることで，**離散ロトカ–ボルテラ格子** (discrete Lotka-Volterra lattice)

$$\frac{v_{n+1}^{(s+1)}}{v_n^{(s)}}\frac{(1+v_{n+1}^{(s)})}{(1+v_n^{(s+1)})} = \beta_n \tag{2.107}$$

が得られる [70], [84]．

離散 KP 格子と離散 KP-A 格子の従属変数の間の関係式

$$v = \frac{u_{23}}{u_{12}} = \frac{u_{23}}{u_{13}-u_{23}} \tag{2.108}$$

と，簡約条件を課すことで得られた $\alpha_n = u_{13}^{+nk_3}u_{23}^{+k_1+nk_3}$ を用いることで，離散 KdV 格子 $b_n^{(s)}\,(=u_{23})$ と離散ロトカ–ボルテラ格子 $v_n^{(s)}$ の間の関係式も得られる．

$$v_n^{(s)} = \frac{b_n^{(s)}}{\alpha_n/b_n^{(s+1)} - b_n^{(s)}} = \frac{b_n^{(s)}\,b_n^{(s+1)}}{\alpha_n - b_n^{(s)}\,b_n^{(s+1)}} \tag{2.109}$$

定数係数の離散 KdV 格子に対するソリトン解 (2.98) を用いた場合，$\beta = 1$ となり，従属変数を

$$v_n^{(s)} = \frac{(a_2-a_3)}{(a_1-a_2)}\widehat{v}_n^{(s)} = \frac{\delta}{1-\delta}\widehat{v}_n^{(s)} \tag{2.110}$$

と取り直すことで，離散ロトカ–ボルテラ格子の別表示

$$\frac{\widehat{v}_{n+1}^{(s+1)}}{\widehat{v}_n^{(s)}} = \frac{1-\delta+\delta\,\widehat{v}_n^{(s+1)}}{1-\delta+\delta\,\widehat{v}_{n+1}^{(s)}} \tag{2.111}$$

が導かれる. ロトカ–ボルテラ格子

$$\frac{d}{dt}v_m = v_m\left(v_{m-1} - v_{m+1}\right) \tag{2.112}$$

への連続極限は, 座標変換 $t = s, m = n - s$ を適用することで方程式を

$$\frac{\widehat{v}_m^{(t+1)}}{\widehat{v}_m^{(t)}} = \frac{1 - \delta + \delta\,\widehat{v}_{m-1}^{(t+1)}}{1 - \delta + \delta\,\widehat{v}_{m+1}^{(t)}} \tag{2.113}$$

と書き直した後, $\delta \to 0$ の極限をとることで得られる.

d. 離散サイン・ゴルドン方程式

簡約条件

$$\widehat{\tau}(\boldsymbol{k} + 2\boldsymbol{e}_3) \simeq \widehat{\tau}(\boldsymbol{k}) \tag{2.114}$$

を $u_{12}^{(0)} = a_1(k_1) - a_2(k_2), u_{13}^{(0)} = a_1(k_1) - a_3(k_3), u_{23}^{(0)} = a_2(k_2) - a_3(k_3)$ を係数とする非自励広田–三輪方程式 (2.56) に対して課す. このとき, サイン・ゴルドン方程式

$$\frac{\partial^2 w}{\partial x^2} - \frac{\partial^2 w}{\partial y^2} = \sin w \tag{2.115}$$

および KdV 方程式の離散類似が得られることを示す. $a_s = a_1(k_1 + s), b_n = a_2(k_2 + n), c_m = a_3(k_3 + m)$ および

$$\tau_n^{(s)} = \widehat{\tau}(\boldsymbol{k} + s\boldsymbol{e}_1 + n\boldsymbol{e}_2),$$
$$\sigma_n^{(s)} = \widehat{\tau}(\boldsymbol{k} + s\boldsymbol{e}_1 + n\boldsymbol{e}_2 + \boldsymbol{e}_3) \tag{2.116}$$

を用いると, (2.114) から広田–三輪方程式は $\tau_n^{(s)}$ と $\sigma_n^{(s)}$ に関する連立系

$$(b_n - c_0)\tau_n^{(s+1)}\sigma_{n+1}^{(s)} + (c_0 - a_s)\tau_{n+1}^{(s)}\sigma_n^{(s+1)}$$
$$+ (a_s - b_n)\tau_{n+1}^{(s+1)}\sigma_n^{(s)} = 0,$$
$$(b_n - c_1)\sigma_n^{(s+1)}\tau_{n+1}^{(s)} + (c_1 - a_s)\sigma_{n+1}^{(s)}\tau_n^{(s+1)}$$
$$+ (a_s - b_n)\sigma_{n+1}^{(s+1)}\tau_n^{(s)} = 0 \tag{2.117}$$

に書き直される. ここで, 2 つの従属変数 $\theta_n^{(s)}$ と $U_n^{(s)}$ を

$$\theta_n^{(s)} = \frac{\sigma_n^{(s)}}{\tau_n^{(s)}}, \quad U_n^{(s)} = \frac{\tau_n^{(s+1)}\tau_{n+1}^{(s)}}{\tau_{n+1}^{(s+1)}\tau_n^{(s)}} \tag{2.118}$$

2.4 片側無限格子上の可積分系と直交関数系 **151**

によって導入する．(2.117) の 2 本の双線形方程式から，$U_n^{(s)}$ の $\theta_n^{(s)}$ による二通りの表示

$$\frac{1}{U_n^{(s)}} = \frac{(a_s - c_0)\theta_n^{(s+1)} + (c_0 - b_n)\theta_{n+1}^{(s)}}{(a_s - b_n)\theta_n^{(s)}}$$

$$= \frac{(a_s - c_1)\theta_{n+1}^{(s)} + (c_1 - b_n)\theta_n^{(s+1)}}{(a_s - b_n)\theta_{n+1}^{(s+1)}} \qquad (2.119)$$

が得られ，この $\theta_n^{(s)}$ に関する関係式を**離散サイン・ゴルドン格子** (discrete sine-Gordon lattice) と呼ぶ．また，もう一方の従属変数 $U_n^{(s)}$ は，一般化された非自励離散 KdV 格子 (2.91) で $a_s \to a_s - (c_0 + c_1)/2, b_n \to b_n - (c_0 + c_1)/2$ と置き直した式を満たすことも示される．(2.119) は，離散サイン・ゴルドン格子と離散 KdV 格子の従属変数をつなぐ関係式と見なすことができる．

2.4 片側無限格子上の可積分系と直交関数系

広田–三輪方程式にはさまざまなタイプの厳密解がある．前節では両側無限格子上の厳密解について議論してきたが，戸田格子をはじめとする離散可積分系は連続系に見られない特徴的な解をもつ．本節では，片側無限格子（あるいは有限格子）上の離散可積分系について，関連する直交関数系との関係を明らかにしながら議論していく．

2.4.1 片側無限格子上の解

離散格子上の方程式である 2 次元戸田格子 (2.78) は，境界条件 $V_{-1} = 0$ および従属変数変換 $v_n = \frac{\partial^2}{\partial x \partial y} \log \tau_n$ によって，双線形形式

$$\frac{\partial^2 \tau_n}{\partial x \partial y} \tau_n - \frac{\partial \tau_n}{\partial x} \frac{\partial \tau_n}{\partial y} = \tau_{n+1} \tau_{n-1} \qquad (2.120)$$

に書き直すことができ，片側無限格子 $n \in \mathbb{Z}_{\geq 0}$ 上の「分子解」と呼ばれる厳密解をもつことが知られている．

2 次元戸田格子の分子解は，変数 n に応じて行列式のサイズが変化する τ 関数

$$\tau_{-1} = 0, \tau_0 = 1, \tau_n = \det\left(\frac{\partial^{i+j}\phi(x,y)}{\partial x^i \partial y^j}\right)_{0 \leq i,j \leq n-1} \qquad (n > 0) \qquad (2.121)$$

で与えられ，双線形方程式 (2.120) を満たすことはヤコビの恒等式によって示される．次項では，双直交多項式に対する議論から 2 次元戸田格子の離散類似 (2.80) およびその分子解が得られることを示す．

2.4.2 双直交多項式と 2 次元戸田格子

可積分系と密接に関係する直交関数系の理論は，具体的な現象やモデルの解析において有効な理論であり，数理物理，情報学，工学など幅広い分野において重要な役割を果たしている．以降，本節では双直交多項式や直交多項式などの観点を通して，代表的な離散可積分系の導出と相互関係について概覧していくことにする．

はじめに，双直交多項式 [3], [35], [36] を導入する．変数 z に関する複素係数の多項式全体のなす線形空間を $\mathbb{C}[z]$ で表し，$\mathbb{C}[z] \times \mathbb{C}[z]$ 上の双線形汎関数 $\mathcal{B}$ によって定まる双直交性について考える．

定義 2.4.1. 任意の非負整数の組 (n, m) に対して n 次多項式および m 次多項式の組 $(P_n, Q_m) \in \mathbb{C}[z] \times \mathbb{C}[z]$ が存在し，双線形汎関数 $\mathcal{B} : \mathbb{C}[z] \times \mathbb{C}[z] \to \mathbb{C}$ に関する双直交関係式

$$\mathcal{B}[P_n(z), Q_m(z)] = h_n \delta_{n,m} \quad (h_n \neq 0) \tag{2.122}$$

が成り立つとする．このとき，多項式列の組 $\{P_n(z)\}_{n=0}^{\infty}, \{Q_n(z)\}_{n=0}^{\infty}$ を双線形汎関数 $\mathcal{B}$ に関する**双直交多項式対** (pair of biorthogonal polynomials)，非零定数 h_n を双直交定数と呼ぶ．また，双線形汎関数 $\mathcal{B}$ の (n, m) 次モーメントを

$$c_{n,m} = \mathcal{B}[z^n, z^m] \tag{2.123}$$

で定める．

双直交関係式を満たす多項式には定数倍の不定性があり，最高次係数をいつでも 1 と選ぶことができる．以後，最高次係数を 1 とするモニックな多項式をおもに扱っていくことにする．

双直交関係式 (2.122) と等価な条件として，$n \geq m \geq 0$ を満たす任意の整数

2.4 片側無限格子上の可積分系と直交関数系 　　　　153

n, m に対する

$$\mathcal{B}[P_n(z), z^m] = \mathcal{B}[z^m, Q_n(z)] = h_n \delta_{n,m} \quad (h_n \neq 0) \tag{2.124}$$

を用いる場合も多い.

双線形汎関数 $\mathcal{B}$ に関する双直交多項式対が存在するならば，$\mathcal{B}$ のモーメント $c_{n,m}$ を要素とする行列式

$$\tau_{-1} = 0, \ \tau_0 = 1,$$
$$\tau_n = \det(c_{i,j})_{0 \le i,j \le n-1} \quad (n = 1, 2, \ldots) \tag{2.125}$$

に対して $\tau_n \neq 0 \ (n = 1, 2, \ldots)$ が成立し，この逆も成り立つ. このことは，双直交関係式を満たす n 次のモニックな双直交多項式 $P_n(z)$, $Q_n(z)$ が

$$P_n(z) = \frac{1}{\tau_n} \begin{vmatrix} c_{0,0} & c_{0,1} & \cdots & c_{0,n-1} & 1 \\ c_{1,0} & c_{1,1} & \cdots & c_{1,n-1} & z \\ \vdots & \vdots & & \vdots & \vdots \\ c_{n,0} & c_{n,1} & \cdots & c_{n,n-1} & z^n \end{vmatrix},$$

$$Q_n(z) = \frac{1}{\tau_n} \begin{vmatrix} c_{0,0} & c_{0,1} & \cdots & c_{0,n} \\ c_{1,0} & c_{1,1} & \cdots & c_{1,n} \\ \vdots & \vdots & & \vdots \\ c_{n-1,0} & c_{n-1,1} & \cdots & c_{n-1,n} \\ 1 & z & \cdots & z^n \end{vmatrix} \tag{2.126}$$

で与えられることから示される. このとき，双直交定数は $h_n = \tau_{n+1}/\tau_n$ で表される.

次に，双直交多項式対に対するスペクトル変換を導入する. 双直交多項式には多項式次数を表す片側無限の離散変数 n が自然に導入されており，次に定めるスペクトル変換を離散的な時間発展と見なすことで，離散可積分系の導出が可能となる.

任意の非負整数 n に対して $P_n(\delta) \neq 0$ を満たす定数 δ を用いて，モニックな双直交多項式 $P_n(z)$ に対するスペクトル変換

$$P_n^{(1,0)}(z) = \frac{P_{n+1}(z) + A_n P_n(z)}{z - \delta}, \quad A_n = -\frac{P_{n+1}(\delta)}{P_n(\delta)} \tag{2.127}$$

を定義する. このとき, $P_n^{(1,0)}(z)$ が n 次多項式となることは, 定義式の分子 $P_{n+1}(z) + A_n P_n(z)$ が $z = \delta$ を零点としてもつことから従う. このとき, 双直交多項式 $P_n(z)$ および $P_{n+1}(z)$ から定まるモニック多項式 $P_n^{(1,0)}(z)$ は, 新しい双線形汎関数 $\mathcal{B}^{(1,0)} : \mathbb{C}[z] \times \mathbb{C}[z] \to \mathbb{C}$

$$\mathcal{B}^{(1,0)}[f(z), g(z)] = \mathcal{B}[(z - \delta)f(z), g(z)] \tag{2.128}$$

に関する双直交多項式であり, $n \geq m \geq 0$ を満たす任意の整数 n, m に対して

$$\mathcal{B}^{(1,0)}[P_n^{(1,0)}(z), z^m] = h_n^{(1,0)} \delta_{n,m}, \quad h_n^{(1,0)} = A_n h_n \neq 0 \tag{2.129}$$

が成り立つ. このことは,

$$\mathcal{B}^{(1,0)}[P_n^{(1,0)}(z), z^m] = \mathcal{B}[P_{n+1}(z) + A_n P_n(z), z^m] = A_n h_n \delta_{n,m} \tag{2.130}$$

から容易に確かめられる. また, $P_n^{(1,0)}(z)$ とともに双直交多項式対を与える多項式 $Q_n^{(1,0)}(z)$ は

$$Q_n(z) = Q_n^{(1,0)}(z) + B_n^* Q_{n-1}^{(1,0)}(z), \quad B_n^* = \frac{h_n}{h_{n-1}} \frac{1}{A_{n-1}} \tag{2.131}$$

から導かれる.

(2.131) が成立することを示すには, $\mathcal{B}^{(1,0)}[P_m^{(1,0)}(z), Q_n(z)]$ を二通りの方法で評価すればよい. まず, $Q_n(z)$ の $Q_n^{(1,0)}(z)$ による展開

$$Q_n(z) = \sum_{j=0}^{n} r_j^{(n)} Q_j^{(1,0)}(z) \tag{2.132}$$

を用いることで, $n \geq m \geq 0$ に対して,

$$\mathcal{B}^{(1,0)}[P_m^{(1,0)}(z), Q_n(z)] = \mathcal{B}^{(1,0)}[P_m^{(1,0)}(z), \sum_{j=0}^{n} r_j^{(n)} Q_j^{(1,0)}(z)]$$
$$= r_m^{(n)} h_m^{(1,0)} \tag{2.133}$$

が得られる. 次に, $\mathcal{B}$ に関する直交性を用いることで

$$\mathcal{B}^{(1,0)}[P_m^{(1,0)}(z), Q_n(z)] = \mathcal{B}[P_{m+1}(z) + A_n P_m(z), Q_n(z)]$$
$$= \begin{cases} 0 & (m < n - 1) \\ h_n & (m = n - 1) \\ A_n h_n & (m = n) \end{cases} \tag{2.134}$$

2.4 片側無限格子上の可積分系と直交関数系 **155**

が成り立つことがわかる. よって

$$
r_m^{(n)} = \begin{cases} 0 & (m < n-1) \\ \dfrac{h_n}{h_{n-1}^{(1,0)}} = \dfrac{h_n}{A_{n-1}h_{n-1}} & (m = n-1) \\ 1 & (m = n) \end{cases} \tag{2.135}
$$

となり, (2.131) が成立する.

以上より, $\mathcal{B}$ に関する双直交多項式対から $\mathcal{B}^{(1,0)}$ に関する双直交多項式対への離散的なスペクトル変換が導入された. 本章では, 変換 (2.127) および (2.131) をそれぞれ, 双直交多項式対に対するクリストッフェル変換 (Christoffel transformation) およびジェロニマス変換 (Geronimus transformation) と呼ぶ[*8]. ここで, 一般の双直交多項式では直交多項式の3項間漸化式のように3項で閉じた漸化式は成立しないことを注意しておく.

$P_n(z)$ を出発点とした $\mathcal{B}$ から $\mathcal{B}^{(1,0)}$ へのスペクトル変換と同様の議論が, $Q_n(z)$ に対しても可能である. この場合, 任意の非負整数 n に対して $Q_n(\varepsilon) \neq 0$ を満たす定数 ε を用いて, モニックな直交多項式 $Q_n(z)$ に対するスペクトル変換

$$
Q_n^{(0,1)}(z) = \frac{Q_{n+1}(z) + A_n^* Q_n(z)}{z - \varepsilon}, \quad A_n^* = -\frac{Q_{n+1}(\varepsilon)}{Q_n(\varepsilon)} \tag{2.136}
$$

を定義する. このとき, 双直交多項式 $Q_n(z)$ および $Q_{n+1}(z)$ から定まるモニック多項式 $Q_n^{(0,1)}(z)$ は, 双線形汎関数 $\mathcal{B}^{(0,1)} : \mathbb{C}[z] \times \mathbb{C}[z] \to \mathbb{C}$

$$
\mathcal{B}^{(0,1)}[f(z), g(z)] = \mathcal{B}[f(z), (z - \varepsilon)g(z)] \tag{2.137}
$$

に関する双直交多項式となっており, $n \geq m \geq 0$ を満たす任意の整数 n, m に対して

$$
\mathcal{B}^{(0,1)}[z^m, Q_n^{(0,1)}(z)] = h_n^{(0,1)}\delta_{n,m}, \quad h_n^{(0,1)} = A_n^* h_n \neq 0 \tag{2.138}
$$

を満たしており,

$$
P_n(z) = P_n^{(0,1)}(z) + B_n P_{n-1}^{(0,1)}(z), \quad B_n = \frac{h_n}{h_{n-1}} \frac{1}{A_{n-1}^*} \tag{2.139}
$$

[*8] 直交多項式におけるクリストッフェル変換とジェロニマス変換の (2.154) に対応するものとなっている.

が成り立つ.

ここで導入したスペクトル変換を繰り返すことで次々と新たな双直交多項式を生成することができ, 2 通りのスペクトル変換の間に

$$\mathcal{B}^{(0,0)} = \mathcal{B} \quad \begin{array}{c} \nearrow \\ \searrow \end{array} \begin{array}{c} \mathcal{B}^{(1,0)} \\ \mathcal{B}^{(0,1)} \end{array} \begin{array}{c} \searrow \\ \nearrow \end{array} \mathcal{B}^{(1,1)} \tag{2.140}$$

が成り立つ. このスペクトル変換を離散的な時間発展と見なすことで

$$\mathcal{B}^{(t+1,s)}[f(z), g(z)] = \mathcal{B}^{(t,s)}[(z - \delta^{(t)})f(z), g(z)],$$
$$\mathcal{B}^{(t,s+1)}[f(z), g(z)] = \mathcal{B}^{(t,s)}[f(z), (z - \varepsilon^{(s)})g(z)],$$
$$c_{i,j}^{(t+1,s)} = \mathcal{B}^{(t+1,s)}[z^i, z^j] = c_{i+1,j}^{(t,s)} - \delta^{(t)} c_{i,j}^{(t,s)},$$
$$c_{i,j}^{(t,s+1)} = \mathcal{B}^{(t,s+1)}[z^i, z^j] = c_{i,j+1}^{(t,s)} - \varepsilon^{(s)} c_{i,j}^{(t,s)} \tag{2.141}$$

によって離散時間 t, s を導入する. 双直交多項式 $P_n(z)$ に対するクリストッフェル変換 (2.127) およびジェロニマス変換 (2.139) についても

$$(z - \delta^{(t)})P_n^{(t+1,s)}(z) = P_{n+1}^{(t,s)}(z) + A_n^{(t,s)} P_n^{(t,s)}(z),$$
$$P_n^{(t,s)}(z) = P_n^{(t,s+1)}(z) + B_n^{(t,s)} P_{n-1}^{(t,s+1)}(z) \tag{2.142}$$

と書き直すことができ, 線形方程式の組 (2.142) の両立条件から離散 2 次元戸田格子 (2.80) が得られる. このとき, 広田の τ 関数に相当するモーメント行列式 $\tau_n^{(t,s)} = \det(c_{i,j}^{(t,s)})_{0 \le i,j \le n-1}$ を用いることで, (2.127) および (2.139) から, 片側無限格子上の解が

$$A_n^{(t,s)} = \frac{\tau_n^{(t,s)} \tau_{n+1}^{(t+1,s)}}{\tau_{n+1}^{(t,s)} \tau_n^{(t+1,s)}}, \quad B_n^{(t,s)} = \frac{\tau_{n+1}^{(t,s)} \tau_{n-1}^{(t,s+1)}}{\tau_n^{(t,s)} \tau_n^{(t,s+1)}} \tag{2.143}$$

によって与えられる [23], [40], [80].

2.4.3 固有値問題と一般化固有値問題

前項で議論した双直交多項式以外にも直交多項式やセゲー多項式など, いろいろな直交性をもつ多項式が知られており, そのそれぞれから付随する片側無限格子上の離散可積分系を導くことができる. 一般の双直交多項式には有限個

2.4 片側無限格子上の可積分系と直交関数系　　　**157**

の項からなる漸化式は存在しないが，次項で紹介する直交多項式 $\{p_n(z)\}_{n=0}^{\infty}$ は 3 項間漸化式と呼ばれる関係式

$$p_{n+1}(z) + b_n p_n(z) + u_n p_{n-1}(z) = z p_n(z)$$

を満たすことが知られている．この関係式は 3 重対角行列 A の固有値問題

$$A\boldsymbol{\Phi} = z\boldsymbol{\Phi},$$

$$A = \begin{pmatrix} b_0 & 1 & & & \\ u_1 & b_1 & 1 & & \\ & u_2 & \ddots & \ddots & \\ & & \ddots & \ddots & \ddots \end{pmatrix} \tag{2.144}$$

を用いて表すことができ，直交多項式はその固有関数

$$\boldsymbol{\Phi} = (p_0(z), p_1(z), p_2(z), \dots)^{\top} \tag{2.145}$$

として見いだされる．ここで，$\top$ は転置を表す．

固有値問題 (2.144) に関連して，同じサイズの正方行列の組 A, B による行列束 $A - zB$ に付随する一般化固有値問題

$$A\Phi = zB\Phi \tag{2.146}$$

の形式で表される直交関数系として

- ローラン双直交多項式：上 2 重対角行列 A と下 2 重対角行列 B の行列束
$$p_{n+1}(z) + b_n p_n(z) = z\left(p_n(z) + w_n p_{n-1}(z)\right) \tag{2.147}$$

- $\mathrm{R_I}$ 双直交多項式：3 重対角行列 A と下 2 重対角行列 B の行列束
$$p_{n+1}(z) + b_n p_n(z) + w_n \beta_n p_{n-1}(z) = z\left(p_n(z) + w_n p_{n-1}(z)\right) \tag{2.148}$$

- $\mathrm{R_{II}}$ 双直交有理関数：3 重対角行列 A, B の行列束
$$\alpha_n r_{n+1}(z) + b_n r_n(z) + w_n \beta_n r_{n-1}(z)$$
$$= z\left(r_{n+1}(z) + v_n r_n(z) + w_n r_{n-1}(z)\right) \tag{2.149}$$

が知られている．これらは，3 項からなる漸化式を満たす直交関数系であり，次項以降で紹介していく．最後に，パフィアンから得られる直交関数系として，歪直交多項式について簡単に触れる．

2.4.4 直交多項式と戸田格子

一般に非対称であった双線形汎関数 $\mathcal{B}$ に対して $\mathcal{B}[z^n, z^m] = \mathcal{B}[z^{n+m}, 1]$ の対称性を要請する. これにより, $\mathbb{C}[z]$ から $\mathbb{C}$ への線形汎関数 $\mathcal{L}[z^n] := \mathcal{B}[z^n, 1]$ を定めることができ, 直交多項式を導入することができる [69].

定義 2.4.2 (直交多項式). $\deg p_n = n$ とする多項式列 $\{p_n(z)\}_{n=0}^{\infty}$ が, 任意の非負整数 n, m に対して直交関係式

$$\mathcal{L}[p_n(z)p_m(z)] = h_n \delta_{n,m} \quad (h_n \neq 0) \tag{2.150}$$

を満たすとき, $\{p_n(z)\}_{n=0}^{\infty}$ を**直交多項式** (orthogonal polynomials) と呼ぶ. ここで, 任意の n 次モーメント $c_n = \mathcal{L}[z^n] \in \mathbb{C}$ は有界とする.

ここでは直交関係式 (2.150) によって直交多項式を定義したが, モニック多項式列 $\{p_n(z)\}$ に対して, (2.150) と同値な条件として以下のものがある.

- ある線形汎関数 $\mathcal{L}$ が存在して, $0 \leq k < n$ に対して $\mathcal{L}[p_n(z)z^k] = 0$ かつ $\mathcal{L}[p_n(z)z^n] \neq 0$.
- 任意の $n \in \mathbb{Z}_{\geq 0}$ に対して, 次の形式の 3 項間漸化式が成り立つ.

$$z p_n(z) = p_{n+1}(z) + b_n p_n(z) + u_n p_{n-1}(z) \tag{2.151}$$

ここで, $p_{-1}(z) = 0$, $b_n, u_n \in \mathbb{C}$ であり, $u_k \neq 0$ $(k = 1, 2, 3, \ldots)$ とする.
- 任意の $n \in \mathbb{Z}_{\geq 0}$ に対して, 定数列 $\{c_k\}_{k=0}^{\infty}$ を用いた行列式表示をもつ.

$$p_n(z) = \frac{1}{\Delta_n} \begin{vmatrix} c_0 & c_1 & \cdots & c_n \\ c_1 & c_2 & \cdots & c_{n+1} \\ \vdots & \vdots & & \vdots \\ c_{n-1} & c_n & \cdots & c_{2n-1} \\ 1 & z & \cdots & z^n \end{vmatrix} \tag{2.152}$$

ここで Δ_n は $\Delta_0 = 1$, $\Delta_n = \det(c_{i+j})_{0 \leq i,j < n} \neq 0$ で定義される n 次ハンケル行列式である.

2.4　片側無限格子上の可積分系と直交関数系　　　　　　　　　　　　　**159**

直交多項式に付随する線形汎関数を定めるにあたって，次の定理は基本的なものである．

定理 2.4.1（ファバードの定理）．多項式列 $\{p_n(z)\}_{n=0}^{\infty}$ が二つの定数列 $\{b_n\}_{n=0}^{\infty}$ と $\{u_n(\neq 0)\}_{n=1}^{\infty}$ で定まる 3 項間漸化式 (2.151) を満たすならば，$\{p_n(z)\}_{n=0}^{\infty}$ はモニック直交多項式であり，付随する線形汎関数 $\mathcal{L}$ は $\mathcal{L}[1] = 1$ と規格化することで一意に定まる．∎

より詳細な直交多項式の理論については，[4], [9], [24], [74] などの文献を参照していただきたい．数値計算アルゴリズムの観点から重要な正値性をもつ離散可積分系の導出については第 5 章で述べられている．

直交多項式に対する離散的なスペクトル変換は，線形汎関数

$$\mathcal{L}^*[f(z)] = \mathcal{L}[(z - \lambda)f(z)] \tag{2.153}$$

によって導入することができる．ただし，$p_n(\lambda) \neq 0$ $(n = 0, 1, 2, \ldots)$ とする．このとき，クリストッフェル変換およびジェロニマス変換はそれぞれ

$$(z - \lambda)p_n^*(z) = p_{n+1}(z) + A_n p_n(z),$$
$$p_n(z) = p_n^*(z) + B_n p_{n-1}^*(z) \tag{2.154}$$

と $A_n = -p_{n+1}(\lambda)/p_n(\lambda), B_n = h_n/(A_{n-1}h_{n-1})$ を用いて表される．双直交多項式のときと同様にスペクトル変換によって離散時間 s を導入することで，(2.154) の両立条件から**非自励離散戸田格子** (nonautonomous discrete Toda lattice)

$$A_n^{(s+1)} + B_n^{(s+1)} + \lambda^{(s+1)} = A_n^{(s)} + B_{n+1}^{(s)} + \lambda^{(s)}, \tag{2.155a}$$
$$A_n^{(s+1)} B_n^{(s+1)} = A_{n+1}^{(s)} B_{n+1}^{(s)} \tag{2.155b}$$

が導かれる．ここで，直交多項式から自然に要請される境界条件として，片側無限格子の条件 $n \in \mathbb{Z}_{\geq 0}$，$B_0^{(s)} = 0$ を考えていることに注意して欲しい．また，$\lambda^{(s-1)}$ は s 回目のクリストッフェル変換において導入した定数であり，可積分系の観点からは時刻 s ごとに自由に選ぶことのできる非自励パラメータで

ある.

これまでの議論から，片側無限格子上の離散戸田格子の一般解表示も自然に導かれる．広田の τ 関数に相当する行列式を

$$\Delta_n^{(s)} = \begin{vmatrix} c_0^{(s)} & c_1^{(s)} & \cdots & c_{n-1}^{(s)} \\ c_1^{(s)} & c_2^{(s)} & \cdots & c_n^{(s)} \\ \vdots & \vdots & & \vdots \\ c_{n-1}^{(s)} & c_n^{(s)} & \cdots & c_{2n-2}^{(s)} \end{vmatrix}, \quad \sigma_n^{(s)}(z) = \begin{vmatrix} c_0^{(s)} & c_1^{(s)} & \cdots & c_n^{(s)} \\ c_1^{(s)} & c_2^{(s)} & \cdots & c_n^{(s)} \\ \vdots & & & \vdots \\ c_{n-1}^{(s)} & c_n^{(s)} & \cdots & c_{2n-1}^{(s)} \\ 1 & z & \cdots & z^n \end{vmatrix}$$

(2.156)

によって導入すると，モーメント c_n が $c_n^{(1)} = \mathcal{L}^{(1)}[z^n] = \mathcal{L}[(z-\lambda)z^n] = c_{n+1} - \lambda c_n$ と変換されることに対応して，τ 関数の行列式要素に線形関係式

$$c_n^{(s+1)} = c_{n+1}^{(s)} - \lambda^{(s)} c_n^{(s)}$$

(2.157)

が要請される．このとき，変数 z に $\lambda^{(s)}$ を代入すると直交多項式は τ 関数 $\Delta_n^{(s)}$ の比で

$$p_n^{(s)}(\lambda^{(s)}) = \sigma_n^{(s)}(\lambda^{(s)}) / \Delta_n^{(s)} = (-1)^n \Delta_n^{(s+1)} / \Delta_n^{(s)}$$

(2.158)

と表すことができ，離散戸田格子の従属変数に対する τ 関数表示

$$A_n^{(s)} = \frac{\Delta_{n+1}^{(s+1)} \Delta_n^{(s)}}{\Delta_{n+1}^{(s)} \Delta_n^{(s+1)}}, \quad B_n^{(s)} = \frac{\Delta_{n+1}^{(s)} \Delta_{n-1}^{(s+1)}}{\Delta_n^{(s)} \Delta_n^{(s+1)}}$$

(2.159)

がただちに得られる.

この τ 関数を用いれば，(2.154) のクリストッフェル変換およびジェロニマス変換は次の双線形方程式に書き直すことができる.

$$(z - \lambda^{(s)}) \Delta_{n+1}^{(s)} \sigma_n^{(s+1)}(z) = \Delta_n^{(s+1)} \sigma_{n+1}^{(s)}(z) + \Delta_{n+1}^{(s+1)} \sigma_n^{(s)}(z),$$
$$\Delta_n^{(s+1)} \sigma_n^{(s)}(z) = \Delta_n^{(s)} \sigma_n^{(s+1)}(z) + \Delta_{n+1}^{(s)} \sigma_{n-1}^{(s+1)}(z)$$

(2.160)

双線形方程式 (2.160) が成り立つことは，行列式の恒等式（ヤコビの恒等式 (2.62)）を用いることで直接証明することも可能である.

連続時間の戸田格子への連続極限は，スペクトル変換で導入された定数を

2.4 片側無限格子上の可積分系と直交関数系   **161**

$\lambda = -1/\delta$ とおき，$\delta = 0$ 近傍での展開を考えればよい．このとき，変換後のモーメント $c_k^{(1)}$ によって表されるハンケル行列式 $\Delta_n^{(1)}$ を

$$
\begin{aligned}
\Delta_n^{(1)} &= \det\left(c_{i+j}^{(1)} \right)_{0 \le i,j < n} = \det\left(c_{i+j+1} + \delta^{-1} c_{i+j} \right) \\
&= \delta^{-n} \det\left(c_{i+j} + \delta c_{i+j+1} \right) \\
&= \delta^{-n} \left(\Delta_n + \delta \widetilde{\Delta}_n + O(\delta^2) \right)
\end{aligned}
\tag{2.161}
$$

と展開することで，

$$
A_n = \delta^{-1} + b_n + O(\delta), \quad B_n = \delta\, u_n + O(\delta^2) \tag{2.162}
$$

が得られる．連続時間の独立変数 t を用いて，$p_n^{(s)}(z)$ と $p_n^{(s+1)}(z)$ をそれぞれ $p_n(z;t)$ と $p_n(z;t+\delta)$ で表すと，(2.154) の第 2 式に対する極限 $\delta \to 0$ から

$$
\frac{d}{dt} p_n(z;t) = -u_n p_{n-1}(z;t) \tag{2.163}
$$

が導かれる．関係式 (2.163) と 3 項間漸化式 (2.151) の両立条件から，（連続時間）戸田格子 (2.103) が得られる．

2.4.5 対称な直交多項式とロトカ–ボルテラ格子

直交多項式の特別な場合に，エルミート多項式などが属する対称な直交多項式 (symmetric OP) と呼ばれる直交多項式のクラスがある．対称な直交多項式に付随する可積分系としてロトカ–ボルテラ格子が導かれ，一般の直交多項式と対称な直交多項式の関係を調べることで，戸田格子とロトカ–ボルテラ格子の間の関係も同時に明らかになる [70].

対称な直交多項式とは，すべての奇数次モーメントがゼロとなる対称な線形汎関数 $\mathcal{S} : \mathbb{C}[z] \to \mathbb{C}$

$$
\mathcal{S}[z^{2n+1}] = 0 \quad (n = 0, 1, 2, \ldots) \tag{2.164}
$$

に関する直交多項式である．対称な直交多項式を $\{q_n(z)\}_{n=0}^{\infty}$ とすると，

- 任意の $n \in \mathbb{Z}_{\ge 0}$ に対して，$q_n(-z) = (-1)^n q_n(z)$
- 適当な非零定数 v_n を用いて

$$
z\, q_n(z) = q_{n+1}(z) + v_n q_{n-1}(z) \quad (n = 0, 1, 2, \ldots) \tag{2.165}
$$

が成り立つ. このとき, 多項式列 $\{p_n^{(0)}(z)\}$ および $\{p_n^{(1)}(z)\}$ を

$$p_n^{(0)}(z^2) = q_{2n}(z), \quad p_n^{(1)}(z^2) = z^{-1} q_{2n+1}(z) \tag{2.166}$$

により導入することができる. さらに, (2.165) の n の偶奇から

$$z\, p_n^{(1)}(z) = p_{n+1}^{(0)}(z) + v_{2n+1} p_n^{(0)}(z)$$
$$p_n^{(0)}(z) = p_n^{(1)}(z) + v_{2n} p_{n-1}^{(1)}(z), \tag{2.167}$$

が得られ, $p_n^{(0)}(z)$ と $p_n^{(1)}(z)$ のそれぞれが 3 項間漸化式

$$z\, p_n^{(j)}(z) = p_{n+1}^{(j)}(z) + b_n^{(j)} p_n^{(j)}(z) + u_n^{(j)} p_{n-1}(z) \quad (j = 0, 1) \tag{2.168}$$

に従う. ここで, 3 項間漸化式の係数の間の関係式として

$$b_n^{(j)} = v_{2n+j} + v_{2n+j+1}, \quad u_n^{(j)} = v_{2n+j-1} v_{2n+j} \tag{2.169}$$

が成り立つ. 以上から, $\{p_n^{(0)}(z)\}$ および $\{p_n^{(1)}(z)\}$ はそれぞれ次に定める線形汎関数 $\mathcal{L}^{(0)}$ と $\mathcal{L}^{(1)}$ に関する直交多項式となる.

$$\mathcal{L}^{(0)}[f(z)] = S[f(z^2)], \quad \mathcal{L}^{(1)}[f(z)] = S[z^2 f(z^2)] \tag{2.170}$$

このとき, $\mathcal{L}^{(1)}[f(z)] = \mathcal{L}^{(0)}[zf(z)]$ が成立し, $\mathcal{L}^{(1)}$ は $\mathcal{L}^{(0)}$ のスペクトル変換 ($\lambda = 0$) から得られる. この関係から (2.167) を導出することができ, 対称な直交多項式の 3 項間漸化式 (2.165) が示される. 漸化式係数 v_n は, $h_n^{(j)} = \mathcal{L}^{(j)}[z^n p_n^{(j)}(z)]$ とすると,

$$v_{2n+1} = -p_{n+1}^{(0)}(0)/p_n^{(0)}(0), \quad v_{2n} = h_n^{(0)}/h_{n-1}^{(1)} \tag{2.171}$$

と表せる.

次に, 対称な直交多項式に付随する可積分系であるロトカ–ボルテラ格子との関係を明らかにする. 対称な直交多項式に対するスペクトル変換は, 変換後も対称な線形汎関数となるよう $\mathcal{S}^* : \mathbb{C}[z] \to \mathbb{C}$ を

$$\mathcal{S}^*[f(z)] = \mathcal{S}[(z^2 - \kappa^2)f(z)] \tag{2.172}$$

と選ぶことで導入することができる. ただし, $q_n(\kappa) \neq 0$ $(n = 0, 1, 2, \ldots)$ とする. このとき, 対称な直交多項式 $\{q_n(z)\}_{n=0}^{\infty}$ に対するクリストッフェル変換

2.4 片側無限格子上の可積分系と直交関数系

$$q_n^*(z) = \frac{q_{n+2}(z) + w_n q_n(z)}{z^2 - \kappa^2}, \quad w_n = -\frac{q_{n+2}(\kappa)}{q_n(\kappa)} \tag{2.173}$$

が成り立ち, 対称な線形汎関数 $\mathcal{S}^*$ に関する直交多項式列 $\{q_n^*(z)\}_{n=0}^{\infty}$ が得られる. モーメント $d_n^* = \mathcal{S}^*[z^n]$ は

$$d_n^* = d_{n+2} - \kappa^2 d_n \tag{2.174}$$

と表される. この場合においても繰り返し変換を施すことが可能であり, この対称直交多項式の列から離散時間 s が導入される. ここで, 3項間漸化式 (2.165) とクリストッフェル変換 (2.173) の両立条件を考えることから, $n = 0, 1, 2, \ldots$ に対して

$$v_{n+1}^{(s+1)} w_n^{(s)} = v_{n+1}^{(s)} w_{n+1}^{(s)}, \quad w_n^{(s)} = w_{n-1}^{(s)} + v_{n+1}^{(s)} - v_{n-1}^{(s+1)} \tag{2.175}$$

が得られる. ここでの境界条件は, $v_0^{(s)} = v_{-1}^{(s)} = w_{-1}^{(s)} + (\kappa^{(s)})^2 = w_{-2}^{(s)} + (\kappa^{(s)})^2 = 0$ である.

連続極限については, 戸田格子のときと同様に

$$q_n(z) = q_n^*(z) + \eta_n q_{n-2}^*(z), \quad \eta_n = \frac{\mathcal{S}[z^n q_n(z)]}{\mathcal{S}^*[z^{n-2} q_{n-2}^*(z)]} = \frac{h_n}{h_{n-2}^*} \tag{2.176}$$

から対応する線形方程式が得られる. $\kappa = (i\delta)^{-1}$ と選び, q_n, w_n の $\delta = 0$ 近傍での表示

$$q_n^*(z) = q_n(z; t + \delta^2) = q_n(z; t) + \delta^2 \dot{q}_n(z; t) + O(\delta^4),$$
$$\eta_n = \delta^2 v_n v_{n-1} + O(\delta^4) \tag{2.177}$$

を用いることにより,

$$\frac{d}{dt} q_n(z) = -v_{n-1} v_n q_{n-2}(z) \tag{2.178}$$

を得る. (2.178) と 3項間漸化式 (2.165) の両立条件から, ロトカ–ボルテラ格子

$$\frac{d}{dt} v_n = v_n(v_{n+1} - v_{n-1}) \tag{2.179}$$

が導かれる. ここで, 一般の直交多項式と対称直交多項式の間に成り立つ対応関係 (2.169) を戸田–ボルテラ対応という. ここで新たに従属変数 $V_n^{(s)}$ を

$$w_n^{(s)} = V_n^{(s)} V_{n-1}^{(s)}, \ v_n^{(s)} = \begin{cases} V_{n-2}^{(s)}(V_{n-1}^{(s)} - 1) & (n \text{ is even}) \\ V_{n-2}^{(s)}(V_{n-1}^{(s)} + (\kappa^{(s)})^2) & (n \text{ is odd}) \end{cases} \qquad (2.180)$$

によって導入することで, (2.175) からロトカ–ボルテラ格子の離散類似

$$V_{2n}^{(s+1)} \left(V_{2n+1}^{(s+1)} - 1 \right) = V_{2n+2}^{(s)} \left(V_{2n+1}^{(s)} - 1 \right),$$

$$V_{2n-1}^{(s+1)} \left(V_{2n}^{(s+1)} + (\kappa^{(s+1)})^2 \right) = V_{2n+1}^{(s)} \left(V_{2n}^{(s)} + (\kappa^{(s)})^2 \right) \qquad (2.181)$$

も得られる.

2.4.6 ローラン双直交多項式と相対論的戸田格子

双線形汎関数 $\mathcal{B}$ に対して,

$$\mathcal{B}[z^n, z^m] = \begin{cases} \mathcal{B}[1, z^{m-n}] & (0 \le n \le m) \\ \mathcal{B}[z^{n-m}, 1] & (n > m \ge 0) \end{cases} \qquad (2.182)$$

の条件を要請する. このとき, ローラン多項式

$$\sum_{k=-m}^{n} a_k z^k \qquad (2.183)$$

の全体を $\mathbb{C}[z, z^{-1}]$ で表し, 次に $\mathbb{C}[z, z^{-1}]$ から $\mathbb{C}$ への線形汎関数 $\mathcal{L}[z^{n-m}] := \mathcal{B}[z^n, z^m]$ を導入する.

定義 2.4.3(ローラン双直交多項式). 多項式列の組 $\left\{ \Phi_n(z) \right\}_{n=0}^{\infty}, \left\{ \Psi_n(z) \right\}_{n=0}^{\infty}$ が, 任意の $n, m \in \{0, 1, 2, \ldots\}$ に対して直交関係式

$$\mathcal{L}[\Phi_m(z)\Psi_n(z^{-1})] = h_n \delta_{n,m} \quad (h_n \ne 0) \qquad (2.184)$$

を満たすとき, $\left\{ \Phi_n(z) \right\}_{n=0}^{\infty}$ および $\left\{ \Psi_n(z) \right\}_{n=0}^{\infty}$ をローラン双直交多項式 (LBP, Laurent biorthogonal polynomials) と呼ぶ [17], [94].

ローラン双直交多項式の双直交関係式として

$$\mathcal{L}[z^{-m}\Phi_n(z)] = \mathcal{L}[z^m \Psi_n(z^{-1})] = h_n \delta_{m,n} \quad (n \ge m \ge 0) \qquad (2.185)$$

を用いる場合もある. 線形汎関数 $\mathcal{L} : \mathbb{C}[z, z^{-1}] \to \mathbb{C}$ によるモーメントを

2.4 片側無限格子上の可積分系と直交関数系

$$c_n = \mathcal{L}[z^n] \quad (n = 0, \pm 1, \pm 2, \dots) \tag{2.186}$$

で定めるとき，ローラン双直交多項式 $\Phi_n(z)$ と $\Psi_n(z)$ の行列式表示は

$$\Phi_n(z) = \frac{1}{T_n} \begin{vmatrix} c_0 & c_1 & \cdots & c_n \\ c_{-1} & c_0 & \cdots & c_{n-1} \\ \vdots & \vdots & & \vdots \\ c_{1-n} & c_{2-n} & \cdots & c_1 \\ 1 & z & \cdots & z^n \end{vmatrix}, \Psi_n(z) = \frac{1}{T_n} \begin{vmatrix} c_0 & \cdots & c_{n-1} & 1 \\ c_{-1} & \cdots & c_n & z \\ \vdots & & \vdots & \vdots \\ c_{-n} & \cdots & c_{-1} & z^n \end{vmatrix}$$

$$\tag{2.187}$$

で与えられる．ここで，分母に現れる T_n は n 次テプリッツ行列式

$$T_0 = 1, \quad T_n = \det (c_{-i+j})_{1 \le i,j \le n} \ne 0 \quad (n = 1, 2, \dots) \tag{2.188}$$

を表すものとする．

命題 2.4.1. $\Phi_n(z)$ は次の漸化式を満たす．

$$\Phi_{n+1}(z) + u_n \Phi_n(z) = z\,(\Phi_n(z) + v_n \Phi_{n-1}(z)) \quad (n = 0, 1, 2, \dots). \tag{2.189}$$

ただし，$T_0^+ = 1, T_n^+ = \det (c_{-i+j+1})_{1 \le i,j \le n} \ne 0 \ (n = 1, 2, \dots)$ として

$$u_n = -\frac{\Phi_{n+1}(0)}{\Phi_n(0)} = \frac{T_n T_{n+1}^+}{T_{n+1} T_n^+}, \quad v_n = u_n \frac{h_n}{h_{n-1}} = \frac{T_{n-1} T_{n+1}^+}{T_n T_n^+}. \tag{2.190}$$

また，直交多項式におけるファバードの定理の類似も成立する．

定理 2.4.2. $\Phi_n(z)$ が漸化式 (2.189) を満たすとする．u_n, v_n がすべて非零であるとき，関係式 (2.185) を満たす線形汎関数 $\mathcal{L}$ が c_0 の任意性を除いて一意に定まる． ∎

次に，ローラン双直交多項式に対する離散的スペクトル変換から離散時間 $s \in \mathbb{Z}_{\ge 0}$ を導入する．任意の $f(z) \in \mathbb{C}[z, z^{-1}]$ に対する線形汎関数を

$$\mathcal{L}^{(s+1)}[f(z)] = \mathcal{L}^{(s)}[(z - \lambda^{(s)})f(z)] \tag{2.191}$$

によって定めたとき，$\mathcal{L}^{(s+1)}$ と $\mathcal{L}^{(s)}$ に関するローラン双直交多項式の間で

$$(z - \lambda^{(s)})\Phi_n^{(s+1)}(z) = \Phi_{n+1}^{(s)}(z) + a_n^{(s)}\Phi_n^{(s)}(z), \quad a_n^{(s)} = -\frac{\Phi_{n+1}^{(s)}(\lambda^{(s)})}{\Phi_n^{(s)}(\lambda^{(s)})}$$

$$(1 + b_n^{(s)})\Phi_n^{(s)}(z) = \Phi_n^{(s+1)}(z) + b_n^{(s)}z\Phi_{n-1}^{(s+1)}(z), \quad b_n^{(s)} = -\frac{v_n^{(s)}}{a_{n-1}^{(s)}} \quad (2.192)$$

が成り立つ．ただし，$\lambda^{(s)}$ は，$\Phi_n^{(s)}(\lambda^{(s)}) \neq 0$ のもとで s 毎に選べるパラメータとする．$\mathcal{L}^{(s+1)}$ に関するモーメントも

$$c_n^{(s+1)} = \mathcal{L}^{(s+1)}[z^n] = c_{n+1}^{(s)} - \lambda^{(s)}c_n^{(s)} \quad (2.193)$$

で与えられ，$a_n^{(s)}$, $b_n^{(s)}$ はテプリッツ行列式を用いて

$$a_n^{(s)} = \frac{T_n^{(0,s)}T_{n+1}^{(0,s+1)}}{T_{n+1}^{(0,s)}T_n^{(0,s+1)}}, \quad b_n^{(s)} = -\frac{T_{n-1}^{(0,s+1)}T_{n+1}^{(1,s)}}{T_n^{(0,s+1)}T_n^{(1,s)}} \quad (2.194)$$

と表される．ここで，

$$T_0^{(k,s)} = 1, \ T_n^{(k,s)} = \det\left(c_{-i+j+k}^{(s)}\right)_{1 \leq i,j \leq n} \neq 0 \ (n = 1, 2, \dots) \quad (2.195)$$

である．(2.192) の両立条件から付随する可積分系である**離散相対論的戸田格子** (discrete relativistic Toda lattice) [32], [47]

$$a_n^{(s+1)} + \lambda^{(s+1)}(1 + b_n^{(s+1)}) = a_n^{(s)}\frac{1 + b_{n+1}^{(s)}}{1 + b_n^{(s)}} + \lambda^{(s)}(1 + b_{n+1}^{(s)}), \quad (2.196a)$$

$$a_{n-1}^{(s+1)}b_n^{(s+1)} = a_n^{(s)}b_n^{(s)}\frac{1 + b_{n+1}^{(s)}}{1 + b_n^{(s)}} \quad (2.196b)$$

が得られる．

2.4.7 単位円周上の直交多項式と非線形シュレディンガー方程式

ローラン双直交多項式の特別な場合として，単位円周上の直交多項式 (OPUC, orthogonal polynomials on the unit circle) について考える [65], [74]．単位円周上で与えられるエルミート内積に関する直交多項式は **セゲー多項式** (Szegő polynomials) とも呼ばれ，ローラン双直交多項式のモーメントに対して

$$c_{-n} = \overline{c_n} \quad (2.197)$$

2.4 片側無限格子上の可積分系と直交関数系　　　**167**

を課すことで得られる．ここで，$\overline{z}$ は z の複素共役を表す．

単位円盤を $\mathbb{D} = \{z \in \mathbb{C} \mid |z| < 1\}$ で表し，パラメータ $\theta \in [0, 2\pi)$ を用いて単位円周 $\partial\mathbb{D} = \{z \in \mathbb{C} \mid |z| = 1\}$ 上の変数を $z = e^{i\theta} \in \partial\mathbb{D}$ とする．$\partial\mathbb{D}$ 上の自明でない測度を $\sigma(\theta)$ とし，L^2 内積を

$$\langle f(z), g(z) \rangle = \int_0^{2\pi} \overline{f(e^{i\theta})} g(e^{i\theta}) d\sigma(\theta) \tag{2.198}$$

によって定める．以下，内積 (2.198) について直交する n 次のモニック多項式，すなわちセゲー多項式を $\Phi_n(z)$ で表せば，

$$\langle \Phi_m(z), \Phi_n(z) \rangle = h_n \delta_{m,n} \quad (h_n \neq 0) \tag{2.199}$$

および，同値な条件

$$\langle z^m, \Phi_n(z) \rangle = h_n \delta_{m,n} \quad (n \geq m \geq 0) \tag{2.200}$$

が成り立つ．このとき，モーメントを

$$c_n = \int_0^{2\pi} e^{in\theta} d\sigma(\theta) \quad (n \in \mathbb{Z}) \tag{2.201}$$

で定めれば，$\overline{e^{in\theta}} = e^{-in\theta}$ より，条件 $c_{-n} = \overline{c_n}$ も満たす．

セゲー多項式の満たす 3 項間漸化式は，ローラン双直交多項式の 3 項間漸化式 (2.189) と同じ形の漸化式を満たす．$\Phi_n(z)$ の反転多項式

$$\Phi_n^\dagger(z) = z^n \overline{\Phi_n}(1/z) \tag{2.202}$$

を用いた場合，次の関係式が成り立つ．

命題 2.4.2（セゲーの漸化式）．$\Phi_n(z)$ と $\Phi_n^\dagger(z)$ の間に，関係式

$$\begin{pmatrix} \Phi_{n+1}(z) \\ \Phi_{n+1}^\dagger(z) \end{pmatrix} = \begin{pmatrix} z & \alpha_{n+1} \\ \overline{\alpha_{n+1}}z & 1 \end{pmatrix} \begin{pmatrix} \Phi_n(z) \\ \Phi_n^\dagger(z) \end{pmatrix} \quad (n = 0, 1, 2, \dots) \tag{2.203}$$

が成立する．ここで，反射係数（ベルブルンスキー係数，シューア係数）と呼ばれる $\alpha_n \in \mathbb{D}$ は

$$\alpha_n = \Phi_n(0) = (-1)^n \frac{T_n^+}{T_n}, \quad T_n^+ = \det(c_{-i+j+1})_{1 \leq i,j \leq n} \tag{2.204}$$

で与えられる．

直交多項式のファバードの定理に対応するものとして，次が成立する．

定理 2.4.3. $\partial \mathbb{D}$ 上で定義された測度 σ と反射係数の列 $\{\alpha_n \in \mathbb{D}\}_{n=0}^{\infty}$ は，c_0 の任意性を除いて一対一対応する．∎

漸化式 (2.203) を用いると，$\Phi_n(z)$ について閉じた 3 項間漸化式を導出することができる．

$$z\Phi_n(z) = \Phi_{n+1}(z) - \frac{\alpha_{n+1}}{\alpha_n}\Phi_n(z) + \left(1 - |\alpha_n|^2\right)\frac{\alpha_{n+1}}{\alpha_n}z\Phi_{n-1}(z) \quad (2.205)$$

右辺第 3 項に繰り返し (2.205) を適用していくことで，セゲー多項式と下ヘッセンベルグ行列の固有値問題を関連づけることができる．これにより，コスタント–戸田格子との関係を見いだすことができる [37]．また，直交多項式のヤコビ行列に相当する「ジグザグ」構造をもつ 5 重対角行列が存在する [8], [65]．これは CMV (Cantero-Moral-Velázquez) 行列と呼ばれ，量子ウォークなどに用いられている [6]．

次に，セゲー多項式に対するスペクトル変換について考える．ローラン双直交多項式に従い $d\rho(\theta) \mapsto (e^{i\theta} - \lambda)d\rho(\theta)$ によって新しい測度を導入した場合，一般にモーメントに対する条件 (2.197) を満たさない．ここでは，条件 (2.197) を保つスペクトル変換として，

$$d\rho(\theta) \mapsto (e^{i\theta} - \lambda)\overline{(e^{i\theta} - \lambda)}d\rho(\theta) \quad (2.206)$$

を採用する．このとき，s 回後のスペクトル変換によってモーメントは

$$c_n^{(s)} = \int_0^{2\pi} e^{in\theta} \prod_{j=0}^{s-1} (e^{i\theta} - \lambda^{(j)})\overline{(e^{i\theta} - \lambda^{(j)})}d\rho(\theta) \quad (2.207)$$

と表され，

$$c_n^{(s+1)} = (1 + |\lambda^{(s)}|^2)c_n^{(s)} - \lambda^{(s)}c_{n-1}^{(s)} - \overline{\lambda^{(s)}}c_{n+1}^{(s)} \quad (2.208)$$

が成立する．このスペクトル変換 $d\rho^{(s)} \to d\rho^{(s+1)}$ は，

$$d\rho^{(s)}(\theta) \mapsto (e^{i\theta} - \lambda^{(s)})d\rho^{(s)}(\theta) \mapsto (e^{i\theta} - \lambda^{(s)})(e^{-i\theta} - \overline{\lambda^{(s)}})d\rho^{(s)}(\theta)$$

と分解することができ，$\Phi_n^{(s)}(z)$ に対する変換

2.4 片側無限格子上の可積分系と直交関数系 **169**

$$(z - \lambda_n^{(s)})\widetilde{\Phi}_n^{(s)}(z) = \Phi_{n+1}^{(s)}(z) + a_n^{(s)}\Phi_n^{(s)}(z),$$

$$(1 + b_n^{(s)})\Phi_n^{(s)}(z) = \widetilde{\Phi}_n^{(s)}(z) + b_n^{(s)}z\,\widetilde{\Phi}_{n-1}^{(s)}(z) \tag{2.209}$$

と，変数 z を $1/z$ にすることで得られるモニック多項式

$$\Psi_n^{(s)}(z) = z^n \widetilde{\Phi}_n^{(s)}(1/z)/\widetilde{\Phi}_n^{(s)}(0) \tag{2.210}$$

に対する変換

$$\left(z - \overline{\lambda^{(s)}}\right)\widetilde{\Psi}_n^{(s)}(z) = \Psi_{n+1}^{(s)}(z) + a_n^{\dagger\,(s)}\Psi_n^{(s)}(z),$$

$$(1 + b_n^{\dagger\,(s)})\Psi_n^{(s)}(z) = \widetilde{\Psi}_n^{(s)}(z) + b_n^{\dagger(s)}z\,\widetilde{\Psi}_{n-1}^{(s)}(z) \tag{2.211}$$

から

$$\Phi_n^{(s+1)}(z) = z^n \widetilde{\Psi}_n^{(s)}(1/z)/\widetilde{\Psi}_n^{(s)}(0) \tag{2.212}$$

を導出することができる．以上から，適当な定数 A_n, B_n, C_n, D_n を用いることで，$\Phi_n^{(s)}(z)$ と $\Phi_n^{(s+1)}(z)$ の間の関係式

$$(z - \lambda^{(s)})\left(z\overline{\lambda^{(s)}} - 1\right)\Phi_n^{(s+1)}(z)$$

$$= \overline{\lambda^{(s)}}\Phi_{n+2}^{(s)}(z) + A_n^{(s)}\Phi_{n+1}^{(s)}(z) + B_n^{(s)}z\,\Phi_n^{(s)}(z),$$

$$\Phi_n^{(s)}(z) = \Phi_n^{(s+1)}(z) + C_n^{(s)}\Phi_{n-1}^{(s+1)}(z) + D_n^{(s)}z\,\Phi_{n-2}^{(s+1)}(z) \tag{2.213}$$

が得られる．また，(2.211) において，$\lambda^{(s)} = 0$ とすることで

$$z\,\Phi_n^{+\,(s)}(z) = \Phi_{n+1}^{(s)}(z) - \frac{\alpha_{n+1}^{(s)}}{\alpha_n^{(s)}}\Phi_n^{(s)}(z),$$

$$\left(1 - \frac{h_n^{+(s)}}{h_{n-1}^{+(s)}}\right)\Phi_n^{(s)}(z) = \Phi_n^{+(s)}(z) - \frac{h_n^{+(s)}}{h_{n-1}^{+(s)}}z\,\Phi_{n-1}^{+(s)}(z) \tag{2.214}$$

も成り立つ．ここで，$h_n^{+(s)} = T_{n+1}^{+(s)}/T_n^{+(s)}$ とする．さらに，(2.213) と (2.214) の第 2 式に $z = 0$ を代入することで，

$$\lambda^{(s)}\alpha_n^{(s+1)} = \overline{\lambda^{(s)}}\alpha_{n+2}^{(s)} + A_n^{(s)}\alpha_{n+1}^{(s)}, \quad \alpha_n^{(s)} = \alpha_n^{(s+1)} + C_n^{(s)}\alpha_{n-1}^{(s+1)},$$

$$\left(1 - h_n^{(s)}/h_{n-1}^{(s)}\right)/\overline{\alpha_n^{(s)}} = \alpha_n^{(s)} \tag{2.215}$$

が得られ，

$$\frac{A_{n-1}^{(s)}\alpha_n^{(s)}}{C_n^{(s)}\alpha_n^{(s+1)}} = -\frac{h_{n-1}^{(s+1)}}{h_n^{(s)}} \tag{2.216}$$

を用いることで，非線形シュレディンガー方程式の離散類似である**離散アブロ
ビッツ–ラディック方程式** (discrete Ablowitz-Ladik equation)[*9]

$$\frac{\lambda^{(s)}\alpha_{n-1}^{(s+1)} - \overline{\lambda^{(s)}}\alpha_{n+1}^{(s)}}{\alpha_n^{(s+1)} - \alpha_n^{(s)}} = \frac{h_{n-1}^{(s+1)}}{h_n^{(s)}}, \tag{2.217a}$$

$$h_n^{(s)} = \left(1 - |\alpha_n^{(s)}|^2\right) h_{n-1}^{(s)} \tag{2.217b}$$

を導出することができる [7], [50], [85].

2.4.8 R_{II} 有理関数と R_{II} 格子

直交多項式の自然な拡張として，ある線形汎関数のもとで直交性をもつ有理
関数を考えることができる．本項では，その一つの例として R_{II} 型有理関数を
取り上げる [25], [95].

はじめに，三重対角行列の組

$$A = \begin{pmatrix} b_0 & \alpha_0 & & \\ \beta_1 w_1 & b_1 & \alpha_1 & \\ & \beta_2 w_2 & \ddots & \ddots \\ & & \ddots & \ddots \end{pmatrix}, \; B = \begin{pmatrix} v_0 & 1 & & \\ w_1 & v_1 & 1 & \\ & w_2 & \ddots & \ddots \\ & & \ddots & \ddots & \ddots \end{pmatrix} \tag{2.218}$$

から定まる三重対角行列束の一般化固有値問題

$$A\mathbf{\Phi} = zB\mathbf{\Phi} \tag{2.219}$$

について考える．

行列束 $zB - A$ の n 次首座小行列式から定まる多項式 $P_n(z)$ は，$P_{-1}(z) = 0$,
$P_0(z) = 1$ とした場合，$n = 0, 1, 2, \ldots$ に対して 3 項間漸化式

[*9] アブロビッツ–ラディック方程式は，非線形シュレディンガー方程式の空間変数の離散化により
得られる [1]．時間と空間の両方を離散化した方程式としてはほかの提案もある [11], [74].

$$P_{n+1}(z) + (b_n - v_n z)P_n(z) + w_n(\alpha_{n-1} - z)(\beta_n - z)P_{n-1}(z) = 0 \quad (2.220)$$

を満たす. この多項式 $P_n(z)$ を R_{II} 多項式 (R_{II} polynomials) といい, R_{II} 多項式を $\prod_{i=0}^{n-1}(z - \alpha_i)$ で割った有理関数

$$R_n(z) = \frac{P_n(z)}{\prod_{i=0}^{n-1}(z - \alpha_i)} \quad (n = 1, 2, 3, \dots) \quad (2.221)$$

を R_{II} 有理関数 (R_{II} rational functions) と呼ぶ. ここで, $R_{-1}(z) = 0$ および $R_0(z) = 1$ とする. (2.220) を書き直すことで, この有理関数 $R_n(z)$ は, 次の 3 項間漸化式を満たす.

$$(z - \alpha_n)R_{n+1}(z) - (v_n z - b_n)R_n(z) + w_n(z - \beta_n)R_{n-1}(z) = 0 \quad (2.222)$$

すなわち, $\boldsymbol{\Phi} = (R_0(z), -R_1(z), R_2(z), \dots, (-1)^n R_n(z), \dots)^\top$ が一般化固有値問題 (2.219) を満足することがわかる.

ここで, $w_n \neq 0$, $P_n(\alpha_{n-1}) \neq 0$ $(n = 1, 2, 3, \dots)$ とすると, 次のファバード型の定理が成立する [25].

定理 2.4.4. R_{II} 多項式 $P_n(z)$ が 3 項間漸化式 (2.220) で定義されているとき, $\prod_{i=0}^{k-1}(z - \alpha_i)^{-1} \prod_{j=1}^{\ell}(z - \beta_j)^{-1}$ $(k, \ell = 0, 1, 2, \dots)$ を基底とする線形空間を定義域とする線形汎関数 $\mathcal{L}$ で, 次の直交関係式を満たすものが存在する.

$$\mathcal{L}\left[\frac{z^m P_n(z)}{\prod_{i=0}^{n-1}(z - \alpha_i) \prod_{j=1}^{n}(z - \beta_j)}\right] = \mathcal{L}\left[R_n(z)\frac{z^m}{\prod_{j=1}^{n}(z - \beta_j)}\right] = h_n \delta_{m,n}$$

$$(h_n \neq 0, \quad m = 0, 1, \dots, n) \quad (2.223)$$

この $\mathcal{L}$ は, h_0, h_1 の値の任意性を除いて一意に定まる. ∎

以下, R_{II} 多項式の最高次係数が 1 となるように $v_0 = 1$, $v_n = 1 + w_n$ $(n = 1, 2, \dots)$ と選ぶことにする. 線形汎関数 $\mathcal{L}$ に対して, そのモーメントを

$$c_{k,\ell}^{(n)} = \mathcal{L}\left[\frac{z^n}{\prod_{i=0}^{k-1}(z - \alpha_i) \prod_{j=1}^{\ell}(z - \beta_j)}\right] \quad (2.224)$$

で定めたとき, $R_n(z)$ は次の行列式表示をもつ [68].

$$R_n(z) = \frac{1}{\sigma_n^{1,1}} \det \begin{pmatrix} 1 & c_{0,1}^{(0)} & c_{0,2}^{(0)} & \cdots & c_{0,n}^{(0)} \\ (z-\alpha_0)^{-1} & c_{1,1}^{(0)} & c_{1,2}^{(0)} & \cdots & c_{1,n}^{(0)} \\ \vdots & \vdots & \vdots & & \vdots \\ \prod_{i=0}^{n-1}(z-\alpha_i)^{-1} & c_{n,1}^{(0)} & c_{n,2}^{(0)} & \cdots & c_{n,n}^{(0)} \end{pmatrix} \quad (2.225)$$

ただし，$\sigma_n^{k,\ell} = |c_{k+i,\ell+j}^{(0)}|_{0 \le i,j \le n-1}$ とする．直交関係式 (2.223) を満たすことは，有理関数 $R_n(z)$ がハンケル型行列式による別表示

$$R_n(z) = \frac{1}{\rho_n^{n,n} \prod_{j=0}^{n-1}(z-\alpha_j)} \det \begin{pmatrix} c_{n,n}^{(0)} & c_{n,n}^{(1)} & \cdots & c_{n,n}^{(n)} \\ c_{n,n}^{(1)} & c_{n,n}^{(2)} & \cdots & c_{n,n}^{(n+1)} \\ \vdots & \vdots & & \vdots \\ c_{n,n}^{(n-1)} & c_{n,n}^{(n)} & \cdots & c_{n,n}^{(2n-1)} \\ 1 & z & \cdots & z^n \end{pmatrix} \quad (2.226)$$

を持つことから示される．ここで，$\rho_n^{k,\ell} = \det\left(c_{k,\ell}^{(i+j)}\right)_{0 \le i,j \le n-1}$ である．

$\mathrm{R_{II}}$ 多項式に対するスペクトル変換と離散時間 $s \in \mathbb{Z}_{\ge 0}$ は，線形汎関数の時間発展

$$\mathcal{L}^{(s+1)}[f(z)] = \mathcal{L}^{(s)}\left[\frac{z - \lambda^{(s)}}{z - \alpha_0^{(s)}} f(z)\right] \quad (2.227)$$

によって導入することができる．このとき，

$$(1 + q_n^{(s)})(z - \lambda^{(s)})P_n^{(s+1)}(z) = P_{n+1}^{(s)}(z) + q_n^{(s)}(z - \alpha_n^{(s)})P_n^{(s)}(z),$$

$$(1 + e_n^{(s)})P_n^{(s)}(z) = P_n^{(s+1)}(z) + e_n^{(s)}(z - \beta_n^{(s)})P_{n-1}^{(s+1)}(z) \quad (2.228)$$

が成り立ち，

$$q_n^{(s)} = (\alpha_n^{(s)} - \lambda^{(s)})^{-1}\frac{P_{n+1}^{(s)}(\lambda^{(s)})}{P_n^{(s)}(\lambda^{(s)})}, \quad 1 + e_n^{(s)} = \frac{P_n^{(s+1)}(\beta_n^{(s)})}{P_n^{(s)}(\beta_n^{(s)})} \quad (2.229)$$

となる．さらに，(2.228) の両立条件として，非自励パラメータの満たすべき関係式

$$\alpha_{n-1}^{(s+1)}\beta_n^{(s+1)} = \alpha_n^{(s)}\beta_n^{(s)}, \quad \alpha_{n-1}^{(s+1)} + \beta_n^{(s+1)} = \alpha_n^{(s)} + \beta_n^{(s)} \quad (2.230)$$

とともにモニック $\mathrm{R_{II}}$ 格子 (monic $\mathrm{R_{II}}$ lattice) と呼ばれる離散可積分系が得ら

2.4 片側無限格子上の可積分系と直交関数系 **173**

れる [52], [71]. 媒介変数である d 変数を用いたモニック R_{II} 格子は,

$$d_0^{(s+1)} = (\lambda^{(s)} - \alpha_0^{(s)})q_0^{(s)} + (\lambda^{(s)} - \lambda^{(s+1)}), \tag{2.231a}$$

$$d_n^{(s+1)} = \frac{\lambda^{(s+1)} - \beta_n^{(s+1)}}{\lambda^{(s+1)} - \beta_n^{(s)}}d_{n-1}^{(s+1)}\frac{q_n^{(s)}}{q_{n-1}^{(s+1)}} + (\lambda^{(s)} - \lambda^{(s+1)})(1 + q_n^{(s)}), \tag{2.231b}$$

$$q_n^{(s+1)} = \frac{(\lambda^{(s+1)} - \beta_{n+1}^{(s)})e_{n+1}^{(s)} + d_n^{(s+1)}(1 + e_{n+1}^{(s)})}{\lambda^{(s+1)} - \alpha_n^{(s+1)}}, \tag{2.231c}$$

$$e_0^{(s+1)} = 0, \quad e_n^{(s+1)} = e_n^{(s)}\frac{q_n^{(s)}}{q_{n-1}^{(s+1)}}\frac{1 + q_{n-1}^{(s+1)}}{1 + q_n^{(s+1)}}\frac{1 + e_{n+1}^{(s)}}{1 + e_n^{(s)}} \tag{2.231d}$$

で与えられる. (2.230) から, 非自励パラメータの時間発展は次の2通りとなる.

1) $\alpha_{n-1}^{(s+1)} = \alpha_n^{(s)}, \quad \beta_n^{(s+1)} = \beta_n^{(s)}$
2) $\alpha_{n-1}^{(s+1)} = \beta_n^{(s)}, \quad \beta_n^{(s+1)} = \alpha_n^{(s)}$

この方程式に関連して, 有限格子上の厳密解の詳細や一般化固有値問題を計算するアルゴリズムへの応用については, [43] を参照していただきたい.

直交多項式のときと同様に, 対称な R_{II} 多項式を3項間漸化式 (2.220) に

$$b_n = 0 \quad (n = 1, 2, \ldots), \qquad \alpha_{n-1} = -\beta_n \quad (n = 1, 2, \ldots) \tag{2.232}$$

の条件を課すことで考えることができる. このとき, 非自励パラメータの時間発展として 2) のケースを選ぶことで, $\lambda^{(s)}$ および $a_{n+s} = (\beta_n^{(s)})^{-2}$ を用いた離散ロトカ–ボルテラ格子

$$\frac{\left(\lambda_{s+1} - a_{n+s+1} - V_{n-1}^{(s+1)}\right)\left(\lambda_{s+1} - a_{n+s+2} - V_n^{(s+1)}\right)}{V_n^{(s+1)}}$$

$$= \frac{\left(\lambda_s - a_{n+s+1} - V_{n+1}^{(s)}\right)\left(\lambda_s - a_{n+s} - V_n^{(s)}\right)}{V_n^{(s)}} \tag{2.233}$$

が得られる[*10]. また, ミウラ型変換 $V_n^{(s)} = A_n^{(s)}A_{n+1}^{(s)}$ を通じて, フロベニウ

[*10] 2.3.3 項で議論した離散ロトカ–ボルテラ格子の非自励係数を一般化したものに相当する.

ス–スティッケルバーガー [14] とティーレ [77] によるパデ補間*11 に付随する
離散可積分系として，**FST 格子** (Frobenius-Stickelberger-Thiele lattice)

$$\frac{\lambda^{(s+1)} - a_{n+s+1}}{A_n^{(s+1)}} - \frac{\lambda^{(s)} - a_{n+s}}{A_n^{(s)}} = A_{n-1}^{(s+1)} - A_{n+1}^{(s)} \tag{2.234}$$

が得られる [67]．(2.234) は，適当なゲージ変換と座標変換を施すことで非自励
な離散 KdV 格子 (2.91) に帰着させることもできる．

また，R_{II} 多項式と関連して，R_I 多項式 (R_I polynomials) と呼ばれる多項
式列も知られている．モニックな R_I 多項式は，$P_0 = 1$, $P_1(z) = z - b_0$ を初
期値とする 3 項間漸化式 ($n = 1, 2, 3 \ldots$)

$$P_{n+1}(z) + (b_n - z)P_n(z) + w_n(\beta_n - z)P_{n-1}(z) = 0 \tag{2.235}$$

を満たす多項式であり，ローラン双直交多項式の一般化と見なすこともできる．
とくに，β_n が定数 β の場合，$z - \beta$ を z で置き直すことでローラン双直交多項
式に帰着させることができる．R_I 多項式の直交性は，β_j を極とする有理関数
の空間 $\mathrm{span}\{(z - \beta_1)^{-1}, (z - \beta_2)^{-1}, \ldots, 1, z, z^2, \ldots\}$ の上で定義された線形汎
関数 $\mathcal{L}$ を用いて

$$\mathcal{L}\left[\frac{P_n(z)z^j}{\prod_{j=1}^n (z - \beta_j)}\right] = 0 \quad (0 \le j < n) \tag{2.236}$$

と表され，R_I 格子などの離散可積分系を導くことができる [51], [88].

2.4.9　歪直交多項式とパフ格子

ランダム行列の理論から導入された歪直交多項式 [45], [54] と呼ばれる多項式

---

*11 「ティーレ補間」とも呼ばれる関数 $f(z)$ の補間有理関数 $F^{(n)}(z)$ は，$f(z)$ の逆差分 (reciprocal difference)

$$F_1(z) = \frac{z - a_0}{f(z) - f(a_0)}, \quad F_{n+1}(z) = \frac{z - a_n}{F_n(z) - F_n(a_n)} \quad (n = 1, 2, \cdots)$$

を用いて定まる連分数の n 段目

$$F^{(n)}(z) = f(a_0) + \cfrac{z - a_0}{F_1(a_1) + \cfrac{z - a_1}{F_2(a_2) + \cfrac{z - a_2}{\cdots + \cfrac{\cdots}{F_n(a_n) + 0}}}}$$

から得られ，$F^{(n)}(a_j) = f(a_j)$ $(j = 0, 1, 2, \ldots, n)$ を満たす．

2.4 片側無限格子上の可積分系と直交関数系 **175**

列についても関連する可積分系が存在し，連続時間の可積分系である $1+1$ 次元のパフ格子 [2] が知られている．本項では，パフ格子の離散類似に相当する可積分系を歪直交多項式のスペクトル変換から導出する．

双 2 次形式 $\langle \cdot, \cdot \rangle$ に歪対称性

$$\langle f, g \rangle = -\langle g, f \rangle \tag{2.237}$$

を課した歪対称内積[*12]について考える．この例として，ランダム行列の理論に現れる

$$\langle f, g \rangle = \iint \mathrm{sgn}(x-y) f(x) g(y) d\rho(x) d\rho(y) \tag{2.238}$$

などがある．歪対称内積が定める歪直交性

$$\langle q_{2m}(x), q_{2n+1}(x) \rangle = h_n \delta_{mn}, \quad h_n \neq 0,$$
$$\langle q_{2m}(x), q_{2n}(x) \rangle = \langle q_{2m+1}(x), q_{2n+1}(x) \rangle = 0,$$
$$\deg(q_n(x)) = n \tag{2.239}$$

を満足する多項式列 $\{q_n(x)\}_{n=0}^{\infty}$ を**歪直交多項式** (skew orthogonal polynomials) と呼ぶ．ここで，歪直交多項式には直交多項式などにはない不定性が存在することに注意してほしい．すなわち，α_n を任意定数として

$$\tilde{q}_{2n}(x) = q_{2n}(x), \quad \tilde{q}_{2n+1}(x) = q_{2n+1}(x) + \alpha_n q_{2n}(x) \tag{2.240}$$

によって定まる多項式列 $\{\tilde{q}_n(x)\}_{n=0}^{\infty}$ もまた，同じ歪対称内積に対して歪直交多項式の定義式 (2.239) を満たす．歪直交多項式を一意に定めるために，モニックとした上で，$2n+1$ 次の歪直交多項式の $2n$ 次の係数がゼロとなるように任意定数 α_n を選ぶことも多い．

また，歪直交多項式はパフィアン (2.71) を用いて表すことができる．

命題 2.4.3. 歪対称内積 $\langle \cdot, \cdot \rangle$ に関する歪直交多項式 $\{q_n(x)\}_{n=0}^{\infty}$ は以下の表示をもつ．

[*12] 内積の公理は満たさない．

$$q_{2n}(x) = \frac{\mathrm{Pf}(0, 1, \ldots, 2n, x)}{\mathrm{Pf}(0, 1, \ldots, 2n - 1)},$$

$$q_{2n+1}(x) = \frac{\mathrm{Pf}(0, 1, \ldots, 2n - 1, 2n + 1, x)}{\mathrm{Pf}(0, 1, \ldots, 2n - 1)} + \alpha_n q_{2n}(x),$$

$$\mathrm{Pf}(i, j) = \langle x^i, x^j \rangle, \quad \mathrm{Pf}(i, x) = x^i. \tag{2.241}$$

歪直交多項式のスペクトル変換については，離散時間変数 t_1, t_2 ならびに定数 λ_1, λ_2 を用いて

$$\langle f(x), g(x) \rangle^{+t_i} = \langle (x - \lambda_i)f(x), (x - \lambda_i)g(x) \rangle \quad (i = 1, 2) \tag{2.242}$$

によって導入することができる．このとき，対応する歪直交多項式の離散スペクトル変換は

$$q_{2n}^{+t_i}(x) = \frac{1}{x - \lambda_i} \sum_{k=0}^{n} \frac{h_n}{h_k} \cdot \frac{q_{2k+1}(x)q_{2k}(\lambda_i) - q_{2k}(x)q_{2k+1}(\lambda_i)}{q_{2n}(\lambda_i)},$$

$$q_{2n+1}^{+t_i}(x) = \frac{1}{x - \lambda_i} \left(q_{2n+2}(x) - \frac{q_{2n+2}(\lambda_i)}{q_{2n}(\lambda_i)} q_{2n}(x) \right) + \alpha_n q_{2n}^{+t_i}(x) \tag{2.243}$$

で与えられる．ここで，α_n は歪直交多項式の不定性を考慮に入れた任意定数である．さらに，パフィアンの恒等式 (2.72) を用いることで，偶数次の歪直交多項式が満たす関係式

$$(x - \lambda_2)q_{2n}^{+t_2}(x) - (x - \lambda_1)q_{2n}^{+t_1}(x)$$
$$= (x - \lambda_1)(x - \lambda_2)A_n q_{2n-2}^{+t_1+t_2}(x) - B_n q_{2n}(x),$$

$$(x - \lambda_1)(x - \lambda_2)q_{2n}^{+t_1+t_2}(x) - q_{2n+2}(x)$$
$$= (x - \lambda_2)C_n q_{2n}^{+t_2}(x) - (x - \lambda_1)D_n q_{2n}^{+t_1}(x) \tag{2.244}$$

が得られる．ここで，係数 A_n, B_n, C_n, D_n はそれぞれ τ 関数

$$\tau_n = \mathrm{Pf}(0, 1, \ldots, 2n - 1) \tag{2.245}$$

を用いて

$$A_n = (\lambda_1 - \lambda_2)\frac{\tau_{n+1}\tau_{n-1}^{+t_1+t_2}}{\tau_n^{+t_1}\tau_n^{+t_2}}, \quad B_n = (\lambda_1 - \lambda_2)\frac{\tau_n\tau_n^{+t_1+t_2}}{\tau_n^{+t_1}\tau_n^{+t_2}},$$

$$C_n = (\lambda_1 - \lambda_2)^{-1}\frac{\tau_{n+1}^{+t_1}\tau_n^{+t_2}}{\tau_{n+1}\tau_n^{+t_1+t_2}}, \quad D_n = (\lambda_1 - \lambda_2)^{-1}\frac{\tau_{n+1}^{+t_2}\tau_n^{+t_1}}{\tau_{n+1}\tau_n^{+t_1+t_2}} \tag{2.246}$$

と表される. 偶数次の歪直交多項式に対する線形方程式である (2.244) の両立
条件から**離散パフ格子** (discrete Pfaff lattice)

$$A_n^{+t_1+t_2} - A_{n+1} + B_{n+1} - B_n^{+t_1+t_2}$$
$$= C_n^{+t_2} - C_n^{+t_1} + D_n^{+t_1} - D_n^{+t_2},$$
$$A_n^{+t_1} C_{n-1}^{+t_1} = A_n C_n, \quad A_n^{+t_2} D_{n-1}^{+t_2} = A_n D_n,$$
$$B_n^{+t_1} D_n^{+t_1} = B_{n+1} D_n, \quad B_n^{+t_2} C_n^{+t_2} = B_{n+1} C_n \qquad (2.247)$$

が導かれる.

ここでは, 偶数次の歪直交多項式に注目して離散パフ格子を導出したが, 奇
数次も含めた関係式から離散可積分系を導出することも可能である. このとき,
離散パフ格子の形は変わらず各従属変数が 2×2 行列変数に置き換わる. 詳細
については [46] を参照していただきたい.

2.5 箱玉系・超離散系

1990 年, 高橋・薩摩によって導入された箱玉系は, その単純な見かけにかか
わらず, 豊かな数理構造を有する離散系として知られている. その理論的背景
は, 可積分系のみならず, トロピカル幾何学, 可解格子模型, クリスタル基底,
組合せ論といった分野に広がりをもつ. すべての状態がソリトンに分解される
箱玉系では, 量子群の表現論や組合せ論の手法を用いた解法などさまざまな解
析手法が用いられる. とくに, 箱玉系理論の進展を大幅に早めた「超離散化」
と呼ばれる解析手法は重要である. この「超離散化」手法の確立により, 箱玉
系の可積分系における位置づけが明らかになり, 区分線形な方程式として再解
釈された箱玉系とその仲間を「可積分な超離散系」として体系的に取り扱うこ
とが可能となった. 本節では, 箱玉系と超離散化のそれぞれについて簡単に紹
介した後, 超離散化手法を用いることで離散 KdV 格子から箱玉系が得られる
ことを示す.

2.5.1 箱玉系

超離散系研究の契機となった高橋・薩摩の箱玉系について紹介する. まず,

可算無限個の容量1の箱を用意し，横一列に並べ，有限個の玉を適当に詰める．箱玉系では，この最初の箱と玉の状態を時刻 $s=0$ とし，容量無限大の運搬車を用いて，次の手続きに従い時刻とともに箱と玉の状態を更新していく．

> 運搬車を左端から右に1箱ずつ移動させ，次の操作を行う．
>
> 1) （箱に玉が入っていた場合）玉を運搬車に運び入れる．
> 2) （空箱かつ運搬車に玉が載っていた場合）運搬車の玉を空箱に降ろす．
> 3) （上記以外）なにもしないで通過．
>
> 運搬車に玉を載せておらず，運搬車の右側に玉が入っている箱がなくなった時点で，運搬車を左端に移動させ，時刻 s を $s+1$ としてこの手続きを繰り返す．

初期列 ○●●●○○○○○○●○○○○ ⋯ に対する時間発展の例を図2.10に示す．連続した玉のかたまりを1つのソリトンと見なすと，ソリトンを特徴づける以下の性質を満たしていることがわかる．

- 単独のソリトンは形および速度を変えずに移動する．
- 相互作用の前後で位相のズレは生じるが，ソリトンの大きさは変わらない．

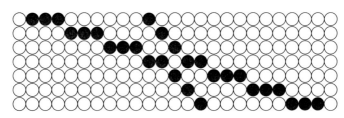

図 2.10　箱玉形の2ソリトン相互作用（上から下への時間発展）

また，箱玉系は図2.11の無限状態のミーリー型オートマトンを用いて表すこともできる [31]．ここでは，運搬車に j 個の玉を乗せている状態を q_j によって表し，現在の状態から出ている有向枝とその重み $k|\ell$ によって，入力 k に対応する出力 ℓ と有向枝に沿った状態遷移が示されている．図2.11は可解格子模型

2.5 箱玉系・超離散系

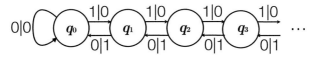

図 2.11 箱玉系のオートマトン表示

の結晶化において現れる「組合せ論的 R 行列」と等価であり，$j \in \mathbb{Z}_{\geq 0}$ として，

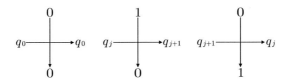

と表されることも多い．

2.5.2 超離散化

あるクラスの離散方程式に対して，適当な変数変換と極限操作を行うことで，max 演算などで特徴づけられる区分線形な方程式を得る方法が提案されている．ここで，得られた方程式の初期値を整数に制限すれば，適当な条件のもとでその後の時間発展でとりうる値を整数のみに限定することができる．この手法は**超離散化** (ultradiscretization) と呼ばれ，超離散化の手続きで得られた区分線形な方程式を**超離散系** (ultradiscrete system) と呼ぶ [22], [79]．

ロジスティック方程式を例に挙げて，超離散化の手続きについて紹介する．まず，2.1.2 項で導出した離散ロジスティック方程式 (2.14) を，時間発展の計算に適した形式として

$$y_{n+1} = \frac{\delta + 1}{\delta + 1/y_n} \qquad (2.248)$$

と書き直し，定数 δ および変数 y_n が正の値をとるとして次の変数変換を施す．

$$y_n = \exp(Y_n/\varepsilon), \quad \delta = \exp(C/\varepsilon) \qquad (2.249)$$

このとき，両辺の対数をとり，ε を掛けることで

$$\varepsilon \log\left(\exp\left(\frac{Y_{n+1}}{\varepsilon}\right)\right) = \varepsilon \log\left(\frac{\exp\left(\frac{C}{\varepsilon}\right) + \exp\left(\frac{0}{\varepsilon}\right)}{\exp\left(\frac{C}{\varepsilon}\right) + \exp\left(\frac{-Y_n}{\varepsilon}\right)}\right) \qquad (2.250)$$

と書き直され，$\varepsilon \to +0$ の極限操作から次の区分線形な力学系が導出できる．

$$Y_{n+1} = \max(C, 0) - \max(C, -Y_n) \tag{2.251}$$

定数 C の正負で場合分けした場合，

$$Y_{n+1} = \begin{cases} \min(0, C + Y_n) & (C > 0) \\ \min(-C, Y_n) & (C \leq 0) \end{cases} \tag{2.252}$$

と表される．ここで，任意の $a, b \in \mathbb{R}$ に対して成り立つ min 関数と max 関数の間の関係式

$$\min(a, b) = -\max(-a, -b) \tag{2.253}$$

を用いた．この手続きで導出された方程式 (2.251) は，max と $+, -$ 演算のみ（max-plus 代数）から構成されており，初期値 Y_0 および定数 C をすべて整数に選べば，その時間発展も整数のみで表される．(2.251) を**超離散ロジスティック方程式** (ultradiscrete logistic equation) と呼ぶ [90]．超離散ロジスティック方程式による時間発展の例を図 2.12 に示す．この図の例では，その値はすべて整数格子点上にあり，整数 n 上での Y_n の値がすべて整数であることが確かめられる．超離散方程式を導き出すために本質的役割を果たしているのは，次の非常に単純な関係式であることに注目していただきたい．

$$\lim_{\varepsilon \to +0} \varepsilon \log[1 + \exp(Z/\varepsilon)] = \max(0, Z) \tag{2.254}$$

さらに，超離散化の手法は方程式のみならず，その特解についても適用可能

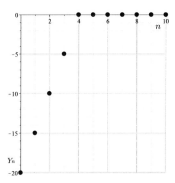

図 **2.12** 超離散ロジスティック方程式の時間発展 $(C = 5, Y_0 = -20)$

である. 変換 (2.249) では, 従属変数 y_n の正値性が必要であった. 離散方程式の解が正値性を有する場合, 方程式と同じ超離散化の手続きを解に対して適用することができる. この例では, (2.15) に超離散化の手続きを適用することで, 超離散方程式 (2.251) の解

$$Y_n = \max(0, nC) - \max(C, nC, -Y_0) \quad (n = 1, 2, 3, \ldots) \tag{2.255}$$

が得られる. ここで, $(1 + \delta)^n - 1$ の超離散化については.

$$\lim_{\varepsilon \to +0} \varepsilon \log\left[(1 + \exp(C/\varepsilon))^n - 1\right] = \max(C, 2C, \ldots, nC)$$
$$= \max(C, nC) \tag{2.256}$$

を用いた. 図 2.12 は, $C > 0$ のときの解

$$Y_n = \min(0, nC + Y_0) \tag{2.257}$$

を $n = 1, 2, 3, \ldots$ で標本点抽出したものである. この区分線形な曲線が「超離散ロジスティック曲線」に相当するものであることがわかる.

ここで紹介した超離散化は, 減算を用いずに時間発展が計算できる有理写像に対して適用可能であり, 離散可積分系に限定する必要はない. 超離散化を通じた解析手法の開発は, 可積分系にとどまることなく, 交通流など幅広い分野で進められている [33], [58].

2.5.3 超離散可積分系

本項では, 離散可積分系と箱玉系の間の直接的な対応関係について議論する. 超離散化手法を用いることで, 離散 KdV 格子から箱玉系が得られることが知られている. しかし, 離散 KdV 格子に超離散化を適用する際, その表示形式に注意が必要である. たとえば, 実変数 A, B が $A \leq B$ を満たす場合,

$$\lim_{\varepsilon \to +0} \varepsilon \log\left(\exp\left(A/\varepsilon\right) - \exp\left(B/\varepsilon\right)\right) \tag{2.258}$$

は不定となり, 一意には定まらない. 超離散化を適用するにはこの「負の問題」が存在するため, 方程式によっては適用することができないケースもある. 離散 KdV 格子に対しても (2.90) の形式では, 時間発展を計算するために減算を

必要としており、「負の問題」が生じる。しかし、離散 KdV 格子の場合、離散 KP 格子の簡約から得られる (2.89) は、減算無しで時間発展が計算できる形式となっており、超離散化の適用が可能である。

ダルブー変換の初期解でもある離散 KdV 格子 (2.89) の零ソリトン解

$$b_n^{(s)} = a_2 - a_3(n), \quad c_n^{(s)} = a_1 - a_2,$$

$$\alpha_n = (a_1 - a_3(n))(a_2 - a_3(n)) \tag{2.259}$$

に基づくゲージ変換として、$b_n^{(s)} = (a_2 - a_3(n))\,\widehat{b}_n^{(s)}$, $c_n^{(s)} = (a_1 - a_2)\,\widehat{c}_n^{(s)}$ を採用することで、

$$\lim_{n \to \pm\infty} \widehat{b}_n^{(s)} = \lim_{n \to \pm\infty} \widehat{c}_n^{(s)} = 1 \tag{2.260}$$

が成り立つ。よって、$\delta_n = (a_2 - a_3(n))/(a_1 - a_3(n))$ とすると、(2.89) は

$$\widehat{b}_n^{(s+1)} = \left(\delta_n \widehat{b}_n^{(s)} + (1 - \delta_n)\widehat{c}_n^{(s)} \right)^{-1},$$

$$\widehat{c}_{n+1}^{(s)} = \widehat{c}_n^{(s)}\widehat{b}_n^{(s+1)} / \widehat{b}_n^{(s)} \tag{2.261}$$

と表される。ここで、$\widehat{b}_n^{(s)}, \widehat{c}_n^{(s)} > 0$ および $0 < \delta_n < 1$ のもとで変数変換

$$\widehat{b}_n^{(s)} = \exp\left(B_n^{(s)}/\varepsilon \right), \widehat{c}_n^{(s)} = \exp\left(C_n^{(s)}/\varepsilon \right), \delta_n = \exp\left(-L_n/\varepsilon \right) \tag{2.262}$$

を適用し、両辺の対数の極限 $\varepsilon \to +0$ から、**超離散 KdV 格子** (ultradiscrete KdV lattice)

$$B_n^{(s+1)} = -\max(B_n^{(s)} - L_n, C_n^{(s)}), \tag{2.263a}$$

$$C_{n+1}^{(s)} = C_n^{(s)} + B_n^{(s+1)} - B_n^{(s)} \tag{2.263b}$$

が得られる [83]。ソリトン解の境界条件 $\lim_{n \to -\infty} C_n^{(s)} = 0$ を用いることで

$$B_n^{(s+1)} = -\max\left(B_n^{(s)} - L_n, \sum_{j=-\infty}^{n-1} \left(B_j^{(s+1)} - B_j^{(s)} \right) \right) \tag{2.264}$$

と表すこともできる。$L_n = 1$ のとき、$B_n^{(0)}$ を $\{0,1\}$ に制限すれば、以後の時間発展においても $B_n^{(s)} \in \{0,1\}$ である。1 を玉、0 を空き箱と見なすことで、この区分線形な方程式 (2.264) は 2.5.1 項の箱玉系の時間発展を与えているこ

とがわかる [76], [78].

超離散 KdV 格子の解についても，離散系の解 (2.96), (2.98) に超離散化を適用することで容易に導くことができる．たとえば，二つの超離散ソリトンの相互作用を表す解は，$i, j \in \{1, 2\}$ として，

$$H_i = M_i + sP_i + n(\max(0, P_i - L_n) - \max(-L_n, P_i)),$$
$$C_{ij} = 2\max(P_i, P_j) - 2\max(0, P_i + P_j),$$
$$T_n^{(s)} = (0, H_1, H_2, C_{12} + H_1, H_2),$$
$$B_n^{(s)} = T_{n+1}^{(s-1)} + T_n^{(s)} - T_n^{(s-1)} - T_{n+1}^{(s)} \qquad (2.265)$$

と表される（図 2.13）．ここで紹介した箱玉系は，初期値を 0 と 1 のみに限定した場合，すべてソリトンに分解することができ，2.1.4 項で紹介した離散 KdV 格子の数値シミュレーションで見たようなソリトン以外の解は存在しない．より一般に初期値を実数列とした場合についても，逆散乱法の超離散類似と呼ぶべき手法も開発されている [91], [92].

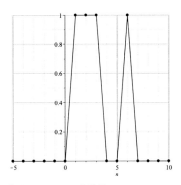

図 2.13 超離散 KdV 格子の 2-ソリトン解曲線 ($M_1 = 6, M_2 = 7, P_1 = 3, P_2 = 1$, $L_n = 1$)

箱玉系と関係する離散可積分系は離散 KdV 格子だけではなく，有限格子上の超離散戸田格子

$$Q_n^{(t+1)} = \min\left(E_{n+1}^{(t)}, \sum_{j=0}^{n} Q_j^{(t)} - \sum_{j=0}^{n-1} Q_j^{(t+1)}\right),$$

$$E_n^{(t+1)} = E_n^{(t)} - Q_{n-1}^{(t+1)} + Q_n^{(t)},$$

$$E_0^{(t)} = E_N^{(t)} = +\infty \tag{2.266}$$

も箱玉系の時間発展を記述することができる [53]. ここで，$Q_n^{(t)}$ は玉のかたまりの大きさ，$E_n^{(t)}$ はそれらの間の距離を表す変数である．超離散戸田格子は離散戸田格子（(2.155) の $\lambda^{(s)} \equiv 0$ の場合）の超離散化により得られる方程式であり，その解も離散戸田格子のハンケル行列式解の超離散化により得ることができる．また，非自励離散戸田格子 (2.155) に対してもその超離散化を考えることができ [39], [42]，**運搬車付き箱玉系** (BBS with a carrier) [75] と呼ばれる箱玉系の拡張系の一つと対応することがわかっている．この場合の解も，直交多項式の理論から得られるハンケル行列式解を超離散化することで与えることができる．最近の箱玉系に関する研究においても，新しい箱玉系ルールの提案 [40] やオートマタ群との関係 [31] を論じるものなどさまざまな議論が展開されており，箱玉系を両無限に並べられた箱に可算無限個の玉を入れた系に拡張した上で，確率論の立場から解析を進めた結果もある [10].

2.6 離散可積分系の広がり

広田–三輪方程式の対称性と厳密解および代表的な離散可積分系との関係について概覧してきた．また，片側無限格子上の可積分系について直交関数系の観点から紹介し，離散可積分系の理論に超離散化手法を加えることで，離散 KdV 格子とオートマトンで記述される箱玉系との間に直接的な対応関係があることを示した．離散系を中心とした，連続系・離散系・箱玉系（超離散系）の関係を図 2.14 に掲げておく．

離散可積分系に関する研究は現在も進展中であり，関連する分野は今も広がっている．この先に続く文献を挙げて本章の終わりとしたい．

- 離散パンルヴェ方程式 [27], [62]
- 自己適合動的格子法によるループソリトンの離散化 [12], [13], [26]

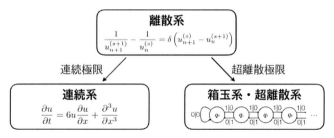

図 2.14 連続系・離散系・超離散系の関係図

- 特異点閉じ込め法,ローラン性,クラスター代数と離散可積分系 [16], [44], [60], [61]
- 古典直交多項式とその応用 [63], [86], [89]
- 組合せ論と離散可積分系 [30], [87]
- 多重直交多項式と一般化戸田格子 [5]
- 離散幾何学(第 3 章を参照)
- 箱玉系と量子可積分系や可解格子模型との関係(第 4 章および [38] を参照)
- 数値計算アルゴリズムへの応用(第 5 章を参照)

謝辞 本章の作成にあたり,日頃から議論を交わしてきた関西学院大学の前田一貴氏および気象大学校の三木啓司氏に感謝いたします.

参考文献

[1] M. J. Ablowitz and J. F. Ladik, Nonlinear differential-difference equations and fourier analysis, J. Math. Phys. **17** (1976), 1011–1018.
[2] M. Adler, E. Horozov and P. van Moerbeke, The Pfaff lattice and skew-orthogonal polynomials, Int. Math. Res. Not. **1999** (1999), 569–588.
[3] M. Adler and P. van Moerbeke, String-orthogonal polynomials, string equations, and 2-Toda symmetries, Comm. Pure Appl. Math. **50** (1997), 241–290.
[4] 青本和彦,『直交多項式入門』,数学書房, 2013.
[5] A. Aptekarev, M. Derevyagin, H. Miki and W. Van Assche, Multidimensional toda lattices: continuous and discrete time, SIGMA **12** (2016), 054.
[6] M. J. Cantero, F. A. Grünbaum, L. Moral and L. Velázquez, Matrix valued Szegö polynomials and quantum random walks, Comm. Pure Appl. Math. **58** (2010), 464–507.
[7] M. J. Cantero, F. Marcellán, L. Moral and L. Velázquez, Darboux transformations

for cmv matrices, Adv. in Math. **298** (2016), 122–206.

[8] M. J. Cantero, L. Moral and L. Velázquez, Five-diagonal matrices and zeros of orthogonal polynomials on the unit circle, Linear Algebra Appl. **362** (2003), 29–56.

[9] T. S. Chihara, *An Introduction to Orthogonal Polynomials*, Gordon and Breach, 1978.

[10] D. A. Croydon, T. Kato, M. Sasada and S. Tsujimoto, *Dynamics of Box-ball Systems with Random Initial Conditions via Pitman's Transformation*, in preparation.

[11] E. Date, M. Jimbo and T. Miwa, Method for generating discrete soliton equations IV, J. Phys. Soc. Japan **52** (1983), 761–765.

[12] B-F. Feng, J. Inoguchi, K. Kajiwara, K. Maruno and Y. Ohta, Discrete integrable systems and hodograph transformations arising from motions of discrete plane curves, J. Phys. A **44** (2011), 395201.

[13] B-F. Feng, K. Maruno and Y. Ohta, Self-adaptive moving mesh schemes for short pulse type equations and their lax pairs, Pacific J. Math. for Industry **6** (2014), 1–14.

[14] G. Frobenius and L. Stickelberger, Über die Addition und Multiplication der elliptischen Functionen, J. für die reine und angewandte Mathematik **88** (1880), 146–184.

[15] C. R. Gilson, J. J. C. Nimmo and S. Tsujimoto, Pfaffianization of the discrete KP equation, J. Phys. A **34** (2001), 10569–10575.

[16] B. Grammaticos, A. Ramani and V. Papageorgiou, Do integrable mappings have the Painlevé property?, Phys. Rev. Lett. **67** (1991), 1825–1828.

[17] E. Hendriksen and H. van Rossum, Orthogonal Laurent polynomials, Indag. Math. **89** (1986), 17–36.

[18] R. Hirota, Nonlinear partial difference equations. I. a difference analogue of the Korteweg-de Vries equation, J. Phys. Soc. Japan **43** (1977), 1424–1433; J. Phys. Soc. Japan **43** (1977), 2074–2078; J. Phys. Soc. Japan **43** (1977), 2079–2086; J. Phys. Soc. Japan **45** (1978), 321–332; J. Phys. Soc. Japan **46** (1979), 312–319.

[19] R. Hirota, Discrete analogue of a generalized Toda equation, J. Phys. Soc. Japan **50** (1981), 3785–3791.

[20] 広田良吾,『直接法によるソリトンの数理』, 岩波書店, 1992.

[21] R. Hirota and Y. Ohta, Hierarchies of coupled soliton equations I, J. Phys. Soc. Japan **60** (1991), 798–809.

[22] 広田良吾・高橋大輔,『差分と超離散』, 共立出版, 2003.

[23] R. Hirota, S. Tsujimoto and T. Imai, Difference scheme of soliton equations, P. L. Christiansen, J. C. Eilbeck and R. D. Parmentier (eds.), *Future Directions of Nonlinear Dynamics in Physical and Biological Systems*, pp. 7–15, Plenum, 1993.

[24] M. E. H. Ismail, *Classical and quantum orthogonal polynomials in one variable*, Cambridge Univ. Press, 2005.

[25] M. E. H. Ismail and D. R. Masson, Generalized orthogonality and continued fractions, J. Approx. Theory **83** (1995), 1–40.

[26] 徐俊庭・丸野健一・Feng Bao-Feng・太田泰広, Modified Short Pulse 方程式の自己適合移動格子スキーム, RIMS Kôkyûroku **2034** (2017), 150–165.

[27] K. Kajiwara, M. Noumi and Y. Yamada, Geometric aspects of Painlevé equations,

参考文献   **187**

J. Phys. A **50** (2017), 073001.

[28] K. Kajiwara and Y. Ohta, Bilinearization and Casorati determinant solution to the non-autonomous discrete KdV equation, J. Phys. Soc. of Japan **77** (2008), 054004.

[29] K. Kajiwara and Y. Ohta, Bilinearization and Casorati determinant solutions to non-autonomous $1 + 1$ dimensional discrete soliton equations, RIMS Kôkyûroku Bessatsu **B13** (2009), 53–73.

[30] S. Kamioka, Multiplicative partition functions for reverse plane partitions derived from an integrable dynamical system, Séminaire Lotharingien de Combinatoire **78B.29** (2017), 12 pp.

[31] T. Kato, S. Tsujimoto and A. Zuk, Spectral analysis of transition operators, automata groups and translation in bbs, Comm. Math. Phys. **350** (2017), 205–229.

[32] S. Kharchev, A. Mironov and A. Zhedanov, Faces of relativistic Toda chain, Int. J. Mod. Phys. A **12** (1997), 2675–2724.

[33] A. Kirchner, K. Nishinari and A. Schadschneider, Friction effects and clogging in a cellular automaton model for pedestrian dynamics, Phys. Rev. E **67** (2003), 056122.

[34] D. E. Knuth, Overlapping Pfaffians, Electron. J. Combin. **3** (1996), Research Paper 5.

[35] J. D. E. Konhauser, Some properties of biorthogonal polynomials, J. Math. Anals. Appl. **11** (1965), 242–260.

[36] J. D. E. Konhauser, Biorthogonal polynomials suggested by the laguerre polynomials, Pacific J. Math. **21** (1967), 303–314.

[37] B. Kostant, The solution to a generalized Toda lattice and representation theory, Adv. in Math. **34** (1979), 195–338.

[38] 国場敦夫, 『ベーテ仮説と組合せ論』, 朝倉書店, 2011.

[39] K. Maeda, A finite Toda representation of the box-ball system with box capacity, J. Phys. A **45** (2012), 085204.

[40] K. Maeda, Nonautonomous ultradiscrete hungry toda lattice and a generalized boxball system, J. Phys. A **50** (2017), 365204.

[41] 前田一貴・三木啓司・辻本諭, 直交多項式理論からみえてくる可積分系, 日本応用数理学会論文誌, **23** (2013), 341–380.

[42] K. Maeda and S. Tsujimoto, Box-ball systems related to the nonautonomous ultradiscrete Toda equation on the finite lattice, JSIAM Lett. **2** (2010), 95–98.

[43] K. Maeda and S. Tsujimoto, A generalized eigenvalue algorithm for tridiagonal matrix pencils based on a nonautonomous discrete integrable system, J. Comput. Appl. Math. **300** (2016), 134–154.

[44] T. Mase, Investigation into the role of the Laurent property in integrability, J. Math. Phys. **57** (2016), 022703.

[45] M. L. Mehta, *Random Matrices*, 3rd ed., Elsevier/Academic Press, 2004.

[46] H. Miki, H. Goda and S. Tsujimoto, Discrete spectral transformations of skew orthogonal polynomials and associated discrete integrable systems, SIGMA **8** (2012), 008.

[47] Y. Minesaki and Y. Nakamura, The discrete relativistic Toda molecule equation and a Padé approximation algorithm, Numer. Algorithms **27** (2001), 219–235.

[48] T. Miwa, On Hirota's difference equations, Proc. Japan Acad. A **58** (1982), 9–12.

[49] M. Morishita, The fitting of the logistic equation to the rate of increase of popula-

tion density, Res. Popul. Ecol. **7** (1965), 52–55.

[50] A. Mukaihira and Y. Nakamura, Schur flow for orthogonal polynomials on the unit circle and its integrable discretization, J. Comput. Appl. Math. **139** (2002), 75–94.

[51] A. Mukaihira and S. Tsujimoto, Determinant structure of R_I type discrete integrable system, J. Phys. A: Math. Gen. **37** (2004), 4557–4565.

[52] A. Mukaihira and S. Tsujimoto, Determinant structure of non-autonomous Toda-type integrable systems, J. Phys. A **39** (2006), 779–788.

[53] A. Nagai, D. Takahashi and T. Tokihiro, Soliton cellular automaton, Toda molecule equation and sorting algorithm, Phys. Lett. A **255** (1999), 265–271.

[54] 永尾太郎，『ランダム行列の基礎』，東京大学出版会，2005.

[55] F. W. Nijhoff, H. W. Capel, G. L. Wiersma and G. R. W. Quispel, Linearizing integral transform and partial difference equations, Phys. Lett. A **103** (1984), 293–297.

[56] A. F. Nikiforov, S. K. Suslov and V. B. Uvarov, *Classical Orthogonal Polynomials of a Discrete Variable*, Springer, 1991.

[57] J. J. C. Nimmo, Darboux transformations and the discrete KP equation, J. Phys. A **30** (1997), 8693–8704.

[58] K. Nishinari and D. Takahashi, Analytical properties of ultradiscrete burgers equation and rule-184 cellular automaton, J. Phys. A: Math. Gen. **31** (1998), 5439–5450.

[59] Y. Ohta, R. Hirota, S. Tsujimoto and T. Imai, Casorati and discrete Gram type determinant representations of solutions to the discrete KP hierarchy, J. Phys. Soc. of Japan **62** (1993), 1872–1886.

[60] N. Okubo, Discrete integrable systems and cluster algebras, RIMS Kôkyûroku Bessatsu **B41** (2013), 025–041.

[61] A Ramani, B Grammaticos, R Willox and T Mase, Calculating algebraic entropies: an express method, J. Phys. A: Math. Gen. **50** (2017), 185203.

[62] H. Sakai, Rational surfaces associated with affine root systems and geometry of the Painlevé equations, Comm. Math. Phys. **220** (2001), 165–229.

[63] R. Sasaki, Exactly solvable birth and death processes, J. Math. Phys. **50** (2009), 103509.

[64] M. Sato and Y. Sato, Soliton equations as dynamical systems on an infinite dimensional Grassmannian maniforld, Lect. Notes. Num. Anal. **5** (1982), 259–271.

[65] B. Simon, *Orthogonal Polynomials on the Unit Circle Part 1: Classical Theory*, AMS, 2005; *Part 2: Spectral Theory*, AMS, 2005.

[66] J. G. Skellam, Random dispersal in theoretical populations, Biometrika **38** (1951), 196–218.

[67] V. P. Spiridonov, S. Tsujimoto and A. S. Zhedanov, Integrable discrete time chains for the Frobenius-Stickelberger-Thiele polynomials, Comm. Math. Phys. **272** (2007), 139–165.

[68] V. P. Spiridonov and A. S. Zhedanov, To the theory of biorthogonal rational functions, 数理解析研究所講究録, **1302** (2003), 172–192.

[69] V. Spiridonov and A. Zhedanov, Discrete Darboux transformations, the discrete-time Toda lattice, and the Askey-Wilson polynomials, Methods Appl. Anal. **2** (1995), 369–398.

[70] V. Spiridonov and A. Zhedanov, Discrete-time Volterra chain and classical orthog-

onal polynomials, J. Phys. A **30** (1997), 8727–8737.

[71] V. Spiridonov and A. Zhedanov, Spectral transformation chains and some new biorthogonal rational functions, Comm. Math. Phys. **210** (2000), 49–83.

[72] Y. B. Suris, A note on an integrable discretization of the nonlinear Schrödinger equation, Inverse Problems **13** (1997), 1121–1136.

[73] Y. B. Suris, *The Problem of Integrable Discretization: Hamiltonian Approach*, Birkhäuser, 2003.

[74] G. Szegő, *Orthogonal Polynomials*, American Mathematical Society, 1939.

[75] D. Takahashi and J. Matsukidaira, Box and ball system with a carrier and ultra-discrete modified KdV equation, J. Phys. A **30** (1997), L733–739.

[76] D. Takahashi and J. Satsuma, A soliton cellular automaton, J. Phys. Soc. Japan **59** (1990), 3514–3519.

[77] T. N. Thiele, *Interpolationsrechnung*, Teubner B.G., 1909.

[78] 時弘哲治, 『箱玉系の数理』, 朝倉書店, 2010.

[79] T. Tokihiro, D. Takahashi, J. Matsukidaira and J. Satsuma, From soliton equations to integrable cellular automata through a limiting procedure, Phys. Rev. Lett. **76** (1996), 3247–3250.

[80] S. Tsujimoto, On a discrete analogue of the two-dimensional Toda lattice hierarchy, Publ. Res. Inst. Math. Sci. **38** (2002), 113–133.

[81] S. Tsujimoto, Determinant solutions of the nonautonomous discrete Toda equation associated with the deautonomized discrete KP hierarchy, J. Syst. Sci. Complex. **23** (2010), 153–176.

[82] S. Tsujimoto and R. Hirota, Pfaffian representation of solutions to the discrete BKP hierarchy in bilinear form, J. Phys. Soc. Japan **65** (1996), 2797–2806.

[83] S. Tsujimoto and R. Hirota, Ultradiscrete KdV equation, J. Phys. Soc. Japan **67** (1998), 1809–1810.

[84] S. Tsujimoto, R. Hirota and S. Oishi, An extension and discretization of Volterra equation, Tech. Report IEICE **NLP92-90** (1993), 1–3.

[85] 辻本諭・太田泰弘・広田良吾, 非線形シュレーディンガー方程式の差分スキーム, 日本応用数理学会平成 5 年度年会 講演予稿集, (1993), 203–204.

[86] M. Uchiyama, T. Sasamoto and M. Wadati, Asymmetric simple exclusion process with open boundaries and Askey-Wilson polynomials, J. Phys. A **37** (2004), 4985–5002.

[87] X.G. Viennot, A combinatorial interpretation of the quotient-difference algorithm, D. Krob, A.A. Mikhalev, A.V. Mikhalev (eds.), *Formal Power Series and Algebraic Combinatorics*, pp. 379–390, Springer, 2000.

[88] L. Vinet and A. Zhedanov, An integrable chain and bi-orthogonal polynomials, Lett. Math. Phys. **46** (1998), 233–245.

[89] L. Vinet and A. Zhedanov, How to construct spin chains with perfect state transfer, Phys. Rev. A **85** (2012), 012323.

[90] R. Willox, 自然現象の離散・超離散系によるモデル化, 九州大学応用力学研究所研究集会報告, **22AO-S8** (2011), 13–22.

[91] R. Willox, Y. Nakata, J. Satsuma, A. Ramani and B Grammaticos, Solving the ultradiscrete KdV equation, J. Phys. A: Math. Theor. **43** (2010), 482003.

[92] R. Willox, A. Ramani, J. Satsuma and B. Grammaticos, A KdV cellular automa-

ton without integers, Tropical Geometry and Integrable Systems (C. Athorne, D. Maclagan and I. Strachan, eds.), **580**, Amer. Math. Soc., Providence, RI, 2012, pp. 135–155.

[93] R. Willox, T. Tokihiro and J. Satsuma, Darboux and binary darboux transformations for the nonautonomous discrete KP equation, J. Math. Phys. **38** (1997), 6455.

[94] A. Zhedanov, The "classical" Laurent biorthogonal polynomials, J. Comput. Appl. Math. **98** (1998), 121–147.

[95] A. Zhedanov, Biorthogonal rational functions and the generalized eigenvalue problem, J. Approx. Theory **101** (1999), 303–329.

第3章

可解格子模型

3.1 イジング模型

イジング模型とはイジング (E. Ising) が1925年に考案した統計力学模型で，1次元の場合は彼自身が解いた．統計力学模型の分配関数，自由エネルギー，1点関数，さらには分配関数を計算するために便利な転送行列を紹介できるので，まず1次元イジング模型について調べてみよう．図3.1のように線分上に

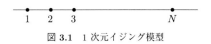

図3.1 1次元イジング模型

N 個の点が並んでいる．各点 i 上には $+1$ か -1 のどちらかの値をとるスピン変数 σ_i が付随しているとしよう．$\boldsymbol{\sigma} = (\sigma_1, \sigma_2, \ldots, \sigma_N)$ とおく．この系のエネルギーを

$$E(\boldsymbol{\sigma}) = -J \sum_{j=1}^{N} \sigma_j \sigma_{j+1} - H \sum_{j=1}^{N} \sigma_j \tag{3.1}$$

と定義する．σ_{N+1} が現れるが $\sigma_{N+1} = \sigma_1$ と規約する（周期的境界条件）．(3.1) の右辺第1項は隣り合うスピン同士の相互作用エネルギーを表す．J は正のパラメータである．また第2項は磁場があることによる影響に相当する．つまり，$H = 0$ は磁場がない場合に相当する．さて，分配関数といわれる次の量を計算

したい.

$$Z_N = \sum_{\sigma} \exp(-E(\boldsymbol{\sigma})/k_B T) \tag{3.2}$$

$$= \sum_{\sigma} \exp\left(K \sum_{j=1}^{N} \sigma_j \sigma_{j+1} + h \sum_{j=1}^{N} \sigma_j\right) \tag{3.3}$$

k_B はボルツマン定数, T は絶対温度である. また $K = J/k_B T, h = H/k_B T$ とおいた. 分配関数を求めるには, 次の転送行列といわれる行列を用いるのが便利である. 転送行列 T は行, 列のインデックスが $\{+1, -1\}$ の 2×2 行列で (σ, σ') 成分 $T(\sigma, \sigma')$ が $\exp(K\sigma\sigma' + \frac{1}{2}h(\sigma + \sigma'))$ で与えられる行列である. よって,

$$T = \begin{pmatrix} T(+,+) & T(+,-) \\ T(-,+) & T(-,-) \end{pmatrix} = \begin{pmatrix} e^{K+h} & e^{-K} \\ e^{-K} & e^{K-h} \end{pmatrix} \tag{3.4}$$

となる. この行列 T を用いると分配関数 Z_N は

$$Z_N = \mathrm{tr}\, T^N$$

と書くことができる. tr は行列のトレースを表す. さて本当は自由エネルギーと呼ばれる量

$$f = -k_B T \lim_{N \to \infty} N^{-1} \log Z_N$$

(このような格子サイズ ∞ の極限は熱力学的極限と呼ばれる) を計算したい. どうすればよいだろうか. 転送行列 T の二つの固有値を

$$\lambda_{\pm} = e^K \cosh h \pm \sqrt{e^{2K} \sinh^2 h + e^{-2K}} \quad \text{(複号同順)}$$

とおくと, $\mathrm{tr}\, T^N = \lambda_+^N + \lambda_-^N, \lambda_+ > \lambda_-$ より

$$-f/k_B T = \lim_{N \to \infty} N^{-1} \log(\lambda_+^N + \lambda_-^N) = \log \lambda_+ \tag{3.5}$$

$$= \log\left(e^K \cosh h + \sqrt{e^{2K} \sinh^2 h + e^{-2K}}\right) \tag{3.6}$$

と自由エネルギー f が求まる. 自由エネルギーなどの物理量を T の関数と見

たとき，不連続あるいは連続でも微分不可能となるような点 T のことを臨界点（転移点）という．今の場合，臨界点は $T = 0$（絶対零度）のみである．磁化率と呼ばれる次の量も重要である．

$$M = Z_N^{-1} \sum_{\boldsymbol{\sigma}} \sigma_1 \exp(-E(\boldsymbol{\sigma})/k_B T)$$

M は 1 の場所のスピン変数がとる値の統計力学的期待値である．周期的境界条件が課されているので

$$M = Z_N^{-1} \sum_{\boldsymbol{\sigma}} N^{-1} (\sigma_1 + \cdots + \sigma_N) \exp(-E(\boldsymbol{\sigma})/k_B T)$$

と書き直すことができる．$N \to \infty$ として

$$M = -\frac{\partial f}{\partial H}$$

が得られる．よって，磁化率 M も $T = 0$ 以外では T で微分可能である．

イジング模型は 2 次元へ容易に拡張される．2 次元正方格子を考える．各格子点上に 1 次元の場合と同様 $+1$ か -1 の値をとるスピン変数が配置されている．相互作用は最近接スピン間でのみ生じるものとするのである．横方向の最近接スピン σ_i, σ_j 間の相互作用エネルギーを $-J_h \sigma_i \sigma_j$，縦方向のそれを $-J_v \sigma_i \sigma_j$ とする．また，今回は磁場の影響はないものとする．3.6.4 項で見るように，2 次元イジング模型は 1 次元の場合と異なり，$T = 0$ 以外の

$$(\sinh J_h/k_B T)(\sinh J_v/k_B T) = 1$$

となる点に臨界点をもつ．これにきちんと説明を加え，磁化率を厳密に計算することが，この章の目標の一つである．

3.2 可解格子模型とは

3.2.1 2 次元正方格子上の頂点模型

図 3.2 のような $M \times N$ の正方格子を考える．隣接格子点間の線分上に有限個の値をとるスピン変数が付随しているものとする．スピン変数のとりうる値の集合を I とおく．図 3.2 から一つの格子点（頂点）を選び（図中の大きな丸の部

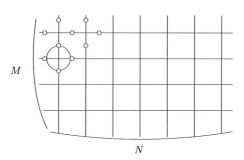

図 3.2 $M \times N$ 正方格子

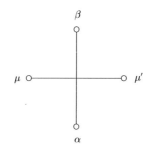

図 3.3 頂点のまわりの相互作用エネルギー

分) そのまわりのスピン変数の値を上から時計回りに β, μ', α, μ とする (図 3.3). このときこの頂点のまわりに相互作用エネルギー $\varepsilon(\mu, \alpha \mid \beta, \mu')$ が生じるものとする. このような統計力学模型を**頂点模型** (vertex model) という. $M \times N$ 格子の全頂点でのスピン変数の値を $\boldsymbol{\mu}$ で表そう.

このとき格子全体でのエネルギーは

$$E(\boldsymbol{\mu}) = \sum_{\text{すべての頂点}} \varepsilon(\mu_i, \mu_j \mid \mu_k, \mu_l)$$

で与えられる. ここで和は格子内のすべての頂点に関してとり $\mu_i, \mu_j, \mu_k, \mu_l$ はその頂点のまわりのスピン変数の値である. 分配関数は

$$Z_{M,N} = \sum_{\text{すべての } \boldsymbol{\mu} \text{ の配置}} \exp(-E(\boldsymbol{\mu})/k_B T)$$

で与えられる. ただし端のスピン変数については縦方向にも横方向にも周期的境界条件を課すものとする. 局所ボルツマンウェイト (Boltzmann weight) を

3.2 可解格子模型とは

$w(\mu, \alpha \mid \beta, \mu') = \exp(-\varepsilon(\mu, \alpha \mid \beta, \mu')/k_B T)$ で定義すると，分配関数は次のようにも表示される．

$$Z_{M,N} = \sum_{\substack{\text{すべての } \boldsymbol{\mu} \text{ の配置}}} \prod_{\text{すべての頂点}} w(\mu_i, \mu_j \mid \mu_k, \mu_l)$$

我々はこの分配関数を熱力学的極限 ($M, N \to \infty$ の極限) で計算したい．このために 1 次元イジング模型の場合と同様に転送行列を考える．図 3.2 の格子の 1 行分を取り出し，図 3.4 のように各頂点のスピン変数の値を定める．下段のスピ

図 3.4 転送行列

ン変数の値の組を $\boldsymbol{\alpha} = (\alpha_1, \alpha_2, \ldots, \alpha_N)$，上段のそれを $\boldsymbol{\beta} = (\beta_1, \beta_2, \ldots, \beta_N)$ と表すことにする．行（列）のインデックスが $\boldsymbol{\alpha}(\boldsymbol{\beta})$ で表され，$(\boldsymbol{\alpha}, \boldsymbol{\beta})$ 成分が

$$T_{\boldsymbol{\alpha}\,\boldsymbol{\beta}} = \sum_{\substack{\mu_1, \ldots, \mu_{N+1} \in I \\ \mu_{N+1} = \mu_1}} w(\mu_1, \alpha_1 \mid \beta_1, \mu_2) w(\mu_2, \alpha_2 \mid \beta_2, \mu_3) \cdots w(\mu_N, \alpha_N \mid \beta_N, \mu_{N+1}) \tag{3.7}$$

で与えられる行列 T が転送行列である．上の $\mu_1, \ldots, \mu_{N+1}$ の和をとる際，周期的境界条件により $\mu_{N+1} = \mu_1$ の制限がついていることに注意しよう．インデックス $\boldsymbol{\alpha}$ は辞書式順序で順序づけする．つまり，I に順序があるとき，$\boldsymbol{\alpha} > \boldsymbol{\alpha}' \Leftrightarrow$ ある j が存在して $\alpha_i = \alpha'_i (i < j)$ かつ $\alpha_j > \alpha'_j$ である．よって，T は $|I|^N \times |I|^N$ の巨大な行列になる．この転送行列を使うと分配関数は

$$Z_{M,N} = \operatorname{tr} T^M$$

と表される．

3.2.2 ヤン–バクスター方程式

頂点模型の分配関数 $Z_{M,N}$ を求めるには 1 次元イジング模型の場合と同様，転送行列 T の固有値を求めればよい．とはいっても T のサイズは巨大である．

196   第 3 章　可解格子模型

どのようにして固有値を求めればよいのだろうか. 一般的にいって, T と可換な
行列がたくさんあればあるほど固有ベクトルを求めやすくなる. なぜなら「対
角化可能な正方行列 A と B が互いに可換ならばそれらは同時対角化可能, つ
まり同じ固有ベクトルをもつ」からである. この項では二つの転送行列が互い
に可換になるための局所的な条件について考察する.

　頂点模型の転送行列はボルツマンウェイト（以下では "局所" をつけない）の
組 $\{w(\mu, \alpha \mid \beta, \mu') \mid \alpha, \beta, \mu, \mu'' \in I\}$ の関数となる. 同様にボルツマンウェイ
トの組が $\{w'(\mu, \alpha \mid \beta, \mu')\}$ のときの転送行列を T' とする. T と T' が可換と
なる局所的な条件を求めよう. まず, TT' の $(\boldsymbol{\alpha}, \boldsymbol{\beta})$ 成分を計算すると

$$(TT')_{\boldsymbol{\alpha}\,\boldsymbol{\beta}} = \sum_{\boldsymbol{\mu}} \sum_{\boldsymbol{\nu}} \prod_{i=1}^{N} S(\mu_i, \nu_i \mid \mu_{i+1}, \nu_{i+1} \mid \alpha_i, \beta_i)$$

となる. ただし,

$$S(\mu, \nu \mid \mu', \nu' \mid \alpha, \beta) = \sum_{\gamma} w(\mu, \alpha \mid \gamma, \mu') w'(\nu, \gamma \mid \beta, \nu')$$

とおいた. 同様に

$$(T'T)_{\boldsymbol{\alpha}\,\boldsymbol{\beta}} = \sum_{\boldsymbol{\mu}} \sum_{\boldsymbol{\nu}} \prod_{i=1}^{N} S'(\mu_i, \nu_i \mid \mu_{i+1}, \nu_{i+1} \mid \alpha_i, \beta_i), \tag{3.8}$$

$$S'(\mu, \nu \mid \mu', \nu' \mid \alpha, \beta) = \sum_{\gamma} w'(\mu, \alpha \mid \gamma, \mu') w(\nu, \gamma \mid \beta, \nu') \tag{3.9}$$

が得られる. α, β による 4×4 行列 $\boldsymbol{S}(\alpha, \beta)(\boldsymbol{S'}(\alpha, \beta))$ を $((\mu, \nu), (\mu', \nu'))$ 成分
が $S(\mu, \nu \mid \mu', \nu' \mid \alpha, \beta)$ $(S'(\mu, \nu \mid \mu', \nu' \mid \alpha, \beta))$ で与えられるものとして定義
する. すると

$$(TT')_{\boldsymbol{\alpha}\,\boldsymbol{\beta}} = \operatorname{tr} \boldsymbol{S}(\alpha_1, \beta_1) \cdots \boldsymbol{S}(\alpha_N, \beta_N), \tag{3.10}$$

$$(T'T)_{\boldsymbol{\alpha}\,\boldsymbol{\beta}} = \operatorname{tr} \boldsymbol{S'}(\alpha_1, \beta_1) \cdots \boldsymbol{S'}(\alpha_N, \beta_N) \tag{3.11}$$

と表されるので, すべての α, β に対し

$$\boldsymbol{S}(\alpha, \beta) = M \boldsymbol{S'}(\alpha, \beta) M^{-1}$$

となる行列 M が存在すれば T と T' が可換となる. M はその $((\mu, \nu), (\mu', \nu'))$
成分がボルツマンウェイト $w''(\nu, \mu \mid \nu', \mu')$ で与えられるような行列であると
仮定し, $\boldsymbol{S}(\alpha, \beta) M = M \boldsymbol{S'}(\alpha, \beta)$ の両辺の $((\mu, \nu), (\mu', \nu'))$ 成分を書き下すと

3.2 可解格子模型とは

$$\sum_{\gamma,\mu'',\nu''} w(\mu,\alpha \mid \gamma,\mu'')w'(\nu,\gamma \mid \beta,\nu'')w''(\nu'',\mu'' \mid \nu',\mu')$$
$$= \sum_{\gamma,\mu'',\nu''} w''(\nu,\mu \mid \nu'',\mu'')w'(\mu'',\alpha \mid \gamma,\mu')w(\nu'',\gamma \mid \beta,\nu')$$
(3.12)

が得られる．これが転送行列が可換になるための十分条件を与える方程式で，考案したヤン (C.N. Yang) とバクスター (R.J. Baxter) に敬意を表してヤン–バクスター方程式と呼ばれるものである．(3.12) は図 3.5 あるいは図 3.6 のように図示されることもある．

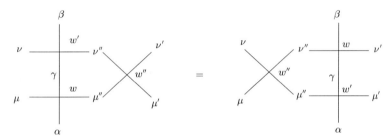

図 3.5　ヤン–バクスター方程式 1

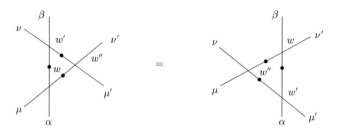

図 3.6　ヤン–バクスター方程式 2．● はそこのスピン変数で和をとることを表す．

3.2.3　8頂点模型

スピン変数のとる値が $+1$ または -1 で図 3.7 に現れる八つのスピン配置に対するボルツマンウェイトのみが非零の頂点模型を **8頂点模型** という．我々は

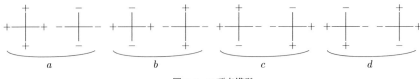

図 3.7 8 頂点模型

さらに ± をいっせいに反転したスピン配置のボルツマンウェイトともとのそれが等しいという条件を課し，図 3.7 の左から順に二つずつボルツマンウェイトが a, b, c, d で与えられるとする．

8 頂点模型の場合にヤン–バクスター方程式の解を求めよう．まずボルツマンウェイトの対称性を考慮して方程式の数を減らすことを考える．8 頂点模型のボルツマンウェイトには次の対称性がある．

(i)　　$\mu + \alpha \not\equiv \beta + \nu \pmod{4}$ ならば $w(\mu, \alpha \mid \beta, \nu) = 0$
(ii)　　$w(\mu, \alpha \mid \beta, \nu) = w(-\mu, -\alpha \mid -\beta, -\nu)$
(iii)　　$w(\mu, \alpha \mid \beta, \nu) = w(\nu, \beta \mid \alpha, \mu)$

もちろん w', w'' も 8 頂点模型のボルツマンウェイトであるから同じ対称性をもつ．これらの対称性からヤン–バクスター方程式 (3.12) について次のことがわかる．

(I)　　$\nu + \mu + \alpha \not\equiv \beta + \nu' + \mu' \pmod{4}$ のときは (i) により和の中の w, w', w'' のうちどれかが 0 となるので自明に成立する．よって $\nu + \mu + \alpha \equiv \beta + \nu' + \mu' \pmod{4}$ の場合のみ考えればよい．
(II)　　スピン変数が $(\nu, \mu, \alpha, \beta, \nu', \mu')$ のときに成立すれば (ii) により $(-\nu, -\mu, -\alpha, -\beta, -\nu', -\mu')$ のときにも成立する．
(III)　　スピン変数の入れ換え $(\alpha, \mu, \mu', \mu'') \leftrightarrow (\beta, \nu', \nu, \nu'')$ を行うと (3.12) の左辺と右辺が入れ代わる．

(I) および (II) を考慮すると，スピン変数 $\nu, \mu, \alpha, \beta, \nu', \mu'$ の値が以下の表の場合に (3.12) が成立すれば，ほかのすべての場合も従うことがわかる．

3.2 可解格子模型とは

	ν	μ	α	β	ν'	μ'
A	+	+	+	+	+	+
B1	+	+	−	+	+	−
B2	+	−	+	+	−	+
B3	−	+	+	−	+	+
C1	+	+	+	+	−	−
C2	+	+	+	−	+	−
C3	+	+	+	−	−	+

ただし，(B) では 1 から 3 を左と右で独立に選べる．ところが (A) の場合は自明に (3.12) の左辺と右辺が等しい．また，(III) を考慮すると (B2–B3) の場合は (B1–B1) の場合に帰着する．このような重複を除いた非自明な方程式は (B1–B1), (B1–B2), (B2–B1), (C1), (C2), (C3) の 6 式になる．これらを順に書き下すと以下のようになる．

$$ca'c'' + bc'b'' = ac'a'' + da'd'', \tag{3.13}$$

$$ca'b'' + bc'c'' = cb'a'' + bd'd'', \tag{3.14}$$

$$ba'c'' + cc'b'' = ab'c'' + dd'b'', \tag{3.15}$$

$$aa'd'' + dc'a'' = cd'a'' + bb'd'', \tag{3.16}$$

$$ad'b'' + db'c'' = bd'a'' + cb'd'', \tag{3.17}$$

$$ad'c'' + db'b'' = da'a'' + ac'd''. \tag{3.18}$$

これらの方程式を a'', b'', c'', d'' が未知数の同次連立 1 次方程式と見る．第 1,
2, 5, 6 式をとったときの係数行列の行列式は

$$(a'b'cd - abc'd')((a^2 - b^2)(c'^2 - d'^2) + (c^2 - d^2)(a'^2 - b'^2))$$

である．互いに可換な転送行列の族をつくりたいので，$a = a', b = b', c = c', d = d'$ とおいてヤン–バクスター方程式が自明に成立していることが望ましい．よって，

$$\frac{cd}{ab} = \frac{c'd'}{a'b'}$$

とおく. $\gamma = cd/(ab)$ （γ' も同様）とおけば

$$\gamma = \gamma'. \tag{3.19}$$

第 1, 2, 5, 6 式はこの条件のもとに共通因子を除き次のように解ける.

$$a'' = a(cc' - dd')(b^2 c'^2 - c^2 a'^2)/c, \tag{3.20}$$

$$b'' = b(dc' - cd')(a^2 c'^2 - d^2 a'^2)/d, \tag{3.21}$$

$$c'' = c(bb' - aa')(a^2 c'^2 - d^2 a'^2)/a, \tag{3.22}$$

$$d'' = d(ab' - ba')(b^2 c'^2 - c^2 a'^2)/b. \tag{3.23}$$

これらを第 3, 4 式に代入し整理すると，それぞれ

$$(a^2 c'^2 - a'^2 d^2)(-aa'^2 bcd + a^2 a'b'cd + a'b^2 b'cd - abb'^2 cd \\ + abcc'^2 d - abc^2 c'd' - abc'd^2 d' + abcdd'^2)/(ad), \tag{3.24}$$

$$(b^2 c'^2 - a'^2 c^2)(-aa'^2 bcd + a^2 a'b'cd + a'b^2 b'cd - abb'^2 cd \\ + abcc'^2 d - abc^2 c'd' - abc'd^2 d' + abcdd'^2)/(bc) \tag{3.25}$$

となる．前と同じ理由により，いずれも第 2 因子を 0 とすべき．(3.19) を使って

$$\frac{a^2 + b^2 - c^2 - d^2}{ab} = \frac{a'^2 + b'^2 - c'^2 - d'^2}{a'b'}.$$

よって，$\Delta = (a^2 + b^2 - c^2 - d^2)/(2(ab + cd))$ （Δ' も同様）とおくと

$$\Delta = \Delta'. \tag{3.26}$$

ゆえに (3.19),(3.26) が成立すればヤン–バクスター方程式に解が存在することがわかった.

3.3 楕円関数と 8 頂点模型

3.3.1 楕円（テータ）関数覚え書き

ここでは，今後この章で必要になる楕円（テータ）関数についての知識をまとめる．q を $|q| < 1$ なる複素数とする．q から定まる K, K' を

3.3 楕円関数と 8 頂点模型

$$K = \frac{\pi}{2} \prod_{n=1}^{\infty} \left(\frac{1 + q^{2n-1}}{1 - q^{2n-1}} \frac{1 - q^{2n}}{1 + q^{2n}} \right)^2, \quad K' = K \log(q^{-1})/\pi$$

で定める. これらは半周期 (half period) と呼ばれる. このとき楕円テータ関数 $H(u), H_1(u), \Theta(u), \Theta_1(u)$ を

$$H(u) = 2q^{1/4} \sin \frac{\pi u}{2K} \prod_{n=1}^{\infty} \left(1 - 2q^{2n} \cos \frac{\pi u}{K} + q^{4n} \right) (1 - q^{2n}), \quad (3.27)$$

$$H_1(u) = 2q^{1/4} \cos \frac{\pi u}{2K} \prod_{n=1}^{\infty} \left(1 + 2q^{2n} \cos \frac{\pi u}{K} + q^{4n} \right) (1 - q^{2n}), \quad (3.28)$$

$$\Theta(u) = \prod_{n=1}^{\infty} \left(1 - 2q^{2n-1} \cos \frac{\pi u}{K} + q^{4n-2} \right) (1 - q^{2n}), \quad (3.29)$$

$$\Theta_1(u) = \prod_{n=1}^{\infty} \left(1 + 2q^{2n-1} \cos \frac{\pi u}{K} + q^{4n-2} \right) (1 - q^{2n}) \quad (3.30)$$

で定める. $H(u)$ は奇関数であり, ほかは偶関数である. 楕円テータ関数はそれぞれ $\vartheta_1(v), \vartheta_2(v), \vartheta_0(v)$ (または $\vartheta_4(v)$), $\vartheta_3(v)$ (変数の対応は $u = 2Kv$) と表されることが多いが, ここでは文献 [2] に従うことにする.

次の性質は確認できるだろう.

$$H_1(u) = H(u + K), \quad \Theta(u) = -iq^{1/4} \exp \left(\frac{\pi i u}{2K} \right) H(u + iK'), \quad (3.31)$$

$$\Theta_1(u) = \Theta(u + K). \quad (3.32)$$

よって, ほかの三つのテータ関数の性質は $H(u)$ から導けることがわかる. これらの関数は全複素平面で正則であり, 次の場所に 1 位の零点をもつ.

$H(u)$ は $u = 2mK + 2niK'$, $\quad H_1(u)$ は $u = (2m+1)K + 2niK'$, $\quad (3.33)$

$\Theta(u)$ は $u = 2mK + (2n+1)iK'$, $\Theta_1(u)$ は $u = (2m+1)K + (2n+1)iK'$. $\quad (3.34)$

ただし, m, n は整数である. また, 擬周期性 (pseudo periodicity) と呼ばれる性質をもつ. H, Θ では

$$H(u + 2K) = -H(u), \quad H(u + 2iK') = -q^{-1} \exp \left(-\frac{\pi i u}{K} \right) H(u), \quad (3.35)$$

$$\Theta(u + 2K) = \Theta(u), \quad \Theta(u + 2iK') = -q^{-1} \exp \left(-\frac{\pi i u}{K} \right) \Theta(u) \quad (3.36)$$

となる性質のことである．これらのテータ関数を使ってヤコビの楕円関数

$$\operatorname{sn} u = k^{-1/2}H(u)/\Theta(u), \quad \operatorname{cn} u = (k'/k)^{1/2}H_1(u)/\Theta(u), \tag{3.37}$$

$$\operatorname{dn} u = k'^{1/2}\Theta_1(u)/\Theta(u) \tag{3.38}$$

を定義する．ここで，k, k' は $k^{1/2} = H_1(0)/\Theta_1(0), k'^{1/2} = \Theta(0)/\Theta_1(0)$ で定義されるもので，それぞれ母数，補母数と呼ばれる．楕円関数は三角関数を $k = 0$ の場合として含む．これを見るために $q \to 0$ の極限をとってみよう．このとき $K \to \frac{\pi}{2}, K' \to \infty, k \to 0, k' \to 1, \operatorname{sn} u \to \sin u, \operatorname{cn} u \to \cos u, \operatorname{dn} u \to 1$ がわかる．

楕円関数はレムニスケートと呼ばれる曲線の周長を計算する楕円積分の研究から 19 世紀になって生まれたもので，振り子の運動方程式の厳密解，算術幾何平均の極限などいろいろな問題に関係している [14], [17]. また本書でも第 1 章のソリトン方程式の準周期解に関係している．

楕円（テータ）関数は三角関数同様，加法定理をもつ．これを見るための準備として，まず次の公式を証明しよう．

公式 3.3.1.

$$H(u+x)H(u-x)H(v+y)H(v-y)-H(u+y)H(u-y)H(v+x)H(v-x)$$
$$= H(x+y)H(x-y)H(u+v)H(u-v). \tag{3.39}$$

証明 左辺/右辺 $= f(u)$ とする（x, y, v はパラメータと考える）．$f(u)$ は $2K, 2iK'$ を周期とする二重周期関数である．分母は $u = \pm v$ で 0 となるが，このとき分子も 0. $H(u)$ の零点は 1 位だったので $f(u)$ の $u = \pm v$ での特異点は除去可能で $f(u)$ は $0, 2K, 2K+2iK', 2iK'$ を頂点とする周期平行四辺形の内部および境界で正則．二重周期性によって $f(u)$ は全複素平面で有界となるので，リュービルの定理より $f(u) = C$（定数）．$C = f(y) = 1$. ■

同様に次の公式も証明することができる．

3.3 楕円関数と8頂点模型 **203**

$$\Theta(u)\Theta(a-u)H(v)H(a-v) - H(u)H(a-u)\Theta(v)\Theta(a-v)$$

$$= \Theta(0)\Theta(a)H(v-u)H(a-u-v), \tag{3.40}$$

$$\Theta(u)H(v) + H(u)\Theta(v) = \frac{\Theta(0)H(u+v)H_1(\frac{u-v}{2})\Theta_1(\frac{u-v}{2})}{H_1(\frac{u+v}{2})\Theta_1(\frac{u+v}{2})}, \tag{3.41}$$

$$H_1^2(0)\Theta^2(u) - \Theta^2(0)H_1^2(u) = \Theta_1^2(0)H^2(u), \tag{3.42}$$

$$H(u)\Theta(u)H_1(v)\Theta_1(v) - H(v)\Theta(v)H_1(u)\Theta_1(u)$$

$$= H(u-v)\Theta(u+v))H_1(0)\Theta_1(0), \tag{3.43}$$

$$\Theta^2(u)\Theta^2(v) - H^2(u)H^2(v) = \Theta(u-v)\Theta(u+v)\Theta^2(0). \tag{3.44}$$

これらの公式から sn, cn, dn 間の関係を求めよう. まず (3.42) より

$$\frac{H_1^2(0)\Theta^2(u) - \Theta^2(0)H_1^2(u)}{H_1^2(0)\Theta^2(u)} = \frac{\Theta_1^2(0)H^2(u)}{H_1^2(0)\Theta^2(u)}.$$

よって

$$\mathrm{cn}^2 u = 1 - \mathrm{sn}^2 u.$$

$u \to u + iK'$ として

$$1 - \left(-\frac{i\,\mathrm{dn}\,u}{k\,\mathrm{sn}\,u}\right)^2 = \frac{1}{(k\,\mathrm{sn}\,u)^2}.$$

よって

$$\mathrm{dn}^2 u = 1 - k^2\,\mathrm{sn}^2 u.$$

また, $\mathrm{sn}\,K = 1$, $\mathrm{dn}\,K = k'$ より

$$k^2 + k'^2 = 1.$$

次は sn 関数の加法公式

$$\mathrm{sn}\,(u-v) = \frac{\mathrm{sn}\,u\,\mathrm{cn}\,v\,\mathrm{dn}\,v - \mathrm{cn}\,u\,\mathrm{dn}\,u\,\mathrm{sn}\,v}{1 - k^2\,\mathrm{sn}^2 u\,\mathrm{sn}^2 v} \tag{3.45}$$

を導こう. これは (3.43) を (3.44) で辺々割り, sn の定義を用いることによって得られる. また

$$\frac{\mathrm{sn}\,(a-u)\,\mathrm{sn}\,(a-v) - \mathrm{sn}\,u\,\mathrm{sn}\,v}{1 - k^2\,\mathrm{sn}\,u\,\mathrm{sn}\,v\,\mathrm{sn}\,(a-u)\,\mathrm{sn}\,(a-v)} = \mathrm{sn}\,a\,\mathrm{sn}\,(a-u-v) \tag{3.46}$$

もあとで用いられる.

楕円（テータ）関数は母数 k にも依存するので，その依存性を $H(u,k)$ のように明示的に表すと，補母数変換と呼ばれる以下の等式が成り立つ.

$$H(u,k) = -i\chi(u)H(iu,k'), \tag{3.47}$$

$$\Theta(u,k) = \chi(u)H_1(iu,k'), \tag{3.48}$$

$$H_1(u,k) = \chi(u)\Theta(iu,k'), \tag{3.49}$$

$$\Theta_1(u,k) = \chi(u)\Theta_1(iu,k'), \tag{3.50}$$

$$\mathrm{sn}\,(u,k) = -\frac{i\,\mathrm{sn}\,(iu,k')}{\mathrm{cn}\,(iu,k')}, \tag{3.51}$$

$$\mathrm{cn}\,(u,k) = \frac{1}{\mathrm{cn}\,(iu,k')}, \tag{3.52}$$

$$\mathrm{dn}\,(u,k) = \frac{\mathrm{dn}\,(iu,k')}{\mathrm{cn}\,(iu,k')}. \tag{3.53}$$

ただし，$\chi(u) = (K/K')^{1/2}\exp(-\pi u^2/(4KK'))$ とおいた．半周期 K, K' の母数依存性については $K(k') = K'(k), K'(k') = K(k)$ が成立する.

3.3.2　8頂点模型の解のパラメトリゼーション

8頂点模型のヤン–バクスター方程式の解を楕円関数を用いて表そう．まず
$$\frac{cd}{ab} = \gamma, \quad \frac{a^2 + b^2 - c^2 - d^2}{2(ab+cd)} = \Delta$$
から d を消去すると，

$$a^2 + b^2 - c^2 - a^2b^2\gamma^2/c^2 = 2\Delta(1+\gamma)ab$$

となる．これを a/c についての2次方程式と見ると

$$\left(1 - \gamma^2\left(\frac{b}{c}\right)^2\right)\left(\frac{a}{c}\right)^2 - 2\Delta(1+\gamma)\left(\frac{b}{c}\right)\left(\frac{a}{c}\right) + \left(\left(\frac{b}{c}\right)^2 - 1\right) = 0. \tag{3.54}$$

判別式は

$$D/4 = \Delta^2(1+\gamma)^2\left(\frac{b}{c}\right)^2 - \left(1 - \gamma^2\left(\frac{b}{c}\right)^2\right)\left(\left(\frac{b}{c}\right)^2 - 1\right) \tag{3.55}$$

$$= \left(1 - y^2\left(\frac{b}{c}\right)^2\right)\left(1 - k^2y^2\left(\frac{b}{c}\right)^2\right). \tag{3.56}$$

3.3 楕円関数と 8 頂点模型

ただし, y, k は

$$k^2 y^4 = \gamma^2, \quad (1+k^2) y^2 = 1 + \gamma^2 - \Delta^2 (1+\gamma)^2 \tag{3.57}$$

で定まるものとする. $b/c = y^{-1} \operatorname{sn} u$ とおくと, 判別式 $D/4 = \operatorname{cn}^2 u \operatorname{dn}^2 u$ なので, (3.54) は

$$\frac{a}{c} = \frac{\Delta (1+\gamma) y^{-1} \operatorname{sn} u + \operatorname{cn} u \operatorname{dn} u}{1 - (\gamma/y)^2 \operatorname{sn}^2 u}$$

と解くことができる. 根号の前が負号の解もあるが, $u \to 2K - u$ とすることで取り込めるので, 上のままで一般性を失わない.

$$ky = \frac{\gamma}{\operatorname{sn} \lambda}$$

により λ を導入する. (3.57) より

$$y = \operatorname{sn} \lambda, \quad \gamma = k \operatorname{sn}^2 \lambda, \quad \Delta = \frac{\operatorname{cn} \lambda \operatorname{dn} \lambda}{1 + k \operatorname{sn}^2 \lambda}, \tag{3.58}$$

$$\frac{a}{c} = \frac{\operatorname{sn} u \operatorname{cn} \lambda \operatorname{dn} \lambda + \operatorname{sn} \lambda \operatorname{cn} u \operatorname{dn} u}{\operatorname{sn} \lambda (1 - k^2 \operatorname{sn}^2 \lambda \operatorname{sn}^2 u)} \tag{3.59}$$

が得られる. 最後の式は加法公式 (3.45) を用いてさらに

$$\frac{a}{c} = \frac{\operatorname{sn} (\lambda + u)}{\operatorname{sn} \lambda}$$

とまとめられる. さらに

$$\frac{d}{c} = \gamma \frac{a}{c} \frac{b}{c} = k \operatorname{sn} u \operatorname{sn} (\lambda + u).$$

よって

$$a : b : c : d = \operatorname{sn} (\lambda + u) : \operatorname{sn} u : \operatorname{sn} \lambda : k \operatorname{sn} \lambda \operatorname{sn} u \operatorname{sn} (\lambda + u) \tag{3.60}$$

ヤン–バクスター方程式に現れるボルツマンウェイトは, $a', \dots, a'', \dots$ もあった. これについても詳しく調べよう. (3.19),(3.26) およびヤン–バクスター方程式 (3.13)–(3.18) が $\{a, b, c, d\}$ と $\{a'', b'', c'', d''\}$ について対称であることを考えると

$$\gamma = \gamma' = \gamma'', \quad \Delta = \Delta' = \Delta''.$$

よって, (3.60) に現れるパラメータ k, λ は $a', \dots$ や $a'', \dots$ にも共通であることがわかる. 一方, もう一方のパラメータ u は異なっていてよいので, $a', \dots$ と

$a'', \ldots$ に対応するものをそれぞれ u', u'' とおく．(3.13) より $c'(aa'' - bb'') = a'(cc'' - dd'')$．よって

$$\mathrm{sn}\,\lambda(\,\mathrm{sn}\,(\lambda - u)\,\mathrm{sn}\,(\lambda - u'') - \mathrm{sn}\,u\,\mathrm{sn}\,u'')$$
$$= \mathrm{sn}\,(\lambda - u')(\,\mathrm{sn}^2\lambda - k^2\,\mathrm{sn}^2\lambda\,\mathrm{sn}\,u\,\mathrm{sn}\,u''\,\mathrm{sn}\,(\lambda - u)\,\mathrm{sn}\,(\lambda - u''))$$

これを公式 (3.46) を使って整理して

$$\mathrm{sn}\,(\lambda - u - u'') = \mathrm{sn}\,(\lambda - u')$$

を得る．よって $u + u'' = u' +$（周期）だが，（周期）の部分は 0 として一般性を失わない．よって，$u' = u + u''$ が成立していることが必要であることがわかる．逆に，このとき 3 種類のボルツマンウェイトの組 $a, \ldots, a', \ldots, a'', \ldots$ の楕円関数による表示はヤン–バクスター方程式を満たす．

3.4 8頂点模型の兄弟

3.4.1 ヤン–バクスター方程式の行列表示

まずベクトル空間のテンソル積について復習しよう．U をベクトル $u_1, u_2, \ldots, u_m$ を基底とするベクトル空間，V を $v_1, v_2, \ldots, v_n$ を基底とするベクトル空間とする．$u_i \otimes v_j \ (i = 1, \ldots, m, j = 1, \ldots, n)$ と表されるベクトルを基底とするベクトル空間を $U \otimes V$ と書き，U と V のテンソル積という．$\dim(U \otimes V) = (\dim U)(\dim V)$ となる．α をスカラー，u, u' を U のベクトル，v, v' を V のベクトルとするとき

$$(\alpha u) \otimes v = u \otimes (\alpha v) = \alpha(u \otimes v),$$
$$(u + u') \otimes v = u \otimes v + u' \otimes v,$$
$$u \otimes (v + v') = u \otimes v + u \otimes v'$$

が成立する．三つ以上のベクトル空間のテンソル積も同様に考えることができる．

f を U 上，g を V 上の線形写像とする．このとき

$$(f \otimes g)(u \otimes v) = f(u) \otimes g(v)$$

で定義される $U \otimes V$ 上の線形写像 $f \otimes g$ を考えることができる．$f \otimes g$ の行列表示を考えてみよう．たとえば V を u_+, u_- で張られる 2 次元のベクトル空間とし，f, g を V 上の線形写像とする．f, g の基底 u_+, u_- に関する行列表示をそれぞれ

$$A = \begin{pmatrix} a_{11} & a_{12} \\ a_{21} & a_{22} \end{pmatrix}, \quad B = \begin{pmatrix} b_{11} & b_{12} \\ b_{21} & b_{22} \end{pmatrix}$$

とする．このとき

$$(f \otimes g)(u_+ \otimes u_+) = (a_{11}u_+ + a_{21}u_-) \otimes (b_{11}u_+ + b_{21}u_-)$$
$$= a_{11}b_{11}u_+ \otimes u_+ + a_{11}b_{21}u_+ \otimes u_-$$
$$+ a_{21}b_{11}u_- \otimes u_+ + a_{21}b_{21}u_- \otimes u_-$$

などの計算により $V^{\otimes 2}$ 上の線形写像 $f \otimes g$ の基底 $u_+ \otimes u_+, u_+ \otimes u_-, u_- \otimes u_+, u_- \otimes u_-$ に関する行列表示は

$$\begin{pmatrix} a_{11}B & a_{12}B \\ a_{21}B & a_{22}B \end{pmatrix}$$

となることがわかる．これを行列 A と B のクロネッカー積といい $A \otimes B$ で表す．一般に，f を $u_1, u_2, \ldots, u_m$ を基底とするベクトル空間 U 上，g を $v_1, v_2, \ldots, v_n$ を基底とするベクトル空間 V 上の線形写像とし，A, B をそれぞれ上で与えた基底に関する f, g の行列表示とするとき，$U \otimes V$ 上の線形写像 $f \otimes g$ の $u_1 \otimes v_1, u_1 \otimes v_2, \ldots, u_1 \otimes v_n, u_2 \otimes v_1, \ldots, u_m \otimes v_n$ に関する行列表示は

$$\begin{pmatrix} a_{11}B & a_{12}B & \cdots & a_{1m}B \\ a_{21}B & & & \\ \vdots & & \ddots & \vdots \\ a_{m1}B & & \cdots & a_{mm}B \end{pmatrix}$$

となる．ただし，$(a_{ij})_{i,j=1}^m = A$ である．これを $A \otimes B$ と表す．

頂点模型のヤン-バクスター方程式 (3.12) を線形写像の方程式として書き表すことを考える．I をその頂点模型のスピン変数のとる値の集合とし，V を $\{u_\alpha \mid \alpha \in I\}$ を基底とするベクトル空間とする．$V^{\otimes 2}(= V \otimes V)$ 上の線形写像

R をボルツマンウェイト $w(\mu, \alpha \mid \beta, \mu')(\mu, \alpha, \beta, \mu' \in I)$ を使って

$$R(u_\mu \otimes u_\alpha) = \sum_{\mu', \beta \in I} w(\mu, \alpha \mid \beta, \mu')(u_{\mu'} \otimes u_\beta)$$

と定義し,R', R'' もそれぞれ w', w'' を用いて同様に定義する.すると (3.12) は $V^{\otimes 3}$ 上の線形写像についての方程式

$$R''_{12}R'_{13}R_{23} = R_{23}R'_{13}R''_{12} \tag{3.61}$$

と同値になる.ただし,R_{ij}(R'_{ij}, R''_{ij} についても同様)は $V^{\otimes 3}$ 上の線形写像で $V \otimes V \otimes V$ の i 番目と j 番目の成分にのみ R としてはたらくものである.たとえば R_{13} は

$$R_{13}(u_\mu \otimes u_\nu \otimes u_\alpha) = \sum_{\mu', \beta \in I} w(\mu, \alpha \mid \beta, \mu')(u_{\mu'} \otimes u_\nu \otimes u_\beta)$$

と定義されていることになる.(3.12) と (3.61) の同値性は (3.61) の両辺を $u_\nu \otimes u_\mu \otimes u_\alpha$ に作用させて $u_{\mu'} \otimes u_{\nu'} \otimes u_\beta$ の係数を拾うと (3.12) となることより従う.この R は**量子 $\boldsymbol{R}$ 行列**と呼ばれる.$P(u \otimes v) = v \otimes u \ (u, v \in V)$ となる線形写像 P を用いて,$\check{R} = PR$($\check{R}', \check{R}''$ も同様)とすると (3.12) は

$$\check{R}''_{23}\check{R}'_{12}\check{R}_{23} = \check{R}_{12}\check{R}'_{23}\check{R}''_{12} \tag{3.62}$$

あるいは

$$(I \otimes \check{R}'')(\check{R}' \otimes I)(I \otimes \check{R}) = (\check{R} \otimes I)(I \otimes \check{R}')(\check{R}'' \otimes I) \tag{3.63}$$

のように書くこともできる.ただし (3.63) で I は V 上の恒等写像を表している.

8 頂点模型の場合に R を求めてみよう.ベクトル空間 V の基底を u_+, u_- ととると

$$R = \begin{pmatrix} a & & & d \\ & b & c & \\ & c & b & \\ d & & & a \end{pmatrix}$$

となる.ただし,a, b, c, d は (3.60) で与えられたものである(共通因子はどうとってもよい).また,$\check{R}$ は

$$\check{R} = \begin{pmatrix} a & & & d \\ & c & b & \\ & b & c & \\ d & & & a \end{pmatrix}$$

となる.

3.4.2 XYZ スピン模型

XYZ スピン模型のハミルトニアンとは

$$\mathcal{H} = -\frac{1}{2}\sum_{i=1}^{N}(J_x\sigma_i^x\sigma_{i+1}^x + J_y\sigma_i^y\sigma_{i+1}^y + J_z\sigma_i^z\sigma_{i+1}^z) \tag{3.64}$$

で与えられる $V^{\otimes N}(V = \mathbb{C}^2)$ 上の線形写像のことである. ただし, J_x, J_y, J_z はスカラーで

$$\sigma^x = \begin{pmatrix} 0 & 1 \\ 1 & 0 \end{pmatrix}, \quad \sigma^y = \begin{pmatrix} 0 & -i \\ i & 0 \end{pmatrix}, \quad \sigma^z = \begin{pmatrix} 1 & 0 \\ 0 & -1 \end{pmatrix}$$

はパウリ行列であり, $\sigma_i^\xi \; (\xi = x, y, z)$ は

$$\sigma_i^\xi = I \otimes \cdots \otimes \underset{i}{\sigma^\xi} \otimes \cdots \otimes I$$

を意味する. さらに, 頂点模型の転送行列と同じく $\sigma_{N+1}^\xi = \sigma_1^\xi$ と周期的境界条件を課しておくものとする.

次に, $\mathcal{H}$ が 8 頂点模型の転送行列と関係していることを見よう. 8 頂点模型のボルツマンウェイトは (3.60) で比例定数が 1 であるものを採用する. 転送行列をスペクトル変数 u の依存性を明示し $T(u)$ と書く. (3.7) より

$$T(0)_{\boldsymbol{\alpha\beta}} = (\operatorname{sn}\lambda)^N\prod_i \delta_{\alpha_{i-1}\beta_i},$$

$$\frac{d}{du}T(0)_{\boldsymbol{\alpha\beta}} = (\operatorname{sn}\lambda)^{N-1}\sum_{i=1}^{N}\frac{d}{du}w(\alpha_{i-1}, \alpha_i \mid \beta_i, \beta_{i+1})\bigg|_{u=0}$$

の計算より

$$(\operatorname{sn}\lambda)\left(\frac{d}{du}\log T(0)\right)_{\boldsymbol{\alpha\beta}} = \sum_{i=1}^{N}\frac{d}{du}w(\alpha_i, \alpha_{i+1} \mid \beta_i, \beta_{i+1})\bigg|_{u=0}$$

よって

$$(\operatorname{sn}\lambda)\frac{d}{du}\log T(0) = \sum_{i=1}^{N}\frac{d}{du}\check{R}(0)_{i,i+1}$$

がわかる.ただし,$\frac{d}{du}\log T$ は $T^{-1}\frac{dT}{du}$ を表す.$[T(u),T(v)]=0$ より T^{-1} と $\frac{dT}{du}$ も可換であることに注意しよう.$\frac{d}{du}\check{R}(0)_{i,i+1}$ は $V^{\otimes N}$ 上 $i,i+1$ 成分に

$$\frac{d}{du}\check{R}(0) = \begin{pmatrix} \operatorname{cn}\lambda\operatorname{dn}\lambda & & & k\operatorname{sn}^2\lambda \\ & 0 & 1 & \\ & 1 & 0 & \\ k\operatorname{sn}^2\lambda & & & \operatorname{cn}\lambda\operatorname{dn}\lambda \end{pmatrix}$$

としてはたらき,他の成分には恒等写像としてはたらく線形写像である.これを XYZ 模型のハミルトニアン (3.64) と比べると

$$J_x = 1 + k\operatorname{sn}^2\lambda, \quad J_y = 1 - k\operatorname{sn}^2\lambda, \quad J_z = \operatorname{cn}\lambda\operatorname{dn}\lambda \tag{3.65}$$

の対応のもとで

$$\mathcal{H} = -(\operatorname{sn}\lambda)\frac{d}{du}\log T(0) + \frac{1}{2}\operatorname{cn}\lambda\operatorname{dn}\lambda\cdot\mathrm{id}$$

となることがわかる.これより,もし 8 頂点模型の転送行列が対角化できれば,XYZ 模型のハミルトニアン $\mathcal{H}$ も対角化できることになる.

XYZ 模型のハミルトニアンにあるパラメータ J_x, J_y, J_z のパラメトリゼーション (3.65) を見てみよう.$k=0$ のときは,$J_x = J_y = 1, J_z = \cos\lambda$ となる.この場合のスピン模型はとくに **XXZ 模型**といわれる.対応する頂点模型は,量子 R 行列が

$$R = \begin{pmatrix} \sin(\lambda+u) & & & \\ & \sin u & \sin\lambda & \\ & \sin\lambda & \sin u & \\ & & & \sin(\lambda+u) \end{pmatrix} \tag{3.66}$$

で **6 頂点模型**と呼ばれる.これは,8 頂点模型の非零のボルツマンウェイト(図 3.7)のうち最後の二つが 0 となって,六つの状態しか統計力学的には出現しないことに由来する.さらに進んで $\lambda=0$ のときは $J_x = J_y = J_z = 1$ となり,このスピン模型は **XXX 模型**といわれる.

3.4.3 頂点・面対応

8頂点模型のヤン–バクスター方程式の解で共通因子を適当にとり

$$a = \rho_0 \Theta(\lambda)\Theta(\lambda u)H(\lambda(u+1)), \tag{3.67}$$

$$b = \rho_0 \Theta(\lambda)H(\lambda u)\Theta(\lambda(u+1)), \tag{3.68}$$

$$c = \rho_0 H(\lambda)\Theta(\lambda u)\Theta(\lambda(u+1)), \tag{3.69}$$

$$d = \rho_0 H(\lambda)H(\lambda u)H(\lambda(u+1)) \tag{3.70}$$

ととることができる. ただし, ρ_0 は $\rho_0 = 1/\Theta(0)H(\lambda)\Theta(\lambda)$ とする. $k, l, m, n \in \mathbb{Z}, u \in \mathbb{C}$ に対し

$$|k-l| = |l-m| = |k-n| = |n-m| = 1 \text{ でなければ } W(k,l,m,n|u) = 0 \tag{3.71}$$

という条件を満たす関数 $W(k,l,m,n|u)$ と関数 $f_{k,\eta}(u), g_{k,\eta}(u)$ を成分とする2次元列ベクトル

$$\phi_{kl}(u) = \begin{cases} \begin{pmatrix} f_{k,\eta}(u) \\ g_{k,\eta}(u) \end{pmatrix} & (\eta = l - k = \pm 1 \text{ のとき}) \\ \begin{pmatrix} 0 \\ 0 \end{pmatrix} & (\text{その他}) \end{cases}$$

で関係式

$$\check{R}(u-v)(\phi_{kl}(u) \otimes \phi_{lm}(v)) = \sum_n W(k,l,m,n|u-v)\phi_{kn}(v) \otimes \phi_{nm}(u) \tag{3.72}$$

を満たすものがないか探してみよう. 楕円テータ関数の加法公式 (3.3.1項) を使うよい機会である. $\check{R}$ はスペクトル変数の依存性を明示した8頂点模型の量子 R 行列であり, 関数 $W(k,l,m,n|u)$ は図3.8のように, 頂点・面対応と呼ばれる関係式 (3.72) は図3.9のように図示される (図3.9の黒丸 ● は和をとることを意味する). まず図3.9で $l = n = k+\eta, m = k+2\eta\,(\eta = \pm 1)$ の場合の関係式を調べてみよう. 第1成分を書き下すと

$$af_{k,\eta}(u)f_{k+\eta,\eta}(v) + dg_{k,\eta}(u)g_{k+\eta,\eta}(v)$$
$$= W(k, k+\eta, k+2\eta, k+\eta|u-v)f_{k+\eta,\eta}(u)f_{k,\eta}(v)$$

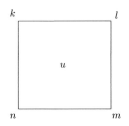

図 3.8 関数 $W(k,l,m,n|u)$

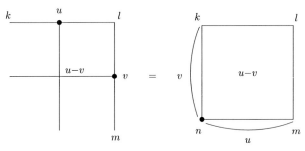

図 3.9 頂点・面対応

となる. a, d は (3.67),(3.70) で $u \to u-v$ としたもの. 左辺を詳しく見てみると

$$\frac{H(\lambda(1+u-v))}{\Theta(0)H(\lambda)\Theta(\lambda)}$$
$$\times \{\Theta(\lambda)\Theta(\lambda(u-v))f_{k,\eta}(u)f_{k+\eta,\eta}(v) + H(\lambda)H(\lambda(u-v))g_{k,\eta}(u)g_{k+\eta,\eta}(v)\}$$

となる. (3.40) と見比べると

$$f_{k,\eta}(u) = H(\lambda(s^\eta + k - \eta u)), \quad g_{k,\eta}(u) = \Theta(\lambda(s^\eta + k - \eta u)) \quad (3.73)$$

(s^η は定数) とおくと公式がうまく適用できることがわかり,

$$W(k, k+\eta, k+2\eta, k+\eta|u) = \frac{H(\lambda(1+u))\Theta(\lambda(1+u))}{H(\lambda)\Theta(\lambda)}$$

が求まる.

次に, 図 3.9 で $l = n = k+\eta, m = k$ や $l = k+\eta, m = k, n = k-\eta$ ($\eta = \pm 1$) の場合の関係式を調べてみよう. (3.73) を代入して第 1 成分を書き下すと

$$\frac{H(\lambda(1+u-v))}{\Theta(0)H(\lambda)\Theta(\lambda)} \times$$

$$\{\Theta(\lambda)\Theta(\lambda(u-v))H(\lambda(s^\eta+k-\eta u))H(\lambda(s^{-\eta}+k+\eta+\eta v))$$

$$+ H(\lambda)H(\lambda(u-v))\Theta(\lambda(s^\eta+k-\eta u))\Theta(\lambda(s^{-\eta}+k+\eta+\eta v))\}$$

$$= W(k,k+\eta,k,k+\eta|u-v)H(\lambda(s^{-\eta}+k+\eta+\eta u))H(\lambda(s^\eta+k-\eta v))$$

$$+ W(k,k+\eta,k,k-\eta|u-v)H(\lambda(s^\eta+k-\eta-\eta u))H(\lambda(s^{-\eta}+k+\eta v)) \tag{3.74}$$

となる. まず右辺第 2 項が消えるよう $u \to u+v, \eta v = -s^{-\eta}-k$ とすると,

$$\frac{H(\lambda(1+u))}{\Theta(0)}\{\Theta(\lambda u)H(\lambda(2\eta(\sigma+k)-u))+(\Theta \leftrightarrow H)\}$$

$$= W(k,k+\eta,k,k+\eta|u)H(\lambda\eta(1+u))H(2\lambda(\sigma+k))$$

となる. ここで $\sigma = \frac{s^+ + s^-}{2}$ とおいた. さらに (3.41) を用いることによって

$$W(k,k+\eta,k,k+\eta|u) = \frac{H_1(\lambda(\sigma+k-\eta u))\Theta_1(\lambda(\sigma+k-\eta u))}{H_1(\lambda(\sigma+k))\Theta_1(\lambda(\sigma+k))}$$

を得る. まったく同様に (3.74) で $u \to u+v, \eta v = s^\eta+k$ とすることによって

$$W(k,k+\eta,k,k-\eta|u) = \frac{H(\lambda u)\Theta(\lambda u)H_1(\lambda(\sigma+k+\eta))\Theta_1(\lambda(\sigma+k+\eta))}{H(\lambda)\Theta(\lambda)H_1(\lambda(\sigma+k))\Theta_1(\lambda(\sigma+k))}$$

も得る. (3.31),(3.32) を見れば, $\xi = \sigma + K/\lambda = \frac{s^+ + s^-}{2} + K/\lambda$ とおくことによって, (3.71) 以外の $W(k,l,m,n|u)$ はすべて関数 $[u] = H(\lambda u)\Theta(\lambda u)$ を用いて

$$W(k,k\pm 1,k\pm 2,k\pm 1|u) = \frac{[u+1]}{[1]} \tag{3.75}$$

$$W(k,k\pm 1,k,k\pm 1|u) = \frac{[\xi+k\mp u]}{[\xi+k]} \tag{3.76}$$

$$W(k,k\pm 1,k,k\mp 1|u) = \frac{[\xi+k\pm 1][u]}{[\xi+k][1]} \tag{3.77}$$

と表される.

3.4.4 制限面模型（ABF 模型）

2 次元正方格子上の**面模型**（face model, 文献 [2] では IRF model と呼ばれた）

を説明する．これは格子点上に，ある集合 I に値をとるスピン変数があり，単位正方形を囲む四つのスピン変数の値によってその面に相互作用が生じるモデルである．図 3.10 における網掛の正方形のまわりのスピン変数の値 $k, l, m, n(\in I)$ が図 3.11 のように決まると，相互作用エネルギー $\varepsilon(k, l, m, n)$ が定まるわけで

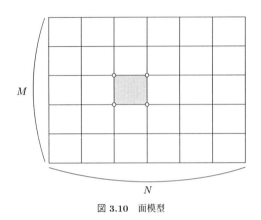

図 3.10 面模型

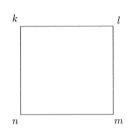

図 3.11 面模型の相互作用エネルギー

ある．$M \times N$ 格子の全格子点でのスピン変数の値を $\boldsymbol{\mu}$ で表そう．このとき格子全体でのエネルギーは

$$E(\boldsymbol{\mu}) = \sum_{\text{すべての面}} \varepsilon(\mu_i, \mu_j, \mu_k, \mu_l)$$

で与えられる．ここで和は格子内のすべての面に関してとり $\mu_i, \mu_j, \mu_k, \mu_l$ はその頂点のまわりのスピン変数の値である．分配関数は

$$Z_{M,N} = \sum_{\text{すべての } \boldsymbol{\mu} \text{ の配置}} \exp(-E(\boldsymbol{\mu})/k_B T) \qquad (3.78)$$

$$= \sum_{\text{すべての } \boldsymbol{\mu} \text{ の配置}} \prod_{\text{すべての面}} w(\mu_i, \mu_j, \mu_k, \mu_l) \qquad (3.79)$$

で与えられる．ここで $w(k, l, m, n) = \exp(-\varepsilon(\mu_i, \mu_j, \mu_k, \mu_l)/k_B T)$ はボルツマンウェイトである．計算の際には頂点模型のときと同様，縦方向にも横方向にも周期的境界条件を課すものとする．これを熱力学的極限で計算したい．

頂点模型の場合と同様に面模型にも転送行列を定義する．図 3.12 のように正

3.4 8頂点模型の兄弟

図 3.12 面模型の転送行列

方格子の 1 行分を取り出し，下段のスピン変数の配置を $\boldsymbol{k} = (k_1, \ldots, k_{N+1})$，上段のそれを $\boldsymbol{l} = (l_1, \ldots, l_{N+1})$ とする．転送行列 T とは行，列が $\boldsymbol{k}, \boldsymbol{l}$ でインデックスされ，$(\boldsymbol{k}, \boldsymbol{l})$ 成分が

$$T_{\boldsymbol{k}, \boldsymbol{l}} = \prod_{j=1}^{N} w(l_j, l_{j+1}, k_{j+1}, k_j)$$

で与えられる行列である．ただし，周期的境界条件により $k_{N+1} = k_1, l_{N+1} = l_1$ となっている．別のボルツマンウェイトの組 $w'(k, l, m, n)$ を考え，それより定義される転送行列を T' とする．頂点模型の場合と同様の考察により，T と T' が可換になるための条件はさらにもう一組のボルツマンウェイトの組 $w''(k, l, m, n)$ が存在して次の方程式（これもヤン–バクスター方程式と呼ばれる）が成立することである．

$$\sum_q w(p, q, n, r) w'(k, l, q, p) w''(l, m, n, q) \tag{3.80}$$

$$= \sum_q w''(k, q, r, p) w'(q, m, n, r) w(k, l, m, q) \tag{3.81}$$

図示については図 3.13 を参照．

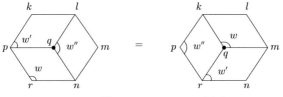

図 3.13 面模型のヤン–バクスター方程式

8 頂点模型のボルツマンウェイトはヤン–バクスター方程式を満たした．頂点・面対応を用いてボルツマンウェイトが面模型タイプのヤン–バクスター方程

216   第 3 章 可解格子模型

式を満たすような面模型を構成しよう．まず 8 頂点模型のヤン–バクスター方程式

$$(1 \otimes \check{R}(u_1 - u_2))(\check{R}(u_1 - u_3) \otimes 1)(1 \otimes \check{R}(u_2 - u_3))$$
$$= (\check{R}(u_2 - u_3) \otimes 1)(1 \otimes \check{R}(u_1 - u_3))(\check{R}(u_1 - u_2) \otimes 1)$$
$$(3.82)$$

を思い出そう．一方，頂点・面対応は

$$\check{R}(u - v)(\phi_{kl}(u) \otimes \phi_{lm}(v)) = \sum_m W(k, l, m, n | u - v) \phi_{kn}(v) \otimes \phi_{nm}(u)$$

と書ける．$\phi_{kl}(u_1) \otimes \phi_{lm}(u_2) \otimes \phi_{mn}(u_3)$ に (3.82) の両辺を作用させると

$$LHS = \sum_{p,q,r} W(p, q, n, r | u_1 - u_2) W(k, l, q, p | u_1 - u_3) W(l, m, n, q | u_2 - u_3)$$
$$\times \phi_{kp}(u_3) \otimes \phi_{pr}(u_2) \otimes \phi_{rn}(u_1)$$
$$RHS = \sum_{p,q,r} W(k, q, r, p | u_2 - u_3) W(q, m, n, r | u_1 - u_3) W(k, l, m, q | u_1 - u_2)$$
$$\times \phi_{kp}(u_3) \otimes \phi_{pr}(u_2) \otimes \phi_{rn}(u_1)$$

となる (図 3.14)．p, r をいろいろ取り替えて得られるベクトルの組 $\{\phi_{kp}(u_3) \otimes \phi_{pr}(u_2) \otimes \phi_{rn}(u_1)\}_{p,r}$ は 1 次独立なので，上の 2 式より

$$\sum_q W(p, q, n, r | u) W(k, l, q, p | u + v) W(l, m, n, q | v)$$
$$= \sum_q W(k, q, r, p | v) W(q, m, n, r | u + v) W(k, l, m, q | u)$$

が従う．よって，(3.71)–(3.77) は面模型タイプのヤン–バクスター方程式 (3.81) を満たすことがわかる．

これで面模型が構成できたわけだがスピン変数がとる値の集合が $\mathbb{Z}$ と無限集合となっている．これを有限集合に制限したい．L を 4 以上の整数とし，スピン変数のとる値の集合を $I = \{1, 2, \ldots, L-1\}$ とする．さらに (3.71)–(3.77) で $\xi = 0, \lambda = 2K/L$ とおく（こうすると，$k, l, m, n \in I$ であれば $W(k, l, m, n | u)$ は $\neq 0$ で有限，$[0] = [L] = 0$）．このようにするとスピン変数の値を I に制限してもヤン–バクスター方程式が成立することが次のようにしてわかる．ヤン–

3.4 8頂点模型の兄弟

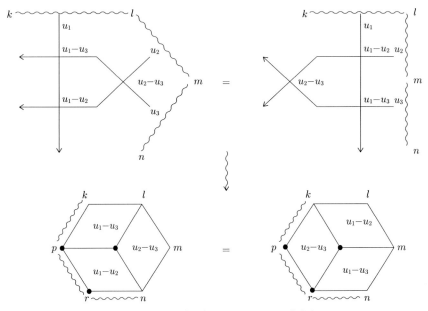

図 3.14 面・頂点対応とヤン–バクスター方程式

バクスター方程式（図 3.13）の外点がすべて I に属するとする．このときボルツマンウェイトの分母が 0 になるということは起こらない．内点には 0 または L が現れるときがあるが，その場合その項に含まれるボルツマンウェイトのどれか一つが必ず 0 となるのでヤン–バクスター方程式は内点を I に制限しても成立する．

面模型のボルツマンウェイトを

$$w'(k,l,m,n) = \sqrt{\frac{f(k,n)f(n,m)}{f(k,l)f(l,m)}}\, w(k,l,m,n)$$

と変形しても，もとのボルツマンウェイト w がヤン–バクスター方程式を満たしていれば新しいボルツマンウェイト w' もヤン–バクスター方程式を満たす．今の場合に $f(k,l) = f(l,k) = \varepsilon_k \varepsilon_l \sqrt{[k][l]}$, ただし, $\varepsilon_k = \pm 1, \varepsilon_k \varepsilon_{k+1} = (-1)^k$ とおくと

$$W(k, k\pm 1, k\pm 2, k\pm 1 | u) = \frac{[u+1]}{[1]} \tag{3.83}$$

$$W(k, k\pm 1, k, k\pm 1 | u) = \frac{[k \mp u]}{[k]} \tag{3.84}$$

$$W(k, k \pm 1, k, k \mp 1 | u) = \frac{[-u]}{[1]} \frac{\sqrt{[k+1][k-1]}}{[k]} \tag{3.85}$$

となる．このようにして得られた制限模型は，それを詳しく解析した論文 [1] の 3 人の著者アンドリュース (G. E. Andrews)，バクスター，フォレスター (P. J. Forrester) の頭文字をとって **ABF 模型**と呼ばれている．この模型が物理的意味をもつためには上のすべてのボルツマンウェイトが正である必要があるが，たとえば楕円テータ関数の q とスペクトル変数 u が

$$0 < q < 1, \quad -1 < u < 0 \tag{3.86}$$

の範囲にある場合その要件を満たす．

ABF 模型のボルツマンウェイトの性質，対称性をまとめておく．

(i) $W(k, l, m, n | u = 0) = \delta_{ln}$

(ii) $W(k, l, m, n | u) = W(k, n, m, l | u)$ （折り返し対称性）

(iii) $W(k, l, m, n | u) = \frac{g_l g_n}{g_k g_m} W(n, k, l, m | -1 - u)$ （90° 回転対称性）

ただし，$g_k = \sqrt{[k]}$．90° 回転対称性より 180° 回転対称性が従う．

3.5 6 頂点模型とベーテ仮説

この節ではベーテ仮説法によって 6 頂点模型の自由エネルギーを計算する．

3.5.1 ベーテ仮説法

ここではある仮定のもとで転送行列の固有値，固有ベクトルを求める方法であるベーテ仮説法（Bethe Ansatz, とくに代数的ベーテ仮説といわれるバージョン）を説明する．まず頂点模型の転送行列 (3.7) を思い出そう．今は 6 頂点模型を考えているので $I = \{\pm 1\}$ である．転送行列の定義を参考にして，モノドロミー行列 $\mathcal{T}$ を，行（列）のインデックスが $(\mu_1, \boldsymbol{\alpha})((\mu_{N+1}, \boldsymbol{\beta}))$ で表され，$((\mu_1, \boldsymbol{\alpha}), (\mu_{N+1}, \boldsymbol{\beta}))$ 成分 $\mathcal{T}_{(\mu_1, \boldsymbol{\alpha}) (\mu_{N+1}, \boldsymbol{\beta})}$ が

$$\sum_{\mu_2, \ldots, \mu_N = \pm 1} w(\mu_1, \alpha_1 \mid \beta_1, \mu_2) w(\mu_2, \alpha_2 \mid \beta_2, \mu_3) \cdots w(\mu_N, \alpha_N \mid \beta_N, \mu_{N+1})$$

で与えられる行列として定義する. (3.7) と異なる点は周期的境界条件 $\mu_{N+1} = \mu_1$ をおかず, μ_1, μ_{N+1} も行, 列のインデックスに入れてあることである. よって, e_+, e_- を基底とする2次元ベクトル空間 V を考えると $\mathcal{T}$ は

$$\mathcal{T}(e_{\mu_{N+1}} \otimes e_{\beta_1} \otimes \cdots \otimes e_{\beta_N}) = \sum_{\mu_1, \boldsymbol{\alpha}} \mathcal{T}_{(\mu_1, \boldsymbol{\alpha})\,(\mu_{N+1}, \boldsymbol{\beta})}(e_{\mu_1} \otimes e_{\alpha_1} \otimes \cdots \otimes e_{\alpha_N})$$

によって定義される $V^{\otimes(N+1)}$ 上の線形写像と見なすことができる. この $V^{\otimes(N+1)}$ を $V \otimes (V^{\otimes N})$ と考え, 第1成分 V に関して行列表示したものを

$$\mathcal{T} = \begin{pmatrix} A & B \\ C & D \end{pmatrix}$$

とする. つまり, u を $V^{\otimes N}$ のベクトルとして

$$\mathcal{T}(e_+ \otimes u) = e_+ \otimes Au + e_- \otimes Cu,$$
$$\mathcal{T}(e_- \otimes u) = e_+ \otimes Bu + e_- \otimes Du$$

とおいているわけであり, A, B, C, D は $V^{\otimes N}$ 上の線形写像である. このとき転送行列 T は $T = A + D$ となる. さらにもう一つのモノドロミー行列

$$\mathcal{T}' = \begin{pmatrix} A' & B' \\ C' & D' \end{pmatrix}$$

が与えられたとき, 通常の行列のクロネッカー積にならい

$$\mathcal{T} \otimes \mathcal{T}' = \begin{pmatrix} AA' & AB' & BA' & BB' \\ AC' & AD' & BC' & BD' \\ CA' & CB' & DA' & DB' \\ CC' & CD' & DC' & DD' \end{pmatrix}$$

とおく. 3.2.2項のヤン–バクスター方程式の導出を復習すれば, 量子 R 行列やモノドロミー行列の間に

$$\check{R}(u-v)(\mathcal{T}(u) \otimes \mathcal{T}(v)) = (\mathcal{T}(v) \otimes \mathcal{T}(u))\check{R}(u-v) \qquad (3.87)$$

の関係があることがわかる. ここで $\check{R}(u)$ は (3.66) から $\check{R} = PR$ で定まる量子 R 行列であり, $\mathcal{T}(u)$ は6頂点模型のボルツマンウェイトを $a = \sin(u+\eta), b =$

$\sin(u - \eta), c = \sin(2\eta)(\eta = \lambda/2)$ ととったときのモノドロミー行列である.
(3.87) を成分ごとに書き下すと，たとえば次の関係式が得られる.

$$[A(u), A(v)] = 0, \quad [B(u), B(v)] = 0,$$

$$[C(u), C(v)] = 0, \quad [D(u), D(v)] = 0,$$

$$a(u - v)B(u)A(v) = b(u - v)A(v)B(u) + cB(v)A(u),$$

$$a(u - v)B(v)D(u) = cB(u)D(v) + b(u - v)D(u)B(v).$$

あとで用いるために最後の 2 式を次の形に書き直しておく.

$$A(u)B(v) = \tilde{a}(v - u)B(v)A(u) - \tilde{c}(v - u)B(u)A(v), \tag{3.88}$$

$$D(u)B(v) = \tilde{a}(u - v)B(v)D(u) - \tilde{c}(u - v)B(u)D(v). \tag{3.89}$$

ただし，$\tilde{a}(u) = a(u)/b(u), \tilde{c}(u) = c/b(u)$ である．さて $V^{\otimes N}$ のベクトル Ω を

$$\Omega = e_+ \otimes \cdots \otimes e_+$$

とおくと

$$A(u)\Omega = \sin^N(u + \eta)\Omega, \quad D(u)\Omega = \sin^N(u - \eta)\Omega,$$

$$C(u)\Omega = 0$$

がわかる.

以上の準備のもとで，転送行列 $T(u)$ の固有値，固有ベクトルを求める問題に移ろう．まず $u_1, \ldots, u_n$ に依存するベクトル $\Phi(u_1, \ldots, u_n)$ を

$$\Phi(u_1, \ldots, u_n) = \prod_{l=1}^{n} B(u_l)\Omega$$

とおく．$[B(u), B(v)] = 0$ より，右辺は $B(u_l)$ の積の順序によらないことに注意しよう．この項では次の定理を証明する.

定理 3.5.1 (ベーテ仮説法). $u_1, \ldots, u_n$ が

$$\left(\frac{\sin(u_j + \eta)}{\sin(u_j - \eta)} \right)^N = \prod_{\substack{l=1 \\ l \neq j}}^{n} \left(-\frac{\sin(u_j - u_l + 2\eta)}{\sin(u_l - u_j + 2\eta)} \right) \quad (j = 1, \ldots, n) \tag{3.90}$$

3.5 6頂点模型とベーテ仮説 **221**

を満たすならば，$\Phi(u_1, \ldots, u_n)$ は転送行列 $T(u) = A(u) + D(u)$ の固有値

$$\Lambda(u; u_1, \ldots, u_n) = \sin^N(u + \eta) \prod_{l=1}^{n} \frac{\sin(u_l - u + 2\eta)}{\sin(u_l - u)}$$

$$+ \sin^N(u - \eta) \prod_{l=1}^{n} \frac{\sin(u - u_l + 2\eta)}{\sin(u - u_l)} \quad (3.91)$$

に対応する固有ベクトルである．

証明 (3.88),(3.89) を思い出そう．そこに現れる $\tilde{c}(u)$ は $\tilde{c}(-u) = -\tilde{c}(u)$ を満たすことに注意しよう．我々はまず

$$(A(u) + D(u)) \prod_{l=1}^{n} B(u_l)\Omega = \Lambda(u; u_1, \ldots, u_n) \prod_{l=1}^{n} B(u_l)\Omega$$

$$+ \sum_{j=1}^{n} \Lambda_j(u; u_1, \ldots, u_n) B(u) \prod_{\substack{l=1 \\ l \neq j}}^{n} B(u_j)\Omega \quad (3.92)$$

を示す．ここで Λ は (3.91) で与えられるものであり，Λ_j はあとで求まる数である．(3.88) と (3.89) を用いながら，(3.92) の左辺で $A(u)$ と $D(u)$ を $B(u_l)$ を通過させて Ω の左までもっていく．このとき出てくるベクトルは $\prod_{l=1}^{n} B(u_l)\Omega, B(u) \prod_{\substack{l=1 \\ l \neq j}}^{n} B(u_l)\Omega$ $(j = 1, \ldots, n)$ の $n+1$ 個である（B 同士は可換であることに注意）．まず $\prod_{l=1}^{n} B(u_l)\Omega$ が出るのが (3.88),(3.89) を使う際，すべての場合に右辺の第 1 項を選んだときであるので前に出る係数が Λ となることはすぐにわかる．また $B(u) \prod_{\substack{l=1 \\ l \neq j}}^{n} B(u_l)\Omega$ が出るのは，最初に (3.88),(3.89) の右辺の第 2 項を選び，2 回目からはすべて第 1 項を選んだときであり，係数は

$$\Lambda_1(u; u_1, \ldots, u_n) = \tilde{c}(u - u_1)\left(\sin^N(u_1 + \eta) \prod_{l=2}^{n} \frac{\sin(u_l - u_1 + 2\eta)}{\sin(u_l - u_1)} \right.$$

$$\left. - \sin^N(u_1 - \eta) \prod_{l=2}^{n} \frac{\sin(u_1 - u_l + 2\eta)}{\sin(u_1 - u_l)} \right)$$

となる．(3.92) の右辺第 2 項の一般の j に対応する項は，B が互いに可換であ

ることを利用して，ベクトルを $B(u_j)\prod\limits_{\substack{l=1\\l\neq j}}^{n} B(u_l)\Omega$ と書き直せば，上と同様に

$$\Lambda_j(u;u_1,\ldots,u_n) = \tilde{c}(u-u_j)\Bigg(\sin^N(u_j+\eta)\prod_{\substack{l=1\\l\neq j}}^{n}\frac{\sin(u_l-u_j+2\eta)}{\sin(u_l-u_j)}$$

$$-\sin^N(u_j-\eta)\prod_{\substack{l=1\\l\neq j}}^{n}\frac{\sin(u_j-u_l+2\eta)}{\sin(u_j-u_l)}\Bigg)$$

$$(3.93)$$

となることがわかる.

(3.90) が満たされるとき (3.92) の第 2 項が消えることは (3.93) よりただち
にわかる. ∎

3.5.2 6 頂点模型の自由エネルギー

前項では 6 頂点模型のボルツマンウェイトが

$$a = \sin(u+\eta), \quad b = \sin(u-\eta), \quad c = \sin 2\eta$$

とパラメトライズされているときにベーテ方程式や転送行列の固有値を導いた
が，ここでは $\eta = (\pi-\mu)/2, u = (\pi+v)/2$ を代入し，

$$a = \sin\frac{\mu-v}{2}, \quad b = \sin\frac{\mu+v}{2}, \quad c = \sin\mu$$

とパラメトライズすることにする. そうするとベーテ方程式 (3.90) は

$$\left(\frac{\sin\frac{\mu-v_j}{2}}{\sin\frac{\mu+v_j}{2}}\right)^N = (-1)^{n-1}\prod_{\substack{l=1\\l\neq j}}^{n}\frac{\sin\frac{v_l-v_j+2\mu}{2}}{\sin\frac{v_j-v_l+2\mu}{2}} \tag{3.94}$$

となる. ここで

$$e^{ik_j} = \frac{\sin\frac{\mu-v_j}{2}}{\sin\frac{\mu+v_j}{2}}$$

を e^{iv_j} について解くと

$$e^{iv_j} = \frac{\cos\frac{\mu-k_j}{2}}{\cos\frac{\mu+k_j}{2}}, \tag{3.95}$$

それを

$$\frac{\sin\frac{v_l-v_j+2\mu}{2}}{\sin\frac{v_j-v_l+2\mu}{2}}$$

に代入したものを $e^{-i\Theta(k_j,k_l)}$ とおくと

$$e^{-i\Theta(p,q)} = \frac{1 - 2\Delta e^{ip} + e^{ip+iq}}{1 - 2\Delta e^{iq} + e^{ip+iq}} \tag{3.96}$$

$(\Delta = -\cos\mu)$ より

$$\Theta(p,q) = 2\tan^{-1}\left\{\frac{\Delta\sin\frac{p-q}{2}}{\cos\frac{p+q}{2} - \Delta\cos\frac{p-q}{2}}\right\}$$

が得られる. これは p,q についての実数値関数である. このとき (3.94) は

$$e^{iNk_j} = (-1)^{n-1}\prod_{l=1}^{n}\exp(-i\Theta(k_j,k_l))$$

と書かれることになる. 両辺の log をとり

$$Nk_j = 2\pi I_j - \sum_{l=1}^{n}\Theta(k_j,k_l) \quad (j=1,\ldots,n). \tag{3.97}$$

ここで I_j は n が奇数のとき整数で, 偶数のとき半奇数である. (3.97) を $k_1,\ldots,k_n$ に関する方程式と考える. 方程式は $(k_1,\ldots,k_n)$ の順序の入れ替えに関して対称なので, 解としては集合 $\{k_1,\ldots,k_n\}$ のみに意味があることに注意しよう. 方程式の解 $\{k_1,\ldots,k_n\}$ に関して次の仮定をおく.

- 相異なる
- 原点に関して対称
- 可能な限り互いに近い

この仮定のもとでは

$$I_j = j - \frac{1}{2}(n+1) \quad (j=1,\ldots,n)$$

とするのが自然である. (このもとで (3.97) はただ一つの実数解をもつことが知られている [18].)

我々は n/N を固定して $N,n\to\infty$ としたときの極限の, (3.97) の解の分布を知りたい. k と $k+dk$ の間の解の個数が $N\rho(k)dk$ であるように分布関数 $\rho(k)$

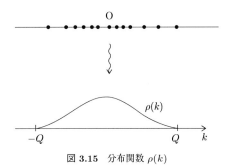

図 3.15 分布関数 $\rho(k)$

を定義しよう (図 3.15). すると適当な $Q > 0$ が存在して

$$\int_{-Q}^{Q} \rho(k)dk = n/N \tag{3.98}$$

となる. また, $I_j + \frac{1}{2}(n+1)$ は $l < j$ なる k_l の個数なので極限では $N\int_{-Q}^{k} \rho(k')dk'$ と表されるはずである. よって (3.97) の極限は

$$Nk = -\pi(n+1) + 2\pi N \int_Q^k \rho(k')dk' - N\int_{-Q}^{Q} \Theta(k,k')\rho(k')dk'$$

となる. k で微分することにより

$$2\pi\rho(k) = 1 + \int_{-Q}^{Q} \frac{\partial \Theta(k,k')}{\partial k} \rho(k')dk'$$

を得る.

以下, $\Delta = (a^2+b^2-c^2)/(2ab)$ が $-1 < \Delta < 1$ のときの 6 頂点模型の自由エネルギーを求める ($\Delta > 1$ のときはおもしろくない. $\Delta < -1$ のときは $-1 < \Delta < 1$ と同様, 今度はフーリエ級数を使って答えが得られる). $\Delta = -\cos\mu$ に注意しよう. $0 < \mu < \pi$ としてよい. (3.95) と k_j が実数であることを考え

$$e^{ik} = \frac{\sin\frac{\mu+i\alpha}{2}}{\sin\frac{\mu-i\alpha}{2}}$$

により変数を k から α に変換する. k を α の関数と見ると実数値単調増加関数でしかも奇関数である. $-\infty < \alpha < \infty$ のとき $\mu - \pi \leq k \leq \pi - \mu$ である. さらに

$$\frac{dk}{d\alpha} = \frac{\sin\mu}{\cosh\alpha - \cos\mu}.$$

3.5 6頂点模型とベーテ仮説　　　　　　　　　　　　　　　　　　**225**

(3.96) より

$$e^{-i\Theta(p,q)} = \frac{e^{2i\mu} - e^{\alpha-\beta}}{e^{2i\mu+\alpha-\beta} - 1} \quad (p = k(\alpha), q = k(\beta)), \tag{3.99}$$

$$\frac{\partial\Theta}{\partial\alpha} = -\frac{\sin 2\mu}{\cosh(\alpha-\beta) - \cos 2\mu}. \tag{3.100}$$

$R(\alpha)d\alpha = 2\pi\rho(k)dk$ で $R(\alpha)$ を定義する. $-Q \le k \le Q \Leftrightarrow -Q_1 \le \alpha \le Q_1$
とすると

$$R(\alpha)\frac{d\alpha}{dk} = 1 + \int_{-Q_1}^{Q_1} \frac{\partial\Theta}{\partial\alpha}\frac{d\alpha}{dk}\frac{R(\beta)}{2\pi}d\beta.$$

ゆえに

$$R(\alpha) = \frac{\sin\mu}{\cosh\alpha - \cos\mu} - \frac{1}{2\pi}\int_{-Q_1}^{Q_1} \frac{\sin 2\mu}{\cosh(\alpha-\beta) - \cos 2\mu}R(\beta)d\beta. \tag{3.101}$$

また (3.98) より

$$\frac{1}{2\pi}\int_{-Q_1}^{Q_1} R(\alpha)d\alpha = n/N \tag{3.102}$$

を得る.

　次に転送行列の最大固有値に対応する Q_1 の値を求める. (3.102) を見れば,
これは n/N の値に関する制約と考えることができる. 固有値の表式 (3.91) に
おいて第 1 項の方が大きい場合を考えよう（第 2 項が大きい場合も同様）. ベー
テ方程式の解による部分を今の変数で書くと

$$\prod_{l=1}^{n} \left(-\frac{\sin\frac{v-v_l+2\mu}{2}}{\sin\frac{v-v_l}{2}} \right)$$

となる. 我々が選んだベーテ方程式の解は $v_l \in i\mathbb{R}$ なので $v_l = i\alpha_l$ とおき,
$\alpha_n = \max_l \alpha_l$ とする. $N \to \infty$ の極限での α_n が Q_1 と考えられる. 一方,
ベーテ方程式の解 $\{v_1, \dots, v_n\}$ が最大固有値を与えるときは,

$$-\frac{\sin\frac{v-v_l+2\mu}{2}}{\sin\frac{v-v_l}{2}}$$

の絶対値が 1 であると考えるのが自然である. これより, $Q_1 = \alpha_n = +\infty$ を
得る.

　次に $R(\alpha)$ に関する積分方程式 (3.101) の解をフーリエ変換で求める.

$$\mathcal{R}(x) = \frac{1}{2\pi}\int_{-\infty}^{\infty} R(\alpha)e^{-ix\alpha}d\alpha \tag{3.103}$$

を $R(\alpha)$ のフーリエ変換とする. $g(\alpha) = \frac{\sin \mu}{\cosh \alpha - \cos \mu}$ のフーリエ変換は, α の複素関数 $\frac{\sin \mu}{\cosh \alpha - \cos \mu} e^{-ix\alpha}$ を複素平面上の 4 点 $\pm R, \pm R + 2\pi i (R > 0)$ を頂点とする長方形に沿って複素積分し, 留数定理を使って $\frac{\sinh(\pi - \mu)x}{\sinh \pi x}$ と求まるので, (3.101) の右辺第 2 項がたたみ込みになっていることに注意して両辺をフーリエ変換すると

$$\mathcal{R}(x) = \frac{\sinh(\pi - \mu)x}{\sinh \pi x} - \frac{\sinh(\pi - 2\mu)x}{\sinh \pi x} \mathcal{R}(x),$$

よって

$$\mathcal{R}(x) = \frac{1}{2}\mathrm{sech}\,\mu x$$

を得る. (3.102) と上の計算により

$$\frac{1}{2\pi} \int_{-\infty}^{\infty} R(\alpha) d\alpha = \mathcal{R}(0) = \frac{1}{2} = n/N$$

がわかる.

以上の準備のもとで 6 頂点模型の ($-1 < \Delta < 1$ の場合の) 自由エネルギーの計算に入る. まず, 最大固有値は

$$\Lambda = a^N \prod_{l=1}^{n} L(u_l) + b^N \prod_{l=1}^{n} M(u_l)$$

と書けるのであった. ここで, a, b はボルツマンウェイトであり,

$$L(\alpha) = -\frac{\sin \frac{v+i\alpha+2\mu}{2}}{\sin \frac{v+i\alpha}{2}}, \quad M(\alpha) = -\frac{\sin \frac{v+i\alpha-2\mu}{2}}{\sin \frac{v+i\alpha}{2}}$$

である. これらや密度関数 $R(\alpha)$ を用いて

$$- f/k_B T = \lim_{N \to \infty} \frac{1}{N} \log \Lambda$$
$$= \max \left(\log a + \frac{1}{2\pi} \int_{-\infty}^{\infty} R(\alpha) \log L(\alpha) d\alpha, \ \log b + \frac{1}{2\pi} \int_{-\infty}^{\infty} R(\alpha) \log M(\alpha) d\alpha \right)$$
$$\tag{3.104}$$

を得る. まず max 内の第 1 項を計算する. $R(\alpha)$ は偶関数なので $\log L(\alpha)$ をその偶関数部分に置き換えてよい. $\overline{L(\alpha)} = L(-\alpha)$ より偶関数部分は $\log |L(\alpha)|$. フーリエ変換の等長性より

$$\frac{1}{2\pi} \int_{-\infty}^{\infty} R(\alpha) \log |L(\alpha)| d\alpha = \int_{-\infty}^{\infty} \mathcal{R}(x) \mathcal{L}(x) dx, \tag{3.105}$$

ただし $\mathcal{L}(x)$ は $\log|L(\alpha)|$ のフーリエ変換である．また，左辺の $1/(2\pi)$ はフーリエ変換の定義が (3.103) であることにより生じる因子である．

$$\mathcal{L}(x) = \frac{1}{2\pi i x} \int_{-\infty}^{\infty} e^{-ix\alpha} \frac{d}{d\alpha} \log|L(\alpha)| d\alpha$$

の右辺を先ほどの $g(\alpha)$ のフーリエ変換の計算と同様の留数計算で計算することにより

$$\mathcal{L}(x) = \frac{\sinh(\mu+v)x \sinh(\pi-\mu)x}{x \sinh \pi x} \tag{3.106}$$

を得る．よって (3.105) の右辺は

$$\int_{-\infty}^{\infty} \frac{\sinh(\mu+v)x \sinh(\pi-\mu)x}{2x \sinh \pi x \cosh \mu x} dx$$

となる．

実は (3.104) の max 内の第 1 項と第 2 項は等しい．これを見るために (3.104) の max 内の第 1 項が

$$\log a + \int_{-\infty}^{\infty} \frac{\sinh(\mu+v)x \sinh(\pi-\mu)x}{2x \sinh \pi x \cosh \mu x} dx \tag{3.107}$$

で，第 2 項が上式で $v \to -v$ としたものであることに注意しよう．

$$\sinh(\mu+v)x = \sinh(\mu-v)x + 2\cosh \mu x + \sinh v x$$

より，

$$\int_{-\infty}^{\infty} \frac{\sinh(\pi-\mu)x \sinh v x}{x \sinh \pi x} dx = \log \frac{b}{a} = \log \frac{\sin \frac{\mu+v}{2}}{\sin \frac{\mu-v}{2}}$$

がチェックできればよいことになる．(3.106) でフーリエの反転公式を用いると

$$\int_{-\infty}^{\infty} \frac{\sinh(\mu+v)x \sinh(\pi-\mu)x}{x \sinh \pi x} e^{i\alpha x} dx = \log|L(\alpha)|.$$

$\alpha = 0, v \to v - \mu$ として

$$\int_{-\infty}^{\infty} \frac{\sinh(\pi-\mu)x \sinh v x}{x \sinh \pi x} dx = \log \frac{\sin \frac{\mu+v}{2}}{\sin \frac{\mu-v}{2}}$$

となり，$-f/k_B T$ が (3.107) で与えられることが示された．

3.6 角転送行列と ABF 模型

この節ではバクスターが定義した角転送行列について調べ，それを ABF 模型の 1 点関数の計算に応用しよう．

3.6.1 角転送行列

面模型に対し**角転送行列** (Corner Transfer Matrix, CTM) を定義し，ボルツマンウェイトがヤン–バクスター方程式を満たしているという仮定のもとでその固有値の性質を調べる．図 3.16 を見よう．中央のスピン変数が σ_1 で，そこか

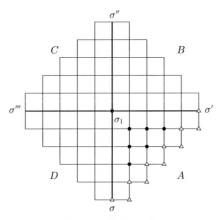

図 3.16 角転送行列

ら南，東，北，西に延びる線分上のスピン変数の配置がそれぞれ $\sigma, \sigma', \sigma'', \sigma'''$ である．角転送行列 A, B, C, D はそれぞれ南東，北東，北西，南西の区画に対応して定義される．図 3.16 の南東区画を見よう．△ はその格子点上のスピン変数の値をある "基底状態"（エネルギーが極小になる状態）に固定することを，● はそこのスピン変数のとりうる値について和をとることを意味する．A は成分 $A_{\sigma\sigma'}$ が図の南東区画の局所ボルツマンウェイトの積の和で与えられる行列である．すると分配関数は

$$Z = \operatorname{tr} ABCD$$

で与えられる．$a \in I$ を固定する．スピン変数 σ_1 が a という値をとる統計力学的な確率を **1 点関数**というが，これは

$$P_a = \frac{\operatorname{tr}_{\sigma_1 = a} ABCD}{Z}$$

で与えられる. A, B, C, D は σ_1 の値に応じてブロック対角となっている. $\sigma_1 = a$ のブロック部分のトレースを $\mathrm{tr}_{\sigma_1 = a}$ で表している.

これらの量は $ABCD$ の（部分行列の）固有値がわかれば計算できる. A の固有値についてはバクスターによる次の主張がある.

ボルツマンウェイトがヤン–バクスター方程式を満たすならば A の（適当に規格化された）固有値は

$$m_r \exp(-\alpha_r u)$$

の形をしている. ただし, u はボルツマンウェイトのパラメトリゼーションに使われるスペクトル変数であり, m_r, α_r は u によらない定数である.

この主張のバクスターによる論証を解説する. $90°$ 回転対称性

$$w(k, l, m, n | u) = w(l, m, n, k | \lambda - u)$$

がある場合にやってみよう. このとき $B(u) = A(\lambda - u), C(u) = A(u), D(u) = A(\lambda - u)$ が成立する. $\sigma = s$, $\sigma' = s'$ は基底状態であるとする. $\lim_{m \to \infty} A_{\sigma\sigma'}/A_{ss'}$（$m$ は格子サイズ）がすべての σ, σ' に対して存在するだろう.

$$A_n = A/A_{ss'}$$

（規格化された角転送行列）とおく. 同様に B_n, C_n, D_n も定義される. ベクトル ψ を成分が

$$\psi_{\sigma\sigma'} = (B_n(u)C_n(v))_{\sigma\sigma'}$$

で与えられるものとして定義する. 図 3.17 による考察により, $\psi_{\sigma\sigma'} \text{``=''} (T^r)_{\sigma\sigma',ss'}$ であると考えられる. ψ は T の最大固有値に対する固有ベクトルだろう（$(T\psi)_{\tau\tau'} = \sum_{\sigma,\sigma'} T_{\tau\tau',\sigma\sigma'}\psi_{\sigma\sigma'} = (T^{r+1})_{\tau\tau',ss'} \propto \psi_{\tau\tau'}$）. ここで, 図 3.18 のようにスペクトル変数の値がサイトごとに異なるような転送行列の可換性について調べよう. 3.2.2 項での議論と同様, $u'_j - u_j$ が j によらない定数なら転送行列 T, T' は可換であることがわかる. よって, 固有ベクトルは

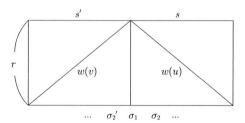

図 3.17 $\psi_{\sigma\sigma'}"="(T^r)_{\sigma\sigma',ss'}$ の説明

図 3.18 転送行列の可換性

$u_1, \ldots, u_N$ の差にしかよらない.つまり, $\psi_{\sigma\sigma'} = \tau'(u,v)X'(u-v)_{\sigma\sigma'}$, よって $B_n(u)C_n(v) = \tau'(u,v)X'(u-v)$ となる.90° 回転して

$$A_n(u)B_n(v) = \tau(u,v)X(u-v).$$

$B_n(v) = A_n(\lambda - u)$ より,$v \to \lambda - v$ として

$$A_n(u)A_n(v) = \tau(u, \lambda - v)X(u + v - \lambda).$$

u と v を入れ替え,X を消去して

$$\frac{1}{\tau(u, \lambda - v)} A_n(u)A_n(v) = \frac{1}{\tau(v, \lambda - u)} A_n(v)A_n(u).$$

たとえばトレースをとることにより

$$\tau(u, \lambda - v) = \tau(v, \lambda - u), \quad A_n(u)A_n(v) = A_n(v)A_n(u).$$

よって,$A_n(u)$ は(よって,$X(u)$ も)u によらない行列 P によって対角化される.

$$A_d(u) = P^{-1}A_n(u)P/a_1(u), \quad X_d(u) = P^{-1}X(u)P/x_1(u)$$

とおくと

$$A_d(u)A_d(v) = X_d(u + v - \lambda)$$

3.6 角転送行列と ABF 模型

となる. 各対角成分がこの関数方程式を満たすことから主張が従う.

3.6.2 角転送行列の固有値と 1 次元状態和

3.4.4 項で紹介した ABF 模型で角転送行列の固有値を調べてみる. ボルツマンウェイトの表示 (3.83)–(3.85) に現れるパラメータ p, u の範囲は (3.86) である. ボルツマンウェイトの $90°$ 回転対称性より

$$B(u) \propto GA(-1-u)$$

が従う. ここで G は対角成分が g_{σ_1} の対角行列. 同様に $180°$ 回転対称性から $C(u) = A(u), D(u) = B(u)$ が従う. $G, A(u), A(v)$ はそれぞれ可換なので 1 点関数 P_a は $G, A(u)$ のみ用いて

$$P_a = \frac{\text{tr}_{\sigma_1 = a} G^2 A(-2)}{\text{tr}\, G^2 A(-2)}$$

と書かれる. よって, 1 点関数の計算は $A(u)$ の固有値の計算に帰着される.

$A(u)$ の固有値の計算をするために ABF 模型のボルツマンウェイトにヤコビの虚変換を施す. (3.47),(3.48) より

$$[u] = H(\lambda u)\Theta(\lambda u) = -i\chi(\lambda u)^2 H(i\lambda u, k') H_1(i\lambda u, k') \quad (\lambda = 2K/L).$$

ここで

$$E(z, w) = \prod_{n=1}^{\infty} (1 - zw^{n-1})(1 - z^{-1}w^n)(1 - w^n)$$

という記号を導入してさらに計算を続けると

$$[u] = Ax^{u(u-L)/(2L)} E(x^u, x^L), \quad A = (K/K')p^{1/2} \prod_{n=1}^{\infty} \frac{1 - p^{2n}}{1 + p^{2n}}$$

となることがわかる. ただし, $p = e^{-\pi K/K'}, x = e^{-4\pi K/(LK')}$. ボルツマンウェイト $W\begin{pmatrix} k & l \\ n & m \end{pmatrix} u$ に虚変換を施し, $\frac{\tilde{g}_l \tilde{g}_n}{\tilde{g}_k \tilde{g}_m} F^{-1}$ ($\tilde{g}_k = x^{k(k-L)u/(4L)}, F = x^{u(u+1)/(2L)}$) を掛ける操作を $\longrightarrow$ で表すと

$$W\left(\begin{array}{cc} k & k\pm 1 \\ k\pm 1 & k\pm 2 \end{array}\middle|\, u\right) \longrightarrow x^{-u/2}\frac{E(x^{1+u},x^L)}{E(x,x^L)},$$

$$W\left(\begin{array}{cc} k & k\pm 1 \\ k\pm 1 & k \end{array}\middle|\, u\right) \longrightarrow \frac{E(x^{k\mp u},x^L)}{E(x^k,x^L)},$$

$$W\left(\begin{array}{cc} k & k\pm 1 \\ k\mp 1 & k \end{array}\middle|\, u\right) \longrightarrow x^{\frac{1+u}{2}}\frac{E(x^{-u},x^L)}{E(x,x^L)}\frac{\sqrt{E(x^{k+1},x^L)E(x^{k-1},x^L)}}{E(x^k,x^L)}.$$

このように変形したボルツマンウェイトから得られる角転送行列 A を u 依存性も明示して $\tilde{A}(u)$ で表すと $A(u)$ とはスカラー倍を除き

$$\tilde{A}(u) = \tilde{G}(u)^{-1}A(u)$$

の関係がある．ただし，$\tilde{G}(u)$ は対角成分が $\tilde{g}_1$ の対角行列である．変形したボルツマンウェイトは $u=0$ で値 δ_{ln} をとり，$u \to u+iLK'/K$ で周期的である．よって，バクスターの $A(u)$ の固有値に関する主張より $\tilde{A}(u)$ の固有値は

$$\exp\left(-\frac{2\pi K}{LK'}n_r u\right) = x^{\frac{n_r}{2}u} \quad (n_r は整数)$$

という形をしていると考えられる．$x^u = w$ を一定に保ちながら $x \to 0, u \to 0$ の極限をとると変形ボルツマンウェイトの極限は

$$\lim \tilde{W}\left(\begin{array}{cc} k & l \\ n & m \end{array}\middle|\, u\right) = \delta_{ln}w^{-\frac{|k-m|}{4}}$$

となるので，$\tilde{A}(u)$ の極限は

$$\lim \tilde{A}(u) = \mathrm{diag}(w^{-\sum_{j=1}^{m} j\frac{|\sigma_j-\sigma_{j+2}|}{4}})_{\boldsymbol{\sigma}}$$

と対角行列になり，結果的にその対角成分として求まることになる．ここで $\boldsymbol{\sigma}$ は $\tilde{A}(u)$ の行（列）のインデックス $\boldsymbol{\sigma} = (\sigma_1, \sigma_2, \ldots, \sigma_{m+2})$ で m はバクスターの主張が成り立つように十分大としておく．よって，P_a は

$$P_a = \frac{\mathrm{tr}\,_{\sigma_1=a}\tilde{\tilde{G}}\tilde{A}(-2)}{\mathrm{tr}\,\tilde{\tilde{G}}\tilde{A}(-2)}$$

と書かれることになる．ただし，$\tilde{\tilde{G}} = G^2\tilde{G}(-2) = (g_{\sigma_1}^2\tilde{g}_{\sigma_1}(-2)\delta_{\boldsymbol{\sigma\sigma'}})_{\boldsymbol{\sigma\sigma'}}$．さ

3.6 角転送行列と ABF 模型

てここで

$$X_m(a,b,c;q) = \sum {}^{*} q^{\sum_{j=1}^{m} j \frac{|\sigma_j - \sigma_{j+2}|}{4}}$$

とおこう. 和 $\sum^{*}$ は $\sigma_1 = a, \sigma_{m+1} = b, \sigma_{m+2} = c, \sigma_j \in \{1, 2, \ldots, L-1\}, |\sigma_j - \sigma_{j+1}| = 1 (\forall j)$ を満たす $\boldsymbol{\sigma} = (\sigma_1, \sigma_2, \ldots, \sigma_{m+2})$ のもとでとる. この $X_m(a,b,c)$ は **1 次元状態和**と呼ばれている. これを用いると

$$P_a = \lim_{m \to \infty} \frac{E(x^a, x^L) X_m(a,b,c;x^2)}{\sum_{a'=1}^{L-1} E(x^{a'}, x^L) X_m(a',b,c;x^2)} \tag{3.108}$$

となる. ただし, b, c は次の項で説明するように基底状態に選ぶ. よって, 1 点関数の計算は $\lim_{m \to \infty} X_m(a,b,c)$ をより具体的な関数に書き直すことに帰着する.

$X_m(a,b,c;q)$ の別の表示を求めるために, まず

$$x_m(b,c;q) = \sum {}^{**} q^{\sum_{j=1}^{m} j \frac{|\sigma_j - \sigma_{j+2}|}{4}}$$

を考えよう. ただし, 和 $\sum^{**}$ の条件は $\sum^{*}$ とは $\sigma_1 = 0, \sigma_j \in \mathbb{Z}$ のみが異なっている.

$$x_m(b,c;1) = 0 \text{ から } b \text{ への } m \text{ ステップの道の数} = \binom{m}{\frac{m-b}{2}}$$

であることに注意すれば $x_m(b,c;q)$ は 2 項係数の q 類似になるだろう. 2 項係数の q 類似としては次のものが知られている. $m \in \mathbb{Z}_{\geq 0}, n \in \mathbb{Z}$ として

$$\begin{bmatrix} m \\ n \end{bmatrix} = \begin{bmatrix} m \\ n \end{bmatrix}_q = \begin{cases} \frac{(1-q^m)(1-q^{m-1})\cdots(1-q^{m-n+1})}{(1-q)(1-q^2)\cdots(1-q^n)} & (0 \leq n \leq m) \\ 0 & (\text{その他}). \end{cases}$$

$\begin{bmatrix} m \\ n \end{bmatrix}$ は q の正整数係数の多項式になるが, それは

$$\begin{bmatrix} m \\ n \end{bmatrix} = \begin{bmatrix} m-1 \\ n-1 \end{bmatrix} + q^n \begin{bmatrix} m-1 \\ n \end{bmatrix}$$

$$= \begin{bmatrix} m-1 \\ n \end{bmatrix} + q^{m-n} \begin{bmatrix} m-1 \\ n-1 \end{bmatrix}$$

という漸化式が成立することからわかる. これと $x_m(b,c)$ の漸化式とを見比べることによって

$$x_m(b,c) = q^{bc/4} \begin{bmatrix} m \\ \frac{m-b}{2} \end{bmatrix}$$

であることがわかる. 一方, $X_m(a,b,c)$ は次の初期条件と漸化式で定まっている.

(1) $X_0(a,b,c) = \delta_{ab}$

(2) $X_m(a,b,c) = X_{m-1}(a,b-1,b)q^{m\frac{|b-1-c|}{4}} + X_{m-1}(a,b+1,b)q^{m\frac{|b+1-c|}{4}}$

ただし, $X_m(a,0,1) = X_m(a,L,L-1) = 0$ と考える.

ここで

$$Y_m(a,b,c) = \sum_{\lambda=-\infty}^{\infty} q^{-L\lambda(\lambda+\frac{1}{2})}\{q^{a\lambda}x_m(b-a+2L\lambda, c-a+2L\lambda)$$
$$- q^{-a(\lambda+\frac{1}{2})}x_m(b+a+2L\lambda, c+a+2L\lambda)\}$$

とおこう. 以下, $Y_m(a,b,c)$ も (1),(2) を満たすことを示すことによって $X_m(a,b,c) = Y_m(a,b,c)$ を証明する.

(1)

$$Y_0(a,b,c) = \sum_{\lambda=-\infty}^{\infty} q^{-L\lambda(\lambda+\frac{1}{2})}\{q^{a\lambda}\delta_{b-a+2L\lambda,0} - q^{-a(\lambda+\frac{1}{2})}\delta_{b+a+2L\lambda,0}\} = 0$$

(2) 線形漸化式であり $x_m(b,c)$ も同じ漸化式を満たすので OK (重ね合わせの原理). ただし, 境界条件はチェックが必要である. まず,

$$Y_m(L-a, L-b, L-c)$$
$$= \sum_{\lambda=-\infty}^{\infty} q^{-L\lambda(\lambda+\frac{1}{2})}\{q^{(L-a)\lambda}x_m(a-b+2L\lambda, a-c+2L\lambda)$$
$$- q^{-(L-a)(\lambda+\frac{1}{2})}x_m(-a-b+2L(\lambda+1), -a-c+2L(\lambda+1))\}$$

で $\{\}$ 内の第 1 項, 2 項でそれぞれ和の変数を $\lambda \to -\lambda$, $\lambda \to -1-\lambda$ と置き換え, $x_m(b,c) = x_m(-b,-c)$ を使うと $Y_m(a,b,c)$ と等しいことがわかる. よって, $Y_m(a,0,1) = 0$ のみ示せばよいが,

$$Y_m(a,0,1) = \sum_{\lambda=-\infty}^{\infty} q^{-L\lambda(\lambda+\frac{1}{2})}\{q^{a\lambda}x_m(-a+2L\lambda, 1-a+2L\lambda)$$
$$- q^{-a(\lambda+\frac{1}{2})}x_m(a+2L\lambda, 1+a+2L\lambda)\}$$

の {} 内の第 2 項で $\lambda \to -\lambda$ とすることによってただちに証明される.

3.6.3 基底状態と 1 点関数

角転送行列の最大固有値に対応する固有ベクトルを**基底状態**という. $x^u = w$ (一定), $x \to 0$, $u \to 0$ $(-1 < u < 0)$ の極限で考える. このとき $|w^{-1}| < 1$ なので基底状態は $\sum_{j=1}^{m} j \frac{|\sigma_j - \sigma_{j+2}|}{4}$ が最小の状態である. よって, 基底状態は

$$\boldsymbol{\sigma} = (b, b+1, b, b+1, \ldots) \quad (1 \leq b < L-1)$$
$$= (b, b-1, b, b-1, \ldots) \quad (1 < b \leq L-1)$$

である.

1 点関数の計算に戻ろう.

$$\lim_{\substack{m \to \infty \\ \text{even}}} X_m(a, b, c)$$

$$= \varphi(q)^{-1} \sum_{\lambda = -\infty}^{\infty} q^{-L\lambda(\lambda + \frac{1}{2}) - \frac{a}{4}} \{ q^{a(\lambda + \frac{1}{4}) + (b-a+2L\lambda)(c-a+2L\lambda)/4} - (a \to -a) \}$$
(3.109)

$$= \varphi(q)^{-1} q^{(a(a-1)+bc)/4} \{ q^{-ad/2} E(-q^{(L-1)(L-a)+Ld}, q^{2L(L-1)}) - (a \to -a) \}$$
(3.110)

ただし, $d = \frac{b+c-1}{2}, \varphi(q) = \prod_{n-1}^{\infty}(1 - q^n)$ である. また, 公式

$$E(z, w) = \varphi(w) \prod_{n=1}^{\infty}(1 - zw^{n-1})(1 - z^{-1}w^n) = \sum_{\lambda = -\infty}^{\infty} (-z)^{\lambda} w^{\lambda(\lambda-1)/2}$$
(3.111)

も使った. (3.110) より, 1 点関数 P_a は基底状態 $c = b+1$ か $c = b-1$ にもよることがわかる. また, 分母の和は $a' \equiv b \pmod 2$ の制約のもとでとらねばならない.

1 点関数のより簡潔な表示を求めよう. (3.110) を P_a の表示 (3.108) に代入し a によらない部分を落としたとき, 分母は

$$\sum_{a=1}^{L-1} {}^* x^{a(a-1)/2} E(x^a, x^L) \{ x^{-ad} E(-x^{2(L-1)(L-a)+2Ld}, x^{4L(L-1)}) - (a \to -a) \}$$
(3.112)

となる.

$$\tilde{R}_a = x^{a(a-1)/2} E(x^a, x^L) x^{-ad} E(-x^{2(L-1)(L-a)+2Ld}, x^{4L(L-1)})$$

とおく. $\tilde{R}_0 = \tilde{R}_L = 0$ に注意し, $E(z^{-1}, w) = -z^{-1}E(z, w)$ を用いると, (3.112) は $\sum_{-L < a \leq L} \tilde{R}$ と書ける. さらに,

$$E(-x^{2(L-1)(L-a)+2Ld}, x^{4L(L-1)}) = \sum_{k=-\infty}^{\infty} x^{2(L-1)(L-a)k+2Ldk+2L(L-1)k(k-1)}$$

と展開し, $E(zw, w) = -z^{-1}E(z, w)$ を用いると (3.112) は

$$\sum_{-L < a \leq L} {}^* \sum_k x^{(a-2kL)(a-2kL-1)/2 - (a-2kL)d} E(x^{a-2kL}, x^L)$$

$$= \sum_{a=-\infty}^{\infty} {}^* x^{a(a-1)/2 - ad} E(x^a, x^L) \qquad (3.113)$$

とまとめることができる. また, $\sum_a {}^*$ は前項同様 $a \equiv b \pmod 2$ の制約のもとでの和である. (3.112) で a が偶数のときの和を S_0, 奇数のときの和を S_1 とし, $\varepsilon = \pm 1$ とすると,

$$S_0 + \varepsilon S_1 = \sum_{a,j=-\infty}^{\infty} \varepsilon^a (-1)^j x^{a(a-1)/2 - ad + aj + Lj(j-1)/2}$$

$$= E(-\varepsilon x^{-d}, x) E(\varepsilon x^d, x^{L-1})$$

ここで, 第2式から第3式への変形は和の添字の変換 $a \to a - j$ を行い (3.111) を用いた. $\varepsilon = -1$ とすると $S_0 - S_1 = 0$ がわかるので

$$S_0 = S_1 = \frac{1}{2} E(-x^{-d}, x) E(x^d, x^{L-1}) = E(-x, x^4) E(x^d, x^{L-1})$$

となる. 右辺を S とおき, $R_a = \tilde{R}_a - \tilde{R}_{-a}$ とおくと1点関数は最終的に

$$P_a = \frac{R_a}{S} \qquad (3.114)$$

とテータ関数の特殊値の比で書かれることがわかる. この事実は重要である. パラメータ x が温度の関数であり, $x = 0$ が絶対温度 0, $x = 1$ が転移温度に

相当するからである.よって,この表示にヤコビの虚変換を適用すれば転移点近くでの1点関数の振舞いを詳しく解析することが可能になる.

3.6.4 ABF 模型の $L=4$ とイジング模型の同値性

ABF 模型の $L=4$ の場合は2次元イジング模型と見なすことができることを見てみよう.このとき格子点上のスピン変数のとりうる値は $1,2,3$ である.隣接スピン変数間の制約条件を考えると,2次元正方格子上のすべての格子点の集合は交わりをもたない二つの部分集合に分かれ,片方の部分集合上のスピン変数は2に固定され,もう片方は1と3の2通りの値をとることがわかる.よって,1を $+1$, 3を -1 と読み替えれば,図3.19を見ればわかるように,斜線からなる正方格子の格子点上に ± 1 の値をとるスピン変数があり,斜線上の最短線分間に両端のスピン変数の値に応じて相互作用エネルギーが定まる2次元イジング模型と見なすことができることがわかる.

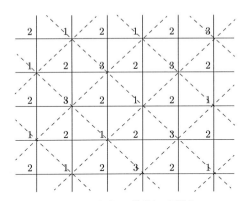

図 3.19　イジング模型との同値性

NW–SE(北西–南東)方向の線分間のエネルギーを $-J\sigma_i\sigma_j$ (σ_i, σ_j は両端のスピン変数),NE–SW(北東–南西)方向のエネルギーを $-J'\sigma_i\sigma_j$ とし,$K = J/k_BT, L = J'/k_BT$ とおく.ABF 模型のボルツマンウェイトとの対応をつけよう.まず,NW–SE 方向に相互作用があるボルツマンウェイトと NE–SW のそれには,それぞれスピン変数の値によらない定数倍の自由度があることに注意しよう.これらを A, B とおくと,

$$Ae^{K} = W\left(\begin{array}{cc|c} 1 & 2 \\ 2 & 1 \end{array}\,\middle|\, u\right) = W\left(\begin{array}{cc|c} 3 & 2 \\ 2 & 3 \end{array}\,\middle|\, u\right)$$

$$Ae^{-K} = W\left(\begin{array}{cc|c} 1 & 2 \\ 2 & 3 \end{array}\,\middle|\, u\right) = W\left(\begin{array}{cc|c} 3 & 2 \\ 2 & 1 \end{array}\,\middle|\, u\right)$$

$$Be^{L} = W\left(\begin{array}{cc|c} 2 & 1 \\ 1 & 2 \end{array}\,\middle|\, u\right) = W\left(\begin{array}{cc|c} 2 & 3 \\ 3 & 2 \end{array}\,\middle|\, u\right)$$

$$Be^{-L} = W\left(\begin{array}{cc|c} 2 & 3 \\ 1 & 2 \end{array}\,\middle|\, u\right) = W\left(\begin{array}{cc|c} 2 & 1 \\ 3 & 2 \end{array}\,\middle|\, u\right)$$

となる. よって, (3.83)–(3.85) より

$$A^2 = \frac{[1-u][1+u]}{[1]^2}, \quad B^2 = \frac{[2+u][-u]}{[2]^2},$$
$$e^{2K} = \frac{[1-u]}{[1+u]}, \qquad e^{2L} = \frac{[2+u]}{[-u]}$$

を得る. さらに計算を続けて,

$$e^{2K} - e^{-2K} = \frac{[2]^2}{[1]^2}\frac{[2+u][-u]}{[1-u][1+u]}, \quad e^{2L} - e^{-2L} = \frac{[2]^2}{[1]^2}\frac{[1-u][1+u]}{[2+u][-u]}.$$

ゆえに,

$$\sinh 2K \sinh 2L = \frac{1}{4}\left(\frac{[2]}{[1]}\right)^4 = 4x^{1/2}\prod_{n=1}^{\infty}\left(\frac{1+x^{2n}}{1+x^{2n-1}}\right)^4 = k.$$

次に磁化率

$$\langle \sigma_1 \rangle = P_1 - P_3$$

を求めてみよう. 基底状態は $b^+ = (1,2,1,2,\ldots)$ をとる. (3.114) より

$$P_1 - P_3 = \frac{R_1 - R_3}{R_1 + R_3},$$
$$R_a = E(x^a, x^4)(\tilde{\tilde{R}}_a - \tilde{\tilde{R}}_{-a}) \quad (a = 1, 3),$$
$$\tilde{\tilde{R}}_{1-2\alpha} = \sum_m x^{3(4m+\alpha)(4m+\alpha-1)/2 + 2(4m+\alpha)-1} \quad (\alpha = -1, 0, 1, 2).$$

よって

3.6 角転送行列と ABF 模型 **239**

$$\langle \sigma_1 \rangle = \prod_{n=1}^{\infty} \frac{(1-x^2(x^3)^{n-1})(1-x^{-2}(x^3)^n)(1-(x^3)^n)}{(1-x^2(-x^3)^{n-1})(1-x^{-2}(-x^3)^n)(1-(-x^3)^n)}$$
$$= \prod_{n=1}^{\infty} \frac{1-x^{2n-1}}{1+x^{2n-1}} = (k')^{1/4}.$$

これで 3.1 節の最後に述べた約束は果たせた.

3.6.5 ロジャース–ラマヌジャン恒等式

今までは ABF 模型でも (3.86) のパラメータ領域で 1 点関数の計算をしてきたが,

$$-1 < q < 0, \quad 0 < u < L/2 - 1 \tag{3.115}$$

も考えてみよう. この場合にはロジャース–ラマヌジャン恒等式といわれる組合せ論的に興味深い恒等式が現れる.

$\tilde{q} = -q \, (0 < \tilde{q} < 1)$ とおいて, $\tilde{q}$ から定まる楕円テータ関数にヤコビの虚変換を施すと,

$$[u] \propto H(\lambda u)\Theta_1(\lambda u) \propto x^{u(2u-L)/(2L)} E(x^u, -x^{L/2}) \quad (\lambda = 2K/L)$$

となる. ただし, $\tilde{q} = e^{-\pi K'/K}$ のとき $x = e^{-2\pi K/(LK')}$ で, $\propto$ は u によらない定数倍を除いて等しいことを表す. これを用いて 3.6.2 項と同様の計算を行うと 1 点関数が以下のとおり得られる.

$$P_a = \lim_{m \to \infty} \frac{v_a Y_m(a, b, c; x^{L-2})}{\sum_{a'=1}^{L-1} v_{a'} Y_m(a', b, c; x^{L-2})}$$

$$v_a = x^{-(L(L-1)+(L-2)a)a/(2L)} E(x^a, -x^{L/2})$$

$$Y_m(a, b, c; q) = \sum{}^* q^{\sum_{j=1}^m jH(\sigma_j, \sigma_{j+1}, \sigma_{j+2})}$$

$$H(\sigma, \sigma', \sigma'') = \begin{cases} 1 & \left(\begin{array}{l} \sigma = \sigma' - 1 = \sigma'' \text{ かつ } \sigma > L/2, \text{ または,} \\ \sigma = \sigma' + 1 = \sigma'' \text{ かつ } \sigma \leq L/2 \text{ のとき} \end{array} \right) \\ 0 & (\text{それ以外のとき}) \end{cases}$$

ここでも, 和 $\sum^*$ は $\sigma_1 = a, \sigma_{m+1} = b, \sigma_{m+2} = c, \sigma_j \in \{1, 2, \ldots, L-1\}, |\sigma_j - \sigma_{j+1}| = 1 (\forall j)$ を満たす $\boldsymbol{\sigma} = (\sigma_1, \sigma_2, \ldots, \sigma_{m+2})$ のもとでとる.

ここで $L = 5$ の場合を考えよう.

$$
\begin{array}{c|cccc}
\sigma_j & 1 & 2 & 3 & 4 \\
\hline
s_j & 1 & 0 & 0 & 1
\end{array}
$$

とスピン変数の置き換えを行うと,$\sigma_1 \in \{1,3\}$ と仮定することにより状態 $\boldsymbol{\sigma} = (\sigma_1, \sigma_2, \ldots, \sigma_{m+2})(|\sigma_j - \sigma_{j+1}| = 1(\forall j))$ と $\boldsymbol{s} = (s_1, s_2, \ldots, s_{m+2})(s_j + s_{j+1} \leq 1(\forall j))$ が 1 対 1 に対応し,この対応のもとで $H(\sigma, \sigma', \sigma'') = s'$ が成立する.これを考慮して $\lim_{m\to\infty} Y_m(a,b,c)$ の対応物として $a = 0, 1$ に対し

$$
F(a) = \sum_{s_2, s_3, \ldots} q^{s_2 + 2s_3 + \cdots + js_{j+1} + \cdots} \tag{3.116}
$$

を考える.ただし,和は

$$
s_1 = a, \quad s_j + s_{j+1} \leq 1 \quad (j = 1, 2, \ldots) \tag{3.117}
$$

のもとでとる.

$a = 0$ のときに (3.116) の和を $n = s_2 + s_3 + \cdots$ の値で分けて実行してみよう.まず $n = 0$ のときは $s_2 = s_3 = \cdots = 0$ の場合のみなので和をとっても 1,$n = 1$ のときはある一つの $j (= j_1 \geq 2)$ に対し $s_{j_1} = 1$ でそれ以外は $s_j = 0$ なので

$$
\sum_{j_1=2}^{\infty} q^{j_1 - 1} = \frac{q}{1-q}.
$$

$n = 2$ のときは二つの $j (= j_1, j_2)$ が 1,それ以外は 0 だが,さらに条件 (3.117) があるので和は

$$
\sum_{j_1=2}^{\infty} \sum_{j_2=j_1+2}^{\infty} q^{j_1+j_2-2} = \frac{q^4}{(1-q)(1-q^2)}.
$$

このように計算を続けていくと,$F(0)$ は

$$
F(0) = 1 + \frac{q}{1-q} + \frac{q^4}{(1-q)(1-q^2)} + \cdots
$$
$$
+ \frac{q^{n^2}}{(1-q)(1-q^2)\cdots(1-q^n)} + \cdots
$$

と書き直すことができることがわかる.これはロジャース–ラマヌジャン恒等式

$$1 + \sum_{n=1}^{\infty} \frac{q^{n(n+a)}}{(1-q)(1-q^2)\cdots(1-q^n)}$$

$$= \prod_{n=0}^{\infty} \frac{1}{(1-q^{5n+1+a})(1-q^{5n+4-a})} \tag{3.118}$$

$(a = 0, 1)$ の左辺を与える.

3.7 6頂点模型から箱玉系へ

3.7.1 フュージョン構成法

6頂点模型のボルツマンウェイトがヤン–バクスター方程式を満たしていることを利用して新しい可解頂点模型を構成することを考える. まず, 次の関係式に着目しよう.

$$w(\mu, \alpha \mid \beta, \mu'; 0) = \delta_{\mu\beta}\delta_{\alpha\mu'} \tag{3.119}$$

$$w(\pm, \pm \mid \pm, \pm; -\lambda) = 0 \tag{3.120}$$

$$w(\pm, \mp \mid \mp, \pm; -\lambda) = -w(\pm, \mp \mid \pm, \mp; -\lambda) \tag{3.121}$$

これより次が証明される.

(i) $\sum_{\gamma,\nu,\nu'} w(\mu, \alpha \mid \gamma, \nu; u)w(\mu', \gamma \mid \beta, \nu'; u+\lambda)$ は $\mu + \mu'$ のみにより μ, μ' のとり方にはよらない (図 3.20 参照).

(ii) 上で定義された量を $w'_{21}(\mu+\mu', \alpha \mid \beta, \nu+\nu'; u)$ とおくと, これは $\sin(\lambda+u)$ で割り切れる.

実際 (i) は $\mu + \mu' = 0$ のときだけが問題 (その他の非自明な場合 μ, μ' のとり方はただ一つ). 図 3.21 を見よう. $|\nu + \nu'| = 2$ ならば (3.120) より左辺は 0. よって (3.121) より OK. $\nu + \nu' = 0$ ならば ν, ν' の和をとると左辺は 0. (3.121) より OK. 次に (ii) を証明する. (i) より $\sum_{\gamma} w(\mu, \alpha \mid \gamma, \nu; -\lambda)w(\mu', \gamma \mid \beta, \nu'; 0)$ で $\mu + \mu' = 0$ のときは $\mu \neq \beta$ ととると (3.120) より 0. $\mu + \mu' = \pm 2$ のときはそのような μ はとれないが, その場合 (3.119),(3.121) を使えば証明終.

$w'_{MN}(\mu, \alpha \mid \beta, \nu; u)$ を図 3.22 に描かれている MN 個の 6 頂点模型のボルツマンウェイトの積の和として定義する. ここで ● はそこのスピン変数の値につ

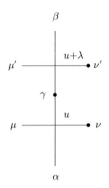

図 3.20　フュージョン構成法 1

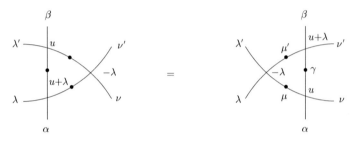

図 3.21　フュージョン構成法 2

いて和をとることを意味する．ただし，$\beta_1+\cdots+\beta_N, \nu_1+\cdots+\nu_M$ は一定という制限があるのでそれぞれ β, ν とおいている．上の (i) および $w = w_{11}$ から来る対称性

$$w'_{MN}(\mu,\alpha \mid \beta,\nu;u) = w'_{NM}(\beta,\nu \mid \mu,\alpha;u+(M-N)\lambda)$$

より，この量は $\mu = \mu_1 + \cdots + \mu_M, \alpha = \alpha_1 + \cdots + \alpha_N$ 一定のもとで，○をつけたスピン変数の値の選び方によらない．さらに，

$$\varphi_{MN}(u) = \prod_{j=1}^{\min(M,N)} \prod_{k=1}^{\max(M,N)-1} \sin(u+(M-j-k+1)\lambda)$$

で割っても sin の多項式になる．よって，

$$w_{MN}(\mu,\alpha \mid \beta,\nu;u) = w'_{MN}(\mu,\alpha \mid \beta,\nu;u)/\varphi_{MN}(u)$$

と定義しよう．$N=1$ の場合の具体形を挙げる．ここで，m は（第 2 式では

3.7 6頂点模型から箱玉系へ

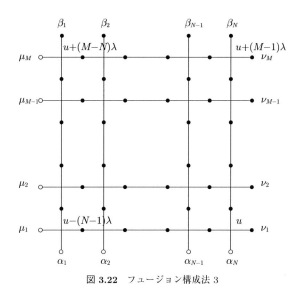

図 3.22 フュージョン構成法 3

$m \pm 2$ も) $-M \le m \le M, m \equiv M \pmod{2}$ を満たす任意の整数である.

$$\text{(i)} \quad w_{M1}(m, \pm \mid \pm, m) = \sin\left(\frac{M \pm m}{2}\lambda + u\right) \tag{3.122}$$

$$\text{(ii)} \quad w_{M1}(m, \pm \mid \mp, m \pm 2) = \sin\left(\frac{M \mp m}{2}\lambda\right) \tag{3.123}$$

w_{MN} の具体形は複雑になるが, 次のように求めることができる. 以下では $M \ge N$ と仮定する. まず, $\alpha = \pm N$ のときは

$$w_{MN}(\mu, \pm N \mid \beta, \nu)$$

$$= \begin{bmatrix} N \\ \frac{N+\beta}{2} \end{bmatrix}_{e^{i\lambda}} \prod_{j=0}^{\frac{N \mp \beta}{2}-1} \sin\left(\left(\frac{M \mp m}{2} - j\right)\lambda\right) \prod_{j=0}^{\frac{N \pm \beta}{2}-1} \sin\left(\left(\frac{M \mp m}{2} - j\right)\lambda + u\right) \tag{3.124}$$

と求まる. よって, $-N \le \alpha \le N, \alpha \equiv N \pmod{2}$ の α が与えられたとき図 3.22 で $\alpha_j = 1$ $(j = 1, \ldots, \frac{N+\alpha}{2})$, $\alpha_{j'} = -1$ $(j' = \frac{N+\alpha}{2} + 1, \ldots, N)$ と選ぶことによって

$$w_{MN}(\mu, \alpha \mid \beta, \nu)$$
$$= \sum_{\gamma}{}^* w_{Mp}(\mu, p \mid \gamma, \mu + p - \gamma; u - q\lambda) w_{Mq}(\mu + p - \gamma, -q \mid \beta - \gamma, \nu; u)$$

と (3.124) のタイプのボルツマンウェイトの積の和で書くことができる．ここ
で $p = \frac{N+\alpha}{2}, q = \frac{N-\alpha}{2}$ であり，$\sum_\gamma{}^*$ は $\max(-p, \beta - q, -M + \mu + p) \leq \gamma \leq$
$\min(p, \beta + q), \gamma \equiv p \,(\mathrm{mod}\ 2)$ を満たす γ についての和を表す．この和の制限
は $-p \leq \gamma \leq p, -q \leq \beta - \gamma \leq q, -M \leq \mu + p - \gamma \leq M$ より得られる．同様に
$$w_{MN}(\mu, \alpha \mid \beta, \nu)$$
$$= \sum_{\gamma'}{}^{**} w_{Mq}(\mu, -q \mid \gamma', \mu - q - \gamma'; u - p\lambda) w_{Mp}(\mu - q - \gamma', p \mid \beta - \gamma', \nu; u)$$
と表示することもでき，$\sum_{\gamma'}{}^{**}$ は $\max(-q, \beta - p) \leq \gamma' \leq \min(q, \beta + p, M +$
$\mu - q), \gamma' \equiv q \,(\mathrm{mod}\ 2)$ を満たす γ' についての和である．

　以上で，6 頂点模型のボルツマンウェイト w_{11} から新しい頂点模型のボル
ツマンウェイト w_{MN} を構成した．これをフュージョン構成法という．6 頂点模
型ではスピン変数のとる値の数は 2 だったが，この新しい模型では左右のスピ
ン変数は $M + 1$，上下のスピン変数は $N + 1$ となっている．さらに，M, N な
どは変わるが，ヤン–バクスター方程式
$$\sum_{\gamma, \mu'', \nu''} w_{MN}(\mu, \alpha \mid \gamma, \mu''; u) w_{PN}(\nu, \gamma \mid \beta, \nu''; u+v) w_{PM}(\nu'', \mu'' \mid \nu', \mu'; v)$$
$$= \sum_{\gamma, \mu'', \nu''} w_{PM}(\nu, \mu \mid \nu'', \mu''; v) w_{PN}(\mu'', \alpha \mid \gamma, \mu'; u+v) w_{MN}(\nu'', \gamma \mid \beta, \nu'; u)$$
$$\tag{3.125}$$
が成立することが，6 頂点模型のボルツマンウェイトがヤン–バクスター方程式
を満たしていることの帰結としていえる．

3.7.2 組合せ論的 R 行列

　自然数 M に対し $[M] = \{M, M - 2, \dots, -M\}$ とおく．フュージョン構成法
で得られたボルツマンウェイト w_{MN} の適当な極限をとり，直積集合 $[M] \times [N]$
から $[N] \times [M]$ への重みつきの全単射を求めよう．まず，$N = 1$ の場合を詳し
く見る．
$$\hat{w}_{M1}(\mu, \alpha \mid \beta, \nu; u) = -2i e^{\frac{M+1}{2} i\lambda} \frac{g_\mu g_\alpha}{g_\beta g_\nu} w_{M1}\left(\mu, \alpha \,\middle|\, \beta, \nu; u - \frac{M-1}{2}\lambda\right)$$
$$g_\alpha = e^{\alpha^2 i\lambda/8}$$

と変形し，$e^{i\lambda u} = x$ を固定して $e^{i\lambda} \to 0$ の極限をとると

$$\lim \hat{w}_{M1}(\mu, \alpha \mid \beta, \nu; u)$$

$$= \begin{cases} x^{-1} & (\mu = \nu = \pm M, \alpha = \beta = \pm 1 \text{ のとき}) \\ 1 & \begin{pmatrix} \mu \neq M, \alpha = -\beta = 1, \nu = \mu + 2 \text{ または} \\ \mu \neq -M, \alpha = -\beta = -1, \nu = \mu - 2 \text{ のとき} \end{pmatrix} \\ 0 & (\text{その他}) \end{cases}$$

となることがわかる．これを参考に，$[M] \times [1]$ から $[1] \times [M]$ への重みつき全単射 $R_{M1}(x)$ を

$$R_{M1}((\mu, \alpha)) = \begin{cases} x^{-1}(\pm 1, \pm M) & (\mu = \pm M, \alpha = \pm 1 \text{ のとき}) \\ (-1, M+2) & (\mu \neq M, \alpha = 1 \text{ のとき}) \\ (1, M-2) & (\mu \neq -M, \alpha = -1 \text{ のとき}) \end{cases}$$

と定義する．また重みを無視した（つまり，上で x^{-1} を考慮しない）対応を R_{M1} で表す．すると

$$\lim \hat{w}_{M1}(\mu, \alpha \mid \beta, \nu; u) = \begin{cases} x^{H_{M1}(\mu, \alpha)} & (R_{M1}((\mu, \alpha)) = (\beta, \nu) \text{ のとき}) \\ 0 & (\text{その他}) \end{cases}$$

$$H_{M1}(\mu, \alpha) = \begin{cases} -1 & (\mu = \pm M, \alpha = \pm 1 \text{ のとき}) \\ 0 & (\mu \neq M, \alpha = 1 \text{ または } \mu \neq -M, \alpha = -1 \text{ のとき}) \end{cases}$$

が成立する．

N が一般のときにも，計算は大変デリケートになるが，同様に極限の計算をすることができる．簡単のため $M \geq N$ と仮定する．まず

$$\hat{w}_{MN}(\mu, \alpha \mid \beta, \nu; u) = (-2ie^{\frac{M+1}{2}i\lambda})^N \frac{g_\mu g_\alpha}{g_\beta g_\nu} w_{MN}\left(\mu, \alpha \,\middle|\, \beta, \nu; u - \frac{M-N}{2}\lambda\right)$$

（g_α は前と同じ）と変形し，同じように $e^{i\lambda u} = x$ を固定して $e^{i\lambda} \to 0$ の極限をとる．$[M] \times [N]$ から $[N] \times [M]$ への全単射 R_{MN} と $[M] \times [N]$ 上の関数 H_{MN} を

$$R_{MN}((\mu, \alpha)) = (\mu + \xi, \alpha - \xi)$$

$$\xi = \max(M, N + \mu + \alpha) - \max(N, M + \mu + \alpha)$$

$$H_{MN}(\mu, \alpha) = \min\left(\frac{M - N - |\mu + \alpha|}{2}, 0\right)$$

と定義すると

$$
\lim \hat{w}_{MN}(\mu, \alpha \mid \beta, \nu; u) = \begin{cases} x^{H_{MN}(\mu,\alpha)} & (R_{MN}((\mu,\alpha)) = (\beta,\nu) \text{ のとき}) \\ 0 & (\text{その他}) \end{cases}
$$

が成立する. $R_{MN}(x)$ も同様に定義される. これを組合せ論的 $\boldsymbol{R}$ 行列という. ボルツマンウェイトを w_{MN} から $\hat{w}_{MN}$ に変えてもヤン–バクスター方程式 (3.125) は成立するので, 極限をとった後も成立している. これを組合せ論的 R 行列を用いて書き下すと,

$$
R_{PM}(y)R_{PN}(xy)R_{MN}(x) = R_{MN}(x)R_{PN}(xy)R_{PM}(y) \tag{3.126}
$$

という $[P] \times [M] \times [N]$ から $[N] \times [M] \times [P]$ への重みつき全単射としての等式になる. ただし, m が x, y の単項式のとき

$$
R_{MN}(x)(m(\mu, \alpha)) = m x^{H_{MN}(\mu,\alpha)} R_{MN}((\mu,\alpha))
$$

と定める.

3.7.3 箱玉系

頂点模型のボルツマンウェイトの図示にならって $R_{MN}((\mu,\alpha)) = (\beta, \nu)$ のときに

$$
\mu \overset{\beta}{\underset{\alpha}{+}} \nu
$$

と図示することにしよう. 頂点模型のときはすべての μ, α, β, ν に対し (0 になることがあるにせよ) 値が対応したが, 今の場合は (μ, α) に対し, ただ一つ (β, ν) が定まることに注意する. 図 3.23 は下の行, 中央の行, 上の行のスピンの値を左からそれぞれ $\boldsymbol{\alpha} = (\alpha_1, \alpha_2, \ldots, \alpha_8), \boldsymbol{\mu} = (\mu_0, \mu_1, \ldots, \mu_8), \boldsymbol{\beta} = (\beta_1, \beta_2, \ldots, \beta_8)$ としたとき, まず $\boldsymbol{\alpha} = (1, 1, 1, -1, -1, 1, -1, -1), \mu_0 = -3$ とおいて, その他の $\mu_j, \beta_j (j = 1, 2, \ldots, 8)$ を順次 $R_{31}((\mu_{j-1}, \alpha_j)) = (\beta_j, \mu_j)$ によって定めていったものである. $\boldsymbol{\alpha}$ を系の一つの状態と思い, 状態 $\boldsymbol{\alpha}$ から状態 $\boldsymbol{\beta}$ への遷移を 1 回の時間発展と思うと, このルールは離散的な力学系を定義していると

3.7 6頂点模型から箱玉系へ

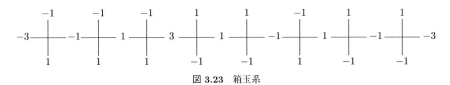

図 3.23 箱玉系

考えることができる.

より正確に定義しよう. 状態の空間 $\mathcal{S}$ を

$$\mathcal{S} = \{\boldsymbol{\sigma} = (\sigma_1, \sigma_2, \ldots) \mid \sigma_j = \pm 1, \sigma = 1 \text{ となる } j \text{ は有限個}\}$$

と定義する. $\mathcal{S}$ の元 $\boldsymbol{\sigma}$ を状態と呼ぶ. 自然数 M に対し, $T_M(\boldsymbol{\sigma})$ を $\mu_0 = -M$ とおいて $\mu_j, \sigma'_j (j \geq 1)$ を順次 $R_{M1}((\mu_{j-1}, \sigma_j)) = (\sigma'_j, \mu_j)$ により定め, $T_M(\boldsymbol{\sigma}) = (\sigma'_1, \sigma'_2, \ldots)$ で定義する. L を十分大きくとれば $\mu_L = -M$ で

$$\sigma_1 + \sigma_2 + \cdots + \sigma_L = \sigma'_1 + \sigma'_2 + \cdots + \sigma'_L \tag{3.127}$$

となる. 図 3.24 は一番上の行を初期状態とし, 順次 T_3 を作用させて一つ下の行に書いていったものである. ただし, · は -1 を表す. また, 図 3.23 と時間

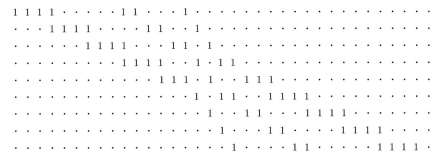

図 3.24 箱玉系のソリトン

発展の向きが逆なので注意が必要である. このようにして得られた力学系を箱玉系 (box–ball system) という. 箱玉系が最初に定義されたときには, 箱が 1 次元方向に無限に並んでいて, 一つの箱には玉が入っているか入っていないかの二つの状態があるものとされたが, 我々の定式化では玉が入っている状態が 1, 入っていない状態が -1 に対応しているわけである. この対応のもとでは, $\boldsymbol{\sigma} = (-1, -1, -1, \ldots)$ は玉が一つもない状態 (真空状態) であり, (3.127) は

時間発展 T_M によって玉の総数が保存されることを意味する．図 3.24 をもう一度よく観察してみよう．連続した 1 の並びは，それがほかの 1 から十分離れていればあたかも粒子のように振舞うことがわかる．これを KdV 方程式等におけるソリトン解にならってソリトンと呼ぶことにする．連続した 1 の個数はそのソリトンの長さと呼ばれる．すると，図 3.24 には，長さ 4, 2, 1 のソリトンがそれぞれ一つずついることがわかる．長さ l のソリトンはそれがほかから十分離れていれば，時間発展 T_M により右向きに $\min(M, l)$ だけシフトする．

自然数 P と箱玉系の状態 $\boldsymbol{\sigma} = (\sigma_1, \sigma_2, \ldots)$ に対し，値 $E_P(\boldsymbol{\sigma})$ を

$$E_P(\boldsymbol{\sigma}) = \sum_{j=1}^{\infty} (H_{P1}(\mu_{j-1}, \sigma_j) + 1) \tag{3.128}$$

で定義する．ただし，$\mu_0 = -P$ で $\mu_j (j \geq 1)$ は $R_{P1}((\mu_{j-1}, \sigma_j)) = (\sigma'_j, \mu_j)$ によって帰納的に定義される．状態 $\boldsymbol{\sigma}$ では $\sigma_j = 1$ となる j は有限個なので $E(\boldsymbol{\sigma})$ は有限となる．また，真空状態に対しては $E_P = 0$ である．このとき，次の 2 式を証明することができる．

(1) $T_P T_M(\boldsymbol{\sigma}) = T_M T_P(\boldsymbol{\sigma})$

(2) $E_P(T_M(\boldsymbol{\sigma})) = E_P(\boldsymbol{\sigma})$

(1) は二つの時間発展 T_M と T_P が可換であることを示し，(2) は E_P がすべての時間発展 T_M に関する保存量であることを示している．(1),(2) を証明しよう．十分大きな L をとって $\boldsymbol{\sigma} = (\sigma_1, \sigma_2, \ldots, \sigma_L)$ として考えてよい．前項の組合せ論的 R 行列の公式より $R_{PM}((-P, -M)) = (-M, -P)$ であることに注意する（前項では $P \geq M$ の場合のみ扱ったが，この式は $P < M$ でも成立する）．図 3.25 の上下の図で左のスピンの値を $-P, -M$ とし，下の状態を $\boldsymbol{\sigma}$ とする．図に従って組合せ論的 R 行列の像を計算していくと，残りのスピンの値が図のように定まる．しかし，ヤン–バクスター方程式 (3.126)（ただし，$N = 1$ とする）を繰り返し使うことにより，図の両辺の各線の端点でのスピンの値は等しいことがわかるので (1) が従う．(2) は，図 3.25 の両辺で重みを比較すると

$$x^{\tilde{E}_M^{(L)}(\boldsymbol{\sigma})} (xy)^{\tilde{E}_P^{(L)}(T_M(\boldsymbol{\sigma}))} y^{H_{PM}(-P, -M)}$$
$$= y^{H_{PM}(-P, -M)} (xy)^{\tilde{E}_P^{(L)}(\boldsymbol{\sigma})} x^{\tilde{E}_M^{(L)}(T_P(\boldsymbol{\sigma}))}$$

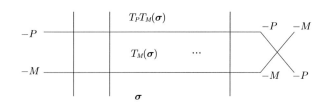

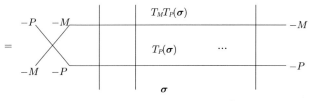

図 3.25 時間発展の可換性と保存量

となっていることから従う.ただし,$\tilde{E}_P^{(L)}(\boldsymbol{\sigma})$ は (3.128) と同様の記号のもとで

$$\tilde{E}_P^{(L)}(\boldsymbol{\sigma}) = \sum_{j=1}^{L} H_{P1}(\mu_{j-1}, \sigma_j)$$

と定義される.

長さ l のソリトンが一つある状態では $E_P = 2\min(P, l)$ となることがわかる.$l = 1, 2, \ldots$ に対し,長さ l のソリトンが N_l 個ある状態を考える.ソリトンが互いに十分離れていれば,上と同様に

$$E_P = 2\sum_{l=1}^{\infty} \min(P, l) N_l$$

であることがわかる.これを $\{N_l\}_{l \geq 1}$ について解いて

$$N_l = (-E_{l-1} + 2E_l - E_{l+1})/2$$

を得る.ただし,$E_0 = 0$.

3.8 さらに進んで学びたい人のために

本章は 1980 年代に著しく発展した可解格子模型の発展を文献 [1], [2], [4] を参考に概説したものであるが,それらの引き写しにすぎないのではないかと恐れる.3.7.2 項,3.7.3 項のみやや新しい,といっても前世紀の話である.その

250   第 3 章　可解格子模型

後，可解格子模型からいろいろな面白い数学が派生していった．その延長線上
に未解決問題もある．さらに進んで勉強してみたい人のために簡単に振り返っ
てみよう．文献はとても網羅できるものではない．ここで紹介した本の文献に
当たったり，検索するなどして補っていただきたい．

3.8.1　量子群

　量子群はまさに 3.2.2 項で述べたヤン‒バクスター方程式の解を系統的に得
るために導入された数学の概念である．量子群の定義は非可換かつ非余可換な
ホップ代数というもので，量子展開環，量子座標環，ヤンギアンなどいろいろ
知られている．もっとも有名なものは，カッツ‒ムーディー・リー環 $\mathfrak{g}$ に対応
した普遍展開環 $U(\mathfrak{g})$ の q-変形である量子展開環 $U_q(\mathfrak{g})$ で，可積分系にとどま
らず，表現論，量子トポロジーなどに幅広い応用をもつ．ヤン‒バクスター方程
式への応用について学びたいなら，ドリンフェルト (V.G. Drinfeld) とともに
量子群を発見した人の手になる文献 [9] をまずはお勧めしたい．$U_q(\mathfrak{g})$ はシュ
バレー生成元による関係式によって定義されるが，ヤン‒バクスター方程式の解
R をもとにして，$RLL = LLR$ という関係式から定義する流儀 [5] もある．こ
ちらの方法では楕円量子群も定義され，現在も活発に研究されている．
　$U_q(\mathfrak{g})$ は通常のリー環 $\mathfrak{g}$ の表現論にも大きな影響を与えた．柏原による（大
域）結晶基底 [7] やルスティック (G. Lusztig) による標準基底 [13] の発見であ
る．これにより組合せ論的表現論（表現論的組合せ論）といわれる分野が生ま
れたほど画期的なものであった．

3.8.2　ベーテ仮説と角転送行列

　3.5.1 項で解説したのは代数的ベーテ仮説といわれるものだが，そのほかにも
解析的ベーテ仮説など，ベーテ仮説にはいろいろとある．その中で，近年とく
に面白い展開を見せたのはベーテ仮説と組合せ論との関係だろう．ベーテ (H.
A. Bethe) は 1931 年の論文 [3] において XXX 模型を考察し，そのベーテ方程
式の解の数え上げから，リー環 $\mathfrak{sl}_2$ の 2 次元既約表現の N 重テンソル積（N は
3.5.1 項の N と同じでシステムサイズ）内における与えられた最高ウェイトを

もつ既約表現の個数を与える新しい公式を導出した．この表示は，フェルミ排他律に従う粒子の数を数え上げる表示になっているので，現在ではフェルミ公式（表示）と呼ばれている．この辺りの歴史的経緯については文献 [12] の序章に詳しい．

一方で，3.6 節で見たように角転送行列も数学との著しい関係を見せる．とくに 3.6.3 項で見た ABF 模型のパラメータ領域 (3.86)（regime III と呼ばれた）での 1 点関数はアフィン・リー環 $\widehat{\mathfrak{sl}}_2$ の指標と関係していたのである [4]．その後 1990 年代後半には，他のアフィン・リー環の指標と関係して 1 点関数が計算されるような可解格子模型が続々と見つかった．基本的なものとして文献 [10], [11] を挙げておく．またなぜ 1 点関数という物理量として指標が現れるのかという謎の解決には，量子群の結晶基底の登場を待たねばならなかったが，現在では完全結晶の理論 [7] としてよく理解されている．

20 世紀の終わり頃になって，ベーテ仮説からくるフェルミ公式と角転送行列に由来する多項式（1 次元状態和といわれる）をアフィン・リー環の言葉で一般的に定式化しようという動きが起きた．文献 [6] の序章を参照していただきたい．そこでは 1 次元状態和が X，フェルミ公式が M と表され，それらが多項式として等しいと予想されたため，$X = M$ 予想と呼ばれている．両辺は正整数係数の多項式で，それぞれパス，儀装配位（rigged configuration の直訳）と呼ばれる組合せ論的対象物をある統計量をもつものごとに数えたものである．

3.8.3 箱玉系

3.7.3 項で触れた箱玉系は，もともとソリトン方程式の超離散化版（独立変数が離散的な方程式は離散方程式と呼ばれるが，こちらは従属変数まで離散化されているので超離散方程式と呼ばれる）として，高橋・薩摩 [15] によって導入された．箱玉系は，ソリトン方程式のように系にソリトンが存在し，非線形系であるにもかかわらず無限個の独立な保存量があることから，従来の可積分系（ソリトン方程式や可解格子模型）との関係が指摘されていた．離散ソリトン方程式のソリトン解からの超離散極限と呼ばれる手法による理解は文献 [16] を参照されたい．

一方で結晶基底による定式化もなされた．結晶基底の概念は導入していない
が，3.7.3 項は実質的にはその定式化と同等である．より詳しくは文献 [12] を参
考にされたい．そこでも解説されているように，なんとパスから繊装配位への
非常に巧妙な全単射があって，それが箱玉系の時間発展を線形化するのである．
またそれぞれの長さのソリトンがいくつ系に含まれているかも繊装配位側では
一目瞭然となる．パスから繊装配位への全単射は，すべてのアフィン・リー環
の場合にわかっているわけではないが，この対応する箱玉系を線形化するとい
う性質は正しいだろうと信じられている．

参考文献

[1] G. E. Andrews, R. J. Baxter, and P. J. Forrester, Eight-vertex SOS model and generalized Rogers-Ramanujan-type identities, J. Stat. Phys. **35** (1984), 193–266.

[2] R. J. Baxter, *Exactly Solved Models in Statistical Mechanics*, Dover, 2007.

[3] H. A. Bethe, Zur Theorie der Metalle, I. Eigenwerte und Eigenfunktionen der linearen Atomkette, Z. Physik **71** (1931), 205–231.

[4] E. Date, M. Jimbo, A. Kuniba, T. Miwa and M. Okado, Exactly solvable SOS models II: Proof of the star-triangle relation and combinatorial identities, Adv. Stud. Pure Math. **16** (1988), 17–122.

[5] L. D. Faddeev, N. Yu. Reshetikhin and L. A. Takhtajan, Quantization of Lie Groups and Lie Algebras, M. Kashiwara and T. Kawai (eds.), *Algebraic Analysis*, Academic, pp. 129–139, 1989.

[6] G. Hatayama, A. Kuniba, M. Okado, T. Takagi and Z. Tsuboi, Paths, crystals and fermionic formulae, M. Kashiwara and T. Miwa (eds.), *MathPhys Odyssey 2001-Integrable Models and Beyond In Hornor of Barry M. McCoy*, pp. 205–272, Birkhäuser, 2002.

[7] J. Hong and S.-J. Kang, *Introduction to Quantum Groups and Crystal Bases*, *Graduate Studies in Mathematics* **42**, American Mathematical Society, Providence, RI, 2002. xviii+307 pages.

[8] E. Ising, Beitrag zur Theorie des Ferromagnetismus, Z. Physik **31** (1925), 253–264.

[9] 神保道夫，『量子群とヤン・バクスター方程式』，シュプリンガー・フェアラーク東京，1990.

[10] M. Jimbo, T. Miwa and M. Okado, Solvable lattice models whose states are dominant integral weights of $A_{n-1}^{(1)}$, Lett. Math. Phys. **14** (1987), 123–131.

[11] M. Jimbo, T. Miwa and M. Okado, Solvable lattice models related to the vector representation of classical simple Lie algebras, Commun. Math. Phys. **116** (1988), 507–525.

[12] 国場敦夫，『ベーテ仮説と組合せ論』，朝倉書店，2011.

[13] G. Lusztig, *Introduction to Quantum Groups*, Progress in Mathematics **110** (1993), Birkhäuzer.

[14] 高木貞治，『近世数学史談』，岩波文庫，1995. あるいは『近世数学史談・数学雑談 (復刻版)』，共

参考文献 **253**

　　　立出版, 1996.

[15]　D. Takahashi and J. Satsuma, A soliton cellular automaton, J. Phys. Soc. Jpn. **59** (1990), 3514–3519.

[16]　時弘哲治, 『箱玉系の数理』, 朝倉書店, 2010.

[17]　梅村浩, 『楕円関数論―楕円曲線の解析学』, 東京大学出版会, 2000.

[18]　C. N. Yang and C. P. Yang, One-dimensional chain of anisotropic spin-spin interactions. I. Proof of Bethe's hypothesis for ground state in a finite system, Phys. Rev. **150** (1966), 321–327; II. Properties of the ground-state energy per lattice site for an infinite system, ibid. 327–339; III. Applications, ibid. **151** (1966), 258–264.

第4章

幾何学と可積分系

4.1 はじめに

　可積分系と幾何学の深い関連は長い歴史をもつ．実際，第1章で紹介された代表的な可積分系は19世紀から20世紀初頭における微分幾何学にすでに登場していた．たとえばサイン・ゴルドン方程式は理論物理学の枠組みでの発見以前に，3次元空間内の負定曲率曲面の構造方程式として19世紀に幾何学的考察で発見されている．また2次元戸田方程式はやはり19世紀に射影幾何学における曲面の変換の研究において登場していた．

　もちろん，古典微分幾何学においてサイン・ゴルドン方程式や2次元戸田方程式が登場していた理由は，純粋に微分幾何学的考察・興味によるものであり，非線形波動とはまったく独立である．だが注目すべきことに，古典幾何学の文献に可積分方程式が書かれているというだけでなく，具体的な解の構成や与えられた解から別の解をつくる操作（解の変換）が組織的に考察されていた．とくにソリトン解・準周期解の構成や解の変換が詳細に調べられていた．これらの研究成果は，微分幾何学の大域化に伴い，局所理論への幾何学者の関心が薄れたため，長い間忘れられていたが，1960年代に非線形波動の研究者たちによって再発見された．ベックルンド (A. V. Bäcklund) によるサイン・ゴルドン方程式に対する解の変換理論をもとに KdV 方程式などのほかの可積分系についても解の変換が求められ，今日では可積分系の解の変換をベックルンド変換と

呼ぶようになった.

　微分幾何学者がサイン・ゴルドン方程式の解の変換理論に注目するのはさらにあとのことである.

しゃぼん玉はなぜ丸い？

　この素朴な疑問にはどう答えればよいだろうか. 薄膜を 3 次元空間内の曲面と見なそう. 「内圧と外圧の差が一定」という性質は曲面の平均曲率と呼ばれる関数が一定の値をとることを意味する. したがって平均曲率が一定である閉曲面はしゃぼん玉の数学的モデルと考えうる. そこで平均曲率が一定である閉曲面を数学的しゃぼん玉と呼ぶ.

　ホップ (H. Hopf) は 1951 年に穴の空いていない数学的しゃぼん玉は現実のしゃぼん玉, すなわち球面に限ることを証明した. この結果を受け

[問題]　3 次元空間内の平均曲率一定な閉曲面は球面以外にも存在するか

という問題が提起された. またアレクサンドロフ (A. D. Alexandrov) は「曲面が自己交叉しなければ球面に限る」という定理を証明した (1956).

　丸いしゃぼん玉は現実に存在するのだから, 現実のしゃぼん玉はなんらかの意味で安定であるに違いない. バルボサ (J. Barbosa) とド・カルモ (M. P. do Carmo) は安定性を考察し, 安定な平均曲率一定閉曲面は球面に限ることを証明した (1984). この事実は「しゃぼん玉は丸い」ことの数学的説明と考えられた.

　これらの研究成果を受け上の [問題] は, 「3 次元空間内の平均曲率一定な閉曲面は球面に限るか」という方向で研究されるようになり, いつしかホップ予想と呼ばれるようになった. ホップ予想を肯定的に解決しようという流れの中, 1984 年にウェンテ (H. Wente) は平均曲率一定な輪環面（トーラス）が存在することを発表した.

　その後, アブレッシュ (U. Abresch, 1987), ヴァルター (R. Walter, 1987) の研究を経て, 1989 年から 1991 年にかけて平均曲率一定輪環面が分類された. この分類に至る仮定で, 可積分系理論の研究手法が（楕円型方程式に調整した上で）用いられた. 以降, 曲面の微分幾何と可積分系の結びつきが再発見され, 可

積分幾何 (integrable geometry) と呼ばれる研究分野が形成された．曲面の微分幾何学を可積分系の観点・手法で研究することだけでなく，可積分系を微分幾何学を用いて研究することによりそれまで意識されなかった「方程式のもつ対称性」が理解されるという研究も進展している．さらに 2010 年代になり，可積分幾何は CAGD (computeraided geometric design) など可視化 (visualization) を支える数学として新たな発展の流れを見せている．

この章は，可積分幾何を概観することを目的としている．無限可積分系理論全体の中での可積分幾何の魅力は，佐藤理論と対比的な点にあるといえる．無限可積分系のもつ共通した性質を徹底的に解明した佐藤理論を可積分方程式の社会学と捉えるならば，可積分幾何は可積分方程式の文化人類学に相当する．幾何学的モデルを定めることにより可積分方程式のもつ個性的な性質に迫ることができる．

1980 年代後半に本格的に始まった可積分幾何 (integrable geometry) は広範な研究対象をもちすべてを網羅的に解説することは不可能である．そこで本章では戸田方程式 [212], [213] を中心に可積分幾何の概観をつかむことを目標とする．

- 2 次元戸田方程式（可積分系）
- 調和写像および波動写像（微分幾何）
- 対称空間および旗多様体（可積分系と微分幾何をつなぐ）

図 4.1 三者の関係

本章の内容を具体的に述べよう．まず最初の 2 節（4.2 節と 4.3 節）では古典

微分幾何学における可積分幾何の萌芽を紹介する．19 世紀の微分幾何学における「具体的に曲面を構成する研究」が「無限可積分系理論の精神」と相通じる様を感じ取ってほしい．

4.2 節では 19 世紀の微分幾何学で研究されていた「曲面の変換理論」の代表例であるガウス曲率一定曲面の変換理論を解説する．この節で扱われる可積分系はサイン・ゴルドン方程式である．

4.3 節は 2 次元戸田方程式を扱う．射影微分幾何学と戸田方程式について解説する．ラプラスとダルブーに遡れるラプラス系列の方法を説明する．

続く 3 つの節（4.4 節，4.5 節，4.6 節）では現代の微分幾何学と可積分系理論が融合した「可積分幾何」の一端を紹介する．最初の 2 節で見た可積分幾何の萌芽である負定曲率曲面（サイン・ゴルドン方程式）とラプラス系列（2 次元戸田方程式）が現代の微分幾何学にどのように登場するかに注意を払いながら読み進めてほしい．具体的には，現代の可積分幾何の代表例である「2 次元戸田方程式と調和写像」を解説する．調和写像は微分幾何学や幾何解析で重要な研究対象である．

微分幾何学と可積分系のつながりを理解するためには対称性を司る群（リー群）の取り扱いが必要である．そこで 4.4 節では（線形）リー群とその商空間として得られる等質空間について基本事項を述べておく．

4.5 節ではリーマン面で定義され複素射影空間に値をもつ調和写像（数理物理学における $\mathbb{C}P^n$ シグマ模型）について解説する．

4.6 節で扱うのは，リーマン面で定義されコンパクト半単純リー群に値をもつ調和写像である．これらは数理物理学において主カイラル場と呼ばれている．また $\mathbb{C}P^n$ シグマ模型をリー群論（等質リーマン空間）の観点から再考する．

最後の 2 節では戸田方程式以外の可積分系と幾何学の関連について解説する．

4.7 節では曲線の時間発展と mKdV 方程式，KdV 方程式，澤田–小寺方程式の関連について解説する．

4.8 節では，まず 4.7 節で解説した mKdV 方程式の離散化と差分曲線について解説する．最後に 4.3 節で扱った 2 次元戸田方程式に立ち戻り離散化を考察する．

本章の執筆に際し宇田川誠一先生（日本大学）に多くの助言をいただいたこ

258   第 4 章　幾何学と可積分系

とに御礼申し上げる.

4.2　曲面の微分幾何と可積分系

　無限可積分系と呼ばれる微分方程式 (および差分方程式) の特徴の一つに「解の変換をもつこと」がある. 一つの解から別の解を構成する操作が与えられるという際立った特徴である. 今日, 可積分系の解の変換はベックルンド変換 (Bäcklund transformation) と呼ばれる. 名称は 19 世紀の幾何学者ベックルンドに由来する. 19 世紀の微分幾何学では, 特別な性質をもつ (すなわち幾何学的によい構造をもつ) 曲面の具体的構成が研究されていた. とくに曲面から曲面をつくる操作が研究されており, その代表的なものがベックルンド変換である. 1970 年代初めにベックルンド変換が再発見され, 今日の可積分系研究につながる. この節では, 元祖ベックルンド変換ともいえるもともとのベックルンド変換を説明し, 幾何学的によい性質をもつ曲面からどのように可積分方程式が導かれるかを観察してもらう.

4.2.1　曲面の基本方程式

　3 次元数空間 $\mathbb{R}^3 = \{(x^1, x^2, x^3) \mid x^1, x^2, x^3 \in \mathbb{R}\}$ の内積を $(\cdot|\cdot)$ で表す.

$$(\boldsymbol{p}|\boldsymbol{q}) = p^1 q^1 + p^2 q^2 + p^3 q^3, \quad \boldsymbol{p} = (p^1, p^2, p^3), \quad \boldsymbol{q} = (q^1, q^2, q^3).$$

ベクトル $\boldsymbol{p}$ の長さを $\|\boldsymbol{p}\| = \sqrt{(\boldsymbol{p}|\boldsymbol{p})}$ で表す. 内積 $(\cdot|\cdot)$ を用いて $\boldsymbol{p}$ と $\boldsymbol{q}$ の間の距離 $\mathrm{d}(\boldsymbol{p}, \boldsymbol{q})$ を

$$\mathrm{d}(\boldsymbol{p}, \boldsymbol{q}) = \|\boldsymbol{p} - \boldsymbol{q}\| = \sqrt{\sum_{i=1}^{3} (p^i - q^i)^2}$$

で定める. d をユークリッド距離関数と呼ぶ[*1]. $\mathbb{R}^3$ に内積 $(\cdot|\cdot)$ を指定したものを 3 次元ユークリッド空間 (Euclidean 3-space) と呼び $\mathbb{E}^3$ で表す.

注意 **4.2.1** (n 次元ユークリッド空間). $\mathbb{E}^3$ と同様に n 次元数空間 $\mathbb{R}^n$ に自然

[*1] $(\mathbb{R}^3, \mathrm{d})$ は距離空間になる.

4.2 曲面の微分幾何と可積分系 259

な内積とユークリッド距離関数を定めたものを n 次元ユークリッド空間といい $\mathbb{E}^n$ で表す.

数平面 $\mathbb{R}^2 = \{(u^1, u^2) \mid u^1, u^2 \in \mathbb{R}\}$ 内の領域 $\mathcal{D}$ で定義され 3 次元ユークリッド空間 $\mathbb{E}^3$ に値をもつ C^∞ 級ベクトル値関数

$$\boldsymbol{p} : \mathcal{D} \to \mathbb{E}^3; \quad \boldsymbol{p}(u^1, u^2) = (x^1(u^1, u^2), x^2(u^1, u^2), x^3(u^1, u^2))$$

において

$$\boldsymbol{p}_{u^1} = \frac{\partial \boldsymbol{p}}{\partial u^1} \ \text{と} \ \boldsymbol{p}_{u^2} = \frac{\partial \boldsymbol{p}}{\partial u^2} \ \text{が} \ \mathcal{D} \ \text{上でつねに線形独立}$$

であるとき $\boldsymbol{p}$ を $\mathbb{E}^3$ 内の径数付曲面 (parametrized surface) という. 径数付曲面のいくつかの集まりを曲面 (surface) という[*2].

以下, 径数付曲面を単に曲面と呼ぶ.

曲面 $\boldsymbol{p} : \mathcal{D} \to \mathbb{E}^3$ に対し $\mathrm{I} = (d\boldsymbol{p}|d\boldsymbol{p})$ と定め第 1 基本形式と呼ぶ. I は

$$\mathrm{I} = \sum_{i,j=1}^2 g_{ij} du^i du^j, \quad g_{ij} = (\boldsymbol{p}_{u^i}|\boldsymbol{p}_{u^j})$$

と計算される[*3].

曲面 $\boldsymbol{p}$ の各点で $\boldsymbol{p}_{u^1}$ と $\boldsymbol{p}_{u^2}$ の双方に直交する単位ベクトル $\boldsymbol{n}$ (単位法ベクトル場) をとることができる. たとえば $\mathbb{E}^3$ におけるベクトルの外積を用いて

$$\boldsymbol{n} = \frac{\boldsymbol{p}_{u^1} \times \boldsymbol{p}_{u^2}}{\|\boldsymbol{p}_{u^1} \times \boldsymbol{p}_{u^2}\|}$$

と定めればよい. $\boldsymbol{n}$ を用いて $\mathrm{II} = -(d\boldsymbol{p}|d\boldsymbol{n})$ と定め, $\boldsymbol{n}$ に由来する第 2 基本形式と呼ぶ. $h_{ij} = -(\boldsymbol{p}_{u^i}|\boldsymbol{n}_{u^j})$ とおくと

$$\mathrm{II} = \sum_{i,j=1}^2 h_{ij} du^i du^j$$

であり $h_{ij} = (\boldsymbol{p}_{u^i u^j}|\boldsymbol{n}) = (\boldsymbol{p}_{u^j u^i}|\boldsymbol{n})$ を満たすことを注意しておく. g_{ij} を並べてできる行列 (g_{ij}) の逆行列を (g^{ij}) で表す. 第 1 基本形式および第 2 基本形式を使って次の定義を行う.

[*2] ここで述べた「曲面」の説明と「はめ込み」の関係については文献 [106, 6 章] を参照.
[*3] $du^i du^j = du^j du^i$ と規約し, $(du^i)^2 = du^i du^i$ と記す.

定義 4.2.2. 曲面 $\boldsymbol{p} : D \to \mathbb{E}^3$ に対し，関数 H, K を

$$H = \frac{g^{11}h_{11} + 2g^{12}h_{12} + g^{22}h_{22}}{2}, \quad K = \frac{h_{11}h_{22} - (h_{12})^2}{g_{11}g_{22} - (g_{12})^2}$$

で定め，それぞれ $\boldsymbol{p}$ の平均曲率 (mean curvature)，ガウス曲率 (Gaussian curvature) と呼ぶ．

$\boldsymbol{p}_{u^1}$, $\boldsymbol{p}_{u^2}$, $\boldsymbol{n}$ を並べてできる行列値関数 $\mathcal{F} = (\boldsymbol{p}_{u^1} \ \boldsymbol{p}_{u^2} \ \boldsymbol{n})$ をガウス標構 (Gauss frame) という．ガウス標構の変化を表す偏微分方程式系

$$\frac{\partial \mathcal{F}}{\partial u^1} = \mathcal{F}\mathcal{W}^1, \quad \frac{\partial \mathcal{F}}{\partial u^2} = \mathcal{F}\mathcal{W}^2$$

はガウス–ワインガルテンの公式と呼ばれる．曲面の積分可能条件は $(\mathcal{F}_{u^1})_{u^2} = (\mathcal{F}_{u^2})_{u^1}$，すなわち

$$\mathcal{W}_{u^1}^2 - \mathcal{W}_{u^2}^1 + [\mathcal{W}^1, \mathcal{W}^2] = O$$

で与えられ，ガウス–コダッチ方程式と呼ばれる．一般の曲面ではガウス–コダッチ方程式は複雑であるが，よい曲面では，まさに可積分系が登場する．

命題 4.2.3. ガウス曲率 $K = -1$ をもつ曲面では

$$\mathrm{I} = (du^1)^2 + 2\cos\phi \, du^1 du^2 + (du^2)^2, \quad \mathrm{II} = 2\sin\phi \, du^1 du^2 \tag{4.1}$$

と表示される径数 (u^1, u^2) が存在する．この径数 (u^1, u^2) を漸近チェビシェフ網 (asymptotic Chebyshev net) という．この径数表示のもとでは曲面のガウス–コダッチ方程式はソリトン方程式の代表例であるサイン・ゴルドン方程式 (sine-Gordon equation)

$$\phi_{u^1 u^2} = \sin\phi$$

となる．関数 ϕ を $\boldsymbol{p}$ の (u^1, u^2) に関する漸近角 (asymptotic angle) と呼ぶ．

サイン・ゴルドン方程式の解 $\phi(u^1, u^2)$ を一つ与えよう．ϕ を用いて I と II を (4.1) で定めると，後述するフロベニウスの定理（定理 4.4.12）より (4.1) を第 1・第 2 基本形式にもつ $K = -1$ の曲面 $\boldsymbol{p}(u^1, u^2)$ が存在する．したがって $K = -1$ の曲面を構成するためにはサイン・ゴルドン方程式の解を具体的に与

4.2 曲面の微分幾何と可積分系

えればよい．19 世紀の微分幾何学でサイン・ゴルドン方程式の厳密解が構成されていた理由はここにある．

例 4.2.4. サイン・ゴルドン方程式の定常キンク解 (static kink) と呼ばれる解 (1-ソリトンの特別なもの) $\phi(u^1, u^2) = 4\tan^{-1}\exp(u^1 + u^2)$ が定める $K = -1$ の曲面は

$$\boldsymbol{p}(u^1, u^2) = \begin{pmatrix} \operatorname{sech}(u^1 + u^2)\cos(u^1 - u^2) \\ \operatorname{sech}(u^1 + u^2)\sin(u^1 - u^2) \\ u^1 + u^2 - \tan(u^1 + u^2) \end{pmatrix} \qquad (4.2)$$

で与えられる．この曲面は $x^1 x^3$ 平面内の曲線（トラクトリクス，tractrix）

$$(x^1, x^3) = (\operatorname{sech}(u^1 + u^2), u^1 + u^2 - \tan(u^1 + u^2))$$

を x^3 軸のまわりに回転させて得られる（ベルトラミの擬球と呼ばれる，図 4.2）．

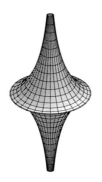

図 4.2　ベルトラミの擬球

4.2.2　ベックルンド変換

ではベックルンド変換を説明しよう．

定義 4.2.5. 曲面 $\boldsymbol{p} : \mathcal{D} \to \mathbb{E}^3$ と $\mathcal{D}$ 上で定義された単位ベクトル場 $\boldsymbol{v}$ に対し

$$\tilde{\boldsymbol{p}}(u^1, u^2) = \boldsymbol{p}(u^1, u^2) + r\boldsymbol{v}(u^1, u^2)$$

262   第 4 章　幾何学と可積分系

と定める．ただし r は定数である．$\tilde{\boldsymbol{p}} : \mathcal{D} \to \mathbb{E}^3$ が曲面を定め，さらに以下の
条件を満たすとき，$\tilde{\boldsymbol{p}}$ を $\boldsymbol{p}$ のベックルンド変換 (Bäcklund transform) と呼ぶ．

1) $\boldsymbol{v}$ は $\boldsymbol{p}$ と $\tilde{\boldsymbol{p}}$ の両方に接する．
2) $\tilde{\boldsymbol{p}}(u^1, u^2)$ における単位法ベクトル $\tilde{\boldsymbol{n}}(u^1, u^2)$ と $\boldsymbol{p}(u^1, u^2)$ における単位
   法ベクトル $\boldsymbol{n}(u^1, u^2)$ のなす角は一定，すなわち $(\tilde{\boldsymbol{n}} \mid \boldsymbol{n}) = \cos\theta$ で定ま
   る θ は定数．

K が負で一定の曲面は「ベックルンド変換をもつ曲面」として特徴づけられる．

定理 4.2.6（ベックルンド，**1875**）．曲面 $\boldsymbol{p}$ がベックルンド変換をもてば，$\boldsymbol{p}$ の
ガウス曲率は負の一定値 $K = -(\sin\theta/r)^2$ をもつ．

以下，簡単のため $K = -1$ の場合にベックルンド変換の表示式を与える（条
件 $K = -1$ より $r = \sin\theta$ と選ぶことに注意）．

定理 4.2.7. $\boldsymbol{p} : \mathcal{D} \to \mathbb{E}^3$ を漸近チェビシェフ網 (u^1, u^2) で径数表示された
$K = -1$ の曲面とする．このとき $\boldsymbol{p}$ のベックルンド変換 $\tilde{\boldsymbol{p}} = \boldsymbol{p} + \sin\theta\boldsymbol{v}$ は

$$\boldsymbol{v} = \frac{1}{2} \left\{ \frac{\cos\frac{\tilde{\phi}}{2}}{\cos\frac{\phi}{2}} (\boldsymbol{p}_{u^1} + \boldsymbol{p}_{u^2}) + \frac{\sin\frac{\tilde{\phi}}{2}}{\sin\frac{\phi}{2}} (\boldsymbol{p}_{u^1} - \boldsymbol{p}_{u^2}) \right\}$$

で与えられ (u^1, u^2) は $\tilde{\boldsymbol{p}}$ の漸近チェビシェフ網である．ここで $\tilde{\phi}$ は $\tilde{\boldsymbol{p}}$ の (u^1, u^2)
に関する漸近角であり ϕ とは次の関係にある．

$$\frac{\partial}{\partial u^1}\left(\frac{\tilde{\phi}+\phi}{2}\right) = \tan\frac{\theta}{2}\,\sin\left(\frac{\tilde{\phi}-\phi}{2}\right), \tag{4.3}$$
$$\frac{\partial}{\partial u^2}\left(\frac{\tilde{\phi}-\phi}{2}\right) = \cot\frac{\theta}{2}\,\sin\left(\frac{\tilde{\phi}+\phi}{2}\right).$$

$\tilde{\phi}$ を ϕ の定数角 θ によるベックルンド変換と呼ぶ．連立偏微分方程式系 (4.3)
は曲面のことをすっかり忘れてしまってサイン・ゴルドン方程式の解の変換公
式と思うことができる．そこで (4.3) をサイン・ゴルドン方程式のベックルン

ド変換と呼ぶ. (4.3) はラム (G. L. Lamb) の解説論文 [143] によって当時のソリトン理論研究者の間に広まった.

例 4.2.8. ベルトラミの擬球 (4.2) の定数角 $\theta = \pi/2$ によるベックルンド変換 $\tilde{\boldsymbol{p}}(u^1, u^2) = (\tilde{x}^1(u^1, u^2), \tilde{x}^2(u^1, u^2), \tilde{x}^3(u^1, u^2))$ は

$$\tilde{x}^1 = \frac{2\cosh(u^1 + u^2)}{\cosh^2(u^1 + u^2) + (u^1 - u^2 - c)^2}\{\cos(u^1 - u^2) + (u^1 - u^2 - c)\sin(u^1 - u^2)\}$$

$$\tilde{x}^2 = \frac{2\cosh(u^1 + u^2)}{\cosh^2(u^1 + u^2) + (u^1 - u^2 - c)^2}\{\sin(u^1 - u^2) + (u^1 - u^2 - c)\cos(u^1 - u^2)\}$$

$$\tilde{x}^3 = u^1 + u^2 - \frac{2\sinh(2(u^1 + u^2))}{\cosh^2(u^1 + u^2) + (u^1 - u^2 - c)^2}$$

と求められる (c は定数). この曲面は**クエン曲面** (Kuen surface) と呼ばれている (図 4.3). 漸近角は

$$\tilde{\phi}(u^1, u^2) = 4\tan^{-1}\left\{\frac{-u^1 + u^2 + c}{\cos(u^1 + u^2)}\right\}$$

で与えられる. これはサイン・ゴルドン方程式の 2-ソリトン解と呼ばれる解の特別なものである.

図 4.3 クエン曲面

$\phi(u^1, u^2)$ をサイン・ゴルドン方程式の解とする．相異なる定数角 θ_1 と θ_2 に対し，θ_1 による ϕ のベックルンド変換を ϕ_1, θ_2 によるベックルンド変換を ϕ_2 とする．

$$
\begin{array}{ccccc}
 & \nearrow & \phi_1 & \searrow & \\
\phi & & & & \phi_{12} = \phi_{21} =: \tilde{\phi} \\
 & \searrow & \phi_2 & \nearrow &
\end{array}
$$

図 **4.4**　ベックルンド変換

次の等式が成立する．

命題 4.2.9 (非線形重ね合わせの公式)**.**

$$
\tilde{\phi} = \phi + 4\tan^{-1}\left\{ \frac{\sin\frac{\theta_2+\theta_1}{2}}{\sin\frac{\theta_2-\theta_1}{2}} \tan\frac{\phi_1 - \phi_2}{4} \right\}
$$

ベックルンド変換を 1-ソリトン解に繰り返し施すことにより，サイン・ゴルドン方程式の多重ソリトン解が得られる．ビアンキ (L. Bianchi) はベックルンド変換を 3 次元球面 $\mathbb{S}^3$ および 3 次元双曲空間 $\mathbb{H}^3$ 内の曲面に一般化している（文献 [75] 参照）．元来，$K = -1$ の曲面の変換であったベックルンド変換は，現在では mKdV 方程式をはじめとする各種の可積分方程式に対して一般化されている．幾何学に由来するベックルンド変換については文献 [80], [177] を参照されたい．なお，この項の内容については別の本 [107] で詳述する．

4.2.3　平均曲率一定曲面

本章の冒頭で触れたように平均曲率一定曲面は，しゃぼん玉の数学的モデルと見なされる．$H \neq 0$ で定数である曲面においては（臍点(せいてん)でない点のまわりで）

$$
\mathrm{I} = e^{\omega}\{(du^1)^2 + (du^2)^2\}, \quad \mathrm{II} = 2He^{\frac{\omega}{2}}\left(\sinh\frac{\omega}{2}(du^1)^2 + \cosh\frac{\omega}{2}(du^2)^2\right)
$$

と表せる径数 (u^1, u^2) がとれる（等温曲率線座標 [106, 命題 2.7.6]）．この径数表示でガウス–コダッチ方程式は

4.2 曲面の微分幾何と可積分系

$$\omega_{u^1 u^1} + \omega_{u^2 u^2} + \frac{H^2}{2}\sinh\omega = 0$$

となる．これは（楕円型）**双曲サイン・ゴルドン方程式** (elliptic sinh-Gordon equation) とか**双曲サイン・ラプラス方程式** (elliptic sinh-Laplace equation) と呼ばれる 2 次元戸田方程式の特別なものである（$A_1^{(1)}$ 型戸田方程式）.

ウェンテはこの方程式の 2 重周期解で平均曲率一定なトーラスを定めるものが存在することを証明し，ホップの問題に対する解答を与えた.

曲面が（元祖）ベックルンド変換をもてばガウス曲率 K が負で一定であるから，平均曲率一定曲面に（元祖）ベックルンド変換は適用できない．ビアンキは線叢を複素化することで平均曲率一定曲面に対するベックルンド変換（紛らわしいのでビアンキ–ベックルンド変換とか BB 変換という）を考案した．平均曲率一定曲面と BB 変換については拙著 [106, 5 章] を参照されたい.

4.2.4 調和写像へ

ウェンテ輪環面の発見以降，平均曲率一定輪環面の分類へ向けて研究が進む中，19 世紀の幾何学者による $K = -1$ の曲面の研究が再発見された [110]．とくにサイン・ゴルドン方程式の多重ソリトン解，有限型解（準周期解）で定まる曲面が研究されていたことが知られるようになった．19 世紀の幾何学とはまったく独立にサイン・ゴルドン方程式の準周期解は伊達悦朗 [44] とコゼル (V. A. Kozel)，コトリヤロフ (V. P. Kotlyarov) [140] によって求められている [191].

また双曲サイン・ラプラス方程式の準周期解で定まる $K = +1$ の曲面や $H = 1/2$ の曲面に関する研究も再発見された．ただし，$H = 1/2$ のトーラスの存在は 19 世紀の幾何学者には論じられておらずウェンテの発見が最初であるといえる [158], [159].

$K = -1$ の曲面は双曲平面の $\mathbb{E}^3$ 内につくられた（特異点つきの）模型であり，$H = 1/2$ の曲面は「数学的しゃぼん玉」に由来する．それぞれの積分可能条件はサイン・ゴルドン方程式（非線形波動方程式，双曲型）と双曲サイン・ラプラス方程式（非線形楕円型偏微分方程式）であり方程式の型（タイプ）も

266　　　　　　　　　　　　　　　　　　　　　第 4 章　幾何学と可積分系

異なる．だが，これら二つはともに無限可積分系であり，なんらかの意味で類
似性がある．その類似性は曲面 $\boldsymbol{p} : \mathcal{D} \to \mathbb{E}^3$ の単位法ベクトル場 $\boldsymbol{n}$ を観察する
ことでつかめる．

$\boldsymbol{n}$ は $\mathcal{D}$ で定義され，原点を中心とする単位球面

$$\mathbb{S}^2 = \{(x^1, x^2, x^3) \in \mathbb{E}^3 \mid (x^1)^2 + (x^2)^2 + (x^3)^2 = 1\}$$

への写像と見なせることに注意しよう．このように考え $\boldsymbol{n}$ をガウス写像と呼
ぶ．ここで曲面上の調和関数という概念を定義しておく．

曲面の第 1 基本形式 I を用いてラプラス作用素 $\triangle_{\mathrm{I}}$ を

$$\triangle_{\mathrm{I}} f = -\frac{1}{\mathrm{g}} \sum_{i,j=1}^{2} \frac{\partial}{\partial u^j} \left(\sqrt{\mathrm{g}}\, g^{ij} \frac{\partial f}{\partial u^i} \right), \quad \mathrm{g} = g_{11} g_{22} - (g_{12})^2$$

で定義する．$\triangle_{\mathrm{I}} f = 0$ を満たす C^2 級関数 f をこの曲面上の調和関数という．

ベクトル値関数 $\boldsymbol{X} = (X^1, X^2, X^3) : \mathcal{D} \to \mathbb{E}^3$ に対し

$$\triangle_{\mathrm{I}} \boldsymbol{X} = (\triangle_{\mathrm{I}} X_1, \triangle_{\mathrm{I}} X_2, \triangle_{\mathrm{I}} X_3)$$

と定めよう．

定義 4.2.10. 曲面 $\boldsymbol{p} : \mathcal{D} \to \mathbb{E}^3$ に沿って定義された単位ベクトル値関数
$\boldsymbol{N} : \mathcal{D} \to \mathbb{S}^2$ が I に関して調和写像 (harmonic map) であるとは $\triangle_{\mathrm{I}} \boldsymbol{N} /\!/ \boldsymbol{N}$ で
あることをいう．

平均曲率が一定という性質は次の定理で特徴づけられる．

定理 4.2.11（ルー–ヴィルムス，**1970**）．曲面 $\boldsymbol{p} : \mathcal{D} \to \mathbb{E}^3$ のガウス写像
$\boldsymbol{n} : \mathcal{D} \to \mathbb{S}^2$ が調和写像であるための必要十分条件は H が定数であること．

$K = -1$（より一般に K が負で一定）の曲面を特徴づけるためには波動写像
というものを用いる．$K < 0$ の曲面において，$\mathrm{h} = h_{11} h_{22} - (h_{12})^2 < 0$ であ
ることに注意してダランベール作用素 $\square_{\mathrm{II}}$ を

$$\square_{\mathrm{II}} f = \frac{1}{\mathrm{h}} \sum_{i,j=1}^{2} \frac{\partial}{\partial u^j} \left(\sqrt{-\mathrm{h}}\, h^{ij} \frac{\partial f}{\partial u^i} \right), \quad \mathrm{h} = h_{11} h_{22} - (h_{12})^2$$

で定義する. (h^{ij}) は (h_{ij}) の逆行列を表す. $\square_{\mathrm{II}}$ を利用して波動写像の概念が定義される.

定義 4.2.12. $K < 0$ の曲面 $\boldsymbol{p} : \mathcal{D} \to \mathbb{E}^3$ に対し単位ベクトル値関数 $\boldsymbol{N} : \mathcal{D} \to \mathbb{S}^2$ が II に関して**波動写像** (wave map) であるとは $\square_{\mathrm{II}}\boldsymbol{N} /\!/ \boldsymbol{N}$ であることをいう.

ガウス曲率が負で一定という性質は次の定理で特徴づけられる.

定理 4.2.13. $K < 0$ の曲面 $\boldsymbol{p} : \mathcal{D} \to \mathbb{E}^3$ のガウス写像 $\boldsymbol{n} : \mathcal{D} \to \mathbb{S}^2$ が波動写像であるための必要十分条件は K が定数であること.

注意 4.2.14（正曲率曲面）. $K > 0$ の曲面 $\boldsymbol{p} : \mathcal{D} \to \mathbb{E}^3$ においては $\mathsf{h} = h_{11}h_{22} - (h_{12})^2 > 0$ である. **第 2 ラプラス作用素** $\triangle_{\mathrm{II}}$ を

$$\triangle_{\mathrm{II}}f = \frac{1}{\mathsf{h}} \sum_{i,j=1}^{2} \frac{\partial}{\partial u^j}\left(\sqrt{\mathsf{h}}\, h^{ij}\frac{\partial f}{\partial u^i}\right)$$

で定義する. さらに $\boldsymbol{p} : \mathcal{D} \to \mathbb{E}^3$ に沿って定義された単位ベクトル値関数 $\boldsymbol{N} : \mathcal{D} \to \mathbb{S}^2$ が II に関して調和写像であるとは $\triangle_{\mathrm{II}}\boldsymbol{N} /\!/ \boldsymbol{N}$ であることをいう. ルー–ヴィルムスの定理および定理 4.2.13 と同様に次が成り立つ [131].

定理 4.2.15（クロッツ）. $K > 0$ の曲面 $\boldsymbol{p} : \mathcal{D} \to \mathbb{E}^3$ のガウス写像 $\boldsymbol{n} : \mathcal{D} \to \mathbb{S}^2$ が II に関して調和写像であるための必要十分条件は K が定数であること.

負定曲率曲面や平均曲率一定曲面のもつ「可積分構造」は偶然なのだろうか. これらの曲面のもつ可積分構造は，調和写像や波動写像が鍵をにぎっている. 双曲サイン・ゴルドン方程式は 2 次元戸田方程式の特別なものである. では一般の 2 次元戸田方程式は何か微分幾何学的な対象から自然に導かれるのだろうか. この疑問に対する回答を次の節で与えよう.

4.3 2次元戸田方程式と射影微分幾何

サイン・ゴルドン方程式が 19 世紀の幾何学で研究されていたことを紹介したが，19 世紀の幾何学には，今日，可積分系として知られる偏微分方程式が数多く登場している [121], [127]．この節では 2 次元戸田方程式の幾何学的由来を紹介する．

4.3.1 ラプラスの方法

2 変数関数 $Z = Z(x, y)$ に対する偏微分方程式

$$Z_{xy} + a(x,y)Z_x + b(x,y)Z_y + c(x,y)Z = 0 \tag{4.4}$$

を考える．(4.4) を

$$\frac{\partial}{\partial x}(Z_y + aZ) + b(Z_y + aZ) - (a_x + ab - c)Z = 0$$

と書き換え

$$h := a_x + ab - c \tag{4.5}$$

とおく．

定理 4.3.1（ラプラスの解法）．$h = 0$ のときの偏微分方程式 (4.4)，すなわち

$$\frac{\partial}{\partial x}(Z_y + aZ) + b(Z_y + aZ) = 0$$

は求積法により解くことができる．

証明 $s = \displaystyle\int b(x,y)\,dx$, $S = e^s(Z_y + aZ)$ とおくと $S_x = 0$ なので，S は y のみに依存する関数であることがわかる．そこで $S = F(y)$ と書き直せば，

$$Z_y + aZ = e^{-s}F(y) \tag{4.6}$$

を得る．同様に

$$\tilde{s} := \int a(x,y)\,dy, \quad \tilde{S} := e^{\tilde{s}}Z$$

4.3 2次元戸田方程式と射影微分幾何 269

とおくと

$$\frac{\partial \tilde{S}}{\partial y} = ae^{\tilde{s}}Z + e^{\tilde{s}}Z_y = e^{\tilde{s}-s}F(y)$$

より

$$\tilde{S}(x,y) = \int e^{\tilde{s}-s}F(y)dv + G(x)$$

と表せる. ここで G は u のみに依存する関数である. ■

$k := b_x + ab - c = 0$ の場合も同様に (4.4) は求積法により解くことができる.

4.3.2 ラプラス変換

偏微分方程式 (4.4) において $h \neq 0$ (または $k \neq 0$) の場合はどうなるだろうか. ダルブー (G. J. Darboux) の『曲面論』[41], [163] における考察を紹介する. $Z_1 := Z_y + aZ$ とおくと (4.4) により

$$(Z_1)_{xy} + a_1(Z_1)_x + b_1(Z_1)_y + c_1 Z_1 = 0$$

が成り立つ. ここで

$$a_1 := a - \frac{h_y}{h}, \quad b_1 := b, \quad c_1 := ab + h\left(\frac{b}{h}\right)_y - h$$

である. つまり, Z_1 は (4.4) と同じ形の偏微分方程式の解になっている. 同様に $Z \mapsto Z_{-1} := Z_x + bZ$ なる変換も考えられる. Z_1 を Z の**第 1 次ラプラス変換**, Z_{-1} を Z の**第 (−1) 次ラプラス変換**と呼ぶ. $Z_1 =: \mathcal{L}_+(Z)$, $Z_{-1} =: \mathcal{L}_-(Z)$ と書くことにすると

$$(\mathcal{L}_- \circ \mathcal{L}_+)(Z) = hZ = (a_x + ab - c)Z \neq 0,$$
$$(\mathcal{L}_+ \circ \mathcal{L}_-)(Z) = kZ = (b_y + ab - c)Z \neq 0$$

が成立する. これはラプラス変換が射影幾何学的であることを示唆している. そこでラプラス変換を射影空間内の曲面に応用する.

4.3.3 射影空間

$(n+1)$ 次元数空間 $\mathbb{R}^{n+1}$ 内の原点を通る直線の全体を $\mathbb{R}P^n$ で表す. $\mathbf{0}$ でな

いベクトル $\boldsymbol{x}, \boldsymbol{y} \in \mathbb{R}^{n+1}$ が同一の直線を定めるとき $\boldsymbol{x} \sim \boldsymbol{y}$ と定めると

$$\boldsymbol{x} \sim \boldsymbol{y} \iff 0 \text{ でない実数 } \lambda \text{ が存在して } \boldsymbol{y} = \boldsymbol{x}\lambda \tag{4.7}$$

である．関係 $\sim$ は $\mathbb{R}^{n+1}$ から原点を除いた空間 $\mathbb{R}^{n+1} \setminus \{\boldsymbol{0}\}$ 上の同値関係である．$\mathbb{R}^{n+1} \setminus \{\boldsymbol{0}\}$ を $\sim$ で割ることで得られる商空間 $(\mathbb{R}^{n+1} \setminus \{\boldsymbol{0}\})/\mathbb{R}^{\times}$ が $\mathbb{R}P^n$ にほかならない．$\mathbb{R}P^n$ は n 次元コンパクト多様体であり **n 次元実射影空間** (real projective n-space) と呼ばれる．$\mathbb{R}P^1$ は実射影直線，$\mathbb{R}P^2$ は実射影平面と呼ばれる．$\mathbb{R}P^1$ は円 $\mathbb{S}^1$ と同一視できる．

注意 4.3.2（複素射影空間と四元数射影空間）．複素数や四元数の場合にも (4.7) を用いて複素射影空間 $\mathbb{C}P^n$ と四元数射影空間 $\mathbf{H}P^n$ が定義できる．(4.7) でスカラー倍を右から行っているのは四元数の場合でも通用する定義にするためである [106, 3 章].

ベクトル $\boldsymbol{x}$ の定める直線を $[\boldsymbol{x}]$ と表記する．直線 $x \in \mathbb{R}P^n$ は x に属するベクトル $\boldsymbol{x}$ を一つ選んで $x = [\boldsymbol{x}]$ と表示できる．$\boldsymbol{x} = (x^1, x^2, \cdots, x^{n+1})$ を用いて $x = [x^1 : x^2 : \cdots : x^{n+1}]$ と表し x の**斉次座標**と呼ぶ．$\mathbb{R}^{n+1} \setminus \{\boldsymbol{0}\}$ から $\mathbb{R}P^n$ への射影を pr で表すと $\mathrm{pr}(\boldsymbol{x}) = [\boldsymbol{x}]$.

注意 4.3.3. $\mathbb{R}^{n+1} \setminus \{\boldsymbol{0}\}$ の点 $\boldsymbol{x} = (x^1, x^2, \cdots, x^{n+1})$ で $x^1 \neq 0$ を満たすものの全体を $\hat{U}_1 = \{(x^1, x^2, \cdots, x^{n+1}) \in \mathbb{R}^{n+1} \setminus \{\boldsymbol{0}\} \mid x^1 \neq 0\}$ で表す．同様に各番号 $j \in \{2, \ldots, n+1\}$ に対し $\hat{U}_j$ を定めると

$$\mathbb{R}P^n = \bigcup_{j=1}^{n+1} U_j, \quad U_j = \mathrm{pr}(\hat{U}_j)$$

である．$U_1 \ni x = [x^1 : x^2 : \cdots : x^{n+1}]$ に対し

$$[x^1 : x^2 : \cdots : x^{n+1}] = [1 : x^2/x^1 : \cdots : x^{n+1}/x^1]$$

であるから U_1 内の "点" x の座標として $(x^2/x^1 : \cdots : x^{n+1}/x^1) \in \mathbb{R}^n$ を採用できる．これを x の（U_1 における）**非斉次座標** (inhomogeneous coordinate) と呼ぶ．$\hat{U}_2, \ldots, \hat{U}_{n+1}$ においても同様に定める．対応 $\mathbb{R}^n \ni \boldsymbol{z} \mapsto [1 : \boldsymbol{z}] \in U_1$ により $\mathbb{R}^n \subset \mathbb{R}P^n$ と見ることができる．

4.3.4 射影空間内の曲面

$\mathcal{D}$ を数平面 $\mathbb{R}^2$ 内の領域とする．実射影空間内の曲面 $f : \mathcal{D} \to \mathbb{R}P^n$ を考える．f の斉次座標ベクトル場を $\boldsymbol{f}$ で表す．すなわち $f(u,v) = [\boldsymbol{f}(u,v)]$.

定義 4.3.4. (x,y) を径数とする曲面 $f : \mathcal{D} \to \mathbb{R}P^n$ において $\boldsymbol{f}_{xy}$, $\boldsymbol{f}_x$, $\boldsymbol{f}_y$, $\boldsymbol{f}$ が線形従属のとき f は共軛網(conjugate net) で径数づけられているという．

定義より共軛網 (x,y) で径数表示されていると斉次座標ベクトル場 $\boldsymbol{f}$ は

$$\boldsymbol{f}_{xy} + a(x,y)\boldsymbol{f}_x + b(x,y)\boldsymbol{f}_y + c(x,y)\boldsymbol{f} = \boldsymbol{0} \qquad (4.8)$$

という方程式を満たす．$\boldsymbol{f} = (f^1, f^2, \ldots, f^{n+1})$ の各成分 $f^j(x,y)$ は (4.4) を満たしている．そこで関数 h, k を (4.5) の要領で定める．すなわち $h = ab + a_x + ab - c$, $k = b_y + ab - c$. これらの関数は斉次座標ベクトル場 $\boldsymbol{f}$ や共軛網 (x,y) の選び方に依存しているが，微分式 $h^{\#} = h\,dxdy$ と $k^{\#} = k\,dxdy$ は共軛網の取り方に依存しないことが確かめられる．この微分式の組を $f : \mathcal{D} \to \mathbb{R}P^n$ のラプラス不変量 (Laplace invariants) と呼ぶ．

斉次座標ベクトル場 $\boldsymbol{f} : \mathcal{D} \to \mathbb{R}^{n+1}$ は (4.8) を満たすからラプラス変換を施せる．さらに $f_1 = [\mathcal{L}_+(\boldsymbol{f})]$ と $f_{-1} = [\mathcal{L}_-(\boldsymbol{f})]$ がともに (u,v) を共軛網とする $\mathbb{R}P^n$ 内の曲面を定めていることが確かめられる．これらの新しい曲面を，もとの曲面のラプラス変換 (Laplace transform) と呼ぶ．

共軛網 (x,y) によって径数づけられた曲面 $f : \mathcal{D} \to \mathbb{R}P^n$ にラプラス変換を繰り返し施すことにより得られる列

$$\cdots \leftarrow f_{-2} \leftarrow f_{-1} \leftarrow f \to f_1 \to f_2 \to \cdots$$

において (x,y) は各 f_j に共通な共軛網になっている．系列 $\{f_j\}$ をラプラス系列 (Laplace sequence) と呼ぶ．

$$h_j\,dxdy \neq 0, \quad k_j\,dxdy \neq 0$$

を f_j のラプラス不変量とする．ラプラス不変量は次の偏微分方程式を満たす．

命題 4.3.5. ラプラス不変量 $\{h_j\}$, $\{k_j\}$ は次の **2** 次元戸田方程式を満たす.

$$\begin{cases} h_{j+1} + h_{j-1} = 2h_j - \dfrac{\partial^2}{\partial x \partial y} \log h_j, \\[2mm] k_{j+1} + k_{j-1} = 2k_j - \dfrac{\partial^2}{\partial x \partial y} \log k_j. \end{cases}$$

$h_j = e^{\phi_{j+1} - \phi_j}$ と書き換えれば,第 1 章 (1.195) で見た 2 次元戸田方程式の形になる:

$$\frac{\partial^2 \phi_j}{\partial x \partial y} + e^{\phi_j - \phi_{j-1}} - e^{\phi_{j+1} - \phi_j} = 0$$

ただし ϕ_j の個数は有限とは限っていないことに注意(A_∞ 型 2 次元戸田方程式).

ラプラス系列が周期的である場合を考察しよう.

定義 4.3.6. 非負整数 N が存在し,すべての番号 j に対し $f_{j+N} = f_j$ が成り立つとき,ラプラス系列 $\{f_j\}$ は**周期的ラプラス系列**であるという.

例 4.3.7(周期 **2** のとき). つまり $h_2 = h$ かつ $k_2 = k$ のとき,$\{\log(hk)\}_{xy} = 0$ を満たす. このときは共軛網 (x, y) を適当に取り替えることにより,$hk = 1$ とできる. $h := e^\omega$ とおくことにより 2 次元戸田方程式は,

$$\frac{\partial^2 \omega}{\partial x \partial y} = 4 \sinh \omega$$

になる($A_1^{(1)}$ 型戸田方程式). 3 次元ユークリッド空間の平均曲率一定曲面のガウス–コダッチ方程式に登場したものと似ているが,この方程式は**双曲型**であることに注意. この方程式は 3 次元ミンコフスキー時空 $\mathbb{E}^{1,2}$ 内の時間的平均曲率一定曲面のガウス–コダッチ方程式として現れる [61], [79], [80], [100].

例 4.3.8(周期 **3** のとき). このときは適当な変数変換を施すことで

$$(\log h)_{xy} = h - \frac{1}{h^2}$$

と正規化することができる. この方程式は**ティツェイカ方程式** (Tzitzeica equation) と呼ばれている($A_2^{(2)}$ 型戸田方程式). ティツェイカ (G. Ţiţeica, 1873–1939) が等積アフィン幾何学における曲面論を創始した際に発見された方程式である. アフィン球面と呼ばれる曲面の積分可能条件である [76], [120].

例 **4.3.9**（周期 **6** のとき）．この場合は

$$(\log h)_{xy} = hk + \frac{1}{h}, \quad (\log k)_{xy} = hk + \frac{1}{k}$$

という 2 次元戸田方程式（$D_3^{(2)}$ 型戸田方程式）が得られる．この方程式は射影幾何学においてデモラン曲面 (Demoulin surface) と呼ばれる曲面（射影極小曲面の特別なもの）の積分可能条件である [70], [73], [134].

　この節で説明した射影幾何学における曲面論（射影微分幾何）については佐々木武による総説 [180] に詳しく解説されている．周期的ラプラス系列については東北帝国大学に留学していた蘇歩青 (1902–2003) による研究 [185] があることを注意しておく（胡和生の論文 [97], [98] およびフィニコフの論文 [72] も参照）．

　アフィン球面とデモラン曲面についてはロジャース (C. Rogers) とシーフ (W. K. Schief) の教科書 [177] も参考になる．3 次元ミンコフスキー時空 $\mathbb{E}^{1,2}$ 内の可積分構造をもつ曲面については論文 [20], [21], [61], [132] を参照．射影微分幾何学とは異なる観点からのティツェイカ方程式の一般化がウィロックス (R. Willox) により提案されている [160], [203].

4.4　リー群と等質空間

　可積分系と呼ばれる方程式の特徴は対称性 (symmetry) をもつことである．対称性は（有限次元および無限次元の）リー群によって記述される．本論に入る前にこの章で扱うリーマン多様体，リー群および等質空間について簡単な紹介をしておく．

4.4.1　線形接続と測地線

　M を多様体とする．M 上の C^∞ 級ベクトル場の全体を $\mathfrak{X}(M)$，C^∞ 級関数の全体を $C^\infty(M)$ で表す．$\mathfrak{X}(M)$ は無限次元の実線形空間であると同時に $C^\infty(M)$ 加群である．$\mathfrak{X}(M)$ はベクトル場の交換子に関し無限次元のリー代数をなす．

274　　　　　　　　　　　　　　　　　　　　　　　　　　第 4 章　幾何学と可積分系

定義 4.4.1. $D : \mathfrak{X}(M) \times \mathfrak{X}(M) \to \mathfrak{X}(M)$ が次の性質をもつとき D を M の線形接続 (linear connection) またはアフィン接続 (affine connection) という.

$X, Y, Z \in \mathfrak{X}(M)$ と $f \in C^{\infty}(M)$ に対し

$$D_{X+Y}Z = D_X Z + D_Y Z, \quad D_{fX}Y = f D_X Y,$$
$$D_X(Y + Z) = D_X Y + D_X Z, \quad D_X(fY) = (Xf)Y.$$

局所座標系 $(x^1, x^2, \ldots, x^m)$ をとり $\partial_i = \partial/\partial x^i$ と略記する. 線形接続 D に対し $D_{\partial_i}\partial_j = \sum_{k=1}^{m} {}^{D}\Gamma_{ij}^{\ k} \partial_k$ で定まる関数の族 $\{{}^{D}\Gamma_{ij}^{\ k}\}_{i,j,k=1}^{m}$ を D の $(x^1, x^2, \ldots, x^m)$ に関する接続係数という.

例 4.4.2 (レヴィ–チヴィタ接続). M にリーマン計量 (擬リーマン計量でもよい) g が与えられているとする. M の局所座標系 $(x^1, x^2, \ldots, x^m)$ をとり, g を

$$g = \sum_{i,j=1}^{m} g_{ij} dx^i dx^j$$

と表す. また行列 (g_{ij}) の逆行列を (g^{ij}) で表す. g の $(x^1, x^2, \ldots, x^m)$ に関するクリストッフェル記号 (Christoffel symbol) $\Gamma_{ij}^{\ k}$ を

$$\Gamma_{ij}^{\ k} = \frac{1}{2} \sum_{\ell=1}^{m} g^{k\ell} \left\{ \frac{\partial g_{j\ell}}{\partial x^i} + \frac{\partial g_{\ell i}}{\partial x^j} - \frac{\partial g_{ij}}{\partial x^\ell} \right\}$$

で定める. クリストッフェル記号 $\{\Gamma_{ij}^{\ k}\}$ を用いて線形接続 ∇ を $\nabla_{\partial_i}\partial_j = \sum_{k=1}^{m} \Gamma_{ij}^{\ k} \partial_k$ で定義し (M, g) のレヴィ–チヴィタ接続またはリーマン接続と呼ぶ.

定義 4.4.3 (測地線). 線形接続 D が与えられた多様体 (M, D) の曲線 $\gamma(t)$ が $D_{\gamma'}\gamma' = 0$ を満たすとき (M, D) における測地線 (geodesic) という.

また (M, D) の捩率テンソル場 T, リーマン曲率 R, リッチテンソル場 Ric が

4.4 リー群と等質空間 **275**

$$T(X, Y) = D_X Y - D_Y X - [X, Y],$$

$$R(X, Y)Z = D_X D_Y Z - D_Y D_X Z - D_{[X,Y]} Z,$$

$$\mathrm{Ric}(X, Y) = \mathrm{tr}\{Z \longmapsto R(Z, X)Y\}$$

で定義される.

リーマン多様体 (M, g) に線形接続 D が与えられているとき, g の D による共変微分 Dg が

$$(Dg)(X, Y; Z) = Zg(X, Y) - g(D_Z X, Y) - g(X, D_Z Y), \quad X, Y, Z \in \mathfrak{X}(M)$$

で定義される. $Dg = 0$ のとき D は g に関し**計量的線形接続** (metric connection) であるという.

定理 4.4.4（リーマン幾何学の基本定理）. リーマン多様体 (M, g) において計量的かつ捩率テンソル場が恒等的に 0 である線形接続がただ一つだけ存在する. この線形接続はレヴィ–チヴィタ接続である.

この基本定理に基づきリーマン多様体 (M, g) においては線形接続として（特別の理由がなければ）レヴィ–チヴィタ接続 ∇ を指定する. またリーマン多様体の測地線といえばレヴィ–チヴィタ接続 ∇ に関する測地線を意味する.

リーマン多様体 (M, g) においてレヴィ–チヴィタ接続に関するリッチテンソル場 Ric の固有和 $\rho = \mathrm{tr}\,\mathrm{Ric}$ を**スカラー曲率** (scalar curvature) と呼ぶ. Ric がリーマン計量 g の定数倍であるとき (M, g) を**アインシュタイン多様体** (Einstein manifold) と呼ぶ. アインシュタイン多様体においては $\mathrm{Ric} = \rho\, g/m$ でありスカラー曲率は一定である.

注意 4.4.5. 情報幾何学 (information geometry) や CR 幾何学のようにレヴィ–チヴィタ接続とは異なる線形接続が活躍する幾何学もある.

1) CR 幾何学では強擬凸 CR 多様体に田中–ウェブスター接続と呼ばれる捩率テンソル場が消えない線形接続を考える.

2) 情報幾何学では確率分布族のなす多様体が研究対象である. 確率分布族

のなす多様体が備えている構造をモデルに統計多様体が次のように定義
される.

リーマン多様体 (M, g, D) に捩率テンソル場が恒等的に 0 である線形
接続 D を一つ与える. $C = Dg$ が対称テンソル場であるとき (M, g, D)
を統計多様体 (statistical manifold) と呼ぶ (統性多様体とも呼ばれる).
$D = \nabla$ (レヴィ–チヴィタ接続) と選べばリーマン多様体であるから統計
多様体はリーマン多様体の一般化と見なせる.

情報幾何学と応用可積分系は密接な関係がある. 中村佳正による先駆的研
究 [166], [167] を参照. 文献 [168] の pp. 209–210 では行列算術調和平均アルゴ
リズムの情報幾何学が解説されている.

4.4.2 調和関数

リーマン多様体 (M, g) においてラプラス作用素 $\Delta_g : C^\infty(M) \to C^\infty(M)$ を

$$\Delta_g f = \sum_{i,j=1}^{m} g^{ij} \left\{ \frac{\partial^2 f}{\partial x^i \partial x^j} - \sum_{k=1}^{m} \Gamma_{ij}^{k} \frac{\partial f}{\partial x^k} \right\}, \quad f \in C^\infty(M)$$

で定める[*4]. p. 266 で定義した $\triangle_{\mathrm{I}}$ は曲面に第一基本形式をリーマン計量とし
て与えた「2 次元リーマン多様体」のラプラス作用素であることに注意.

$\Delta_g f = 0$ を満たす f を調和関数 (harmonic function) という.

4.4.3 ケーラー多様体

多様体 M において $C^\infty(M)$ 線形変換 $J : \mathfrak{X}(M) \to \mathfrak{X}(M)$ で $J^2 = -\mathrm{Id}$
(Id は恒等変換) を満たすものが存在するとき J を M の概複素構造 (almost
complex structure) と呼ぶ. 概複素構造をもてば M の次元は偶数である. 概
複素構造を指定された多様体 (M, J) を概複素多様体という. 概複素多様体 M
の点 $p \in M$ における接ベクトル空間 $T_p M$ を複素化して得られる複素線形空間

[*4] 微分幾何学の文献では $-\Delta_g$ をラプラス作用素の定義とするものが多いので注意.

4.4 リー群と等質空間

を $T_p^{\mathbb{C}} M$ で表す. J の固有値は $\pm i$ である. 固有値 i, $-i$ に対応する固有空間をそれぞれ $T_p' M$, $T_p'' M$ で表す.

$$T_p' M = \{Z \in T_p^{\mathbb{C}} M \mid JZ = iZ\}, \quad T_p'' M = \{Z \in T_p^{\mathbb{C}} M \mid JZ = -iZ\}.$$

$T_p^{\mathbb{C}} M$ は J により $T_p^{\mathbb{C}} M = T_p' M \oplus T_p'' M$ と固有空間分解される. したがって M の接ベクトル束 TM の複素化 $T^{\mathbb{C}} M = \cup_{p \in M} T_p^{\mathbb{C}} M$ の部分ベクトル束

$$T' M = \bigcup_{p \in M} T_p' M, \quad T'' M = \bigcup_{p \in M} T_p'' M$$

が定まり $T'' M = \overline{T' M}$ を満たす. J が積分可能 (integrable), すなわち $T' M$ が積分可能条件[*5]

$$[\Gamma(T' M), \Gamma(T' M)] \subset \Gamma(T' M)$$

を満たすとき M に複素構造（複素多様体の構造）が定まる.

偶数次元多様体 M において

$$T^{\mathbb{C}} M = T' M \oplus T'' M, \quad T'' M = \overline{T' M} \tag{4.9}$$

を満たす $T^{\mathbb{C}} M$ の複素部分ベクトル束 $T' M$ を与えることと M に概複素構造を与えることは同値である. 実際 $J : T^{\mathbb{C}} M \to T^{\mathbb{C}} M$ を $J = i\Pi' - i\Pi''$ で定めればよい. ここで $\Pi' : T^{\mathbb{C}} M \to T' M$ と $\Pi'' : T^{\mathbb{C}} M \to T'' M$ は射影を表す. すると $T' M = \{X - iJX \mid X \in TM\}$ と表すことができる. J を TM に制限すると, M 上の概複素構造を与えることがわかる.

概複素多様体 (M, J) のリーマン計量 g で

$$g(JX, JY) = g(X, Y), \quad X, Y \in \mathfrak{X}(M)$$

を満たすものを**エルミート計量** (Hermitian metric) と呼ぶ. このとき (M, J, g) を概エルミート多様体という. 概エルミート多様体上で 2 次微分形式 Ω を $\Omega(X, Y) = g(X, JY)$ で定めケーラー形式という.

ケーラー形式が閉形式（$d\Omega = 0$）であるとき (M, J, g) は**概ケーラー多様体** (almost Kähler manifold) と呼ばれる[*6]. とくに J が積分可能な概ケーラー多

[*5] 多様体 M 上のベクトル束 E に対し, その C^∞ 級切断の全体を $\Gamma(E)$ で表す.

[*6] このとき (M, Ω) はシンプレクティック多様体 (symplectic manifold) である.

様体をケーラー多様体と呼ぶ. ケーラー多様体のリーマン計量はケーラー計量 (Kähler metric) と呼ばれる. 概エルミート多様体 (M, J, g) がケーラーである ための必要十分条件は $\nabla J = 0$, すなわち

$$(\nabla_X J)Y := \nabla_X(JY) - J(\nabla_X Y) = 0, \quad X, Y \in \mathfrak{X}(M)$$

を満たすことである. ∇J が交代的である概エルミート多様体は近ケーラー多 様体 (nearly Kähler manifold) と呼ばれる. 近ケーラーかつ概ケーラーならば ケーラーである.

4.4.4 リー群

群 G に多様体の構造が与えられており演算写像 $G \times G \to G;\quad (a, b) \longmapsto ab$ および反転写像 $G \to G;\quad a \longmapsto a^{-1}$ がともに C^∞ 多様体の間の写像として C^∞ 級であるとき G をリー群 (Lie group) という.

G をリー群 G の元 a を一つとると G 上の変換（微分同相写像）L_a と R_a が

$$L_a(b) = ab, \quad R_a(b) = ba, \quad b \in G$$

で定まる. L_a と R_a をそれぞれ a による左移動, 右移動と呼ぶ.

実数を成分とする n 行 n 列の行列全体を $M(n, \mathbb{R})$ で表す. 同様に複素数を 成分とする n 行 n 列の行列全体を $M(n, \mathbb{C})$ で表す.

実数を成分とする n 行 n 列の正則行列の全体 $GL(n, \mathbb{R})$ および複素数を成分 とする n 行 n 列の正則行列の全体 $GL(n, \mathbb{C})$ はリー群をなす. これらを n 次実 一般線形群, n 次複素一般線形群と呼ぶ.

例 4.4.6（線形リー群）. $GL(n, \mathbb{C})$ の閉部分群はリー群の構造をもち線形リー 群と呼ばれる. まず次の例を挙げておく.

- $SL(n, \mathbb{R}) = \{A \in \mathrm{M}(n, \mathbb{R}) \mid \det A = 1\}$, n 次実特殊線形群
- $SL(n, \mathbb{C}) = \{A \in \mathrm{M}(n, \mathbb{C}) \mid \det A = 1\}$, n 次複素特殊線形群
- $O(n) = \{A \in GL(n, \mathbb{R}) \mid {}^t\!AA = I\}$, n 次直交群 (orthogonal group)
- $SO(n) = \{A \in O(n) \mid \det A = 1\}$, n 次回転群 (rotation group)

4.4 リー群と等質空間 **279**

n 次元ユークリッド空間 $\mathbb{E}^n$（注意 4.2.1 参照）上の合同変換を次で定める.

定義 4.4.7. 変換 $f : \mathbb{E}^n \to \mathbb{E}^n$ がユークリッド距離関数を保つとき，すなわち任意の 2 点 $\boldsymbol{p}, \boldsymbol{q} \in \mathbb{E}^n$ に対し，$\mathrm{d}(f(\boldsymbol{p}), f(\boldsymbol{q})) = \mathrm{d}(\boldsymbol{p}, \boldsymbol{q})$ を満たすとき f を $\mathbb{E}^n$ の**合同変換**と呼ぶ.

合同変換は次のように表示できる [101, 定理 2.14].

定理 4.4.8. $\mathbb{E}^n$ の合同変換 f は $f(\boldsymbol{p}) = A\boldsymbol{p} + \boldsymbol{b}$ と表すことができる．ここで $A \in O(n), \boldsymbol{b} \in \mathbb{R}^n$. したがって合同変換の全体 $E(n)$ は直交行列とベクトルの組の集合

$$\{(A, \boldsymbol{b}) \mid A \in O(n),\ \boldsymbol{b} \in \mathbb{R}^n\} \tag{4.10}$$

に演算

$$(A_1, \boldsymbol{b}_1) \cdot (A_2, \boldsymbol{b}_2) = (A_1 A_2, \boldsymbol{b}_1 + A_1 \boldsymbol{b}_2) \tag{4.11}$$

を与えたものと思ってよい．この演算に関し $E(n)$ はリー群をなす．$E(n)$ を**合同変換群**と呼ぶ.

$E(n)$ の部分群 $SE(n) = \{(A, \boldsymbol{b}) \in E(n) \mid \det A = 1\}$ を $\mathbb{E}^n$ の**運動群**と呼ぶ．運動群の要素は**運動** (motion) と呼ばれるが質点の運動などと紛らわしいときは**ユークリッド運動**と呼ぶ.

定義 4.4.9. $\mathbb{E}^n$ 内の二つの図形 $\mathcal{X}$ と $\mathcal{Y}$ に対し $f(\mathcal{X}) = \mathcal{Y}$ となる合同変換 f が存在するとき，$\mathcal{X}$ と $\mathcal{Y}$ は**合同** (congruent) であるといい $\mathcal{X} \equiv \mathcal{Y}$ と記す.

より一般に $A(n) = \{(A, \boldsymbol{b}) \mid A \in GL(n, \mathbb{R}),\ \boldsymbol{b} \in \mathbb{R}^n\}$ に演算 (4.11) を与えて得られるリー群を $\mathbb{R}^n$ の**アフィン変換群**という．また $A(n)$ の部分群

$$A_+(n) = \{(A, \boldsymbol{b}) \in A(n) \mid \det A > 0\},$$
$$SA(n) = \{(A, \boldsymbol{b}) \in A(n) \mid \det A = 1\}$$

をそれぞれ $\mathbb{R}^n$ のアフィン運動群, 等積運動群という. $\{(A, \boldsymbol{b}) \in A(n) \mid \det A = \pm 1\}$ は $\mathbb{R}^n$ の等積アフィン変換群と呼ばれる.

直交群に相当する群を複素数空間でも考えておく. n 次元複素数空間

$$\mathbb{C}^n = \{\boldsymbol{z} = (z_1, z_2, \ldots, z_n) \mid z_1, z_2, \ldots, z_n \in \mathbb{C}\}$$

の内積 (エルミート内積) を

$$\langle \boldsymbol{z} | \boldsymbol{w} \rangle = \sum_{i=1}^n z_i \overline{w_i}, \quad \boldsymbol{z} = (z_1, z_2, \cdots, z_n), \; \boldsymbol{w} = (w_1, w_2, \cdots, w_n) \in \mathbb{C}^n$$

で定める. $\boldsymbol{z} \in \mathbb{C}^n$ の長さ $\|\boldsymbol{z}\|$ は $\|\boldsymbol{z}\| = \sqrt{\langle \boldsymbol{z} | \boldsymbol{z} \rangle}$ で定められる. $\mathbb{C}^n$ にエルミート内積 $\langle \cdot | \cdot \rangle$ を指定したものを n 次元複素ユークリッド空間と呼ぶ.

n 次ユニタリ群 $U(n)$ とは

$$U(n) = \left\{ A \in M(n, \mathbb{C}) \mid {}^t\overline{A}A = I \right\}$$

で定まるリー群である. $A \in U(n)$ ならば $\det A$ は絶対値 1 の複素数である.

注意 4.4.10 ($n = 1$ のとき). $O(1) = \{\pm 1\}$, $U(1) = \{z \in \mathbb{C} \mid |z| = 1\}$ である.

$SU(n) = SL(n, \mathbb{C}) \cap U(n)$ を特殊ユニタリ群 (special unitary group) と呼ぶ.

注意 4.4.11 (四元数). $\{1, i, j, k\}$ を基底とする 4 次元の実線形空間 $\mathbf{H} = \mathbb{R}1 \oplus \mathbb{R}i \oplus \mathbb{R}j \oplus \mathbb{R}k$ に乗法を

$$1x = x1 \; (x \in \mathbb{R}), \quad i^2 = j^2 = k^2 = -1, \quad ij = -ji = k,$$

$$jk = -kj = i, \quad ki = -ki = j$$

で定めると非可換な体 (斜体, 可除環) になる. $\mathbf{H}$ を四元数体, その元を四元数と呼ぶ. 四元数 $\xi = \xi_0 + \xi_1 i + \xi_2 j + \xi_3 k$ に対し, その共軛四元数 $\bar{\xi}$ を $\bar{\xi} = \xi_0 - \xi_1 i - \xi_2 j - \xi_3 k$ で定める. 四元数を成分にもつ n 行 n 列の行列全体を $M(n, \mathbf{H})$ で表す. 直交群, ユニタリ群をまねて $Sp(n) = \{A \in M(n, \mathbf{H}) \mid {}^t\overline{A}A = I\}$ とおくと $Sp(n)$ は乗法に関しリー群をなす. この群を n 次ユニタリ・シンプレクティック群と呼ぶ.

4.4 リー群と等質空間　281

リー群 G の単位元 e における接ベクトル空間を $\mathfrak{g}$ で表す．$\mathfrak{g}$ は G のベクトル場で左移動で不変なものの全体と思うことができる．$\mathfrak{g}$ はベクトル場の交換子に関しリー代数をなす．$\mathfrak{g}$ をリー群 G のリー代数と呼ぶ．

リー代数 $\mathfrak{g}$ の元 X をとり線形変換 $\mathrm{ad}(X)$ を $\mathrm{ad}(X)Y = [X, Y]$ で定めることができる．$\mathrm{ad} : X \to \mathrm{ad}(X)$ を $\mathfrak{g}$ の随伴表現と呼ぶ．次に $\mathfrak{g}$ 上の対称双線形形式 B を

$$\mathrm{B}(X, Y) = \mathrm{tr}\,(\mathrm{ad}(X)\mathrm{ad}(Y)), \quad X, Y \in \mathfrak{g}$$

で定め，$\mathfrak{g}$ のキリング形式 (Killing form) と呼ぶ．

G が線形リー群の場合，行列の指数関数 $\exp$ を用いて $\mathfrak{g}$ は次のように表示できる．

$$\mathfrak{g} = \{X \in M(n, \mathbb{C}) \mid \text{すべての } s \in \mathbb{R} \text{ に対し } \exp(sX) \in G\}.$$

このとき $\mathfrak{g}$ のリー括弧は行列の交換子 $[X, Y] = XY - YX$ である．

単連結領域 $\mathcal{D} \subset \mathbb{R}^2$ で定義され線形リー群 G に値をもつ C^∞ 級行列値関数 $\varphi = \varphi(x, y) : \mathcal{D} \to G$ に対し $U = \varphi^{-1}\varphi_x$, $V = \varphi^{-1}\varphi_y$ とおく．これらは $\mathcal{D}$ で定義され $\mathfrak{g}$ に値をもつ．$(\varphi_y)_x - (\varphi_x)_y = O$ の左辺を計算すると

$$(\varphi_y)_x - (\varphi_x)_y = (\varphi V)_x - (\varphi U)_y = \varphi U V + \varphi V_x - (\varphi V U + \varphi U_y)$$

$$= \varphi(V_x - U_y + [U, V])$$

であるから $V_x - U_y + [U, V] = O$ を得る．

この章で基本的な役割をする次の定理を述べよう（第 1 章 1.6 節参照）．

定理 4.4.12（フロベニウスの定理）．$G \subset GL(n, \mathbb{C})$ を線形リー群，$\mathfrak{g} \subset \mathfrak{gl}(n, \mathbb{C})$ をそのリー代数とする．単連結領域 $\mathcal{D} \subset \mathbb{R}^2$ で定義され $\mathfrak{g}$ に値をもつ C^∞ 級行列値関数の組 $\{U(x, y), V(x, y)\}$ が積分可能条件（マウラー–カルタン方程式）

$$\frac{\partial}{\partial x}V - \frac{\partial}{\partial y}U + [U, V] = O \tag{4.12}$$

を満たすとき，指定された初期条件 $\varphi(x_0, y_0) = \varphi_0 \in G$ を満たす連立微分方程式

$$\frac{\partial}{\partial x}\varphi = \varphi U, \quad \frac{\partial}{\partial y}\varphi = \varphi V \tag{4.13}$$

の解 $\varphi : \mathcal{D} \to G$ が唯一存在する．

4.4.5 クライン幾何

この項では代表的な可積分方程式 (サイン・ゴルドン, 戸田, mKdV など) が微分幾何学的な対象をもつことを解説する. まず群作用の定義を与える [101].

定義 4.4.13. M を多様体, G をリー群とする. C^∞ 級写像 $\rho : G \times M \to M$; $(g, p) \longmapsto \rho(g)p$ が以下の条件を満たすとき ρ を G の M 上の作用 (action) と呼ぶ.

- $g_1, g_2 \in G$, $p \in X$ に対し $\rho(g_1)\rho(g_2)p = \rho(g_1 g_2)p$.
- G の単位元 e に対し $\rho(\mathrm{e})p = p$ がすべての $p \in M$ に対し成立する.

このとき G は M のリー変換群であるという.

とくに任意の 2 点 $p, q \in M$ に対し $\rho(g)p = q$ となる $g \in G$ が存在するとき, この作用は**推移的**であるという. 推移的なリー変換群 G をもつとき M は G の**等質空間** (homogenous space) であるという.

命題 4.4.14. G を M の推移的なリー変換群とする. 1 点 $p_0 \in X$ に対し $H_{p_0} = \{g \in G \mid \rho(g)p_0 = p_0\}$ は G の部分群 (リー群) である. これを G の p_0 における**固定群** (または**等方部分群**) と呼ぶ. このとき M と左剰余類集合 G/H_{p_0} の間には自然な微分同相対応がある. したがって M を G/H_{p_0} と多様体として同一視してよい.

証明 $\tilde\phi : G \to M$ を $\tilde\phi(g) = \rho(g)p_0$ で定めると全射.

$$\tilde\phi(g_1) = \tilde\phi(g_2) \Longleftrightarrow (g_1)^{-1}g_2 \in H_{p_0} \Longleftrightarrow g_2 \in g_1 H_{p_0}.$$

したがって $\tilde\phi$ は微分同相 $\phi : G/H_{p_0} \to M$ を誘導する. ∎

4.8 節で扱う種々の平面幾何に対する統一的視点を述べよう.

定義 4.4.15. 多様体 M と M に推移的に作用するリー群 G の組 (G, M) を G をリー変換群とする M 上の**クライン幾何** (Klein geometry) と呼ぶ.

4.4 リー群と等質空間 283

たとえば $\mathbb{R}^n$ に内積を与えユークリッド空間 $\mathbb{E}^n$ として扱うことを考える. このとき合同変換群は $\mathbb{E}^n$ に推移的に作用する. $(E(n), \mathbb{E}^n)$ をユークリッド幾何という. 同様にアフィン変換群の定める幾何 $(A(n), \mathbb{R}^n)$ をアフィン幾何という. 等積アフィン変換群の定める幾何を**等積アフィン幾何**という(が, 等積幾何と略称することもある).

例 4.4.16. 行列 $A \in GL(n+1, \mathbb{R})$ による線形変換 $F_A : \mathbb{R}^{n+1} \to \mathbb{R}^{n+1}$; $\boldsymbol{x} \longmapsto A\boldsymbol{x}$ を考えよう. このとき $T_A[\boldsymbol{x}] = [F_A(\boldsymbol{x})] = [A\boldsymbol{x}]$ により変換 $T_A : \mathbb{R}P^n \to \mathbb{R}P^n$ が定まる. この変換を**射影変換**という. $\mathbb{R}P^n$ の射影変換全体は

$$PGL(n+1, \mathbb{R}) = GL(n+1, \mathbb{R})/GL(1, \mathbb{R})$$

で与えられ群をなす(**射影変換群**). ここで $GL(1, \mathbb{R})$ は $\{tI \mid t \in \mathbb{R}^\times\} \subset GL(n+1, \mathbb{R})$ を意味する. 射影変換群 $PGL(n+1, \mathbb{R})$ は $\mathbb{R}P^n$ に推移的に作用する. $(PGL(n+1, \mathbb{R}), \mathbb{R}P^n)$ の定めるクライン幾何を**射影幾何** (projective geometry) という. $PSL(n+1, \mathbb{R}) = SL(n+1, \mathbb{R})/\{\pm I\}$ とおくと $PSL(n+1, \mathbb{R}) \cong PGL(n+1, \mathbb{R})$ であることに注意.

4.4.6 等質リーマン空間

推移的なリー変換群 G をもつ多様体 M を考察する. 1点 p_0 における固定群 H_{p_0} のリー代数を $\mathfrak{h}$ とする. $\mathfrak{h}$ は $\mathfrak{g}$ の線形部分空間である. $\mathfrak{g}$ における $\mathfrak{h}$ の補空間 $\mathfrak{m}$ で H_{p_0} の随伴作用

$$\mathrm{Ad} : H_{p_0} \times \mathfrak{g} \to \mathfrak{g}; \ (g, X) \longmapsto \mathrm{Ad}(g)X = gXg^{-1}$$

で不変であるものが存在するとき $X = G/H_{p_0}$ は**簡約等質空間** (reductive homogenous space) であるという.

リーマン多様体に対し等質性を考える.

補題 4.4.17. リーマン多様体 (M, g) の等長変換全体を $I(M, g)$ で表す[7].

---

[7] $\phi^* g$ は $(\phi^* g)(X, Y) = g(\phi_* X, \phi_* Y)$ で定義され g の ϕ による引き戻しと呼ばれる.

$$I(M,g) = \{\phi : M \to M \mid \phi \text{ は微分同相写像で } \phi^* g = g \text{ を満たす }\}.$$

このとき $I(M,g)$ はコンパクト開位相に関しリー群となる．とくに $I(M,g)$ は M のリー変換群である．各点 $p_0 \in M$ における固定群 $I(M,g)_{p_0}$ はコンパクトである．

定義 4.4.18. リーマン多様体 (M,g) に対し，推移的に作用するリー変換群 (G,ρ) で $G \subset I(M,g)$ を満たすものが存在するとき，(M,g) を**等質リーマン空間** (homogeneous Riemannian space) と呼ぶ．

等質リーマン空間 (M,g) を等長的に作用するリー群 G とその1点 $o \in M$ における固定群 $H = H_o$ を用いて $M = G/H$ と表示する．このとき o を M の**原点** (origin) と呼ぶ．原点 o における接ベクトル空間 $T_o M$ は $\mathfrak{h}$ の $\mathfrak{g}$ における直交補空間 $\mathfrak{m} = \mathfrak{h}^{\perp}$ と同一視される．また等質リーマン空間 G/H は簡約等質空間であると仮定して一般性を失わない．

等質リーマン空間の中で本章において中心的な役割を演ずるのが一般リーマン対称空間 (generalized Riemannian symmetric space) である．

等質リーマン空間 $M = G/K$ を考える．τ をリー群 G のリー群自己同型写像で位数 $k \geq 2$ であるとする（τ は恒等変換ではないとする）．このとき τ の固定点集合 $G_\tau = \{a \in G \mid \tau(a) = a\}$ は G の閉部分群．G_τ の連結成分を G_τ° で表す．K が $G_\tau^\circ \subset K \subset G_\tau$ を満たすとき $M = G/K$ は**リーマン k-対称空間**であるという．$k = 2$ のときは**リーマン対称空間** (Riemannian symmetric space) であるという．リーマン k-対称空間 $(k \geq 2)$ を総称して**一般リーマン対称空間**という．

4.5 調和写像

この節では複素射影空間の調和写像と戸田方程式の結びつきを解説する．

4.5.1 調和写像の方程式

調和写像は微分幾何学・大域解析学（幾何解析）で主要な研究対象の一つで

4.5 調和写像

ある．測地線と調和関数の双方を含む一般化である．

定義 4.5.1. (M, g) および $(N, \tilde{g})$ をリーマン多様体とする．滑らかな写像 $\varphi : M \to N$ がエネルギー汎関数（または作用積分）

$$E(\varphi) = \int \frac{1}{2} |d\varphi|^2 \, dv_g$$

の停留点であるとき，φ を調和写像 (harmonic map) と呼ぶ（イールス (J. Eells)・サンプソン (J. H. Sampson), 1964）．

M, N の局所座標系 $(x^1, x^2, \ldots, x^m)$, $(y^1, y^2, \ldots, y^n)$ をとり，それぞれのリーマン計量を

$$g = \sum_{i,j=1}^m g_{ij} \, dx^i dx^j, \quad \tilde{g} = \sum_{i,j=1}^n \tilde{g}_{ij} \, dy^i dy^j$$

と表す．また行列 (g_{ij}), $(\tilde{g}_{ij})$ の逆行列をそれぞれ (g^{ij}), $(\tilde{g}^{ij})$ で表す．$\tilde{g}$ の $(y^1, y^2, \ldots, y^n)$ に関するクリストッフェル記号を $\widetilde{\Gamma}_{ij}^{\,k}$ で表す．(M, g) の体積要素 dv_g は

$$dv_g = \sqrt{\det(g_{ij})} \, dx^1 \wedge dx^2 \wedge \cdots \wedge dx^m$$

と表示される．写像 φ を $\varphi = (\varphi^1, \varphi^2, \ldots, \varphi^n)$ と局所座標表示し，$\varphi^i = y^i \circ \varphi$ とおく．各 φ^i を $(x^1, x^2, \ldots, x^m)$ の関数として $\varphi^i = \varphi^i(x^1, x^2, \ldots, x^m)$ と表示すると，エネルギー汎関数は

$$E(\varphi) = \int_M \frac{1}{2} \sum_{i,j=1}^m \sum_{k,\ell=1}^n g_{ij} \tilde{g}^{k\ell} \frac{\partial \varphi^i}{\partial x^k} \frac{\partial \varphi^j}{\partial x^\ell} \sqrt{\det(g_{ij})} \, dx^1 \wedge dx^2 \wedge \cdots \wedge dx^m$$

と表される．φ の変分 $\varphi^{(t)}$ に対しエネルギーの第 1 変分公式が

$$\left.\frac{d}{dt}\right|_{t=0} E(\varphi^{(t)}) = -\int h(\tau(\varphi), V) \, dv_g, \quad V_p = \left.\frac{\partial}{\partial t}\right|_{t=0} \varphi^{(t)}(p)$$

で与えられる．ここで

$$\tau(\varphi) = \sum_{h=1}^n \left(\Delta_g \varphi^h + \sum_{i,j=1}^m \sum_{k,\ell=1}^n g^{k\ell} \, \widetilde{\Gamma}_{ij}^h(\varphi) \frac{\partial \varphi^i}{\partial x^k} \frac{\partial \varphi^j}{\partial x^\ell} \right) \frac{\partial}{\partial y^h}$$

は局所座標の選び方によらずに定まることが確かめられる．$\tau(\varphi)$ を φ のテン

ション場 (tension field) と呼ぶ. したがって φ が調和写像であるための必要十分条件は $\tau(\varphi) = 0$, すなわち

$$\Delta_g \varphi^h + \sum_{i,j=1}^m \sum_{k,\ell=1}^n g^{k\ell}\, \widetilde{\Gamma}_{ij}^h(\varphi) \frac{\partial \varphi^i}{\partial x^k} \frac{\partial \varphi^j}{\partial x^\ell} = 0 \quad (h = 1, 2, \ldots, n) \qquad (4.14)$$

で与えられる. この表示から調和写像の方程式は準線形 2 階楕円型であることがわかる. もちろん一般には M, N が曲がっているので, 調和写像の方程式は非線形である. 定義域の次元 m が 1 のときは, 調和写像は N 内の測地線にほかならない. また $N = \mathbb{R}$ のときは $\varphi: M \to \mathbb{R}$ が調和写像とは φ が M 上の調和関数であることである.

注意 4.5.2 (エネルギーの勾配). M から N への C^∞ 級写像の全体 $C^\infty(M, N)$ を無限次元多様体と見なして E を $C^\infty(M, N)$ 上の関数と考える. エネルギー汎関数の勾配ベクトル場は $\mathrm{grad}\, E = -\tau(\varphi)$ であると解釈できる. この解釈に基づき E の勾配流の方程式 [64]

$$\frac{\partial \psi}{\partial t} = \tau(\psi)$$

をイールス–サンプソン方程式と呼ぶ.

調和写像の一般論については文献 [170] を参照.

注意 4.5.3 (共形不変性). リーマン多様体 (M, g) において正の値をとる $\mu \in C^\infty(M)$ を用いて新しいリーマン計量 $\mu\, g$ をつくることができる. $\mu\, g$ を g の共形変形という. また $[g] := \{\mu\, g \mid \mu \in C^\infty(M),\ \mu > 0\}$ とおき g の共形類 (conformal class) と呼ぶ. リーマン計量の共形類 $\mathcal{C} = [g]$ を M に指定したもの $(M, \mathcal{C})$ を共形多様体 (conformal manifold) という. 2 次元の (向きづけられた) 共形多様体はリーマン面 (Riemann surface) であることを注意しておく.

(M, g) を 2 次元リーマン多様体とする. C^∞ 級写像 $\varphi: (M, g) \to (N, \tilde{g})$ に対し, g を共形変形しても φ のエネルギー汎関数の値は変わらない (エネルギー汎関数の共形不変性). したがって定義域を 2 次元リーマン多様体でなく, リー

マン面としてもよい. リーマン面 $(M, \mathcal{C})$ からリーマン多様体 $(N, \tilde{g})$ への C^∞ 級写像 φ による $\tilde{g}$ の引き戻し $\varphi^* \tilde{g}$ が $\mathcal{C}$ の元であるとき φ は共形的であるという. とくに共形的調和写像は $(N, \tilde{g})$ 内の極小曲面を与える.

リーマン面 M を定義域としユニタリ群 $U(n)$ に値をもつ調和写像は主カイラル場と呼ばれ数理物理学において研究されてきた. 主カイラル場については 4.6 節で解説する.

調和写像の方程式 (4.14) は定義域がリーマン面 $(M, \mathcal{C})$, 行き先 (target space) が線形接続が与えられた多様体 $(N, \tilde{D})$ で意味をもつことに注意しよう. そこで次の定義を与える.

定義 4.5.4. $(N, \tilde{D})$ を線形接続が与えられた多様体とし, その接続係数を $\{\tilde{\Gamma}_{ij}^k\}$ で表す. リーマン面 $(M, [g])$ から N への C^∞ 級写像 φ が (4.14) を満たすとき φ は調和写像であるという. N に計量がないことを強調してアフィン調和写像 (affine harmonic map) とも呼ぶ.

エネルギー汎関数の臨界点という変分問題としての意味は失ってしまうが微分幾何学に由来する可積分系を与える点で重要な対象である.

4.5.2 調和系列

リーマン面から複素射影空間 $\mathbb{C}P^n$ への調和写像は, 数理物理学においては $\mathbb{C}P^n$ シグマ模型と呼ばれて研究されてきた [211].

複素射影空間 $\mathbb{C}P^n$ を改めて定義しよう. $(n+1)$ 次元複素数空間の原点を通る直線の全体を $\mathbb{C}P^n$ で表し n 次元複素射影空間と呼ぶ. $\mathbb{R}P^n$ と同様に $\mathbb{C}P^n = (\mathbb{C}^{n+1} \setminus \{\mathbf{0}\}) / \mathbb{C}^\times$ と表せる. 斉次座標, 非斉次座標, 射影変換などは $\mathbb{R}P^n$ のときと同じ要領で定める.

注意 4.5.5 (リーマン球面). $\mathbb{C}P^1$ は複素射影直線と呼ばれる. $\mathbb{C}P^1$ は複素平面 $\mathbb{C}$ に無限遠点 ∞ を添加 (1 点コンパクト化) して得られるリーマン球面

$\overline{\mathbb{C}} = \mathbb{C} \cup \{\infty\}$ にほかならない [104, pp. 147–148].

複素射影空間はコンパクト複素多様体でフビニ–スタディ計量 (Fubini–Study metric) と呼ばれる標準的なリーマン計量をもつ. $\mathbb{C}P^n$ に $SU(n+1)$ が推移的かつ等長的に作用し $\mathbb{C}P^n = SU(n+1)/S(U(1) \times U(n))$ と等質リーマン空間表示される. ここで $S(U(1) \times U(n))$ は $U(1) \times U(n) \subset U(n+1)$ の元で行列式が 1 であるものを集めて得られる部分群を表す. 複素射影空間はフビニ–スタディ計量に関しコンパクトなケーラー多様体である.

複素平面 $\mathbb{C}$ 内の領域 $\mathcal{D}$ で定義された C^∞ 級写像 $\varphi : \mathcal{D} \to \mathbb{C}P^n$ の斉次座標ベクトル場 $\boldsymbol{\varphi}$ をとる. $z = x + iy$ を $\mathbb{C}$ の座標としよう. f の調和写像方程式は

$$\boldsymbol{\varphi}_{z\bar{z}} + a\boldsymbol{\varphi}_z + b\boldsymbol{\varphi}_{\bar{z}} + c\boldsymbol{\varphi} = \mathbf{0}$$

となる. この方程式は (4.8) において（従属変数を $\boldsymbol{\varphi}$ に書き換え）独立変数を $v = z = x + yi, u = \bar{z} = x - yi$ と変更したものになっている. そこで $\boldsymbol{\varphi}$ に対しラプラス変換を施すことが考えられる.

定理 4.5.6（チャーン）. 調和写像 $\varphi : \mathcal{D} \to \mathbb{C}P^n$ のラプラス変換 $\varphi_1 = [\boldsymbol{\varphi}_z + b\boldsymbol{\varphi}]$, $\varphi_{-1} = [\boldsymbol{\varphi}_{\bar{z}} + a\boldsymbol{\varphi}]$ はともに調和写像である.

したがって，調和写像の系列 $\{\varphi_k\}$（ただし $\varphi = \varphi_0$）

$$\cdots \leftarrow \varphi_{-2} \leftarrow \varphi_{-1} \leftarrow \varphi_0 \rightarrow \varphi_1 \rightarrow \varphi_2 \rightarrow \cdots$$

が得られる. チャーン (S. S. Chern) はこの系列を f の調和系列 (harmonic sequence) と呼んだ[*8].

ラプラス不変量を通じて，調和写像と戸田方程式の解との間に対応がつくことを説明しよう. $\boldsymbol{\varphi} : \mathcal{D} \to \mathbb{C}^{n+1}$ に対し $\langle \boldsymbol{\varphi}_{k+1} | \boldsymbol{\varphi}_k \rangle = 0$ かつ

[*8] チャーンとウォルフソン (J. G. Wolfson) は調和系列の概念を複素グラスマン多様体に値をもつ調和写像に拡張した [40]. チャーンとウォルフソンの論文では古典射影微分幾何におけるラプラス系列のことには特に触れていないが，チャーンは研究初期に射影微分幾何の論文を書いていた. なお論文 [16] の Introduction に "the basic idea goes back to Laplace (see Darboux [Chapter II])." と記されている.

$$\frac{\partial \boldsymbol{\varphi}_k}{\partial z} = \boldsymbol{\varphi}_{k+1} + \frac{\partial}{\partial z} \log \|\boldsymbol{\varphi}_k\|^2 \boldsymbol{\varphi}_k, \quad \frac{\partial \boldsymbol{\varphi}_k}{\partial \bar{z}} = -\frac{\|\boldsymbol{\varphi}_k\|^2}{\|\boldsymbol{\varphi}_{k-1}\|^2} \boldsymbol{\varphi}_{k-1}.$$

ここで $\|\boldsymbol{\varphi}_k\| = e^{\omega_k}$ とおくと，積分可能条件 $((\boldsymbol{\varphi}_k)_z)_{\bar{z}} = ((\boldsymbol{\varphi}_k)_{\bar{z}})_z$ より 2 次元戸田方程式

$$2\frac{\partial^2 \omega_k}{\partial z \partial \bar{z}} + \exp\{2(\omega_k - \omega_{k-1})\} - \exp\{2(\omega_{k+1} - \omega_k)\} = 0 \qquad (4.15)$$

が導かれる[*9].

しかしながらチャーンとウォルフソンの論文では，調和写像と戸田方程式の関連は意識されていなかったようである．ボルトン (J. Bolton)，ジェンセン (G. R. Jensen)，リゴリ (M. Rigoli)，ウッドワード (L. M. Woodward) の共著論文 [13] では，リーマン球面 $\mathbb{C}P^1$ から $\mathbb{C}P^n$ への調和写像を調和系列を用いて調べている．この論文には戸田方程式が書かれているが，可積分系であることはやはり理解されていなかったように思われる．戸田方程式は，"unintegrated Plücker formulae" と呼ばれていた．1980 年代に戸田方程式は調和写像の研究にたしかに登場していたのだが，"可積分系たる戸田方程式" という理解はされていなかったと思われる．戸田方程式は調和系列に対応するラプラス不変量が満たす関係式という理解であった [18].

4.5.3 戸田方程式として理解されるとき

有限非周期的な戸田方程式および有限周期的戸田方程式が定める調和写像を微分幾何学的に理解できるようになったのは，1990 年代になってからである．本章の冒頭で述べたようにウェンテによる「平均曲率一定輪環面の発見」以来，可積分系と微分幾何学の関係が注目されるようになった．そのような時代になってはじめて，調和写像と戸田方程式の関わりが明確に理解されるようになった．

定義 4.5.7. 調和写像 $\varphi : \mathcal{D} \subset \mathbb{C} \to \mathbb{C}P^n$ の調和系列が一方の方向で終結するとき，φ を超極小曲面 (superminimal surface) と呼ぶ[*10].

[*9] 第 1 章で扱った 2 次元戸田方程式を修正した形になっていることに注意.

[*10] 等方的調和写像 (isotropic harmonic map) とか擬正則調和写像 (pseudoholomorphic harmonic map) とも呼ばれる．superminimal という名称はブライアント (R. L. Bryant) による（が，後にブライアントは isotropic の方が適切ではないかと述べた）.

超極小曲面は極小曲面であることを注意しておく. また定義域がリーマン球面 $\overline{\mathbb{C}} = \mathbb{C}P^1$ のときは調和ならば超極小である. f が超極小のときは, 調和系列は両方向に有限個しかないことが確かめられる. 異なる番号どうしについては, 斉次座標ベクトル場が互いに直交する. すなわち

$$\boldsymbol{\varphi}_p \perp \boldsymbol{\varphi}_q, \quad p \neq q.$$

さらに調和系列は次のような系列であることがイールスとウッド (J. C. Wood) により証明されている (1983).

$$\varphi_{-s} \leftarrow \cdots \varphi_0 \rightarrow \cdots \varphi_r,$$

ただし φ_r は正則写像で, φ_s は反正則写像.

4.5.4 旗多様体の幾何

イールス–ウッドの定理 [65] を戸田方程式との関連を明示したものに書き直す. 本章冒頭で述べたように旗多様体が重要な役割を演ずる.

定義 4.5.8. $\mathbb{C}^{n+1}$ の複素線形部分空間の列 $\{\mathbf{0}\} \subset F_1 \subset F_2 \subset \cdots \subset F_n \subset \mathbb{C}^{n+1}$ $(\dim F_j = j)$ を $\mathbb{C}^{n+1}$ における旗 (flag) と呼ぶ. 旗をすべて集めてできる集合 $\mathrm{Fl}(n+1)$ は自然なコンパクト多様体の構造をもつ. $\mathrm{Fl}(n+1)$ を旗多様体 (flag manifold) と呼ぶ.

$\mathrm{Fl}(2) = \mathbb{C}P^1$ に注意. $\mathbb{C}^{n+1}$ の標準基底 $\{e_1, e_2, \ldots, e_{n+1}\}$ を用いて

$$F_j = \mathbb{C}e_1 \oplus \mathbb{C}e_2 \oplus \cdots \oplus \mathbb{C}e_j \quad (j = 1, 2, \ldots, n)$$

で定まる旗を標準旗 (standard flag) と呼ぶ.

旗多様体 $\mathrm{Fl}(n+1)$ には $GL(n+1, \mathbb{C})$ が推移的に作用し, 標準旗における固定群は可逆な上三角行列の全体 (上三角ボレル部分群, 第 1 章 1.4.1 項 a 参照)

$$B_{n+1} = \left\{ \begin{pmatrix} d_1 & * & \cdots & * \\ 0 & d_2 & * & * \\ \vdots & \vdots & \ddots & \vdots \\ 0 & 0 & \cdots & d_{n+1} \end{pmatrix} \in GL(n+1, \mathbb{C}) \right\} \tag{4.16}$$

4.5 調和写像

である．等質空間表示 $\mathrm{Fl}(n+1) = GL(n+1,\mathbb{C})/B_{n+1}$ より $\mathrm{Fl}(n+1)$ が等
質複素多様体であることがわかる．$\mathrm{Fl}(n+1)$ にはユニタリ群 $U(n+1)$ が推
移的に作用し $\mathrm{Fl}(n+1) = U(n+1)/T^{n+1}$ と等質空間表示される．ここで
$T^{n+1} \cong U(1)^{n+1}$ は

$$T^{n+1} = \{\mathrm{diag}(e^{2\pi i t_1}, e^{2\pi i t_2}, \cdots, e^{2\pi i t_{n+1}}) \mid t_1, t_2, \ldots, t_{n+1} \in \mathbb{R}\}$$

で与えられる $SU(n+1)$ の閉部分群である．この等質空間表示から $\mathrm{Fl}(n+1)$
はコンパクト多様体であることがわかる．T^{n+1} は $U(n)$ の極大な可換部分リー
群であり**極大輪環部分群** (maximal torus) と呼ばれている．$SU(n+1)$ を用い
て $\mathrm{Fl}(n+1) = SU(n+1)/T^n$,

$$T^n = \{\mathrm{diag}(e^{2\pi i t_1}, e^{2\pi i t_2}, \cdots, e^{2\pi i t_{n+1}}) \mid t_1 + t_2 + \cdots + t_{n+1} = 0\} \cong U(1)^n$$

と表すこともできる．

　旗多様体は互いに直交する複素直線の全体とも思うことができる：

$$\mathrm{Fl}(n+1) = \{(L_1, L_2, \ldots, L_n) \mid L_i \in \mathbb{C}P^n, \quad L_i \perp L_j\}.$$

写像 $\mathrm{pr} : \mathrm{Fl}(n+1) \to \mathbb{C}P^n$ を $\mathrm{pr}(L_1, L_2, \ldots, L_n) = L_1$ と定めると $\mathrm{Fl}(n+1)$
は pr を射影にもつ複素射影空間 $\mathbb{C}P^n$ 上のファイバー束であることがわかる．
この射影を**ツイスター射影**，$\mathrm{Fl}(n+1)$ を $\mathbb{C}P^n$ の**ツイスター空間** (twistor space)
と呼ぶ．

　旗多様体 $\mathrm{Fl}(n+1)$ の接ベクトル束 $T\mathrm{Fl}(n+1)$ を記述する．T^n のリー代
数を $\mathfrak{t}$ で表す．原点（標準旗）$o = T^n \in SU(n+1)/T^n$ における接ベクト
ル空間 $T_o SU(n+1)/T^n$ は $SU(n+1)$ のリー代数 $\mathfrak{su}(n+1)$ における $\mathfrak{t}$ の直
交補空間 $\mathfrak{m}$ と同一視される $(\mathfrak{su}(n) = \mathfrak{t} \oplus \mathfrak{m})$．リー代数 $\mathfrak{su}(n+1)$ の複素化
は $\mathfrak{sl}(n+1,\mathbb{C})$ である．$\mathfrak{t}$ の複素化 $\mathfrak{h} = \mathfrak{t}^{\mathbb{C}}$ は $\mathfrak{sl}(n+1,\mathbb{C})$ のカルタン部分代
数[11]である．$\mathfrak{sl}(n+1,\mathbb{C})$ の $\mathfrak{h}$ に関するルート系を $\triangle$ とする．ルートの基本
系 $\Pi = \{\alpha_1, \alpha_2, \ldots, \alpha_n\}$ をとり固定する．

---

[11] 複素半単純リー代数 $\mathfrak{g}$ の極大な可換部分リー代数 $\mathfrak{h}$ において任意の $H \in \mathfrak{h}$ に対して $\mathrm{ad}(H)$
は半単純線形変換であるとき $\mathfrak{h}$ は $\mathfrak{g}$ のカルタン部分代数であるという．

命題 4.5.9. 階数 ℓ の複素単純リー代数 $\mathfrak{g}^{\mathbb{C}}$ のカルタン部分代数を $\mathfrak{h}$ とする. このカルタン部分代数に関するルート系を $\triangle$, ルートの基本系を $\Pi = \{\alpha_1, \ldots, \alpha_\ell\}$ とする. Π を用いて $\triangle$ を正ルートの全体 $\triangle_+$ と負ルートの全体 $\triangle_-$ に分割する $(\triangle = \triangle_+ + \triangle_-)$. $\triangle$ に辞書式順序を定めるとその順序に関する最大元が存在する. その最大元を**最高ルート** (highest root) または**最大ルート** (maximal root) と呼ぶ. 最高ルートの (-1) 倍を α_0 と表記し $\widehat{\Pi} = \Pi \cup \{\alpha_0\}$ とおく.

$\mathfrak{sl}(n+1, \mathbb{C})$ を $\mathfrak{h}$ に関しルート空間分解する.

$$\mathfrak{sl}(n+1, \mathbb{C}) = \mathfrak{h} \oplus \sum_{\alpha \in \triangle} \mathfrak{g}_\alpha,$$

$$\mathfrak{g}_\alpha = \{X \in \mathfrak{sl}(n+1, \mathbb{C}) \mid \mathrm{ad}(H)X = \alpha(H)X, \ {}^{\forall}H \in \mathfrak{h}\}.$$

各ルート空間 $\mathfrak{g}_\alpha$ が生成する $T^{\mathbb{C}}\mathrm{Fl}(n+1)$ の複素部分ベクトル束を $[\mathfrak{g}_\alpha]$ で表す.

ルート空間分解を用いて $\mathrm{Fl}(n+1)$ の概複素構造を

$$T'\mathrm{Fl}(n+1) = \bigoplus_{\alpha \in \triangle_+} , \quad T''\mathrm{Fl}(n+1) = \bigoplus_{\alpha \in \triangle_-} [\mathfrak{g}_\alpha]$$

で定めることができる ((4.9) 参照). とくにこの概複素構造は積分可能である. さらに $SU(n+1)$ の作用で不変なケーラー–アインシュタイン計量をもつ.

注意 4.5.10. 旗多様体の概念は一般化されている. G をコンパクト・リー群とする.

- G の極大輪環部分群を T で表す. このとき G/T は G 旗多様体 (G-flag manifold) と呼ばれる. G の複素化を $G^{\mathbb{C}}$ で表すと $G/T = G^{\mathbb{C}}/B$ を満たす $G^{\mathbb{C}}$ の部分群 B が存在する. B を $G^{\mathbb{C}}$ のボレル部分群と呼ぶ. この二通りの表示が存在することから G/T には G 不変ケーラー構造をもつことが示される. $\mathrm{Fl}(n+1) = U(n+1)/T^{n+1}$ の場合, $G^{\mathbb{C}} = GL(n+1, \mathbb{C})$ で, B は (4.16) で与えた可逆な上三角行列の全体 B_{n+1} である.
- G の輪環部分群 K に対し, $\mathrm{C}(K)$ で K の中心化群を表す. $G/\mathrm{C}(K)$ を**広義旗多様体** (generalized flag manifold) と呼ぶ. $G/\mathrm{C}(K) = G^{\mathbb{C}}/P$ を満たす $G^{\mathbb{C}}$ の部分群 P が存在する. P を $G^{\mathbb{C}}$ の**放物型部分群** (parabolic

subgroup) と呼ぶ. 広義旗多様体も G 不変ケーラー構造をもつ.

- H を G の閉部分群で最大階数 (maximal rank) のものとする. G/H を partial G-flag manifold と呼ぶ. partial G-flag manifold G/H 上には G 不変な複素構造が存在するとは限らない. G/H に G 不変な複素構造が存在するための必要十分条件は $H = \mathrm{C}(K)$ であることである (ワン (H. C. Wang), 1954). このとき G/H は広義旗多様体である. 広義旗多様体を旗多様体と呼ぶ流儀もある. その流儀では G/T を full flag manifold と呼ぶ.

- $G = U(n+1)$ の場合に広義旗多様体の例を挙げる. $n+1$ を k 個の自然数に分割する ($n+1 = r_1 + r_2 + \cdots + r_k$). $H = U(r_1) \times U(r_2) \times \cdots \times U(r_k)$ とおくと $U(n+1)/H$ は広義旗多様体である. たとえば $k = 2$ のときは $n+1 = \ell + (n+1-\ell)$ として $U(n+1)/U(\ell) \times U(n+1-\ell)$ は $\mathbb{C}^{n+1}$ 内の ℓ 次元複素線形部分空間全体のなす**複素グラスマン多様体** $\mathrm{Gr}(\ell, \mathbb{C}^{n+1})$ である. また $0 \le r \le n$ を満たす整数 r に対し $n+1 = k_1 + k_2 + k_3 = 1 + r + (n-r)$ とおくと広義旗多様体 $U(n+1)/H$ は旗の一部 $\{F_r \subset F_{r+1}\}$ を集めてできる多様体である. これを $\mathrm{Fl}(r, r+1)$ で表す. $\mathrm{Fl}(0,1) = \mathrm{Fl}(n, n+1) = \mathbb{C}P^n$ に注意.

複素グラスマン多様体は次節で取り上げるカイラル場にも深く関連するので若干の補足をしておく. $W \in \mathrm{Gr}(k, \mathbb{C}^n)$ に対し W の定める射影行列 (射影子) を P_W で表す [178, p. 143]. W と P_W を同一視することで

$$\mathrm{Gr}(k, \mathbb{C}^n) = \{P \in M(n, \mathbb{C}) \mid P^* = P, \ P^2 = P, \ \mathrm{tr}\, P = k\}$$

と表すことができる. $P \in \mathrm{Gr}(k, \mathbb{C}^n)$ に対し $P^{\perp} = I - P$ と定めると $P \in \mathrm{Gr}(k, \mathbb{C}^n)$ に対し $P - P^{\perp}$ はユニタリ行列であるから

$$\iota : \mathrm{Gr}(k, \mathbb{C}^n) \to U(n); \ \iota(P) = P - P^{\perp}$$

により $\mathrm{Gr}(k, \mathbb{C}^n)$ を $U(n)$ の部分多様体と思うことができる. ι は $\mathrm{Gr}(k, \mathbb{C}^n)$ の $U(n)$ への**カルタン埋め込み**と呼ばれる.

4.5.5 超極小曲面

複素射影空間内の超極小曲面は 2 次元戸田方程式の解と対応することを正確

に述べる.

定義 4.5.11. リーマン面 M から旗多様体 $SU(n+1)/T^n$ への C^∞ 級写像 ψ が $d\psi(T'M) \subset \bigoplus_{j=1}^n [\mathfrak{g}_{\alpha_j}]$ を満たすとき ψ を超水平正則曲線 (super-horizontal holomorphic curve) と呼ぶ. 超水平正則曲線は 4.5.4 項で定めた $SU(n+1)/T^n$ の複素構造に関して正則である.

定理 4.5.12 (イールス–ウッド [65], ボルトン–ウッドワード [17], ドリヴァ [50]).

1) $\mathbb{C}$ 上で定義された A_n 型戸田方程式 (非周期的有限戸田方程式) の解全体の集合と, $\mathbb{C}$ で定義された $\mathrm{Fl}(n+1)$ への超水平的な正則曲線の全体のなす集合との間には全単射対応がある.

2) 超水平的正則曲線 $\hat\varphi : \mathbb{C} \to \mathrm{Fl}(n+1)$ を $\mathbb{C}P^n$ に射影して得られる写像 $\varphi = \mathrm{pr} \circ \hat\varphi : \mathbb{C} \to \mathbb{C}P^n$ は超極小曲面である. 逆に充満な[*12]超極小曲面 $\varphi : \mathbb{C} \to \mathbb{C}P^n$ に対し超水平的正則曲線 $\hat\varphi : \mathbb{C} \to \mathrm{Fl}(n+1)$ が存在し $\varphi = \pi \circ \hat\varphi$ を満たす.

この定理の後半部分は論文 [65] 以前に得られていた物理学者による $\mathbb{C}P^n$ シグマ模型に関するディン (A. M. Din), ザクルゼウスキ (J. Zakrzewski), グレーサー (V. Glaser), ストラ (R. Stora), バーンス (D. Burns) による結果 [24] をイールスとウッドが精密化したものである[*13]. とくにリーマン球面で定義され $\mathbb{C}P^n$ に値をもつ調和写像は, 自動的に超極小なので $\mathbb{C}P^1$ で定義された超水平的正則曲線からすべて得られることがわかる.

もともとの φ に対する調和写像方程式は実の 2 階偏微分方程式であるが, 超極小の場合は $\mathrm{Fl}(n+1)$ への超水平的正則曲線の方程式に帰着された. すなわち $\mathrm{Fl}(n+1)$ 上の (複素) 1 階偏微分方程式に帰着されたのである. とくにリーマン球面で定義され $\mathbb{C}P^n$ に値をもつ調和写像は, 自動的に超極小なので $\mathbb{C}P^1$

[*12] φ による像 $f(\mathbb{C})$ が部分空間 $\mathbb{C}P^k \subset \mathbb{C}P^n$ $(k < n)$ に納まらないということ.

[*13] ただし論文 [65] では Fl_{n+1} でなく広義旗多様体 $\mathrm{Fl}_{r,r+1}$ を用いている.

4.5 調和写像 **295**

で定義された超水平的正則曲線からすべて得られることがわかる.

ここで重要な歴史的注釈を加えよう. イールス–ウッドの研究以前にも調和写像と戸田方程式の関連は発見されていた.

カラビ (E. Calabi) は 1967 年に発表した論文 [32] でリーマン球面 $\mathbb{C}P^1$ から偶数次元球面 $\mathbb{S}^{2m}$ への調和写像を分類している. 調和写像の研究者, 極小曲面の研究者はカラビの研究を手がかりに複素射影平面への調和写像・極小曲面の研究に乗り出した [1], [2], [5], [6], [31], [176].

$\mathbb{C}P^n$ のときと同様に, リーマン面で定義され, 球面に値をもつ調和写像に対し超極小の概念が定義され次の事実が確かめられる.

- $\varphi : M \to \mathbb{S}^n$ が充満調和写像で超極小なら n は偶数である.
- $M = \mathbb{C}P^1$ のとき調和ならば超極小である.

カラビの論文発表後, チャーン, バルボサ (J. M. L. Barbosa) [4], ローソン [146](H. B. Lawson) の研究を経てカラビの定理は次のように整理された.

定理 4.5.13 (カラビ–ローソン). $\mathbb{S}^{2m}$ 上のファイバー束 $\mathrm{pr} : \mathcal{Z} \to \mathbb{S}^{2m}$ を $\mathcal{Z} = SO(2m+1)/U(m)$ で定義する. $\mathcal{Z}$ には $SO(2m+1)$ 不変ケーラー構造が自然に定まる.

1) 超水平的正則曲線 $\hat{\varphi} : \mathbb{C}P^1 \to \mathcal{Z}$ の射影 $\varphi = \mathrm{pr} \circ \hat{\varphi} : \mathbb{C}P^1 \to \mathbb{S}^{2m}$ は調和写像.

2) 逆に充満調和写像 $\varphi : \mathbb{C}P^1 \to \mathbb{S}^{2m}$ に対し $\varphi = \mathrm{pr} \circ \hat{\varphi}$ を満たす超水平的正則曲線 $\hat{\varphi} : \mathbb{C}P^1 \to \mathcal{Z}$ が存在する.

とくに $\mathbb{S}^4$ の場合は $SO(5)/U(2) = \mathbb{C}P^3$ であり $SO(5)/U(2)$ はペンローズ (R. Penrose) によって導入された $\mathbb{S}^4$ のツイスター空間 (twistor space) である. $\mathbb{S}^4$ は四元数射影直線 $\mathbf{H}P^1$ と同一視されることから射影 $\mathrm{pr} : \mathbb{C}P^3 \to \mathbb{S}^4$ は $[z] = \mathbb{C}z \in \mathbb{C}P^3$ に $z\mathbf{H} \in \mathbf{H}P^1$ を対応させる規則である. ツイスター射影 $\mathrm{pr} : \mathbb{C}P^3 \to \mathbb{S}^4$ は反自己双対接続 (反インスタントン) の研究で重要な役割を演じた [3]. ブライアントはツイスター射影を用いて次の重要な定理を示し

296 第 4 章 幾何学と可積分系

た [22].

定理 4.5.14(ブライアント).コンパクト・リーマン面 M 上の有理型関数 f, g(ただし $dg \neq 0$)を用いて

$$\psi = \left[1 : g : f - \frac{g}{2} \cdot \frac{df}{dg} : \frac{1}{2} \cdot \frac{df}{dg} \right] \tag{4.17}$$

と定めると $\mathbb{C}P^3$ への超水平正則曲線である.M から $\mathbb{C}P^3$ への超水平正則曲線で定値写像でも射影直線でもないものは,この式で表すことができる.

とくに任意のコンパクト・リーマン面は $\mathbb{S}^4$ に超極小曲面としてはめ込める.

$\mathbb{S}^4$ 内の曲面の $\mathbb{C}P^3$ へのリフトについては江尻典雄の論文 [66] が詳しい.

複素射影空間のときと同様に戸田方程式との関連は気づかれないまま戸田方程式を用いて $\mathbb{S}^{2m}$ 内の超極小曲面が研究されていたのである.実際カラビの論文 [33] の (4.1) 式,チャーンの論文 [38] の (65) 式と (71) 式は B 型の 2 次元戸田方程式である.これらの偏微分方程式が B 型 2 次元戸田方程式であることがはっきりと認識されたのは 1990 年代になってからである.ドリヴァとシム (A. Sym) は文献 [33] の (4.1) 式や文献 [38] の (65) 式と (71) 式が戸田方程式であることを見抜いた(1992 年にリーズで開催された国際研究集会 "Harmonic Maps and Integrable Systems" でドリヴァが口頭発表している).超極小曲面が B_n 型 2 次元戸田方程式(非周期的有限戸田方程式)と対応することに着目し周期的戸田方程式($B_n^{(1)}$ 型 2 次元戸田方程式)と対応する極小曲面のクラスを導入した(概超極小曲面 [56], [57]).このクラスはのちにボルトン,ペディット (F. Pedit),ウッドワードにより超共形調和写像と名づけられた(定義 4.5.15 参照).

フェラス (D. Ferus),ペディット,ピンカール (U. Pinkall),スターリング (I. Sterling) は R 行列やスペクトル曲線の方法を駆使して 4 次元球面 $\mathbb{S}^4$ 内の超極小でない極小輪環面を分類した [71].この研究では超極小でない極小曲面の構造方程式が非周期的 2 次元戸田方程式($A_3^{(1)}$ 型)であることが示された.非周期的 2 次元戸田方程式については次項で解説する.

1967 年は戸田格子の発表,逆散乱法の発表 (GGKM) に加え,調和写像のツ

イスター構成法の発表された年でもあった．奇しくもカラビ構成法と同じ 1967 年に発表された戸田格子が一般化（2 次元化およびルート系に関する拡張）により 27 年後に結びついたのである．

カラビ，イールス–ウッドによる構成法は，調和写像のツイスター構成法として一般化されている．興味のある読者はバースタール (F. E. Burstall) とローンズレイ (J. H. Rawnsley) によるレクチャーノート [30] およびブライアントの論文 [23] を見るとよい．

4.5.6 周期的戸田方程式

周期的な戸田方程式の場合が考察されたのは 1990 年代後半である．

定義 4.5.15. 調和写像 $\varphi : \mathcal{D} \subset \mathbb{C} \to \mathbb{C}P^n$ の調和系列が周期 $n+1$ をもつとき，f を**超共形調和写像** (superconformal harmonic map) と呼ぶ．

超共形調和写像も極小曲面である．超共形調和写像の可積分系としての性質をつかむためにふたたび旗多様体 $\mathrm{Fl}(n+1)$ を考察する．まず $\omega = \exp\left(\frac{2\pi i}{n+1}\right)$ とおき対角行列 $\mathsf{T} = \mathrm{diag}(1, \omega^1, \omega^2, \ldots, \omega^n)$ を用意する．$SU(n+1)$ の位数 $(n+1)$ のリー群自己同型写像 τ を $\tau(A) = \mathsf{T}A\mathsf{T}^{-1}$ で定める．τ は $\mathrm{Fl}(n+1) = SU(n+1)/T^n$ にリーマン $(n+1)$-対称空間の構造を定める．

τ の微分写像 $d\tau$ の固有値 ζ^k に対応する固有空間を $\mathfrak{m}_k$ で表し $\mathfrak{sl}(n+1, \mathbb{C})$ を $\mathfrak{sl}(n+1, \mathbb{C}) = \bigoplus_{k \in \mathbb{Z}_{n+1}} \mathfrak{m}_k$ と固有空間分解する（$\mathfrak{m}_0$ は $\mathfrak{sl}(n+1, \mathbb{C})$ のカルタン部分代数 $\mathfrak{h}$ である）．標準旗 o における接ベクトル空間 $T_o SU(n+1)/T \cong \mathfrak{m} \subset \mathfrak{sl}(n+1, \mathbb{C})$ の複素化は $\mathfrak{m}^{\mathbb{C}} = \bigoplus_{k \neq 0} \mathfrak{m}_k$ で与えられる．各 $\mathfrak{m}_k$ が定める複素接ベクトル束 $T^{\mathbb{C}}SU(n+1)/T$ の部分ベクトル束を $[\mathfrak{m}_k]$ で表すと複素ベクトル束としての直和分解

$$T^{\mathbb{C}}SU(n+1)/T = [\mathfrak{m}_1] \oplus \cdots \oplus [\mathfrak{m}_{n+1}]$$

が得られる．単純ルート α_j が定めるルート空間を $\mathfrak{g}_{\alpha_j}$ と表記すると $\mathfrak{m}_1 = \bigoplus_{j=0}^{n} \mathfrak{g}_{\alpha_j}$ が成り立つ．ここで次の定義を与える．

定義 4.5.16. リーマン面 M から旗多様体 $\mathrm{Fl}(n+1)$ への C^∞ 級写像 $\psi : M \to SU(n+1)/T$ が $d\psi(T'M) \subset [\mathfrak{m}_1] = \bigoplus_{j=0}^n [\mathfrak{g}_{\alpha_j}]$ を満たすとき ψ を**原始写像** (primitive map) と呼ぶ[*14].

原始写像の定義を振り返ると行き先の空間は $\mathrm{Fl}(n+1)$ に限らずリーマン k-対称空間 $(k > 2)$ であればよいことに気づく（4.6 節でふたたび取り上げる）.

第 1 章 1.4.3 項でも述べられているように戸田格子を A 型のルート系に対応する方程式と考えることにより「各ルート系に対する戸田格子」がコスタント (B. Kostant), ボゴヤフレンスキー (O. I. Bogoyavlensky), アドラー (M. Adler), ファンメルベック (P. van Moerbeke) によって導入された. ミハイロフ (A. V. Mikhailov), オルシャネツキー (M. A. Olshanetsky), ペレロモフ (A. M. Perelomov) は各ルート系に対する 2 次元戸田方程式を考察している.

一般化された 2 次元戸田方程式は微分幾何学的観点からは旗多様体 G/T(full flag manifold) に対して定義された方程式であると理解される. そこで旗多様体を用いた 2 次元戸田方程式の定義を紹介しよう.

G をコンパクト単純リー群とする. G のリー代数 $\mathfrak{g}$ の複素化 $\mathfrak{g}^{\mathbb{C}}$ の階数を ℓ とする. G の極大トーラス T のリー代数 $\mathfrak{t}$ の複素化 $\mathfrak{h} = \mathfrak{t}^{\mathbb{C}}$ を $\mathfrak{g}^{\mathbb{C}}$ のカルタン部分代数として採用する. $\mathfrak{h}$ に関するルートの基本系 $\Pi = \{\alpha_1, \alpha_2, \cdots, \alpha_\ell\}$ をとる. α_j に対応するルートベクトルを H_{α_j} で表す. 最高ルート $-\alpha_0$ を Π を用いて $-\alpha_0 = m_1\alpha_1 + m_2\alpha_2 + \cdots + m_\ell\alpha_\ell$ と表し $m = \sum_{j=0}^\ell m_j$ とおく. ただし $m_0 = 1$ と規約する. このとき旗多様体 G/T に対し, $G_\tau^\circ \subset T \subset G_\tau$ を満たす位数 m のリー群自己同型写像 τ が存在し G/T はリーマン m-対称空間になる.

定義 4.5.17. $\Omega : \mathcal{D} \subset \mathbb{C} \to it$ が $\mathrm{X}_\ell^{(1)}$ 型周期的戸田方程式

$$\frac{\partial^2 \Omega}{\partial z \partial \bar{z}} + \sum_{k=0}^\ell m_k \exp(2\alpha_k(\Omega))H_{\alpha_k} = 0$$

[*14] primitive harmonic map とも呼ばれる.

を満たすとき Ω を G 型周期的戸田場 (Toda field) または G 型のアフィン戸田場と呼ぶ. Π が X_ℓ 型の単純ルート系であるときは, $\mathrm{X}_\ell^{(1)}$ 型戸田場とも呼ぶ.

同様に非周期的有限戸田場を次で定義する.

定義 4.5.18. $\Omega : \mathcal{D} \subset \mathbb{C} \to it$ が X_ℓ 型非周期的有限戸田方程式

$$\frac{\partial^2 \Omega}{\partial z \partial \bar{z}} + \sum_{k=1}^{\ell} m_k \exp(2\alpha_k(\Omega)) H_{\alpha_k} = 0$$

を満たすとき Ω を G 型非周期的有限戸田場 (open Toda field) と呼ぶ. Π が X_ℓ 型の単純ルート系であるときは, X_ℓ 型戸田場とも呼ぶ.

定理 4.5.19 (ボルトン–ペディット–ウッドワード [14]).

1) $\mathbb{C}$ 上で定義された $\mathrm{A}_n^{(1)}$ 型戸田方程式 (有限周期的戸田方程式) の解全体のなす集合と $\mathbb{C}$ から旗多様体 $\mathrm{Fl}(n+1)$ への原始写像全体のなす集合との間に全単射対応がある.

2) 原始写像 $\hat{\varphi} : \mathbb{C}P^1 \to \mathrm{Fl}(n+1)$ の射影 $\varphi = \pi \circ \hat{\varphi} : \mathbb{C} \to \mathbb{C}P^n$ は超共形的調和写像. 逆に超共形的調和写像 $\varphi : \mathbb{C} \to \mathbb{C}P^n$ に対し $\varphi = \pi \circ \hat{\varphi}$ を満たす原始写像 $\hat{\varphi} : \mathbb{C}P^1 \to \mathrm{Fl}(n+1)$ が存在する.

ボルトン, ペディット, ウッドワードはさらに次の事実を示した.

定理 4.5.20. 原始写像 $\mathbb{T}^2 \to \mathrm{Fl}(n+1)$ は有限型 (finite type). すなわち輪環面から $\mathrm{Fl}(n+1)$ への原始写像はすべて (2 次元版の) AKS の方法で得られる.

AKS の方法については第 1 章 1.5.3 項を参照 (次の節でも説明する). 2 次元版 AKS の方法については 4.6 節で解説する.

4.5.7 コスタント–戸田格子

第 1 章 1.2.4 項で解説された非周期的有限戸田格子のラックス表示を復習す

る [193].

有限戸田格子

$$\frac{d^2 q_1}{dt^2} = -e^{q_1 - q_2}$$

$$\frac{d^2 q_j}{dt^2} = e^{q_{j-1} - q_j} - e^{q_j - q_{j+1}} \quad (j = 2, 3, \cdots, n)$$

$$\frac{d^2 q_{n+1}}{dt^2} = e^{q_n - q_{n+1}}$$

において全運動量 $P = p_1 + p_2 + \cdots + p_{n+1}$ $(p_j = dq_j/dt)$ は保存量である. そこで従属変数 q_j を $q_j - (q_1 + q_2 + \cdots + q_{n+1})/(n+1)$ に取り替える（この変数を改めて q_j と書く）. この変更で戸田格子方程式の形はかわらないが q_j とその共軛運動量 p_j は

$$q_1 + q_2 + \cdots + q_{n+1} = 0, \quad p_1 + p_2 + \cdots + p_{n+1} = 0$$

を満たすことに注意しよう. 非周期的有限戸田格子は

$$H = \frac{1}{2} \sum_{i=1}^{n+1} p_i^2 + \sum_{i=1}^{n} e^{q_i - q_{i+1}}$$

をハミルトニアンにもつハミルトン系である. 続いて

$$a_j = e^{q_j - q_{j+1}} > 0 \quad (j = 1, 2, \cdots, n), \quad b_j = \frac{dq_j}{dt} \quad (j = 1, 2, \cdots, n+1)$$

とおくと戸田格子は

$$\frac{da_j}{dt} = a_j(b_j - b_{j+1}) \quad (j = 1, 2, \cdots, n+1),$$

$$\frac{db_1}{dt} = -a_1,$$

$$\frac{db_j}{dt} = a_{j-1} - a_j \quad (j = 2, \cdots, n), \quad \frac{db_{n+1}}{dt} = a_n,$$

$$b_1 + b_2 + \cdots + b_{n+1} = 0$$

と書き直せる. これらの新しい変数は**フラシカ変数** (Flaschcka variable) と呼ばれている.

注意 4.5.21. もともとフラシカが導入した変数では, $a_j = \exp\{(q_j - q_{j+1})/2\}$ である. ここで用いている変数 (a_j, b_j) はそれぞれ, 戸田格子を電気回路で実現した際の電圧 V_j と（インダクタを流れる）電流 I_j を表す.

ここで

$$
L = \begin{pmatrix}
b_1 & a_1 & 0 & \cdots & 0 & 0 \\
1 & b_2 & a_2 & \cdots & 0 & 0 \\
0 & 1 & b_3 & \ddots & 0 & 0 \\
\vdots & \vdots & \ddots & \ddots & a_{n-1} & 0 \\
0 & 0 & 0 & \ddots & b_n & a_n \\
0 & 0 & 0 & \cdots & 1 & b_{n+1}
\end{pmatrix},
$$

$$
A = \begin{pmatrix}
b_1 & 0 & 0 & \cdots & 0 & 0 \\
1 & b_2 & 0 & \cdots & 0 & 0 \\
0 & 1 & b_3 & \ddots & 0 & 0 \\
\vdots & \vdots & \ddots & \ddots & 0 & 0 \\
0 & 0 & 0 & \ddots & b_n & 0 \\
0 & 0 & 0 & \cdots & 1 & b_{n+1}
\end{pmatrix}
$$

と定めると戸田格子は

$$
\frac{dL}{dt} = [L, A] = LA - AL
$$

と書き直せる．これを戸田格子のラックス表示と呼ぶ[*15]．A は L の上三角部分であることを注意しておく．ラックス表示を用いて非周期有限戸田格子の解法を与えることができる．解法を説明するために必要なリー群の分解定理をあげよう．

定理 4.5.22（岩澤分解）． $GL(n+1, \mathbb{C})$ の閉部分群 A_{n+1} と N_{n+1} を

$$
A_{n+1} = \{\mathrm{diag}(a_1, a_2, \cdots, a_{n+1}) \mid a_j > 0\},
$$

$$
N_{n+1} = \{(n+1) \text{ 次上三角行列でその対角成分はすべて } 1\}
$$

と定めると

[*15] L, A をここで与えたものの転置行列に選ぶことも多い．また $b_j = -dq_j/dt$ と選ぶことも多い（第 1 章の (1.28), (1.29) との違いに注意）．

$$U(n+1) \cap A_{n+1} = A_{n+1} \cap N_{n+1} = N_{n+1} \cap U(n+1) = \{I\}.$$

が成り立ちリー群の分解 $GL(n+1, \mathbb{C}) = U(n+1)A_{n+1}N_{n+1}$ が成立する．この分解を $GL(n+1, \mathbb{C})$ の岩澤分解という．

定理 4.5.23（ラングランズ分解）．B_{n+1} を $GL(n+1, \mathbb{C})$ の（上三角行列のなす）ボレル部分群とすると，リー群の分解 $B_{n+1} = T^{n+1}A_{n+1}N_{n+1}$ が成立する．ここで T^{n+1} は $GL(n+1, \mathbb{C})$ の極大輪環部分群．この分解を B_{n+1} のラングランズ分解という．

定理 4.5.24（**QR** 分解）．

$$GL(n+1, \mathbb{C}) = U(n+1)B_{n+1}, \quad U(n+1) \cap B_{n+1} = T^{n+1}.$$

この分解はグラム–シュミット分解，極分解，**QR** 分解などと呼ばれている．

定理 4.5.25（ブリュア分解）．$\overline{N}_{n+1}$ で対角成分がすべて 1 の $(n+1)$ 次下三角行列全体を表すと，次が成立する．

$$GL(n+1, \mathbb{C}) = \bigcup_{\sigma \in \mathfrak{S}_{n+1}} \overline{N}_{n+1}\sigma B_{n+1}.$$

ここで置換 σ と σ に対応する置換行列を同じ記号で表記した．この分解を $GL(n+1, \mathbb{C})$ のブリュア分解 (Bruhat decomposition) という．

定理 4.5.26（**LR** 分解）．$X \in GL(n+1, \mathbb{C})$ の小行列式がすべて 0 でなければ $X = SR\,(S \in \overline{N}_{n+1},\, R \in B_{n+1})$ と分解できる．この分解を X の **LR** 分解という[16]．

定義 4.5.27. 非周期的有限戸田格子のラックス表示を一般化した方程式

$$\frac{dL}{dt} = [L, A],$$

---

[16] 第 1 章 1.4 節，第 5 章 5.4.3 項参照．

ただし

$$
L = \begin{pmatrix}
L_{1,1} & L_{1,2} & L_{1,3} & \cdots & L_{1,n} & L_{1,n+1} \\
1 & L_{2,2} & L_{2,3} & \cdots & L_{2,n} & L_{2,n+1} \\
0 & 1 & L_{3,3} & \cdots & L_{3,n} & L_{3,n+1} \\
\vdots & \vdots & \ddots & \ddots & \vdots & \vdots \\
0 & 0 & 0 & \ddots & L_{n,n} & L_{n,n+1} \\
0 & 0 & 0 & \cdots & 1 & L_{n+1,n+1}
\end{pmatrix}, \quad A = L \text{ の上三角部分}
$$

をコスタント–戸田格子 (full Kostant–Toda lattice) またはコスタント–戸田系と呼ぶ[*17].

AKS の定理（第 1 章 1.5.3 項，文献 [82, p. 26] 参照）を述べよう．

定理 4.5.28. G をリー群とする．G のリー代数 $\mathfrak{g}$ が部分リー代数の直和 $\mathfrak{g} = \mathfrak{g}_1 \oplus \mathfrak{g}_2$ に分解されているとする．それぞれの部分リー代数をリー代数にもつリー部分群を G_1, G_2 とする．ラックス方程式

$$
\frac{dL}{dt}(t) = [L(t), \Pi_1(L(t))], \quad \Pi_1(L(t)) = L(t) \text{ の } \mathfrak{g}_1 \text{部分}
$$

を考える．初期値 L_0 に対し $\exp(tL_0)$ が $\exp(tL_0) = a_1(t)a_2(t)$, $a_i(t) \in G_i$ と分解できるならば，

$$
L(t) = \mathrm{Ad}(a_1(t)^{-1})L_0
$$

はラックス方程式の解で初期条件 $L(0) = L_0$ を満たす．

この定理を用いて次の解法を得る（第 1 章定理 1.4.1）．

定理 4.5.29（AKS の定理）. L_0 をコスタント–戸田格子のラックス形式における L と同じ形の行列とする．$\exp(tL_0)$ が LR 分解可能であれば，その分解 $\exp(tL_0) = S(t)R(t)$ を用いて $L(t) = \mathrm{Ad}(S(t)^{-1})L_0 = S(t)^{-1}L_0 S(t)$ とおけ

[*17] 第 1 章 1.4.3 項参照．

ば $L(t)$ はコスタント–戸田格子のラックス方程式の解で初期条件 $L(0) = L_0$ を満たす.

　この解法を **AKS の方法** (Adler-Kostant-Symes method) と呼ぶ（第 1 章 1.5.3 項参照）.

　AKS の方法からコスタント–戸田格子（とくに戸田格子）と旗多様体が密接に関わることがわかる.

　コスタント–戸田格子の初期値 L_0 と $U \in B_{n+1}$ をとり $\exp(tL_0)U$ を $\exp(tL_0)U = \tilde{S}(t)\tilde{R}(t)$ と LR 分解する. 簡単な計算で $\mathrm{Ad}(\tilde{S}(t)^{-1})L_0 = L(t)$ が確かめられる. すなわち，コスタント–戸田格子の解 $L(t)$ は旗多様体 $\mathrm{Fl}(n+1) = GL(n+1,\mathbb{C})/B_{n+1}$ 内の曲線 $\exp(tL_0)B$ から定まることがいえた.

　コスタント–戸田格子の等位集合 (isolevel set) のコンパクト化が旗多様体と同一視できることが知られている. 旗多様体の位相幾何学的性質を用いたコスタント–戸田格子の研究も盛んに行われている. 詳しくはカシアン (L. Casian)，児玉裕治 [36]，池田薫 [99]，シップマン (B. Shipman) [184] および総説論文 [136] を参照されたい[*18].

4.5.8　量子コホモロジー

　ギベンタール (A. Givental) とキム (B. Kim) は旗多様体 $\mathrm{Fl}(n+1) = SU(n+1)/T^n$ の量子コホモロジー環を求めた [77]（量子コホモロジーについての詳しい説明は文献 [83], [84], [86] を参照）. 旗多様体 $\mathrm{Fl}(n+1)$ のコホモロジー環は

$$\mathrm{H}^*(\mathrm{Fl}(n+1);\mathbb{Z}) \cong \mathbb{Z}[u_1, u_2, \ldots, u_{n+1}]/\langle \sigma_1, \sigma_2, \cdots, \sigma_{n+1} \rangle$$

で与えられる. ここで $\{\sigma_1, \sigma_2, \ldots, \sigma_{n+1}\}$ は $u_1, u_2, \ldots, u_{n+1}$ の基本対称式を表す. $n = 2$ のときに具体的に書くと

[*18] G を分離型実半単純リー群とする. G のラングランズ双対を $\check{G}$ で表す. 文献 [36] では G のルート系に対する戸田格子と $\check{G}$-flag manifold との関係について詳しく調べている.

4.5 調和写像   **305**

$$H^*(\mathrm{Fl}(3);\mathbb{Z}) \cong \mathbb{Z}[u_1, u_2, u_3]/\langle u_1+u_2+u_3, u_1u_2+u_2u_3+u_3u_1, u_1u_2u_3\rangle$$

である.

$H^*(\mathrm{Fl}(n+1);\mathbb{Z})$ を以下のように "量子化" したものが $\mathrm{Fl}(n+1)$ の量子コホモロジー環である.

$(n+1)$ 次 3 重対角行列 $\mathcal{L}$ を

$$\mathcal{L} = \begin{pmatrix} u_1 & v_1 & 0 & \cdots & 0 & 0 \\ -1 & u_2 & v_2 & \cdots & 0 & 0 \\ 0 & -1 & u_3 & \ddots & 0 & 0 \\ \vdots & \vdots & \ddots & \ddots & v_{n-1} & 0 \\ 0 & 0 & 0 & \ddots & u_n & v_n \\ 0 & 0 & 0 & \cdots & -1 & u_{n+1} \end{pmatrix}$$

で定め,

$$\det(xI + \mathcal{L}) = x^{n+1} + c_1 x^n + \cdots + c_n x + c_{n+1}$$

で対称多項式 $c_1, c_2, \ldots, c_{n+1}$ を定義する.

定理 4.5.30 (ギベンタール–キム). $\mathrm{Fl}(n+1)$ の量子コホモロジー環 $\mathrm{QH}^*(\mathrm{Fl}(n+1);\mathbb{Z})$ は次で与えられる.

$$\mathrm{QH}^*(\mathrm{Fl}(n+1);\mathbb{Z}) = \mathbb{Z}[u_1, u_2, \ldots, u_{n+1}; v_1, v_2, \cdots, v_n]/\langle c_1, c_2, \cdots, c_{n+1}\rangle.$$

$n=2$ のときに $\det(xI+\mathcal{L})$ を計算すると

$$\mathrm{QH}^*(\mathrm{Fl}(3);\mathbb{Z}) = \mathbb{Z}[u_1, u_2, u_3; v_1, v_2]/\langle c_1, c_2, c_3\rangle,$$

$c_1=u_1+u_2+u_3,\ \ c_2=u_1u_2+u_2u_3+u_3u_1+v_1+v_2,\ \ c_3=u_1u_2u_3+u_1v_2+u_3v_1.$

量子コホモロジー環を記述するために用いた 3 重対角行列 $\mathcal{L}$ に着目しよう. この $\mathcal{L}$ の下三角部分を $\mathcal{A}$ とおく. ラックス方程式 $d\mathcal{L}/dt = [\mathcal{L}, \mathcal{A}]$ を書き下してみると

$$\frac{du_1}{dt} = -v_1, \quad \frac{du_i}{dt} = v_{i-1} - v_i \quad (2 \le i \le n),$$

$$\frac{du_{n+1}}{dt} = v_n, \quad \frac{dv_i}{dt} = -v_i(u_i - u_{i+1}) \quad (i = 1, 2, \cdots, n)$$

である. そこで $u_i = p_i$, $v_i = e^{q_{i+1} - q_i}$ とおけば, ラックス方程式は

$$H = \frac{1}{2} \sum_{i=1}^{n+1} p_i^2 - \sum_{i=1}^{n} e^{-q_i + q_{i+1}}$$

をハミルトニアンにもつハミルトン系であることが確かめられる. このハミルトン系を $(q_1, q_2, \cdots, q_n)$ に関する常微分方程式系に書き直すと

$$\frac{d^2 q_1}{dt^2} = -e^{-q_1 + q_2},$$

$$\frac{d^2 q_j}{dt^2} = e^{-q_{j-1} + q_j} - e^{-q_j + q_{j+1}} \quad (j = 2, 3, \cdots, n), \qquad (4.18)$$

$$\frac{d^2 q_{n+1}}{dt^2} = e^{-q_n + q_{n+1}}$$

という有限非周期的戸田格子を変形した格子系であることがわかる. したがって, 量子コホモロジー環の定義する際に用いる対称多項式は (変形された) 非周期的有限戸田格子 (4.18) の保存量にほかならない.

[言い換え] 旗多様体 $\mathrm{Fl}(n+1)$ の量子コホモロジー環は (変形された) 非周期的有限戸田格子 (4.18) のフラシカ変数を不定元とする多項式環を保存量の生成するイデアルで割ることで得られる.

旗多様体 $SU(n+1)/T^n$ の無限次元版である周期的旗多様体の量子コホモロジー環も, (変形された) 周期的戸田格子 ($\mathrm{A}_n^{(1)}$ 型のアフィン戸田格子) の保存量を用いて与えられる (ゲスト–乙藤 [85]).

4.5.9 無分散戸田方程式

戸田方程式の無分散極限 (dispersionless limit) も微分幾何学との関連が深い. 無分散戸田方程式は $SU(\infty)$ 型戸田方程式とも呼ばれる. 無分散戸田方程式については本書第 1 章 1.9.6 項や文献 [189, p. 233] および武部の講義録 [190] を参照. この項では無分散戸田方程式を

$$u_{xx} + u_{yy} + (e^u)_{zz} = 0$$

の形で表す. ただし独立変数 x, y, z および従属変数 $u = u(x, y, z)$ は実数値とする.

a. ワイル幾何

共形多様体 $(M, \mathcal{C})$ 上の捩れのない線形接続 D が $\mathcal{C}$ を保つとき D を $(M, \mathcal{C})$ のワイル接続 (Weyl connection), $(M, \mathcal{C}, D)$ をワイル多様体 (Weyl manifold) と呼ぶ [35]. この概念は, ワイル (H. Weyl) による統一場理論の試みが起源である. アインシュタイン多様体の共形幾何学的一般化として次の概念が提唱された.

定義 4.5.31. ワイル多様体 $(M, \mathcal{C}, D)$ のリッチテンソル場 Ric^D の零固有和対称部分 (trace-free symmetric part) が恒等的に消えているとき $(M, \mathcal{C}, D)$ をアインシュタイン–ワイル多様体 (Einstein–Weyl manifold) と呼ぶ.

ワイル多様体はリーマン多様体 (M, g) に $Dg = -2\omega \otimes g$ を満たす捩れのない線形接続 D を指定したものと定義してもよい (ω は M 上の 1 次微分形式). この定義を採用するとアインシュタイン–ワイルという条件は

$$\mathrm{Sym}\,\mathrm{Ric}^D = \Lambda\,g, \quad \Lambda \in C^\infty(M)$$

と書き換えられる. ここで $\mathrm{Sym}\,\mathrm{Ric}^D$ は Ric^D の対称部分を表す.

ウォード (R. S. Ward) は次の事実を示した [202].

定理 4.5.32(ウォード). 無分散戸田方程式の解 $u = u(x, y, z)$ を用いて

$$g = e^u\{(dx)^2 + (dy)^2\} + (dz)^2, \quad \omega = -u_z dz$$

と定めると $(\mathbb{R}^3(x, y, z), g, \omega)$ はアインシュタイン–ワイル条件を満たすワイル接続 D をもつ.

統計多様体とワイル多様体の双方を含む概念として準ワイル多様体の概念が松添博により提案されている [155].

b. ケーラー計量

(M, g, J) をケーラー曲面（複素 2 次元のケーラー多様体）で，非自明なキリング・ベクトル場 X をもつものとする．さらに複素構造 J は X の生成する（局所的）等長変換で不変であると仮定する．このときケーラー計量 g は局所的に

$$g = e^{u(x,y,z)}v(x,y,z)\{(dx)^2 + (dy)^2\} + v(x,y,z)(dz)^2 + \frac{\omega^2}{v(x,y,z)}, \quad (x,y,z) \in U$$

と表示される（U は $\mathbb{R}^3$ の領域）．ただし $\omega = d\tau + \theta$ で $X\tau = 1$, $\theta = \theta(x,y,z)$ は U 上の 1 次微分形式．(g, J) がケーラーであるための必要十分条件は

$$v_{xx} + v_{yy} + (e^u v)_{zz} = 0$$

である．スカラー曲率は $\rho = -e^{-u}v^{-1}(u_{xx} + u_{yy} + (e^u)_{zz})$ で与えられるので $\rho = 0$ と仮定すると u は無分散戸田方程式の解を与える．この観察をもとにルブラン (C. LeBrun) は複素射影平面 $\mathbb{C}P^2$ のブローアップ上にスカラー曲率が 0 のケーラー計量を構成した．またトッド (P. Tod) は無分散戸田方程式の常微分方程式への簡約を考察した [192]．簡約で得られる III 型パンルヴェ方程式の解を用いてスカラー曲率が 0 のケーラー計量を構成した．得られた計量は超ケーラー計量 (hyper-Kähler metric) でもある．

4.6 主カイラル模型

この節ではリーマン面で定義され（線形）リー群に値をもつ調和写像を取り扱う．まずリー群のリーマン計量の考察から始めよう．

G にリーマン計量 $\langle \cdot, \cdot \rangle$ を与える．すべての $a \in G$ に対し左移動 L_a が等長変換であるとき $\langle \cdot, \cdot \rangle$ を左不変計量 (left invariant metric) と呼ぶ．同様に右不変計量 (right invariant metric) と呼ぶ．左不変かつ右不変なリーマン計量は両側不変計量 (bi-invariant metric) と呼ばれる．

一般には G は両側不変計量をもたない．G がコンパクト半単純リー群の場合，キリング形式を負の定数倍することにより両側不変計量が得られる[*19]．一

[*19] たとえば $SU(n)$ のキリング形式は $\mathrm{B}(X,Y) = 2n\,\mathrm{tr}\,(XY)$ で与えられる．$\langle X, Y \rangle = -\mathrm{B}(X,Y)/(2n)$ は $SU(n)$ の両側不変計量を与える．

4.6 主カイラル模型

般のリー群 G においては左不変なリーマン計量であればいつでも与えることができる.

理論物理において考案された主カイラル模型 (principal chiral model) はリーマン面を定義域としコンパクト半単純リー群に両側不変計量を与えて得られるリーマン多様体に値をもつ調和写像のことである（第 1 章 1.6.1 項 c 参照）.

p. 287 で注意したように調和写像の概念はリーマン面 M から線形接続が指定された多様体 $(N, \tilde{D})$ への写像に対し意味をもつ（アフィン調和写像）. そこでこの節ではリー群へのアフィン調和写像の取り扱いから解説を行う.

4.6.1 リー代数に値をもつ微分形式

a. 外微分

複素平面 $\mathbb{C}$ 内の領域 $\mathcal{D}$ で定義され，線形リー群 G のリー代数 $\mathfrak{g}$ に値をもつ微分形式の取り扱いを説明する. $z = x + yi$ を $\mathcal{D}$ の複素座標とする.

領域 $\mathcal{D} \subset \mathbb{C}$ で定義され $\mathfrak{g}$ に値をもつ 1 次微分形式 $\eta = U\,dx + V\,dy$ において $A = (U - iV)/2$, $B = (U + iV)/2$ とおくと $\eta = A\,dz + B\,d\bar{z}$ と書き直せる. $\eta' = A\,dz$, $\eta'' = B\,d\bar{z}$ とおき $\eta = \eta' + \eta''$ と分解する.

η の外微分 $d\eta$ を $d\eta = (B_z - A_{\bar{z}})\,dz \wedge d\bar{z}$ で定義する. また $\partial\eta'' = B_z\,dz \wedge d\bar{z}$, $\bar{\partial}\eta'' = -A_{\bar{z}}\,dz \wedge d\bar{z}$ と定義すると $d\eta = \bar{\partial}\eta' + \partial\eta''$ と分解される.

二つの $\mathfrak{g}$ 値 1 次微分形式 $\eta = A\,dz + B\,d\bar{z}$ と $\zeta = C\,dz + D\,d\bar{z}$ に対し

$$[\eta \wedge \zeta] = ([A, D] - [B, C])dz \wedge d\bar{z}$$

と定める（とくに $[\eta \wedge \eta] = 2[A, B]dz \wedge d\bar{z}$）.

b. 積分可能条件

定理 4.4.12 では $\mathcal{D}$ で定義され G に値をもつ C^∞ 級写像 $\varphi : \mathcal{D} \to G$ に対する連立偏微分方程式

$$\frac{\partial\varphi}{\partial x} = \varphi U, \quad \frac{\partial\varphi}{\partial y} = \varphi V \tag{4.13}$$

を考察した. ここで $\mathfrak{g}$ に値をもつ 1 次微分形式 α を

$$\alpha = \varphi^{-1}d\varphi = \varphi^{-1}\frac{\partial\varphi}{\partial x}\,dx + \varphi^{-1}\frac{\partial\varphi}{\partial y}\,dy = U\,dx + V\,dy$$

で定めると連立偏微分方程式 (4.13) は $d\varphi = \varphi\alpha$ と座標を使わない表示ができ

る．定理 4.4.12 で考えた (4.13) の積分可能条件 (4.12) は座標系を使わない表示

$$d\alpha + \frac{1}{2}[\alpha \wedge \alpha] = 0$$

ができる．複素座標 $z = x + yi$ を用いると α は

$$\alpha = \varphi^{-1}\frac{\partial\varphi}{\partial z}\,dz + \varphi^{-1}\frac{\partial\varphi}{\partial\bar{z}}\,d\bar{z}$$

と書き換えられる．ここで

$$\alpha' = \varphi^{-1}\frac{\partial\varphi}{\partial z}\,dz = A\,dz, \quad \alpha'' = \varphi^{-1}\frac{\partial\varphi}{\partial\bar{z}}\,d\bar{z} = B\,d\bar{z}$$

とおくと $d\varphi = \varphi\alpha$ の積分可能条件 (4.12) は

$$B_z - A_{\bar{z}} + [A, B] = O \tag{4.19}$$

と書き直される．積分可能条件 (4.19) は

$$\partial\alpha'' + \bar{\partial}\alpha' + [\alpha' \wedge \alpha''] = 0$$

と座標系を使わない表示もできる．

4.6.2 不変接続

リー群 G 上の線形接続が左移動で不変なとき**左不変接続** (left invariant connection) と呼ばれる．

定理 4.6.1（野水克己，1954）． G 上の左不変な線形接続全体は実線形空間 $\{\mu : \mathfrak{g} \times \mathfrak{g} \to \mathfrak{g} \mid \mu$ は双線形 $\}$ と同一視できる．同一視対応は双線形写像 μ に対し線形接続 ∇^μ を

$$\nabla^\mu_X Y = \mu(X, Y), \quad X, Y \in \mathfrak{g} = T_e G$$

で定めることによって得られる．

たとえば $\mu = 0$ で定まる左不変接続を ∇^- で表し**標準接続** (canonical connection) という．標準接続は捩率

4.6 主カイラル模型 **311**

$$T^-(X,Y) = -[X,Y], \quad X,Y \in \mathfrak{g}$$

をもつ. 捩率をもたない接続として重要なものが**中立接続** (neutral connection)

$$\nabla_X^0 Y = \frac{1}{2}[X,Y]$$

である. とくに ∇^0 は右不変でもある (すなわち両側不変).

例 4.6.2 (レヴィ–チヴィタ接続). G に左不変なリーマン計量 $\langle \cdot, \cdot \rangle$ が与えられ
ているとき, そのレヴィ–チヴィタ接続 ∇ は双線形写像

$$\mu(X,Y) = \frac{1}{2}[X,Y] + \frac{1}{2}\{X,Y\}$$

で定まる. ここで $\{X,Y\}$ は

$$\langle \{X,Y\}, Z \rangle = \langle X, [Z,Y] \rangle + \langle Y, [Z,X] \rangle, \quad X,Y,Z \in \mathfrak{g}$$

で定義される. この式から $\langle \cdot, \cdot \rangle$ が両側不変であるための必要十分条件はすべ
ての $X, Y \in \mathfrak{g}$ に対し $\{X,Y\} = 0$ であることがわかる. そのとき $\nabla = \nabla^0$ で
ある.

4.6.3 調和写像の方程式

$\mathcal{D} \subset \mathbb{C}$ を単連結領域とする. C^∞ 級写像 $\varphi : \mathcal{D} \to G$ が左不変接続 ∇^μ に関
して調和であるための条件を書き出してみよう.

命題 4.6.3. C^∞ 級写像 $\varphi : \mathcal{D} \subset \mathbb{C} \to G$ が ∇^μ に関して調和であるための必
要十分条件は

$$\bar{\partial}\alpha' - \partial\alpha'' + 2(\mathrm{sym}\,\mu)(\alpha'' \wedge \alpha') = 0$$

で与えられる. ここで $\mathrm{sym}\,\mu$ は双線形写像 μ の対称部分を表す. すなわち
$2(\mathrm{sym}\,\mu)(X,Y) = \mu(X,Y) + \mu(Y,X)$.

とくに $\nabla = \nabla^0$ のときは調和写像の方程式は $\bar{\partial}\alpha' - \partial\alpha'' = 0$, すなわち
$A_{\bar{z}} + B_{\bar{z}} = O$ で与えられる.

ポウルメイヤー (K. Pohlmeyer, 1976) は次の事実に気づいた.

補題 4.6.4. 単連結領域 $\mathcal{D}$ で定義された $\mathfrak{g}$ 値の行列値関数の組 $\{A(z,\bar{z}), B(z,\bar{z})\}$ に対し

$$A^{(\lambda)}(z,\bar{z}) := \frac{1}{2}(1-\lambda^{-1})A(z,\bar{z}), \quad B^{(\lambda)}(z,\bar{z}) := \frac{1}{2}(1-\lambda)B(z,\bar{z}), \quad \lambda \in \mathbb{S}^1$$

とおく. このとき次の二つの条件は同値である.

  1) すべての $\lambda \in \mathbb{S}^1$ に対し積分可能条件

$$\frac{\partial}{\partial z}B^{(\lambda)} - \frac{\partial}{\partial \bar{z}}A^{(\lambda)} + \left[A^{(\lambda)}, B^{(\lambda)}\right] = O$$

  を満たす.

  2) $\{A, B\}$ は積分可能条件

$$\frac{\partial}{\partial z}B - \frac{\partial}{\partial \bar{z}}A + \left[A, B\right] = O$$

  および

$$\frac{\partial}{\partial z}B + \frac{\partial}{\partial \bar{z}}A = O$$

  を満たす.

この補題を C^∞ 級写像 $\varphi : \mathcal{D} \to G$ に適用する.

定理 4.6.5（零曲率表示）. $\alpha = \varphi^{-1}d\varphi = \alpha' + \alpha''$ に対し $\mathfrak{g}$ 値 1 次微分形式の 1 径数族 $\{\alpha^{(\lambda)}\}_{\lambda \in \mathbb{S}^1}$ を

$$\alpha^{(\lambda)} := \frac{1}{2}(1-\lambda^{-1})\alpha' + \frac{1}{2}(1-\lambda)\alpha'', \quad \lambda \in \mathbb{S}^1 \tag{4.20}$$

で定める. このとき次の 2 条件は互いに同値である.

  1) φ は (G, ∇^0) への調和写像である.

  2)

$$d\alpha^{(\lambda)} + \frac{1}{2}[\alpha^{(\lambda)} \wedge \alpha^{(\lambda)}] = 0 \tag{4.21}$$

がすべての $\lambda \in \mathbb{S}^1$ について成り立つ. λ をスペクトルパラメータ (spectral parameter) と呼ぶ.

4.6 主カイラル模型 **313**

注意 4.6.6. 接続の微分幾何学を用いて (4.21) の意味を説明できる. $\varphi : \mathcal{D} \to$ (G, ∇^0) が調和写像ならば主ファイバー束 $\mathcal{D} \times G$ 上に平坦接続（曲率 0 の接続）の 1 径数族 $\{d + \alpha^{(\lambda)}\}_{\lambda \in \mathbb{S}^1}$ が与えられることを意味する.

(4.20) で定められた $\mathfrak{g}$ 値 1 次微分形式の 1 径数族 $\{\alpha^{(\lambda)}\}_{\lambda \in \mathbb{S}^1}$ が (4.21) を満たせば C^∞ 級写像 $\mathsf{E}_\lambda : \mathcal{D} \times \mathbb{S}^1 \to G$ で $\mathsf{E}_\lambda^{-1} d\mathsf{E}_\lambda = \alpha^{(\lambda)}$ を満たすものが存在する. $\alpha^{(1)} = 0$ であるから E_λ の $\lambda = 1$ での値 $\mathsf{E}_{\lambda=1}$ は定行列 (constant matrix) である. 一方 $\mathsf{E}_{\lambda=-1} = \alpha$ であるから $\mathsf{E}_{\lambda=-1}$ は ∇^0 調和写像である. そこで $\mathsf{E}_1 = \mathsf{e}$（単位元）という初期条件を課そう. この初期条件を課して得られる E_λ を ∇^0 調和写像に対する extended solution と呼ぶ（ウーレンベック, K. Uhlenbeck）.

4.6.4 ループ群とグラスマン模型

スペクトルパラメータの存在が無限自由度の対称性 (hidden symmetry) を体現する. この対称性を説明するために無限次元のリー群であるループ群を用いる. 単位円周 $\mathbb{S}^1$ で定義されリー群 G に値をもつ C^∞ 級写像（G 内のループ）の全体 $\Lambda G = \{\gamma : \mathbb{S}^1 \to G \mid C^\infty \text{級}\}$ を考える. $\gamma_1, \gamma_2 \in \Lambda G$ に対し γ_1 と γ_2 の積 $\gamma_1 \gamma_2$ を

$$(\gamma_1 \gamma_2)(\lambda) = \gamma_1(\lambda) \gamma_2(\lambda)$$

と定めると, この演算に関し ΛG は群をなし G のループ群 (loop group) と呼ばれる. 適切な完備化を施すことにより ΛG に無限次元リー群（バナッハ・リー群）の構造を定められる. ΛG のリー代数は $\Lambda \mathfrak{g} = \{\xi : \mathbb{S}^1 \to \mathfrak{g} \mid C^\infty \text{級}\}$ で与えられ $\mathfrak{g}$ のループ代数 (loop algebra) と呼ばれる. $\Lambda \mathfrak{g}$ は無限次元リー代数である. $\Omega G := \{\gamma \in \Lambda G \mid \gamma(1) = \mathsf{e}\}$ で定まる ΛG の部分リー群を G の基ループ群（または基点付ループ群, based loop group）と呼ぶ. ΩG との区別を強調するために ΛG を**自由ループ群** (free loop group) と呼ぶことがある. ΩG のリー代数は $\Omega \mathfrak{g} = \{\xi \in \Lambda \mathfrak{g} \mid \xi(1) = 0\}$ で与えられる.

自由ループ群は G と ΩG の半直積群[20]である. 実際, G は ΩG に作用

---

[20] 群 K が群 H に左から $\alpha : K \times H \to H$ により左から作用しているとき

$$G \times \Omega G \to \Omega G; \quad (g, \gamma) \longmapsto g\gamma g^{-1}$$

によって左作用している．この作用による半直積群 $G \ltimes \Omega G$ と ΛG が（バナッハ・リー群として）同型である．実際

$$\Lambda G \ni \gamma \longmapsto (\gamma(1), \gamma\gamma(1)^{-1}) \in G \ltimes \Omega G$$

が同型写像を与える．

注意 4.6.7（アフィン・リー代数）．X_ℓ 型の有限次元複素単純リー代数 $\mathfrak{g}^{\mathbb{C}}$ を X_ℓ 型の有限次元複素単純リー代数とする．λ についてのローラン多項式であるループのなす $\Lambda\mathfrak{g}^{\mathbb{C}}$ の部分リー代数

$$\Lambda_{\mathrm{pol}}\mathfrak{g}^{\mathbb{C}} = \left\{ \xi = \sum_{j=p}^{q} \xi_j \lambda^j \in \Lambda\mathfrak{g}^{\mathbb{C}} \right\}$$

を $\mathfrak{g}^{\mathbb{C}}$ の多項式ループ代数と呼ぶ．キリング形式 B を $\Lambda_{\mathrm{pol}}\mathfrak{g}^{\mathbb{C}}$ に次の要領で拡張する：

$$\mathrm{B}(\lambda^m X, \lambda^n Y) = \delta_{m+n,0}\mathrm{B}(X, Y), \ X, Y \in \mathfrak{g}.$$

ただし $\delta_{m+n,0}$ はクロネッカーのデルタを表す．次に $\mathbf{d} : \Lambda_{\mathrm{pol}}\mathfrak{g}^{\mathbb{C}} \to \Lambda_{\mathrm{pol}}\mathfrak{g}^{\mathbb{C}}$ を $\mathbf{d}(\lambda^m X) = m\lambda^m X$ で定めオイラー作用素 (Euler operator) と呼ぶ．ここで $\mu : \Lambda_{\mathrm{pol}}\mathfrak{g}^{\mathbb{C}} \times \Lambda_{\mathrm{pol}}\mathfrak{g}^{\mathbb{C}} \to \mathbb{C}$ を

$$\mu(\lambda^m X, \lambda^n Y) := m\delta_{m+n,0}\mathrm{B}(X, Y)$$

と定めると，$\Lambda_{\mathrm{pol}}\mathfrak{g}^{\mathbb{C}}$ の 2-コサイクル[21]である．このコサイクルが定める $\Lambda_{\mathrm{pol}}\mathfrak{g}^{\mathbb{C}}$ の中心拡大を $\widetilde{\mathfrak{g}^{\mathbb{C}}}$ で表す．中心の基底を c と書き $\widetilde{\mathfrak{g}^{\mathbb{C}}} = \mathfrak{g}^{\mathbb{C}} \oplus \mathbb{C}\mathrm{c}$ と表示する．

$$(k, h) \cdot_\alpha (k', h') := (kk', h\alpha(k)h')$$

で $K \times H$ に群構造を定めることができる．この群を $K \ltimes H$（または $K \times_\alpha H$）と書き K と H の（作用 α による）**半直積群** (semi-direct product) と呼ぶ．

[21] $\mathfrak{a}$ を複素リー代数とする．以下の条件を満たす複素双線形写像 $\mu : \mathfrak{a} \times \mathfrak{a} \to \mathbb{C}$ を $\mathfrak{a}$ の 2-コサイクル (2-cocycle) と呼ぶ．$\mu(X, Y) = -\mu(Y, X)$, $\mu([X, Y], Z) + \mu([Y, Z], X) + \mu([Z, X], Y) = 0$. 2-コサイクルが与えられたとき $\mathfrak{a} \oplus \mathbb{C}$ に

$$[(X, z), (Y, w)] := ([X, Y], \mu(X, Y))$$

で積を定めると $(\mathfrak{a} \oplus \mathbb{C}, [\cdot, \cdot])$ は複素リー代数である．このリー代数を $\mathfrak{a}$ の μ による中心拡大 (central extension) と呼ぶ．$\mathbb{C}$ は $\mathfrak{a} \oplus \mathbb{C}$ の中心になっている．

$(\xi, z\mathsf{c}), (\eta, w\mathsf{c}) \in \widetilde{\mathfrak{g}^{\mathbb{C}}}$ に対し交換子 $[(\xi, z\mathsf{c}), (\eta, w\mathsf{c})]$ は

$$[(\xi, z\mathsf{c}), (\eta, w\mathsf{c})] = ([\xi, \eta], \mu(\xi, \eta)\mathsf{c}), \quad z, w \in \mathbb{C}$$

で与えられる. さらに $\widetilde{\mathfrak{g}^{\mathbb{C}}}$ の 1 次元拡大 $\widehat{\mathfrak{g}^{\mathbb{C}}} := \widetilde{\mathfrak{g}^{\mathbb{C}}} \oplus \mathbb{C}$ を次で定める.

$$[(\xi, z_1\mathsf{c}, z_2), (\eta, w_1\mathsf{c}, w_2)] := ([\xi, \eta] + z_2\mathbf{d}(\eta) - w_2\mathbf{d}(\xi), \mu(\xi, \eta)\mathsf{c}, 0).$$

ここで得られた無限次元リー代数 $\widehat{\mathfrak{g}^{\mathbb{C}}}$ を $\mathrm{X}_\ell^{(1)}$ 型のアフィン・リー代数 (affine Lie algebra of type $\mathrm{X}_\ell^{(1)}$) と呼ぶ [122], [147]. たとえば A_1 型複素単純リー代数 $\mathfrak{sl}_2\mathbb{C}$ に対し $\widehat{\mathfrak{sl}_2\mathbb{C}}$ は $\mathrm{A}_1^{(1)}$ 型アフィン・リー代数と呼ばれる. 伊達–神保–柏原–三輪による KdV 階層の研究ではアフィン・リー代数の「作用」が用いられた.

基ループ群は可積分系理論(とくに KP 階層の理論)において重要な道具である. 佐藤幹夫 [181] により導入された普遍グラスマン多様体 UGM に啓発されシーガル (G. Segal) とウィルソン (G. Wilson) はグラスマン模型 (Grassmannian model) と呼ばれる無限次元グラスマン多様体を導入した [175], [183].

定理 4.6.8. $\mathcal{H}$ を可分なヒルベルト空間とする. いま $\mathcal{H} = \mathcal{H}_+ \oplus \mathcal{H}_-$ と直交直和分解が指定されているとする. 以下の 2 条件を満たす $\mathcal{H}$ の閉線形部分空間 $\mathcal{W}$ の全体を $\mathrm{Gr}(\mathcal{H})$ で表す:

- 直交射影 $\mathrm{pr}_+ : \mathcal{W} \to \mathcal{H}_+$ はフレッドホルム作用素である.
- 直交射影 $\mathrm{pr}_- : \mathcal{W} \to \mathcal{H}_-$ はヒルベルト–シュミット作用素である.

このとき $\mathrm{Gr}(\mathcal{H})$ には無限次元多様体 (ヒルベルト多様体) の構造が定まる[*22]. $\mathrm{Gr}(\mathcal{H})$ をグラスマン模型と呼ぶ.

グラスマン模型とループ群の関係を説明する. 簡単のため $G = U(n)$ を例にとって説明する. $\mathbb{C}^n$ 値 L^2 関数全体のなすヒルベルト空間 $\mathcal{H}^{(n)} = L^2(\mathbb{S}^1, \mathbb{C}^n)$

[*22] 文献 [183] では pr_- の条件を「pr_- がコンパクト作用素」に緩和して定まる無限次元グラスマン多様体を扱っている.

に対し

$$\mathcal{H}_+^{(n)} = \left\{ \gamma \in \mathcal{H}^{(n)} \ \middle| \ \gamma(\lambda) = \sum_{j=0}^{\infty} \gamma_j \lambda^j \right\},$$

$$\mathcal{H}_-^{(n)} = \left\{ \gamma \in \mathcal{H}^{(n)} \ \middle| \ \gamma(\lambda) = \sum_{j=-\infty}^{0} \gamma_j \lambda^j \right\}$$

と直交直和分解し $\mathrm{Gr}(\mathcal{H}^{(n)})$ を定める．$\mathrm{Gr}(\mathcal{H}^{(n)})$ の部分多様体 $\mathrm{Gr}^{(n)}$ を $\mathrm{Gr}^{(n)} = \{ \mathcal{W} \in \mathrm{Gr}(\mathcal{H}^{(n)}) \mid \lambda \mathcal{W} \subset \mathcal{W} \}$ で定める．さらに

$$\mathrm{Gr}_\infty^{(n)} = \{ \mathcal{W} \in \mathrm{Gr}^{(n)} \mid \mathrm{pr}_+(\mathcal{W}), \ \mathrm{pr}_-(\mathcal{W}) \subset C^\infty(\mathbb{S}^1, \mathbb{C}^n) \}$$

とおくと $\mathrm{Gr}_\infty^{(n)}$ には $\Lambda U(n)$ が推移的に作用し $\mathrm{Gr}_\infty^{(n)} = \Lambda U(n)/U(n)$ と等質空間表示される．したがって $\mathrm{Gr}_\infty^{(n)} = \Omega U(n)$ と同一視される（詳細は文献 [175], [183] を参照）．

定理 4.6.9（プレスリー–シーガル–ウィルソン）．G をコンパクト半単純リー群とする．$\Lambda G^{\mathbb{C}}$ の部分バナッハ・リー群 $\Lambda^+ G^{\mathbb{C}}$ を $\Lambda^+ G^{\mathbb{C}} = \{ \gamma \in \Lambda G^{\mathbb{C}} \mid \gamma(\lambda) = \sum_{j=0}^{\infty} \gamma_j \lambda^j \}$ で定めるとバナッハ・リー群としての分解 $\Lambda G^{\mathbb{C}} = \Omega G \cdot \Lambda^+ G^{\mathbb{C}}$ が成立する．これを $\Lambda G^{\mathbb{C}}$ の極分解とか岩澤分解という．

4.6.5　ウーレンベック–シーガル理論

この節では G をコンパクト半単純リー群とし両側不変計量を与えておく．調和写像 $\varphi : \mathcal{D} \to G$ の extended solution は ΩG に値をもつ．G の複素化 $G^{\mathbb{C}}$ の基ループ代数 $\Omega \mathfrak{g}^{\mathbb{C}}$ は $\Omega \mathfrak{g}$ の複素化 $(\Omega \mathfrak{g})^{\mathbb{C}}$ であることに注意する．

$$\Omega' \mathfrak{g}^{\mathbb{C}} = \left\{ X(\lambda) = \sum_{n=1}^{\infty} (1 - \lambda^{-n}) X_{-n} \right\},$$

$$\Omega'' \mathfrak{g}^{\mathbb{C}} = \left\{ X(\lambda) = \sum_{n=-\infty}^{-1} (1 - \lambda^{-n}) X_{-n} \right\}$$

とおくと直和分解 $\Omega \mathfrak{g}^{\mathbb{C}} = \Omega' \mathfrak{g}^{\mathbb{C}} \oplus \Omega'' \mathfrak{g}^{\mathbb{C}}$ が得られる．$J : \Omega \mathfrak{g}^{\mathbb{C}} \to \Omega \mathfrak{g}^{\mathbb{C}}$ を

4.6 主カイラル模型

$$JX = \begin{cases} iX, & X \in \Omega'\mathfrak{g}^{\mathbb{C}} \\ -iX, & X \in \Omega''\mathfrak{g}^{\mathbb{C}} \end{cases}$$

と定めると J は ΩG の概複素構造を定めることがわかる (とくに複素構造である). すると extended solution は基ループ群 (グラスマン模型) への正則写像 (holomorphic curve) である [8], [87], [182].

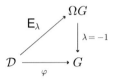

上野と中村 [198], [199] はリーマン・ヒルベルト問題を用いてカイラル場の変換理論を考察した (無限小変換). 上野-中村の変換理論は $\Lambda U(n)$ によるドレッシング作用として定式化される [9].

$G = U(n)$ に対しウーレンベックは extended solution を用いてユニトン (uniton) の概念を導入した [200]. 調和写像 $\varphi : \mathcal{D} \to U(n)$ に対し

$$\mathsf{E}_\lambda = \sum_{k=0}^{m} T_k \lambda^k, \quad \mathsf{E}_{-1} = a\varphi, \ a \in U(n)$$

を満たす extended solution E_λ が存在するとき φ は有限ユニトン数をもつという (finite uniton number). φ はユニトン (uniton) とも呼ばれる.

グラスマン多様体のカルタン埋め込み $\mathrm{Gr}(k, \mathbb{C}^n) \subset U(n)$ を思い出そう. C^∞ 写像 $P - P^\perp : \mathbb{C}P^1 \to \mathrm{Gr}(k, \mathbb{C}^n) \subset U(n)$ が

$$P^\perp(\bar{\partial} + \frac{1}{2}\alpha'')P = 0, \quad P^\perp \alpha' P = 0$$

を満たすときユニトン因子という. 調和写像 $\varphi : \mathbb{C}P^1 \to U(n)$ は有限個のユニトン因子の積

$$\varphi = a(P_1 - P_1^\perp)(P_2 - P_2^\perp) \cdots (P_m - P_m^\perp), \quad a \in U(n)$$

に分解される (ユニトン分解). ユニトンの具体的構成な構成をウッドが与えている [205] (ヴァリ (G. Valli) の論文 [201] も参照).

G を $U(n)$ から一般のリー群に拡げた場合の ∇^0 調和写像については DPW 公式と呼ばれる構成法を確立することができる [60], [109].

4.6.6 リーマン対称空間への調和写像

等質リーマン空間 G/H への調和写像に対してもループ群論を用いた構成理論は打ち立てられるだろうか. $(G/H, \langle \cdot, \cdot \rangle)$ を等質リーマン空間とする. このとき G/H は簡約 (reductive) であると仮定してよい. また G 不変リーマン計量 $\langle \cdot, \cdot \rangle$ は G の左不変リーマン計量から誘導されるものとしてよい. G/H の原点 $o = H$ における接ベクトル空間 $T_o G/H$ は K のリー代数 $\mathfrak{k}$ の $\mathfrak{g}$ における直交補空間 $\mathfrak{m} = \mathfrak{k}^{\perp}$ と同一視される. したがって直交直和分解 $\mathfrak{g} = \mathfrak{h} \oplus \mathfrak{m}$ を得る. ここで $\mathfrak{m}$ に値をもつ $\mathfrak{m}$ 上の対称双線形写像 $U : \mathfrak{m} \times \mathfrak{m} \to \mathfrak{m}$ を

$$2\langle U(X,Y), Z \rangle = \langle X, [Z,Y]_{\mathfrak{m}} \rangle + \langle Y, [Z,X]_{\mathfrak{m}} \rangle, \quad X, Y, Z \in \mathfrak{m}$$

で定義する. ここで $[Z,Y]_{\mathfrak{m}}$ は $[Z,Y]$ の $\mathfrak{m}$ 成分を表す. 簡約等質リーマン空間 $(G/H, \langle \cdot, \cdot \rangle)$ が $U = 0$ を満たすとき**標準簡約等質空間** (naturally reductive homogeneous space) と呼ばれる.

G がコンパクト半単純であるとしよう. このとき $\mathfrak{g}$ のキリング形式の負定数倍は G に両側不変リーマン計量を定めることを思い出そう. この両側不変リーマン計量から誘導される G 不変リーマン計量を与えた簡約リーマン等質空間 G/H は**正規等質空間** (normal homogeneous space) であるといわれる. 正規等質空間は標準簡約等質空間である. 以下 $\dim H \geq 1$ とする.

単連結領域 $\mathcal{D} \subset \mathbb{C}$ で定義され簡約等質リーマン空間 G/H に値をもつ C^{∞} 級写像 $\varphi : \mathcal{D} \to G/H$ を考える. $\mathcal{D}$ の単連結性から $\Phi : \mathcal{D} \to G$ で $\varphi = \Phi H$ を満たすものが存在する. Φ を φ に沿う**標構場** (frame) と呼ぶ. $\alpha = \Phi^{-1} d\Phi$ とおくと α は $\mathfrak{g}$ に値をもつ 1 次微分形式で積分可能条件 $d\alpha + \frac{1}{2}[\alpha \wedge \alpha] = 0$ を満たす. α を直交直和分解 $\mathfrak{g} = \mathfrak{h} \oplus \mathfrak{m}$ に沿って

$$\alpha = \alpha_{\mathfrak{k}} + \alpha_{\mathfrak{m}}, \quad \alpha_{\mathfrak{k}} \in \mathfrak{k}, \quad \alpha_{\mathfrak{m}} \in \mathfrak{m}$$

と分解する. さらに $\alpha_{\mathfrak{m}}$ を $\alpha_{\mathfrak{m}} = \alpha'_{\mathfrak{m}} + \alpha''_{\mathfrak{m}}$ と分解する. より詳しく書くと $\alpha_{\mathfrak{m}}$ を $\alpha_{\mathfrak{m}} = \alpha_{\mathfrak{m}}^{(1,0)} dz + \alpha_{\mathfrak{m}}^{(0,1)} d\bar{z}$ と表し $\alpha'_{\mathfrak{m}} = \alpha_{\mathfrak{m}}^{(1,0)} dz$, $\alpha''_{\mathfrak{m}} = \alpha_{\mathfrak{m}}^{(0,1)} d\bar{z}$ とおく. ここでスター作用素 (star operator) $*$ を $*dz = -i\, dz$, $*d\bar{z} = i\, d\bar{z}$ と定めておくと φ の調和写像方程式が次のように与えられる.

4.6 主カイラル模型 **319**

命題 4.6.10. 簡約等質リーマン空間 G/H への写像 $\varphi: \mathcal{D} \to G/H$ が調和写像であるための必要十分条件は

$$d(*\alpha_{\mathrm{m}}) + [\alpha_{\mathfrak{k}} \wedge *\alpha_{\mathrm{m}}] = U(\alpha_{\mathrm{m}} \wedge *\alpha_{\mathrm{m}}) \tag{4.22}$$

である.

ところで積分可能条件も $\mathfrak{k}$ 成分と m 成分に分解できる.

$$d\alpha_{\mathfrak{k}} + \frac{1}{2}[\alpha_{\mathfrak{k}} \wedge \alpha_{\mathfrak{k}}] + [\alpha'_{\mathrm{m}} \wedge \alpha''_{\mathrm{m}}]_{\mathfrak{k}} = 0, \tag{4.23}$$

$$d\alpha'_{\mathrm{m}} + [\alpha_{\mathfrak{k}} \wedge \alpha'_{\mathrm{m}}] + d\alpha''_{\mathrm{m}} + [\alpha_{\mathfrak{k}} \wedge \alpha''_{\mathrm{m}}] + [\alpha'_{\mathrm{m}} \wedge \alpha''_{\mathrm{m}}]_{\mathrm{m}} = 0. \tag{4.24}$$

以上のことから調和写像 $\varphi: \mathbb{D} \to G/H$ の標構場 Φ から定まる行列値 1 次微分形式 $\alpha = \Phi^{-1}d\Phi$ は (4.22), (4.23), (4.24) の三つの微分方程式を満たす. この三つの内の二つ (4.22) と (4.24) を併せることで

$$d\alpha'_{\mathfrak{p}} + [\alpha_{\mathfrak{k}} \wedge \alpha'_{\mathfrak{p}}] = -\frac{1}{2}[\alpha'_{\mathfrak{p}} \wedge \alpha''_{\mathfrak{p}}]_{\mathfrak{p}} + U(\alpha'_{\mathfrak{p}} \wedge \alpha''_{\mathfrak{p}}) \tag{4.25}$$

を得る. 一方, φ に対する調和写像の方程式と積分可能条件の組は (4.23) と (4.25) の組と等価である. ということは調和写像を求める (構成する) ためには (4.23) と (4.25) を満たす $\mathfrak{g}$ 値 1 次微分形式 α を求めればよいことがわかる. これらの組は (見かけは奇麗になったが) 非線形偏微分方程式であることに変わりはないので具体的に解を構成することはやさしくない.

主カイラル場のときのようにスペクトルパラメータを挿入できるだろうか. 実は G/H が簡約リーマン等質空間というだけでは零曲率表示は得られないのである. さてここで

$$[\alpha'_{\mathfrak{p}} \wedge \alpha''_{\mathfrak{p}}]_{\mathfrak{p}} = 0, \quad U(\alpha'_{\mathfrak{p}} \wedge \alpha''_{\mathfrak{p}}) = 0 \tag{4.26}$$

という条件を課してみよう. この条件を容認条件 (admissible condition) と呼ぶ. すると調和写像の方程式と積分可能条件の組は

$$d\alpha'_{\mathfrak{p}} + [\alpha_{\mathfrak{k}} \wedge \alpha'_{\mathrm{m}}] = 0, \quad d\alpha_{\mathfrak{k}} + \frac{1}{2}[\alpha_{\mathfrak{k}} \wedge \alpha_{\mathfrak{k}}] + [\alpha'_{\mathrm{m}} \wedge \alpha''_{\mathrm{m}}] = 0$$

となる. この結果から

$$\alpha_{(\lambda)} := \alpha_{\mathfrak{h}} + \lambda^{-1}\alpha'_{\mathrm{m}} + \lambda\,\alpha''_{\mathrm{m}}, \quad \lambda \in \mathbb{S}^1 \tag{4.27}$$

というやり方で補助的な径数 $\lambda \in \mathbb{S}^1$ を挿入すればよいことがわかる [28], [130].

命題 4.6.11（零曲率表示）．領域 $\mathcal{D} \subset \mathbb{C}$ で定義され簡約等質リーマン空間 G/H に値をもつ調和写像 $\varphi : \mathcal{D} \to G/H$ の標構場 Φ をとり $\alpha = \Phi^{-1} d\Phi$ とおく．いま α が (4.26) を満たすならば $\{\alpha_{(\lambda)}\}_{\lambda \in \mathbb{S}^1}$ は零曲率方程式を満たす．すなわち

$$d\alpha_{(\lambda)} + \frac{1}{2}[\alpha_{(\lambda)} \wedge \alpha_{(\lambda)}] = 0 \tag{4.28}$$

をすべての $\lambda \in \mathbb{S}^1$ に対し満たす．

　逆に単連結領域 $\mathcal{D}$ で定義された $\mathfrak{g}$ 値 1 次微分形式の族 $\{\alpha_{(\lambda)}\}_{\lambda \in \mathbb{S}^1}$（ただし $\alpha_{(\lambda)} = \alpha_{\mathfrak{k}} + \lambda^{-1}\alpha'_{\mathfrak{m}} + \lambda\alpha''_{\mathfrak{m}}$ という形をしているもの）が零曲率方程式 (4.28) を満たすならば C^∞ 級写像の族 $\Phi_{(\lambda)} : \mathcal{D} \times \mathbb{S}^1 \to G$ で $\Phi_{(\lambda)}^{-1} d\Phi_{(\lambda)} = \alpha_{(\lambda)}$ を満たすものが存在し $\varphi_{(\lambda)} = \Phi_{(\lambda)} H : \mathcal{D} \to G/H$ はすべての λ に対し調和写像である．このとき $\alpha = \alpha_{(1)}$ は (4.26) を満たす．

　したがって単連結領域で定義された調和写像 $\varphi : \mathcal{D} \to G/H$ が容認条件を満たせば φ を含む調和写像の 1 径数族 $\{\varphi_{(\lambda)}\}_{\lambda \in \mathbb{S}^1}$ が得られる．この族をもとの φ の同伴族 (associated family) と呼ぶ．また標構場 Φ も 1 径数族 $\{\Phi_{(\lambda)}\}_{\lambda \in \mathbb{S}^1}$ をもつことがわかった．$\Phi_{(\lambda)}$ は標構場の 1 径数族，すなわち $\Phi_{(\lambda)} : \mathcal{D} \times \mathbb{S}^1 \to G$ という C^∞ 写像であるが，見方を変えてループ群に値をもつ写像 $\Phi_{(\lambda)} : \mathcal{D} \to \Lambda G$ と考える．$\Phi_{(\lambda)} : \mathcal{D} \to \Lambda G$ を（容認条件を満たす）調和写像 φ の extended frame と呼ぶ．

　G/H が標準簡約空間であれば (4.26) は $[\alpha'_{\mathfrak{p}} \wedge \alpha''_{\mathfrak{p}}]_{\mathfrak{p}} = 0$ だけになるが，この条件を満たすような調和写像は簡単に探せるだろうか．たとえば 3 次元ハイゼンベルグ群 Nil_3 に標準的なリーマン計量を与えて得られる簡約等質リーマン空間は標準簡約等質空間である．この標準簡約等質空間はサーストン幾何において Nilgeometry のモデル空間と呼ばれる．Nil_3 の極小曲面はもちろんリーマン面からの調和写像になっているが (4.26) を満たす例は自明な例以外知られていない．

　一般の簡約等質リーマン空間への調和写像は可積分系の構造をもつとはいえないのである．一方，これまで偶数次元球面 $\mathbb{S}^{2n}$ や複素射影空間 $\mathbb{C}P^n$ への調和写像の中で，超共形調和写像や超極小曲面は 2 次元戸田方程式を構造方程式にもっていた．$\mathbb{S}^{2n} = SO(2n+1)/SO(2n)$ や $\mathbb{C}P^n = SU(n+1)/S(U(n) \times U(1))$

4.6 主カイラル模型 **321**

は簡約等質リーマン空間の内でなにか特別な構造を備えているのではないだろ
うか. 実はこの二つの空間はリーマン対称空間の典型例である[*23]. また旗多様
体 $\mathrm{Fl}(n+1)$ はリーマン n-対称空間である.

リーマン対称空間 G/K を定める位数 2 のリー群自己同型写像を σ とする (対
合と呼ばれる). $d\sigma$ で $\mathfrak{g}$ を固有空間分解すると

$$\mathfrak{g} = \mathfrak{k} \oplus \mathfrak{m}, \quad \mathfrak{k} = \{X \in \mathfrak{g} \mid d\sigma(X) = X\}, \quad \mathfrak{m} = \{X \in \mathfrak{g} \mid d\sigma(X) = -X\}$$

であることより

$$[\mathfrak{k}, \mathfrak{k}] \subset \mathfrak{k}, \quad [\mathfrak{k}, \mathfrak{m}] \subset \mathfrak{m}, \quad [\mathfrak{m}, \mathfrak{m}] \subset \mathfrak{k}$$

が成り立つ. 最初の二つは $\mathfrak{k}$ が $\mathfrak{g}$ の部分リー代数であること, G/K が簡約等
質空間であることだから目新しくないが最後の条件 $[\mathfrak{m}, \mathfrak{m}] \subset \mathfrak{k}$ に注目してほし
い. この条件から, どんな C^∞ 級写像 $\varphi: \mathcal{D} \to G/K$ についても α は (4.26)
を満たすのである.

次にリーマン k-対称空間 $(k > 2)$ を考察しよう. コンパクト半単純リー群 G
に位数 $k \geq 2$ の自己同型写像 τ が与えられているとする. G のリー代数 $\mathfrak{g}$ の
複素化 $\mathfrak{g}^{\mathbb{C}}$ を $d\tau$ により $\mathfrak{g}^{\mathbb{C}} = \sum_{i \in \mathbb{Z}_k} \mathfrak{g}_i$ と固有空間分解する. ω を 1 の原始 k
乗根, すなわち $\omega = \exp(2\pi i/k)$ とし固有値 ω^i に対応する固有空間を $\mathfrak{g}_i$ とす
る. このとき $\mathfrak{g}_0 = \mathfrak{k}^{\mathbb{C}}$ であり

$$[\mathfrak{g}_i, \mathfrak{g}_j] \subset \mathfrak{g}_{i+j} \pmod{k}$$

が成立する. 原点での接ベクトル空間 $T_o G/K$ は $\mathfrak{m} = \mathfrak{k}^{\perp}$ と同一視され
$\mathfrak{m}^{\mathbb{C}} = \sum_{i \in \mathbb{Z}_k \setminus \{0\}} \mathfrak{g}_i$ と分解される. $[\mathfrak{k}, \mathfrak{m}] \subset \mathfrak{m}$ であるから G/K は簡約等
質リーマン空間である. $k = 2$ の場合, $\mathfrak{g}^{\mathbb{C}} = \mathfrak{g}_0 \oplus \mathfrak{g}_1$ で $\mathfrak{g}_0 = \mathfrak{k}^{\mathbb{C}}$, $\mathfrak{g}_1 = \mathfrak{m}^{\mathbb{C}}$ で
ある.

$k > 2$ の場合 $\mathfrak{g}_{-1} = \overline{\mathfrak{g}_1}$ かつ $\mathfrak{g}_1 \cap \mathfrak{g}_{-1} = \{0\}$ であることに注意. とくに
$k = 3$ の場合, $\mathfrak{m} = \mathfrak{g}_1 \oplus \mathfrak{g}_{-1}$ かつ $\mathfrak{g}_{-1} = \overline{\mathfrak{g}_1}$ であるから G/K に概複素構造
J が定まり $(G/K, J)$ は等質な近ケーラー多様体である. 典型例は 6 次元球面
$\mathbb{S}^6 = \mathrm{G}_2/SU(3)$ である.

[*23] 奇数次元球面を $\mathbb{S}^{2n+1} = SU(n+1)/SU(n)$ と表示した場合は標準簡約空間であるがリーマ
ン対称空間ではないことに注意.

定義 4.6.12. G をコンパクト半単純リー群 G の位数 $k > 2$ のリー群自己同型写像から定まるリーマン k-対称空間を G/K とする. リーマン面 Σ で定義され G/K に値をもつ C^∞ 級写像 $\varphi : \Sigma \to G/K$ の標構場 Φ をとり $\alpha = \Phi^{-1}d\Phi$ とおく. $\alpha = \alpha_{\mathfrak{k}} + \alpha_{\mathfrak{m}}$ と分解する. $\alpha'_{\mathfrak{m}}$ が $\mathfrak{g}_1$ に値をもつとき φ を**原始写像** (primitive map) と呼ぶ[*24].

注意 4.6.13. 原始写像の定義は $k = 2$ のときは意味をなさない. 実際, 任意の C^∞ 写像 φ に対し $\alpha'_{\mathfrak{m}}$ は $\mathfrak{g}_1 = \mathfrak{m}^{\mathbb{C}}$ に値をもつ. $k = 2$ と $k > 2$ のときを統一的に扱うため**原始調和写像** (primitive harmonic map) という概念が用いられる. $k = 2$ のとき調和, $k > 2$ のときは原始写像と定めるのである. リーマン 3-対称空間への原始写像とは同伴する概複素構造に関する正則曲線にほかならない.

$G/K = SU(n+1)/T^n$ と選べば前節で考察した $\mathrm{Fl}(n+1)$ への原始写像であることに注意.

ループ群の考察を始めよう. G をコンパクト半単純リー群, τ を位数 $k \geq 2$ のリー群自己同型写像とする. G の複素化を $G^{\mathbb{C}}$ で表す. $K^{\mathbb{C}} = KB$ を K の岩澤分解とする.

$$\Lambda G_\tau^{\mathbb{C}} = \{\gamma : \mathbb{S}^1 \to G^{\mathbb{C}} \mid \gamma(\omega\lambda) = \sigma(\gamma(\lambda))\}$$

で定まる $\Lambda G^{\mathbb{C}}$ の部分リー群を G の<ruby>捻<rt>ねじ</rt></ruby>り**ループ群** (twisted loop group) と呼ぶ. さらに次の部分リー群を用意する.

$$\Lambda G_\tau = \{\gamma \in \Lambda G_\tau^{\mathbb{C}} \mid \gamma(\lambda) \in G\},$$

$$\Lambda_B^+ G_\tau^{\mathbb{C}} = \left\{\gamma \in \Lambda G_\tau^{\mathbb{C}} \mid \gamma(\lambda) = \gamma_0 + \sum_{k=1}^{\infty} \gamma_k \lambda^k, \quad \gamma_0 \in B\right\}$$

このとき次が成立する [7], [63], [129].

定理 4.6.14 (岩澤分解). $\Lambda G_\tau^{\mathbb{C}} = \Lambda G_\tau \cdot \Lambda_B^+ G_\tau^{\mathbb{C}}$.

[*24] $\mathfrak{g}_{-1}$ と定める文献もある.

4.6 主カイラル模型

岩澤分解を用いた原始調和写像の構成法を説明する．これは AKS の方法の 2 次元版と見なせる [82]．$\Lambda \mathfrak{g}_\tau^{\mathbb{C}}$ の線形部分空間

$$\Lambda^1 \mathfrak{g}_\tau^{\mathbb{C}} = \left\{ \eta = \sum_{n=-1}^{\infty} \eta_n \lambda^n \in \Lambda \mathfrak{g}_\tau^{\mathbb{C}} \right\}$$

を用意する．$\eta_\circ \in \Lambda^1 \mathfrak{g}_\tau^{\mathbb{C}}$ を一つとり $\gamma(z) = \exp(z \eta_\circ)$ で $\gamma : \mathbb{C} \to \Lambda G_\tau^{\mathbb{C}}$ を定める．これを $\gamma(z) = \Psi(z)\, \ell(z)$ と $\Lambda G_\tau^{\mathbb{C}}$ において岩澤分解しよう．

命題 4.6.15. Ψ は原始調和写像の extended frame である．この方法で得られる調和写像を**サイムズ有限型原始調和写像** (primitive harmonic map of finite Symes type) と呼ぶ．

次に有限型原始調和写像について述べよう．K の極大輪環部分群 T のリー代数を $\mathfrak{t}$, その複素化を $\mathfrak{h} = \mathfrak{t}^{\mathbb{C}}$ で表す．K のリー代数 $\mathfrak{k}$ の複素化 $\mathfrak{k}^{\mathbb{C}}$ を $\mathfrak{h}$ に関し

$$\mathfrak{k}^{\mathbb{C}} = \mathfrak{h} \oplus \sum_{\alpha \in \Delta} \mathfrak{k}_\alpha^{\mathbb{C}}$$

とルート空間分解する．ここで正ルートのルート空間の直和を $\mathfrak{n}$ で表す．

$$\mathfrak{n} = \sum_{\alpha \in \Delta_+} \mathfrak{g}_\alpha, \quad \overline{\mathfrak{n}} = \sum_{\alpha \in \Delta_-} \mathfrak{g}_\alpha.$$

線形空間としての直和分解 $\mathfrak{k}^{\mathbb{C}} = \mathfrak{h} \oplus \mathfrak{n} \oplus \overline{\mathfrak{n}}$ に沿って $X \in \mathfrak{k}^{\mathbb{C}}$ を $X = X_{\mathfrak{h}} + X_{\mathfrak{n}} + X_{\overline{\mathfrak{n}}}$ と分解する．これらの記号の下で線形写像 $\mathrm{r} : \mathfrak{k}^{\mathbb{C}} \to \mathfrak{h} \oplus \overline{\mathfrak{n}}$ を $\mathrm{r}(X) = X_{\mathfrak{h}}/2 + X_{\overline{\mathfrak{n}}}$ で定義する．

d を $d \equiv 1 (\mathrm{mod}\, k)$ を満たす自然数とし

$$\Lambda^d = \left\{ \xi = \sum_{n=-d}^{d} \xi_n \lambda^n \in \Lambda \mathfrak{g}_\tau \right\}$$

とおく．与えられた初期値 $\xi(0) = \xi_\circ \in \Lambda_d$ に対し微分方程式

$$\frac{\partial \xi}{\partial z} = [\xi, \lambda^{-1} \xi_{-d} + r(\xi_{1-d})]$$

の解 $\xi(z, \bar{z})$ が唯一存在する．この解 ξ に対し

$$\Psi^{-1} \frac{\partial \Psi}{\partial z} = \xi_{-d} + \mathrm{r}(\xi_{1-d})$$

を満たす $\Psi : \mathbb{C} \to \Lambda G_\tau$ が存在する．この Ψ は extended frame である．この方法で得られる原始調和写像を有限型原始調和写像と呼ぶ．バースタールとペディットは有限型原始調和写像とサイムズ有限型原始調和写像が等価であることを示した [28].

定理 4.5.20 で予告したように原始写像 $\hat{\varphi} : \mathbb{T}^2 \to \mathrm{Fl}(n+1)$ は有限型であり，上記の方法で得られる．サイムズ有限型原始調和写像については文献 [82] を見てほしい（"1+1-principle"）．

注意 4.6.16. A_ℓ 型，$\mathrm{A}_\ell^{(1)}$ 型以外のルート系に対する 2 次元戸田方程式と対応する調和写像について簡単に紹介しよう．G_2 型，$\mathrm{G}_2^{(1)}$ 型の場合，$\mathbb{S}^6 = \mathrm{G}_2/SU(3)$ への正則曲線が論文 [15] で論じられている．また $\mathbb{S}^5 = SU(3)/SU(2)$ のルジャンドル極小曲面の構造方程式は楕円型のティツェイカ方程式に簡約される [119], [172]. $C_\ell^{(1)}$ 型の場合，四元数射影空間への超共形曲面については宇田川誠一の論文 [196] を参照．

4.6.7 DPW 公式

3 次元ユークリッド空間内の極小曲面に対しワイエルシュトラス–エンネッパーの表現公式が知られている [106, 3.4 節].

定理 4.6.17. 単連結領域 $\mathcal{D} \subset \mathbb{C}$ で定義された極小曲面 $\boldsymbol{p} = (x^1, x^2, x^3) : \mathcal{D} \to \mathbb{E}^3$ は次のように表せる．

$$
\begin{aligned}
x^1(w, \overline{w}) &= \mathrm{Re} \int_{w_0}^{w} 2f(w)g(w)\,dw, \\
x^2(w, \overline{w}) &= \mathrm{Re} \int_{w_0}^{w} f(w)(1 - g(w)^2)\,dw, \\
x^3(w, \overline{w}) &= \mathrm{Re} \int_{w_0}^{w} if(w)(1 + g(w)^2)\,dw.
\end{aligned}
\tag{4.29}
$$

$f(w)$ は $\mathcal{D}$ 上の正則関数，$g(w)$ は $\mathcal{D}$ 上の有理型関数で $f(w)$ の零点と $g(w)$ の極は一致し，$f(w)$ の零点としての位数は $g(w)$ の極としての位数の 2 倍に等しい．

4.6 主カイラル模型 **325**

また$\mathbb{S}^4$への超極小曲面は$\mathbb{C}P^3$内の超水平正則曲線から得られ，超水平正則曲線はブライアントの公式 (4.17) により与えることができる．

リーマン対称空間G/Kへの調和写像の場合に対しては（無限次元であるが）やはり複素解析的なデータから調和写像を構成する DPW 公式が得られている [63]．対合をσとし

$$\mathcal{P} := \left\{ \Xi = \xi\,dz \;\middle|\; \xi = \sum_{k=-1}^{\infty} \xi_k(z)\,\lambda^k : \mathcal{D} \to \Lambda\mathfrak{g}_\sigma^{\mathbb{C}},\ \xi_k(z) \text{ は正則} \right\}$$

とおく．集合$\mathcal{P}$の元は調和写像のポテンシャルの空間と見なせる．

定理 4.6.18（ドルフマイスター–ペディット–ウー，**1998**）．$\Xi = \xi\,dz \in \mathcal{P}$とする．初期値問題

$$dC = C\Xi, \quad C(z=0) = \mathsf{e} \tag{4.30}$$

の解$C(z)$を$C = \Psi \cdot L_+^{-1}$ ($\Psi \in \Lambda G_\sigma$, $L_+ \in \Lambda_B^+ G_\sigma^{\mathbb{C}}$) と岩澤分解する．この分解で得られる$\Psi = \Psi^{(\lambda)}$は extended frame である．ゆえに$\psi^{(\lambda)} := \Psi^{(\lambda)} K$は$G/K$への調和写像のループを与える．$\Xi$を調和写像のポテンシャルと呼ぶ．

また任意の調和写像$\varphi : \mathcal{D} \to G/K$はすべてこの方法で得られる．

ここでは簡単のためG/Kをリーマン対称空間としたが，DPW 公式はリーマンk-対称空間に値をもつ原始写像についても得られている [62]．3 次元ユークリッド空間内の平均曲率一定曲面Mに対し，そのガウス写像$\boldsymbol{n} : M \to \mathbb{S}^2$は調和写像である（定理 4.2.11）．リーマン対称空間$\mathbb{S}^2 = SU(2)/U(1)$に対し DPW の公式を適用して平均曲率一定曲面や双曲サイン・ラプラス方程式の解を構成することができる（詳細は拙著 [106] 参照）．また$\mathbb{S}^2$への波動写像についても類似の公式（非線形ダランベール公式）が知られている．応用として$\mathbb{E}^3$内の$K = -1$の曲面の構成ができる．$\mathbb{S}^3$内のガウス曲率一定曲面（$K < 0$または$0 < K < 1$）に対する非線形ダランベール公式はブランダー (D. Brander)，小林真平と筆者により得られている [19]．DPW の公式をもつ曲面にはどのようなものがあるかについては論文 [132] を参照．

リーマンk-対称空間 ($k \geq 2$) への原始調和写像や超水平的正則曲線以外の調

和写像に対し DPW 公式を拡張することは困難である．現時点で唯一得られている例は 5 次元等質空間 $SL(2, \mathbb{C})/U(1)$ へのルジャンドル調和写像である [58].

4.7 曲線の時間発展とソリトン方程式

これまで例に登場した可積分系は 2 次元戸田方程式およびその簡約で得られるものであった．可積分系の代表例ともいえる KdV 方程式が出てこなかったことを奇異に感じている読者もいるのではないだろうか．KdV 方程式や mKdV 方程式のような時間発展型の方程式は $K = \pm 1$ の曲面の構造方程式として得られることが知られているが，曲面よりも曲線の時間発展の方がむしろしっくりくるように思われる．実際，mKdV，KdV，澤田–小寺，バーガース，カウプ–クッパーシュミットといった発展方程式が平面曲線の時間発展から導かれる．ところがこれらの曲線の時間発展は 19 世紀の微分幾何学には（少なくとも筆者には）見つけられず現代になってから初めて研究対象とされたようである．曲線の時間発展から導かれる発展方程式については拙著 [104] で解説してあるので，ここでは概略を述べるにとどめる．また拙著 [104] で触れられなかった平面幾何（アフィン，中心アフィン，等積中心アフィン）についても紹介する．

4.7.1 ユークリッド平面曲線の時間発展

ユークリッド平面 $\mathbb{E}^2$ 上の径数付曲線 $\boldsymbol{p}(t) = (x(t), y(t))$ を考える．$\dot{\boldsymbol{p}}(t) \neq \boldsymbol{0}$ を満たすとき $\boldsymbol{p}(t)$ は正則径数付曲線であるという．基準となる点 $\boldsymbol{p}(t_0)$ をとりこの点から計測した曲線の長さは t の関数として

$$s(t) = \int_{t_0}^{t} \sqrt{(\dot{\boldsymbol{p}}(t) | \dot{\boldsymbol{p}}(t))} \, dt$$

で与えられる．$s(t)$ を弧長関数と呼ぶ．$\boldsymbol{p}(t)$ が正則ならば s を径数とする径数表示 $\boldsymbol{p}(t(s))$ に書き直せる．以後，s で表示し直したものを $\boldsymbol{p}(s)$ と略記する．s のことを弧長径数と呼ぶ．

弧長径数 s に関する微分演算をプライム ($\prime$) で表す．$\boldsymbol{T}(s) = \boldsymbol{p}'(s)$ とおき，原点を中心として反時計まわりに $\boldsymbol{T}(s)$ を $90°$ 回転させたベクトル場を $\boldsymbol{N}(s)$ とすれば $SO(2)$ に値をもつ関数 $F = F(s) = (\boldsymbol{T}(s) \, \boldsymbol{N}(s))$ が得られる．$F(s)$

を $\boldsymbol{p}(s)$ のフレネ標構 (Frenet frame) と呼ぶ. $F(s)$ の s に関する変化は

$$\frac{d}{ds}F(s) = F(s)U(s), \quad U(s) = \begin{pmatrix} 0 & -\kappa(s) \\ \kappa(s) & 0 \end{pmatrix} \tag{4.31}$$

で与えられる. この方程式をフレネ方程式と呼ぶ. 関数 $\kappa(s)$ を $\boldsymbol{p}(s)$ の曲率と呼ぶ. ほかの幾何学における曲率と区別するためにユークリッド曲率と呼ぶこともある. 直線は曲率が恒等的に 0 の曲線として特徴づけられる. 同様に円は曲率が 0 でなく一定の値である曲線として特徴づけられる. 曲率は $SE(2)$ の作用で不変な量であり, 曲線は与えられた初期条件に対し曲率で一意的に決まる. また F が $SO(2)$ に値をもつことから U はそのリー代数 $\mathfrak{so}(2)$ に値をもつことに注意しよう.

$\mathbb{E}^2$ 上の曲線 $\boldsymbol{p} = \boldsymbol{p}(u)$ の時間発展 $(u, t) \longmapsto \boldsymbol{p}(u; t)$ を考える (ただし u は一般の径数とする). 各曲線 $\boldsymbol{p}(u; t)$ に対し弧長関数 $s(u; t)$ は

$$s(u; t) := \int_{u_0}^{u} \sqrt{\left(\frac{\partial}{\partial u}\boldsymbol{p}(u; t) \middle| \frac{\partial}{\partial u}\boldsymbol{p}(u; t) \right)} \, du$$

で与えられる.

時間発展は弧長関数を保つという条件を要請しよう. もとの曲線が閉曲線であれば伸び縮みしないということである. この条件を等周条件 (isoperimetric condition) と呼ぶ. 等周条件を満たす時間発展では $s(u; t)$ は時間変数 t によらず共通の弧長径数を与えることに注意しよう. したがって $\boldsymbol{p}(u; t)$ の径数を u と t の組 (u, t) から s と t の組 (s, t) に変更できる. 各時刻ごとに定まっている弧長径数表示された曲線 $\boldsymbol{p}(s; t)$ のフレネ標構を $F(s; t) = (\boldsymbol{T}(s; t) \ \boldsymbol{N}(s; t))$ とする. このフレネ標構を使って曲線の時間発展を

$$\frac{\partial}{\partial t}\boldsymbol{p}(s; t) = g(s; t)\boldsymbol{N}(s; t) + f(s; t)\boldsymbol{T}(s; t)$$

と表示する. 等周条件は f と g を使って $g_s = f\kappa$ と表せる.

弧長径数曲線の等周的な時間発展から $\mathfrak{so}(2)$ 値関数の組

$$U = F^{-1}F_s = \begin{pmatrix} 0 & -\kappa \\ \kappa & 0 \end{pmatrix}, \quad V = F^{-1}F_t = \begin{pmatrix} 0 & -f_s - g\kappa \\ f_s + g\kappa & 0 \end{pmatrix}$$

が得られた. この組の積分可能条件 $V_s - U_t + [U, V] = 0$ を計算すると

$\kappa_t = f_{ss} + (g\kappa)_s = 0$ を得る. ここに等周条件 $g_s = f\kappa$ を代入して整理すると曲率の時間発展方程式

$$\kappa_t = f_{ss} + f\kappa^2 + g\kappa_s$$

が得られる. ここで $f = -\kappa_s$ と選ぶと $g_s = -\kappa\kappa_s$ なので $g(s) = -\kappa(s)^2/2$ を選ぶことができる. 以上より次の結果を得た.

命題 4.7.1 (ゴルドシュタイン–ペトリッチ–ラム). 曲線の時間発展 $\boldsymbol{p}_t = -\kappa_s \boldsymbol{N} - \frac{1}{2}\kappa^2 \boldsymbol{T}$ に伴う曲率 $\kappa(s,t)$ の時間発展は**変形 KdV 方程式** (mKdV 方程式)

$$\kappa_t + \kappa_{sss} + \frac{3}{2}\kappa^2 \kappa_s = 0$$

に従う.

mKdV 方程式は平面曲線の等周的時間発展を定める方程式として微分幾何学的に導けたのである.

注意 4.7.2. $\Omega = \partial_s^2 + \kappa^2 + \kappa_s \partial_s^{-1} \cdot \kappa$ とおけば mKdV 方程式は $\kappa_t = -\Omega\kappa_s$ と書き直すことができる. 自然数 $n \geq 1$ に対し $f_n = -\Omega^{n-1}\kappa_s$, $g_n = -\partial_s^{-1}(\kappa\Omega^{n-1}\kappa_s)$ と定めても (f_n, g_n) は等周条件を満たすことが確かめられる. (f_n, g_n) から定まる κ の満たす偏微分方程式は $\kappa_t = -\Omega^n \kappa_s$ である. これを第 n 次 **mKdV 方程式**と呼ぶ. Ω を mKdV 方程式の**再帰作用素**という.

例 4.7.3 (ソリトン解). mKdV 方程式のソリトン解 $\kappa(s,t) = 2\operatorname{sech}(s - ct)$ から定まる曲線はループ・ソリトンとして知られている曲線である. 一般に n-ソリトン解から n-ループ・ソリトンが定まる.

ハミルトン系として mKdV 方程式を表現しよう. $\mathcal{M}_L$ で長さ L の C^∞ 級閉曲線全体を表す. 適切な完備化により $\mathcal{M}_L$ には無限次元多様体の構造と正準形式 (シンプレクティック形式) が定まる. $\mathcal{M}_L$ 上でハミルトニアン

$$H_1 = \int_{\mathbb{S}^1} \frac{1}{2}\kappa(s)^2 \, \mathrm{d}s$$

を指定すると，mKdV 方程式は H_1 をハミルトニアンにもつハミルトン系である．より一般に n 次 mKdV 方程式は

$$H_2 = \int_{\mathbb{S}^1} -\frac{1}{2}\kappa_s^2 + \frac{1}{8}\kappa^4 \, ds,$$

$$H_3 = \int_{\mathbb{S}^1} \frac{1}{2}\kappa_{ss}^2 - \frac{4}{5}\kappa^2\kappa_s + \frac{1}{16}\kappa^6 \, ds,$$

$$\vdots \quad \vdots$$

をハミルトニアンにもつハミルトン系であり，これらは互いに可換である．mKdV 階層により定められる曲線の等周変形と戸田階層の関連については梶原健司と筧三郎による研究 [125] がある．ホロホリン (S. Horochorin) は D 加群を用いた再定式化を与えている [96].

4.7.2 等積アフィン幾何

数平面 $\mathbb{R}^2(x, y)$ に内積 $(\cdot|\cdot)$ やユークリッド距離関数を与えないが，面積要素 $dA = dx \wedge dy$ だけを指定しておく．$(\mathbb{R}^2, dA)$ を等積アフィン平面と呼ぶ．合同変換群 E(2) の代わりに等積アフィン変換群を与えて定まるクライン幾何を等積アフィン幾何という [171]．この幾何では 2 本の曲線に対し（ユークリッド幾何における）「合同」の代わりに「等積合同」を用いる．すなわち，等積アフィン変換で移り合うときに "同じ曲線" と考える．

曲線 $\boldsymbol{p}(t)$ が条件 $\det(\dot{\boldsymbol{p}}(t)\,\ddot{\boldsymbol{p}}(t)) \neq 0$ を満たすとき非退化であるという．非退化のとき $\det(\boldsymbol{p}_s\,\boldsymbol{p}_{ss}) = 1$ となる径数 s がとれる．この径数を等積アフィン径数と呼ぶ．

$$\boldsymbol{T}^{\mathrm{SA}}(s) = \boldsymbol{p}'(s), \quad \boldsymbol{N}^{\mathrm{SA}}(s) = \boldsymbol{p}''(s)$$

とおき，これらを並べてできる行列値関数 $F^{\mathrm{SA}}(s) = (\boldsymbol{T}^{\mathrm{SA}}(s)\,\boldsymbol{N}^{\mathrm{SA}}(s))$ は特殊線形群 $SL(2, \mathbb{R})$ に値をもつ．F^{SA} を等積フレネ標構と呼ぶ．

等積フレネ標構は等積フレネ方程式

$$\frac{d}{ds}F^{\mathrm{SA}}(s) = F^{\mathrm{SA}}(s)U^{\mathrm{SA}}(s), \quad U^{\mathrm{SA}}(s) = \begin{pmatrix} 0 & -u(s) \\ 1 & 0 \end{pmatrix}$$

を満たす．関数 $u = u(s)$ を等積曲率と呼ぶ．等積曲率は等積運動群 $SA(2)$ で

保たれる．等積アフィン幾何における（非退化）曲線は等積曲率で決まる．たとえば $u = 0$ の曲線は放物線，u が正で一定な曲線は楕円，負で一定な曲線は双曲線である [104], [171]．

mKdV 方程式の導出と同様に等積アフィン幾何において曲線の時間発展を考える．等積アフィン径数 s が時間発展の下で共通という条件（等積条件）を求める．時間発展を

$$\frac{\partial}{\partial t}\boldsymbol{p}(s;t) = f(s;t)\boldsymbol{N}^{\mathrm{SA}}(s;t) + g(s;t)\boldsymbol{T}^{\mathrm{SA}}(s;t)$$

と表示すると等積条件は $g_s = -f_{ss}/3 + 2uf/3$ と表される．積分可能条件と等積条件から等積アフィン曲率 u に関する時間発展方程式

$$u_t = \frac{1}{3}f_{4s} + \frac{1}{3}u_{ss}f + \frac{5}{3}u_s f_s + \frac{5}{3}uf_{ss} + \frac{4}{3}u^2 f + u_s g$$

が導かれる．とくに $f = -3u_s$ と選べば $g = u_{ss} - u^2$ であり積分可能条件は澤田–小寺方程式：

$$u_t + \left(\frac{5}{3}u^3 + 5u_{ss}u + u_{ssss}\right)_s = 0$$

となる．

$$\Omega = \partial^4 + u_{ss} + 4u_s\partial + 5u\partial^2 + 4u^2 + 2u_s\partial^{-1}\cdot u$$

と定めると澤田–小寺方程式は $u_t = \Omega(-u_s)$ と表示できる．

例 4.7.4（ソリトン解）．澤田–小寺方程式のソリトン解 $u(s,t) = \frac{3}{2}\mathrm{sech}^2\left\{(s - ct)/2\right\}$ はやはりループ・ソリトンを定める．

澤田–小寺方程式は発見当初は 5 階 KdV 方程式の亜種と思われていたこともあり，性質の解明が遅れたといういきさつがある．澤田–小寺方程式の多重ソリトン解（広田の方法）やベックルンド変換（薩摩–カウプ）が知られている．また BKP 方程式の 3-簡約（伊達–神保–柏原–三輪）で得られるという性質が知られているが，澤田–小寺方程式（およびその階層）の解についての研究はさほど多くない．

ここまでは mKdV 方程式と澤田–小寺方程式の類似性を説明してきた．相違

4.7 曲線の時間発展とソリトン方程式　　　　　　　　　　　　**331**

点に話を移す．まず Ω は澤田–小寺階層の再帰作用素ではないことを注意する．
澤田–小寺階層の再帰作用素は

$$\hat{\Omega} = \Omega(\partial^2 + u + u_s \partial^{-1})$$
$$= (\partial^4 + u_{ss} + 4u_s\partial + 5u\partial^2 + 4u^2 + 2u_s\partial^{-1} \cdot u)(\partial^2 + u + u_s\partial^{-1})$$

であり，第 n 次澤田–小寺方程式は $u_t = \hat{\Omega}^n(-u_s)$ で与えられる．この階層で
$n = 1$ の場合は **7 階澤田–小寺方程式**として知られる方程式

$$u_t = \hat{\Omega}^1(-u_s)$$
$$= -u_{7s} + 7uu_{5s} - 14u_s u_{4s} - 21u_{ss}u_{sss} - 14u^2u_{3s} - 42uu_su_{ss}$$
$$- 7u_s^3 - \frac{28}{3}u^3u_s - u_s$$

である（この方程式で u_{7s} は u の s に関する 7 階偏導関数を表す）．澤田–小寺
方程式は

$$u_t = -\hat{\Omega}^1(0) = -\Omega(\partial^2 + u + u_s\partial^{-1})0 = \Omega(-u_s)$$

と表せる．澤田–小寺方程式のハミルトン系としての表示を考察する（黒瀬俊）．

$$\mathcal{M}(2\pi) = \{\boldsymbol{p} : \mathbb{S}^1 \to \mathbb{A}^2 \mid \det(\boldsymbol{p}'\, \boldsymbol{p}'') = 2\pi\}$$

で囲む面積が 2π の等積アフィン閉曲線の全体を表す．この空間に適当な正準
形式を与えることができる．澤田–小寺方程式は正準形式の核 (kernel) 内にあ
る相流である．したがって mKdV 方程式の場合と異なり $H = \int_{\mathbb{S}^1} u\, ds$ をハ
ミルトニアンとするハミルトン系として表すことができない．実は 7 階澤田–小
寺方程式 $u_t = \hat{\Omega}(-u_s)$ が $\mathcal{M}(2\pi)$ の $H = \frac{9}{2}\int_{\mathbb{S}^1} u\, ds$ をハミルトニアンにもつ
ハミルトン系である．ハミルトン系の観点からすれば澤田–小寺階層の代表た
る偏微分方程式は澤田–小寺方程式というよりも 7 階澤田–小寺方程式である澤
田–小寺方程式は澤田–小寺階層の中で退化した系と捉えられる．

4.7.3　相似幾何

　ユークリッド平面 $\mathbb{E}^2$ 上の変換 f に対しある正の数 c が存在して，すべての
2 点 $\boldsymbol{p}, \boldsymbol{q}$ に対し $\mathrm{d}(f(\boldsymbol{p}), f(\boldsymbol{q})) = c\,\mathrm{d}(\boldsymbol{p}, \boldsymbol{q})$ を満たすとき f は**相似変換**である

という.

$$CO(2) = \{A \in GL(2,\mathbb{R}) \mid {}^{\exists}c \in \mathbb{R}; \; {}^{t}AA = cI \}$$

とおくと定理 4.4.8 と同様に相似変換の全体がなす群 $Sim(2)$ が

$$Sim(2) = \{(A, \boldsymbol{a}) \mid A \in CO(2), \; \boldsymbol{a} \in \mathbb{R}^2\}$$

に演算を (4.11) で定めたものであることが確かめられる. $Sim(2)$ が定めるクライン幾何を相似幾何 (similarity geometry) と呼ぶ. 円は相似変換で円に写るから相似不変な概念である.「いかなる円においても円周/直径は一定の値である」. この事実は次のように言い換えられる.

命題 4.7.5. 円周/直径は相似不変量である.

　いうまでもなくこの相似不変量は円周率 π である. 典型的な相似不変量は角度である.

　$\mathbb{E}^2$ 上の直線でない曲線 $\boldsymbol{p}$ の相似不変な径数として角関数 $\theta = \theta(s)$ が選べる. $\theta(s)$ の弧長径数 s に関する導関数が (ユークリッド) 曲率 $\kappa(s)$ であることを思い出そう. $\boldsymbol{T}^{\mathrm{Sim}}(\theta) = \frac{d\boldsymbol{p}}{d\theta}(\theta)$ とし $\boldsymbol{T}^{\mathrm{Sim}}(\theta)$ を原点を中心として反時計まわりに 90° 回転したものを $\boldsymbol{N}^{\mathrm{Sim}}(\theta)$ とする. 相似フレネ標構 F^{Sim} は $F^{\mathrm{Sim}}(\theta) = (\boldsymbol{T}^{\mathrm{Sim}}(\theta), \boldsymbol{N}^{\mathrm{Sim}}(\theta))$ で与えられ $CO^{+}(2) = \{A \in CO(2) \mid \det A > 0\}$ に値をもつ. 相似フレネ方程式は

$$\frac{d}{d\theta}F^{\mathrm{Sim}}(\theta) = F^{\mathrm{Sim}}(\theta)U^{\mathrm{Sim}}(\theta), \quad U^{\mathrm{Sim}}(\theta) = \begin{pmatrix} -S(\theta) & -1 \\ 1 & -S(\theta) \end{pmatrix}$$

で与えられる. $S(\theta)$ は相似曲率と呼ばれる. 相似曲率とユークリッド曲率は

$$S(\theta) = \frac{1}{\kappa(s)^2}\frac{d\kappa}{ds}(s)$$

で結びついている. 曲率半径 $\rho(s) = 1/\kappa(s)$ を用いると

$$S(\theta) = -\frac{d}{d\theta}\log\rho(s). \tag{4.32}$$

円は相似曲率 0 の曲線として特徴づけられる. S が定数 ($\neq 0$) である曲線は対数螺旋である. 相似幾何は大きさを無視して形にのみ着目する幾何であり意匠

4.7 曲線の時間発展とソリトン方程式

設計にも用いられている [108], [161].

相似幾何において等周時間発展や等積時間発展に相当する曲線の時間発展

$$\frac{\partial}{\partial t}\boldsymbol{p}(\theta;t) = f(\theta;t)\boldsymbol{T}^{\mathrm{Sim}}(\theta;t) + g(\theta;t)\boldsymbol{N}^{\mathrm{Sim}}(\theta;t)$$

を考察すると相似曲率に関する発展方程式

$$S_t + (f_\theta - fS - g)_\theta = 0, \quad g_\theta - gS + f = 0$$

が導かれる. $a = a(t)$ を t のみに依存する関数として $f = a - S$, $g = -1$ と選ぶとバーガース方程式 (Burgers equation)

$$S_t = S_{\theta\theta} - 2SS_\theta + aS_\theta$$

が得られる.

バーガース方程式は乱流の 1 次元モデルとして研究されてきた. また流体の衝撃波の運動を記述する方程式としても知られているバーガース方程式をセル・オートマトン化した**超離散バーガース方程式**は交通流解析（渋滞学）に用いられている. (4.32) はバーガース方程式に対する**ホップ–コール変換**と呼ばれバーガース方程式を

$$\rho_t = \rho_{\theta\theta} + \rho + a(t)\rho_\theta + c\rho$$

に変換する. c は積分定数である. とくに $a = c = 0$ と選べば拡散方程式 $\rho_t = \rho_{\theta\theta}$ に変換される（文献 [126] では $c = 1$ と選んでいる）. この事実を「バーガース方程式はホップ–コール変換で線形化される」と言い表す. バーガース階層で定まる相似曲線については論文 [126], [149] を参照.

4.7.4 アフィン幾何

平面アフィン変換群 A(2) で定まるクライン幾何を**アフィン幾何**という. アフィン変換は画像処理ではよく知られた概念である.

等積アフィン平面 $\mathbb{R}^2$ 内の径数付曲線 $\boldsymbol{p}(t)$ が $\det(\dot{\boldsymbol{p}}\,\ddot{\boldsymbol{p}}) > 0$ を満たすとする. 関数 $\Lambda(t)$ を

$$\Lambda = 3\det(\dot{\boldsymbol{p}}\,\ddot{\boldsymbol{p}})\det(\dot{\boldsymbol{p}}\,\boldsymbol{p}^{(4)}) + 12\det(\dot{\boldsymbol{p}}\,\ddot{\boldsymbol{p}})\det(\ddot{\boldsymbol{p}}\,\boldsymbol{p}^{(3)}) - 5\det(\dot{\boldsymbol{p}}\,\boldsymbol{p}^{(3)})^2$$

で定義する．$\Lambda = 0$ であることと $\boldsymbol{p}$ が放物線とアフィン合同であることは同値である．以下 $\Lambda \neq 0$ の曲線を考える．$\operatorname{sgn}\Lambda = \Lambda/|\Lambda|$ を用いて $\varepsilon = 9\operatorname{sgn}\Lambda$ と定める．さらに

$$\mathsf{F}(t) = \frac{\sqrt{\varepsilon^{-1}\Lambda(t)}}{\det(\dot{\boldsymbol{p}}(t)\,\ddot{\boldsymbol{p}}(t))}$$

とおくと $\mathsf{F}\,dt$ は $A_+(2)$ 不変量である（古畑仁）．したがって $\det(\dot{\boldsymbol{p}}\,\ddot{\boldsymbol{p}}) > 0$ かつ $\Lambda \neq 0$ ならば

$$\mathsf{s} = \int \mathsf{F}(t)\,dt$$

で $A_+(2)$ 不変な径数が得られる．この径数 s で $\boldsymbol{p}$ を径数づけしなおす．アフィン–フレネ標構 F^{A} を $F^{\mathrm{A}}(s) = (\boldsymbol{p}'(s)\,\boldsymbol{p}''(s))$ で定めるとアフィン幾何におけるフレネの公式

$$\frac{d}{ds}F^{\mathrm{A}} = F^{\mathrm{A}}\begin{pmatrix} 0 & k \\ 1 & \ell \end{pmatrix}, \quad \ell = \frac{1}{9}(3k' - 2k^2 - \varepsilon)$$

が得られる．アフィン曲率 $k(s)$ は次の式で与えられる．

$$k(s) = \frac{\det(\boldsymbol{p}'(s)\,\boldsymbol{p}^{(3)}(s))}{\det(\boldsymbol{p}'(s)\,\boldsymbol{p}''(s))}$$

アフィン曲率と等積アフィン曲率は次のように関連する[*25]．s との区別のため，等積アフィン径数を $\hat{s}$ と書くと

$$s = \frac{1}{3}\int \sqrt{u(\hat{s})}\,d\hat{s}, \quad k = -\frac{3}{2}u(\hat{s})^{-3/2}\frac{du}{d\hat{s}}(\hat{s})$$

アフィン幾何における曲線の時間発展から非収束型 **mKdV** 方程式

$$k_t + \frac{1}{27}k_{sss} - \frac{1}{18}k^2 k_s = 0$$

が導ける [42]．

4.7.5 射影幾何

射影幾何 $(PGL(3,\mathbb{R}), \mathbb{R}P^2)$ における曲線論を考察する．射影平面 $\mathbb{R}P^2$ 内の

[*25] $A_+(2)$ 不変径数として $\mathsf{s} = 3s$ を用いる流儀もある．その流儀では $u^{-3/2}u_{\hat{s}}$ をアフィン曲率としていることを注意しておく (A. Shirokov)．文献 [42] はこの流儀を採用している．

曲線 $x(t) = [\boldsymbol{x}(t)] = [x^1(t) : x^2(t) : x^3(t)]$ の斉次座標ベクトル場 $\boldsymbol{x}(t)$ をとる. $\det(\boldsymbol{x}(t_0)\ \dot{\boldsymbol{x}}(t_0)\ \ddot{\boldsymbol{x}}(t_0)) = 0$ となる点を変曲点 (inflection point) という. 変曲点をもたないとき $x(t)$ は非退化であるという. すべての点が変曲点ならば $x(t)$ は射影直線の一部である. $\det(\boldsymbol{x}(t)\ \dot{\boldsymbol{x}}(t)\ \ddot{\boldsymbol{x}}(t)) = 1$ を満たす斉次座標ベクトル場 $\boldsymbol{x}(t)$ をとる. $\det(\boldsymbol{x}(t)\ \dot{\boldsymbol{x}}(t)\ \ddot{\boldsymbol{x}}(t)) = 1$ の両辺を t で微分すると

$$\dddot{\boldsymbol{x}}(t) = a(t)\boldsymbol{x}(t) + b(t)\dot{\boldsymbol{x}}(t)$$

を満たす関数 $a(t)$, $b(t)$ が存在することがわかる. この $a(t)$ と $b(t)$ を用いて微分式 $\mathsf{C}^{\#} = \mathsf{C}\,dt^3$ を

$$\mathsf{C}(t) = \left(a(t) - \frac{1}{2}\dot{b}(t) \right)^{1/3}$$

で定義する. $\mathsf{C}^{\#}$ をラゲル–フォーサイス 3 次微分 (Laguerre-Forsyth cubic form) と呼ぶ. $\mathsf{C} = 0$ となる点を sextatic point と呼ぶ. $x(t)$ が変曲点も sextatic point ももたないとき $x(t)$ は generic であるという. generic な $x(t)$ において径数を t から

$$\sigma = \int \mathsf{C}(t)\,dt$$

に変更できる. σ は $PGL(3, \mathbb{R})$ 不変であり **射影弧長径数** と呼ばれる.

注意 4.7.6. generic という仮定は大域的観点からはかなり強いものである. 実際, null-homotopic でない閉曲線は必ず変曲点をもつ (佐々木重夫, 1957). さらに単純閉曲線であれば少なくとも三つの変曲点を必ずもつ (メビウス (A. F. Möbius), 1852). さらにユークリッド幾何における 4 頂点定理の類似で射影平面の曲線について次の定理が成り立つ.

定理 4.7.7 (ヘルグロッツ–ラドン). 狭義凸な単純閉曲線は少なくとも六つの sextactic point をもつ.

射影弧長径数 σ で径数表示された generic な曲線 $x(\sigma)$ は $\boldsymbol{x}''' + 2p\boldsymbol{x} + (1 + p')\boldsymbol{x}' = \boldsymbol{0}$ を満たす. ここで

$$p(\sigma) = -\frac{1}{2}b(\sigma)$$

は $PSL(3,\mathbb{R})$ 不変量であり**射影曲率** (projective curvature) と呼ばれる．$SL(3,\mathbb{R})$ 値関数 $F^{\mathrm{P}}(\sigma) = (\boldsymbol{f}_1(\sigma)\ \boldsymbol{f}_2(\sigma)\ \boldsymbol{f}_3(\sigma))$ を

$$\boldsymbol{f}_1(\sigma) = \boldsymbol{x}(\sigma), \quad \boldsymbol{f}_2(\sigma) = \boldsymbol{x}'(\sigma), \quad \boldsymbol{f}_3(\sigma) = -\frac{b(\sigma)}{2}\boldsymbol{x}(\sigma) + \boldsymbol{x}''(\sigma)$$

で定めると射影フレネの公式

$$\frac{d}{d\sigma}F^{\mathrm{P}} = F^{\mathrm{P}}\begin{pmatrix} 0 & -p & 1 \\ 1 & 0 & -p \\ 0 & 1 & 0 \end{pmatrix}$$

を得る．射影幾何 $(PSL(3,\mathbb{R}), \mathbb{R}P^2)$ では曲線の時間発展としてカウプ–クッパーシュミット方程式 (Kaup-Kupershmidt equation)：

$$p_t = -2p_{\sigma\sigma\sigma\sigma} + \frac{10}{9}pp_{\sigma\sigma\sigma} + \frac{25}{9}p_\sigma k_{\sigma\sigma} - \frac{10}{81}p^2 p_\sigma - \frac{1}{3}p_{\sigma\sigma} + \frac{1}{18}p^2 + \frac{7}{81}p_\sigma$$

が得られる [43], [164].

4.7.6 等積中心アフィン幾何

クライン幾何の定義では変換群 G が推移的に作用することが要請されていた．この要請を緩和した平面幾何も研究されている．等積アフィン変換群から平行移動を除いた変換群，すなわち $\{A \in M(2,\mathbb{R}) \mid |\det A| = 1\}$ で不変な性質を調べる幾何学を考察する．この幾何学を**等積中心アフィン幾何** (equi-centroaffine geometry) と呼ぶ．

定義 4.7.8. 各位置ベクトル $\boldsymbol{p}(t)$ はその点における接線と横断的，すなわち $\det(\boldsymbol{p}(t)\ \dot{\boldsymbol{p}}(t)) \neq 0$ を満たす曲線を**等積中心アフィン平面曲線**と呼ぶ．

等積中心アフィン平面曲線の標準的径数は $\det\left(\boldsymbol{p}'(s), \boldsymbol{p}(s)\right) = 1$ となる s である．これを**等積中心アフィン径数**と呼ぶ．等積中心アフィン幾何におけるフレネ標構は

$$F^{\mathrm{EC}}(s) = (\boldsymbol{T}^{\mathrm{EC}}(s)\ \boldsymbol{N}^{\mathrm{EC}}(s)), \quad \boldsymbol{T}^{\mathrm{EC}}(s) = \boldsymbol{p}'(s), \quad \boldsymbol{N}^{\mathrm{EC}}(s) = \boldsymbol{p}(s)$$

で与えられ，等積中心アフィン・フレネ方程式は

$$\frac{d}{ds}F^{\mathrm{EC}}(s) = F^{\mathrm{EC}}(s)\begin{pmatrix} 0 & 1 \\ -q(s) & 0 \end{pmatrix}$$

となる. $q(s)$ を等積中心アフィン曲率と呼ぶ.

この幾何における曲線の時間発展を

$$\frac{\partial}{\partial t}\boldsymbol{p}(s;t) = g(s;t)\boldsymbol{T}^{\mathrm{EC}}(s) + f(s;t)\boldsymbol{N}^{\mathrm{EC}}(s)$$

と表すと等積中心条件は $g_s + 2f = 0$ である. この条件下で $q(s;t)$ は $\kappa_t - 2\kappa g_s - g\kappa_s + f_{ss} = 0$. $g_s = -2f$ を使うと $q_t + 4qf - gq_s + f_{ss} = 0$ と書き直せる. ここで $f = q_s$ と選ぶと

$$q_t + 6qq_s + q_{sss} = 0$$

を得るが, これは KdV 方程式である [174].

4.7.7 中心アフィン幾何

等積中心アフィン幾何における変換群を $GL(2,\mathbb{R})$ に拡大して定まる幾何を中心アフィン幾何 (centroaffine geometry) という. 平行移動抜きのアフィン幾何といってもよい. 中心アフィン幾何における平面曲線論については文献 [76, 付録 A] を参照.

定義 4.7.9. 平面曲線 $\boldsymbol{p}(u)$ が $\det(\boldsymbol{p}(u)\,\dot{\boldsymbol{p}}(u)) \neq 0$ を満たすとき中心アフィン曲線という. さらに $\det(\dot{\boldsymbol{p}}(u)\,\ddot{\boldsymbol{p}}(u)) \neq 0$ を満たすとき正則中心アフィン曲線という.

命題 4.7.10. 正則中心アフィン曲線において $\det(\boldsymbol{p}(s)\,\boldsymbol{p}'(s)) > 0$ かつ $\varepsilon := \det(\boldsymbol{p}'(s)\,\boldsymbol{p}''(s))/\det(\boldsymbol{p}(s)\,\boldsymbol{p}'(s)) = \pm 1$ を満たす径数 s に取り替えることができる. この s を中心アフィン径数, ε を符号という.

等積中心アフィン幾何におけるフレネ標構は

$$F^{\mathrm{CA}}(s) = (\boldsymbol{T}^{\mathrm{CA}}(s)\ \boldsymbol{N}^{\mathrm{CA}}(s)),\quad \boldsymbol{T}^{\mathrm{CA}}(s) = \boldsymbol{p}'(s),\quad \boldsymbol{N}^{\mathrm{CA}}(s) = \boldsymbol{p}(s)$$

で与えられ，中心アフィン・フレネ方程式は

$$\frac{d}{ds} F^{\mathrm{CA}}(s) = F^{\mathrm{CA}}(s) \begin{pmatrix} 0 & -\varepsilon \\ 1 & w(s) \end{pmatrix}$$

で与えられる．$w(s)$ を中心アフィン曲率と呼ぶ．時間発展 $\boldsymbol{p}_t = f(s;t)\boldsymbol{p}(s) + g(s;t)\boldsymbol{p}'(s)$ に対し等周条件は $2g' + \varepsilon w f' - \varepsilon f'' = 0$ で与えられる．F^{CA} の時間変化は

$$\frac{\partial}{\partial t} F^{\mathrm{CA}} = F^{\mathrm{CA}} \begin{pmatrix} f & f' - \varepsilon g \\ g & f + g' + gw \end{pmatrix}$$

で与えられる．積分可能条件は $w_t = 2f' + g'' + (gw)'$ と求められる．とくに $f = 2w$ と選ぶと

$$w_t = 4w_s + \varepsilon \left(w_{sss} - \frac{3}{2} w^2 w_s \right)$$

となる．ここで $u = \kappa/2$ とおきガリレイ変換 $(\mathrm{x}, \mathrm{t}) = (s + 4t, -\varepsilon t)$ を施すと非収束型 **mKdV** 方程式

$$u_{\mathrm{t}} - 6u^2 u_{\mathrm{x}} + u_{\mathrm{xxx}} = 0$$

に書き換えられる．

4.7.8 メビウス幾何

ユークリッド平面 $\mathbb{E}^2$ のユークリッド計量 $g_0 = (dx)^2 + (dy)^2$ の共形類 $\mathcal{C}_0 = [g_0]$ を考えよう．共形多様体 $(\mathbb{R}^2, \mathcal{C}_0)$ は複素平面 $\mathbb{C}$ にほかならない．$\mathbb{C}$ の共形変換（共形類を保つ微分同相変換）を扱う際には $\mathbb{C}$ に無限遠点 ∞ をつけ加えて一点コンパクト化（共形コンパクト化）したリーマン球面 $\overline{\mathbb{C}} = \mathbb{C} \cup \{\infty\}$ を用いるのがよい．$\overline{\mathbb{C}}$ 上の $SL(2, \mathbb{C})$ の作用 $\tilde{T} : SL(2, \mathbb{C}) \times \overline{\mathbb{C}} \to \overline{\mathbb{C}}$ を

$$\tilde{T}_A(z) := \frac{az + b}{cz + d}, \quad z \in \overline{\mathbb{C}}, \quad A = \begin{pmatrix} a & b \\ c & d \end{pmatrix} \in SL(2, \mathbb{C})$$

で定める．このとき $\tilde{T}_A = \tilde{T}_B \iff B = \pm A$ であるから射影変換群 $PSL(2, \mathbb{C}) = SL(2, \mathbb{C})/\{\pm I\}$ を用いて作用 $T : PSL(2, \mathbb{C}) \times \overline{\mathbb{C}} \to \overline{\mathbb{C}}$ を

$$T_{[A]}(z) := \tilde{T}_A(z), \quad [A] = \{\pm A\} \in PSL(2, \mathbb{C})$$

4.7 曲線の時間発展とソリトン方程式

で定義できる. $(PSL(2,\mathbb{C}),\overline{\mathbb{C}})$ の定めるクライン幾何をメビウス幾何 (Möbius geometry) と呼ぶ. 変換 $T_{[A]}$ を $\overline{\mathbb{C}}$ のメビウス変換という.

リーマン球面 $\overline{\mathbb{C}}$ は複素射影直線 $\mathbb{C}P^1$ と同一視できることを思い出そう. 複素射影直線 $\mathbb{C}P^1$ 内の非退化曲線 $z(u)$ を考える. このとき $z(u)$ の斉次座標ベクトル場 $\boldsymbol{z}(u) = (z^1(u), z^2(u))$ で $\det(\boldsymbol{z}(u)\,\boldsymbol{z}'(u)) = 1$ を満たすものがとれる.

$\det(\boldsymbol{z}(u)\,\boldsymbol{z}'(u)) = 1$ より $\boldsymbol{z}''(s) = \mu(s)\boldsymbol{z}(s)$ と表せる. 係数関数 $\mu(s)$ は z のシュワルツ微分 $S(z)$ を使って

$$-2\mu(u) = S(z) = \left(\frac{z''(u)}{z'(u)}\right)' - \frac{1}{2}\left(\frac{z''(u)}{z'(u)}\right)^2$$

と表せる. とくに $\mu(u)$ はメビウス変換で不変な量である. $\mu(u)$ を共形曲率 (conformal curvature) とかメビウス曲率 (Möbius curvature) と呼ぶ.

$\mathbb{C}P^1$ 内の曲線 $z(u) = [\boldsymbol{z}(u)]$ の時間発展 $z(u) \mapsto z(u;t)$ を考える. この時間発展を

$$\frac{\partial}{\partial t}\boldsymbol{z}(u;t) = f(s;t)\boldsymbol{z}'(u;t) + g(u;t)\boldsymbol{z}(u;t)$$

と表すと等周条件に相当する条件は $2g + f_u = 0$ である. 共形曲率の時間発展は

$$\mu_t - 2\mu f_u - \mu_u f + \frac{1}{2}f_{uuu} = 0$$

に従う. とくに $f = 2\mu$ と選ぶと複素 KdV 方程式 $\mu_t - 6\mu\mu_u + \mu_{uuu} = 0$ を得る.

ここまで $\mathbb{C}$, すなわち共形多様体 $(\mathbb{R}^2, \mathcal{C}_0)$ を考えてきた. $\mathcal{C}_0$ からユークリッド計量 g_0 をとりだしメビウス幾何からユークリッド幾何に移行した場合複素 KdV 方程式に従う曲線の時間発展はどのような時間発展を誘導するだろうか.

ユークリッド平面 $\mathbb{E}^2 = (\mathbb{R}^2, g_0)$ 内の弧長径数曲線 $\boldsymbol{p}(s) = (x(s), y(s))$ を複素数を使って $z(s) = x(s) + iy(s)$ と表示する. $|z'(s)| = 1$ に注意. $z(s)$ のシュワルツ微分を計算する. 単位接ベクトル場 $\boldsymbol{T}(s)$, 単位法ベクトル場 $\boldsymbol{N}(s)$ を複素数を使って表したものを $T(s)$, $N(s)$ とすると $T(s) = z'(s)$, $N(s) = iz'(s)$. フレネの公式より $z''(s) = \kappa(s)N(s)$, $z'''(s) = \kappa'(s)N(s) - \kappa(s)^2 T(s)$ であるから

$$S(z) = \frac{\kappa'(s)iT(s) - \kappa(s)^2 T(s)}{T(s)} - \frac{3}{2}\left(\frac{-i\kappa T(s)}{T(s)}\right)^2 = \frac{\kappa(s)^2}{2} + i\kappa'(s)$$

を得る.

$z(s)$ の斉次座標ベクトル場 $\boldsymbol{z}(s)$ を $\boldsymbol{z}(s) = (z(s), 1)/\sqrt{z'(s)}$ で与える
と $\det(\boldsymbol{z}(s)\ \boldsymbol{z}'(s)) = 1$ を満たす. 複素 KdV 方程式に従う時間発展 $\boldsymbol{z}_t = 2\mu\boldsymbol{z}_s - \mu_u\boldsymbol{z}$ は $z_t = 2\mu z_s$ と書き換えられる. ここに $\mu = -(\kappa^2 + 4i\kappa_s)$ を
代入するとユークリッド平面曲線 $z(s)$ の時間発展は

$$z_t = -\frac{\kappa^2}{2}T - \kappa' N$$

となる. これはユークリッド幾何で見た mKdV 方程式を導く時間発展である.
すなわちユークリッド曲率 $\kappa(s;t)$ は mKdV 方程式 $\kappa_t + \kappa_{sss} + \frac{3}{2}\kappa^2\kappa_s = 0$ に
従う. ここで改めてシュワルツ微分の計算結果を振り返ろう. この式は共形曲
率 μ (KdV の解) とユークリッド曲率 κ (mKdV の解) の関係式を与えてい
る. 対応

$$\kappa \longmapsto \mu = -\frac{1}{4}\kappa^2 - \frac{1}{2}i\,\kappa$$

をミウラ変換 (Miura transformation) と呼ぶ.

注意 4.7.11. ユークリッド幾何における弧長径数 s, ユークリッド曲率 $\kappa(s)$ を
用いてメビウス変換で不変な径数 (共形弧長径数) ζ を

$$\zeta = \int \left(\frac{d\kappa}{ds}\right)^{\frac{1}{3}} ds$$

で定めることができる.

4.7.9 ハイゼンベルグ強磁性体と橋本変換

$\mathbb{E}^3$ 内の渦糸の方程式

$$\frac{\partial \boldsymbol{p}}{\partial t}(s;t) = \kappa(s;t)\,\boldsymbol{B}(s;t)$$

の速度場 $\boldsymbol{T}(s;t) = \boldsymbol{p}_t$ は次の方程式を満たす:

$$\boldsymbol{T}(s;t)_t = \boldsymbol{T}(s;t) \times \frac{\partial^2 \boldsymbol{T}}{\partial s^2}. \tag{4.33}$$

これはハイゼンベルグ強磁性体方程式と同じである. さらに**橋本変換** [88] (論

4.7 曲線の時間発展とソリトン方程式 **341**

文 [137], [138] も参照)

$$\phi := \kappa(s,t)\exp\left(i\int \tau(s;t)\,\mathrm{d}s\right)$$

により

$$i\phi_t + \phi_{ss} + \frac{1}{2}(|\phi|^2 + A(t))\phi = 0$$

に変換される.

$$\psi(s;t) := \frac{1}{2}\phi(s;t)\exp\left(-\frac{i}{2}\int A(t)\,\mathrm{d}t\right)$$

ともう一回変換すれば

$$i\psi_t + \psi_{ss} + 2|\psi|^2\psi = 0$$

が得られる. この偏微分方程式は非線形シュレディンガー方程式 (NLS 方程式) と呼ばれている.

　速度場の満たす偏微分方程式 (4.33) を微分幾何学的観点から一般化してみよう. $\boldsymbol{T}$ は 2 次元単位球面 $\mathbb{S}^2$ 上を動くことに着目する. $\mathbb{S}^2$ の 1 点 $\boldsymbol{x}$ における接ベクトル空間 $T_{\boldsymbol{x}}\mathbb{S}^2$ は $T_{\boldsymbol{x}}\mathbb{S}^2 = \{\boldsymbol{v} \in \mathbb{E}^3 \mid (\boldsymbol{x}|\boldsymbol{v}) = 0\}$ で与えられる. $T_{\boldsymbol{x}}\mathbb{S}^2$ 上の線形変換 $J_{\boldsymbol{x}}$ を $J_{\boldsymbol{x}}(\boldsymbol{v}) = \boldsymbol{x} \times \boldsymbol{v}$ で定めると $(J_{\boldsymbol{x}})^2 = -\mathrm{Id}$ である. 線形変換の分布 $\boldsymbol{x} \longmapsto J_{\boldsymbol{x}}$ は $\mathbb{S}^2$ の積分可能な概複素構造であり $\mathbb{S}^2 = \mathbb{C}P^1$ の複素構造と一致する ($\mathbb{C}P^1$ の標準的複素構造と呼ぶ). $\boldsymbol{T}_{ss}$ は写像 $s \longmapsto \boldsymbol{T}$ のテンション場 $\tau(\boldsymbol{T})$ であることに着目すると (4.33) は $\boldsymbol{T}_t = J_{\tau}\tau(\boldsymbol{T})$ と書き直せる. したがって定義域を区間からリーマン多様体 (M, g) に, 行き先を $\mathbb{S}^2$ からケーラー多様体 $(N, \tilde{g}, J)$ に変えても (4.33) は意味をもつ[*26].

定義 4.7.12. (M, g) を擬リーマン多様体, $(N, \tilde{g}, J)$ をケーラー多様体とする. C^∞ 級写像 $\varphi : (M, g) \to (N, \tilde{g}, J)$ の時間発展

$$\frac{\partial \varphi}{\partial t} = J\tau(\varphi)$$

をシュレディンガー流 (またはシュレディンガー流写像) と呼ぶ.

[*26] より一般に定義域を擬リーマン多様体としてもよい. また行き先をパラ・ケーラー多様体にしてもよい [46].

342   第 4 章 幾何学と可積分系

 N が区間, $M = \mathbb{S}^2$ のときはもともとのハイゼンベルグ方程式である. ま
た N が区間で M が複素グラスマン多様体の場合は行列値非線形シュレディン
ガー方程式 (matrix NLS equation) と呼ばれている.

注意 4.7.13（勾配流とハミルトン方程式）. $(N, \tilde{g}, J)$ をケーラー多様体とする.
N をケーラー形式に関しシンプレクティック多様体と考える. H を N 上の C^∞
級関数とする. 区間 $I \subset \mathbb{R}$ で定義され N に値をもつ曲線 $x(t)$ に対する常微分
方程式

$$\frac{d}{dt}x(t) = -\operatorname{grad} H_{x(t)}$$

を H の勾配流 (gradient flow) という.
　一方 H をハミルトニアンとするハミルトン方程式は

$$\frac{d}{dt}x(t) = -J\operatorname{grad} H_{x(t)}$$

で与えられる. これらを念頭においてイールス–サンプソン方程式を思い出そ
う. リーマン多様体間の C^∞ 級写像 $\varphi : (M, g) \to (N, \tilde{g})$ に対しイールス–サン
プソン方程式は

$$\frac{\partial \varphi}{\partial t} = -\operatorname{grad} E_\varphi$$

で与えられる. シュレディンガー流は

$$\frac{\partial \varphi}{\partial t} = -J\operatorname{grad} E_\varphi$$

という解釈ができる.

　シュレディンガー流については論文 [37], [46], [47], [165] を参照.

4.8　差分幾何

　可積分幾何の誕生とともに微分幾何の離散化に関心が寄せられるようになっ
た. これには数学の外部からの期待と内部からの期待がある.「可視化を支える
数学」が外部からの期待である. 曲線や曲面をコンピュータを用いて精密描画
を行うためには効率的かつ正確な計算・プログラムが要請されるが, そういっ

4.8 差分幾何

たプログラムを生み出すための理論整備として離散化された微分幾何（差分幾何）が期待されている．

一方，数学内部からは「連続系よりも豊富な数学的構造をもつこと」への期待がある．パンルヴェ方程式の研究では微分方程式そのものよりも，むしろその離散化である離散パンルヴェ方程式がより根元的で豊富な数学的構造を備えていることが解明されている．「離散の世界は豊かだ」という無限可積分系理論におけるいくつかの状況証拠からすれば，曲線や曲面を離散化した世界である差分幾何に期待と関心が寄せられるのは必然性がある．

4.8.1 曲線の離散化

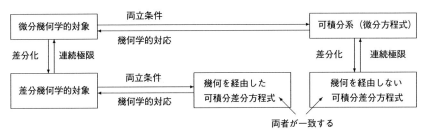

図 4.5 微分幾何の離散化

弧長径数表示された曲線を離散化してみる（図 4.5）．曲線が区間で定義され $\mathbb{R}^2$ に値をもつベクトル値関数であったのだから，離散的な対応物は整数全体 $\mathbb{Z}$（の一部）で定義されたベクトル値関数 $n \longmapsto \boldsymbol{p}_n$ のことであろう．

定義 4.8.1. $I' \subset \mathbb{R}$ を区間とする．写像 $\boldsymbol{p} : I = I' \cap \mathbb{Z} \to \mathbb{R}^2 : n \longmapsto \boldsymbol{p}_n$ を $\mathbb{R}^2$ 内の**離散曲線** (discrete curve) という．

定義 4.8.2. 離散曲線 $\boldsymbol{p} : I \to \mathbb{R}^2$ の $\boldsymbol{p}_n$ における辺接ベクトルを前進差分 $\Delta \boldsymbol{p}_n := \boldsymbol{p}_{n+1} - \boldsymbol{p}_n$ で定義する．また弧長 $L(\boldsymbol{p})$ を $L(\boldsymbol{p}) := \sum_{k \in I} \|\Delta \boldsymbol{p}_k\|$ で定義する．

定義 4.8.3. 任意の隣接する 3 点のうち，どの 2 点も重なっていないとき，離散曲線 $p: I \to \mathbb{R}^2$ は非特異 (non-singular) であるという．

非特異離散曲線においては辺接ベクトルが $\mathbf{0}$ にはならない．弧長で表示されたという条件（単位速度）は $\|p_{n+1} - p_n\| = 1$ に置き換えられる．この条件を満たす p_n を差分弧長曲線と呼ぶ（図 4.6）．差分弧長曲線は長さ 1 の折れ線を連結したものにほかならない．離散曲線論は「折れ線の幾何」である．

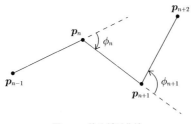

図 4.6　差分弧長曲線

注意 4.8.4.

- 滑らかな場合とは違い，与えられた曲線の径数を取り換えて，差分弧長曲線にすることは一般にはできない．
- この定義は，滑らかな場合の自然な類似であるが，条件を $\|\Delta p_n\| \neq 0$ に緩めておくことがよい場合が多い（広義の差分弧長曲線と呼ぶ）．実際，これから紹介する離散曲線の差分 mKdV 方程式に従う等周変形では広義の弧長曲線を用いている．
- 非特異離散曲線および差分弧長曲線はともに広義の差分弧長曲線である．

折れ線が向きを変えるときにできる角（外角）を ϕ_n で表すことにする（図 4.6）．差分弧長曲線 p_n に対しベクトル $\Delta p_n = p_{n+1} - p_n$ を p_n における頂接ベクトルと呼ぶ．Δp_{n-1} と Δp_n のなす角が ϕ_n である．2 点 p_n と p_{n+1} を結ぶ辺を S_n と表記しよう．また $T_n = \frac{1}{2}(\Delta p_n + \Delta p_{n-1})$ を p_n における頂接ベクトルと呼ぶ．

4.8 差分幾何

「平面曲線は曲率で決まる」のだから,「折れ線に対して曲率を考える」という発想が出てくる [94]. だが微分を使うことができないため曲率の別の捉え方が必要になる. 弧長径数表示された曲線の 1 点 $\boldsymbol{p}(s)$ において曲線に接する円をその点での**接触円**と呼ぶ. 接触円の半径 $r(s)$ を**曲率半径**と呼ぶ. その逆数 $\kappa(s) = 1/r(s)$ に (向きをつけたもの) が曲率 $\kappa(s)$ である. 正確には, 接触円が進行方向に対して左側にあるとき $+$, 右側にあるとき $-$ の符号を $1/r(s)$ につけたものが $\kappa(s)$ である. そこで**接触円を離散化する**のである. $\boldsymbol{p}_n$ と隣接する点 $\boldsymbol{p}_{n-1}, \boldsymbol{p}_{n+1}$ の 3 点を通る円 $\mathrm{C}_n^{\mathrm{v}}$ を描こう. つまりこの 3 点を頂点にもつ 3 角形の外接円である. この円を $\boldsymbol{p}_n$ における**頂接触円**と呼ぶ (図 4.7). 1 辺の長さが 1 の 2 等辺 3 角形の外接円であることに注意すれば次の初等幾何学的定理がただちに得られる.

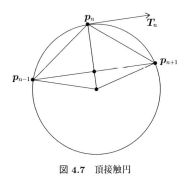

図 4.7 頂接触円

定理 4.8.5. 差分弧長曲線上の点 $\boldsymbol{p}_n$ において頂接ベクトル $\boldsymbol{T}_n$ は頂接触円 $\mathrm{C}_n^{\mathrm{v}}$ に接する.

正弦定理より頂接触円の半径 r_n^{v} が

$$r_n^{\mathrm{v}} = \frac{\|\Delta \boldsymbol{p}_n + \Delta \boldsymbol{p}_{n-1}\|}{2\sin(\pi - \phi_n)}$$

と求められる. さらに余弦定理を使うと $\|\Delta \boldsymbol{p}_n + \Delta \boldsymbol{p}_{n-1}\|^2 = 2\cos^2 \frac{\phi_n}{2}$ であるから

と計算され，

$$\kappa_n^{\mathrm{v}} = \pm \frac{1}{r_n^{\mathrm{v}}} = \pm 2\sin\frac{\phi_n}{2}$$

が離散化された曲率の候補として得られた．しかしこの方式では曲率の絶対値が 2 以下となってしまう．つまり曲率はあまり大きくなれないという奇妙な結果になる．

別の方法を試してみる．3 本の隣接する辺 S_{n-1}, S_n, S_{n+1} に接する円を考えてみる．$-\Delta\bm{p}_{n-1}$ と $\Delta\bm{p}_n$ のなす角 $\angle(-\Delta\bm{p}_{n-1}, \Delta\bm{p}_n)$ の 2 等分線を引く．同様に $\angle(-\Delta\bm{p}_n, \Delta\bm{p}_{n+1})$ の 2 等分線を引き，両者の交点を $\mathrm{O}_n^{\mathrm{e}}$ としよう．この交点を中心とし，3 辺 S_{n-1}, S_n, S_{n+1}（とこれらを延長してできる直線）に接する円を描き，それを $\bm{p}_n$ における辺接触円と呼ぶ（図 4.8）．

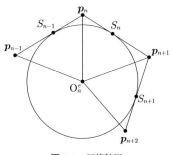

図 4.8　辺接触円

この円の半径 r_n^{e} は

$$r_n^{\mathrm{e}} = \frac{1}{\tan\frac{\phi_n}{2} + \tan\frac{\phi_{n+1}}{2}}$$

と求められる．$1/r_n^{\mathrm{e}}$ に符号をつけたものも「曲率の離散化」の候補であるが，ある 1 点における曲率を求めるために自分以外の 3 点の情報が必要なのは，微分可能曲線のときと比較すると不自然である．そこでホフマン（T. Hoffmann）は頂接触円と辺接触円を組み合わせた次の定義を採用した [94]．

定義 4.8.6. 差分弧長曲線の上の 1 点 $\bm{p}_n$ における**差分接触円**とは，頂接触円

4.8 差分幾何

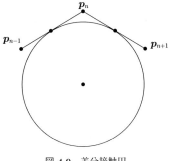

図 4.9 差分接触円

の中心を中心にもち辺 S_{n-1} の中点と辺 S_n の中点を通る円をいう (図 4.9).

この円の半径は $r_n = \frac{1}{2\tan\frac{\phi_n}{2}}$ と求められる. $1/r_n$ に向きをつけた量を κ_n と書き差分曲率と呼ぶ.

差分曲線の研究 (たとえば 4 頂点定理など) については論文 [94], [117], [128], [187], [188] を参照されたい.

差分曲率に限らず,種々の微分幾何学的概念や量を離散化する際には,それらの微分演算を避けた特徴づけ・言い換えを考察しなければならない. そこで初等幾何学的言い換えが活躍する. シュワルツ微分 KP 方程式 (Schwarzian KP equation)

$$\Phi_t = \Phi_{xxx} + \frac{3}{2}\frac{(\Phi_y)^2 - (\Phi_{xx})^2}{\Phi_x} + 3W_y\Phi_x, \quad W_x = \frac{\Phi_y}{\Phi_x}$$

を例にとり離散化を説明する. 独立変数 x, y, t は実数の値をとり,従属変数 Φ は複素数に値をとる.

まず三つの離散変数 $\ell, m, n \in \mathbb{Z}$ に依存する複素数値の関数 $\Phi = \Phi(\ell, m, n)$ に対しシフト作用素 T_1, T_2, T_3 をそれぞれ

$$(T_1\Phi)(\ell, m, n) = \Phi(\ell+1, m, n),$$
$$(T_2\Phi)(\ell, m, n) = \Phi(\ell, m+1, n),$$
$$(T_3\Phi)(\ell, m, n) = \Phi(\ell, m, n+1)$$

と定める. また $T_i(T_j\Phi) = \Phi_{ij}$ と略記する. ここで, コノペルチェンコ (B. G. Konopelchenko) とシーフの提案した差分シュワルツ微分 KP 方程式を

紹介する [139].

$$\frac{(\Phi_1 - \Phi_{12})(\Phi_2 - \Phi_{23})(\Phi_3 - \Phi_{13})}{(\Phi_{12} - \Phi_2)(\Phi_{23} - \Phi_3)(\Phi_{13} - \Phi_1)} = -1$$

何か見覚えがないだろうか．

定理 4.8.7（メネラウスの定理およびその逆）．△ABC の辺 BC, CA, AB およびそれらの延長上の 3 点 D, E, F に対し X, Y, Z が共線（同一直線上にある）であるための必要十分条件は

$$\frac{\text{AF}}{\text{FB}} \cdot \frac{\text{BD}}{\text{DC}} \cdot \frac{\text{CE}}{\text{EA}} = -1$$

を満たすことである[*27].

　各 Φ に対し，Φ_i, Φ_{ij} を図 4.10 にあるように配置していけば差分シュワルツ微分 KP 方程式の解になるということがわかる．

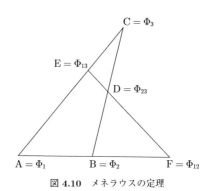

図 4.10　メネラウスの定理

4.8.2　離散可積分系とのつながり

　ホフマンとクッツ (N. Kutz) [95] は差分曲率を用いて差分弧長曲線の等周変形を考察し半離散 **mKdV** 方程式

[*27] 紀元 100 年ごろに書かれたメネラウス (Menalaus) の球面三角法の著書に，この定理の球面幾何版が記されていることから，メネラウスの時代には既知であったと思われる．

4.8 差分幾何

$$\frac{d\kappa_n}{dt} = \frac{1}{a}\left(\tan\frac{\kappa_{n+1}}{2} - \tan\frac{\kappa_{n-1}}{2}\right)$$

を導出した (2004). 半離散というのは弧長径数を離散化するが時間径数は離散化していない状態を意味する.

松浦望は差分弧長曲線の等周的な離散時間発展の鍵は「曲率」ではないことに気づいた. 松浦は差分曲率よりも根源的な量 W_n^m を発見し, 差分弧長曲線の等周的離散時間発展を提起した [151].

広義差分弧長曲線 $\boldsymbol{p}_n : \mathbb{Z} \to \mathbb{R}^2$ を与えておく. 各 n に対し離散時間発展

$$\cdots \leftarrow \boldsymbol{p}_n^{-2} \leftarrow \boldsymbol{p}_n^{-1} \leftarrow \boldsymbol{p}_n^0 := \boldsymbol{p}_n \to \boldsymbol{p}_n^1 \to \boldsymbol{p}_n^2 \to \cdots$$

が等周的であるとする. すなわち $\boldsymbol{p} : \mathbb{Z}^2 \to \mathbb{R}^2$; $(n, m) \longmapsto \boldsymbol{p}_n^m$ は

- 等周的離散時間発展 $\|\boldsymbol{p}_{n+1}^m - \boldsymbol{p}_n^m\| = a_n$ (m に依存しない)
- 等距離的離散時間発展 $\|\boldsymbol{p}_n^{m+1} - \boldsymbol{p}_n^m\| = b_m$ (n に依存しない)

を満たすとしよう. このとき

$$W_n^m = \angle(\boldsymbol{p}_{n+1}^m - \boldsymbol{p}_n^m, \boldsymbol{p}_n^{m+1} - \boldsymbol{p}_n^m)$$

とおけば等周的離散時間発展と等距離的離散時間発展が両立するための条件 (両立条件) $(T_{n+1})^{m+1} = (T^{m+1})_{n+1}$ は広田良吾 [91] が提出した**差分 mKdV 方程式**

$$\frac{W_{n+1}^{m+1} - W_n^m}{2}$$
$$= \tan^{-1}\left(\frac{b_{m+1} + a_n}{b_{m+1} - a_n}\tan\frac{W_n^{m+1}}{2}\right) - \tan^{-1}\left(\frac{b_m + a_{n+1}}{b_m - a_{n+1}}\tan\frac{W_{n+1}^m}{2}\right)$$

である. ただし $\boldsymbol{T}_n^m$ は辺接ベクトルを長さ 1 に正規化したベクトル $\boldsymbol{T}_n^m = (\boldsymbol{p}_{n+1}^m - \boldsymbol{p}_n^m)/a_n$ である.

差分 mKdV 方程式の解および対応する差分曲線の構成については文献 [112] を参照. 広義差分弧長曲線の等周的離散時間発展から適切な連続極限をとることによりホフマン–クッツの連続的時間発展および差分曲率に関する半離散 mKDV 方程式が復元できる [113]. 空間曲線の離散化については論文 [114], 渦糸 (NLS 方程式) の離散化については論文 [89] を参照 (半離散化については文献 [55] を参照).

4.8.3　2次元戸田方程式の離散化

実射影空間内の共軛網で径数づけられた曲面 $f : M \to \mathbb{R}P^3$ の離散化を考える．ラプラス方程式 (4.8) は $\boldsymbol{f}_{xy}$ が "$\boldsymbol{f}_x, \boldsymbol{f}_y, \boldsymbol{f}$ の定める平面に収まる" という意味であるから離散化は次のように定義される．

定義 4.8.8. $f = f(n_1, n_2) = [\boldsymbol{f}(n_1, n_2)] : \mathbb{Z}^2 \to \mathbb{R}P^3$ が次の条件を満たすとき四辺形格子 (quadrilateral lattice) と呼ぶ.

$$T_1 T_2 \boldsymbol{f} \in \mathrm{span}\{\boldsymbol{f}, T_1 \boldsymbol{f}, T_2 \boldsymbol{f}\}$$

ここで T_i は i 方向のシフト作用素:

$$T_1 \boldsymbol{f}(n_1, n_2) = \boldsymbol{f}(n_1 + 1, n_2), \quad T_2 \boldsymbol{f}(n_1, n_2) = \boldsymbol{f}(n_1, n_2 + 1)$$

を，$\mathrm{span}\{\boldsymbol{f}, T_1 \boldsymbol{f}, T_2 \boldsymbol{f}\}$ は $\boldsymbol{f}, T_1 \boldsymbol{f}, T_2 \boldsymbol{f}$ の定める平面を表す．

非斉次座標系を用いた表示は次のようになる．格子 $f = f(n_1, n_2) : \mathbb{Z}^2 \to \mathbb{R}^3$ が差分ラプラス方程式

$$\Delta_1 \Delta_2 f = (T_1 A_{12}) \Delta_1 f + (T_2 A_{21}) \Delta_2 f$$

を満たすとき四辺形格子と呼ぶ．ここで $\Delta_i := T_i - 1$ は i 方向の差分作用素を表す[*28].

ラプラス変換の離散化は次のように定義される．

$$\mathcal{L}_+ f := f - \frac{1}{A_{21}} \Delta_1 f, \quad \mathcal{L}_- f := f - \frac{1}{A_{12}} \Delta_2 f.$$

命題 4.8.9. 離散ラプラス変換は可逆:

$$\mathcal{L}_+ \circ \mathcal{L}_- = \mathcal{L}_- \circ \mathcal{L}_+ = \mathrm{Id}.$$

離散ラプラス変換で係数 A_{ij} は次のように変わる:

[*28] $T_i z$ 方向の係数に $T_i A_{ij}$ という番号のつけ方をするのは「離散ラプラス系列」の添え字を国場–中西–鈴木の論文 [141] と合わせるためである．

4.8 差分幾何

$$\mathcal{L}_+ A_{12} = \frac{A_{21}}{T_2 A_{21}}(T_1 A_{12} + 1) - 1,$$

$$\mathcal{L}_+ A_{21} = T_2^{-1}\left(\frac{T_1 \mathcal{L}_+(A_{12})}{\mathcal{L}_+(A_{12})}(A_{21} + 1)\right) - 1.$$

離散ラプラス変換を繰り返して得られる系列 $\{f^l\}$

$$f^l := \mathcal{L}_+^l f, \ f^{-l} := \mathcal{L}_-^l f, \ l = 0, 1, 2, \cdots$$

を差分ラプラス系列 (discrete Laplace sequence) と呼ぶ [49], [54].

命題 4.8.10. 差分ラプラス系列の係数 $\{A_{ij}^l\}$ は差分ボルテラ方程式 (discrete coupled Volterra equation)

$$\frac{\Delta_2 A_{21}^l}{A_{21}^l} = \frac{T_1 A_{12}^l - A_{12}^{l+1}}{(T_1 A_{12}^l + 1)(A_{12}^{l+1} + 1)}, \quad \frac{\Delta_1 A_{12}^l}{A_{12}^l} = \frac{T_2 A_{12}^l - A_{21}^{l-1}}{(T_2 A_{21}^l + 1)(A_{21}^{l-1} + 1)}$$

を満たす.

ここで複比を使う. $\mathbb{R}^3$ 内の共線 (colinear) な 4 点 q_1, q_2, q_3, q_4 に対し

$$Q(q_1, q_2, q_3, q_4) := \frac{(q_3 - q_1)(q_4 - q_2)}{(q_3 - q_2)(q_4 - q_1)}$$

で定まる実数 $Q = Q(q_1, q_2, q_3, q_4)$ を複比 (cross ratio) と呼ぶ. 複比は $\mathbb{R}P^3$ の射影変換で不変な量である. 差分ラプラス系列に対し次の 2 種の複比を考えられる.

$$K_{12} := Q(f, \mathcal{L}_+(f), T_1 f, T_2 \mathcal{L}_+(f)), \quad K_{21} := Q(f, \mathcal{L}_-(f), T_2 f, T_1 \mathcal{L}_-(f)).$$

ここで $K = K_{12}$ と略記する. また f_n に対する複比を $K_n = K_n(n_1, n_2)$ と書くと K_n に関する次の方程式が得られる.

$$T_2\left(\frac{K_{l+1} + 1}{K_l + 1}\right) T_1\left(\frac{K_{l-1} + 1}{K_l + 1}\right) = \frac{(T_1 T_2 K_l) K_l}{(T_1 K_l)(T_2 K_l)}.$$

これはゲージ不変形式の離散戸田場方程式と呼ばれている方程式である. また国場敦夫・中西知樹・鈴木淳史による T-system である [141], [142]. 離散戸田場方程式と弦理論の関係については斎藤暁の論文 [179] を参照.

352　第4章　幾何学と可積分系

曲面の差分化については紙数の都合により，この章では述べられない．文献 [10 〜12], [135] とその中の引用文献にあたってほしい．本章で述べられなかった可積分幾何の話題（パンルヴェ方程式，超幾何微分方程式など）については拙著 [104], [106], [107] の引用文献を手がかりにしてほしい．

参考文献

[1]　A. R. Aithal, Harmonic maps from S^2 to HP^2, Osaka J. Math. **23**(2) (1986), 255–270.

[2]　A. R. Aithal, Harmonic maps from S^2 to $G_2(\mathbb{C}^5)$, J. London Math. Soc. (2) **32** (1985), no. 3, 572–576.

[3]　M. F. Atiyah, *Geometry of Yang-Mills Fields*, Scuola Normale Superiore Pisa, 1979.

[4]　J. M. L. Barbosa, On minimal immersion of S^2 into S^{2m}, Trans. Amer. Math. Soc. **210** (1975), 75–106.

[5]　A. Bahy-El-Dien and J. C. Wood, The explicit construction of all harmonic two spheres in $G_2(\mathbf{R}^n)$, J. Reine Angew. Math. **398** (1989), 36–66.

[6]　A. Bahy-El-Dien and J. C. Wood, The explicit construction of all harmonic two spheres in quaternionic projective spaces, Proc. London Math. Soc. (3) **62** (1991), no. 1, 202–224.

[7]　V. Balan and J. Dorfmeister, Birkhoff decomposition and Iwasawa decomposition for loop groups, Tôhoku Math. J. (2) **53** (2001), no. 4, 593–615.

[8]　E. J. Beggs, Solitons in chiral equations, Comm. Math. Phys. **128** (1990), no. 1, 131–139.

[9]　M. J. Bergvelt and M. Guest, Actions of loop groups on harmonic maps, Trans. Amer. Math. Soc. **326** (1991), no. 2, 861–886.

[10]　A. Bobenko and U. Pinkall, Discrete surfaces with constant negative Gaussian curvature and the Hirota equation, J. Differential Geom. **43** (1996), no. 3, 527–611.

[11]　A. Bobenko and U. Pinkall, Discretization of surfaces and integrable sytems, *Discrete Integrable Geometry and Physics*, Oxford Lect. Ser. Math. Appl. **16**, Oxford Univ. Press, 1999, pp. 3–58.

[12]　A. I. Bobenko and Y. B. Suris, *Discrete Differential Geometry. Integrable Structure*, Graduate Studies in Math. **98**, Amer. Math. Soc., 2008.

[13]　J. Bolton, G. R. Jensen, M. Rigoli and L. M. Woodward, On conformal minimal immersions of S^2 into $\mathbb{C}P^n$, Math. Ann. **279** (1988), no. 4, 599–620.

[14]　J. Bolton, F. Pedit and L. M. Woodward, Minimal surfaces and the affine Toda field model, J. Reine Angew. Math. **459** (1995), 119–150.

[15]　J. Bolton, L. Vrancken and L. M. Woodward, On almost complex curves in the nearly Kähler 6-sphere, Quart. J. Math. Oxford Ser. (2) **45** (1994), no. 180, 407–427.

[16]　J. Bolton and L. M. Woodward, Congruence theorems for harmonic maps from a Riemann surface into $\mathbb{C}P^n$ and S^n, J. London Math. Soc. (2) **45** (1992), no. 2,

参考文献 **353**

363–376.

[17] J. Bolton and L. M. Woodward, Minimal surfaces and the Toda equations for the classical groups, *Geometry and Topology of Submanifolds*, VIII, pp. 22–30, World Sci. Publ., 1996.

[18] J. Bolton and L. M. Woodward, Toda equations and Plücker formulae, Bull. London Math. Soc. **35** (2003) no. 2, 145–151.

[19] D. Brander, J. Inoguchi and S. P. Kobayashi, Constant Gaussian curvature surfaces in the 3-sphere via loop groups, Pacific J. Math. **269** (2014), no. 2, 281–303.

[20] D. Brander and M. Svensson, The geometric Cauchy problem for surfaces with Lorentzian harmonic Gauss maps, J. Differential Geom. **93** (2013), no. 1, 37–66.

[21] D. Brander and M. Svensson, Timelike constant mean curvature surfaces with singularities, J. Geom. Anal. **24** (2013), no. 3, 1641–1672.

[22] R. L. Bryant, Conformal and minimal immersions of compact surfaces into the 4-sphere, J. Differential Geom. **17** (1982), no. 3, 455–473.

[23] R. L. Bryant, Lie groups and twistor spaces, Duke Math. J. **52** (1985), no. 1, 223–261.

[24] D. Burns, Harmonic maps from CP^1 to CP^n, *Harmonic Maps*, Proc. New Orleans, 1980, Lect. Notes. Math. **949**, pp. 48–56, Springer, 1982.

[25] F. E. Burstall, Harmonic tori in spheres and complex projective spaces, J. Reine Angew. Math. **469** (1995), 149–177.

[26] F. E. Burstall, D. Ferus, F. Pedit and U. Pinkall, Harmonic tori in symmetric spaces and commuting Hamiltonian systems on loop algebras, Ann. of Math. (2) **138** (1993), no. 1, 173–212.

[27] F E. Burstall and M. A. Guest, Harmonic two-spheres in compact symmetric spaces, revisited, Math. Ann. **309** (1997), no. 4, 541–572.

[28] F. E. Burstall and F. Pedit, Harmonic maps via Adler-Kostant-Symes theory, *Harmonic Maps and Integrable Systems*, pp. 541–572, Vieweg, 1994.

[29] F. E. Burstall and F. Pedit, Dressing orbits of harmonic maps, Duke Math. J. **80** (1995), no. 2, 353–382.

[30] F. E. Burstall and J. Rawnsley, *Twistor Theory for Riemannian Symmetric Spaces*, Lect. Notes. Math. **1424** (1990), Springer Verlag.

[31] F E. Burstall and J. C. Wood, The construction of harmonic maps into complex Grassmannians, J. Differential Geom. **23** (1986), no. 3, 255–297.

[32] E. Calabi, Minimal immersions of surfaces in Euclidean spheres, J. Differ. Geom. **1** (1967), 111–125.

[33] E. Calabi, Queleques applications de l'analyse complexe aux surfaces d'aire minima, *Topics in Complex Manifolds*, pp. 59–81, Univ. Montreal, 1968.

[34] D. M. Calderbank, The geometry of the Toda equation, J. Geom. Phys. **36** (2000), no. 1-2, 152–162.

[35] D. M. J. Calderbank and H. Pedersen, Einstein-Weyl geometry, *Essays on Einstein Manifolds*, Surveys in Differential Geometry. VI, pp. 387–423, Int. Press, 1999.

[36] L. Casian and Y. Kodama, Toda lattice, cohomology of compact Lie groups and finite Chevalley groups, Invent. Math. **165** (2006), no. 1, 163–208.

[37] N. Chang, J. Shatah and K. Uhlenbeck, Schrödinger maps, Comm. Pure Appl.

354　　第 4 章　幾何学と可積分系

Math. **53** (2000), no. 5, 590–602.

[38]　S. S. Chern, On the minimal immersions of the two-sphere in a space of constant curvature, *Problems in Analysis*, pp. 27–40, Princeton Univ. Press, 1970.

[39]　S. S. Chern, On minimal spheres in the four-sphere, 1970 Studies and Essays, 137–150, Math. Res. Center, Nat. Taiwan Univ., 1970.

[40]　S. S. Chern and J. G. Wolfson, Harmonic maps of the two-sphere into a complex Grassmannian manifolds II, Ann. of Math. (2) **125** (1987), no. 2, 301–335.

[41]　G. Darboux, *Leçons sur la Théorie Générale des Surfaces*, I, II, Gauthier-Villars, 2nd ed., 1914, 1915.

[42]　K.-S. Chou and C. Qu, Integrable equations arising from motions of plane curves, Physica D **162** (2002), no. 1–2, 9–33.

[43]　K.-S. Chou and C. Qu, Integrable equations arising from motions of plane curves II, J. Nonlinear Sci. **13** (2003), no. 5, 487–517.

[44]　E. Date, Multi-soliton solutions and quasi-periodic solutions of nonlinear equations of sine-Gordon type, Osaka J. Math. **19** (1982), no. 1, 125–158.

[45]　P. Deift, C. Li, T. Nanda and C. Tomei, The Toda flow on a generic orbits is integrable, Comm. Pure Appl. Math. **39** (1986), no. 2, 183–232.

[46]　Q. Ding and J. Inoguchi, Schrödinger flows, binormal motion for curves and the second AKNS-hierarchies, Chaos Solitons and Fractals **21** (2004), no. 3, 669–677.

[47]　W. Y. Ding and Y. D. Wang, Schrödinger flow of maps into symplectic manifolds, Sci. China Ser. A **41** (1998) no. 7, 746–755.

[48]　Y. Dobashi and H. Ochiai (eds.), *Mathematical Progress in Expressive Image Synthesis* III, Math. for Industry 24, Springer Tokyo, 2016.

[49]　A. Doliwa, Geometric discretisation of the Toda system, Phys. Lett. A **234** (1997), no. 3, 187–192.

[50]　A. Doliwa, Holomorphic curves and Toda systems, Lett. Math. Phys. **39** (1997), no. 1, 21–32.

[51]　A. Doliwa, Harmonic maps and periodic Toda systems, J. Math. Phys. **38** (1997), no. 3, 1685–1691.

[52]　A. Doliwa, Discrete integrable geometry with ruler and compass, *Symmetries and Integrability of Difference Equations* (SIDE II), pp. 122–136, Cambridge Univ. Press, 1999.

[53]　A. Doliwa, Quadratic reductions of quadrilateral lattices, J. Geom. Phys. **30** (1999), no. 2, 169–186.

[54]　A. Doliwa, Lattice geometry of Hirota equation, *SIDE III–Symmetries and Integrability of Difference Equations* (1998), CRM Proc. Lect. Notes. **25**, Amer. Math. Soc., 2000, pp. 93–100.

[55]　A. Doliwa, P. M. Santini, Integrable dynamics of a discrete curve and the Ablowitz-Ladik hierarchy, J. Math. Phys. **36** (1995), no. 3, 1259–1273.

[56]　A. Doliwa and A. Sym, Minimal surfaces in S^{2m} and Toda systems, preprint, IFT/11/92, Warsaw University, 1992.

[57]　A. Doliwa, A. Sym, Nonlinear σ-models on spheres and Toda systems, Phys. Lett. A **185** (1994), no. 5-6, 453–460.

[58]　J. F. Dorfmeister, J. Inoguchi and S. P. Kobayashi, Constant mean curvature surfaces in hyperbolic 3-space via loop groups, J. Reine Angew. Math. **686** (2014),

no. 1, 1–36.

[59] J. F. Dorfmeister, J. Inoguchi and S. P. Kobayashi, A loop group method for minimal surfaces in the three-dimensional Heisenberg group, Asian J. Math. **20** (2016), no. 3, 409–448.

[60] J. F. Dorfmeister, J. Inoguchi and S. P. Kobayashi, A loop group method for affine harmonic maps into Lie groups, Adv. Math. **298** (2016), 207–253.

[61] J. Dorfmeister, J. Inoguchi and M. Toda, Weierstraß type representations of time-like surfaces with constant mean curvature, *Integrable Systems in Differential Geometry*, Contemp. Math. **308** (2002), pp. 77–99.

[62] J. Dorfmeister, I. McIntosh, F. Pedit and H. Wu. On the meromorphic potentials for a harmonic surfaces in a k-symmetric space, Manuscripta Math. **92** (1997), no. 2, 143–152.

[63] J. Dorfmeister, F. Pedit and H. Wu, Weierstrass type representation of harmonic maps into symmetric spaces, Comm. Anal. Geom. **6** (1998), no. 4, 633–668.

[64] J. Eells and J. H. Sampson, Harmonic mappings of Riemannian manifolds, Amer. J. Math. **86** (1964), 109–160.

[65] J. Eells and J. C. Wood, Harmonic maps from surfaces to complex projective spaces, Adv. Math. **49** (1983), no. 3, 217–263.

[66] N. Ejiri, Calabi lifting and surface geometry in S^4, Tokyo J. Math. **9** (1986), no. 2, 297–324.

[67] N. Ercolani, H. Flaschcka, S. Singer, The geometry of the full Kostant-Toda lattice, *Integrable Systems*, Prog. Math. **115** (1993), pp. 181–225, Birkäuser.

[68] B.-F. Feng, J. Inoguchi, K. Kajiwara, K. Maruno and Y. Ohta, Discrete integrable systems and hodograph transformations arising from motions of discrete plane curves, J. Phys. A **44** (2011), no. 39, Article Number 395201.

[69] B.-F. Feng, J. Inoguchi, K. Kajiwara, K. Maruno and Y. Ohta, Integrable discretizations of the Dym equation, Front. Math. China **8** (2013), no. 4, 1017–1029.

[70] E. V. Ferapontov and W. K. Schief, Surfaces of Demoulin: Differential geometry, Bäcklund transformations and Integrability, J. Geom. Phys. **30** (1999), no. 4, 343–363.

[71] D. Ferus, F. Pedit and U. Pinkall, I. Sterling, Minimal tori in S^4, J. Reine Angew. Math. **429** (1992), 1–47.

[72] P. S. Finikoff, Sur les suites de Laplace constent des congruences de Wilczinski, C. R. Acad. Sci. **189** (1929), 517–519.

[73] P. S. Finikoff, Certain periodic sequences of Laplace of period six in ordinary space, Duke Math. J. **14** (1947), 807–835.

[74] A. Fordy and J. C. Wood (eds.), *Harmonic Maps and Integrable Systems*, Vieweg, 1994.

[75] 舩田征位, Sine-Gordon 方程式と曲面論, 山形大学大学院理工学研究科修士論文, 2014.

[76] 古畑仁, 『曲面』, 数学書房, 2013.

[77] A. Givental and B. Kim, Quantum cohomology of flag manifolds and Toda lattices, Comm. Math. Phys. **168** (1995), no. 3, 609–641.

[78] R. Goldstein and D. M. Petrich, The Korteweg-de Vries hierarchy as dynamics of closed curves in the plane, Phys. Rev. Lett. **67** (1991), no. 23, 3203–3206.

[79] C. H. Gu, H. S. Hu and J. Inoguchi, On time-like surfaces of positive constant

Gaussian curvature and imaginary principal curvatures, J. Geom. Phys. **41** (2002), no. 4, 296–311.

[80] C. H. Gu, H. S. Hu, and Z. X. Zhou, *Darboux Transformations in Integrable Systems. Theory and their Applications to Geometry*, Springer Verlag, 2005.

[81] M. A. Guest, Harmonic two-spheres in complex projective space and some open problems, Exposition. Math. **10** (1992), no. 1, 61–87.

[82] M. A. Guest, *Harmonic Maps, Loop Groups, and Integrable Systems*, London Math. Soc. Student Texts **38**, Cambridge Univ. Press, 1997.

[83] M. A. Guest, Introduction to homological geometry I, II, *Integrable Systems, Geometry and Topology*, (C. L. Terng ed.), AMS/IP Studies in Advanced Mathematics **36**, pp. 83–121, 123–150, Amer. Math. Soc. and International Press, 2006.

[84] M. A. Guest, *From Quantum Cohomology to Integrable Systems*, Oxford Univ. Press, 2008.

[85] M. A. Guest and T. Otofuji, Quantum cohomology and the periodic Toda lattie, Comm. Math. Phys. **217** (2001), no. 3, 475–487.

[86] マーティン・ゲスト, 乙藤隆史, ミラー対称性と D 加群, 『ミラー対称性入門』, 深谷賢治 [編], 日本評論社, 2009, pp. 109–120.

[87] M. A. Guest and A. N. Pressley, Holomorphic curves in loop groups, Comm. Math. Phys. **118** (1988), no. 3, 511–527.

[88] H. Hasimoto, A soliton on a vortex filament, J. Fluid Mech. **51** (1972), no. 3, 477–485.

[89] S. Hirose, J. Inoguchi, K. Kajiwara, N. Matsuura and Y. Ohta, dNLS flow on discrete space curves, *Mathmatical Progress in Expressive Image Synthesis* III, Math. for Industry 24, pp. 137–149, Springer Tokyo, 2016.

[90] R. Hirota, Discrete analogue of a generalized Toda equation, J. Phys. Soc. Jpn. **50** (1981), no. 11, 3785–3791.

[91] R. Hirota, Discretization of the potential modified KdV equation, J. Phys. Soc. Jpn. **67** (1998), no. 7, 2234–2236.

[92] 広田良吾・高橋大輔, 『差分と超離散』, 共立出版, 2003.

[93] N. J. Hitchin, Harmonic maps from a 2-torus to the 3-sphere, J. Differential Geom. **31** (1990), no. 3, 627–710.

[94] T. Hoffmann, Discrete Differential Geometry of Curves and Surfaces, 九州大学 COE レクチャーノート, Vol. 18, 2009.

[95] T. Hoffmann and N. Kutz, Discrete curves in $\mathbb{C}P^1$ and the Toda lattice, Stud. Appl. Math. **113** (2004), no. 1, 31–55.

[96] S. A. Horochorin, Deformations of plane curves and soliton equations, 首都大学東京修士論文, 2011 (http://hdl.handlenet/10748/4126)

[97] H.-S. Hu, Darboux transformation of Su-chain, *Differential Geometry. Proc. Symp. in honour of Prof. Su Buchin on his 90th birthday*, pp. 108–113, World Scientific, 1993.

[98] H.-S. Hu, On the geometry of sinh-Gordon equation, *Proc. Workshop on Qualitative Aspects and Applications of Nonlinear Evolution Equations*, pp. 35–47, World Scientific, 1994.

[99] K. Ikeda, The Toda flows preserving small cells of the flag variety G/B and Kazhdan's x_0-grading, J. Geom. Phys. **57** (2007), no. 3, 799–813.

参考文献 357

[100] J. Inoguchi, Darboux transformations on timelike constant mean curvature surfaces, J. Geom. Phys. **32** (1999), no. 4, 57–78.

[101] 井ノ口順一,『幾何学いろいろ』, 日本評論社, 2007.

[102] 井ノ口順一,『リッカチのひ・み・つ』, 日本評論社, 2010.

[103] 井ノ口順一,『どこにでも居る幾何』, 日本評論社, 2010.

[104] 井ノ口順一,『曲線とソリトン』, 開かれた数学 4, 朝倉書店, 2010.

[105] 井ノ口順一,『負定曲率曲面とサイン・ゴルドン方程式』, 埼玉大学数学レクチャーノート 1, 埼玉大学理学部数学教室, 2012.

[106] 井ノ口順一,『曲面と可積分系』, 現代基礎数学 18, 朝倉書店, 2015.

[107] 井ノ口順一,『平面幾何からソリトン理論へ』(仮題), 刊行予定.

[108] J. Inoguchi, Attractive plane curves in Differential geometry, *Mathmatical Progress in Expressive Image Synthesis* III, Math. for Industry 24, Springer Tokyo, 2016, pp. 121–135.

[109] 井ノ口順一, The hidden symmetry of chiral fields and the Riemann-Hilbert problems, revisited (和文), 京都大学数理解析研究所講究録, 掲載予定.

[110] 井ノ口順一, 19世紀の微分幾何. 曲面の変換理論, 津田塾大学　数学・計算機科学研究所報 **38** (2017), 第 27 回数学史シンポジウム（2016）, 68–80.

[111] 井ノ口順一・梶原健司・筧三郎・松浦望・太田泰広,『離散可積分系・離散微分幾何チュートリアル 2012』, COE レクチャーノート **40**, 九州大学, 2012.

[112] J. Inoguchi, K. Kajiwara, N. Matsuura and Y. Ohta, Motion and Bäcklund transformations of plane discrete curves, Kyushu J. Math. **66** (2012), no. 2, 303–324.

[113] J. Inoguchi, K. Kajiwara, N. Matsuura and Y. Ohta, Explicit solutions to semidiscrete modified KdV equation and motion of discrete plane curves, J. Phys. A **45** (2012), no. 4, Article Number 045206.

[114] J. Inoguchi, K. Kajiwara, N. Matsuura and Y. Ohta, Discrete mKdV and discrete Sine-Gordon flows on discrete space curves, J. Phys. A **47** (2014), no. 23, Article Number 235202.

[115] J. Inoguchi, K. Kajiwara, N. Matsuura and Y. Ohta, Discrete isoperimetric deformation of discrete curves, *Mathematical Progress in Expressive Image Synthesis* I, Mathematics for Industry vol. 4, pp. 111–122, Springer Japan, 2014.

[116] J. Inoguchi, K. Kajiwara, N. Matsuura and Y. Ohta, Discrete models of isoperimetric deformation of plane curves, *A Mathematical Approach to Research Problems of Science and Technology*, Mathematics for Industry vol. 5, pp. 89–99, Springer Japan, 2014.

[117] 井ノ口順一・加藤慎也, 平面離散曲線の例について, 九州大学応用力学研究所研究集会報告 26A0-S2 (2015), 121–126.

[118] 井ノ口順一・小林真平・松浦望,『曲面の微分幾何学とソリトン方程式 – 可積分幾何入門』, 立教 SFR 講究録 no. 8, 2005.

[119] J. Inoguchi, T. Taniguchi and S. Udagawa, Finite gap solutions for horizontal minimal surfaces of finite type in 5-sphere, J. Integrable Syst. **1** (2015), no. 1, xyw011, 34 pages.

[120] J. Inoguchi and S. Udagawa, Affine spheres of finite type and Symes method, preprint.

[121] 神保道夫, よみがえる 19 世紀数学,『現代数学の流れ 1』, 2004, pp. 141–166.

[122] V. G. Kac, *Infinite Dimensional Lie Algebras*, 3rd ed., Cambridge Univ. Press,

1990.

[123] 梶原健司, 離散可積分系の基礎,『可視化の技術と現代幾何学』, 若山正人 [編], 岩波書店, 2010 pp.47–92.

[124] 梶原健司,『離散曲線のダイナミクスと離散可積分系』, 立教大学数理物理学研究センター Lecture Note vol. 1, 2013.

[125] K. Kajiwara and S. Kakei, Toda lattice hierarchy and Goldstein-Petrich flows for plane curves, Comm. Math. Univ. Sancti Pauli **64** (2015), no. 1, 29–45.

[126] K. Kajiwara, T. Kuroda and N. Matsuura, Isogonal deformation of discrete plane curves and discrete Burgers hierarchy, Pac. J. Math. Ind. **8** (2016), Article Number 3, 14 pages.

[127] Y. Kametaka, On the Euler-Poisson-Darboux equation and the Toda equation. I, II, Proc. Japan Acad. Ser. A Math. Sci. **60** (1984), no. 5, 145–148, no. 6, 181–184.

[128] 加藤慎也, 平面離散曲線の研究, 山形大学大学院理工学研究科修士論文, 2014.

[129] P. Kellersch, *Eine Verallgemeinerung der Iwasawa Zerlegung in Loop Gruppen*, Ph. D. Thesis, Technische Universität München, 1999. (DGDS. Differential Geometry–Dynamical Systems. Monographs **4**, Geometry Balkan Press, Bucharest, 2004).

[130] I. Khemar, *Elliptic Integrable Systems: A Comprehensive Geometric Interpretation*, Mem. Amer. Math. Soc. **219** (2012), no. 1031.

[131] T. Klotz, Some uses of the second conformal structure on strictly convex surfaces, Proc. Amer. Math. Soc. **14** (1963), 793–799.

[132] S.-P. Kobayashi, Real forms of complex surfaces of constant mean curvature, Trans. Amer. Math. Soc. **363** (2011), 1765–1788.

[133] 小林真平, Dressing 作用による可積分系の差分化について, 京都大学数理解析研究所講究録別 冊 **B41** (2013), 161–171.

[134] S.-P. Kobayashi, A loop group method for Demoulin surfaces in the 3-dimensional real projective space, Differential Geom. Appl. **40** (2015), 57–66.

[135] S.-P. Kobayashi, Nonlinear d'Alembert formula for discrete pseudospherical surfaces, J. Geom. Phys. **119** (2017), 208–223.

[136] Y. Kodama and B. Shipman, The finite non-periodic Toda lattice: A geometric and topological viewpoint, arXiv:0805.1389v1.

[137] N. Koiso, Vortex filament equation and a semilinear Schrödinger equation in a hermitian symmetric space, Osaka J. Math. **34** (1997), no. 1, 199–214.

[138] 小磯憲史, 渦糸の方程式の幾何と解析, 竹内勝先生メモリアル研究会, Lecture Notes Series in Math. **7** (2002), 大阪大学大学院, 165–176.

[139] B. G. Konopelchenko and W. K. Schief, Menelaus' theorem, Clifford configurations and inversive geometry of the Schwarzian KP hierarchy, J. Phys. A **35** (2002), no. 29, 6125–6144.

[140] V. A. Kozel and V. P. Kotljarov, Almost periodic solutions of the equation $u_{xx} - u_{tt} + \sin u = 0$ (in Russian), Dokl. Akad. Nauk. Ukrain. SSR Set. A **10** (1976), 878–881.

[141] A. Kuniba, T. Nakanishi and J. Suzuki, Functional relations in solvable lattice models: I. Functional relations and representation theory, Int. J. Modern Phys. A **9** (1994), no. 30, 5215–5312.

[142] A. Kuniba, T. Nakanishi and J. Suzuki, *T*-systems and *Y*-systems in integrable

参考文献　　　　　　　　　　　　　　　　　　　　　　　　　　　　　**359**

systems, J. Phys. A **44** (2011), Article Number 103001.

[143] G. L. Lamb and Jr., Bäcklund transformations at the turn of the century, R. M. Miura (ed.), *Bäcklund Transformations, the Inverse Scattering Method, Solitons, and Their Applications* (NSF Research Workshop on Contact Transformations), Lect. Notes. Math. **515** (1976), Springer Verlag.

[144] G. L. Lamb and Jr., Solitons and the motion of helical curves, Phys. Rev. Lett. 37 (1976), 235–237. Erratum. Phys. Rev. Lett. **37** (1976), no. 5, 723.

[145] G. L. Lamb and Jr., Solitons on moving space curves, J. Math. Phys. **18** (1977), no. 8, 1654–1661.

[146] H. B. Lawson, Surfaces minimales et la construction de Calabi-Penrose, Seminaire Bourbaki, Vol. 1983/84, Asterisque, **121–122** (1985), 197–211.

[147] J. Lepowsky and R. Wilson, Construction of the affine Lie algebra $A_1^{(1)}$, Comm. Math. Phys. **62** (1978), no. 1, 45–53.

[148] 松木平淳太, 超離散可積分系とソリトン・セルオートマトン, 中村佳正 [編],『可積分系の応用数理』, pp. 95–129, 裳華房, 2000.

[149] 松宮孝明, 3 次元 Euclid 空間曲線および相似幾何における平面曲線の時間発展, 関西学院大学大学院理工学研究科修士論文, 2014.

[150] 松浦望, 曲線と曲面の差分幾何, 九州大学応用力学研究所研究集会報告 **22AO-S8** (2011), 62–74. (http://hdl.handle.net/2324/23394)

[151] N. Matsuura, Discrete KdV and discrete modified KdV equations arising from motions of planar discrete curves, Internat. Math. Research Notices 2012, no. 8, 1681–1698.

[152] 松浦望, 曲線の差分幾何, 京都大学数理解析研究所講究録別冊 **B30** (2012), 53–75.

[153] 松浦望, 曲線と曲面の差分幾何, 日本応用数理学会論文誌 **23** (2013), no. 1, 55–107.

[154] 松浦望, 曲線と曲面の差分幾何, 応用数理 **26** (2016), no. 3, 17–24.

[155] H. Mastuzoe, Geometry of semi-Weyl manifolds and Weyl manifolds, Kyushu J. Math. **55** (2001), no. 1, 107–117.

[156] I. McIntosh, Global solutions of the elliptic 2D periodic Toda lattice, Nonlinearity **7** (1994), no. 1, 85–108. Corrigendum, **8** (1995), no. 4, 629–630.

[157] I. McIntosh, Infinite-dimensional Lie groups and the two-dimensional Toda lattice, *Harmonic Maps and Integrable Systems*, pp. 205–220, Vieweg, 1994.

[158] S. Melko and I. Sterling, Applications of soliton theory to the construction of pseudospherical surfaces in $\mathbf{R}^3$, Ann. Global Anal. Geom. **11** (1993), no. 1, 65–107.

[159] S. Melko and I. Sterling, Integrable systems, harmonic maps and the classical theory of surfaces, *Harmonic Maps and Integrable Systems*, pp. 129–144, Vieweg, 1994.

[160] 三谷浩将, 筧三郎, ラルフ・ウィロックス, 拡張された Tzitzeica 方程式と中心アフィン曲面, 九州大学応用力学研究所研究集会報告 **24AO-S3** (2013), 128–133(Article Number 20).

[161] K. T. Miura, R. U. Gobithaasan, S. Suzuki and S. Usuki, Reformulation of generalized log-aesthetic curves with Bernoulli equations, Comput.-Aided Design Appl. **13** (2016), no. 2, 265–269.

[162] R. M. Miura (ed.), *Bäcklund Transformations, the Inverse Scattering Method, Solitons, and Their Applications* (NSF Research Workshop on Contact Transformations), Lect. Notes. Math. **515** (1976), Springer Verlag.

[163] 森本明彦, Darboux の曲面論について (現代的視点から), Reports on Global Analysis **7**, 1984.

[164] E. Musso, Motion of curves in the projective plane inducing the Kaup-Kupershmidt hierarchy, SIGMA **8** (2012), 030, 20 pages.

[165] A. Nahmod, A. Stefanov and K. Uhlenbeck, On Schrödinger maps, Comm. Pure Appl. Math. **56** (2003), no. 1. 114–151. Erratum **57** (2004), no. 6, 833–839.

[166] Y. Nakamura, Completely integrable gradient systems on the manifolds of Gaussian and multinomial distributions, Japan J. Indust. Appl. Math. **10** (1993), no. 2, 179–189.

[167] Y. Nakamura, A tau-function for the finite Toda molecule, and information spaces, Contemp. Math. **179** (1994), 205–211.

[168] 中村佳正, 可積分系とアルゴリズム, 中村佳正 [編], 『可積分系の応用数理』, pp. 171–223, 裳華房, 2000.

[169] 中村佳正, 『可積分系の機能的数理』, 共立叢書 現代数学の潮流, 2006.

[170] 西川青季, 『幾何学の変分問題』, 岩波書店, 2006.

[171] 野水克己・佐々木武, 『アフィン微分幾何学. アフィンはめ込みの幾何』, 裳華房, 1994.

[172] S. Okuhara, A construction of special Lagrangian 3-folds via the generalized Weierstrass representation, Hokkaido Math. J. **43** (2014), no. 2, 175–199.

[173] R. Pacheco, On harmonic tori in compact rank one symmetric spaces, Diff. Geom. Appl. **27** (2009), no. 3, 352–361.

[174] U. Pinkall, Hamiltonian flows on the star-shaped curves, Results Math. **27** (1995), no. 3–4, 328–332.

[175] A. Pressley and G. Segal, *Loop Groups*, Oxford Math. Monographs, Oxford Univ. Press, 1986.

[176] J. Ramanathan, Harmonic maps from S^2 to $G_{2,4}$, J. Differential Geom. **19** (1984), no. 1, 207–219.

[177] C. Rogers and W. K. Schief, *Bäcklund and Darboux Transformations. Geometry and Modern Applications in Soliton Theory*, Cambridge Univ. Press, 2002.

[178] 齋藤正彦, 『線型代数入門』, 東京大学出版会, 1966.

[179] 斎藤暁, 弦模型の離散幾何学, 京都大学数理解析研究所講究録 **1098** (1999), 96–103.

[180] T. Sasaki, Line congruence and transformation of projective surfaces, Kyushu J. Math. **60** (2006), no. 1, 101–243.

[181] 佐藤幹夫 [述]・野海正俊 [記], 『ソリトン方程式と普遍グラスマン多様体』, 上智大学数学講究録 **18** (1984).

[182] G. Segal, Loop groups and harmonic maps, *Advances in Homotopy Theory*, Cortona, 1988, London Math. Soc. Lecture Note Series, vol. 139, pp. 153–167, Cambridge Univ. Press, 1989.

[183] G. Segal and G. Wilson, Loop groups and equations of KdV type, Pub. I.H.E.S. **61** (1985), 5–65.

[184] B. Shipman, On the geometry of certain iso-spectral sets in the full Kostant-Toda lattice, Pacific J. Math. **181** (1997), no. 1, 159–185.

[185] B. Su, On certain periodic sequence of Laplace of period four in ordinary space, Sci. Rep. Tôhoku Imperial Univ. (1) **25** (1936), 227–256.

[186] M. Svensson and J. C. Wood, Harmonic maps into the exceptional symmetric space $G_2/SO(4)$, J. London Math. Soc. (2) **91** (2015), no. 1, 291–319.

参考文献 **361**

[187] S. Tabachnikov, The four-vertex theorem revisited-two variations on the old theme, Amer. Math. Monthly **102** (1995), no. 10, 912–916.

[188] S. Tabachnikov, A four vertex theorem for polygons, Amer. Math. Monthly **107** (2000), no. 9, 830–833.

[189] 高崎金久,『可積分系の世界. 戸田格子とその仲間』, 共立出版, 2001.

[190] T. Takebe, *Lectures on Dispersionless Integrable Hierarchies* (英文), 立教大学数理物理学研究センター Lecture Note vol. 2, 2014.

[191] 田中俊一・伊達悦朗,『KdV 方程式』, 紀伊国屋数学叢書 **16**, 1979.

[192] K. P. Tod, Scalar-flat Kähler and hyper-Kähler metrics from Painleve-III, Class. Quantum Grav. **12** (1995), no. 6, 1535–1547.

[193] 戸田盛和,『非線形格子力学』, 岩波応用数学叢書, 1978.

[194] C. Tomei, The topology of isospectral manifolds of tridiagonal matrices, Duke Math. J. **184** (1984), no. 4, 981–996.

[195] S. Udagawa, Harmonic maps from a two-torus into a complex Grassmann manifold, International J. Math. **6** (1995), no. 3, 447–459.

[196] S. Udagawa, Harmonic tori in quaternionic projective 3-spaces, Proc. Amer. Math. Soc. **125** (1997), no. 1, 275–285.

[197] S. Udagawa, On the Tzitzeica equation, 日本大学医学部一般教育研究紀要 **31** (2003), 13–42.

[198] K. Ueno, Infinite dimensional Lie algebras acting on chiral fields and the Riemann-Hilbert problem, Publ. RIMS. **19** (1983), no. 1, 59–82.

[199] K. Ueno and Y. Nakamura, The hidden symmetry of chiral fields and the Riemann-Hilbert problem, Phys. Lett. **117B** (1982), no. 3-4, 208–212.

[200] K. K. Uhlenbeck, Harmonic maps into Lie groups (Classical solutions of the chiral model), J. Differential Geom. **30** (1989), no. 1, 1–50.

[201] G. Valli, On the energy spectrum of harmonic 2-spheres in unitary groups, Topology **277** (1988), no. 2, 129–136.

[202] R. S. Ward, Einstein-Weyl spaces and $SU(\infty)$ Toda fields, Class. Quantum Grav. **7** (1990), no. 4, L95–L98.

[203] R. Willox, On a generalized Tzitzeica equation, Glasgow Math. J. **47A** (2005), no. A, 221–231.

[204] J. C. Wood, The explicit construction and parametrization of all harmonic maps from the two-sphere to a complex Grassmannian, J. Reine Angew. Math. **386** (1988), 1–31. Correction: **397** (1989), 220.

[205] J. C. Wood, Explicit construction and parametrization of harmonic two-spheres in the unitary group, Proc. London Math. Soc. (3) **58** (1989), no. 3, 608–624.

[206] J. G. Wolfson, On minimal two-spheres in Kähler manifolds of constant holomorphic sectional curvature, Trans. Amer. Math. Soc. **290** (1985), no. 2, 627–646.

[207] J. G. Wolfson, Harmonic maps of the two-sphere into the complex hyperquadric, J. Differential Geom. **24** (1986), no. 2, 141–152.

[208] J. G. Wolfson, Harmonic sequences and harmonic maps of surfaces into complex Grassmann manifolds, J. Differential Geom. **27** (1988), no. 1, 161–178.

[209] V. E. Zakharov and A. V. Mikhailov, Relativistically invariant two-dimensional models of field theory which are integrable by means of the inverse scattering problem method. Sov. Phys. JETP **47** (1978), no. 6, 1017–1027.

362 第 4 章 幾何学と可積分系

[210] V. E. Zakharov and A. B. Shabat, Integration of nonlinear equations of mathematical physics by the method of inverse scattering. II, Funct. Anal. Appl. **13** (1979), no. 3, 166–174.

[211] W. J. Zakrzewski, *Low-dimensional Sigma Models*, Adam Hilger, 1989.

[212] 特集 ひろがる可積分系の世界：戸田方程式の 30 年, 数理科学, **405** (1997), no. 3.

[213] 特集 戸田格子 40 年, 数学セミナー, **558** (2008), no. 3.

第5章

応用可積分系

5.1 応用可積分系とは

　リューヴィル–アーノルドの意味での完全積分可能なハミルトン力学系とは，（互いに独立でポアソン括弧について包合系をなす）系の自由度と等しい個数の保存量（第1積分）をもち，それゆえに適切な変数を選べば必ず線形系に変換され，有限回の演算で求積可能となる力学系として定義されている．保存量のいくつかはエネルギー保存，運動量保存といった力学的な意味をもつ．しかし，完全積分可能系の例はあまり多くなく，剛体の回転運動を記述するコワレフスカヤのコマ以来，約80年ぶりに発見された完全積分可能系が，戸田盛和による周期的境界条件のもとでの有限戸田格子 (finite periodic Toda lattice) 方程式であった [60]．1967年のことである．

　戸田格子は境界条件や行列表示に注目した拡張系や偏微分方程式版の導入が容易であることから多くの研究者が注目した．とりわけ，空間的に両側に無限に伸びた無限戸田格子 (infinite Toda lattice) 方程式は，浅い水の波の KdV 方程式と同じく，ソリトン解や無限個の保存量をもち，リューヴィル–アーノルドの意味での可積分系の自然な無限次元拡張版と見なされるものであった [62]．また，時間変数に関する2階微分 d^2u/dt^2 を空間変数についての混合偏微分 u_{xy} に置き換えた2次元化戸田格子 (2-dimensional Toda lattice) が登場し，楕円関数，共形場，量子重力場やランダム行列の理論などに関係して盛んに研究さ

れた [59]．戸田格子を戸田鎖 (Toda chain) ということもある．

　一方，モーザー [35] が考察した固定境界条件のもとでの有限非周期戸田格子 (finite nonperiodic Toda lattice) もまた完全積分可能なハミルトン系である．さらに，有限非周期戸田格子の境界の片側を無限に伸ばした半無限戸田格子 (5.116) もある [4]．直交多項式との密接な関係をもち [2], [43], [53]，応用可積分系において大きな役割を果たすのは，これらの（固定した境界条件のもとでの）戸田格子たちである．戸田分子 (Toda molecule) と呼ばれることもある．

　可積分系 (integrable systems) とは，可積分な非線形力学系とその離散類似の総称である．積分できる力学系とは，変数変換や積分操作によって（無限級数ではなく）閉じた形で解を表現できる微分方程式のことであるから，その離散類似についても，一般項が閉じた形に書き下される漸化式を「可積分系」と呼んでいる．integral は，本来は，欠けるところがない，完全な，統合されたものといった意味をもつ．転じて，数学では，整数や図形の求積について使われる言葉になった．したがって，可積分系は連続・離散を問わず integrable な力学系という本来の意味に沿った呼称ということができる．

　一方，なぜ解や一般項が閉じた形に書き下せるか，何が可積分系の本質かと考えれば，非線形という形容詞はもはや適切には感じられない．完全積分可能なハミルトン力学系で見られるような「ビルトインされた線形性 (built-in linearity)」とでもいうべきか．線形性が背後にあるから変数変換を経て変数分離されたり線形化されて解け，逆に，ビルトインされることで非線形になった方程式（漸化式）の解（一般項）を閉じた形で表すことができる．完全積分可能なハミルトン力学系だけでなく，たとえば，リッカチの非線形常微分方程式の解は 2 階線形常微分方程式の独立な 2 解の比で与えられる．ここでいう非線形と線形にはリッカチ方程式の解空間である射影空間を斉次座標で見るか非斉次座標で見るかの違いしかない．また，種々のソリトン方程式は線形方程式の解を成分とする行列式で表される特殊解であるソリトン解をもつが，これはソリトン方程式が佐藤幹夫のグラスマン多様体（射影空間の無限次元への拡張）を解空間とすることの帰結と理解されている（第 1 章参照）．

　「からくり」がわかれば自明になってしまう危うさもあるのだが，シンプルさゆえに一種の普遍性を獲得する．線形関係式で入出力が表される線形応答系

5.1 応用可積分系とは 365

や線形の目的関数と制約条件式で表される線形計画問題のように，解の単純な重ね合わせができない「線形」系はいたる所にある．連続・離散の線形問題にフーリエ解析が有効であったように，「ビルトインされた線形性」の考え方は，広いクラスの連続・離散の「ビルトインされた線形性」をもつ問題の解析に用いることができるのではないか？

応用可積分系 (applied integrable systems) とは，可積分系に理論的基盤をおき，可積分系のもつ記述力や機能性を，元来は可積分系とは無関係な「ビルトインされた線形性」をもつ問題の解析に広く適用しようという研究分野である．

現代の可積分系研究の嚆矢を 1960 年代のソリトン研究におくとすれば，応用可積分系研究の礎石は，1975 年のモーザー (J. K. Moser) [35] の "Finitely many mass points on the line under the influence of an exponential potential: An integrable system"，および，1977–79 年に発表された広田良吾 [17] の一連の研究 "Nonlinear partial difference equations I–V" であろう．広田はソリトン方程式の双線形形式表現において，微分演算を差分演算に置き換えてもソリトン解をもつという性質は変わらず，極限操作でもとのソリトン方程式に戻ることを見いだして，ソリトン方程式の離散化手法（第 2 章）を開発した．一般項が閉じた形に書き下される漸化式として離散ソリトン方程式を系統的に導出できるようになったのである．これがさまざまな初期値に対してソリトン方程式の解の挙動を再現する数値積分スキーム (numerical integrator) の開発に役立っただけでなく，その後の超離散ソリトンモデル [18] や箱玉系の研究（第 2, 3 章）[39], [64]，曲線と曲面の幾何学への応用（第 4 章）[22], [23] などへと発展した．

応用可積分系のもう一つのトピックである離散可積分系に基づく数値計算アルゴリズム開発の出発点は前出のモーザーの研究 [35] にある．モーザーは，古典力学の立場からソリトン方程式を考察し，ソリトン解や周期的境界条件のもとでの楕円関数解だけでなく，平衡点に収束する指数関数解をもつ有限非周期戸田格子を解析し，さらに，1982 年にサイムス (W. W. Symes) [57] が，この場合の連続時間の戸田格子の時刻 1 の時間発展が，行列の固有値計算の QR アルゴリズムの 1 ステップと見なせるという指摘を行った．そこでは 3 重対角行列の指数関数の QR 分解が現れる．これを契機に連続時間のラックス型可積分

系と計算アルゴリズムの相互関係の研究が続いた [6], [36], [65]. しかし，微分
方程式をいくら精度よく数値的に解いても既存のアルゴリズムに計算量の点で
遠く及ばず，新しくかつ有用なアルゴリズム開発に結びつくことはなかった.

　その後しばらくして，有限または半無限の離散可積分系と既知の数値計算ア
ルゴリズムの漸化式の等価性という，より直接的な発見（『可積分系の応用数
理』[39] 第5章，第6章）があった．具体的には，離散ポテンシャル KdV 方程
式と数列の収束加速の ε-アルゴリズムの漸化式の等価性 [44]，半無限離散時間
戸田格子と連分数展開 (continued fraction expansion) や行列の固有値計算の
qd アルゴリズムの漸化式の等価性 [20], [52] である．qd アルゴリズムは 1954
年にルティスハウザー (H. Rutishauser) が発表した多目的のアルゴリズムであ
るが [47], [50]，3重対角行列の LR 分解に基づく LR アルゴリズムと等価であ
り [49]，LR アルゴリズムの改良版が現代の標準的な固有値計算法である QR
アルゴリズム [10] であることを考えると，離散可積分系は数値計算アルゴリズ
ム研究のコアにいるのは間違いない．実際，qd アルゴリズムの漸近挙動を調べ
るため，創始者のルティスハウザーは漸化式の連続極限をとってモーザーの戸
田格子を導出していた [48]．戸田盛和 [60] による 1967 年の周期的戸田格子の
発見の 13 年前のことである.

　数値計算アルゴリズムの漸化式が離散可積分系と等価になり，その一般項が
閉じた形に書き下せることは，適切な初期値の設定や収束性，収束次数の証明
などアルゴリズムの解析に役に立つ．発想を逆転すれば，可積分系を離散化す
ることで新しい計算アルゴリズムを定式化するというアイデアが出てくる．そ
れには，なぜ優れた計算アルゴリズムの定式化において離散可積分系が登場し
てくるのかを理解しなければならない.

　半無限の離散可積分系をまったく別の数学的基盤から導いた研究 [11], [12],
[45], [54], [55] がある．それは，直交多項式 (orthogonal polynomial) とその核
多項式の間のクリストッフェル変換を直交多項式の3項間漸化式の係数の変形
方程式と見たとき，それは半無限の離散可積分系に従うというものである．個々
の半無限可積分系はあるクラスの直交多項式の変形方程式に対応し，エルミー
ト，ラゲールなど，個々の直交多項式はその離散可積分系の特殊解に対応する．
この研究は研究が遅れていた半無限可積分系に新たな数学的意味づけを与える

5.2 直交多項式 **367**

とともに，数値解析，近似理論，場の量子論，数理統計学，確率解析などに多
様な応用をもつ直交多項式を通じて，応用可積分系の世界が大きく広がること
を予感させるものである．

　この章では，直交多項式論 [5], [58] を出発点として，行列の 3 重対角化と固
有値計算，与えられた関数の連分数展開といった応用数学の問題に離散可積分
系がいかに現れるかについて，既刊の文献 [40] を補いつつ概説する．

5.2　直交多項式

　単項式 $1, x, x^2, \ldots, x^k$ は k 次以下の多項式 $P_k(x)$ のなす線形空間 $\mathcal{P}_k$ の基底
をなす．言い換えれば，そのような多項式 $P_k(x)$ は

$$P_k(x) = b_{kk}x^k + b_{kk-1}x^{k-1} + \cdots + b_{k1}x + b_{k0}$$

と表される．各係数 b_{kj} は展開係数と呼ばれ，多項式 $P_k(x)$ を特徴づける．
$b_{kk} = 1$ であるような展開係数をもつ多項式はモニック (monic) と呼ばれる．
ただし，0 次の場合には $P_0(x) = 1$ と定める．多項式 $\pi(x)$ の次数を $\deg(\pi(x))$
と書く．モニック多項式 $P_k(x)$ については，もちろん，$\deg(P_k(x)) = k$ である．

5.2.1　直交多項式の定義

　k 次以下の多項式 $P_k(x)$ のなす線形空間 $\mathcal{P}_k$ において，$\mathcal{P}_k$ 上の線形汎関数
(linear functional) σ のなす集合を考えることができる．ここに，線形汎関数
とは関数（ここでは多項式 π）から複素数への線形作用素 $\sigma[\pi(x)] = \gamma$ のこと
である．汎関数の線形性とは，$\mathcal{P}_k$ の任意の多項式 $\pi_1(x)$, $\pi_2(x)$, 任意の複素数
α, β について，$\sigma[\alpha\pi_1(x) + \beta\pi_2(x)] = \alpha\sigma[\pi_1(x)] + \beta\sigma[\pi_2(x)]$ が成り立つこと
を意味する．以下，線形汎関数の例を与える．

1) 積分 $\mathcal{L}[\pi(x)] = \int_a^b \pi(x)dx$ で定義される汎関数は，多項式 $\pi(x)$ を区間
   (a, b) 上の積分値へ移す積分汎関数である．
2) $w(x)$ を区間 (a, b) 上の連続関数とする．積分 $\mathcal{M}[\pi(x)] = \int_a^b \pi(x)d\rho(x)$,
   または，$\mathcal{M}[\pi(x)] = \int_a^b \pi(x)w(x)dx$ で定義される汎関数は，多項式 $\pi(x)$
   を区間 (a, b) 上の積分値へ移す線形汎関数であり，測度 $d\rho(x)$, または，

368   第 5 章　応用可積分系

　　重み関数 $w(x)$ に関する一般化された積分汎関数と呼ばれる.

　3) $\delta_a(\pi(x)) = \pi(a)$ で定義されるデルタ汎関数 δ_a は，任意の多項式 $\pi(x)$ を
　　点 $x = a$ における値 $\pi(a)$ に移す線形汎関数である.

定義 5.2.1 (モーメント). 単項式 $\{x^k\}$ についての線形汎関数 σ の値

$$c_k = \sigma[x^k] \quad (k = 0, 1, 2, \dots) \tag{5.1}$$

を σ のモーメント (moments) という. モーメントは σ から定まる複素数の数
列 $\{c_k\} := \{c_0, c_1, c_2, \dots\}$ であるが，逆に，モーメントは線形汎関数 σ を特徴
づけるともいえる. 実際，モーメント $\{c_k\}$ が与えられれば，汎関数 σ の多項
式 $P_k(x) = \sum_{j=0}^{k} b_{kj} x^j$ への作用は，$P_k(x)$ における x^j に単に c_j を代入する
だけで

$$\sigma[P_k(x)] = \sum_{j=0}^{k} b_{kj} c_j$$

と表される. 線形空間 $\mathcal{P}_k$ の任意の多項式についてこの操作は可能である. こ
の意味で線形汎関数 σ はモーメントによって完全に定まる.

定義 5.2.2 (直交多項式). 多項式 $P_k(x)$ の集合 $\{P_k(x)\} := \{P_0(x), P_1(x),$
$P_2(x), \dots\}$ について

$$\sigma[P_k(x)x^\ell] = 0 \quad (\ell = 0, 1, \dots, k-1, \ k = 0, 1, \dots) \tag{5.2}$$

$$\sigma[P_k(x)x^k] \neq 0 \quad (k = 0, 1, \dots) \tag{5.3}$$

なる線形汎関数 σ が存在するとき，$\{P_k(x)\}$ を**直交多項式** (orthogonal polyno-
mial) という. 条件 (5.2) を直交性条件 (orthogonality condition)，条件 (5.3)
を非退化条件 (nondegenerate condition) という. とくに，$k = 0$, 1 について
見ると，$\sigma[P_0(x)] = c_0 \neq 0$, $\sigma[P_1(x)] = 0$, $\sigma[P_1(x)x] \neq 0$ となっている.

命題 5.2.3. 直交多項式 $\{P_k(x)\}$ については，条件 (5.2), (5.3) は，それぞれ，
次数 $\deg(q(x)) < k$ の任意の多項式 $q(x)$ についての条件 $\sigma[P_k(x)q(x)] = 0$, 次
数 $\deg(q(x)) = k$ の任意の多項式 $q(x)$ についての条件 $\sigma[P_k(x)q(x)] \neq 0$ と同
値である. ∎

5.2 直交多項式   **369**

σ の線形性より，モニックな直交多項式 $\{P_k(x)\}$ のゼロでない定数倍もまた (5.2), (5.3) を満たす．以下では，簡単のため，モニックな直交多項式に議論を限定する．命題 5.2.3 を用いると次の定理が得られる．

定理 5.2.4. 直交多項式 $\{P_k(x)\}$ については，条件 (5.2) および (5.3) は，条件

$$\sigma[P_k(x)P_\ell(x)] = h_k\delta_{k\ell} \quad (h_k \neq 0, \quad k = 0, 1, \dots) \tag{5.4}$$

と同値である．ここに，h_k は**正規化定数** (normalization constant) と呼ばれるゼロでない複素数の定数，$\delta_{k\ell}$ は $\delta_{k\ell} = 0$ $(k \neq \ell)$ および，$\delta_{kk} = 1$ で定義されるクロネッカーのデルタである．

証明 多項式 $\{P_k(x)\}$ が条件 (5.2) および (5.3) を満たすとする．命題 5.2.3 より，$\ell < k$ であれば，$\sigma[P_k(x)P_\ell(x)] = 0$ が成り立つ．$P_k(x)P_\ell(x) = P_\ell(x)P_k(x)$ だから，$\ell \neq k$ であれば，$\sigma[P_k(x)P_\ell(x)] = 0$ が成り立つ．以下，$\ell = k$ の場合を確かめる．再度，命題 5.2.3 より，$\sigma[P_k(x)P_k(x)] = \sigma[P_k(x)x^k] \neq 0$．これを h_k とおくことで (5.4) を得る．逆に，もし (5.4) が成り立てば，(5.2), (5.3) が成り立つことは簡単にわかる． ∎

$\{P_k(x)\}$ をモニックに限定することで正規化定数は定数倍の不定性なく σ に対応して一意に定まる．任意の多項式が直交性をもつわけではない．たとえば，単項式 $\{x^k\}$ は直交多項式ではない．これを確かめよう．まず，$\{x^k\}$ を直交多項式と仮定してみる．(5.4) より，ゼロでない定数 h_k について，$\sigma[x^k x^\ell] = h_k\delta_{k\ell}$ が成り立つ．一方，モーメントの定義より $\sigma[x^k x^\ell] = c_{k+\ell}$ だから，$k \neq \ell$ なる任意の k, ℓ について $c_{k+\ell} = 0$ となってしまう．$\ell = 0$ とすれば，$c_1 = c_2 = \cdots = c_k = 0$ となり，c_0 以外のモーメントはすべてゼロとなる．これは，$\sigma[x^\ell x^\ell] = c_{2\ell} = h_{2\ell} \neq 0$ に矛盾する．ゆえに，$\sigma[x^k x^\ell] = h_k\delta_{k\ell}$ のような線形汎関数 σ は存在せず，単項式 $\{x^k\}$ は直交多項式にはなりえない．

直交多項式は零点について次のような著しい性質をもつ．証明は，たとえば [5], [58] を参照されたい．

命題 5.2.5. 直交多項式 $\{P_k(x)\}$ の零点 $\lambda_{k,\ell}$ $(k = 1, 2, \dots, \ell = 0, 1, 2, \dots, k-$

1) はすべて実数かつ単根で線形汎関数 σ の直交性を定める区間 (a,b) にあり,

$$\lambda_{k,0} < \lambda_{k-1,0} < \lambda_{k,1} < \lambda_{k-1,1} < \cdots < \lambda_{k,k-2} < \lambda_{k-1,k-2} < \lambda_{k,k-1} \quad (5.5)$$

を満たす. また, 極限 $\xi := \lim_{k\to\infty} \lambda_{k,0}$, $\eta := \lim_{k\to\infty} \lambda_{k,k-1}$ が存在して

$$\xi < \lambda_{k,0} < \lambda_{k,1} < \cdots < \lambda_{k,k-2} < \lambda_{k,k-1} < \eta \quad (5.6)$$

となり, 多項式 $\{P_k(x)\}$ は閉区間 $[\xi,\,\eta]$ 上で直交する.

5.2.2　行列式表示と 3 項漸化式

モーメント $\{c_k\}$ は線形汎関数 σ を特徴づけるだけでなく, 対応する直交多項式をも決定する. 行列 $A = (a_{ij})$ のすべての成分について $a_{ij} = a_{i+j}$ が成り立つとき, 行列 $A = (a_{i+j})$ をハンケル行列 (Hankel matrix), その行列式をハンケル行列式 (Hankel determinant) という. モーメント $\{c_k\}$ のなすハンケル行列式

$$\Delta_k := \det(c_{i+j})_{i,j=0,1,\ldots,k-1} = \begin{vmatrix} c_0 & c_1 & \cdots & c_{k-1} \\ c_1 & c_2 & \cdots & c_k \\ \vdots & \vdots & & \vdots \\ c_{k-1} & c_k & \cdots & c_{2k-2} \end{vmatrix},$$

$$\Delta_0 := 1, \quad \Delta_{-1} := 0 \quad (5.7)$$

を導入する.

定理 5.2.6. モーメント $\{c_k\}$ に対応する直交多項式が存在するための必要十分条件は $\Delta_k \neq 0$ $(k=1,2,\ldots)$ が成り立つことである.

証明　モーメント $\{c_k\}$ に対応する線形汎関数を σ とする. 多項式 $P_k(x) = \sum_{j=0}^{k} b_{kj} x^j$ に対する直交性条件

$$\sigma[x^\ell P_k(x)] = \sum_{j=0}^{k} b_{kj} c_{j+\ell} = h_k \delta_{\ell k} \quad (h_k \neq 0, \quad \ell = 0, 1, \cdots, k)$$

は

$$
\begin{pmatrix}
c_0 & c_1 & \dots & c_k \\
c_1 & c_2 & \dots & c_{k+1} \\
\vdots & \vdots & & \vdots \\
c_{k-1} & c_k & \dots & c_{2k-1} \\
c_k & c_{k+1} & \dots & c_{2k}
\end{pmatrix}
\begin{pmatrix}
b_{k0} \\
b_{k1} \\
\vdots \\
b_{kk-1} \\
b_{kk}
\end{pmatrix}
=
\begin{pmatrix}
0 \\
0 \\
\vdots \\
0 \\
h_n
\end{pmatrix}
$$

と書かれるが，この連立一次方程式が一意解 $\{b_{kj}\}$ をもつためには $\Delta_k \neq 0$ $(k = 1, 2, \dots)$ が必要十分である．クラメルの公式により

$$
b_{kk} = \frac{1}{\Delta_{k+1}}
\begin{vmatrix}
c_0 & \cdots & c_{k-1} & 0 \\
\vdots & & \vdots & \vdots \\
c_{k-1} & \cdots & c_{2k-2} & 0 \\
c_k & \cdots & c_{2k-1} & h_k
\end{vmatrix}
= h_k \frac{\Delta_k}{\Delta_{k+1}}
$$

であるから，非退化条件 $h_k \neq 0$ より $b_{kk} \neq 0$ となり，$P_k(x)$ は k 次多項式である． ■

直交多項式 $P_k(x) = \sum_{j=0}^{k} b_{kj} x^j$ がモニック $(b_{kk} = 1)$ であるとき，(5.4) で定まる正規化定数はモーメント $\{c_k\}$ のなすハンケル行列式によって

$$
h_k = \frac{\Delta_{k+1}}{\Delta_k} \quad (k = 0, 1, \dots) \tag{5.8}
$$

と表される．同時に，直交多項式 $\{P_k(x)\}$ 自身は以下の行列式表示をもつ．

定理 5.2.7. 直交多項式 $\{P_k(x)\}$ はモーメント $\{c_k\}$ を用いて

$$
P_k(x) = \frac{1}{\Delta_k}
\begin{vmatrix}
c_0 & c_1 & \cdots & c_k \\
c_1 & c_2 & \cdots & c_{k+1} \\
\vdots & \vdots & & \vdots \\
c_{k-1} & c_k & \cdots & c_{2k-1} \\
1 & x & \cdots & x^k
\end{vmatrix}, \quad P_0(x) = 1 \tag{5.9}
$$

と表すことができる．

証明 (5.9) で定義される多項式が (5.2) および (5.3) を満たすことを示せばよい. (5.2) について汎関数 $\sigma[P_k(x)x^j]$ を書き下す. それには, 行列式の最後の行 $(1, x, \ldots, x^k)$ を対応するモーメント $(c_j, c_{j+1}, \ldots, c_{j+k})$ で置き換えればよい. この最後の行は同じ行列式の第 $j+1$ 行に一致するから, $j = 0, 1, \ldots, k-1$ については $\sigma[P_k(x)x^j] = 0$ となり, $j = k$ のとき $\sigma[P_k(x)x^k] = h_k \neq 0$ となる. ∎

ところで, 開区間 $(a, b) \subset (-\infty, \infty)$ において恒等的にゼロではなく, かつ任意の実数 x に対して非負の値をとる多項式 $P(x)$ に対して $\sigma[P(x)] > 0$ であるとき, σ は (a, b) 上で**正定値** (positive definite) という.

命題 5.2.8. 区間 (a, b) において, モーメント $c_k = \sigma[x^k]$ がすべて実数, かつ

$$\Delta_k > 0 \quad (k = 0, 1, \ldots) \tag{5.10}$$

であることは線形汎関数 σ が正定値であるための必要十分条件である.

証明は, たとえば, 文献 [5, p.15] にある. (5.10) を満たすときモーメントの列 $\{c_k\}$ を**正** (positive) という. チェビシェフ多項式, エルミート多項式を始めとする応用上重要な直交多項式に対応する線形汎関数は正定値性をもつ.

モニックな直交多項式 $P_k(x)$ に x を掛ければ, $k+1$ 次多項式 $xP_k(x) = x^{k+1} + O(x^k)$ を得る. 右辺は $P_\ell(x)$ $(\ell = 0, 1, \ldots, k+1)$ を用いて

$$xP_k(x) = P_{k+1}(x) + \sum_{\ell=0}^{k} d_{k\ell}P_\ell(x) \quad (k = 0, 1, \ldots)$$

と展開することができるが, 展開係数 $d_{k\ell}$ について以下が成り立つ.

命題 5.2.9. 係数 $d_{k\ell}$ は, d_{kk} と d_{kk-1} とを除き, ゼロである. すなわち, $\ell = 0, 1, \ldots, k-2$ について $d_{k\ell} = 0$.

証明 $xP_k(x)$ と $P_\ell(x)$ の直交性条件 (5.4) より, $\ell \leq k$ について

$$\sigma[xP_k(x)P_\ell(x)] = \sum_{s=0}^{k} d_{ks}\sigma[P_s(x)P_\ell(x)] = h_\ell d_{k\ell} \tag{5.11}$$

を得る. 一方, $P_k(x)$ と $xP_\ell(x) = P_{\ell+1}(x) + \sum_{j=0}^{\ell} d_{\ell j} P_\ell(x)$ について

$$\sigma[P_k(x)xP_\ell(x)]$$

$$= \sigma[P_k(x)P_{\ell+1}(x)] + d_{\ell\ell}\sigma[P_k(x)P_\ell(x)] + d_{\ell\ell-1}\sigma[P_k(x)P_{\ell-1}(x)] + \cdots$$

であるが, 直交性条件 (5.4) を考慮すれば, $\ell < k-2$ のときは, $\sigma[xP_kP_\ell] = 0$ となることがわかる. ゆえに, (5.11) において, $\ell = 0, 1, \ldots, k-2$ なる ℓ については $d_{k\ell} = 0$ となり, 二つの係数 d_{kk}, d_{kk-1} のみが非ゼロとなりえる. この結果, モニックな直交多項式 $P_k(x)$ の満たす **3 項漸化式** (3-term recurrence relation)

$$xP_k(x) = P_{k+1}(x) + \alpha_k P_k(x) + \beta_k P_{k-1}(x) \quad (k = 0, 1, \ldots) \quad (5.12)$$

を得る. ここに, $P_{-1}(x) := 0$, $P_0(x) := 1$, $\alpha_k := d_{kk}$ $(k = 0, 1, \ldots)$, $\beta_k := d_{kk-1}$ $(k = 1, 2, \ldots)$ である. ■

3 項漸化式 (5.12) より, $\sigma[xP_{k-1}P_k] = \beta_k h_{k-1}$, および, $\sigma[xP_{k-1}P_k] = \sigma[(P_k + \alpha_{k-1}P_{k-1} + \beta_{k-1}P_{k-2})P_k] = h_k$ だから, (5.12) の係数 β_k は正規化定数 h_k, モーメント列のなすハンケル行列式 Δ_k を用いて

$$\beta_k = \frac{h_k}{h_{k-1}} = \frac{\Delta_{k-1}\Delta_{k+1}}{\Delta_k^2} \quad (\neq 0) \quad (k = 1, 2, \ldots) \quad (5.13)$$

と表される. 一方, $P_k(x) = \sum_{j=0}^{k} b_{kj}x^j$, $b_{kk} = 1$ を $\sigma[xP_kP_k] = \alpha_k h_k$ に代入して $P_{k+1}(x) = \sum_{j=0}^{k+1} b_{k+1j}x^j$, $b_{k+1k+1} = 1$, および (5.9) を用いると, (5.12) の係数 α_k は

$$\alpha_k = \frac{1}{h_k}(b_{kk-1}\sigma[x^k P_k] + \sigma[x^{k+1}P_k])$$

$$= b_{kk-1} - b_{k+1k}$$

$$= -\frac{\breve{\Delta}_k}{\Delta_k} + \frac{\breve{\Delta}_{k+1}}{\Delta_{k+1}}$$

$$= \frac{\Delta_{k-1,1}\Delta_{k+1}}{\Delta_k\Delta_{k,1}} + \frac{\Delta_{k+1,1}\Delta_k}{\Delta_{k+1}\Delta_{k,1}} \quad (k = 1, 2, \ldots) \quad (5.14)$$

とモーメントを用いて表される. ここに $\breve{\Delta}_k, \Delta_{k,1}$ は, それぞれ

$$\breve{\Delta}_k := \begin{vmatrix} c_0 & \cdots & c_{k-2} & c_k \\ \vdots & & \vdots & \vdots \\ c_{k-1} & \cdots & c_{2k-3} & c_{2k-1} \end{vmatrix}, \quad \Delta_{k,1} := \begin{vmatrix} c_1 & \cdots & c_k \\ \vdots & & \vdots \\ c_k & \cdots & c_{2k-1} \end{vmatrix} \quad (5.15)$$

で定義される行列式である. ここに, $\check{\Delta}_1 := c_1$, $\Delta_{0,1} := 1$ と定める. (5.14)
の最後の変形では行列式に関するシルベスターの行列式恒等式 (Sylvester's de-
terminant identity)

$$\Delta_k \check{\Delta}_{k,1} - \Delta_{k,1} \check{\Delta}_k = \Delta_{k-1,1} \Delta_{k+1} \tag{5.16}$$

を用いている. (5.16) はヤコビの行列式恒等式 (Jacobi's determinant identity)
とも呼ばれる. $\Delta_k \neq 0$ であっても 3 項漸化式 (5.12) の係数 α_k はゼロとなり
うることに注意する.

5.2.3 ファバードの定理

3 項漸化式 (5.12) は直交多項式理論においてきわめて重要である. 実際, (5.12)
は正規直交性条件 (5.4) とある意味で同値といえる. 以下の定理のオリジナル
はファバード (J. Favard) によるものである.

定理 **5.2.10.** 複素数 $\{\alpha_k,\ \beta_k\}$ について, k 次多項式 $\{P_k(x)\}$ が 3 項漸化式
(5.12), および, 初期条件

$$P_0(x) = 1, \quad P_1(x) = x - \alpha_0$$

によって与えられたとする. このとき, $\{\beta\}$ が非零条件 $\beta_k \neq 0$, $k = 1, 2, \ldots$
を満たすことと $\{P_k(x)\}$ が $\sigma[1] \neq 0$ なる適当な線形汎関数 σ に関する (モニッ
クな) 直交多項式であることは同値である. とくに, α_k が実数かつ $\beta_k > 0$ で
あることと σ が正定値な線形汎関数であることは同値である [5].

証明 まず, 初期条件 $P_0(x) = 1$, $P_1(x) = x - \alpha_0$ が与えられれば, 3 項漸化式
によってモニックな多項式 $\{P_k(x)\}$ が一意に定まることに注意する. 以下では,

$$\sigma[P_k(x)] = 0 \quad (k = 1, 2, \ldots) \tag{5.17}$$

を満たす線形汎関数 σ の存在を示す. $k = 1$ のとき, (5.17) より $\sigma[P_1(x)] =$
$\sigma[x - \alpha_0] = c_1 - \alpha_0 c_0 = 0$ であるから, モーメント c_1 はモーメント c_0 と 3 項
漸化式の係数 α_0 によって定まる. $k = 2$ のときも, モーメント c_2 を c_0, c_1 と

3 項漸化式の係数 $\beta_1, \alpha_0, \alpha_1$ で表すことができる. このようにして任意のモーメントは c_0 と 3 項漸化式の係数の関数として定まる. c_0 を $c_0 \neq 0$ なる定数に固定すればモーメント列 $\{c_n\}$ は一意に定まる. たとえば, $c_0 = 1$ と選ぶこともできる. すべてのモーメントが与えられれば, 任意の多項式への作用が定まるというだけではなく, 要請 (5.17) かつ $\sigma[1] \neq 0$, $\sigma[x^k] = c_k$ $(k = 0, 1, \ldots)$ なる線形汎関数 σ が存在する.

次に, (5.17) を用いると, $k > 2$ では $\sigma[P_k(x)x] = \sigma[P_{k+1}(x) + \alpha_k P_k(x) + \beta_k P_{k-1}(x)] = 0$ がわかる. 以下, 帰納的に, $k > \ell$ について $\sigma[P_k(x)x^\ell] = 0$ を得る. これは直交性条件 (5.2) にほかならない. 非退化条件 (5.3) は, 3 項漸化式 (5.12), $\sigma[P_0(x)] = \sigma[1] \neq 0$, (5.17) を用いて

$$\begin{aligned}
\sigma[P_k(x)x^k] &= \sigma[x P_k(x)x^{k-1}] \\
&= \sigma[(P_{k+1}(x) + \alpha_k P_k(x) + \beta_k P_{k-1}(x))x^{k-1}] \\
&= \beta_k \sigma[P_{k-1}(x)x^{k-1}] \\
&= \beta_k \beta_{k-1} \cdots \beta_1 \sigma[P_0(x)] \\
&\neq 0
\end{aligned}$$

となることから従う. $\sigma[1] = h_0 = \Delta_1 = c_0$ に注意して, 正規化定数と 3 項漸化式の係数の関係

$$h_k = c_0 \beta_1 \beta_2 \cdots \beta_k \tag{5.18}$$

を得る. とくに, α_k と β_k が実数であれば, 上で述べたようにモーメント $\{c_n\}$ はすべて実数だから, 命題 5.2.8 および (5.13) より, $\beta_k > 0$ であることと線形汎関数 σ が正定値であることは同値である. ■

ファバードの定理は, $\sigma[P_k(x)x^0] = 0$ と $\sigma[P_0(x)x^0] \neq 0$ を仮定すると, 非零条件 $\beta_k \neq 0$ を満たす 3 項漸化式が生成する多項式 $\{P_k(x)\}$ はこの線形汎関数 σ に関する直交多項式となることを示している.

5.2.4 クリストッフェル変換

線形汎関数 σ について直交する直交多項式 $\{P_k(x)\}$, そのモーメントを $\{c_k\}$

とする. κ を $P_k(\kappa) \neq 0$ $(k = 1, 2, \ldots)$ なる任意の定数として，関数 $\{Q_k(x; \kappa)\}$ を

$$Q_k(x; \kappa) := \frac{P_{k+1}(x) - A_k P_k(x)}{x - \kappa}, \quad A_k := \frac{P_{k+1}(\kappa)}{P_k(\kappa)} \quad (5.19)$$

によって導入する．分子の $P_{k+1}(x) - A_k P_k(x)$ は $x = \kappa$ を零点とする x の $k+1$ 次多項式であるから，$x = \kappa$ は見かけの極であり，$Q_k(x; \kappa)$ はモニックな k 次多項式となる．式 (5.19) は直交多項式でよく知られたクリストッフェル–ダルブーの公式 (Christoffel–Darboux formula)

$$\sum_{\ell=0}^{k} \frac{P_\ell(\kappa) P_\ell(x)}{h_\ell} = \frac{1}{h_k} \frac{P_k(\kappa) P_{k+1}(x) - P_{k+1}(\kappa) P_k(x)}{x - \kappa}$$

に基づくものである．左辺の和を右辺の閉じた形で表すことがこの公式の意味であり，フーリエ解析，近似理論，数値解析などへの幅広い応用をもつ．正定値な汎関数 σ に関する正規直交多項式系 $\{P_k(x)/\sqrt{h_k}\}$ について，有限和 $K_k(x, \kappa) := \sum_{\ell=0}^{k} P_\ell(\kappa) P_\ell(x)/h_\ell$ は**核多項式** (kernel polynomial) と呼ばれる．

さて，任意の多項式 $\pi(x)$ に対して

$$\sigma_\kappa^{(1)}[\pi(x)] := \sigma[(x - \kappa)\pi(x)] \quad (5.20)$$

なる作用の線形汎関数 $\sigma_\kappa^{(1)}$ を導入する．対応するモーメントとそのハンケル行列式は，それぞれ，

$$c_k^{(1)} := \sigma_\kappa^{(1)}[x^k] = c_{k+1} - \kappa c_k, \quad (5.21)$$

$$\Delta_k^{(1)} := \det(c_{i+j}^{(1)})_{i,j=0,1,\ldots,k-1} = (-1)^k P_k(\kappa) \Delta_k \quad (5.22)$$

となる．ここに (5.22) では (5.9) を用いている．したがって以下が成り立つ．

定理 5.2.11. $\kappa \leq \xi$ とする．多項式 $\{Q_k(x; \kappa)\}$ は線形汎関数 $\sigma_\kappa^{(1)}$ について直交する．

証明 直交多項式 $\{P_k(x)\}$ に関する直交性条件 (5.2)，非退化条件 (5.3) より

$$
\begin{aligned}
\sigma_\kappa^{(1)}[Q_k(x; \kappa) x^\ell] &= \sigma[(P_{k+1}(x) - A_k P_k(x)) x^\ell] \\
&= \begin{cases} 0 & (\ell = 0, 1, \ldots, k-1) \\ -h_k A_k > 0 & (\ell = k) \end{cases}
\end{aligned} \quad (5.23)
$$

であるから k 次多項式 $Q_k(x; \kappa)$ は線形汎関数 $\sigma_\kappa^{(1)}$ について直交する.ここで,$h_k > 0$ および,$\kappa \leq \xi$ より従う $A_k < 0$ を用いている. ∎

式 (5.19) は直交多項式 $\{P_k(x)\}$ から直交多項式 $\{Q_k(x; \kappa)\}$ への変換と見ることができ,**クリストッフェル変換** (Christoffel transformation) と呼ばれる.次に,クリストッフェル変換のもとで線形汎関数の正定値性が保たれるための条件について述べよう.まず,σ は (5.6) で定まる区間 $[\xi, \eta]$ 上で正定値であるものとする.

定理 5.2.12. 線形汎関数 $\sigma_\kappa^{(1)}$ が区間 $[\xi, \eta]$ で正定値であるための必要十分条件は

$$\kappa \leq \xi \tag{5.24}$$

で与えられる.このとき,対応するモーメントの列 $\{c_k^{(1)}\}$ は正であり,$\Delta_k^{(1)} > 0$ ($k = 0, 1, \ldots$) が成り立つ [5].

証明 定理 5.2.11 より,$\{Q_k(x; \kappa)\}$ は線形汎関数 $\sigma_\kappa^{(1)}$ に関するモニックな直交多項式である.σ が正定値かつ $\kappa \leq \xi$ であれば,(5.20) より $\sigma_\kappa^{(1)}$ もまた区間 $[\xi, \eta]$ 上で正定値である.

逆に,$\sigma_\kappa^{(1)}$ は区間 $[\xi, \eta]$ 上で正定値とする.

$$R(x) := \frac{P_k(x)}{x - \lambda_{k,0}}$$

とおく.**ガウス型積分公式** (Gauss quadrature formula) [5] より,

$$0 < \sigma_\kappa^{(1)}[R^2(x)] = \sigma[(x - \kappa)R^2(x)] = \mu_{k,0}(\lambda_{k,0} - \kappa)R^2(\lambda_{k,0})$$

が成り立つ.ここに $\mu_{k,0}$ は**クリストッフェル係数** (Christoffel coefficient) と呼ばれる正の定数である.ゆえに任意の k について $\kappa < \lambda_{k,0}$ だから,(5.6) より $\kappa \leq \xi$ が示された. ∎

5.2.5 代表的な直交多項式

a. エルミート多項式
エルミート多項式 (Hermite polynomial) $\{H_k(x)\}$ は

$$H_k(x) = (-2)^{-k} e^{x^2} \left(\frac{d}{dx}\right)^k e^{-x^2} \quad (k = 0, 1, \dots) \tag{5.25}$$

によって定義される．$H_k(x)$ が k 次のモニック多項式であることを確かめよう．(5.25) より明らかに $H_0(x) = 1$, $H_1(x) = x$, $H_k(x) = x^k + O(x^{k-1})$ とおく．定義より

$$e^{-x^2} H_{k+1}(x) = (-2)^{-k-1} \left(\frac{d}{dx}\right)^{k+1} e^{-x^2}$$

であるから，

$$e^{-x^2} H_{k+1}(x) = -\frac{1}{2}\left(\frac{d}{dx}\right)\left(e^{-x^2} H_k(x)\right) = \left(xH_k(x) - \frac{1}{2}H_k'(x)\right)e^{-x^2}$$

が得られる．これより，

$$H_{k+1}(x) = xH_k(x) - \frac{1}{2}H_k'(x) = x^{k+1} + O(x^k)$$

となり，$H_{k+1}(x)$ は $k+1$ 次のモニック多項式であることがわかる．公式集や文献上のエルミート多項式はモニックでないことが多いが，簡単な変換で $\{H_k(x)\}$ と移り合う．

次にエルミート多項式の 3 項漸化式 (5.12) を導出する．式 $e^{-x^2} H_k(x) = (-2)^{-k} (d/dx)^k e^{-x^2}$ を微分して (5.25) を用いると

$$H_k'(x) = 2(xH_k(x) - H_{k+1}(x)) \tag{5.26}$$

を得る．一方，(5.25) より

$$\left(\frac{d}{dx}\right)\left(e^{-x^2} H_k(x)\right) = (-2)^{-k}\left(\frac{d}{dx}\right)^k \left(-2xe^{-x^2}\right)$$

である．両辺を微分してライプニッツ則を用いると

$$H_k'(x) = kH_{k-1}(x) \tag{5.27}$$

(5.26) および (5.27) より 3 項漸化式

$$xH_k(x) = H_{k+1}(x) + \frac{k}{2}H_{k-1}(x) \tag{5.28}$$

とともに，エルミート多項式の満たす 2 階の常微分方程式

$$H_k''(x) - 2xH_k'(x) + 2kH_k(x) = 0 \tag{5.29}$$

5.2 直交多項式

が導かれる.対応する線形汎関数は積分 $\sigma[P(x)] = \int_{-\infty}^{\infty} P(x)e^{-x^2}dx$ で定義される.エルミート多項式の直交性条件および非退化条件

$$\int_{-\infty}^{\infty} H_k(x)H_\ell(x)e^{-x^2}dx = h_k\delta_{k\ell}, \quad h_k = 2^{-k}k!\sqrt{\pi} \ (\neq 0) \tag{5.30}$$

が確かめられる.

b. ラゲール多項式

ラゲール多項式 (Laguerre polynomial) $\{L_k(x)\}$ は

$$L_k(x) = (-1)^k e^x \left(\frac{d}{dx}\right)^k \left(e^{-x}x^k\right) \quad (k = 0, 1, \dots) \tag{5.31}$$

によって定義される.エルミート多項式と同様な議論により3項漸化式

$$xL_k(x) = L_{k+1}(x) + (2k+1)L_k(x) + k^2 L_{k-1}(x) \tag{5.32}$$

直交性条件

$$\int_0^{\infty} L_k(x)L_\ell(x)e^{-x}dx = k!\delta_{k\ell} \tag{5.33}$$

が示される.

c. チェビシェフ多項式

$x = \cos\theta$ とおく.第1種チェビシェフ多項式 (Chebyshev polynomial) は

$$T_k(x) = 2^{1-k}\cos(k\cos^{-1}x) = 2^{1-k}\cos(k\theta) \quad (k = 0, 1, \dots) \tag{5.34}$$

によって定義される.また,

$$U_k(x) = 2^{-k}\frac{\sin((k+1)\theta)}{\sin\theta} \quad (k = 0, 1, \dots) \tag{5.35}$$

で定義される多項式は第2種チェビシェフ多項式と呼ばれる.$T_k(x)$ と $U_k(x)$ はともに k 次のモニック多項式となることは明らかであり,ともに3項漸化式

$$xP_k(x) = P_{k+1}(x) + \frac{1}{4}P_{k-1}(x), \quad P_k(x) = T_k(x), \ U_k(x) \tag{5.36}$$

を満たす.$T_k(x)$ と $U_k(x)$ は相互に,

$$\frac{d}{dx}T_k(x) = kU_{k-1}(x) \tag{5.37}$$

によって結ばれる.直交性条件は,それぞれ,

$$\int_{-1}^1 T_k(x)T_\ell(x)(1-x^2)^{-1/2}dx = 2^{2k-1}\pi\delta_{k\ell} \tag{5.38}$$

$$\int_{-1}^1 U_k(x)U_\ell(x)(1-x^2)^{1/2}dx = 2^{2k-1}\pi\delta_{k\ell} \tag{5.39}$$

となり,線形汎関数の定義が異なることに注意する.

5.3 ランチョス法と qd アルゴリズム

5.3.1 ランチョス多項式

ここでは線形代数を起源とする直交多項式であるランチョス多項式 $\{P_k(x)\}_{k=0,1,\ldots,N}$ について述べる. エルミート多項式などとは異なりランチョス多項式は有限個 (N 個) で途切れる. $A = (a_{ij})$ を $N \times N$ 実対称行列, すなわち, $A^\top = A$ で a_{ij} はすべて実数とする. A に対して

$$A\boldsymbol{e}_k = \lambda_k \boldsymbol{e}_k \quad (k = 0, 1, \ldots, N - 1) \tag{5.40}$$

なるすべての固有値 λ_k ($k = 0, 1, \ldots, N-1$) と対応する (正規化された) 固有ベクトル $\boldsymbol{e}_k$ ($k = 0, 1, \ldots, N-1$) とを求める固有値問題を考える. 実対称行列の固有値はすべて実数だから固有ベクトルは実ベクトルとなる. ここで, 固有値に重複がないと仮定し, 一般性を失うことなく

$$\lambda_0 < \lambda_1 < \cdots < \lambda_{N-1} \tag{5.41}$$

とおく. このとき固有ベクトルは互いに直交し

$$(\boldsymbol{e}_k, \boldsymbol{e}_\ell) = \delta_{k\ell} \tag{5.42}$$

となるように選ぶことができる.

行列 A の固有多項式 $F(x) := \det(xI - A)$ は λ_i を零点とする N 次の多項式であることから $F(x) = (x - \lambda_0)(x - \lambda_1)\cdots(x - \lambda_{N-1})$ と因数分解される. ケーレー–ハミルトンの定理により

$$F(A) = (A - \lambda_0 I)(A - \lambda_1 I)\cdots(A - \lambda_{N-1} I) = O \tag{5.43}$$

が成り立つ. O は零行列. 条件 (5.41) より, 行列 A の固有多項式は最小多項式でもあるから, N 次の行列多項式 $P_N(A)$ で $P_N(A) = O$ なるものが得られれば, N 次多項式 $P_N(x)$ は定数倍の不定性を除いて固有多項式 $F(x)$ に一致する.

ランチョス法 (Lanczos method) [7], [32], [33], [63] について説明する. $\boldsymbol{x}$ を任意の N 次元非零ベクトルとし, 行列 A を乗じてクリロフ列 (Krylov sequence)

5.3 ランチョス法と qd アルゴリズム　　　　　　　　　　　　　　　**381**

$\boldsymbol{x}, A\boldsymbol{x}, A^2\boldsymbol{x}, \ldots$ を生成する．さらにクリロフ部分空間 (Krylov subspace)

$$\mathcal{K}_N := \mathrm{span}\{\boldsymbol{x}, A\boldsymbol{x}, \ldots, A^{N-1}\boldsymbol{x}\}$$

を導入する．対応するクリロフ列 $\boldsymbol{x}, A\boldsymbol{x}, \ldots, A^{N-1}\boldsymbol{x}$ は 1 次独立と仮定する．このとき，$\mathcal{K}_N$ のクリロフ列は N 次元ユークリッド空間 $\mathbf{R}^N$ の基底をなすが，一般に直交系をなさない．ランチョス法は $\mathcal{K}_N$ のクリロフ列を直交化する以下の手順をいう．

　ランチョス法の最初のステップでは初期ベクトルを $\boldsymbol{p}_0 := \boldsymbol{x}$ とおく．第 2 ステップでは，ベクトル $\boldsymbol{p}_1$ を $\boldsymbol{x}$ と $A\boldsymbol{x}$ の線形結合かつ $\boldsymbol{p}_0 = \boldsymbol{x}$ と直交するように，すなわち，$\boldsymbol{p}_1 \in \mathrm{span}\{\boldsymbol{x}, A\boldsymbol{x}\}$ かつ $\boldsymbol{p}_1 \perp \{\boldsymbol{x}\}$ と選ぶ．具体的には

$$\boldsymbol{p}_1 = A\boldsymbol{x} - \gamma_{1,0}\boldsymbol{x} = A\boldsymbol{p}_0 - \gamma_{1,0}\boldsymbol{p}_0$$

とおき，$(\boldsymbol{p}_1, \boldsymbol{p}_0) = 0$ に代入して，定数 $\gamma_{1,0}$ について $\gamma_{1,0} = (A\boldsymbol{x}, \boldsymbol{x})/(\boldsymbol{x}, \boldsymbol{x})$ を得る．

　互いに直交するベクトル $\boldsymbol{p}_0, \boldsymbol{p}_1, \ldots, \boldsymbol{p}_k$ が得られているとする．すなわち，$(\boldsymbol{p}_\ell, \boldsymbol{p}_m) = 0$ $(\ell \neq m, \ \ell, m = 0, 1, \ldots, k)$．以下，ベクトル $\boldsymbol{p}_{k+1}$ を $\boldsymbol{p}_{k+1} \in \mathrm{span}\{\boldsymbol{x}, A\boldsymbol{x}, \ldots, A^{k+1}\boldsymbol{x}\}$ かつ $\boldsymbol{p}_{k+1} \perp \{\boldsymbol{x}, A\boldsymbol{x}, \ldots, A^k\boldsymbol{x}\}$ と選ぶ．ベクトル $\boldsymbol{p}_k, \boldsymbol{p}_{k+1}$ を

$$\boldsymbol{p}_k = A^k\boldsymbol{x} + c_{k,1}A^{k-1}\boldsymbol{x} + \cdots + c_{k,k-1}A\boldsymbol{x} + c_{k,k}\boldsymbol{x},$$
$$\boldsymbol{p}_{k+1} = A^{k+1}\boldsymbol{x} + c_{k+1,1}A^k\boldsymbol{x} + \cdots + c_{k+1,k}A\boldsymbol{x} + c_{k+1,k+1}\boldsymbol{x}$$

とおけば，$\boldsymbol{p}_{k+1} - A\boldsymbol{p}_k$ は $\boldsymbol{x}, A\boldsymbol{x}, \ldots, A^k\boldsymbol{x}$ の線形結合，すなわち，$\boldsymbol{p}_0, \boldsymbol{p}_1, \ldots, \boldsymbol{p}_k$ の線形結合で表されることがわかる．これは，適当な定数 $\gamma_{k,\ell}$ $(\ell = 0, 1, \ldots, k)$ を用いて

$$\boldsymbol{p}_{k+1} = A\boldsymbol{p}_k - \gamma_{k,k}\boldsymbol{p}_k - \gamma_{k,k-1}\boldsymbol{p}_{k-1} - \cdots - \gamma_{k,0}\boldsymbol{p}_0 \qquad (5.44)$$

と書けることを意味する．$\boldsymbol{p}_\ell$ と (5.44) の $A\boldsymbol{p}_k$ の内積をとり直交条件 $(\boldsymbol{p}_k, \boldsymbol{p}_\ell) = 0$ $(\ell = 0, 1, \ldots, k-1)$ を用いると $(A\boldsymbol{p}_k, \boldsymbol{p}_\ell) = \gamma_{k,\ell}(\boldsymbol{p}_\ell, \boldsymbol{p}_\ell)$ を得るから，$\boldsymbol{p}_{k+1}$ を定める定数 $\gamma_{k,\ell}$ は，既知のベクトルの内積を用いて $\gamma_{k,\ell} = (A\boldsymbol{p}_k, \boldsymbol{p}_\ell)/(\boldsymbol{p}_\ell, \boldsymbol{p}_\ell)$ $(\ell = 0, 1, \ldots, k)$ と書かれる．ここで，A は対称行列であるから $(A\boldsymbol{p}_k, \boldsymbol{p}_\ell) = (\boldsymbol{p}_k, A\boldsymbol{p}_\ell)$ であるが，(5.44) より $A\boldsymbol{p}_\ell$ は $\boldsymbol{p}_0, \boldsymbol{p}_1, \ldots, \boldsymbol{p}_\ell, \boldsymbol{p}_{\ell+1}$ の 1 次結合で表さ

382   第 5 章　応用可積分系

れるから, ある k を固定したとき, $(A\boldsymbol{p}_k, \boldsymbol{p}_\ell) = 0$, $\gamma_{k,\ell} = 0$ $(\ell = 0, 1, \ldots, k-2)$
が成り立つ. 結局, (5.44) の右辺はわずか三つの項だけに簡単化され, $\alpha_k := \gamma_{k,k}$,
$\beta_k := \gamma_{k,k-1}$ とおいて, 3 項漸化式

$$\boldsymbol{p}_{k+1} = A\boldsymbol{p}_k - \alpha_k \boldsymbol{p}_k - \beta_k \boldsymbol{p}_{k-1},$$
$$\alpha_k = \frac{(A\boldsymbol{p}_k, \boldsymbol{p}_k)}{(\boldsymbol{p}_k, \boldsymbol{p}_k)}, \quad \beta_k = \frac{(A\boldsymbol{p}_k, \boldsymbol{p}_{k-1})}{(\boldsymbol{p}_{k-1}, \boldsymbol{p}_{k-1})} \tag{5.45}$$

を得る. こうして, 3 項漸化式 (5.45) を用いて初期ベクトル $\boldsymbol{p}_0$ から互いに直
交するベクトル $\boldsymbol{p}_k$ $(k = 0, 1, \ldots, N-1)$ が生成される. これをランチョス原
理 (Lanczos principle) という.

　次に A の固有多項式を求めよう. (5.45) より $\boldsymbol{p}_1 = A\boldsymbol{p}_0 - \alpha_0 \boldsymbol{p}_0 = (A - \alpha_0 I)\boldsymbol{p}_0$, $\boldsymbol{p}_2 = (A - \alpha_1 I)\boldsymbol{p}_1 - \beta_1 \boldsymbol{p}_0 = ((A - \alpha_0 I)(A - \alpha_1 I) - \beta_1 I)\boldsymbol{p}_0$. こ
れを繰り返せば $\boldsymbol{p}_k$ は k 次の行列多項式 $P_k(A)$ を用いて

$$\boldsymbol{p}_k = P_k(A)\boldsymbol{p}_0 \tag{5.46}$$

と表される. N 次元ベクトル空間では高々 N 本のベクトルが 1 次独立である
から, $\boldsymbol{p}_N$ は $\boldsymbol{p}_k$ $(k = 0, 1, \ldots, N-1)$ の 1 次結合として $\boldsymbol{p}_N = g_{N-1}\boldsymbol{p}_{N-1} + \cdots + g_0\boldsymbol{p}_0$ と表される. 定義よりベクトル $\boldsymbol{p}_N$ は $\boldsymbol{p}_k$ $(k = 0, 1, \ldots, N-1)$
と直交するから, すべての係数が $g_\ell = 0$ でなければならない. (5.46) より
$\boldsymbol{p}_N = P_N(A)\boldsymbol{p}_0$ であるが, 任意の非零ベクトル $\boldsymbol{p}_0$ に対して $\boldsymbol{p}_N = \boldsymbol{0}$ となる
ためには $P_N(A) = O$ であることが必要十分である. ケーレー–ハミルトンの
定理 (5.43) より N 次行列多項式 $P_N(A)$ の定める多項式 $P_N(x)$ は A の固有多
項式に一致する.

　ランチョス原理の背後に直交多項式があることを見よう. 初期条件を
$P_{-1}(x) = 0$, $P_0(x) = 1$ とする 3 項漸化式

$$P_{k+1}(x) = xP_k(x) - \alpha_k P_k(x) - \beta_k P_{k-1}(x) \tag{5.47}$$

により定まる多項式 $P_k(x)$ を導入する. A は対称行列であるから

$$\beta_k = \frac{(A\boldsymbol{p}_k, \boldsymbol{p}_{k-1})}{(\boldsymbol{p}_{k-1}, \boldsymbol{p}_{k-1})} = \frac{(\boldsymbol{p}_k, A\boldsymbol{p}_{k-1})}{(\boldsymbol{p}_{k-1}, \boldsymbol{p}_{k-1})}.$$

これに $A\boldsymbol{p}_{k-1} = \boldsymbol{p}_k + \alpha_{k-1}\boldsymbol{p}_{k-1} + \beta_{k-1}\boldsymbol{p}_{k-2}$ を代入して

5.3 ランチョス法と qd アルゴリズム **383**

$$\beta_k = \frac{(\boldsymbol{p}_k, \boldsymbol{p}_k)}{(\boldsymbol{p}_{k-1}, \boldsymbol{p}_{k-1})} > 0 \quad (i = 1, 2, \ldots, N-1) \tag{5.48}$$

を得る. ゆえにファバードの定理 (定理 5.2.10) より (5.47) で定義される多項式 $P_k(x)$ に対して

$$\sigma[P_k(x)P_\ell(x)] := \int_a^b P_k(x)P_\ell(x)d\mu(x) = h_\ell \delta_{k\ell} \quad (h_\ell = \beta_1\beta_2\cdots\beta_\ell > 0) \tag{5.49}$$

なる正定値な線形汎関数 σ が存在する. 多項式 $\{P_k(x)\}_{k=0,1,\ldots,N}$ をランチョス多項式 (Lanczos polynomial) ということがある.

ランチョス多項式に対する線形汎関数 σ は以下のように具体的に構成される. 対称行列 A の固有値 $\{\lambda_m\}$ はすべて相異なると仮定しているから, 対応する固有ベクトル $\{\boldsymbol{e}_m\}$ は互いに直交する. 正規直交基底 $\{\boldsymbol{e}_m\}$ を用いてランチョス法の初期ベクトル $\boldsymbol{p}_0 = \boldsymbol{x}$ を $\boldsymbol{p}_0 = a_0\boldsymbol{e}_0 + a_1\boldsymbol{e}_1 + \cdots + a_{N-1}\boldsymbol{e}_{N-1}$ と表す. (5.46) に代入して $A\boldsymbol{e}_m = \lambda_m\boldsymbol{e}_m$ を用いると

$$\boldsymbol{p}_k = \sum_{m=0}^{N-1} a_m P_k(A)\boldsymbol{e}_m = \sum_{m=0}^{N-1} a_m P_k(\lambda_m)\boldsymbol{e}_m \tag{5.50}$$

を得る. 直交条件 (5.42) を用いると

$$(\boldsymbol{p}_k, \boldsymbol{p}_\ell) = \sum_{m=0}^{N-1} a_m^2 P_k(\lambda_m)P_\ell(\lambda_m)\delta_{k\ell} = h_k\delta_{k\ell} \tag{5.51}$$

となる. $(\boldsymbol{p}_k, \boldsymbol{p}_k) = h_k > 0$ に注意する. A の最小固有値 λ_0, 最大固有値 λ_{N-1} の定める区間 $(\lambda_0, \lambda_{N-1})$ を含む区間上で定義された階段関数 $\mu(x)$ で, N 点 $x = \lambda_0, \lambda_1, \ldots, \lambda_{N-1}$ において不連続となるものを考えれば, (5.51) をもとに (5.49) は

$$\sigma[P_k(x)P_\ell(x)] = \int_{\lambda_0}^{\lambda_{N-1}} P_k(x)P_\ell(x)d\mu(x) = h_k\delta_{k\ell} \tag{5.52}$$

と書ける. あるいは, $\delta(x)$ をディラックのデルタ関数とし, $w(x) = d\mu(x)/dx$ なる重み関数を導入すれば (5.52) は

$$\int_{\lambda_0}^{\lambda_{N-1}} P_k(x)P_\ell(x)w(x)dx = h_k\delta_{k\ell}, \quad w(x) = \sum_{m=0}^{N-1} a_m^2\delta(x - \lambda_m) \tag{5.53}$$

と表される. ゆえに, ランチョス多項式 $\{P_k(x)\}$ は区間 $(\lambda_0, \lambda_{N-1})$ 上の N 個

のデルタ関数の線形和で表される重み関数の定める線形汎関数に関して互いに直交する直交多項式である. ここに $\{\lambda_m\}$ はランチョス多項式 $P_N(x)$ の零点であり, 同時に対称行列 A の固有値である.

以下ではランチョス法による対称行列 A の 3 重対角化 (tridiagonalization) の手順について簡単に説明する. ランチョス法の漸化式 (5.45) を用いて 3 重対角行列 T, 正則行列 P を

$$T = \begin{pmatrix} \alpha_0 & \beta_1 & & & \\ 1 & \alpha_1 & \beta_2 & & \\ & 1 & \ddots & \ddots & \\ & & \ddots & \alpha_{N-2} & \beta_{N-1} \\ & & & 1 & \alpha_{N-1} \end{pmatrix}, \quad P = (\boldsymbol{p}_0, \boldsymbol{p}_1, \ldots, \boldsymbol{p}_{N-1}) \tag{5.54}$$

と定めるとランチョス法の漸化式 (5.45) は

$$AP = PT \tag{5.55}$$

と表される. ランチョス法は, 互いに直交するベクトル $\boldsymbol{p}_k$, $(k = 0, 1, \ldots, N-1)$ を通じて, A と相似な 3 重対角行列 T を構成する方法と見ることもできる. もとの行列 A とベクトルとの積を繰り返しとることで 3 重対角行列 T を計算するため, A がスパース行列 (sparse matrix) のときには計算量が少ないという利点がある. 対称行列の 3 重対角化ではハウスフォルダー法 (Householder method) がよく知られているが, A がスパースであっても密行列 (dense matrix) の場合と計算量はあまり変わらない. ランチョス法は大規模スパース行列に適した 3 重対角化算法ということができる. また, T の固有値は A の固有値と一致し, 行列 T の固有値を求めることで, より少ない計算量でもとの行列 A の固有値を得ることができる.

5.3.2 A^n 直交ランチョス法と qd アルゴリズム

ここでは拡張された内積のもとで 1 次独立なクリロフ列 $\boldsymbol{x}, A\boldsymbol{x}, \ldots, A^{N-1}\boldsymbol{x}$ を直交化する A^n 直交ランチョス法を定式化し, 3 項漸化式 (5.47) の係数 α_k, β_k

の満たす漸化式を導出する [7]. A を固有値がすべて相異なる正定値 (positive-definite) な対称行列とする. 二つの N 次元ベクトル $\boldsymbol{x}, \boldsymbol{y}$ に対して A^n 内積を

$$(\boldsymbol{x}, \boldsymbol{y})_{A^n} := (A^n \boldsymbol{x}, \boldsymbol{y}) \quad (n = 1, 2, \dots) \tag{5.56}$$

と定義する. ここに右辺の内積 $(\boldsymbol{a}, \boldsymbol{b})$ はベクトル $\boldsymbol{a}, \boldsymbol{b}$ の通常のユークリッド内積 $(\boldsymbol{a}, \boldsymbol{b}) = \sum_{i=0}^{N-1} a_i b_i$ である. A^n は対称だから $(A^n \boldsymbol{x}, \boldsymbol{y}) = (\boldsymbol{x}, A^n \boldsymbol{y})$. ゆえに A^n 内積についても可換性 $(\boldsymbol{x}, \boldsymbol{y})_{A^n} = (\boldsymbol{y}, \boldsymbol{x})_{A^n}$ が成り立つ. A^n 内積は $(\boldsymbol{x}, \boldsymbol{x})_{A^n} \geq 0$ (等号成立は $\boldsymbol{x} = \boldsymbol{0}$ に限る) などの内積の公理を満たす.

前節でランチョス法の初期ベクトル $\boldsymbol{p}_0$ を定めたものと同じ非零ベクトル $\boldsymbol{x}$ を用いて初期ベクトルを $\boldsymbol{p}_0^{(n)} = \boldsymbol{x}$ $(n = 0, 1, 2, \dots)$ ととる. ここに $\boldsymbol{p}_k^{(0)} := \boldsymbol{p}_k$ がランチョス法による直交ベクトルである. $\boldsymbol{p}_0^{(n)}$ と A^n 直交するベクトル $\boldsymbol{p}_1^{(n)}$ を $\boldsymbol{p}_1^{(n)} = A^n \boldsymbol{p}_0^{(n)} - \gamma_{1,0}^{(n)} \boldsymbol{p}_0^{(n)} \in \mathrm{span}\{\boldsymbol{x}, A\boldsymbol{x}\}$ とおき, A^n 直交条件 $(\boldsymbol{p}_1^{(n)}, \boldsymbol{p}_0^{(n)})_{A^n} = 0$ に代入して $\gamma_{1,0}^{(n)} = (A\boldsymbol{p}_0^{(n)}, \boldsymbol{p}_0^{(n)})_{A^n} / (\boldsymbol{p}_0^{(n)}, \boldsymbol{p}_0^{(n)})_{A^n}$ を得る. ベクトル $\boldsymbol{p}_0^{(n)}, \boldsymbol{p}_1^{(n)}, \dots, \boldsymbol{p}_k^{(n)}$ は互いに A^n 直交するとする. ランチョス法と同様にして,

$$\boldsymbol{p}_{k+1}^{(n)} = A\boldsymbol{p}_k^{(n)} - \gamma_{k,k}^{(n)} \boldsymbol{p}_k^{(n)} - \dots - \gamma_{k,0}^{(n)} \boldsymbol{p}_0^{(n)} \in \mathrm{span}\{\boldsymbol{x}, A\boldsymbol{x}, \dots, A^{k+1}\boldsymbol{x}\} \tag{5.57}$$

とおいて A^n 直交条件 $(\boldsymbol{p}_{k+1}^{(n)}, \boldsymbol{p}_\ell^{(n)})_{A^n} = 0$ $(\ell = 0, 1, \dots, k)$ に代入しランチョス原理のもとで係数 $\gamma_{k,\ell}^{(n)}$ を定めると, 3 項漸化式

$$\boldsymbol{p}_{k+1}^{(n)} = A\boldsymbol{p}_k^{(n)} - \alpha_k^{(n)} \boldsymbol{p}_k^{(n)} - \beta_k^{(n)} \boldsymbol{p}_{k-1}^{(n)}$$
$$\alpha_k^{(n)} = \frac{(A\boldsymbol{p}_k^{(n)}, \boldsymbol{p}_k^{(n)})_{A^n}}{(\boldsymbol{p}_k^{(n)}, \boldsymbol{p}_k^{(n)})_{A^n}}, \quad \beta_k^{(n)} = \frac{(\boldsymbol{p}_k^{(n)}, \boldsymbol{p}_k^{(n)})_{A^n}}{(\boldsymbol{p}_{k-1}^{(n)}, \boldsymbol{p}_{k-1}^{(n)})_{A^n}} > 0 \tag{5.58}$$

を得る.

3 項漸化式 (5.58) を繰り返し用いて, $\boldsymbol{p}_k^{(n)}$ は k 次の行列多項式 $P_k^{(n)}(A)$ を用いて

$$\boldsymbol{p}_k^{(n)} = P_k^{(n)}(A)\boldsymbol{p}_0^{(n)} \tag{5.59}$$

と表される. $P_N^{(n)}(x)$ は A の固有多項式であり $P_N^{(n)}(A) = O$. 多項式 $P_k^{(n)}(x)$ は, $P_{-1}^{(n)}(x) := 0$, $P_0^{(n)}(x) := 1$ を初期値とする 3 項漸化式

$$P_{k+1}^{(n)}(x) = x P_k^{(n)}(x) - \alpha_k^{(n)} P_k^{(n)}(x) - \beta_k^{(n)} P_{k-1}^{(n)}(x) \tag{5.60}$$

を満たす. $\alpha_k^{(n)}$ は実数で $\beta_k^{(n)}$ は正だから,ファバードの定理(定理 5.2.10)により,$P_k^{(n)}(x)$ は直交多項式であることがわかるが,これを A^n 直交ランチョス多項式 (A^n-orthogonal Lanczos polynomial) と呼ぶことにする. $n = 0$ のときがランチョス [32], [33] が考察した通常のランチョス多項式である.

次に,$P_k^{(n)}(x)$ の線形汎関数を調べよう.対称行列 A の固有ベクトルからなる正規直交基底 $\{e_k\}$ を用いて初期ベクトル $\boldsymbol{p}_0^{(n)} = \boldsymbol{x}$ を $\boldsymbol{p}_0^{(n)} = \sum_{m=0}^{N-1} a_m^{(n)} \boldsymbol{e}_m (= \boldsymbol{p}_0)$ と表し,$A\boldsymbol{e}_m = \lambda_m \boldsymbol{e}_m$ を用いると

$$\boldsymbol{p}_k^{(n)} = P_k^{(n)}(A)\boldsymbol{p}_0^{(n)} = \sum_{m=0}^{N-1} a_m^{(n)} P_k^{(n)}(\lambda_m)\boldsymbol{e}_m \tag{5.61}$$

となる. $A^n \boldsymbol{e}_m = \lambda_m^n \boldsymbol{e}_m$ および,ベクトル $\boldsymbol{p}_k^{(n)}$ に対する A^n 直交性より

$$(\boldsymbol{p}_k^{(n)}, \boldsymbol{p}_\ell^{(n)})_{A^n} = (\boldsymbol{p}_k^{(n)}, A^n \boldsymbol{p}_\ell^{(n)}) = \sum_{m=0}^{N-1} (a_m^{(n)})^2 \lambda_m^n P_k^{(n)}(\lambda_m) P_\ell^{(n)}(\lambda_m) \delta_{k\ell} \tag{5.62}$$

を得る. A は正定値 ($^\forall \lambda_m > 0$) だから,$k = \ell$ のときは $(\boldsymbol{p}_k^{(n)}, \boldsymbol{p}_k^{(n)})_{A^n} = \sum_{m=0}^{N-1}(a_m^{(n)})^2 \lambda_m^n P_k^{(n)}(\lambda_m)^2 > 0$ となる. A^n 直交ランチョス多項式 $P_k^{(n)}(x)$ に対する線形汎関数とその重み関数 $w^{(n)}(x)$ は

$$\sigma^{(n)}[P_k^{(n)}(x)P_\ell^{(n)}(x)] = \int_{\lambda_0}^{\lambda_{N-1}} P_k^{(n)}(x)P_\ell^{(n)}(x)w^{(n)}(x)dx = h_k^{(n)}\delta_{k\ell},$$

$$h_k^{(n)} = \beta_1^{(n)}\beta_2^{(n)}\cdots\beta_k^{(n)} > 0, \quad w^{(n)}(x) = \sum_{m=0}^{N-1}(a_m^{(n)})^2 \lambda_m^n \delta(x - \lambda_m) \tag{5.63}$$

と表される.重み関数 $w^{(n)}(x)$ はランチョス多項式に対応する重み関数 (5.53) に x^n を乗じることで得られる.

$$w^{(n)}(x) = x^n w(x) \tag{5.64}$$

対応する線形汎関数の変換は $\sigma^{(n)}[\pi(x)] = \sigma^{(0)}[x^n \pi(x)]$,モーメントの変換は

$$c_k^{(n)} := \sigma^{(n)}[x^k] = \sigma^{(0)}[x^{k+n}] = c_{k+n} \tag{5.65}$$

だから,

$$\Delta_k^{(n)} := \det(c_{i+j}^{(n)})_{i,j=0,1,\dots,k-1} \tag{5.66}$$

5.3 ランチョス法と qd アルゴリズム **387**

とおけば，これは $\det(c_{i+j+n})_{i,j=0,1,\ldots,k-1}$ に一致する．(5.9), (5.15), (5.22) より

$$\Delta_k^{(n)} = \Delta_{k,n}, \quad P_k^{(n)}(0) = (-1)^k \frac{\Delta_k^{(n+1)}}{\Delta_k^{(n)}} \tag{5.67}$$

と書かれることがわかる．

定理 5.3.1. 正定値対称行列 A に対して，A^n 直交ランチョス多項式 $\{P_k^{(n)}(x)\}$ $(n = 1, 2, \ldots)$ はランチョス多項式 $\{P_k^{(0)}(x)\}$ のパラメータ κ を 0 にとったクリストッフェル変換 (5.19) である．$\{P_k^{(n)}(x)\}$ に対応する線形汎関数 $\sigma^{(n)}$，モーメント $c_k^{(n)} = \sigma^{(n)}[x^k]$，ハンケル行列式 $\Delta_k^{(n)} = \det(c_{i+j}^{(n)})_{i,j=0,1,\ldots,k-1}$ とおくとき，$\{P_k^{(0)}(x)\}$ に対応する線形汎関数 $\sigma^{(0)} := \sigma$ が正定値であれば，$\sigma^{(n)}$ も正定値で

$$\Delta_k^{(n)} > 0 \quad (k = 0, 1, \ldots, N, \ n = 1, 2, \ldots) \tag{5.68}$$

が成り立つ．

証明 線形汎関数 $\sigma^{(0)}$, $\sigma^{(n)}$ の定義 (5.53), (5.63) より

$$\begin{aligned}
\sigma^{(n)}[P_k^{(n)}(x)P_\ell^{(n)}(x)] &= \int_{\lambda_0}^{\lambda_{N-1}} P_k^{(n)}(x)P_\ell^{(n)}(x)w^{(n)}(x)dx \\
&= \int_{\lambda_0}^{\lambda_{N-1}} x^n P_k^{(n)}(x)P_\ell^{(n)}(x)w(x)dx \\
&= \sigma^{(0)}[x^n P_k^{(n)}(x)P_\ell^{(n)}(x)] \tag{5.69}
\end{aligned}$$

がわかる．(5.20) と比較すれば，(5.69) は $\kappa = 0$ なるクリストッフェル変換による線形汎関数の変換であることがわかる．A の固有値を $(0 <)\lambda_0 < \lambda_1 < \cdots < \lambda_{N-1}$ とするとき

$$(0 =)\kappa < \lambda_0 \tag{5.70}$$

だから，定理 5.2.12 より，線形汎関数 $\sigma^{(n)}$ は正定値であり，命題 5.2.8 より，対応するモーメントの列 $\{c_k^{(n)}\}$ は正となり，$\Delta_k^{(n)} > 0$ が成り立つ． ■

さて，(5.57) で導入したベクトル $\boldsymbol{p}_{k+1}^{(n)}$ をクリロフ列の 1 次結合で表すとと

もに，新たに以下のベクトル $\boldsymbol{p}_k^{(n+1)}$ を考える．

$$\boldsymbol{p}_{k+1}^{(n)} = A^{k+1}\boldsymbol{x} + c_{k+1,1}^{(n)}A^k\boldsymbol{x} + \cdots + c_{k+1,k}^{(n)}A\boldsymbol{x} + c_{k+1,k+1}^{(n)}\boldsymbol{x},$$
$$\boldsymbol{p}_k^{(n+1)} = A^k\boldsymbol{x} + c_{k,1}^{(n+1)}A^{k-1}\boldsymbol{x} + \cdots + c_{k,k-1}^{(n+1)}A\boldsymbol{x} + c_{k,k}^{(n+1)}\boldsymbol{x}. \quad (5.71)$$

(5.71) より，$\boldsymbol{p}_{k+1}^{(n)} - A\boldsymbol{p}_k^{(n+1)}$ はクリロフ部分空間 $\mathrm{span}\{\boldsymbol{x}, A\boldsymbol{x}, \ldots, A^k\boldsymbol{x}\}$ に属するとともに，$\mathrm{span}\{\boldsymbol{x}, A\boldsymbol{x}, \ldots, A^{k-1}\boldsymbol{x}\}$ に属する任意のベクトルと A^n 直交する．一方，$\boldsymbol{p}_k^{(n)}$ もクリロフ部分空間 $\mathrm{span}\{\boldsymbol{x}, A\boldsymbol{x}, \ldots, A^k\boldsymbol{x}\}$ に属するとともに，$\mathrm{span}\{\boldsymbol{x}, A\boldsymbol{x}, \ldots, A^{k-1}\boldsymbol{x}\}$ に属する任意のベクトルと A^n 直交する．ゆえに適当な定数 $q_{k+1}^{(n)}$ を用いて

$$A\boldsymbol{p}_k^{(n+1)} - \boldsymbol{p}_{k+1}^{(n)} = q_{k+1}^{(n)}\boldsymbol{p}_k^{(n)} \quad (k = 0, 1, \ldots, N-1) \qquad (5.72)$$

と表すことができる．これは A^n 直交ランチョス多項式 $\{P_k^{(n)}(x)\}$ から A^{n+1} 直交ランチョス多項式 $\{P_k^{(n+1)}(x)\}$ を生成するクリストッフェル変換

$$P_k^{(n+1)}(x) = \frac{P_{k+1}^{(n)}(x) + q_{k+1}^{(n)}P_k^{(n)}(x)}{x},$$
$$q_{k+1}^{(n)} = -\frac{P_{k+1}^{(n)}(0)}{P_k^{(n)}(0)} = \frac{(\boldsymbol{p}_k^{(n)}, A^n\boldsymbol{p}_k^{(n)})}{(\boldsymbol{p}_k, \boldsymbol{p}_k)} = \frac{\Delta_k^{(n)}\Delta_{k+1}^{(n+1)}}{\Delta_{k+1}^{(n)}\Delta_k^{(n+1)}} > 0 \qquad (5.73)$$

に対応する．ここで (5.67) を用いているが，定理 5.3.1 より，定数 $q_{k+1}^{(n)}$ は常に正であることに注意する．

一方，ベクトル $\boldsymbol{p}_{k+1}^{(n)} - \boldsymbol{p}_{k+1}^{(n+1)}$ はクリロフ部分空間 $\mathrm{span}\{\boldsymbol{x}, A\boldsymbol{x}, \ldots, A^k\boldsymbol{x}\}$ に属するとともに，$\mathrm{span}\{\boldsymbol{x}, A\boldsymbol{x}, \ldots, A^{k-1}\boldsymbol{x}\}$ に属する任意のベクトルと A^n 直交する．ゆえに適当な定数 $e_k^{(n)}$ を用いて

$$\boldsymbol{p}_k^{(n)} - \boldsymbol{p}_k^{(n+1)} = e_{k+1}^{(n)}\boldsymbol{p}_{k-1}^{(n)} \quad (k = 0, 1, \ldots, N-1) \qquad (5.74)$$

と表すことができる．このことから，A^{n+1} 直交ランチョス多項式 $\{P_k^{(n+1)}(x)\}$ から A^n 直交ランチョス多項式 $\{P_k^{(n)}(x)\}$ を生成する変換

$$P_{k+1}^{(n)}(x) = P_{k+1}^{(n+1)}(x) + e_{k+1}^{(n)}P_k^{(n+1)}(x) \qquad (5.75)$$

を得る．(5.75) は (5.73) の逆変換であり，係数 $e_k^{(n)}$ は正で，

$$e_k^{(n)} = -\beta_k^{(n)}\frac{P_{k-1}^{(n)}(0)}{P_k^{(n)}(0)} = \frac{\Delta_{k+1}^{(n)}\Delta_{k-1}^{(n+1)}}{\Delta_k^{(n)}\Delta_k^{(n+1)}} > 0 \qquad (5.76)$$

と表されることがわかる. なお, (5.76) において $P_{-1}^{(n)}(x) = 0$ となることだけでなく, A^n 直交ランチョス多項式に付随する場合には, $P_N^{(n)}(x)$ が A の固有多項式であることに対応して, $e_k^{(n)}$ は, (5.76) に加えて

$$e_0^{(n)} \equiv 0, \quad e_N^{(n)} \equiv 0 \quad (n = 0, 1, \dots) \tag{5.77}$$

を満たす.

また, A^n 直交ランチョス法と A^{n+1} 直交ランチョス法によって生成されるベクトルは 2 項漸化式にまとめて

$$\boldsymbol{p}_{k+1}^{(n)} = A\boldsymbol{p}_k^{(n+1)} - q_{k+1}^{(n)}\boldsymbol{p}_k^{(n)}, \quad \boldsymbol{p}_{k+1}^{(n+1)} = \boldsymbol{p}_{k+1}^{(n)} - e_{k+1}^{(n)}\boldsymbol{p}_k^{(n+1)},$$
$$\boldsymbol{p}_0^{(n)} = \boldsymbol{p}_0^{(n+1)} = \boldsymbol{x} \tag{5.78}$$

と表すことができる. (5.73) において $k+1$ を k と置き換えた式の $P_k^{(n)}$ を (5.75) に代入し, 次に (5.75) において k を $k-1$ と置き換えた式を代入して A^n 直交ランチョス多項式を消去すると A^{n+1} 直交ランチョス多項式の 3 項漸化式

$$P_{k+1}^{(n+1)}(x) = (x - q_{k+1}^{(n)} - e_{k+1}^{(n)})P_k^{(n+1)}(x) - q_{k+1}^{(n)}e_k^{(n)}P_{k-1}^{(n+1)}(x) \tag{5.79}$$

を得る. 同様にして A^n 直交ランチョス多項式の満たす 3 項漸化式

$$P_{k+1}^{(n)}(x) = (x - q_{k+1}^{(n)} - e_k^{(n)})P_k^{(n)}(x) - q_k^{(n)}e_k^{(n)}P_{k-1}^{(n)}(x) \tag{5.80}$$

を得る. 係数 $q_k^{(n)}, e_k^{(n)}$ を 3 項漸化式 (5.60) の係数と比較して

$$\alpha_k^{(n)} = q_{k+1}^{(n)} + e_k^{(n)}, \quad \beta_k^{(n)} = q_k^{(n)}e_k^{(n)},$$
$$\alpha_k^{(n+1)} = q_{k+1}^{(n)} + e_{k+1}^{(n)}, \quad \beta_k^{(n+1)} = q_{k+1}^{(n)}e_k^{(n)} \tag{5.81}$$

となるから, 関係式 (5.73), (5.75) の係数 $q_k^{(n)}, e_k^{(n)}$ の満たす漸化式

$$e_k^{(n+1)} + q_{k+1}^{(n+1)} = e_{k+1}^{(n)} + q_{k+1}^{(n)},$$
$$q_k^{(n+1)}e_k^{(n+1)} = q_{k+1}^{(n)}e_k^{(n)} \quad (k = 0, 1, \dots, N-1, \quad n = 0, 1, \dots) \tag{5.82}$$

を得る. $q_k^{(0)}, e_k^{(0)}$ を「初期値」とし, (5.77) を一種の「境界条件」と見なして $n \to n+1$ の「時間発展」を繰り返すことで, すべての変数の値 $q_k^{(n)}, e_k^{(n)}$ を逐次的に計算することができる. これを **qd アルゴリズム**または**商差法** (quotient

390　　　　　　　　　　　　　　　　　　　　　　　　　　第 5 章　応用可積分系

difference algorithm) という.

　また, A^n 直交ランチョス多項式に付随する場合は定理 5.3.1 より $q_k^{(n)} > 0$ $(k = 1, \ldots, N)$ であることを考慮して, (5.82) を

$$q_{k+1}^{(n+1)} = e_{k+1}^{(n)} - e_k^{(n+1)} + q_{k+1}^{(n)},$$

$$e_k^{(n+1)} = \frac{e_k^{(n)} q_{k+1}^{(n)}}{q_k^{(n+1)}} \quad (k = 0, 1, \ldots, N-1, \quad n = 0, 1, \ldots) \qquad (5.83)$$

のように書くことができる. (5.83) を前進型 (progressive form) の qd アルゴリズムという. (5.83) は除算と減算との繰り返しであることが商差法の名前の由来である.

　ルティスハウザー [47] による qd アルゴリズムは, 18 世紀前半の D. ベルヌーイ, オイラーに端を発し, 19 世紀後半のケーニッグ, アダマールを経て, 20 世紀前半のエイトケン (Aitken) の研究に遡るものである. D. ベルヌーイは線形の漸化式によって定義された数列の極限を数列の比によって計算する算法を考案したが, qd アルゴリズムはその拡張と見なすことができる. 実際, qd アルゴリズムの漸化式はべき級数で与えられた関数の連分数展開の係数が満たすべき関係式として導出され, $k \to k+1$ の計算により, 関数の連分数展開が可能となる [16]. 連分数展開については 5.7 節で述べる. 一方, 行列の固有多項式を分母とする有理関数を考えることで, qd アルゴリズムの $n \to n+1$ の計算により, 有理関数の極, すなわち, 行列の固有値の計算が可能となる [15]. qd アルゴリズムはある種の 3 重対角行列の固有値を計算する LR アルゴリズムとも等価である [49]. qd アルゴリズム, LR アルゴリズム発見の経緯はルティスハウザーの高弟のグートクニヒト (M. Gutknecht) による総説 [14] に詳しい.

　これらとは別系統の導出法に直交多項式のクリストッフェル変換による方法 [11], [12], [54] があり, 直交多項式理論の援用により変数の正値性が保証されることが従う. この節では, 数値計算への広範な応用の出発点とするため, A^n 直交ランチョス法 [7], [56] と直交多項式の系列 $\{P_k^{(n)}(x)\}_{n=0,1,\ldots}$ を用いて qd アルゴリズムの漸化式を定式化したが, これはクリストッフェル変換による方法（本書 2.4 節）とも関係が深い. 逆に, qd アルゴリズムからアダマール多項式 (Hadamard polynomial) と呼ばれる直交多項式の系列を生成することもで

きる [15].

戸田格子の時間変数の離散化による qd アルゴリズムの漸化式（離散戸田格子）の導出（本書 2.3 節）と合わせて qd アルゴリズムの導出法は大きく 3 系統あることになる.

5.4 qd アルゴリズムによる固有値計算

5.4.1 qd アルゴリズムの漸化式の行列表示

正定値対称行列 A がランチョス法によって (5.54) の 3 重対角行列 $T = T^{(0)}$ へと相似変形されたとする. 前進型 qd アルゴリズムの初期値 $q_k^{(0)}$, $e_k^{(0)}$ は 3 重対角行列 $T^{(0)}$ の成分 $\alpha_k^{(0)}$ $\beta_k^{(0)}$ から

$$q_1^{(0)} = \alpha_0^{(0)}, \quad e_k^{(0)} = \frac{\beta_k^{(0)}}{q_k^{(0)}}, \quad q_{k+1}^{(0)} = \alpha_k^{(0)} - e_k^{(0)} \quad (k = 1, 2, \ldots, N - 1) \tag{5.84}$$

によって定めることができる.

ここで，qd アルゴリズムの漸化式 (5.83) の行列表現を与えよう. qd アルゴリズムは 3 重対角行列 $T^{(0)}$ に対する LR アルゴリズム [49] として知られるアルゴリズムと等価で,

$$L^{(n)} := \begin{pmatrix} q_1^{(n)} & & & 0 \\ 1 & q_2^{(n)} & & \\ & \ddots & \ddots & \\ & & 1 & q_N^{(n)} \end{pmatrix}, \quad R^{(n)} := \begin{pmatrix} 1 & e_1^{(n)} & & \\ & 1 & \ddots & \\ & & \ddots & e_{N-1}^{(n)} \\ 0 & & & 1 \end{pmatrix}$$

によって定義される下三角行列 L と上三角行列 R を用いて

$$T^{(0)} = L^{(0)} R^{(0)}, \quad L^{(n+1)} R^{(n+1)} = R^{(n)} L^{(n)} \quad (n = 0, 1, \ldots) \tag{5.85}$$

と表すことができる. **LR アルゴリズム** (LR algorithm) は行列 $T^{(n)}$ の LR 分解 $T^{(n)} = L^{(n)} R^{(n)}$ と因子 L, R の交換による新たな行列 $T^{(n+1)} := R^{(n)} L^{(n)}$ の導入を繰り返すことで $T^{(n)}$ の相似変形を行うアルゴリズムである [49]. $T^{(n)} = L^{(n)} R^{(n)}$ は 3 重対角行列で (5.81) より

$$T^{(n)} = \begin{pmatrix} \alpha_0^{(n)} & \beta_1^{(n)} & & & \\ 1 & \alpha_1^{(n)} & \beta_2^{(n)} & & \\ & 1 & \ddots & \ddots & \\ & & \ddots & & \beta_{N-1}^{(n)} \\ & & & 1 & \alpha_{N-1}^{(n)} \end{pmatrix} \tag{5.86}$$

と書ける. $R^{(n)}$ は正則だから (5.85) は $T^{(n+1)} = R^{(n)}T^{(n)}(R^{(n)})^{-1}$ と表され, $T^{(n)}$ の固有値は $T^{(0)}$ の固有値 $(0 <)\lambda_0 < \cdots < \lambda_{N-1}$ に完全に一致する. さらに, $L^{(n)}$ もまた正則で, $T^{(n+1)} = (L^{(n)})^{-1}T^{(n)}L^{(n)}$ とも表される.

5.4.2 qd アルゴリズムの漸化式の一般項と収束性

モーメントのクリストッフェル変換の定めるハンケル行列式 $\Delta_k^{(n)} = \Delta_{k,n}$ を qd アルゴリズムの漸化式の一般項 $q_k^{(n)}$, $e_k^{(n)}$ の行列式表示 (5.73), (5.76) に用いると

$$q_k^{(n)} = \frac{\Delta_{k,n+1}\Delta_{k-1,n}}{\Delta_{k,n}\Delta_{k-1,n+1}}, \quad e_k^{(n)} = \frac{\Delta_{k-1,n+1}\Delta_{k+1,n}}{\Delta_{k,n}\Delta_{k,n+1}} \tag{5.87}$$

となる. $q_1^{(n)} = c_{n+1}/c_n$ に注意する. 3 項漸化式 (5.80) の係数 $\alpha_k^{(n)}$, $\beta_k^{(n)}$ は (5.81) を通じて

$$\alpha_k^{(n)} = \frac{\Delta_{k-1,n+1}\Delta_{k+1,n}}{\Delta_{k,n}\Delta_{k,n+1}} + \frac{\Delta_{k+1,n+1}\Delta_{k,n}}{\Delta_{k+1,n}\Delta_{k,n+1}}, \quad \beta_k^{(n)} = \frac{\Delta_{k-1,n}\Delta_{k+1,n}}{(\Delta_{k,n})^2}$$

と表される. これらハンケル行列式を含む計算ではシルベスターの行列式恒等式 $\Delta_{k,n-1}\Delta_{k,n+1} - (\Delta_{k,n})^2 = \Delta_{k-1,n+1}\Delta_{k+1,n-1}$ が有用である.

3 項漸化式 (5.80) の初期値は $P_0^{(n)} = 1$, $P_1^{(n)} = x - \alpha_0^{(n)}$ であるが, 初期値の異なる直交多項式 $R_k^{(n)}(x)$ を以下のように用意する.

$$R_{k+1}^{(n)}(x) = xR_k^{(n)}(x) - \alpha_{k+1}^{(n)}R_k^{(n)}(x) - \beta_{k+1}^{(n)}R_{k-1}^{(n)}(x),$$
$$R_0^{(n)}(x) = 1, \quad R_1^{(n)} = x - \alpha_0^{(n)}. \tag{5.88}$$

$P_k^{(n)}(x)$ を第 1 種直交多項式, $R_k^{(n)}(x)$ を第 2 種直交多項式ということがある [1]. N 次元ベクトル $\boldsymbol{e}_N := (0, \ldots, 0, 1)^\top$ を準備する. 3 重対角行列 $T^{(n)}$ の定める N 次有理関数

5.4 qd アルゴリズムによる固有値計算

$$S_N^{(n)}(x) := e_N^\top (xI - T^{(n)})^{-1} e_N = \frac{R_{N-1}^{(n)}(x)}{P_N^{(n)}(x)} \qquad (5.89)$$

を用意する. ここに $P_N^{(n)}(x)$ は行列 $T^{(n)}$ および A の固有多項式であるから

$$P_N^{(n)}(x) = \det(xI - T^{(n)}) = \det(xI - A) = \prod_{m=0}^{N-1} (x - \lambda_m) \qquad (5.90)$$

が成り立つ. $(0 <)\lambda_0 < \lambda_1 < \cdots < \lambda_{N-1}$ に注意する. また, $R_{N-1}^{(n)}(x)$ は $N-1$ 個の相異なる実の零点をもち, それらの任意の二つの間には必ず $P_N^{(n)}(x)$ の零点がある [1]. ラグランジュ補間公式より $S_N^{(n)}(x)$ の部分分数展開

$$S_N^{(n)}(x) = \sum_{m=0}^{N-1} \frac{(a_m^{(n)})^2}{x - \lambda_m}, \quad (a_m^{(n)})^2 := \frac{R_{N-1}^{(n)}(\lambda_m)}{P_N'^{(n)}(\lambda_m)} > 0 \qquad (5.91)$$

を得る. これを用いて $S_N^{(n)}(x)$ をローラン展開すると

$$S_N^{(n)}(x) = \frac{c_0^{(n)}}{x} + \frac{c_1^{(n)}}{x^2} + \cdots + \frac{c_k^{(n)}}{x^{k+1}} + \cdots,$$

$$c_k^{(n)} = \sum_{m=0}^{N-1} (a_m^{(n)})^2 \lambda_m^k, \quad c_0^{(n)} = 1 \qquad (5.92)$$

と書けるが, 各 $c_k^{(n)}$ は初期ベクトルを $p_0^{(n)} = \sum_{m=0}^{N-1} a_m^{(n)} e_m$ と選んだ場合の A^n 直交ランチョス多項式 $P_k^{(n)}(x)$ のモーメントにほかならない [1]. すなわち, (5.65) の $c_k^{(n)} = \sigma^{(n)}[x^k] = \sigma^{(0)}[x^{k+n}] = c_{k+n}$ が成り立つ. $c_k^{(n)}$ を有理関数 $R^{(n)}(x)$ のマルコフパラメータ (Markov parameter) ということがある.

有理関数 $S_N^{(n)}(x)$ の極 λ_m はモーメント $c_k^{(n)}$ を通じてハンケル行列式 $\Delta_{k,n} = \det(c_{i+j}^{(n)})_{i,j=0,1,\dots,k-1}$ の $k \to \infty$ での挙動に影響を与える. $u = 1/x$ とおく. (5.91), (5.92) より

$$\frac{1}{u} S_N^{(n)}(u^{-1}) = \sum_{m=0}^{N-1} \frac{(a_m^{(n)})^2/\lambda_m}{1/\lambda_m - u} = c_0^{(n)} + c_1^{(n)} u + c_2^{(n)} u^2 + \cdots \qquad (5.93)$$

と書ける. $k = 0, 1, \dots, N$ について $\Delta_{k,0} > 0$ であれば, 定理 5.3.1 より, $\Delta_{k,n} > 0 \ (k = 0, 1, \dots, N, \ n = 1, 2, \dots)$ であるから, ヘンリッチ (P. Henrici) の定理 [15] より, $\Delta_{k,n}$ は $n \to \infty$ で極 $1/\lambda_m$ の逆数, すなわち, λ_m のべきに収束することがわかる.

定理 5.4.1. n によらない定数 C_k $(\neq 0)$ が存在して，$n \to \infty$ で，ハンケル行列式 $\Delta_{k,n}$ は漸近的に

$$\Delta_{k,n} = \begin{cases} C_k(\lambda_{N-1}\lambda_{N-2}\cdots\lambda_{N-k})^n & (k = 1, 2, \ldots, N) \\ 0 & (k = N+1, N+2, \ldots) \end{cases} \tag{5.94}$$

と表すことができる.

　この定理はアダマールに遡るもので，証明には有理関数の極 λ_m によるモーメントの表現 (5.92) を用いる．この漸近展開を (5.87) に用いることで，qd アルゴリズムの $n \to \infty$ での漸近挙動

$$\lim_{n\to\infty} q_k^{(n)} = \lambda_{N-k},$$
$$\lim_{n\to\infty} e_k^{(n)} = \frac{C_{k-1}C_{k+1}}{C_k^2} \lim_{n\to\infty} \left(\frac{\lambda_{N-k-1}}{\lambda_{N-k}}\right)^n = 0 \tag{5.95}$$

がわかる [15]．ここに $C_0 = 1$．変数 $q_k^{(n)}$ は，$n \to \infty$ で，$S_N^{(n)}(u^{-1})$ の極の逆数，すなわち正定値 3 重対角行列 $T = T^{(0)}$ の固有値 λ_{N-k} に収束し，変数 $e_k^{(n)}$ はすべて 0 に収束する．ゆえに，$T^{(n)}$ の対角成分 $\alpha_{k-1}^{(n)} = q_k^{(n)} + e_{k-1}^{(n)}$ は λ_{N-k} に収束し，副対角成分 $\beta_k^{(n)} = q_k^{(n)}e_k^{(n)}$ は収束率 $|\lambda_{N-k-1}/\lambda_{N-k}|(<1)$ で 0 に収束する．

$$\lim_{n\to\infty} T^{(n)} = \begin{pmatrix} \lambda_{N-1} & & & 0 \\ 1 & \lambda_{N-2} & & \\ & \ddots & \ddots & \\ & & 1 & \lambda_0 \end{pmatrix}. \tag{5.96}$$

この結果，(5.84) を初期値とする qd アルゴリズム (5.83) によって正定値対称行列 A を相似変形して導出した 3 重対角行列 $T = T^{(0)}$ のすべての固有値が計算される [9], [15], [50]．なお，$e_k^{(n)}$ の 0 への収束性は，反復を繰り返してすべての k について $e_k^{(n)} \sim 0$ となったとき，反復を停止して固有値 λ_{N-k} の近似値 $q_k^{(n)}$ が十分な精度で得られたとする停止条件 (stopping condition) として利用できる.

　ただし，qd アルゴリズムはその定義からも明らかなように $T = T^{(0)}$ が負の

5.4 qd アルゴリズムによる固有値計算

固有値をもつときには定理 5.3.1 が成り立たず，LR 分解 $T^{(n)} = L^{(n)}R^{(n)}$ は可能とは限らないので，LR アルゴリズムは常に適用できるとは限らない．実際，T が負の固有値をもつときは，命題 5.2.5 の端点 ξ は $\xi < 0$ であるから，$\kappa = 0$ なるクリストッフェル変換に基づく qd アルゴリズムにおいて定理 5.2.12 の条件 $\kappa \leq \xi$ は満たされることはなく，$\Delta_{k,n} = 0$ となって qd アルゴリズムは零割によるブレークダウンを起こす可能性がある．一方，直交行列と上三角行列への QR 分解は $T^{(n)}$ が正則であれば可能なため，より幅広い行列に対して安定という理由で，QR 分解と因子の交換に基づく相似変形による固有値計算という類似の構造をもつ QR アルゴリズム (QR algorithm) [10] の隆盛を見ることになった．

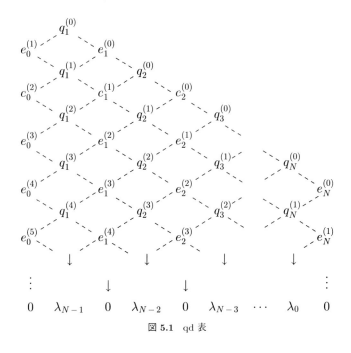

図 5.1 qd 表

qd アルゴリズムによる固有値計算の手順は以下の qd 表 (qd table) の下方向への演算によって記述される．漸化式 (5.82) は 4 つの変数をひし形則 (rhombus rule) で相互に関係づけている．境界条件 (5.77) と変数の $n \to \infty$ での漸近挙

動 (5.95) についても qd 表に記載している.

5.4.3　シフトつき qd アルゴリズム

A^n 直交ランチョス法に基づく qd アルゴリズムの漸化式の導出では,$\kappa = 0$ に固定したクリストッフェル変換とその逆変換が必要であった.A が固有値がすべて相異なる正定値対称行列の場合には,定理 5.2.12 を繰り返し用いることで,A^n 直交ランチョス多項式の満たす 3 項漸化式 (5.80) および (5.81) において $\beta_k^{(n)} > 0$ が成り立つ.さらに,前進型 qd アルゴリズム (5.83) において $q_k^{(n+1)} > 0$ だから,漸近挙動 (5.95) に従って正定値対称行列 A の固有値が計算できる.しかし,収束の終盤では $e_k^{(n+1)} \approx M e_k^{(n)}, 0 < M = \lambda_{N-k-1}/\lambda_{N-k} < 1$ となり,収束次数は 1 次にすぎない.とりわけ近接固有値 ($^\exists \lambda_{j-1} \approx \lambda_j$) が存在する場合には収束は遅くなる.

ここでは,(5.19) を利用して,$\kappa = 0$ とは限らない一般のクリストッフェル変換

$$P_k^{(n+1)}(x) = \frac{P_{k+1}^{(n)}(x) + \tilde{q}_{k+1}^{(n)} P_k^{(n)}(x)}{x - \kappa^{(n)}}, \quad \tilde{q}_{k+1}^{(n)} = -\frac{P_{k+1}^{(n)}(\kappa^{(n)})}{P_k^{(n)}(\kappa^{(n)})} \qquad (5.97)$$

を繰り返すことを考えよう.ここに,$\kappa = \kappa^{(n)}$ は多項式 $P_k^{(n)}(x)$ の零点ではないものとし,$P_k^{(n)}(\kappa^{(n)}) \neq 0$ を仮定する.また,(5.97) の逆変換を

$$P_{k+1}^{(n)}(x) = P_{k+1}^{(n+1)}(x) + \tilde{e}_{k+1}^{(n)} P_k^{(n+1)}(x), \quad \tilde{e}_{k+1}^{(n)} = -\beta_{k+1}^{(n)} \frac{P_k^{(n)}(\kappa^{(n)})}{P_{k+1}^{(n)}(\kappa^{(n)})}$$

$$(5.98)$$

とおく.

(5.97), (5.98) を連立し,$P_k^{(n)}$ または $P_k^{(n+1)}$ を消去することで得られる 3 項漸化式の両立条件より,パラメータ $\kappa^{(n)}$, $\kappa^{(n+1)}$ を含む漸化式

$$\tilde{q}_{k+1}^{(n+1)} + \tilde{e}_k^{(n+1)} + \kappa^{(n+1)} = \tilde{q}_{k+1}^{(n)} + \tilde{e}_{k+1}^{(n)} + \kappa^{(n)},$$
$$\tilde{q}_k^{(n+1)} \tilde{e}_k^{(n+1)} = \tilde{q}_{k+1}^{(n)} \tilde{e}_k^{(n)} \qquad (5.99)$$

を得る.(5.21) に従って,(5.97) に対応する線形汎関数の変換,モーメントのクリストッフェル変換を

$$\sigma^{(n+1)}[\pi(x)] = \sigma^{(n)}[(x - \kappa^{(n)})\pi(x)], \quad c_k^{(n+1)} = c_{k+1}^{(n)} - \kappa^{(n)} c_k^{(n)} \qquad (5.100)$$

と書く. このとき, $\Delta_k^{(n+1)} = \det(c_{i+j}^{(n+1)})_{i,j=0,1,\ldots,k-1}$ について, (5.13), (5.21) より

$$\beta_k^{(n)} = \frac{\Delta_{k-1}^{(n)} \Delta_{k+1}^{(n)}}{(\Delta_k^{(n)})^2}, \quad P_k^{(n)}(\kappa^{(n)}) = (-1)^k \frac{\Delta_k^{(n+1)}}{\Delta_k^{(n)}} \tag{5.101}$$

が成り立つことに注意する. (5.101) を用いると漸化式 (5.99) の一般項の行列式表示

$$\tilde{q}_k^{(n)} = -\frac{P_k^{(n)}(\kappa^{(n)})}{P_{k-1}^{(n)}(\kappa^{(n)})} = \frac{\Delta_{k-1}^{(n)} \Delta_k^{(n+1)}}{\Delta_{k-1}^{(n+1)} \Delta_k^{(n)}},$$

$$\tilde{e}_k^{(n)} = -\beta_k^{(n)} \frac{P_{k-1}^{(n)}(\kappa^{(n)})}{P_k^{(n)}(\kappa^{(n)})} = \frac{\Delta_{k-1}^{(n+1)} \Delta_{k+1}^{(n)}}{\Delta_k^{(n)} \Delta_k^{(n+1)}} \tag{5.102}$$

を得る. $\tilde{q}_{k+1}^{(n)}$ の ~ は $\kappa^{(n)}$ への依存性を表す. $P_k^{(n)}(x)$, $c_k^{(n+1)}$, $\Delta_k^{(n+1)}$ もまた $\kappa^{(n)}$ に依存するがここではとくに明記しないものとする. 命題 5.2.8, 定理 5.2.12 より, 以下の定理が成り立つ.

定理 5.4.2. $\{P_k^{(n)}(x)\}$ に対応する線形汎関数 $\sigma^{(n)}$ が正定値とする. $\kappa^{(n)} \leq \xi$ であれば, $\sigma^{(n+1)}$ も正定値で

$$\Delta_k^{(n+1)} > 0 \quad (k = 0, 1, \ldots, N, \ n = 0, 1, 2, \ldots) \tag{5.103}$$

となる. この結果, $\tilde{q}_k^{(n)} > 0$, $\tilde{e}_k^{(n)} > 0$ が成り立つ.

qd アルゴリズムの漸化式の一般項 $\tilde{q}_k^{(n)}$, $\tilde{e}_k^{(n)}$ はモーメント $c_k^{(n+1)}$ を通じてパラメータ $\kappa^{(0)}, \kappa^{(1)}, \ldots, \kappa^{(n)}$ に依存する. このパラメータの効果について考えよう. 直交多項式の初期条件 $P_{-1}^{(n)}(x) = 0$ に対応する $\tilde{e}_0^{(n)} \equiv 0$ に加えて, $P_N^{(n)}(x)$ が固有多項式となるための条件 $\tilde{e}_N^{(n)} \equiv 0$ を課す. このとき, qd アルゴリズムの漸化式の行列表現 (5.85) 同様に, (5.99) を, それぞれ $\tilde{q}_k^{(n)}$, $\tilde{e}_k^{(n)}$ を, 対角成分, 副対角成分におく下 2 重対角行列 $\tilde{L}^{(n)}$, 上 2 重対角行列 $\tilde{R}^{(n)}$ を用いて

$$\tilde{L}^{(n+1)} \tilde{R}^{(n+1)} + \kappa^{(n+1)} I = \tilde{R}^{(n)} \tilde{L}^{(n)} + \kappa^{(n)} I \tag{5.104}$$

と表すことができる. これは, $\tilde{T}^{(0)} = T$ とし, $\kappa^{(n)}$ だけ原点シフト (shift of origin) された 3 重対角行列 $\tilde{T}^{(n)} - \kappa^{(n)} I$ の LR 分解

$$\tilde{T}^{(n)} - \kappa^{(n)} I = \tilde{L}^{(n)} \tilde{R}^{(n)} \quad (n = 0, 1, \dots) \tag{5.105}$$

に引き続いて，LR 因子の交換と原点シフト $\kappa^{(n)}$ の「たし戻し」による新たな 3 重対角行列 $\tilde{T}^{(n+1)}$ の導入

$$\tilde{T}^{(n+1)} := \tilde{R}^{(n)} \tilde{L}^{(n)} + \kappa^{(n)} I \quad (n = 0, 1, \dots) \tag{5.106}$$

を行い，さらに，再度の原点シフトと LR 分解

$$\tilde{T}^{(n+1)} - \kappa^{(n+1)} I = \tilde{L}^{(n+1)} \tilde{R}^{(n+1)} \quad (n = 0, 1, \dots) \tag{5.107}$$

を繰り返す LR アルゴリズムの漸化式と見なすことができる．(5.106) と (5.107) から $\tilde{T}^{(n+1)}$ を消去したものが (5.104) であるが，実際の計算は，(5.105) と (5.106) によって行う．LR 分解 (5.105) は

$$\tilde{q}_1^{(n)} = \alpha_0^{(n)} - \kappa^{(n)}, \quad \tilde{e}_k^{(n)} = \frac{\beta_k^{(n)}}{\tilde{q}_k^{(n)}}, \quad \tilde{q}_{k+1}^{(n)} = \alpha_k^{(n)} - \kappa^{(n)} - \tilde{e}_k^{(n)}$$

の反復を $k = 1, 2, \dots, N-1$ と繰り返すことで実行される．(5.85) より $\tilde{R}^{(n)}$ は正則であり，$\tilde{T}^{(n+1)}$ は $\tilde{T}^{(n)}$ の相似変形として

$$\tilde{T}^{(n+1)} = \tilde{R}^{(n)} (\tilde{L}^{(n)} \tilde{R}^{(n)} + \kappa^{(n)} I)(\tilde{R}^{(n)})^{-1} = \tilde{R}^{(n)} \tilde{T}^{(n)} (\tilde{R}^{(n)})^{-1} \tag{5.108}$$

と書けるから，$\tilde{T}^{(0)} = T$ の固有値を $0 < \lambda_0 < \lambda_1 < \cdots < \lambda_{N-1}$ とすれば，$\tilde{T}^{(n)} - \kappa^{(n)} I$ の固有値は $\lambda_0 - \kappa^{(n)} < \lambda_1 - \kappa^{(n)} < \cdots < \lambda_{N-1} - \kappa^{(n)}$ であるが，最小固有値 λ_0 に対してシフト量 $\kappa^{(n)}$ が

$$0 < \kappa^{(n)} < \lambda_0 \tag{5.109}$$

であれば，$\tilde{T}^{(n)} - \kappa^{(n)} I$ は正定値であり LR 分解 (5.105) は必ず存在する．(5.108) より $P_N^{(n)}(x) = \det(xI - \tilde{T}^{(n)})$ が T の固有多項式であることは明らか．さらに，この $\kappa^{(n)}$ による原点シフトつきの qd アルゴリズムの変数 $\tilde{e}_k^{(n)}$ のゼロへの収束の収束率 $|\lambda_{N-k-1} - \kappa^{(n)}|/|\lambda_{N-k} - \kappa^{(n)}|$ は

$$\frac{|\lambda_{N-k-1} - \kappa^{(n)}|}{|\lambda_{N-k} - \kappa^{(n)}|} < \left| \frac{\lambda_{N-k-1}}{\lambda_{N-k}} \right| < 1 \tag{5.110}$$

より，原点シフトなしの場合の収束の収束率 $|\lambda_{k-1}/\lambda_k|$ に比べて小さく，$\tilde{e}_k^{(n)}$ のゼロへの収束は一般に速くなる．(5.99)，あるいは (5.104) を陰的シフトつき qd アルゴリズム (qd algorithm with implicit shift of origin) という．とくに，(5.104) を陰的シフトつき LR アルゴリズムということがある．陰的シフトつき qd アルゴリズムの変数 $\tilde{q}_k^{(n)}$, $\tilde{e}_k^{(n)}$, 行列 $\tilde{T}^{(n)}$ は極限

$$\lim_{n\to\infty} \tilde{q}_k^{(n)} = \lambda_{N-k}, \quad \lim_{n\to\infty} \tilde{e}_k^{(n)} = 0 \quad (k=1,2,\ldots,N),$$

$$\lim_{n\to\infty} \tilde{T}^{(n)} = \begin{pmatrix} \lambda_{N-1} & & & 0 \\ 1 & \lambda_{N-2} & & \\ & \ddots & \ddots & \\ & & 1 & \lambda_0 \end{pmatrix} \tag{5.111}$$

をもつ．たし戻しのため漸化式 (5.99) のパラメータ $\{\kappa^{(n)}\}$ は極限値 (5.111) には現れない．$\tilde{T}^{(n)}$ の成分を使って表される (5.109) なる原点シフト量 $\kappa^{(n)}$ の選択により qd アルゴリズムの固有値への収束が加速されるだけでなく，反復回数の減少に伴い丸め誤差 (rounding error) も減少すると期待され，適切なシフト量の選択は応用上重要である．

　本節では $\tilde{T}^{(n)}$ が正定値のときについて述べたが，負の固有値をもつ場合は様相が異なる．定理 5.2.12 より，パラメータ $\kappa^{(n)}$ が $\kappa^{(n)} \le \xi(<0)$ を満たさねば，演算の途中で零割によるブレークダウンが起きる可能性がある．一方，シフトつきの qd アルゴリズム (5.99)，(5.104) では，パラメータ $\kappa^{(n)}$ をつねに $\kappa^{(n)} \le \xi$ ととることができる．実際，$\Delta_k^{(0)} > 0$ $(k=1,2,\ldots)$ ならば，$\kappa^{(n)}$ を T の最小の固有値より小さくとることで，たとえ負の固有値があっても $\Delta_k^{(n)} > 0$ $(k,n=1,2,\ldots)$ を保証し，現論上ブレークダウンを回避できる．

5.5　qd アルゴリズムと戸田格子

5.5.1　qd アルゴリズムの連続極限

　ルティスハウザーは 1954 年，自ら開発した qd アルゴリズム [47] の挙動を調べるため，漸化式の連続極限をとって非線形連立微分方程式を導出した [48]．これを簡単に振り返ろう．変数 $\tilde{q}_k^{(n)}$, $\tilde{e}_k^{(n)}$, および，定数パラメータ $\kappa^{(n)}$ を

$$V_k^{(n)} := -\kappa^{(n)} \tilde{e}_k^{(n)}, \quad J_k^{(n)} := \tilde{q}_k^{(n)} + \kappa^{(n)}, \quad \delta^{(n)} := -\frac{1}{\kappa^{(n)}} \qquad (5.112)$$

と変換する. 原点シフトつきの qd アルゴリズムの漸化式 (5.99), および境界条件 $e_0^{(n)} = 0$ は, それぞれ,

$$V_k^{(n+1)}(1 + \delta^{(n+1)} J_k^{(n+1)}) = V_k^{(n)}(1 + \delta^{(n)} J_{k+1}^{(n)}),$$

$$J_k^{(n+1)} + \delta^{(n+1)} V_{k-1}^{(n+1)} = J_k^{(n)} + \delta^{(n)} V_k^{(n)}, \quad V_0^{(n)} = 0 \qquad (5.113)$$

となる. $\delta^{(n+1)} = \delta^{(n)} = \delta$ とおいて, $J_k^{(n)}, V_k^{(n)}$ を時刻 $t = n\delta$ における変数 $J_k(t), V_k(t)$ の値と見て,

$$t = n\delta$$

を保ったまま $\delta \to 0+$ ($\kappa^{(n)} \to -\infty$) の極限をとれば (5.113) はルティスハウザーの力学系とでも呼ぶべき方程式 [48]

$$\frac{dV_k(t)}{dt} = V_k(t)(J_{k+1}(t) - J_k(t)),$$

$$\frac{dJ_k(t)}{dt} = V_k(t) - V_{k-1}(t), \quad V_0(t) \equiv 0 \quad (k = 1, 2, \dots) \qquad (5.114)$$

となる.

さて, 半無限系 (5.114) は戸田盛和の著書『非線形格子力学』[62] には表面上は現れないが, 条件 $V_N(t) \equiv 0$ を課した場合はモーザーの 1975 年の文献 [35] に有限非周期戸田格子 (finite nonperiodic Toda lattice) として登場する. ここでは, (5.114) を半無限 (片側無限) 戸田格子 (semi-infinite Toda lattice) と呼ぶことにしよう. [62] に従って $V_k = \exp(x_k - x_{k+1}) > 0$, $J_k = -y_k$ とおく. ここでは物理的要請により V_k の正値性を仮定しているが, 定理 5.4.2 から見れば, これはクリストッフェル変換のもとで対応する直交多項式の線形汎関数の正定値性が保たれることに対応する. ハミルトン関数 (Hamiltonian)

$$H := \frac{1}{2} \sum_{k=1} y_k^2 + \sum_{k=0} e^{x_k - x_{k+1}}, \quad x_0 \equiv -\infty \qquad (5.115)$$

を導入すれば, 方程式 (5.114) はハミルトン力学系として

$$\frac{dx_k}{dt} = \frac{\partial H}{\partial y_k} = y_k,$$

$$\frac{dy_k}{dt} = -\frac{\partial H}{\partial x_k} = e^{x_{k-1} - x_k} - e^{x_k - x_{k+1}} \qquad (5.116)$$

と表される. ここに, y_k は x_k の運動量を表す. $k = 1, 2, \ldots, N$ の有限の場合, このハミルトン力学系は自由度 N で完全積分可能系あることが知られている [62].

戸田盛和は 1967 年の論文 [60] において周期的境界条件 $(x_N \equiv x_0)$ のもとでの運動方程式 (5.116) を発見した. 続いてソリトン解をもつ両側無限の場合を研究した [61]. 両側無限とは, (5.114) のような条件 $V_0(t) \equiv 0$, すなわち, $x_0(t) \equiv -\infty$ を課さずに $k = 0, \pm 1, \pm 2, \ldots$ とする場合である. 半無限の場合 $(V_0(t) \equiv 0, k = 0, 1, 2, \ldots)$ に限れば, ルティスハウザー [48] が数値計算アルゴリズムの研究においてすでに戸田格子を導出していたと見ることができよう.

なお, 連続極限 $(\delta \to 0)$ をとって半無限戸田格子 (5.114) となるような離散方程式は, $\delta^{(n)}$ を n によらず一定としたとしても無数にあり, 原点シフトつきの qd アルゴリズムの漸化式 (5.113) はその一例にすぎない. これを戸田格子から見れば (5.113) は非自明な時間変数の離散化ということになる. パラメータ $\delta^{(n)}$ は時間変数の差分ステップサイズ (discrete step size) であることに注意して漸化式 (5.113) を不等間隔離散戸田格子 (discrete Toda lattice with variable step size) と呼ぶことがある.

一般のクリストッフェル変換 (5.97) において, パラメータ $\kappa^{(n)}$ が直交多項式を定める線形汎関数の正値性を壊さないための必要十分条件は, 定理 5.2.12 より, $\kappa^{(n)} \leq \xi$ であるから, $\kappa^{(n)} \to -\infty$ に対応する連続極限 $\delta^{(n)} \to 0+$ のもとでも線形汎関数の正値性は保たれる.

5.5.2 戸田格子と直交多項式

先に, クリストッフェル変換 (5.73) による直交多項式の離散的な変換とその逆変換 (5.75) によってルティスハウザーの qd アルゴリズムの漸化式 (5.82) を導出した. qd アルゴリズムは離散時間戸田格子ともいうべきもので, その連続時間極限 (5.114) が半無限, および, 有限非周期戸田格子である. ここでは直交多項式の連続的な変形方程式 (deformation equation) としての連続時間戸田格子の数理構造について述べよう [2], [4], [42], [43], [46], [52].

半無限戸田格子（ルティスハウザーの力学系）(5.114) の解 $J_k = J_k(t)$, $V_k = V_k(t)$ を係数とする 3 項漸化式，初期条件，および，正値条件

$$P_{k+1}(x) + J_{k+1}P_k(x) + V_k P_{k-1}(x) = x P_k(x), \tag{5.117}$$

$$P_0(x) = 1, \quad P_1(x) = x - J_1, \quad V_k > 0 \quad (k = 1, 2, \dots) \tag{5.118}$$

によってパラメータ t に依存する k 次モニック多項式 $P_k(x) := P_k(x; t)$ を導入する．$V_k(t) > 0$ だから，ファバードの定理（定理 5.2.10）により，

$$\sigma[P_k(x)P_\ell(x)] = h_k \delta_{k\ell}, \quad h_k := h_k(t) > 0 \tag{5.119}$$

満たす線形汎関数 σ が存在し，$\{P_k(x)\}$ は σ に関する直交多項式となる．h_k は正規化定数である．σ はモーメント

$$c_k := c_k(t) = \sigma[x^k] \quad (k = 0, 1, \dots.) \tag{5.120}$$

によって特徴づけられるが，ここでは，正規化条件 $c_0 = 1$ は課さず，$c_0 \neq 0$ としておく．さらに，t に依存するハンケル行列式

$$\Delta_k(t) := \det(c_{i+j}(t))_{i,j=0,1,\dots,k-1}, \quad \Delta_0 = 1 \tag{5.121}$$

を導入すれば，直交多項式 $P_k(x)$ は一意に (5.9) と表され，さらに，正規化定数は (5.8) および (5.18) と表される．さらに，3 項漸化式の係数 V_k, J_{k+1} は (5.13), (5.14) と書かれる．もし $t = 0$ において $V_k(0) > 0$ であれば，(5.114) はクリストッフェル変換 (5.97) において $\kappa^{(n)} \to -\infty$ の極限をとって導かれた V_k の変形方程式であるから，定理 5.2.12 より，任意の t において $V_k(t) > 0$ が成り立つ．

さて，パラメータ t に依存する係数 $V_k(t)$, $J_k(t)$ が半無限戸田格子 (5.114) を満たすことと，直交多項式 $P_k(x; t)$ が微分方程式

$$\frac{dP_k(x; t)}{dt} = -V_k(t) P_{k-1}(x; t) \tag{5.122}$$

を満たすことは同値である [2], [46]．これは (5.117) を t で微分して (5.114) と k を $k-1$ とした (5.117) を用いることで確かめられる．

半無限戸田格子はモーメント $c_n(t)$ について見ると

$$\frac{dc_k}{dt} = c_{k+1} \quad (k = 0, 1, \dots) \tag{5.123}$$

という簡単な表示となる．以下，このことを確かめよう．(5.123) を仮定すれば，各モーメント $c_k(t)$ は $c_0(t)$ の k 次導関数として

$$c_k = \frac{d^k c_0}{dt^k} \quad (k = 0, 1, \dots) \tag{5.124}$$

表される．同時にハンケル行列式 $\Delta_k = \det(c_{i+j})_{i,j=0,\dots,k-1}$ は，$c_0(t)$ とその導関数のなすハンケル行列式として

$$\Delta_k = \det \left(\frac{d^{i+j} c_0}{dt^{i+j}} \right)_{i,j=0,\dots,k-1} \tag{5.125}$$

と書かれることになる．このときハンケル行列式の導関数は (5.15) で定義した $\check{\Delta}_k$ と $d\Delta_k/dt = \check{\Delta}_k$ の関係にあるとともに，シルベスターの行列式恒等式より導出される広田の双線形形式 (Hirota's bilinear form)

$$\Delta_k \frac{d^2 \Delta_k}{dt^2} - \left(\frac{d\Delta_k}{dt} \right)^2 - \Delta_{k-1} \Delta_{k+1} = 0 \quad (k = 1, 2, \dots) \tag{5.126}$$

を満たす．Δ_k が（連続時間）戸田格子の τ 関数 (tau function) である（1.4.4 項も参照）．τ 関数の正値性 $\Delta_k > 0$ と $V_k > 0$ が対応する．一方，直交多項式の一般論 (5.13)，(5.14) に基づいてパラメータ t に依存する関数

$$V_k = \frac{\Delta_{k-1} \Delta_{k+1}}{\Delta_k^2}, \quad J_{k+1} = \frac{\check{\Delta}_{k+1}}{\Delta_{k+1}} - \frac{\check{\Delta}_k}{\Delta_k} \tag{5.127}$$

を定める．各 Δ_k，$\check{\Delta}_k$ に含まれる c_k が (5.124) で与えられているとすれば，$\dot{\Delta}_k = \check{\Delta}_k$ および (5.126) を用いると，(5.127) は半無限戸田格子 (5.114) を満たすことがわかる．関数 $c_0(t)$ は (5.123) を通じて半無限戸田格子の広いクラスの解を与える母関数である．$c_0(t)$ をモーメント関数 (moment function) と呼ぶことにする．

また，直交多項式の正規化定数 $h_k(t)$ は，

$$V_k = \frac{h_k}{h_{k-1}}, \quad J_{k+1} = \frac{d \log h_k}{dt} \tag{5.128}$$

を通じて半無限戸田格子の解を与える．とくに，$\dot{c}_0 = J_1 c_0$ であるから，半無限戸田格子の解の一部 $J_1(t)$ からモーメント関数 $c_0(t)$ を再構成することが可能となる．

直交多項式 $P_k = P_k(x; t)$ のなす半無限ベクトル $\boldsymbol{P} := (P_0, P_1, P_2, \dots)$ を導

入する．$P_k = P_k(x;t)$ の満たすべき 3 項漸化式 (5.117)，同初期値 (5.118)，および，微分方程式 (5.122) はまとめて

$$\boldsymbol{P}T = x\boldsymbol{P}, \quad \frac{d\boldsymbol{P}}{dt} = -\boldsymbol{P}T^+$$

$$T := \begin{pmatrix} J_1 & V_1 & & \\ 1 & J_2 & V_2 & \\ & 1 & \ddots & \ddots \\ & & & \ddots \end{pmatrix}, \quad T^+ := \begin{pmatrix} 0 & V_1 & & \\ & 0 & V_2 & \\ & & \ddots & \ddots \end{pmatrix} \quad (5.129)$$

と表すことができる．もしモーメント関数 $c_0(t)$ が $\Delta_{N+1} = 0$ なる境界条件を満たすとすれば，半無限行列についての (5.129) は有限化されて，$\boldsymbol{P}_N := (P_0, P_1, \ldots, P_{N-1})$ について

$$\boldsymbol{P}_N T_N = x\boldsymbol{P}_N, \quad \frac{d\boldsymbol{P}_N}{dt} = -\boldsymbol{P}_N T_N^+,$$

$$T_N := \begin{pmatrix} J_1 & V_1 & & \\ 1 & J_2 & \ddots & \\ & \ddots & \ddots & V_{N-1} \\ & & 1 & J_N \end{pmatrix}, \quad T_N^+ := \begin{pmatrix} 0 & V_1 & & \\ & 0 & \ddots & \\ & & \ddots & V_{N-1} \\ & & & 0 \end{pmatrix} \quad (5.130)$$

となる．方程式 (5.130) の両立条件 (compatibility condition) は

$$\frac{dT_N}{dt} = [T_N^+, T_N] \quad (5.131)$$

である．ここに，$[A, B] := AB - BA$ は行列の交換子積 (commutator product) である．(5.131) はモーザー [35] による有限戸田格子のラックス表示 (Lax representation) として知られるものである．$\mathrm{tr}[A, B] = 0$ であることから，

$$\frac{d\,\mathrm{tr}(T_N^p)}{dt} = 0 \quad (p = 1, 2, \ldots, N) \quad (5.132)$$

であることがわかる．これは，$\mathrm{tr}(T_N^p)$ が t によらない保存量 (conserved quantity) であることを意味しており，たとえば，$p = 1, 2$ のとき，それぞれ，運動量 $\sum_{k=0}^{N-1} J_{k+1}(t)$，エネルギー $\sum_{k=0}^{N-1} J_{k+1}(t)^2 + 2\sum_{k=1}^{N-1} V_k(t)$ が一定に保たれることに対応している．

5.5 qd アルゴリズムと戸田格子 **405**

行列 $T_N(t)$ の初期値 $T_N(0)$ を (5.54) の 3 重対角行列として $T_N(0) = T$ と選ぶ。これは qd アルゴリズムの初期値を (5.84) と選ぶことに対応する。ただし、ここでは多項式 $P_N(x) = \det(xI - T)$ によって一般の直交多項式を扱うため、命題 5.2.5 に従って T の固有値は相異なる実数であるとするが、必ずしも T は正定値でなくてよいとする。T の固有値を $\lambda_0 < \lambda_1 < \cdots < \lambda_{N-1}$ と書く。行列の指数関数 e^{tT} の固有値は $0 < e^{\lambda_0} < e^{\lambda_1} < \cdots < e^{\lambda_{N-1}}$ であるから、行列 e^{tT} は正定値。ゆえに行交換なしで LR 分解

$$e^{tT} = L(t)R(t) \tag{5.133}$$

が可能である。ここに $L(t) = (\ell_{ij})$ は下三角行列、$R(t) = (r_{ij})$ は上三角行列で、分解の一意性を担保するため、$L(0) = I$, $R(0) = I$, $^\forall r_{ii}(t) \equiv 1$ としておく。(5.133) を t で微分して再度 (5.133) を用いると $RTR^{-1} = L^{-1}\dot{L} + \dot{R}R^{-1}$ を得る。ここで、$T_R(t) := RTR^{-1}$ とおく。$L^{-1}\dot{L}$, $\dot{R}R^{-1}$ はそれぞれ $T_R(t)$ の下三角部、強上三角部を表すので、$\dot{R}R^{-1} = T_R^+$ と書ける。$T_R(t)$ を微分して $\dot{T}_R = \dot{R}R^{-1}T_R - T_R\dot{R}R^{-1} = [T_R^+, T_R]$ を得る。$T_R(0) = T$ だから微分方程式 (5.131) に関する解の存在と一意性により、$T_R(t)$ は 3 重対角行列 $T_N(t)$ に、T_R^+ は強上三角行列 T_N^+ にほかならない ($T_R = T_N$)。これにより有限戸田格子のラックス表示 (5.131) の解は

$$T_N(t) = R(t)TR^{-1}(t) = L^{-1}(t)TL(t) \tag{5.134}$$

で与えられる。行列 $T_N(t)$ の固有値 $\lambda_m(t)$ $(m = 0, \ldots, N-1)$ は T の固有値に完全に一致するから、各 $\lambda_m(t)$ もまた有限戸田格子の保存量である。しかし、$\mathrm{tr}(T_N^p) = \sum_{m=0}^{N-1} \lambda_m^p$ からわかるように保存量 $\mathrm{tr}(T_N^p)$ と関数的に独立なわけではない。相似変形による解の表現 (5.134) は qd アルゴリズムによる行列の相似変形 (5.85) に類似しているが、実際、(5.133), (5.134) より

$$e^{T_N(0)} = L(1)R(1),$$

$$e^{T_N(1)} = e^{R(1)T_N(0)R^{-1}(1)} = R(1)e^{T_N(0)}R^{-1}(1) = R(1)L(1) \tag{5.135}$$

であるから、有限戸田格子の $n = 0$ から $n = 1$ への時間発展は、行列の指数 $e^{T_N(0)}$ に対する LR アルゴリズムの 1 反復に等価である。アルゴリズムの連続極限として導出された微分方程式を積分してもとのアルゴリズムの 1 反復が回復されたことになる。

5.6 dLV アルゴリズム

5.6.1 対称な直交多項式とクリストッフェル変換

前節では直交多項式理論に基づいて固有値計算の qd アルゴリズムを定式化した．これ自体は別ルートからの既存のアルゴリズムの導出にとどまるが，変数の正値性が保証された新しいアルゴリズムの発見に結びつく可能性をもつ方法でもある．本節では対称な直交多項式のクリストッフェル変換から正値性の保証された新たな特異値 (singular value) 計算法を定式化する．離散可積分系の導出法としては 2.4 節を参照されたい．

モーメントについて

$$c_{2k-1} := \sigma_S[x^{2k-1}] = 0 \quad (k = 1, 2, \dots) \tag{5.136}$$

となるとき，σ_S は対称な線形汎関数，対応する直交多項式 $S_k(x)$ は対称な直交多項式 (symmetric orthogonal polynomial) と呼ばれる．$d\rho(x) = w(x)dx$ のとき，対称な直交多項式を定める重み関数 $w(x)$ は区間 $(-a, a)$ 上の偶関数となる．代表的な対称な直交多項式にエルミート多項式，チェビシェフ多項式，ルジャンドル多項式がある．線形汎関数 σ が対称であることと 3 項漸化式の係数 α_k がすべてゼロであることは同値である [5]．ゆえに，対称なモニック直交多項式 $S_k(x)$ の 3 項漸化式は

$$xS_k(x) = S_{k+1}(x) + \beta_k S_{k-1}(x) \quad (k = 0, 1, \dots),$$
$$S_{-1}(x) := 0, \quad S_0(x) = 1, \quad \beta_k \neq 0 \tag{5.137}$$

となる．$k = 2m - 1$ のとき $S_k(x)$ は奇関数，$k = 2m$ のとき $S_k(x)$ は偶関数である．

線形汎関数 σ_S は正定値であるものとする．対応する対称な直交多項式 $\{S_k(x)\}$ の満たす 3 項漸化式 (5.137) において，(5.10)，(5.13) より $\beta_k > 0$ が成り立つ．命題 5.2.5 で述べたように，$S_{2k-1}(x)$，$S_{2k}(x)$ の零点は，それぞれ，

$$-\lambda_{2k-1,k-1} < \dots < -\lambda_{2k-1,1} < \lambda_{2k-1,0} = 0 < \lambda_{2k-1,1} < \dots < \lambda_{2k-1,k-1},$$
$$-\lambda_{2k,k-1} < \dots < -\lambda_{2k,1} < -\lambda_{2k,0} < \lambda_{2k,0} < \lambda_{2k,1} < \dots < \lambda_{2k,k-1} \tag{5.138}$$

を満たす. 偶関数, 奇関数であるかによらず $\{S_k(x)\}$ の最大の零点の極限 $\lim_{k \to \infty} \lambda_{k,[(k-1)/2]}$ が存在し, これを ξ と書く. $\{S_k(x)\}$ は閉区間 $[-\xi, \xi]$ 上で σ_S について直交する.

偶奇性をふまえて対称な直交多項式 $S_k(x)$ の 3 項漸化式

$$xS_{2k}(x) = S_{2k+1}(x) + \beta_{2k}S_{2k-1}(x),$$
$$xS_{2k+1}(x) = S_{2k+2}(x) + \beta_{2k+1}S_{2k}(x) \tag{5.139}$$

を準備する. $y := x^2$ とおいて x の偶関数 $S_{2k}(x)$ を

$$P_k(y) := S_{2k}(x) \tag{5.140}$$

と書く. また, x の奇関数 $S_{2k+1}(x)$ を x を乗じた偶関数と見て

$$Q_k(y) := \frac{S_{2k+1}(x)}{x} \tag{5.141}$$

と書く. 以下 $P_k(y), Q_k(y)$ の満たすべき漸化式を導出する. (5.139) の第 2 式を第 1 式に代入すると

$$x^2 S_{2k}(x) = S_{2k+2}(x) + (\beta_{2k} + \beta_{2k+1})S_{2k}(x) + \beta_{2k-1}\beta_{2k}S_{2k-2}(x)$$

を得るから, $P_k(y)$ の満たす漸化式は

$$yP_k(y) = P_{k+1}(y) + (\beta_{2k} + \beta_{2k+1})P_k(y) + \beta_{2k-1}\beta_{2k}P_{k-1}(y),$$
$$P_0(y) = 1, \quad P_1(y) = y - \beta_1 \tag{5.142}$$

となる. 同様に, (5.139) の第 1 式を第 2 式に代入して得られる

$$x^2 S_{2k+1}(x) = S_{2k+3}(x) + (\beta_{2k+1} + \beta_{2k+2})S_{2k+1}(x) + \beta_{2k}\beta_{2k+1}S_{2k-1}(x)$$

より $Q_k(y)$ の満たす漸化式は

$$yQ_k(y) = Q_{k+1}(y) + (\beta_{2k+1} + \beta_{2k+2})Q_k(y) + \beta_{2k}\beta_{2k+1}Q_{k-1}(y),$$
$$Q_0(y) = 1, \quad Q_1(y) = y - (\beta_1 + \beta_2) \tag{5.143}$$

となる. $P_k(y), Q_k(y)$ はともにモニック多項式である.

次に, $P_k(y), Q_k(y)$ の直交性について調べる. $\pi(x)$ を任意の多項式とし, 対称な直交多項式 $S_k(x)$ を定める線形汎関数 σ_S に対して,

$$\sigma[\pi(y)] := \sigma_S[\pi(x^2)] \tag{5.144}$$

を導入する. モーメントについて見ると $\sigma[y^k] = \sigma_S[x^{2k}]$ となる. 多項式 $P_k(y)$, $Q_k(y)$ について

$$\sigma[P_k(y)P_\ell(y)] = \sigma_S[S_{2k}(x)S_{2\ell}(x)],$$
$$\sigma[yQ_k(y)Q_\ell(y)] = \sigma_S[S_{2k+1}(x)S_{2\ell+1}(x)] \tag{5.145}$$

が成り立つ. 第 1 式より y の k 次多項式 $P_k(y)$ は σ に関する直交多項式で, その零点 $\lambda_{2k,m}^2$ $(m = 0, \ldots, k-1)$ は相異なる正数である. また, 一般の直交多項式のクリストッフェル変換 (5.20) と比較すれば $\sigma[y\,\pi(y)] = \sigma^{(1)}[\pi(y)]|_{\kappa=0}$ であることから, 第 2 式より y の k 次多項式 $Q_k(y)$ は $P_k(y)$ に対して $\kappa = 0$ なるクリストッフェル変換を施して得られる直交多項式と見なせる. これまでの記法を用いれば

$$P_k^{(0)}(y) = P_k(y), \quad P_k^{(1)}(y)|_{\kappa=0} = Q_k(y),$$
$$c_k^{(0)} = \sigma[y^k], \quad c_k^{(1)} = \sigma_\kappa^{(1)}[y^k]|_{\kappa=0} = \sigma[y^{k+1}] = c_{k+1}^{(0)} \tag{5.146}$$

と表される. $P_k(y)$ の零点 $\lambda_{2k,m}^2$ はすべて正であるから, $\kappa = 0$ は条件 (5.24) を満たしており, 線形汎関数 $\sigma^{(1)}|_{\kappa=0}$ の正定値性は保たれる. このとき多項式 $Q_k(y)$ の零点 $\lambda_{2k+1,m}^2$ $(m = 0, 1, \ldots, k-1)$ もまた相異なる正の実数で, $P_k(y)$ の零点との間に $\lambda_{2k,m+1}^2 < \lambda_{2k+1,m+1}^2 < \lambda_{2k,m+2}^2$ の分離定理 (separation theorem) が成り立つ [5].

3 項漸化式 (5.142), (5.143) と 3 項漸化式 (5.80) および (5.79) をそれぞれ比較すれば, 係数の間に

$$\beta_{2k} + \beta_{2k+1} = q_{k+1}^{(0)} + e_k^{(0)}, \quad \beta_{2k-1}\beta_{2k} = q_k^{(0)}e_k^{(0)}, \tag{5.147}$$
$$\beta_{2k+1} + \beta_{2k+2} = q_{k+1}^{(0)} + e_{k+1}^{(0)}, \quad \beta_{2k}\beta_{2k+1} = q_{k+1}^{(0)}e_k^{(0)} \tag{5.148}$$

の関係があることがわかる. $P_k^{(0)}(y) = P_k(y)$, $P_k^{(1)}(y)|_{\kappa=0} = Q_k(y)$ と見ることで, (5.79), (5.80) から qd アルゴリズムの漸化式 $q_{k+1}^{(1)} + e_k^{(1)} = q_{k+1}^{(0)} + e_{k+1}^{(0)}$, $q_k^{(1)}e_k^{(1)} = q_{k+1}^{(0)}e_k^{(0)}$ を得る.

σ_S は正定値と仮定しているから $\beta_k > 0$. 線形汎関数 $\sigma^{(1)}$ の正定値性より, $\Delta_{k,0} = \Delta_k > 0$. さらには, $\Delta_{k,1} = \Delta_k^{(1)} > 0$ だから (5.87) より

5.6 dLV アルゴリズム **409**

$q_k^{(0)} > 0$, $e_k^{(0)} > 0$ $(k = 1, 2, \dots)$ が成り立つ. ゆえに, (5.147), (5.148) より $\beta_{2k-1} = q_k^{(0)}$, $\beta_{2k} = e_k^{(0)}$ が従う. $Q_k(y)$ に対して再度 $\kappa = 0$ なるクリストッフェル変換を適用してモーメント $c_k^{(2)} = c_{k+2}^{(0)}$ を導入すれば, $q_k^{(1)} > 0$, $e_k^{(1)} > 0$ も確かめられる. この操作を繰り返すことで qd アルゴリズムの漸化式 (5.82) および $q_k^{(n)} > 0$, $e_k^{(n)} > 0$ を得る. ゆえに, 対称な直交多項式に基づく qd アルゴリズムでは (丸め誤差などの影響を除けば理論上は) ブレークダウンが起きることはない.

5.6.2 離散ロトカ–ボルテラ系

原点シフトつき qd アルゴリズム (5.99) に類似する漸化式

$$\tilde{q}_{k+1}^{(n+1)} + \tilde{e}_k^{(n+1)} - (\theta^{(n+1)})^2 = \tilde{q}_{k+1}^{(n)} + \tilde{e}_{k+1}^{(n)} - (\theta^{(n)})^2,$$

$$\tilde{q}_{k+1}^{(n+1)} \tilde{e}_{k+1}^{(n+1)} = \tilde{q}_{k+2}^{(n)} \tilde{e}_{k+1}^{(n)} \quad (k = 0, 1, 2, \dots) \tag{5.149}$$

を考える. ここに $\theta^{(n)}$ は正のパラメータである. 極限 $\theta^{(n)} \to 0$ で (5.149) は (5.82) となる. $\tilde{e}_0^{(n)} \equiv 0$ に加えて $\tilde{e}_N^{(n)} \equiv 0$ とおき, (5.104), (5.105), (5.106) にならって (5.149) を行列表現を用いて

$$\tilde{L}^{(n+1)} \tilde{R}^{(n+1)} - (\theta^{(n+1)})^2 I = \tilde{R}^{(n)} \tilde{L}^{(n)} - (\theta^{(n)})^2 I,$$

$$\tilde{T}^{(n)} + (\theta^{(n)})^2 I = \tilde{L}^{(n)} \tilde{R}^{(n)}, \quad \tilde{T}^{(n+1)} := \tilde{R}^{(n)} \tilde{L}^{(n)} - (\theta^{(n)})^2 I \tag{5.150}$$

のように書く. また, たし戻しを行う原点シフトつき qd アルゴリズムの相似変形表示 (5.108) と同様に, (5.149) についても

$$\tilde{T}^{(n+1)} = \tilde{R}^{(n)} (\tilde{L}^{(n)} \tilde{R}^{(n)} - (\theta^{(n)})^2 I)(\tilde{R}^{(n)})^{-1} = \tilde{R}^{(n)} \tilde{T}^{(n)} (\tilde{R}^{(n)})^{-1} \tag{5.151}$$

と表すことができる. ゆえに $\tilde{T}^{(n)}$ の固有値は $\tilde{T}^{(0)}$ の固有値に完全に一致する. ここで 3 重対角行列 $T := \tilde{T}^{(0)}$ の成分 (5.85) を (5.147) なる $q_k^{(0)} > 0$, $e_k^{(0)} > 0$ $(k = 1, 2, \dots)$ によって与えるものとする. $\tilde{T}^{(0)}$ の固有値は $P_N(y) = S_{2N}(x^2)$ の零点 $\{\lambda_{2N,m}^2\}$ $(m = 0, \dots, N-1)$ である. 以下, 簡単のため $\lambda_{2N,m}$ を λ_m と書く. (5.150) は正定値行列 $\tilde{T}^{(n)} + (\theta^{(n)})^2 I$ の固有値に収束する LR アルゴリズムの漸化式だから, (5.149) の変数 $\tilde{e}_k^{(n)}$ のゼロへの収束率 $|\lambda_{N-k-1}^2 + (\theta^{(n)})^2| / |\lambda_{N-k}^2 + (\theta^{(n)})^2|$ は

$$\left| \frac{\lambda_{N-k-1}^2}{\lambda_{N-k}^2} \right| < \left| \frac{\lambda_{N-k-1}^2 + (\theta^{(n)})^2}{\lambda_{N-k}^2 + (\theta^{(n)})^2} \right| < 1$$

であるから，(5.109), (5.110) とは異なり，(5.149) の $(\theta^{(n)})^2$ は qd アルゴリズム (5.82) の収束を加速するものではない．

ここで，非線形変換

$$\tilde{q}_k^{(n)} = \left(v_{2k-1}^{(n)} + \theta^{(n)} \right) \left(v_{2k-2}^{(n)} + \theta^{(n)} \right), \quad v_0^{(n)} \equiv 0, \quad \theta^{(n)} > 0$$
$$\tilde{e}_k^{(n)} = v_{2k-1}^{(n)} v_{2k}^{(n)}, \quad \tilde{e}_0^{(n)} \equiv 0 \quad (k = 1, 2, \dots) \tag{5.152}$$

を (5.149) に施すと，$\{\tilde{q}_k^{(n)}, \tilde{e}_k^{(n)}\}$ が (5.149) を満たすことと，$\{v_{2k-1}^{(n)}\}$ が漸化式

$$v_k^{(n+1)} \left(v_{k-1}^{(n+1)} + \theta^{(n+1)} \right) = v_k^{(n)} \left(v_{k+1}^{(n)} + \theta^{(n)} \right) \tag{5.153}$$

を満たすことは同値であることがわかる．ここで，(5.153) においてパラメータを

$$\delta^{(n)} := \frac{1}{\theta^{(n)}} (> 0) \tag{5.154}$$

と変換する．$\delta^{(n+1)} = \delta^{(n)} = \delta$ とおいて，$v_k^{(n)}$ を時刻 $t = n\delta$ における変数 $v_k(t)$ の値と見て，

$$t = n\delta$$

を保ったまま $\delta \to 0+$ の極限をとれば (5.153) は微分方程式

$$\frac{dv_k(t)}{dt} = v_k(t) \left(v_{k+1}(t) - v_{k-1}(t) \right), \quad v_0(t) \equiv 0 \quad (k = 1, 2, \dots) \tag{5.155}$$

となる．この方程式は数理生態学に現れるロトカ–ボルテラ系 (Lotka–Volterra system) の特別な場合で，半無限境界条件 $(v_0(t) \equiv 0)$ のもとで，生物種 k が捕食関係にある種 $k+1$ を食べ，種 $k-1$ に食べられて，個体数 $v_k(t)$ が変化していく様子を記述している．生物モデルとしては個体数 $v_k(t)$ は正値性をもたねばならないがこれについては後述する．$\delta^{(n+1)} = \delta^{(n)} = \delta$ の場合の漸化式

$$v_k^{(n+1)} \left(1 + \delta v_{k-1}^{(n+1)} \right) = v_k^{(n)} \left(1 + \delta v_{k+1}^{(n)} \right) \quad (k = 1, 2, \dots) \tag{5.156}$$

は，微分方程式 (5.155) の差分スキーム，パラメータ δ はその差分ステップサイズと見ることができる．差分方程式 (5.153), (5.156) 自身の生物モデルとして

5.6 dLV アルゴリズム 411

も意味はよくわかっていないが，差分スキームとして微分方程式 (5.155) の挙動をよく再現することはたとえば [25], [41] において報告されている．(5.153), (5.156) を離散ロトカ–ボルテラ系 (discrete Lotka–Volterra system)，とりわけ (5.153) を不等間隔離散ロトカ–ボルテラ系 (discrete Lotka–Volterra system with variable step size) と呼ぶ．

原点シフトつき qd アルゴリズムの漸化式 (5.149) は不等間隔離散戸田格子 (5.113) にほかならないが，非線形変換 (5.152) は，戸田格子の変数 $\{\tilde{q}_k^{(n)}, \tilde{e}_k^{(n)}\}$ をロトカ–ボルテラ系 (5.153) の変数 $\{v_k^{(n)}\}$ に直接結びつけるもので，可積分系理論でよく知られたミウラ変換 (Miura transformation) [34]，または，ベックルンド変換 (Bäcklund transformation) の一つである．

$\tilde{T}^{(n)} + (\theta^{(n)})^2 I$ は $\theta^{(n)}$ の選び方によらず正定値だから，その LR 分解の因子 $\tilde{R}^{(n)}$ の対角成分は 1 と正規化しているので，因子 $\tilde{L}^{(n)}$ の対角成分 $q_k^{(n)}$ は ($\theta^{(n)}$ によらず) すべて正となる．したがって，(5.152) より $v_k^{(n)} > 0$ $(k = 1, 2, \dots)$ が成り立つ．

5.6.3 dLV アルゴリズムによる特異値計算

さて，シフトつき LR 分解 $\tilde{T}^{(n)} = \tilde{L}^{(n)} \tilde{R}^{(n)} - (\theta^{(n)})^2 I$ にミウラ変換 (5.152) を用いると

$$\tilde{T}^{(n)} = \begin{pmatrix} w_1^{(n)} & w_1^{(n)} w_2^{(n)} & & & \\ 1 & w_2^{(n)} + w_3^{(n)} & w_3^{(n)} w_4^{(n)} & & \\ & 1 & \ddots & \ddots & \\ & & \ddots & \ddots & w_{2N-3}^{(n)} w_{2N-2}^{(n)} \\ & & & 1 & w_{2N-2}^{(n)} + w_{2N-1}^{(n)} \end{pmatrix},$$

$$w_k^{(n)} := v_k^{(n)}(v_{k-1}^{(n)} + \theta^{(n)}) \tag{5.157}$$

を得る．新たに導入した変数 $w_k^{(n)}$ はつねに正であるから $\tilde{T}^{(n)}$ は正定値である．また，漸近挙動 (5.111) は，ここでは

$$\lim_{n \to \infty} \tilde{q}_k^{(n)} = \lambda_{N-k}^2, \quad \lim_{n \to \infty} \tilde{e}_k^{(n)} = 0,$$
$$\lim_{n \to \infty} w_{2k-1}^{(n)} = \lambda_{N-k-1}^2, \quad \lim_{n \to \infty} w_{2k}^{(n)} = 0 \tag{5.158}$$

を意味する. $w_k^{(n)} > 0$ をふまえて正則な対角行列

$$G^{(n)} := \mathrm{diag}\left(g_{1,1}^{(n)},\, g_{2,2}^{(n)}, \ldots,\, g_{N-1,N-1}^{(n)},\, 1\right), \quad g_{k,k}^{(n)} := \prod_{j=k}^{N-1} \sqrt{w_{2j-1}^{(n)} w_{2j}^{(n)}}$$

による相似変形によって $T_S^{(n)} := (G^{(n)})^{-1} \tilde{T}^{(n)} G^{(n)}$ を導入すれば, $T_S^{(n)}$ は正定値対称で

$$T_S^{(n)} = (B^{(n)})^\top B^{(n)}, \quad B^{(n)} := \begin{pmatrix} \sqrt{w_1^{(n)}} & \sqrt{w_2^{(n)}} & & & \\ & \sqrt{w_3^{(n)}} & \ddots & & \\ & & \ddots & \sqrt{w_{2N-2}^{(n)}} \\ & \Large 0 & & \sqrt{w_{2N-1}^{(n)}} \end{pmatrix}$$
(5.159)

と上2重対角行列 $B^{(n)}$ の積にコレスキー分解 (Cholesky decomposition) できる. (5.158) より

$$\lim_{n\to\infty} B^{(n)} = \mathrm{diag}\,(\lambda_{N-1}, \lambda_{N-2}, \ldots, \lambda_0) \tag{5.160}$$

が従う. ここで初期値を

$$T_S^{(0)} = (B^{(0)})^\top B^{(0)}, \quad B^{(0)} := \begin{pmatrix} b_1 & b_2 & & & \\ & b_3 & \ddots & & \\ & & \ddots & b_{2N-2} \\ & \Large 0 & & b_{2N-1} \end{pmatrix}, \quad b_k > 0$$
(5.161)

と与えると, 対角行列 $\lim_{n\to\infty} T_S^{(n)}$ の各対角成分 λ_{N-k}^2 は $T_S^{(0)}$ の固有値であることから, 極限 (5.160) によって得られる各 $\lambda_{N-k}\,(>0)$ は上2重対角行列 $B^{(0)}$ の特異値 σ_{N-k} にほかならない [24], [25]. ここに, $(0<)\sigma_0 < \sigma_1 < \cdots < \sigma_{N-1}$ である.

以下, 離散ロトカ–ボルテラ系 (5.153) を用いた $N \times N$ 上2重対角行列 $B^{(0)}$ の数値計算法である dLV アルゴリズム (dLV algorithm) [24], [25] を定式化する.

(i) まず, 変数 $w_k^{(n)}$ $(k = 1, 2, \ldots, 2N-1,\ n = 0, 1, \ldots)$ に対する「初期条件」として $w_k^{(0)} = b_k^2$ とおき, $v_k^{(n)}$ $(n = 0, 1, \ldots)$ に対する「境界条件」$v_0^{(n)} = 0,\ v_{2N}^{(n)} = 0$ を与える.

5.6 dLV アルゴリズム

(ii) 次に，以下の漸化式による反復計算を行う．

$$v_k^{(n)} = w_k^{(n)}/(v_{k-1}^{(n)} + \theta^{(n)}), \quad w_k^{(n+1)} := v_k^{(n)}(v_{k+1}^{(n)} + \theta^{(n)}) \quad (5.162)$$

(iii) ある n^* において $\max_k \left| w_{2k}^{(n^*)} \right|$ が十分にゼロに近くなったとき反復を停止し，$w_{2k-1}^{(n^*)}$ が $B^{(0)}$ の特異値 σ_{N-k} の近似値を与える．なお，

$$w_1^{(n^*)} > w_3^{(n^*)} > \cdots > w_{2N-1}^{(n^*)} \ (> 0) \qquad (5.163)$$

が成り立ち，計算された特異値は大小の順に 2 重対角行列 $B^{(n^*)}$ の対角成分に並ぶ．

dLV アルゴリズムの擬似コード (pseudo code) を Algorithm 1 に示す．

Algorithm 1　dLV アルゴリズム

1: Set an initial value $w_k^{(0)} := (b_k)^2$ $(k = 1, 2, \ldots, 2N - 1)$
2: Set boundary values $v_0^{(n)} := 0$; $v_{2N}^{(n)} := 0$ $(n = 0, 1, 2, \ldots)$
3: **for** $n := 0, 1, \cdots$ **do**
4:     Set a parameter $\theta^{(n)} (> 0)$
5:     **for** $k := 1, \cdots, 2N - 1$ **do**
6:         $v_k^{(n)} := w_k^{(n)}/(v_{k-1}^{(n)} + \theta^{(n)})$
7:         $w_k^{(n+1)} := v_k^{(n)}(v_{k+1}^{(n)} + \theta^{(n)})$
8:     **end for**
9:     **if** $\max_{k=1,2,\ldots,N-1} \left| w_{2k}^{(n)} \right| < \varepsilon$ **then**
10:         stop
11:     **end if**
12: **end for**

与えられた任意の長方行列は，ハウスホルダー変換によって有限回 $O(N^3)$ の手続きで，その主要部は $B^{(0)}$ の形のもとの行列と同じ特異値をもつ上 2 重対角行列に変換できる [13]．これが特異値計算のための標準的な前処理 (preconditioning) である．また，(5.161) なる上 2 重対角行列の特異値は相異なる正数であることもわかっている．したがって，前処理を経て任意の長方行列の特異値が dLV アルゴリズムによって計算できる．なお，(5.149) の $\theta^{(n)} = 0$ の場合に相当する qd アルゴリズムによっても，上 2 重対角行列 $B^{(0)}$ の特異値は計算できる [9]．しかしながら，qd アルゴリズムの数値安定性を改良した前進型 qd アルゴリズム (5.83) においても，減算に引き続いて起きる 0 に近い正数 $q_k^{(n+1)}$

414　　　　　　　　　　　　　　　　　　　　第 5 章　応用可積分系

による除算における丸め誤差 (rounding error) に起因して数値的な精度が悪化
する可能性がある．一方，dLV アルゴリズムにはそもそも減算がなく，除算は
つねに $\theta^{(n)}$ より大きな値 $(v_{k-1}^{(n)} + \theta^{(n)})$ によって行われる．$\theta^{(n)}$ としては，た
とえば，$\theta^{(n)} \equiv 1$ ととればよい．

5.6.4　シフトつき dLV アルゴリズムによる特異値計算

　シフトなしの dLV アルゴリズムの収束次数は 1 次にすぎないため，特異値計算
の実用的な解法となるためには収束を加速する必要がある．先にクリストッフェ
ル変換を利用して原点シフトを導入し，正定値な $N \times N$ 3 重対角行列 $T = T^{(0)}$
のすべての固有値 λ_m $(0 < \lambda_0 < \cdots < \lambda_{N-1})$ を計算するための陰的シフトつ
き qd アルゴリズム (5.99) を定式化している．ここで，シフト量 $\kappa^{(n)}$ は計算の
過程で零割によるブレークダウンを起こさないための条件 $\kappa^{(n)} \leq \xi$ を満たさ
ねばならない．$\kappa^{(n)}$ が（シフトなしの場合と比べて）収束を加速するための条
件と合わせると，$0 < \kappa^{(n)} < \lambda_0 = \sigma_0^2$ が必要である．これから，$T = T^{(0)}$ の
最小固有値 λ_0，すなわち，$B^{(0)}$ の最小特異値の平方 σ_0^2 の下界 (lower bound)
の推定値を $\kappa^{(n)}$ に選べばよいことがわかる．

　そのような下界の選び方の中でここでは p 次の一般化ニュートン下界 (the
p-th generalized Newton bound) [31]

$$\Theta_p^2(B^{(n)}) := \left(\operatorname{tr}(B^{(n)\top} B^{(n)})^{-p} \right)^{-\frac{1}{p}} \tag{5.164}$$

について述べる．$p = 1, 2, \ldots$ について

$$\Theta_p^2(B^{(n)}) = \frac{1}{\left(\dfrac{1}{\sigma_0^{2p}} + \cdots + \dfrac{1}{\sigma_{N-1}^{2p}} \right)^{1/p}} < \sigma_0^2, \tag{5.165}$$

$$0 < \Theta_1^2(B^{(n)}) < \Theta_2^2(B^{(n)}) < \cdots < \sigma_0^2, \quad \lim_{p \to \infty} \Theta_p^2(B^{(n)}) = \sigma_0^2 \tag{5.166}$$

が成り立つ．一般化ニュートン下界 $\Theta_p^2(B^{(n)})$ は逆行列のべきを用いて定義さ
れているが，実際に逆行列を直接計算することなく，$O(pN)$ の計算量で導出
する漸化式が工夫されている [66]．(5.166) で見るように，p の大きな高次の一
般化ニュートン下界であるほどよりタイトな下界を与える．なお，(5.165) よ

5.6 dLV アルゴリズム

り一般化ニュートン下界 $\Theta_p^2(B^{(n)})$ は n に依存しないことがわかるが，これは $\Theta_p^2(B^{(n)})$ は離散戸田格子および離散ロトカ–ボルテラ系の保存量であることを反映している．ただし，(5.132) で示した保存量 $\mathrm{tr}(T_N^p)$ では p は正のべきであったが，(5.164) では保存量の負べきが有用なことが異なる．

さて，シフトつき qd アルゴリズム (5.99) にミウラ変換 (5.152) を適用すると $\kappa^{(n+1)} + (\theta^{(n+1)})^2 = \kappa^{(n)} + (\theta^{(n)})^2$ であれば，ミウラ変換による変数 $v_k^{(n)}$ は (5.153) を満たす．このことから，$\kappa^{(n)}$ の代わりに $\theta^{(n)} = 1/\delta^{(n)}$ を用いたシフトつき dLV アルゴリズムが想定される[*1]．以下では，シフトつき dLV アルゴリズム (dLV algorithm with shift) [28] の概略を紹介する．

dLVs 法の手順は以下の通りである．

(i) 変数 $v_k^{(n)}$, $(k = 0, 1, \dots, 2N)$ に対する境界条件として $v_0^{(n)} = 0$, $v_{2m}^{(n)} = 0$ とおき，変数 $w_k^{(n)}$, $(k = 1, 2, \dots, 2N-1)$ に対する初期条件として $w_k^{(0)} = b_k^2$ を与える．

(ii) $1 + \delta^{(n)} v_{k-1}^{(n)} \neq 0$ なる $\delta^{(n)}$ について $-1/\delta^{(n)}$ をシフト量として，以下の漸化式による反復計算 $(n = 0, 1, \dots)$ を行う．ただし，$\bar{v}_0^{(n)} = 0$, $\bar{v}_{2m}^{(n)} = 0$ とおく．

$$v_k^{(n)} := w_k^{(n)}/(1 + \delta^{(n)} v_{k-1}^{(n)}) \quad (k = 1, 2, \dots, 2N-1) \tag{5.167}$$

$$\begin{cases} u_{2k-1}^{(n)} := (1 + \delta^{(n)} v_{2k-2}^{(n)})(1 + \delta^{(n)} v_{2k-1}^{(n)})/\delta^{(n)} \quad (k = 1, 2, \dots, N) \\ u_{2k}^{(n)} := \delta^{(n)} v_{2k-1}^{(n)} v_{2k}^{(n)} \quad (k = 1, 2, \dots, N-1) \end{cases} \tag{5.168}$$

$$\bar{v}_k^{(n)} := u_k^{(n)}/(1 + \bar{\delta}^{(n)} \bar{v}_{k-1}^{(n)}) \quad (k = 1, 2, \dots, 2N-1) \tag{5.169}$$

$$w_k^{(n+1)} := \bar{v}_k^{(n)}(1 + \bar{\delta}^{(n)} \bar{v}_{k+1}^{(n)}) \quad (k = 1, 2, \dots, 2N-1) \tag{5.170}$$

(iii) ある n^* において $\max_k \left| w_{2k}^{(n^*)} \right|$ $(k = 1, 2, \dots, N-1)$ が十分にゼロに近くなったとき反復を停止し，そのときの $w_{2k-1}^{(n^*)}$ $(k = 1, 2, \dots, N)$ が $B^{(0)}$ の特異値 σ_{N-k+1} の平方からシフト量の総和を減じたもの $\sigma_{N-k+1}^2 + \sum_{n=0}^{n^*} 1/\delta^{(n)}$ の近似値を与える．

[*1] シフトつき dLVs アルゴリズムとしては，これ以外にも，パラメータ $\theta^{(n)}$ とは独立に，新たな補助変数に対するシフトを導入した mdLVs アルゴリズム (modified dLV algorithm with shift) [26] があり，高い相対精度 (relative accuracy) が数値実験で検証されている [27]．

416　　　　　　　　　　　　　　　　　　　　　　　　第 5 章　応用可積分系

(5.167), (5.168) は，それぞれ，3 重対角行列のパラメトリゼーション (5.157)，ベックルンド変換 (5.152) と同じ形であり，(5.168) で導入される変数 $u_{2k-1}^{(n)}$, $u_{2k}^{(n)}$ はシフトつき LR 分解 $\tilde{T}^{(n)} = \tilde{L}^{(n)}\tilde{R}^{(n)} - (\theta^{(n)})^2 I$ の成分と見なせる．ただし，大きな違いはシフト量 $1/\delta^{(n)}$ が負であることである．また，(5.170) において $w_k^{(n+1)}$ を $u_k^{(n+1)}$ と見なせば，(5.169), (5.170) は dLV 法の漸化式 (5.162) に一致する．なお，変数 $w_k^{(n)}$, $u_k^{(n)}$ を消去すれば

$$v_k^{(n+1)}(1 + \delta^{(n+1)}v_{k-1}^{(n+1)}) = \bar{v}_k^{(n)}(1 + \bar{\delta}^{(n)}\bar{v}_{k+1}^{(n)}) \tag{5.171}$$

$$\begin{cases} \bar{v}_{2k-1}^{(n)}(1 + \bar{\delta}^{(n)}\bar{v}_{2k-21}^{(n)}) = (1 + \delta^{(n)}v_{2k-2}^{(n)})(1 + \delta^{(n)}v_{2k-1}^{(n)})/\delta^{(n)} \\ \bar{v}_{2k}^{(n)}(1 + \bar{\delta}^{(n)}\bar{v}_{2k-1}^{(n)}) = \delta^{(n)}v_{2k-1}^{(n)}v_{2k}^{(n)} \end{cases} \tag{5.172}$$

となるが，変数およびパラメータの組 $\{v_k^{(n)}, \delta^{(n)}\}$ と $\{\bar{v}_k^{(n)}, \bar{\delta}^{(n)}\}$ の間には写像

$$\gamma : \begin{cases} \bar{\delta}^{(n)} = -\delta^{(n)} \;(>0), \\ \bar{v}_{2k-1}^{(n)} = (1 + \delta^{(n)}v_{2k-1}^{(n)})/\delta^{(n)} \;(>0), \\ \bar{v}_{2k}^{(n)} = -v_{2k}^{(n)} \;(>0) \end{cases} \tag{5.173}$$

が存在することに注意する．γ^2 は恒等写像である．以上が陽的なシフトが付加された dLV 法である dLVs 法のあらましである．

5.7　パデ近似

パデ展開 (Padé expansion) とは，漸近級数によって与えられた関数

$$S(z) := \frac{c_0}{z} + \frac{c_1}{z^2} + \cdots + \frac{c_j}{z^{j+1}} + \cdots \tag{5.174}$$

を，それぞれ，$k-1$, k 次のモニック多項式 $R_{k-1}(z)$, $P_k(z)$ の比によって

$$S(z) = \frac{R_{k-1}(z)}{P_k(z)} + \phi_k(z),$$

$$R_{k-1}(z) = z^{k-1} + O(z^{k-2}), \quad P_k(z) = z^k + O(z^{k-1}), \tag{5.175}$$

$$\phi_k(z) = O(z^{-2k-1}) \tag{5.176}$$

のように漸近的に表すことをいう [29]．ここに $\phi_k(z) = O(z^{-2k-1})$ とは $z = 0$ の近くで $|\phi_k/z^{-2k-1}|$ が有界であることをいう．k 次有理関数 $R_{k-1}(z)/P_k(z)$

5.7 パデ近似　　　　　　　　　　　　　　　　　　　　　　　　　**417**

を関数 $S(z)$ の k 次パデ近似 (Padé approximant of order k) という. 与えられた $S(z)$ に対して, パデ近似を与える多項式 $R_{k-1}(z)$, $P_k(z)$ $(k = 1, 2, \ldots)$ を具体的に見つけることが問題となる. このような関数 $S(z)$ としては, ある有界関数 $f(t)$ のスティルチェス変換 (Stieltjes transform)

$$S(z) = \int_0^\infty \frac{df(t)}{(z+t)^\ell}, \quad \ell > 0$$

を考える場合は, $S(z)$ をスティルチェス関数 (Stieltjes function) ということがある.

5.7.1　パデ近似と直交多項式

まず, パデ近似の分母の多項式 $P_k(z)$ は, 関数 $S(z)$ の漸近展開 (5.174) の係数 c_k をモーメントとする線形汎関数 $\sigma[z^j] = c_j$ の定める直交多項式によって与えられることを見る. パデ近似 (5.176) を

$$S(z)P_k(z) - S_k(z) = R_{k-1}(z), \tag{5.177}$$

と書く. ここに, $S_k(z) = P_k(z)\phi_k(z) = O(z^{-k-1})$ である. (5.177) の両辺の z^j $(j = k-1, k-2, \ldots, 1, 0, -1, -2, \ldots)$ の係数を比較する. 右辺は多項式であるから $z^{-1}, z^{-2}, \ldots$ の項を含まない. 左辺の $S_k(z)$ も同様である. k 次モニック多項式 $P_k(z)$ を

$$P_k(z) = \sum_{j=0}^k b_{kj} z^j, \quad b_{kk} = 1$$

とおき, $S(z)P_k(z)$ に代入すると

$$S(z)P_k(z) = \sum_{j=0}^\infty c_j z^{-j-1} \sum_{\ell=0}^k b_{k\ell} z^\ell = \sum_{j=1-k}^\infty \sum_{\ell=0}^k c_{j+\ell-1} b_{k\ell} z^{-j} \tag{5.178}$$

となるから, $z^{-1}, z^{-2}, \ldots, z^{-k}$ の係数をゼロとして k 個の条件式

$$\sum_{\ell=0}^k c_{j+\ell-1} b_{k\ell} = 0 \quad (j = 1, 2, \ldots, k) \tag{5.179}$$

を得る. これらは直交性条件

$$\sigma[P_k(z)z^{j-1}] = 0 \quad (j = 1, 2, \ldots, k) \tag{5.180}$$

と同値である．ここに，σ は $\sigma[z^j] = c_j$ なる線形汎関数．また，定理 5.2.6 と同様にして，非退化条件

$$\sigma[P_k(z)z^k] \neq 0 \tag{5.181}$$

は $\Delta_k \neq 0$ に帰着する．ここに，$\Delta_k = \det(c_{i+j})_{i,j=0,1,\ldots,k-1}$ は (5.7) で導入したモーメント $\{c_k\}$ のなすハンケル行列式である．ゆえに，$\Delta_\ell \neq 0$ $(\ell = 1, 2, \ldots, k)$ を条件として，分母多項式 $\{P_k(z)\}$ は σ に関する直交多項式となる．

定理 5.2.10 において，非零条件 $\beta_k \neq 0$ を満たす 3 項漸化式

$$xP_k(x) = P_{k+1}(x) + \alpha_k P_k(x) + \beta_k P_{k-1}(x), \quad \beta_k \neq 0,$$
$$P_0(z) = 1, \quad P_1(z) = z - \alpha_0 \quad (k = 1, 2, \ldots) \tag{5.182}$$

が生成する多項式 $\{P_k(z)\}$ は直交多項式となることを見た（ファバードの定理）．3 項漸化式の係数と正規化定数は

$$\alpha_k = \frac{\sigma[zP_k(z)^2]}{\sigma[P_k^2(z)]}, \quad \beta_k = \frac{\sigma[P_k(z)^2]}{\sigma[P_{k-1}(z)^2]} \neq 0, \quad h_k = \sigma[(P_k(z)^2] \neq 0$$

とも表せることに注意する．$S_k(z) = h_k z^{-k-1} + O(z^{-k-2})$ とおく．(5.178) より $h_k = \sum_{\ell=0}^k c_{k+\ell} b_{k\ell}$．これと (5.179) を $b_{k\ell}$ に関する連立方程式と見てクラメルの公式を用いると $b_{kk} = h_k \Delta_k/\Delta_{k+1}$ を得る．$b_{kk} = 1$ より

$$S_k(z) = \frac{\Delta_{k+1}}{\Delta_k} z^{-k-1} + O(z^{-k-2}) \tag{5.183}$$

が示される．$S_k(z) = P_k(z)\phi_k(z) = O(z^{-k-1})$，および，$P_k(z)$ がモニックであることに注意すれば (5.183) の係数 $\Delta_{k+1}/\Delta_k = h_k$ はパデ近似の剰余項 $\phi_k(z)$ の最高次項の係数でもある．

さて，$Y_k(z) = S(z)P_k(z) = S_k(z) + R_{k-1}(z)$ とおけば (5.182) より $Y_{k+1}(z) + (\alpha_k - z)Y_k(z) + \beta_k Y_{k-1}(z) = 0$ だから

$$S_{k+1}(z) + (\alpha_k - z)S_k(z) + \beta_k S_{k-1}(z)$$
$$= -(R_k(z) + (\alpha_k - z)R_{k-1}(z) + \beta_k R_{k-2}(z)). \tag{5.184}$$

5.7 パデ近似 **419**

(5.183) より (5.184) の左辺は漸近展開 $\beta_k h_{k-1} z^{-k+1} + O(z^{-k}) = h_k z^{-k+1} + O(z^{-k})$ をもつから，z の負べき項からだけからなる．一方，(5.184) の右辺は高々 $k-1$ 次の多項式である．ゆえに (5.184) の両辺はともにゼロである．この結果，分子多項式 $R_{k-1}(z)$ の満たす 3 項漸化式と初期値

$$zR_k(z) = R_{k+1}(z) + \alpha_{k+1} R_k(z) + \beta_{k+1} R_{k-1}(z) \quad (\beta_k \neq 0),$$
$$R_0(z) = 1, \quad R_1(z) = z - \alpha_1 \tag{5.185}$$

を得る．ファバードの定理より $\{R_k(x)\}$ もまた直交多項式となる．ただし，直交性を定める線形汎関数は $P_k(z)$ とは異なる．分子多項式 $R_k(z)$ は，分母多項式（第 1 種直交多項式）$P_k(z)$ と同じ 3 項漸化式を満たす初期値の異なる直交多項式（第 2 種直交多項式）である．

5.7.2 qd アルゴリズムによるパデ近似の計算

ここでは，qd アルゴリズムによるパデ近似の計算について述べよう．$P_k(z)$, $R_k(z)$ として，それぞれ，3 項漸化式 (5.80), (5.88) を満たす直交多項式 $P_k^{(0)}(x)$, $R_k^{(0)}(x)$ を選ぶ．簡単のため，$P_k(z) := P_k^{(0)}(x)$, $R_k(z) := R_k^{(0)}(x)$, さらに対応する 3 項漸化式の係数を $\alpha_k := \alpha_k^{(0)}$, $\beta_k := \beta_k^{(0)}$ と書く．これらのなす k 次有理関数とその連分数表示

$$S_k(x) := \frac{R_k(z)}{P_k(x)}$$
$$= \cfrac{1}{x - \alpha_0 - \cfrac{\beta_1}{x - \alpha_1 - \cfrac{\beta_2}{x - \alpha_2 - \cfrac{\ddots}{x - \cfrac{\ddots}{\ddots - \cfrac{\beta_{k-1}}{x - \alpha_{k-1}}}}}} \tag{5.186}$$

を用意する．このとき，

$$R_k(z) P_k(z) - R_{k-1}(z) P_{k+1}(z)$$
$$= \beta_k (R_{k-1}(z) P_{k-1}(z) - R_{k-2}(z) P_k(z))$$
$$\vdots$$

$$= \beta_k \beta_{k-1} \cdots \beta_2 \beta_1 (R_0(z) P_0(z) - R_{-1}(z) P_1(z))$$

$$= h_k \tag{5.187}$$

が成り立つことがわかる. $S_k(z) = P_k(z) \phi_k(z)$ もまた

$$zS_k(z) = S_{k+1}(z) + \alpha_k S_k(z) + \beta_k S_{k-1}(z) \quad (\beta_k \neq 0),$$

$$S_0(z) = S(z), \quad S_1(z) = (z - \alpha_0) S(z) - 1 \tag{5.188}$$

によって同じ 3 項漸化式を満たすが, 初期値 $S_0(z)$ が関数 $S(z)$ である点が異なる.

関数列 $W_k(z) := S_k(z)/S_{k-1}(z) \ (k = 1, 2, \dots)$ を考えよう. 漸近展開 (5.183) より

$$W_k(z) = \frac{\beta_k}{z} + O(z^{-2}) \tag{5.189}$$

を得る. 3 項漸化式 (5.188) より

$$W_{k+1}(z) = \frac{S_{k+1}(z)}{S_k(z)} = \frac{(z - \alpha_k) S_k(z) - \beta_k S_{k-1}(z)}{S_k(z)} = z - \alpha_k - \frac{\beta_k}{W_k}$$

だから, 関数は分数変換 (fractional transformation)

$$W_k(z) = \frac{\beta_k}{z - \alpha_k - W_{k+1}(z)} \quad (k = 1, 2, \dots) \tag{5.190}$$

で相互に結ばれることがわかる. (5.188) の初期値を

$$S(z) = \frac{1}{z - \alpha_0 - S_1(z)/S(z)} = \frac{1}{z - \alpha_0 - W_1(z)} \tag{5.191}$$

と書いて $k = 1$ のときの (5.190) を代入すれば $S(z)$ は

$$S(z) = \cfrac{1}{z - \alpha_0 - \cfrac{\beta_1}{z - \alpha_1 - W_2(z)}}$$

と表される. $k = 2, 3, \dots$ のときの (5.190) を繰り返し用いると ∞ 次連分数

$$S(z) = \cfrac{1}{z - \alpha_0 - \cfrac{\beta_1}{z - \alpha_1 - \cfrac{\beta_2}{z - \alpha_2 - \cfrac{\beta_3}{z - \alpha_3 - }}}} \tag{5.192}$$

を得る. このタイプの連分数をスティルチェス連分数 (Stieltjes continued fraction) という. 係数 β_k, α_k は直交多項式 $P_k(z), R_{k-1}(z)$ の 3 項漸化式の係数だから (5.13), (5.14) のようにモーメントのなす行列式の比で表すことができ, 与えられたスティルチェス関数 $S(z)$ のパデ近似 $R_{k-1}(z)/P_k(z)$ の具体形を連分数 (5.192) の k 次有理関数となる打ち切りによって得ることができる.

実際, ローラン展開された関数 $S(z) = \sum_{k=0}^{\infty} c_k z^{-k-1}$ について, qd アルゴリズムによってその連分数展開を計算することができる. パデ近似のための qd アルゴリズム (5.82) は

$$e_j^{(n)} = q_j^{(n+1)} - q_j^{(n)} + e_{j-1}^{(n+1)} \quad (j = 0, 1, \ldots, k-1, \ n = 0, 1, \ldots, 2k-3),$$

$$q_{j+1}^{(n)} = \frac{e_j^{(n+1)}}{e_j^{(n)}} q_j^{(n+1)} \quad (j = 1, \ldots, k-1, \ n = 0, 1, \ldots, 2k-3) \tag{5.193}$$

と書かれ, 連分数展開は qd 表 (図 5.1) の左から右方向への演算 ($n+1 \to n, j \to j+1$) によって記述される. 一般には連分数展開は有限で切れるとは限らないが, もし有限個の初期値

$$e_0^{(n)} = 0, \quad q_1^{(n)} = \frac{c_{n+1}}{c_n} \quad (c_n \neq 0, \ n = 0, 1, \ldots, 2k-2) \tag{5.194}$$

からスタートすれば, $S(z)$ の有限次のパデ近似

$$S(z) \approx \cfrac{c_0}{z - \alpha_0^{(0)} - \cfrac{\beta_1^{(0)}}{z - \alpha_1^{(0)} - \cfrac{\beta_2^{(0)}}{z - \alpha_2^{(0)} - \cfrac{\ddots}{z - \cfrac{\ddots - \cfrac{\beta_{k-1}^{(0)}}{z - \alpha_{k-1}^{(0)}}}{}}}} \tag{5.195}$$

を得ることができる [16]. ここに, $\alpha_j^{(0)} = q_{j+1}^{(0)} + e_j^{(0)}, \beta_j^{(0)} = q_j^{(0)} e_j^{(0)}$ と書いている. ただし, スティルチェス関数によっては, 分母の $e_j^{(n)}$ が 0 に近い値となるときは数値的な不安定性が問題となる. なお, 前節で論じた離散ロトカ–ボルテラ系 (5.153) によるパデ近似計算も可能で, g アルゴリズム (g-algorithm) [3] として知られている.

5.7.3 戸田格子とラプラス変換

ここでは,関数 $S(z)$ をモーメントの母関数として

$$S(z) = \frac{c_0}{z} + \frac{c_1}{z^2} + \cdots + \frac{c_j}{z^{j+1}} + \cdots \qquad (5.196)$$

によって定める.モーメント関数 $c_0(t)$ が (5.123) によって半無限戸田格子の解を与える場合,パラメータ t に依存するスティルチェス関数の導関数は

$$\frac{dS(z;t)}{dt} = \frac{c_1}{z} + \frac{c_2}{z^2} + \cdots + \frac{c_j}{z^j} + \cdots = zS(z;t) - c_0 \qquad (5.197)$$

と書かれる.これもまた半無限戸田格子の一つの表現である.

一方,指数関数型の母関数

$$\Phi(p) = \sum_{j=0}^{\infty} \frac{c_j}{j!} p^j \qquad (5.198)$$

を導入する.関数 $f(p)$ のラプラス変換を

$$\mathcal{L}[f(p)](z) := \int_0^{\infty} f(p) e^{-pz} dp$$

と書く.$\int_0^{\infty} p^j e^{-p} dp = \Gamma(j+1) = j!$ $(j = 0, 1, \dots)$ より $\mathcal{L}[p^j](z) = j! z^{-j-1}$ だから,母関数 $\Phi(p)$ を(形式的に)ラプラス変換すると

$$\mathcal{L}[\Phi(p)](z) = \sum_{j=0}^{\infty} \frac{c_j}{j!} \mathcal{L}[p^j](z) = S(z) \qquad (5.199)$$

となる.一方,モーメント関数 $c_0(t)$ が (5.123) を通じて半無限戸田格子の解を与える場合,パラメータ t に依存する指数関数型の母関数 $\Phi(p;t)$ は,テイラー展開を通じて

$$\Phi(p;t) = \sum_{j=0}^{\infty} \frac{p^j}{j!} \frac{d^j c_0}{dt^j}(t) = c_0(t+p) \qquad (5.200)$$

と書かれることから,母関数 $\Phi(p;t)$ はモーメント関数 $c_0(t)$ の平行移動 $c_0(t+p)$ にほかならない.ゆえに,(5.199) よりスティルチェス関数 $S(z;t)$ は $c_0(t+p)$ のラプラス変換

$$S(z;t) = \mathcal{L}[c_0(t+p)](z) \qquad (5.201)$$

5.7 パデ近似

として与えられる. この結果, スティルチェス関数の連分数展開 (5.192) は $t = 0$ における $c_0(t + p)$ のラプラス変換と見なせるから, (5.201) よりラプラス変換 のスティルチェス連分数展開 [37]

$$\mathcal{L}[c_0(p)](z) = \cfrac{1}{z - \alpha_0(0) - \cfrac{\beta_1(0)}{z - \alpha_1(0) - \cfrac{\beta_2(0)}{z - \alpha_2(0) - \cfrac{\beta_3(0)}{z - \alpha_3(0) - \ddots}}}},$$

$$\beta_j(t) = \frac{d^2 \log \Delta_j}{dt^2}(t), \quad \alpha_j(t) = \frac{d \log(\Delta_{j+1}/\Delta_j)}{dt}(t) \tag{5.202}$$

を得る. (5.202) は (5.126), (5.127) より従う. ただし, これらのラプラス変換 や連分数展開は形式的なもので, 発散することなく存在するためには $c_0(t)$ は いくつかの条件を満たさねばならない.

モーメント関数 $c_0(t)$ の例を与えよう. $c_0(t) = \exp(-\frac{1}{2}t^2)$ とおく. (5.202) に代入すると $\beta_j(t) = -j$, $\alpha_j(t) = t$ であるから,

$$\mathcal{L}[\exp(-\frac{1}{2}p^2)](z) = \cfrac{1}{z + \cfrac{1}{z + \cfrac{2}{z + \ddots}}}$$

を得る.

与えられた数列 c_j $(j = 0, 1, \ldots)$ に対して $zS(z) = \sum_{j=0}^{\infty} c_j z^{-j}$ をその z 変 換 (z-transform) という. z 変換は離散ラプラス変換としても知られているが, 有限個の $c_j (\neq 0)$ $(j = 0, 1, \ldots, 2k - 1)$ が与えられたとき, z 変換の k 次パデ 近似が (5.195) を利用して求められる.

別の例として, λ_j, μ_j を複素定数として

$$c_0(t) = \sum_{j=-\infty}^{\infty} \mu_j \exp(\lambda_j t) \tag{5.203}$$

とおく. (5.123) より $c_k(t) = \sum_{j=-\infty}^{\infty} \mu_j \lambda_j^k \exp(\lambda_j t)$ だから, パラメータ t に 依存するスティルチェス関数 $S(z; t)$ は

$$S(z; t) = \sum_{j=0}^{\infty} c_j(t) z^{-j-1} = \sum_{j=-\infty}^{\infty} \frac{\mu_j \exp(\lambda_j t)}{z - \lambda_j} \tag{5.204}$$

と表される. モーメントは直交性を定める線形汎関数の測度と $c_j = \sigma[x^j] = \int_a^b x^j d\rho(x)$ の関係にあるから, (5.204) は, 質量 $M_j(t) = \mu_j \exp(\lambda_j t)$ が複素平面の点 λ_j に離散的に分布する測度 $d\rho(x;t)$ を表している. $d\rho(x)$ を直交多項式 $P_k(z;0)$ の直交性を定める測度とすれば, $P_k(z;t)$ の直交性は測度

$$d\rho(x;t) = \exp(xt)\, d\rho(x) \tag{5.205}$$

によって定義される [2], [42], [46]. スティルチェス関数の極 λ_j は変形パラメータ t に依存せず, 半無限戸田格子の時間発展のもとで極は動かない [35]. この性質は, 力学としては, 極 λ_j が半無限戸田格子の保存量を与えることを反映している.

5.8 おわりに

可積分系とは解を閉じた形に書き下すことが可能な非線形力学系とその離散類似の総称である. 我が国の研究者の大きな貢献により発展したソリトン理論 (soliton theory) に代表される可積分系理論は特殊な力学系の理論と見られがちであるが,「ビルトインされた線形性」をもつ非線形力学系であるから解を書き下すことができるともいえる.「ビルトインされた線形性」のために, 可積分系は, 特殊関数や直交多項式など解析学のコア分野と深い関わりをもち, 解の構造を保存するような離散化, 表現論その他の代数的手法の適用, 離散微分幾何の展開などにおいて, 可積分系研究において発展してきたある種の普遍的な方法論 (methodology) の有効性が強く示唆される. 可積分系に基づく応用解析である「応用可積分系」の成立につながっていく道すじである.

本章では, 戸田格子を中心に直交多項式と離散時間可積分系の関わりについて概説し, それが行列の固有値や特異値を高速かつ高精度に計算する実用解法 qd アルゴリズム, dLV アルゴリズム, あるいは連分数展開によるパデ近似やラプラス変換計算法を与えることを述べた. 戸田格子の τ 関数の正値性に起因して qd アルゴリズム, dLV アルゴリズムの変数は正値性をもち, 桁落ちは起きにくく, 高い相対精度を保った固有値・特異値計算が可能となる. これらの可積分アルゴリズム (integrable algorithms) は, 平方根計算を多用する直交変換型アルゴリズムとは異なり, 離散可積分系の時間発展式の定める四則演算のみ

を用いる. 実装された可積分アルゴリズムは高い相対精度をもち, さらに標準解法の QR アルゴリズムを上回る高速性と分割統治法にない高い信頼性が検証されている [27]. 結果として物理学的・生物学的要請と数値解析的にも重要な正値性とが符合するのは不思議なことかもしれない.

正値性は超離散極限を通じてソリトンセルオートマトン発見の礎ともなった [18], [64]. このほか, 応用可積分系の思想圏にあると見なせる現在進行形のテーマとしては, 可積分な離散幾何学 [22], [23], 組合せ論的数え上げ [30], 実験計画法とデザイン [51], 加法定理型アルゴリズム [38], 構造を保存する新しい離散化スキームの開発 [8] などがある. これらによって示されている応用可積分系の豊かさと多様性についてはそれぞれ文献を参照されたい.

謝辞　2000 年から 2016 年にかけて毎年途切れることなく研究室に滞在して直交多項式について議論することができたアレクセイ・ジェダノフ (Alexei Zhedanov) 氏に深く感謝する.

参考文献

[1]　N. I. Akhiezer, *The Classical Moment Problem and Some Related Questions in Analysis*, Olver & Boyd, 1965.

[2]　A.I. Aptekarev, A. Branquinho, and F. Marcellan, Toda-type differential equations for the recurrence coefficients of orthogonal polynomials and Freud transformation, J. Comput. Appl. Math. **78** (1997), no. 1, 139–160.

[3]　F. L. Bauer, The g-algorithm, J. Soc. Indust. Appl. Math. **8** (1960), 1–17.

[4]　Yu. M. Berezanski, The integration of semi-infinite Toda chain by means of inverse spectral problem, Rep. Math. Phys. **24** (1986), 21–47.

[5]　T. S. Chihara, *An Introduction to Orthogonal Polynomials*, Gordon and Breach, 1978.

[6]　M. T. Chu, On the continuous realization of iterarive processes, SIAM Review **30** (1988), 375–397.

[7]　D. K. Faddeev and V. N. Faddeeva, *Computational Methods of Linear Algebra*, Nauka, 1963, ファジェーエフ・ファジェーエバ, 小国力訳, 『線型代数の計算法』(上, 下), 産業図書, 1970.

[8]　B.-F. Feng, J. Inoguchi, K. Kajiwara, K. Maruno and Y. Ohata, Discrete integral systems and hodograph transformations arising from motions of discrete plane curves, J. Phys. A **44** (2011), 395201, 19 pages.

[9]　K. V. Fernando and B. N. Parlett, Accurate singular values and differential qd algorithms, Numer. Math. **67** (1994), 191–229.

[10]　J. G. F. Francis, The QR transformation, Parts I and II, The Computer J. **4** (1961-

1962), 265–271, 332–345.

[11] D. Galant, An implementation of Christoffel's theorem in the theory of orthogonal polynomials, Math. Comp. **25** (1971), 111–113.

[12] D. Galant, Algebraic methods for modified orthogonal polynomials, Math. Comp. **59** (1992), 541–546.

[13] G. H. Golub and C. F. Van Loan, *Matrix Computations* 3rd ed., The Johns Hopkins Univ. Press, 1996.

[14] M. H. Gutknecht and B. N. Parlett, From qd to LR, or, how were the qd and LR algorithms discovered, IMA J. Numer. Anal. **31** (2011), 741–754.

[15] P. Henrici, *Applied and Computational Complex Analysis Vol. 1*, John Wiley & Sons, 1974.

[16] P. Henrici, *Applied and Computational Complex Analysis Vol. 2* John Wiley & Sons, 1977.

[17] R. Hirota, Nonliear partial difference equations. I-V, J. Phys. Soc. Japan, **43** (1977), 1424–1433, 2074–2078, 2079–2086, **45** (1978), 321–332, **46** (1979), 312–319.

[18] 広田良吾・高橋大輔, 『差分と超離散』, 共立出版, 2003.

[19] R. Hirota and S. Tsujimoto, Conserved quantities of a class of nonlinear difference-difference equations, J. Phys. Soc. Japan. **64** (1995), 3125–3127.

[20] R. Hirota, S. Tsujimoto, T. Imai, Difference scheme of soliton equations, P.L. Christiansen, J.C. Eilbeck and R.D. Parmentier (eds.), *Future Directions of Nonlinear Dynamics in Physical and Biological Systems*, pp. 7–15, Plenum, 1993.

[21] 一松信, 『特殊関数入門』, 森北出版, 1999.

[22] 井ノ口順一, 『曲線とソリトン』, 朝倉書店, 2010.

[23] 井ノ口順一, 『曲面と可積分系』, 朝倉書店, 2015.

[24] M. Iwasaki and Y. Nakamura, On the convergence of a solution of the discrete Lotka-Volterra system, Inverse Problems **18** (2002), 1569–1578.

[25] M. Iwasaki and Y. Nakamura, An application of the discrete Lotka-Volterra system with variable step-size to singular value computation, Inverse Problems **20** (2004), 553–563.

[26] M. Iwasaki and Y. Nakamura, Accurate computation of singular values in terms of shifted integrable schemes, Japan J. Indust. Appl. Math. **23** (2006), 239–259.

[27] M. Iwasaki and Y. Nakamura, Positivity of dLV and mdLVs algorithms for computing singular values, Elect. Trans. Numer. Anal. **38** (2011), 184–201.

[28] 岩崎雅史, 中村佳正：dLV アルゴリズムに対する陽的な原点シフト導入について, 日本応用数理学会 2016 年研究部会連合発表会, 2016 年 3 月 4-5 日, 神戸学院大学.

[29] W.B. Jones and W.J. Thron, Survey of continued fraction methods of solving moment problems, *Analytic Theory of Continued Fractions*, Lect. Notes. Math. **932** (1981), Springer Verlag, pp. 4–37.

[30] S. Kamioka, A combinatorial representation with Schröder paths of biorthogonality of Laurent biorthogonal polynomials, Electron. J. Combin. **14** (2007), Research Paper 37, 22 pages.

[31] K. Kimura, T. Yamashita and Y. Nakamura, Conserved quantities of the discrete finite Toda equation and lower bounds of the minimal singular value of upper bidiagonal matrices, J. Phys. A: Math. Theor. **44** (2011), 285207(12pages),

参考文献 **427**

DOI:10.1088/1751-8113/44/28/285207

[32] C. Lanczos, An iteration method for the solution of the eigenvalue problem of linear differential and integral operators, J. Res. Natl. Bur. Stand. **45** (1950), 255–282.

[33] C. Lanczos, Solution of systems of linear equations by minimized iterations, J. Res. Nat. Bureau Standards. **49** (1952), 33–53.

[34] R. M. Miura, Korteweg de Vries equation and generalizations I, A remarkable explicit nonlinear transformation, J. Math. Phys. **9** (1968), 1202–1204.

[35] J. K. Moser, Finitely many mass points on the line under the influence of an exponential potential – An integrable system –, *Dynamical Systems, Theory and Applications*, J. Moser (ed.), Lect. Notes. Phys. **38** (1975), Springer Verlag, pp. 467–497.

[36] Y. Nakamura, Jacobi algorithm for symmetric eigenvalue problem and integrable gradient system of Lax form, J. Indust. Appl. Math. **14** (1997), 159–168.

[37] Y. Nakamura, Calculating Laplace transforms in terms of the Toda molecule, SIAM J. Sci. Comput. **20** (1999), 306–317.

[38] Y. Nakamura, Algorithms associated with arithmetic, geometric and harmonic means and integrable systems, J. Comput. Appl. Math. **131** (2001), 161–174.

[39] 中村佳正, 可積分系とアルゴリズム, 『可積分系の応用数理 (中村編)』, 裳華房, 2000, pp. 171–223.

[40] 中村佳正, 『可積分系の機能数理』, 共立出版, 2006.

[41] Y. Nakamura and T. Hashimoto, On discretization of three-dimensional Volterra system, Phys. Lett. A **193** (1994), 42–46.

[42] Y. Nakamura and Y. Kodama, Moment problem of Hamburger, hierarchy of integrable systems, and the positivity of tau-functions, Acta. Appl. Math. **39** (1995), 435–443.

[43] Y. Nakamura and A. Zhedanov, Special solutions of the Toda chain and combinatorial numbers, J. Phys. A: Math. Gen. **37** (2004), 5849–5862.

[44] V. Papageorgiou, B. Grammaticos and A. Ramani, Integrable lattices and convergence acceleration algorithms, Phys. Lett. A. **179** (1993), 111–115.

[45] V. Papageorgiou, B. Grammaticos, and A. Ramani, Orthogonal polynomials approach to discrete Lax pairs for initial boundary-value problems of the qd-algorithm, Lett. Math. Phys. **34** (1995), 91–101.

[46] F. Peherstorfer, On Toda lattices and orthogonal polynomials, J. Comput. Appl. Math. **133** (2001), 519–534.

[47] H. Rutishauser, Der Quotienten-Differenzen-Algorithmus, Z. angew. Math. und Phys. **5** (1954), 233–251.

[48] H. Rutishauser, Ein infinitesimales Analogon zum Quotienten-Differenzen-Algorithmus, Arch. Math. **5** (1954), 132–137.

[49] H. Rutishauser, Solution of eigenvalue problems with the LR-transformation, Nat. Bur. Standards Appl. Math. Ser. **49** (1958), 47–81.

[50] H. Rutishauser, *Lectures on Numerical Mathematics*, Birkhäuser, 1990.

[51] H. Sekido, An algorithm for calculating D-optimal designs for polynomial regression through a fixed point, J. Statist. Plann. Inference. **142** (2012), 935–943.

[52] K. Sogo, Toda molecure equation and quotient-difference method, J. Phys. Soc. Jpn. **62** (1993), 1081–1084.

[53] K. Sogo, Time-dependent orthogonal polynomials and theory of soliton. Applica-

tions to matrix model, vertex model and level statistics, J. Phys. Soc. Jpn. **62** (1993), 1887–1894.

[54] V. Spiridonov and A. Zhedanov, Discrete Darboux transformation, discrete-time Toda lattice and the Askey-Wilson polynomials, Methods and Appl. Anal. **2** (1995), 369–398.

[55] V. Spiridonov and A. Zhedanov, Discrete-time Volterra chain and classical orthogonal polynomials, J. Phys. A: Math. Gen. **30** (1997), 8727–8737.

[56] E. L. Stiefel, Kernel polynomials in linear algebra and their numerical applications, Nat. Bur. Standards Appl. Math. Ser. **49** (1958), 1–22.

[57] W. W. Symes, The QR algorithm and scattering for the finite nonperiodic Toda lattice, Physica. **4D** (1982), 275–280.

[58] G. Szegö, *Orthogonal Polynomials*, Amer. Math. Soc., 1959.

[59] 高崎金久, 『可積分系の世界-戸田方程式とその仲間-』, 共立出版, 2001.

[60] M. Toda, Vibration of a chain with nonlinear interaction, J. Phys. Soc. Jpn. **22** (1967), 431–436.

[61] M. Toda, Waves in nonlinear lattice, Prog. Theor. Phys. Suppl. **45** (1970), 174–200.

[62] 戸田盛和, 『非線形格子力学増補版』, 岩波書店, 1987, M. Toda, *Theory of Nonlinear Lattice*, Springer-Verlag, 1981.

[63] 戸川隼人, 『マトリクスの数値計算』, オーム社, 1971.

[64] 時弘哲治, 『箱玉系の数理』, 朝倉書店, 2010.

[65] D. S. Watkins, Isospectral flows, SIAM Review **26** (1984), 379–391.

[66] T. Yamashita, K. Kimura, and Y. Nakamura, Subtraction-free recurrence relations for lower bounds of the minimal singular value of an upper bidiagonal matrix, J. Math-for-Industry **4** (2012), 55–71.

索引

1 次元状態和　233
1 次のポアソン括弧　48
1 点関数　228
2 次元 KdV 方程式　64
2 次元戸田格子　144
2 次元戸田方程式　65, 265
2 次のポアソン括弧　49
3 重対角行列　13
6 頂点模型　210
8 頂点模型　197

ABF 模型　218
AKS の定理　53

CMV 行列　168

DPW 公式　325

extended frame　320
extended solution　313

FST 格子　174

KdV 階層　74
KdV 方程式　60, 130, 337
KP 方程式　63

LR 分解　31
L 行列　10

N 簡約系　80
N 波相互作用方程式　104

QR 分解　31
q-格子　129
q-差分　129
q-差分ロジスティック方程式　129

R_{II} 多項式　171
R_{II} 有理関数　171
R_{I} 多項式　174
R 括弧　55
R 行列　16
r 行列　16
R 写像　49

T-system　351
τ 関数　2

Virasoro 拘束条件　106

W_{∞} 拘束条件　106

XXX 模型　210
XXZ 模型　210
XYZ スピン模型　209

■ア行
アドラー–コスタント–サイムズの定理　53
アーベル–ヤコビ写像　27

イジング模型　191
位相型可積分階層　113
位相的頂点　112
一般化 KdV 階層　80
岩沢分解　31
インスタントン　112

運搬車付き箱玉系　184

オイラーのコマ　46
オイラー法　125
オートマトン　178

■カ行
階数　105

階層 60
概複素構造 276
ガウス曲率 260
ガウス–コダッチ方程式 260
ガウス分解 31
ガウス–ワインガルテンの公式 260
カウプ–クッパーシュミット方程式 336
角転送行列 228
カシミール関数 44
可積分幾何 255
カソラチ行列式 136, 141
カロジェロ–モーザー系 36
完全解 7

基底状態 235
擬微分作用素 70
逆散乱法 62
求積 4
局所的汎関数 70
金魚方程式 22
近ケーラー多様体 278

組合せ論的 R 行列 246
グラスマン多様体 89
グラスマン模型 315
グラム–シュミット直交化 31
クリストッフェル変換 155, 377
グロモフ–ウィッテン理論 112

形式的共役 76
結晶模型 112
ケーラー多様体 278
ゲルファント–ディキー多項式 71
原始写像 298
弦方程式 106

勾配破綻 107
コーシー–ビネ公式 95
コスタント–戸田系 37
古典可積分系 1
古典ヤン–バクスター方程式 52

■サ行
サイバーグ–ウィッテン解 110
サイバーグ–ウィッテン微分 110
サイン・ゴルドン方程式 60, 260
サザランド系 36
佐藤方程式 81
佐藤理論 256
ザハロフ–シャバット方程式 64
差分曲率 347
作用 282

作用・角変数 7
澤田–小寺方程式 330

ジェロニマス変換 155
磁化率 193
シグマ模型 63
次元簡約 65
自己相似性 104
実射影空間 270
シフト行列 41
シューア関数 94
シューア係数 167
自由エネルギー 192
自由剛体 46
自由フェルミオン場 83
主カイラル場 63
主カイラル模型 309
シュワルツ微分 KP 方程式 347
準古典極限 109
自励ハミルトン系 4
シンプレクティック構造 45
シンプレクティック葉 45

随伴作用 47
スペクトル曲線 16
スペクトルパラメータ 14
スペクトル変換 153

整合性 58
セゲー多項式 166
セゲーの漸化式 167
零曲率方程式 62
前進差分 125

双曲サイン・ラプラス方程式 265
双線形形式 66
相対論的戸田格子 102
双直交多項式対 152
双ハミルトン構造 59
双ハミルトン的 58
ソリトン 130, 248
ソリトン解 59, 138
ソリトン方程式 59

■タ行
第 1 積分 5
対称性 2
対称な直交多項式 161
楕円体座標 19
ダルブー変換 135

中心差分 127

索引 431

中心的　44
超共形調和写像　297
超水平正則曲線　294
超楕円曲線　16
頂点作用素　83
頂点・面対応　211
頂点模型　194
長波極限　106
超離散 KdV 格子　182
超離散化　179
超離散系　179
超離散ロジスティック方程式　180
調和系列　288
調和写像　63, 266, 285
直交多項式　158

ツイスター空間　291

デイヴィ-スチュワートソン方程式　65
ティツェイカ方程式　272
テプリッツ行列式　165
転移点　193
転送行列　192

等位集合　6
等差格子　129
等質空間　282
等スペクトル的　10
等比格子　129
等モノドロミー変形　67
特殊幾何学　111
戸田階層　103
戸田格子　12, 60
戸田鎖　12
戸田場の方程式　65
トラクトリクス　261
ドリンフェルト-ソコロフ系　104
トレース汎関数　76

■ハ行
バーガース方程式　333
箱玉系　177, 247
橋本変換　340
旗多様体　102, 290
パデ補間　174
波動写像　267
パフィアン　142
パフ格子　175
ハミルトン形式　1
ハミルトンベクトル場　44
ハンケル行列式　40, 158
ハンケル行列式解　40

反射係数　167
パンルヴェ方程式　103

非自励広田-三輪方程式　139
非自励離散戸田格子　159
非線形シュレディンガー方程式　60, 341
広田の直接法　66
広田-三輪系　133
広田-三輪方程式　133

ファイバー構造　6
ファバードの定理　159
複素射影空間　287
ブシネ方程式　64
不等間隔格子　129
フュージョン構成法　244
フラシカ変数　13
プリュッカー関係式　90
プリュッカー座標　90
プレポテンシャル　110
分割　95
分散項　106
分散性衝撃波　107
分配関数　191

ベイカー-アヒーゼル関数　104
ベックルンド変換　258, 262
ベーテ仮説法　218
ベニー方程式　108
ベルブルンスキー係数　167
変形 KdV 方程式　60, 328
変数分離　19
変数分離可能　20
変調　110

ポアソン括弧　4, 43
ポアソン構造　43
ポアソン双ベクトル　44
ポアソン多様体　43
ホイッタム方程式　110
包合的　5
補助線形方程式系　61
保存量　1
ホドグラフ法　107
ボルツマンウェイト　194
ホロノミックな量子場　67

■マ行
ミウラ変換　130, 340

無分散 KdV 階層　107
無分散 KdV 方程式　107

無分散 KP 階層　108
無分散戸田階層　109
無分散戸田方程式　306

面模型　213

モジュライ　110
モニック　152
モニック R_{II} 格子　172
モノドロミー行列　28, 218

■ヤ行
ヤコビ多様体　27
ヤコビ–トゥルーディ公式　95
ヤコビの恒等式　140
ヤング図形　95
ヤン–バクスター方程式　16, 197

有限帯解法　104
ユークリッド空間　258
ユニトン　317

葉層構造　6
余随伴軌道　47
余随伴作用　47

■ラ行
ラグランジュ部分多様体　6
ラックス形式　9
ラックス作用素　10
ラックス表示　9
ラックス方程式　9
ラプラス変換　269
ランダム行列　106
ランダム分割　112

リー群　278
離散 2 次元戸田格子　144
離散 KdV 格子　145

離散 KP-A 格子　143
離散 KP 階層　134
離散 KP 格子　134
離散アブロビッツ–ラディック方程式　170
離散可積分系　123
離散サイン・ゴルドン格子　151
離散シュワルツ微分 KP 方程式　144
離散相対論的戸田格子　166
離散戸田格子　148
離散パフ格子　177
離散ポテンシャル KP-A 格子　143
離散類似　127
離散ロジスティック方程式　127
離散ロトカ–ボルテラ格子　149
リー–ポアソン構造　46
リーマン対称空間　284
リーマン–ヒルベルト問題　103
リューヴィル–アーノルドの定理　6
リューヴィル可積分　6
量子 R 行列　208
量子可積分系　1
量子逆散乱法　16
量子コホモロジー環　304
臨界点　193

ループ群　313
ループ代数　313

レナードの関係式　71

ロジスティック方程式　124
ロジャース–ラマヌジャン恒等式　240
ロトカ–ボルテラ格子　130, 150
ローラン双直交多項式　164
ロンスキー行列式　85
ロンスキー行列式解　84

■ワ行
歪直交多項式　175

MEMO

MEMO

著者略歴

中村 佳正 (なか むら よし まさ)

1955 年　愛知県に生まれる
1983 年　京都大学大学院工学研究科
　　　　博士課程修了
現　在　京都大学大学院情報学研究
　　　　科教授
　　　　工学博士

高崎 金久 (たか さき かね ひさ)

1956 年　石川県に生まれる
1984 年　東京大学大学院理学系研究科
　　　　博士課程修了
現　在　近畿大学理工学部教授
　　　　理学博士

辻本 諭 (つじ もと さとし)

1969 年　東京都に生まれる
1997 年　早稲田大学大学院理工学研
　　　　究科博士後期課程修了
現　在　京都大学大学院情報学研究
　　　　科准教授
　　　　博士（工学）

尾角 正人 (お かど まさ と)

1961 年　石川県に生まれる
1990 年　京都大学大学院理学研究科博
　　　　士課程修了
現　在　大阪市立大学大学院理学研究
　　　　科教授
　　　　理学博士

井ノ口 順一 (い の ぐち じゅんいち)

1967 年　千葉県に生まれる
1997 年　東京都立大学大学院理学研
　　　　究科博士課程単位取得退学
現　在　筑波大学数理物質系教授
　　　　博士（理学）

解析学百科 II　可積分系の数理　　　　定価はカバーに表示

2018 年 3 月 20 日　初版第 1 刷
2022 年 6 月 25 日　　　第 2 刷

著　者　中　村　佳　正

　　　　高　崎　金　久

　　　　辻　本　　　諭

　　　　尾　角　正　人

　　　　井　ノ　口　順　一

発行者　朝　倉　誠　造

発行所　株式会社　朝　倉　書　店
　　　　東京都新宿区新小川町 6-29
　　　　郵便番号　162-8707
　　　　電話　03 (3260) 0141
　　　　F A X　03 (3260) 0180
　　　　https://www.asakura.co.jp

〈検印省略〉

ⓒ 2018 〈無断複写・転載を禁ず〉　　　　中央印刷・渡辺製本

ISBN 978-4-254-11727-1　C 3341　　　　Printed in Japan

JCOPY 〈出版者著作権管理機構　委託出版物〉

本書の無断複写は著作権法上での例外を除き禁じられています．複写される場合は，
そのつど事前に，出版者著作権管理機構（電話 03-5244-5088, FAX 03-5244-5089,
e-mail: info@jcopy.or.jp）の許諾を得てください．

好評の事典・辞典・ハンドブック

数学オリンピック事典
野口　廣 監修
B5判 864頁

コンピュータ代数ハンドブック
山本　慎ほか 訳
A5判 1040頁

和算の事典
山司勝則ほか 編
A5判 544頁

朝倉 数学ハンドブック [基礎編]
飯高　茂ほか 編
A5判 816頁

数学定数事典
一松　信 監訳
A5判 608頁

素数全書
和田秀男 監訳
A5判 640頁

数論<未解決問題>の事典
金光　滋 訳
A5判 448頁

数理統計学ハンドブック
豊田秀樹 監訳
A5判 784頁

統計データ科学事典
杉山高一ほか 編
B5判 788頁

統計分布ハンドブック（増補版）
蓑谷千凰彦 著
A5判 864頁

複雑系の事典
複雑系の事典編集委員会 編
A5判 448頁

医学統計学ハンドブック
宮原英夫ほか 編
A5判 720頁

応用数理計画ハンドブック
久保幹雄ほか 編
A5判 1376頁

医学統計学の事典
丹後俊郎ほか 編
A5判 472頁

現代物理数学ハンドブック
新井朝雄 著
A5判 736頁

図説ウェーブレット変換ハンドブック
新　誠一ほか 監訳
A5判 408頁

生産管理の事典
圓川隆夫ほか 編
B5判 752頁

サプライ・チェイン最適化ハンドブック
久保幹雄 著
B5判 520頁

計量経済学ハンドブック
蓑谷千凰彦ほか 編
A5判 1048頁

金融工学事典
木島正明ほか 編
A5判 1028頁

応用計量経済学ハンドブック
蓑谷千凰彦ほか 編
A5判 672頁

価格・概要等は小社ホームページをご覧ください.